国 家 自 然 科 学 基 金
广 州 大 学 出 版 基 金 资助
广州大学科研能力提升计划项目

QGIS 教程

（高级篇）

QGIS JIAOCHENG

(GAOJIPIAN)

杨现坤　张文欣　解学通　著

中国地质大学出版社
ZHONGGUO DIZHI DAXUE CHUBANSHE

图书在版编目(CIP)数据

QGIS 教程(高级篇)/杨现坤,张文欣,解学通著.—武汉:中国地质大学出版社,2021.10(2025.4 重印)

ISBN 978-7-5625-5091-4

Ⅰ.①Q…

Ⅱ.①杨… ②张… ③解…

Ⅲ.①地理信息系统-应用软件-教材

Ⅳ.①P208.2

中国版本图书馆 CIP 数据核字(2021)第 177934 号

QGIS 教程(高级篇) 杨现坤 张文欣 解学通 **著**

责任编辑:周 豪	选题策划:周 豪 张晓红	责任校对:张咏梅
出版发行:中国地质大学出版社(武汉市洪山区鲁磨路 388 号)		邮政编码:430074
电 话:(027)67883511	传 真:(027)67883580	E-mail:cbb@cug.edu.cn
经 销:全国新华书店		http://cugp.cug.edu.cn
开本:787mm×1092mm 1/16		字数:832 千字 印张:32.5
版次:2021 年 10 月第 1 版		印次:2025 年 4 月第 2 次印刷
印刷:武汉市籍缘印刷厂		印数:1001—1800 册
ISBN 978-7-5625-5091-4		定价:78.00 元

如有印装质量问题请与印刷厂联系调换

前　言

需求是科学与技术发展的动力。地理信息系统(GIS)就是以应用为目的,以技术为先导,在为社会各行各业服务中逐步从地理学、测绘学和信息科学中自然形成的一门交叉学科,广泛应用于资源调查、环境评价、灾害预警、国土管理、城市规划、交通运输、军事安全、水利水工、公共设施管理、商业金融等领域。GIS 技术在这些行业的应用离不开 GIS 软件工程的实施,可以说缺乏 GIS 软件的地理信息技术是几乎无法和任何学科结合并在实际生产实践中得到应用的。也正是基于此,在过去的几十年中 GIS 软件呈雨后春笋般地发展起来。许多知名的商业软件公司都形成了比较成熟的 GIS 软件产品,例如 ESRI 公司的 ArcGIS 产品系列,Autodesk 公司的 AutoCAD 软件,Pitney Bowes 软件公司的 MapInfo,中地数码公司的 MapGIS 以及超图公司的 SuperMap 系列等。不过这些软件毕竟是商业软件,使用起来会有诸多限制:①所有的软件都需要购买,增加了项目成本,尤其是对于在校学生或者从事公益科研的项目组来说更加难以承担;②版权限制,用户无法无限制地使用软件所带的模块;③技术限制,用户无法探究软件的各类模型的实现算法,出现问题时无法自己去查看源代码修复问题,更无法自己完善软件的功能。

鉴于此,国际上越来越多专家学者开始支持开源免费 GIS 软件的发展。在众多开源免费 GIS 软件当中首先要提的就是 QGIS 软件。QGIS(之前也叫 Quantum GIS)是一个开源的桌面 GIS 软件,它提供了数据的显示、编辑和分析功能,是一个多平台的应用软件,可以在多种操作系统上运行,包括 Mac OS X、Linux、UNIX 和 Windows。相较于商业化 GIS 软件,QGIS 的文件体积更小,需要的内存较少。因此,它可以在旧的硬件上或 CPU 运算能力被限制的环境下运行。QGIS 以 C++写成,它的 GUI 使用了 Qt 库。QGIS 允许集成使用 C++或 Python 写成的插件。经过多年的发展,QGIS 在多个技术领域已经赶上甚至超过了商业 GIS 软件,并展示出在 GIS 软件领域独特的软件功能与技术优势。以 QGIS 3.2 版本与 ArcGIS 10.6 版本对比为例,QGIS 具有以下十大优势:

(1)版权与授权。QGIS 完全免费,相关插件和模块也是免费的,使用 QGIS 几乎无需考虑软件成本问题;相反,ArcGIS 软件本身是付费的,高级分析模块,如空间分析和网络分析模块等都是需要付费的。

(2)升级问题。QGIS 具有高效的软件问题反馈和修复追踪系统,发现问题可以得到及时有效的修复,QGIS 几乎每隔一个多月都会发布一个小版本,可以实时保持系统的更新;相反，ArcGIS 的更新相对较慢，除补丁修复外，每年才会有一次版本更新。

(3)开源问题。QGIS 是完全开源的，通过研究 QGIS 相关源代码可以了解 GIS 相关技术的底层实现方法，并可以在无需授权的情况下把 QGIS 源代码应用于自己的项目中，对于加快项目开发和避免软件版权问题等具有优势；相反，ArcGIS 的源代码是不公开的，当把 ArcGIS 模块应用于工程项目开发中需要单独授权。

(4)系统的兼容性。QGIS 支持 Windows、Linux、Mac OS X 等多种操作系统，兼容 Linux 系统的 64 位系统高效计算，在对 Python 最新的 3.x 版本的支持方面也比较完善；相反，ArcGIS 在操作系统支持以及对 Python 最新版本支持上则相对滞后。

(5)自由的插件开发与分享平台。QGIS 提供了独立的插件管理器，让行业开发人员可以自由分享自己开发的插件，使得 QGIS 和行业 GIS 开发者及研究者一起保持 QGIS 技术和应用的领先性，目前 QGIS 提供了超过 300 个插件，相当一部分模块是 QGIS 所独有的；相反，ArcGIS 则很少进行用户模块分享，尽管提供模块很多，但是对于 GIS 的前沿技术在软件中的应用相对滞后。

(6)空间数据库支持。QGIS 提供了极为强大的空间数据库操作，可以直接访问、编辑、删除 PostGIS、MySQL、SpatiaLite、Oracle Spatial 等多种数据库，对空间数据库的互操作表现优异；相反，ArcGIS 无法实现对数据库的直接访问，大多数要依赖 ArcSDE 才能访问，但是 ArcSDE 却需要单独付费才能使用，而且其本身配置较为复杂。

(7)专题地图设计。QGIS 提供了一系列专题地图设计模块、高级图层标注方法、各种高级的地图符号化(如热力图、点距离图等)方法以及专业的地图颜色配置，使设计的地图不仅颜色更真实，地图符号表现力更强，而且支持多种格式的地图输出；相反，ArcGIS 的地图设计模块已经多年没有更新，难以满足专业地图的制作需求。

(8)与 GIS 科研的结合。QGIS 中很多的插件是由工作一线的科研工作者开发的，利用这些插件可以研究和解决当前的地理、环境以及气象等相关学术问题，并且，很多经典模型在 QGIS 中都有成熟的模块，对科研工作者和本学科的学生来说，可以极大提高自身的科研和学习效率，避免了编程实现这些模型带来的时间消耗和软件代码调试的障碍；相反，ArcGIS 则更注重于 GIS 相关行业技术的支持，对前沿性的模型和技术则支持较少。

(9)遥感影像的处理能力。QGIS 提供了 SCP 等遥感图像处理插件，可以完成遥感影像下载、遥感影像分类和分类后处理等一系列的遥感图像高级分析功能；而 ArcGIS 对遥感图像的处理仍然很弱。

(10)软件兼容性。QGIS 可以与开源的 GDAL、SAGA、GRASS 等模块相兼容，可以实现众多格式的数据读取、数据编辑和数据分析功能，并可以与网络 GIS 软件，如 OpenLayers、GeoLayers 等进行数据互操作；而 ArcGIS 除对 ESRI 公司的产品支持外，与其他公司的软件互操作能力较差。

因此，鉴于 QGIS 的独特优势和越来越广的使用范围，笔者觉得有必要系统地掌握 QGIS 软件操作技术。但遗憾的是，到目前为止，国内还没有一本可以系统介绍 QGIS 软件的书籍。本套书出版的目的就是为了填补这一空白，帮助国内用户更好地掌握 QGIS，并利用 QGIS 软件解决自己工作和学习中的问题。因此，笔者在2019年委托中国地质大学出版社出版了本套书的第一本《QGIS教程(基础篇)》，以简单、基础的内容向读者介绍了QGIS软件的基本功能。本书在基础篇的基础上以更为系统、全面地介绍QGIS软件为目的，面向高级用户，深入介绍QGIS软件在地图制作、空间分析、网络GIS、数据编辑、处理工具箱、空间数据库和基于QGIS的编程等内容，同时配备了各种操作案例，从实际操作的角度帮助读者提高QGIS的操作技能。因此，本书要求读者具备一定的GIS基本知识，熟悉初级的QGIS操作，同时对GIS基本原理有初步了解。

本书共分以下几个部分：

第1章导论，主要介绍使用本书的一些先验知识、数据准备和本书的一些基本术语约定；

第2章QGIS主界面基本操作，主要介绍QGIS主界面的主要元素和用途、QGIS加载不同类别数据的基本方法；

第3章地图设计，主要介绍QGIS中矢量数据操作和数据符号化的基本操作；

第4章矢量数据分类显示，是在第3章的基础上系统介绍矢量数据分类符号的配置方法、标注设置以及更为复杂的分类符号设置方法；

第5章专题地图设计，基于第3章、第4章，介绍QGIS中专题地图出版设计，以及专题地图集的设计和输出；

第6章创建矢量数据，主要介绍矢量数据的创建方法、拓扑关系控制，以及矢量数据属性编辑和属性表的操作；

第7章矢量数据分析，主要介绍矢量数据的投影变换，并以实际案例为基础，介绍矢量数据分析的基本流程、网络分析和空间数据统计分析等；

第8章栅格数据分析，与第7章相对应，介绍栅格数据的基本操作、栅格数据符号化配置和地形分析；

第9章矢量数据与栅格数据的综合分析，是在第7章、第8章的基础上通过一个完整示例，介绍综合利用矢量数据和栅格数据解决现实问题的基本流程；

第10章QGIS插件，主要介绍QGIS插件的下载、安装和管理，以及QGIS的经典插件的使用方法；

第11章QGIS与Web GIS服务，主要介绍利用QGIS操作访问网络地图服务和网络要素服务的主要方法；

第12章QGIS Server配置，以第11章为基础，介绍QGIS在Web GIS方面的高级内容，系统介绍QGIS Server服务器配置和网络地图服务的基本开发方法；

第13章GRASS配置与应用，介绍QGIS软件与知名GRASS模块的集成配置，以及各种分析操作的使用方法；

第14章QGIS空间分析与评价，系统梳理前面13个章节的内容，给出一些启发式的问题由读者独立解决；

第15章QGIS在林业中的应用，利用林业方面的一个完整案例，采用引导式的流程系统介绍 QGIS 从数据获取、数据处理和数据分析，到结果评价和出图的完整流程，使读者在真实场景中掌握地图数字化、地图配准、计算字段值、解析卫星影像、缓冲区分析、空间采样设计、地图集制作、LiDAR 数据操作等一系列高级内容；

第 16 章 PostgreSQL 与数据库基础，介绍 PostgreSQL 数据库的基本知识，并以 PostgreSQL 数据库为基础，介绍关系型数据库的基本概念和思想；

第 17 章 PostGIS 空间数据库，通过使用 PostGIS 空间数据库软件安装配置，数据导入与导出，以及利用地理函数进行空间分析等操作；

第 18 章 QGIS 处理工具箱，提供了 36 个小节，详细介绍了 QGIS 处理工具箱各类工具的基本操作和高级使用方法，并以经典案例为基础，介绍利用处理工具箱中各类工具解决现实问题的基本方法；

第 19 章空间数据操作，是在第 16、第 17 章的基础上介绍利用 QGIS 中的空间数据库管理模块操作和管理远程空间数据库及本地空间数据库的基本方法。

本书主要由杨现坤副教授负责编辑和统稿，张文欣女士和解学通教授参与了本书部分章节的编写。本书在编写过程中还得到老素延同学和刘景豪同学的帮助。同时，笔者在本书编写过程中参考了众多有关 QGIS 的英文材料，限于篇幅无法一一列举，在此特向有关作者和机构致谢。同时，在本书出版过程中获得了中国地质大学出版社的大力支持。

本书在出版过程中获得了国家自然科学基金（41871017）、广州大学出版基金与广州大学科研能力提升计划项目等的资助，同时获得了广东省农村水环境面源污染综合治理工程技术中心、广东省地理国情监测与综合分析工程技术研究中心的平台支持，笔者在此一并感谢。

由于水平和时间有限，尽管笔者已经竭尽所能保证本书的内容客观准确，但仍可能存在纰漏与不足，欢迎大家批评指正。

杨现坤于广州大学

2021 年 3 月 24 日

目　录

1 导 论

1.1 背 景

QGIS(原称 Quantum GIS)是一个自由的桌面 GIS 软件。它提供数据的显示、编辑和分析功能。QGIS 由 Gary Sherman 于 2002 年开始开发,并于 2004 年成为开源地理空间基金会的一个孵化项目。1.0 版本于 2009 年 1 月发布。

QGIS 以 C++写成,它的 GUI 使用了 Qt 库。QGIS 允许集成使用 C++或 Python 写成的插件。除了 Qt 之外,QGIS 需要的依赖还包括 GEOS 和 SQLite,同时也推荐安装 GDAL、GRASS GIS、PostGIS 和 PostgreSQL。

QGIS 是一个多平台的应用,可以在多种操作系统上运行,包括 Mac OS X、Linux、UNIX 和 Windows。对于 Mac 用户,QGIS 相对于 GRASS GIS 的优势在于它不需要 X11 窗口系统,而且界面更简洁、响应更快速。QGIS 也可以作为 GRASS 的图形用户界面使用。相较于商业 GIS,QGIS 的文件体积更小,需要的内存和处理能力也更少。因此,它可以在旧的硬件上或 CPU 运算能力有限的环境下运行。

QGIS 由一个活跃的志愿者开发团体持续维护着,他们定期发布更新和修正错误。现在,QGIS 已经被开发者们翻译为 31 种语言,并被广泛使用在全世界的学术和专业环境中。

1.2 QGIS 的历史发展

2002 年 Gary Sherman 为了找一个适合 Linux 系统且可以提供多种数据读取的 GIS,于是在 2002 年 5 月构想出 Quantum GIS,并和一些有兴趣的 GIS 程序开发人员开发出 QGIS。2002 年 6 月 QGIS 项目建立在 SourceForge 上,第一个功能是支持显示 PostGIS 提供的数据图层。尽管刚开始的目标只是提供用户一个可以浏览 GIS 数据的界面,但随着需求不断地增大,QGIS 目前已经能够支持多种格式的矢量、栅格数据的浏览,以及扩展性高的附加组件。目前 QGIS 已经有图形化且相当友好的使用界面。Qunamtum GIS 的名字开头使用“Q”主要是因为 QGIS 使用了 trolltech. com 的 Qt 软件包。

在 QGIS 的历史发展过程中发布了很多具有里程碑意义的软件版本。例如,2002 年 7 月推出 0. 0. 1alpha 版本,这是 QGIS 最早的版本,当时只支持导入和导出 PostGIS 数据,所以 QGIS 对空间数据库的支持可以说是与生俱来的。2004 年 2 月推出 0. 1pre1 版本,添加了对栅格数据的支持,矢量数据的单独、连续、分级显示,可以为 PostGIS 数据库创建缓冲区分析。2013 年 9 月发布 2. 0 版本,设计了新的矢量数据访问 API,增加了专题图符号化和标注的支持。从图 1 - 1 可以看出,QGIS 的 2. 0 版本对于 QGIS 发展和普及起到极为重要的作用,从 2. 0 版本开始 QGIS 高速发展,软件用户快速增加。2016 年 10 月,QGIS 发布长期维护版本(2. 18 版本),这是目前 QGIS 使用用户最广、最稳定且得到长期持续维护的版本。2018 年 2 月,QGIS 发布新的 3. 0 版本,该版本进行了较大的更新,采用了最新的软件开发插件 Qt5、PyQt5 和 Python 3. 0,后来陆续又进行了更新。到本书完稿之时的最新版是 3. 18 版本。

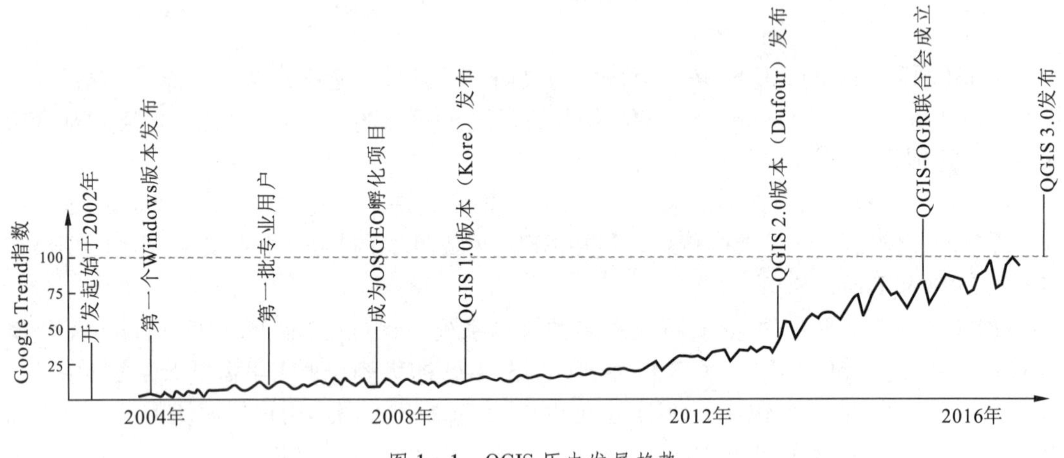

图 1 - 1　QGIS 历史发展趋势

1.2.1 如何使用本书

为了读者方便地使用本书,将本书所用到的一些符号作以下约定:

(1)QGIS 软件本身是一个支持多种语言的软件,因此,在本书中为了便于用户熟悉和掌握此软件,书中的介绍基本以 QGIS 中文界面为基础,也配置了英文界面的表示方法,便于用户熟悉 QGIS 纯英文界面的情况,具体的表示方法示例如下:

依次点击 QGIS 主界面上的图层(Layer)→添加图层(Add Layer)→添加矢量图层(Add Vector Layer)

这里箭头符号"→"前后代表了要使用的菜单项的中文名称,括号内的英文为此中文名称对应的英文名称。

(2)本书所介绍的 QGIS 操作如果无特殊说明均是在 Windows 平台上操作完成的,如果是在 Linux 或者 Mac 系统上会略有不同,会在书中有特殊说明。需要注意的是,如在 Windows 平台上的文件路径一般是以盘符开始,形如 D:\data\shape. shp,而在 Linux 平台上路径基本上是没有盘符标识的,形如/home/gisuser/data/shape. shp。所以,在使用 Linux 系统进行演示的内容,其路径表示方法略有不同。

(3)QGIS 软件集成了多个开源软件平台,如 GDAL、SAGA、GRASS 等。某些软件目前对中文的支持还不是特别友好,因此,在进行软件操作的时候尽量不要使用中文给文件夹或者文件命名,同时尽量避免在文件夹和文件的名称中使用空格符。

(4)本书中会涉及一些计算机代码,如无特殊说明,所有代码都是以 Python 语言为标准进行编写,在 Python 3. x 平台运行的。

(5)本书代码中涉及的符号,如点号(.),括号(()),双引号("")等符号均为英文状态的半角符号,不可以与中文状态对应符号混合输入。

(6)在本书中会看到下面这种加阴影的文本,是指可以键入的代码内容,例如命令、路径或文件名等。

`This kind of text` 表示代码、命令、路径或者文件名。

1.2.2 关于本书中的实习

为便于读者熟悉本书介绍的 QGIS 功能,本书随书提供了实验数据,涵盖了本书所有实例当中用到的数据,便于读者下载和练习。在书中涉及用到某一个数据的地方会专门介绍使用的数据集以及数据存放的位置,读者可以按照书中的操作步骤逐步完成相关操作。完整的代码下载地址如下:http://sfo.yanggis.com:8777/share/qgis_sample_data.v2.zip。但是,特别提醒:本书包括有关添加、删除和更改 GIS 数据集的说明,在对数据使用该教程描述的技术之前,尽量确保已正确备份所使用的数据。

1.2.3 数据

本书中也使用了一些外部免费数据,本书示例所用的外部数据可以从以下来源获取:

(1)街道和地点数据集来源于 OpenStreetMap(https://www.openstreetmap.org/)。

(2)地物数据边界(包括城市和农村)、水体数据来自 NGI(http://www.ngi.gov.za/)。

(3)SRTM DEM 数据来源于 CGIAR - CGI (http://srtm.csi.cgiar.org/)。

从练习数据库中下载并解压本书已准备好的数据集,所需数据在 exercise_data 文件夹中均已提供。

1.3 数据准备

本书也适用于将其作为 QGIS 培训教材使用的老师,或 QGIS 操作经验较丰富、希望自学或者将其作为工具书查阅某些操作技巧的读者。本书中提供了默认数据集,但如果希望将其替换,可以按照相关要求进行操作。

本书中用到的示例数据主要涉及了南非的 Swellendam(史威兰丹镇)及其周边地区。Swellendam 位于南非西开普省开普敦市以东约 2h 路程处。该数据集中包含的要素名同时以英语和南非荷兰语两种语言书写。

读者可以自由地使用该数据集进行练习，但某些用户可能更希望使用自己所在区域的数据。如果用户选择用自己所在的区域作为研究区就需要自己准备本地数据，这些数据会在第 3 章到第 7 章第 2 节的所有课程中用到，此后的单元会需要更为复杂的数据源，用户的自选区域就不一定适用。

本书假定用户具备良好的地理信息系统基本理论知识和 QGIS 操作入门知识，不需要再用其他教材作为教学材料。如果是入门的读者，推荐读者从本套书的《QGIS 教程（基础篇）》开始学习。

1.3.1 制作基于 OSM 矢量文件

如果希望在课程中应用定制的本地化数据代替本书自带的默认数据集，可以通过 QGIS 内置的工具获取设定区域的数据。一般要求用户自己选择使用的地区应具有交错分布良好的城市和农村地块组合，其中包含不同级别的道路、区域边界（例如自然保护区或农田）和地表水（例如小溪或河流）。具体获取步骤如下：

（1）新建一个 QGIS 项目（Project）。

（2）选择图层菜单（Layer）→数据源管理器（Data Source Manager），打开数据源管理器的对话框。

（3）在浏览（Browser）的选项卡中，展开 XYZ Tiles 的下拉框，双击“OpenStreetMap”项（图 1－2），地图显示区上会显示出世界地图。

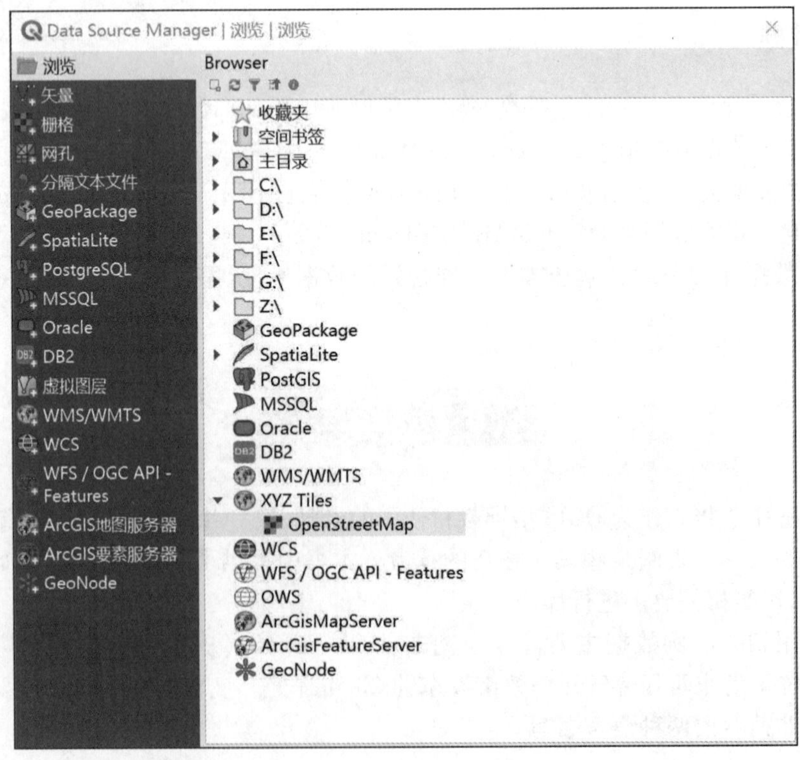

图 1－2　QGIS 数据源管理器

(4)关闭数据源管理器(Data Source Manager)对话框。

(5)移动窗口到用户希望用作研究的区域(图 1-3)。

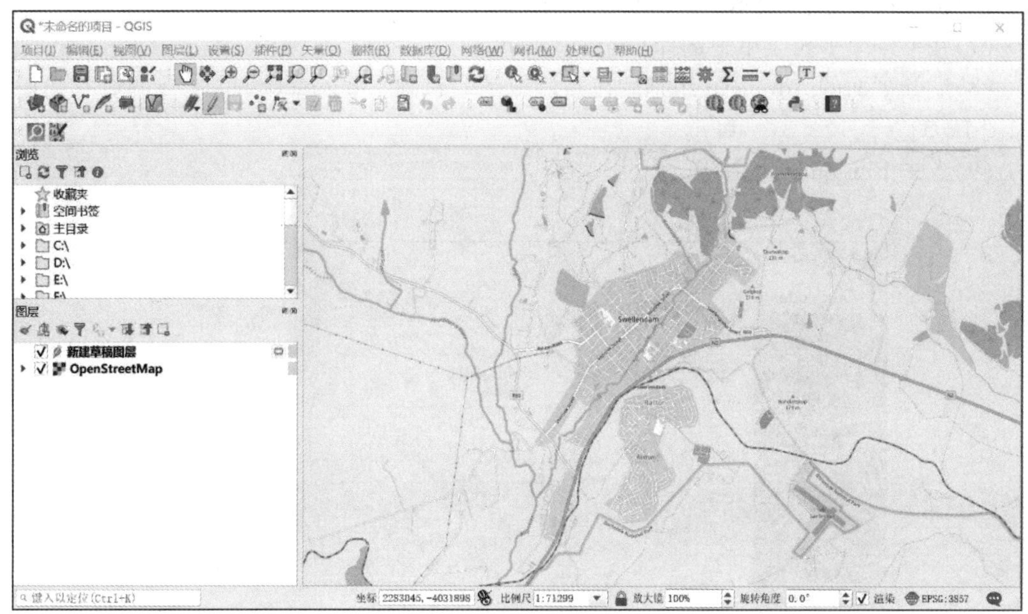

图 1-3 研究区范围设置

现在可以看见预备提取数据的地区,然后调用提取工具。

(1)找到插件菜单(Plugins)→管理安装插件(Manage/Install Plugins)。

(2)在全部(All)的选项卡下,在查询框中输入“QuickOSM”。

(3)选择 QuickOSM 插件,点击安装插件(Install Plugin)之后点击 Close,关闭对话框(图 1-4)。

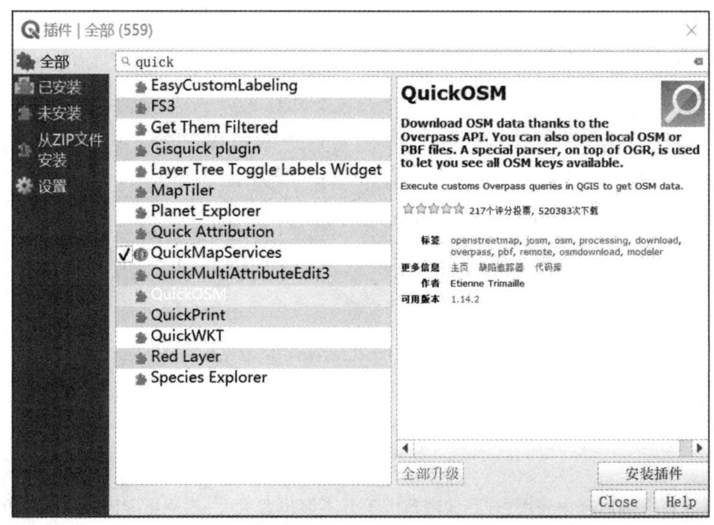

图 1-4 安装 QuickOSM 插件

(4)运行矢量菜单(Vector)→QuickOSM 菜单项→QuickOSM...菜单下的新插件。

(5)在 Quick query 选项卡下的 Key 下拉菜单中选择 building。

(6)把 Value 留空,表示查询所有建筑物。

(7)在下一个下拉菜单中选择 Canvas Extent。

(8)展开下面的 Advanced 组别后在右侧取消勾选除"Multiploygons"之外的所有几何类型(图 1-5)。

(9)点击 Run query 按钮[①]。

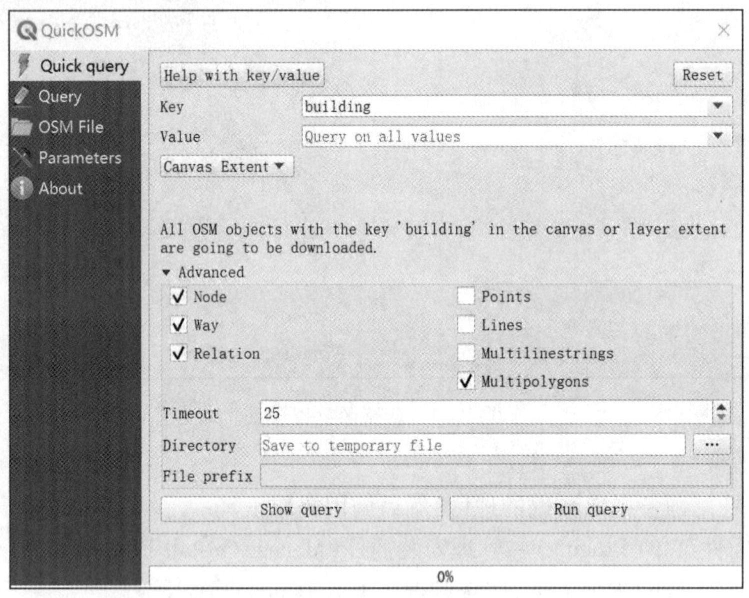

图 1-5 QuickOSM 数据导出配置

此时图层面板中会新增一个显示设定查询范围内的建筑物的 building 图层。

(10)按照下述步骤提取出其他数据:

(a)Key=landuse,选中 Multipolygons 几何类型;

(b)Key=boundary,Value=protected_area,选中 Multipolygons 几何类型;

(c)Key=natural,Value=water,选中 Multipolygons 几何类型;

(d)Key=highway,选中 Lines 和 Multilinestrings 几何类型;

(e)Key=waterway,Value=river,选中 Lines 和 Multilinestrings 几何类型;

(f)Key=place,选中 Points 几何类型。

此过程会以临时文件形式生成新图层(图层名称旁边有个 图标标识),如图 1-6 所示。

---

①作者提醒:如果用户电脑内存比较小,现在地图范围千万不要设置太大,否则可能因为内存空间不够导致无法下载成功。

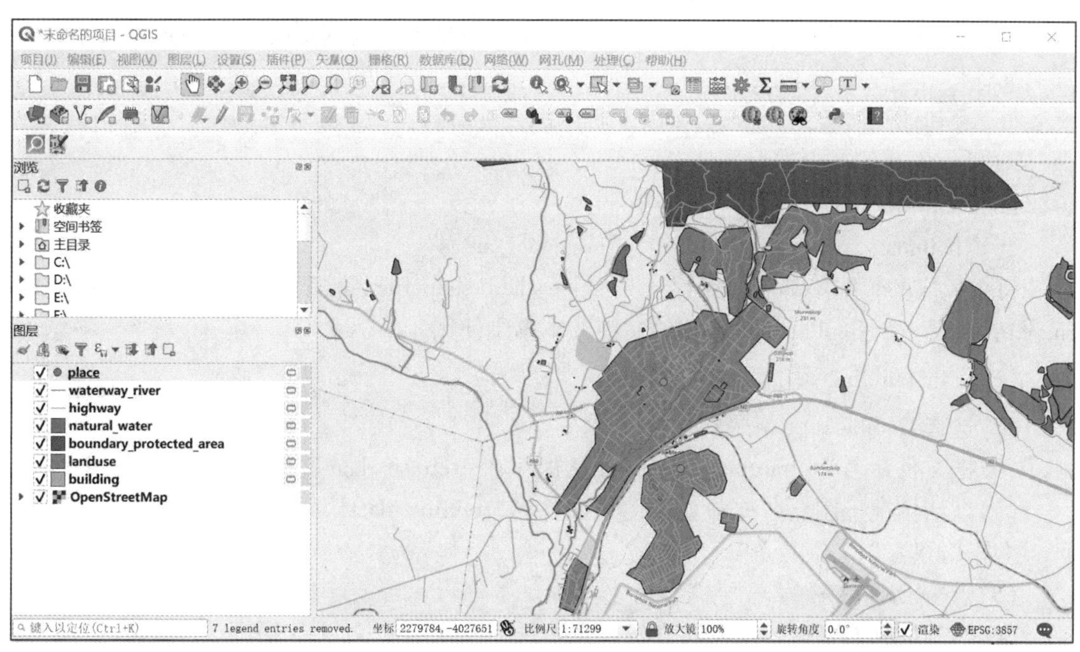

图 1-6 QuickOSM 数据导出结果

用户可以对自选的地区包含的数据进行采样。现在需要把用在课程中的数据保存下来。依据下载的数据特征按 ESRI Shapefile、GeoPackage 和 SpatiaLite 三种格式选择进行保存。

把 place 临时图层保存为如图 1-7 所示的格式。

(1)点击 place 图层旁的 图标打开保存草图图层(Save Scratch Layer)对话框。

注意:如果要在保存临时图层时对属性进行改动(如坐标参考系统、地图范围、字段等),可以在图层上单击右键,选择导出菜单(Export)→要素另存为…(Save Features as…)快捷菜单,并使已保存的文件添加到地图中(Add saved file to map)选项处于勾选状态。

(2)选择保存为 ESRI Shapefile 文件。

(3)点击"… "浏览打开"exercise_data\shapefile\"文件夹,把文件保存为"places.shp"。

(4)点击 OK 按钮,此时在图层控制面板(Layers)中,临时图层 place 就被保存的"places.shp"文件取代,旁边的临时图层标识也消失了。

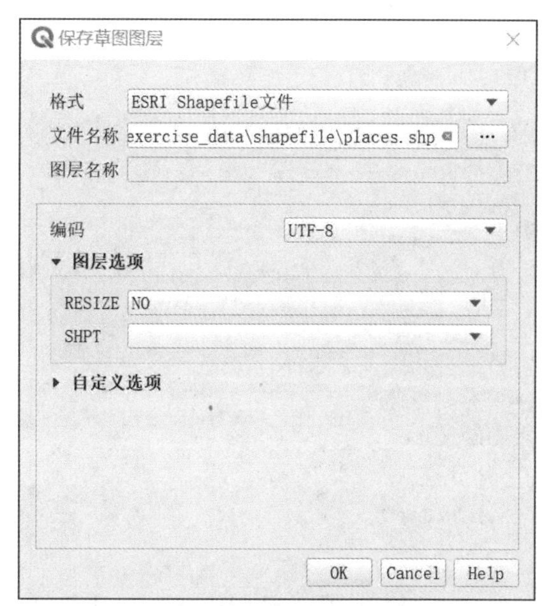

图 1-7 保存 place 草图图层设置

（5）双击图层，打开图层属性（Layer Properties）对话框的数据源（Source）选项卡，更改图层名属性使其与文件名相匹配。

（6）对其他图层重复此步骤，按以下所述进行重命名：

（a）“natural_water”改为“water”；

（b）“waterway_river”改为“rivers”；

（c）“boundary_protected_area”改为“protected_areas”。

每个生成的数据集都需要保存至 exercise_data\shapefile\路径下。下一步是根据 building 图层生成一个 GeoPackage 格式的文件在本书中使用：

（1）点击 building 图层旁的 图标。

（2）选择 GeoPackage 格式。

（3）把文件命名为“training_data. gpkg”，保存在 exercise_data 文件夹下。

（4）默认情况下图层名称项会自动用文件名“training_data”填充，需将其更改为“buildings”（图 1－8）。

（5）点击 OK 按钮。

（6）在其属性对话框中对图层进行重命名。

（7）对“highway”图层重复此过程，将其以“roads”命名，并保存在相同的 GeoPackage 数据库中。

最后一步是把余下的临时文件保存为 SpatiaLite 数据库文件。

（1）点击 landuse 图层旁的 图标。

（2）选择 SpatiaLite 格式。

（3）把文件以“landuse. sqlite”命名，保存在 exercise_data 的文件夹下。图层名称属性默认值为文件名，不要更改（图 1－9）。

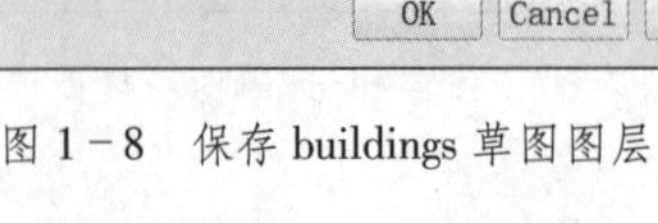

图 1－8　保存 buildings 草图图层

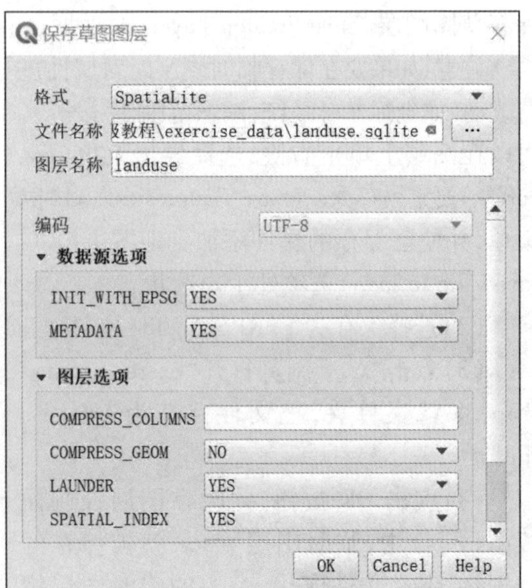

图 1－9　保存 landuse 草图图层

(4)点击 OK 按钮。由此可得到一张类似图 1－10 的地图(因 QGIS 在地图中对新加入图层会随机分配颜色,地图符号颜色可能与图 1－10 不同)。重点是需要得到与图 1－10 相同的 7 个矢量图层,并且这些图层都含有数据。

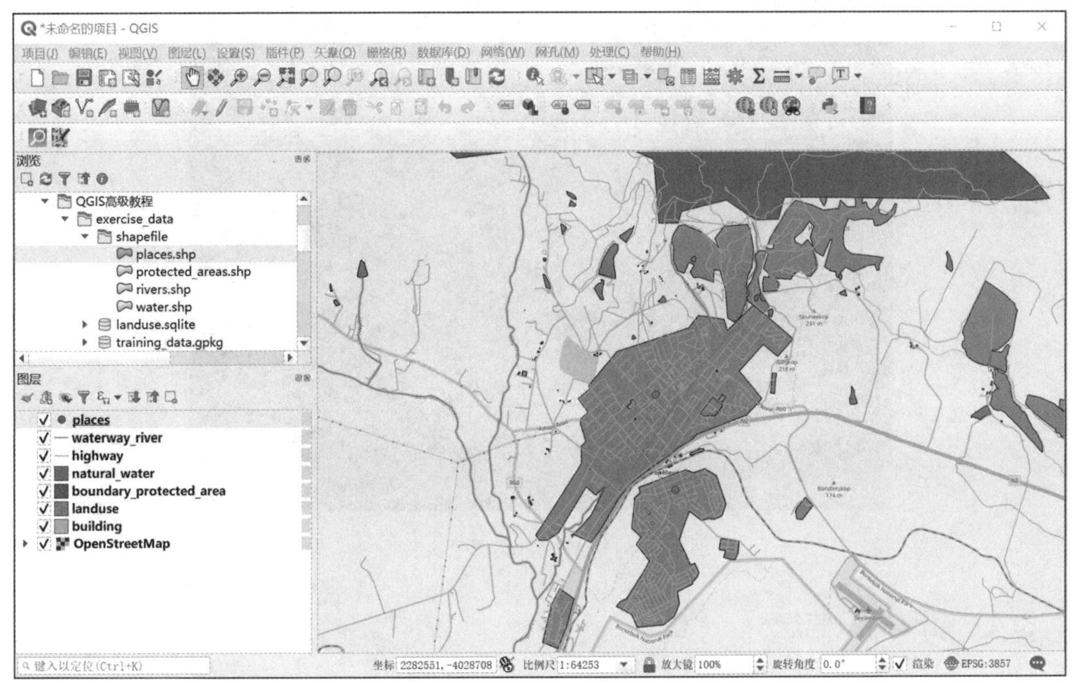

图 1－10　在 QGIS 完整显示用到的 7 个图层

1.3.2　获取 SRTM DEM tiff 文件

在本书第 6 章和第 8 章中,还会需要用到能覆盖所选用于本课程地区的栅格图像(SRTM DEM)。CGIAR-CGI 有一些 SRTM DEM 数据可供下载(http://srtm. csi. cgiar. org/srtmdata/)。用户可以根据自己选定的范围进行下载,同时还需要用到能完全覆盖用户自选地区的图像。如何在 QGIS 中查询范围坐标,可以这样操作:

缩放地图与图层范围至最大范围,在状态栏的 Extents 框中获取范围值,选择保存为 GeoTiff 的文件格式。填写好表单后,点击“Click here to Begin Search>>”按钮开始搜索并下载文件。所下载的文件应保存至 exercise_data 文件夹下的 raster\SRTM 子文件夹下。

1.3.3　制作 tiff 图像文件

在本书第 6 章 6.1.2 节中给出了 3 个要求用户进行数字化的学校运动场的特写卫星图像,需要用到新下载 SRTM DEM 数据的 tiff 文件制作这些图像,但是不一定非要使用运动场,还可以选择任意 3 种学校的土地利用类型进行创建[如不同的教学楼(校舍)、活动操场或停车场]。作为参考,示例数据中的图像创建效果如图 1－11 所示。

图 1-11　制作 tiff 图像文件

1.3.4 修改标识信息

在完成自己的数据集制作后,最后的步骤就是替换掉"substitutions. txt"文件中的名称标识,使自己的数据集和本书中显示的名称一致。以下是用户需要替换的名称。

(1) majorUrbanName:此项默认为"Swellendam"(史威兰丹),将其替换为用户自选地区内最主要城镇(市)的名称;

(2) schoolAreaType1:此项默认为"athletics field"(田径场),将其替换为用户自选地区内面积最大的那个多边形的土地利用类型;

(3) largeLandUseArea:此项默认为"Bontebok National Park"(邦特博克国家公园),将其替换为用户自选区域内一个用地面积较大的多边形面;

(4) srtmFileName:此项默认为"srtm_41_19. tif",将其替换为用户自己的 SRTM DEM 文件的文件名;

(5) localCRS:此项默认为"WGS84/UTM 34S",将其替换为用户自选区域的正确 CRS(坐标系统)。

1.3.5 小结

对于刚接触 QGIS 的读者来说,作者推荐直接使用本书自带的数据。一则是因为新手往往不具备自己独立配置数据的能力;二是因为使用自己的数据无法和本书的操作结果进行比对,万一碰到问题很难自己解决。因此,本章 1.3 节的内容仅仅适用于对 QGIS 有一定基础,掌握 QGIS 基本操作的读者。

2 QGIS 主界面基本操作

完成本章的学习后,用户将学会辨认 QGIS 界面中的主要元素,并熟悉其各自的用途。此外本章还会介绍如何在 QGIS 中加载不同数据源的图层。

2.1 加载第一个图层

启动 QGIS 软件,并创建一个用于示例和练习的基本地图。本节是从一个示例地图开始学习。这里要注意,在此练习开始前,应先在电脑中安装好 QGIS,并下载需要使用到的示例数据。根据安装时的设置,可选择通过桌面上的快捷方式或电脑菜单等方式启动 QGIS。另外,也要注意,本书中的截图如无特殊说明均截取于 Windows 环境下运行的 QGIS3. 12。而这可能与用户的安装环境、设置不同,因而在操作的结果显示上有所出入。然而,所有相应的按钮都是可用的,且本书适用于任何操作系统。

2.1.1 地图准备

(1)打开 QGIS,会看见一个全新的空白地图。

(2)数据源管理器(Data Source Manager)对话框会把数据按数据类型排列,选择需要加载的数据类型,使用其加载的数据集:点击数据源管理器(Data Source Manager)图标按钮。如果找不到该图标,请在视图菜单(View)→工具条(Toolbars)菜单中确认数据源管理器(Data Source Manager)工具条是否设为可见(图 2-1)。

(3)加载 protected_areas. shp 矢量数据:

(a)点击矢量(Vector)选项卡;

(b)在源类型中选中文件(File)数据源类型;

(c)点击矢量数据集[Vector Dataset(s)]旁的 ... 按钮;

(d)选择练习数据储存路径下的"exercise_data\shapefile\protected_areas. shp"文件;

(e)点击添加(Add),此时原先的对话框中会显示所选文件的路径(图 2-2);

(f)点击对话框中的添加(Add)按钮后所选的数据已载入:可以在图层(Layers)面板(界面左下方)看到一个名为"protected_areas"的图层,并且其要素显示在主地图中(图 2-3)。

现在拥有了一个基本地图,需要先保存该项目。

(1)点击项目(Project)菜单下的另存为(Save As)按钮。

(2)把地图命名为“basic_map. qgz”并保存在 exercise_data 文件夹旁边的 solution 文件夹中。

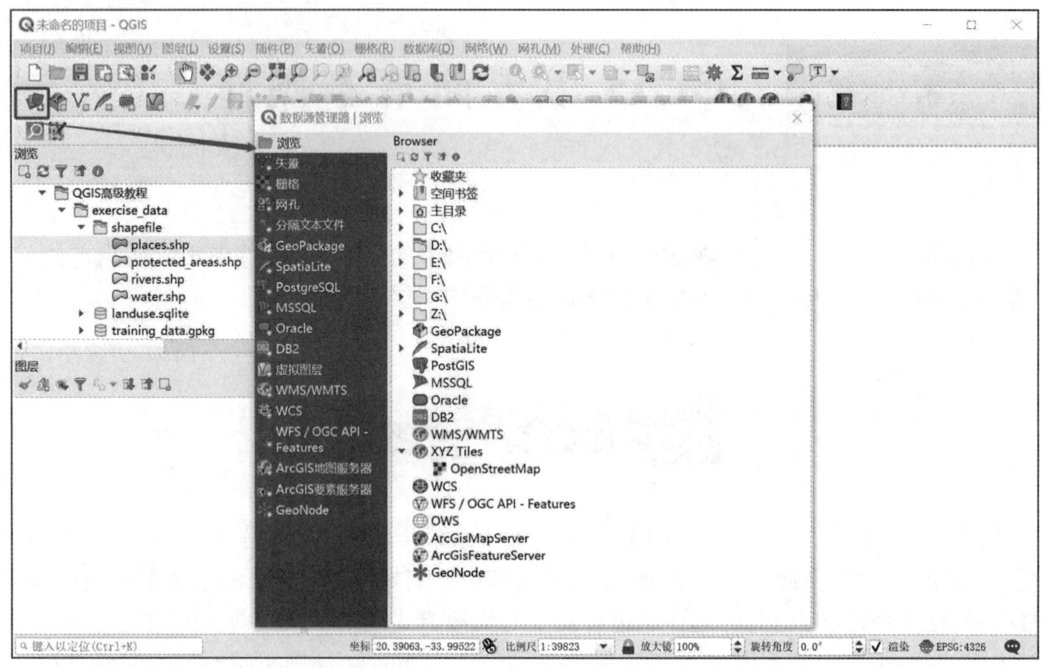

图 2-1 QGIS 的数据管理器

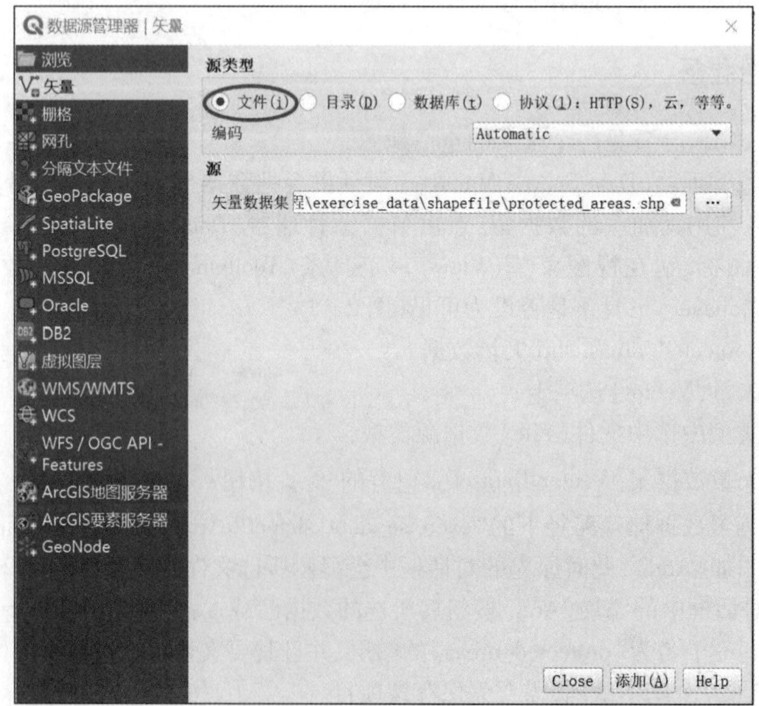

图 2-2 数据源类型设置

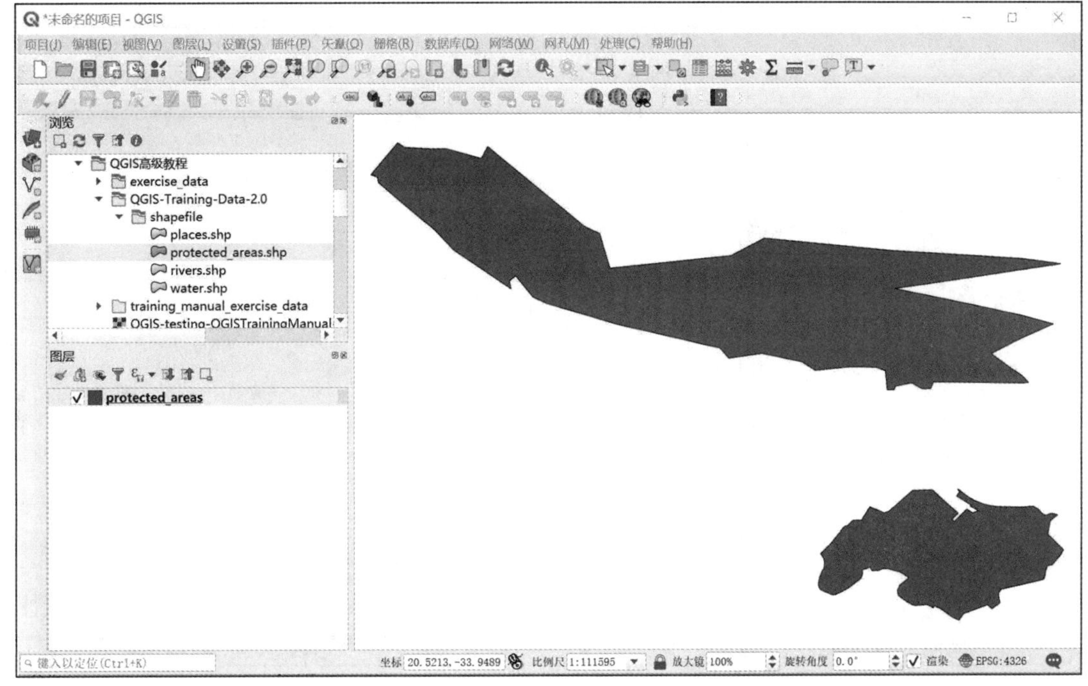

图 2-3　添加 protected_areas 图层

2.1.2 练习

重复以上步骤,在地图中载入同一文件夹(exercise_data\shapefile)下的 places 和 rivers 图层。

请参考附录内容核对结果。

2.1.3 小结

本节已经介绍了如何加载 Shapefile 数据集中的图层并创建基本地图。现在已经初步熟悉了 QGIS 按钮的基础功能,但其他的呢?界面是如何操作的?在继续介绍之前,先来观察一下 QGIS 的整个用户操作界面,这是下节的主题。

2.2 用户界面概况

本节会探索 QGIS 的用户界面,以便熟悉构成界面基本结构的各个菜单、工具条、地图显示区以及图层列表。本节目标是了解 QGIS 的基础用户界面(图 2-4)。

图 2-4　QGIS 主界面

2.2.1 界面基础

图 2-4 标识出的元素分别有以下几个部分。

(1)图层面板。在图层列表栏,可以随时查看所有可用图层。展开折叠的项目(单击旁边的箭头或加号)可查看当前显示图层的更多信息。把鼠标悬停在图层上可查看一些基本信息,如图层名称、几何类型、坐标参考系以及其在设备上的完整储存路径。右键点击一个图层可调出包含更多选项的菜单,接下来很快就会用到其中的一些选项。

这里要特别注意,单个矢量图层是一个数据集,通常会是特定一个种类的地物,例如道路、树木等。矢量图层可以由点、线或多边形组成。

(2)菜单和工具条。一般最常用的工具集都可以添加到 QGIS 默认工具栏中。例如,使用默认工具栏的文件(File)工具栏可以保存、加载、打印和启动新项目。可以按需要通过视图(View)→工具栏(Toolbars)菜单添加或删除工具集,进行界面定制,仅保留最常用的几个工具栏。

即使有些工具集在工具栏中没有显示,仍可以通过菜单访问所有工具。例如,如果删除了文件(File)工具栏[其中包含保存(Save)按钮],仍然可以通过点击项目(Project)菜单中的保存(Save)按钮以保存地图。

(3)地图显示区。这是显示地图以及载入图层的地方。在地图画布中可以对可用的图层进行交互操作,如放大/缩小、移动地图、选择功能等,这在下一节中会进行深入介绍。

(4)状态栏。显示当前地图的信息,方便调整地图比例和地图旋转,并查看鼠标光标所

在地图上的坐标。

(5)侧方工具栏。默认情况下,侧方工具栏包含加载图层的按钮和创建新图层的所有按钮。但用户可以把所有工具栏移动到更顺手的地方。

(6)搜索定位栏。在此栏中,可以访问 QGIS 的几乎所有对象:图层、图层要素、算法、空间书签等。详情可查阅 QGIS 用户手册 locator_options 一节中的所有的各种不同选项介绍。

(7)数据浏览器。QGIS 数据浏览器是 QGIS 中的一个面板,使用它可以轻松地进行数据浏览。可以访问常见的矢量文件(例如 ESRI 的 Shapefile 或 MapInfo 文件)、数据库(例如 PostGIS、Oracle、SpatiaLite、GeoPackage 或 MySQL Spatial),WMS / WFS 等网络地图服务。此外还可以查看 GRASS 数据。如果已经保存过一个项目,浏览器面板还会在项目主文件(Project Home)选项下提供快速访问所有存储在工程文件同一路径下的所有图层。此外,还可把一个或多个文件夹加入到“收藏”项:在路径下搜索需要收藏的文件夹,右键点击并选择添加到收藏。然后就可以在收藏夹 ☆ (Favorites)选项卡下找到收藏的文件夹。有时加入收藏夹的文件夹的名字可能非常长,不过这个不用担心,可以右键点击收藏路径,并选择重命名收藏夹(Rename Favorite...)对文件进行重命名。

2.2.2 练习 1

试着不参考上文的图表,在自己的屏幕中辨认出上面列出的 7 个 QGIS 部件。看看能不能认出它们的名称和功能。在接下来的教程部分,你会随着实际操作更加熟悉这些元素。

请参考附录内容核对结果。

2.2.3 练习 2

试着在屏幕上找到图 2 - 5 所示的工具。它们的用途分别是什么?

图 2 - 5 QGIS 的工具练习

注意:如果以上工具中有在屏幕中找不到的,请尝试把那些当前隐藏的工具集设为可见。同时还请留意当屏幕上没有足够空间容纳工具栏时,有的工具集会呈缩略状态而隐藏了其包含的某些工具。可以通过点击任何缩略的工具集的右方向双箭头按钮查看被隐藏的工具。同时,还可以通过把鼠标悬停在任意工具上查看该工具的名称和使用说明。

请参考附录内容核对结果。

2.2.4 小结

现在已经对 QGIS 的界面运作基本了解,可以使用可用的工具开始完善自己的地图了。这会是下章的主要内容。

3 地图设计

本章会创建一个在后续课程中用到的基本地图,用来进一步演示 QGIS 的功能。

3.1 矢量数据操作

矢量数据可以说是在 GIS 的日常使用中最常见的数据类型。矢量模型使用点、线和多边形(对于 3D 数据,还包括表面和体积)表示地理特征的位置与形状,而它们的其他特征作为属性存储(在 QGIS 中一般以表格形式呈现)。它通常用于存储离散的要素,例如道路和城市街区。矢量数据集中把对象称为要素,承载描述其位置和属性的数据。本节的目标是认识矢量数据的结构,以及如何在地图中加载矢量数据集。

3.1.1 查看图层属性表

属性数据查看的重点是需要知道待处理的数据不仅表示了地物的空间位置在哪里,还告诉用户它们是什么。在此前的练习中已经在地图中载入了 rivers 图层,现在看见的线条便是河流所在的位置,这就是空间数据。可以通过在图层面板中选择 rivers 图层并点击 按钮查看这个图层的所有可用数据。

然后就可以看到包含更多关于 rivers 这个图层数据的二维表格,即该图层的属性表(图 3-1)。如果把表中的每一行称作一条记录,其对应表示一个河流要素;每一列则称作一个字段,对应河流的某项特征;每一单元格对应表示一个属性。

这些定义在 GIS 中经常用到,所以必须非常熟悉这些功能。

3.1.2 浏览矢量数据的属性

(1)在 rivers 图层中有多少个字段?

(2)请简述数据集中类型为 town 的地点的相关信息。

请参考附录内容核对结果。

3.1.3 从 GeoPackage 加载矢量数据

数据库可以是用户在一个文件中存储大量互相关联的数据。读者可能对数据库管理系统(DBMS)诸如 Libreoffice Base 或 MS Access 已经比较熟悉了,GIS 软件也可以充分运用数

rivers :: 要素总计：19，过滤了：19，选中：0

	full_id	osm_id	osm_type	name	name_af	name_en	waterway
1	w87331020	87331020	way	Leeu River	*NULL*	*NULL*	river
2	w137476077	137476077	way	Breede River	Breërivier	Breede River	river
3	w195831727	195831727	way	Breede River	Breërivier	Breede River	river
4	w30039319	30039319	way	Breede River	Breërivier	Breede River	river
5	w30180579	30180579	way	Breede River	Breërivier	Breede River	river
6	w31079528	31079528	way	Breede River	Breërivier	Breede River	river
7	w47884047	47884047	way	Koornlands	*NULL*	*NULL*	river
8	w24769485	24769485	way	Breede River	Breërivier	Breede River	river

显示所有要素

图 3-1　QGIS 的属性表

据库。GIS 空间数据库管理系统(如 PostGIS)会带有一些额外功能,因为它需要处理的是空间数据。

GeoPackage 开放格式是一个允许将 GIS 数据(图层)存储在单个文件里的容器。不同于 ESRI Shapefile 格式(例如之前载入的 protected_areas. shp 数据),单个的 GeoPackage 文件可以容纳不同坐标系统下的多个种类的数据(矢量、栅格数据均可),同时还可以存储不包含空间信息的表格。所有这些特点可以让用户轻松共享数据而避免文件冗余。

要从 GeoPackage 中载入图层,首先需要创建关联:

(1)点击数据源管理器(Data Source Manager)按钮。

(2)点击左侧的 GeoPackage 选项卡。

(3)点击新建(New)按钮并浏览查找此前下载的 exercise_data 文件夹中 training_data. gpkg 文件。

(4)选中该文件并点击 Open 按钮。此时这个文件路径已经加入到 GeoPackage 关联列表,同时显示在下拉菜单中了。

现在就可以加载这个 GeoPackge 文件里的任何图层了。

(1)点击连接(Connect)按钮,此时在窗口的中间位置看到该 GeoPackage 文件中存储的所有图层的列表。

(2)选中 roads 图层并点击添加(Add)按钮(图 3-2)。此时名称为 roads 的图层已经加载到了图层控制面板中,且里面包含的要素也已显示在了地图显示区上。

(3)点击 Close 按钮。

现在已经成功加载了首个 GeoPackage 中的图层。

3.1.4 用浏览器加载 SpatiaLite 中的矢量数据

QGIS 也支持对许多其他数据库的访问。和 GeoPackage 数据库一样,SpatiaLite 数据库也是 SQLite 库的扩展。加载 SpatiaLite 中的图层遵循和上文所述相同的规则:创建关联→启

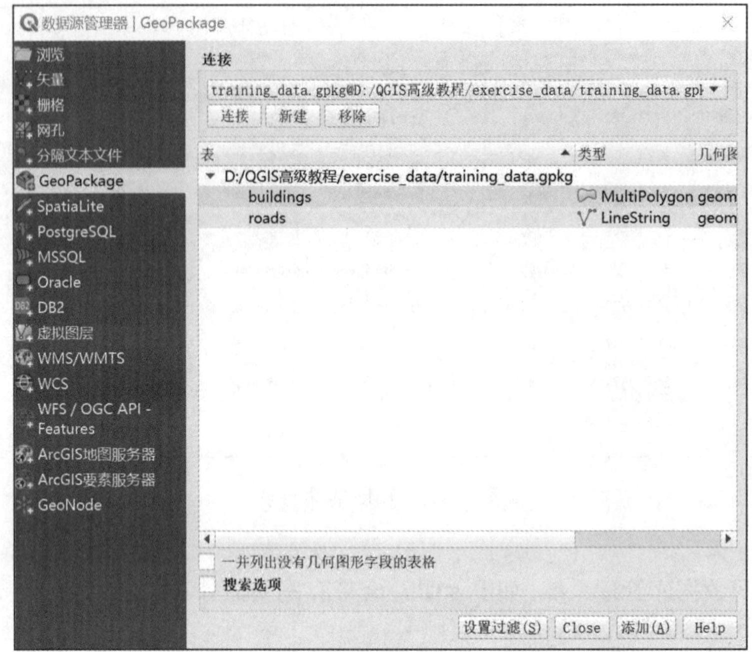

图 3－2　QGIS 连接 GeoPackage 数据库

用→加载图层。但这只是在地图中加载 SpatiaLite 数据的其中一种方法，现在来看另一个更方便地加载数据的方法为通过数据浏览器加载。

(1)点击数据源管理器(Data Source Manager)图标打开对话框。

(2)点击浏览器(Browser)选项卡。

(3)在此选项卡中，可以看到关联计算机的所有存储磁盘，以及左侧大多数选项卡的条目。这可以快捷访问已关联的数据库或文件夹。

例如，点击 GeoPackage 旁的下拉图标会看见刚才已关联过的 training_data. gpkg 文件(如果展开该数据库来看，还会看到里面的图层)(图 3－3)。

(4)右键点击 SpatiaLite 条目并选择新建连接(New Connection…)。

(5)导航到 exercise_data 文件夹，选中 landuse. sqlite 这个文件并点击 Open 按钮。此时可以发现 SpatiaLite 的条目下新增了一个名为"landuse. sqlite"的条目。

(6)展开 landuse. sqlite 条目。

(7)双击 landuse 图层或选中并拖放至地图显示区，此时该图层会加载到图层面板中，且里面包含的要素也已显示在了地图上。

提示 1：也可以在视图(View)→面板(Panels)里启用浏览器(Browser)面板，并用它来加载数据。这是数据源管理器(Data Source Manager)→管理器(Browser)的快捷操作，功能相同。

提示 2：请记得多保存自己的工程项目。项目文件不存储项目中的任何数据，但它会记录在地图中加载了哪些图层。

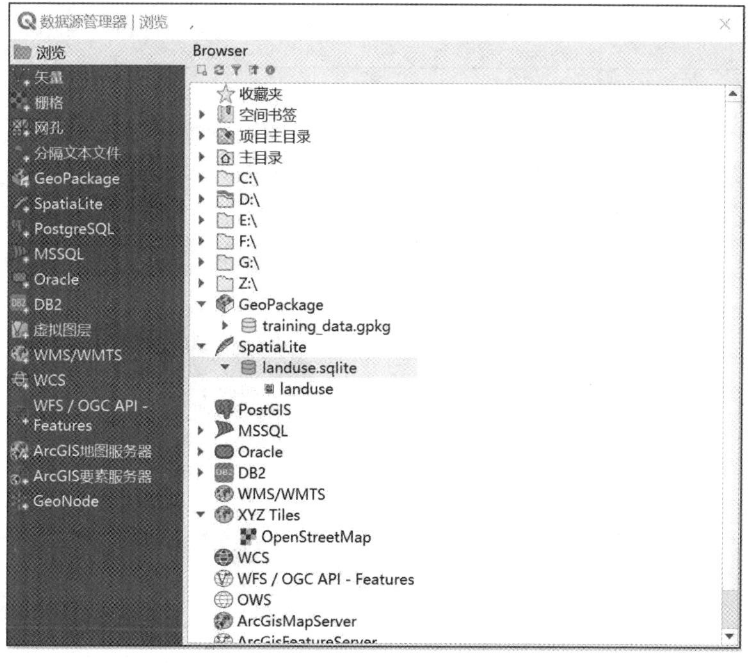

图 3－3　QGIS 访问 SpatiaLite 数据库

3.1.5　练习

尝试加载更多矢量数据，使用上文所述的方法加载 exercise_data 文件夹中的 buildings 和 water 数据集。

请参考附录内容核对结果。

3.1.6　对图层进行重新排序

图层列表中的图层都是以一定的顺序在地图上显示的。排在最下方的图层绘制在最底层，排在最上方的图层则绘制在最表面一层。通过变更它们在列表上的排序，可以改变它们的显示顺序，也可以使用“图层顺序”面板下的“渲染顺序控制”复选框来更改此行为。本节对此功能暂不讨论。

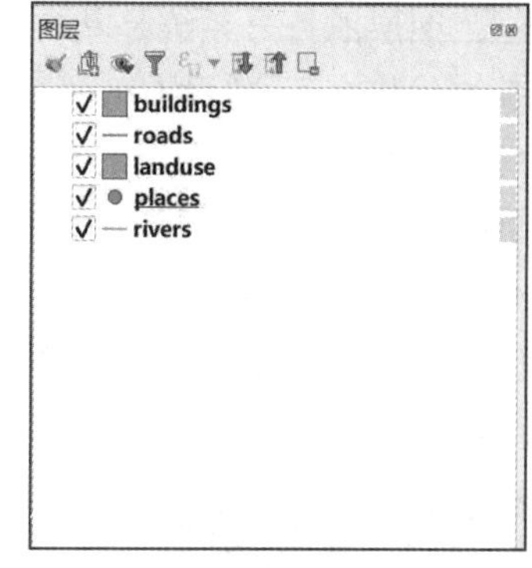

图 3－4　图层重排序

在这个阶段，加载好的地图图层的排序可能不合逻辑。道路图层有可能因为其他图层位于其上方而被完全遮挡。如图 3－4 这样的图层排序，会导致道路和地点被遮盖，因为它们显示在一些城市区域下方。解决方法：①在图层列表上点击并拖拽图层；②把它们如图 3－5 所示进行重新排序。这样就会看到现在的地图看上去更合理了，道路和建筑物都显示在了土地利用区域上方。

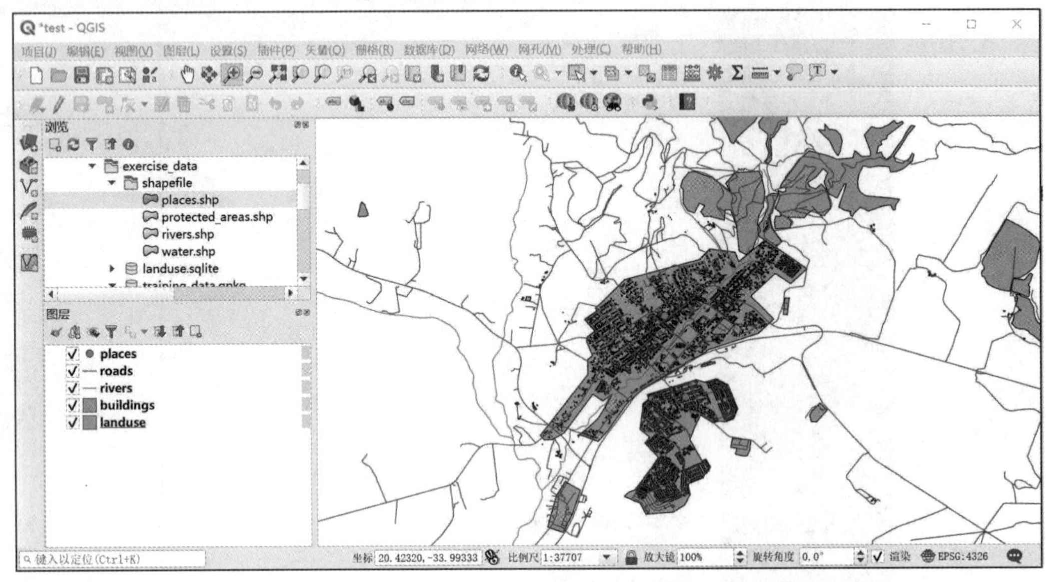

图 3-5 重排序之后各图层叠加显示效果

3.1.7 小结

本节介绍了从不同的来源加载所需的图层。但是，加载图层时的随机配色方案得到的地图可能不是那么方便阅读。下节将介绍用户自定义地图的颜色和符号。

3.2 符号系统

图层的符号系统是其在地图上的视觉表现。与表现空间数据的其他方式相比，GIS 的基本优势在于，借助 GIS 可以把使用的数据以动态、直观的方式表现。因此，地图的视觉表现（这由每个独立图层的视觉表现所决定）非常重要，并且能使地图使用者可以轻松、清晰地看出地图表现的内容。同样重要的是，能够在使用数据时解译数据，良好的符号系统会对此有很大帮助，换言之，地图的符号系统并非多余或锦上添花。实际上，它对于使用 GIS，以及生产出人们能够使用的地图和信息都非常必要。本节的目标是学会按自己的想法为任何矢量图层定制符号。

3.2.1 更改颜色

变更一个图层的符号首先要打开它的图层属性（Properties）对话框。先从更改 landuse 图层的颜色开始：

(1)在图层列表上右键点击 landuse 图层。

(2)在出现的菜单里选择属性(Properties…)选项;默认情况下,还可以通过双击图层列表里的图层打开图层属性;也可以通过图层面板左上角第一个按钮打开图层样式(Layer Styling)面板对图层的某些属性进行更改。默认情况下,更改会实时反映在地图上。

(3)在图层属性(Layer Properties)对话框中选择符号化(Symbology)选项卡(图 3-6)。

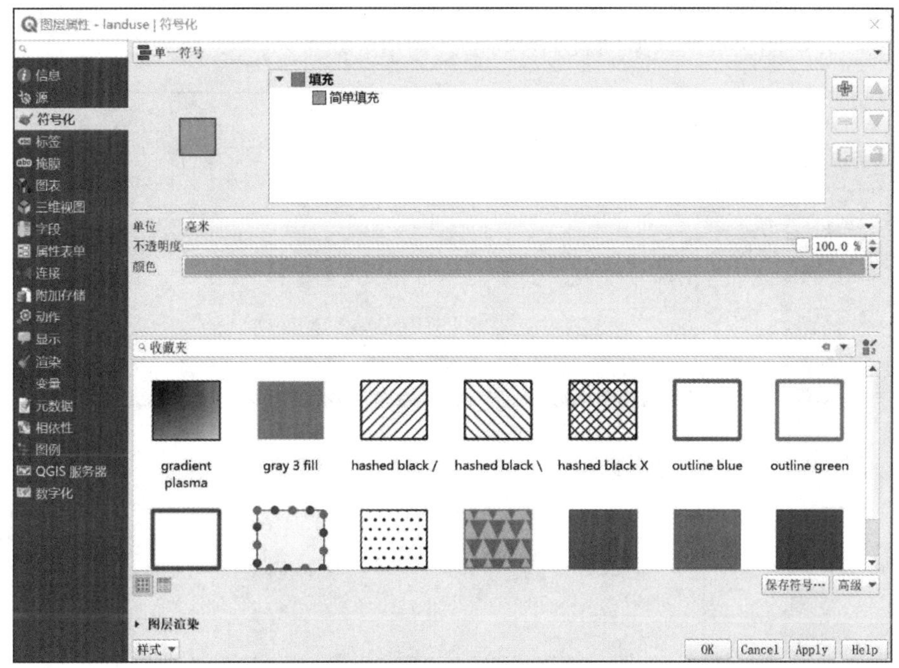

图 3-6 QGIS 的符号化选项卡

(4)点击颜色(Color)标签旁的颜色选择按钮,打开一个标准的颜色选择对话框。

(5)选择灰色,然后点击 OK 按钮。

(6)在图层属性(Layer Properties)窗口中再次点击 OK 按钮,此时会看到颜色的变更已经应用到了图层上。

3.2.2 练习

把 water 图层的颜色换成浅蓝色。尝试用图层样式(Layer Styling)面板,而不是图层属性(Layer Properties)菜单。

请参考附录内容核对结果。

3.2.3 符号

到目前为止,各种符号设置都比较简单,但是图层的符号不仅限于颜色。接下来,要消除不同土地利用区域之间的线条,使地图看起来不那么混乱。

(1)打开 landuse 图层的图层属性(Layer Properties)窗口;在符号化(Symbology)选项卡

中会看到与之前一样的对话框。

(2)在符号层树中,展开填充(Fill)下拉菜单,然后选择简单填充(Simple Fill)选项。

(3)单击描边样式(Stroke Style)下拉列表,此时,它应当会显示出一条短线和实线(Solid Line)的字样。

(4)将其更改为不显示画笔(No Pen)。

(5)点击 OK 按钮(图 3-7)。

现在 landuse 图层里的区域间就不会再有任何边界线了。

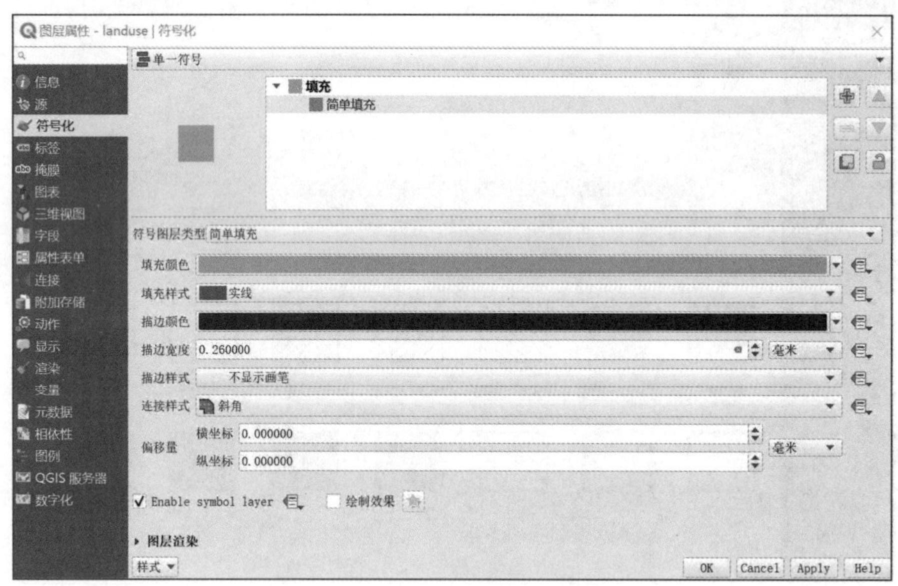

图 3-7　landuse 面图层的符号设置

3.2.4 练习

(1)再次更改 water 图层的符号,给它加上一条深蓝色的外轮廓线。

(2)更改 rivers 图层的符号,使它呈现为更合理的水体。

可以使用图层面板左上角的打开图层样式面板(Open the Layer Styling panel)按钮实时查看变更情况。该面板还允许在符号化图层时撤销单个更改。

请参考附录内容核对结果。

3.2.5 根据比例尺设置图层可见性

用户有时会发现某个图层不适合在给定的比例尺显示。例如,一个包含所有大洲的数据集细节可能不足,在街道一级也不是很准确。出现这种情况时,就可能需要在不合适的比例尺下隐藏某些数据。而在本例中可以在小比例尺下把建筑物设为隐藏(图 3-8)。

图 3-8 实用性其实不高,那些建筑物在当前比例尺下很难辨认,可以通过启用基于比例尺的渲染增加其实用性(图 3-9):

(1)打开 buildings 图层的图层属性对话框。

(2)激活渲染(Rendering)选项卡。

(3)通过点击比例相关的可见性(Scale Dependent Visibility)的复选框启用基于比例尺渲染。

(4)把 Minimum(最小)值设定为 1∶10 000。

(5)点击 OK 按钮。

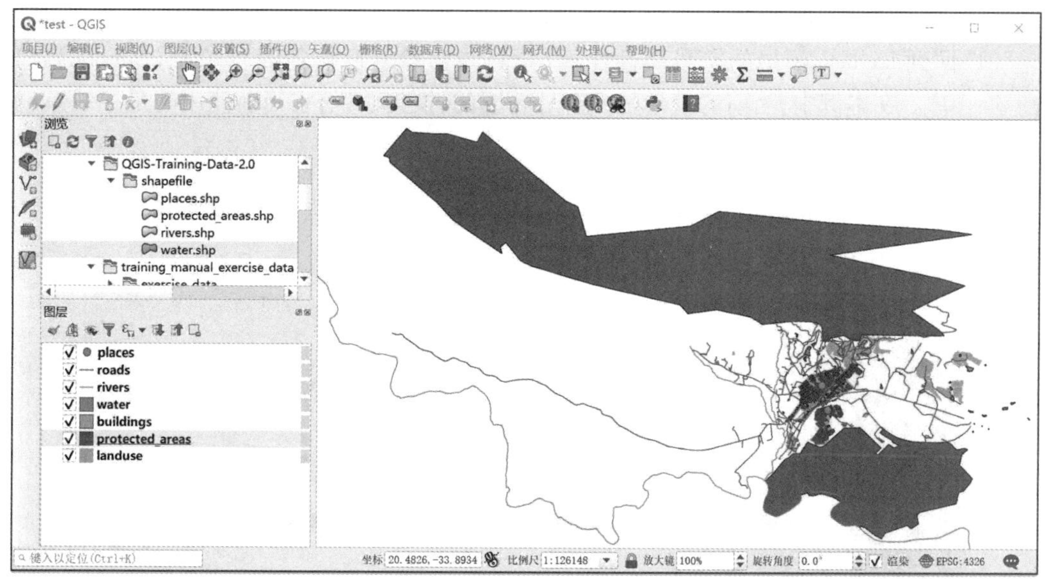

图 3-8　根据比例尺设置图层可见性之前的效果

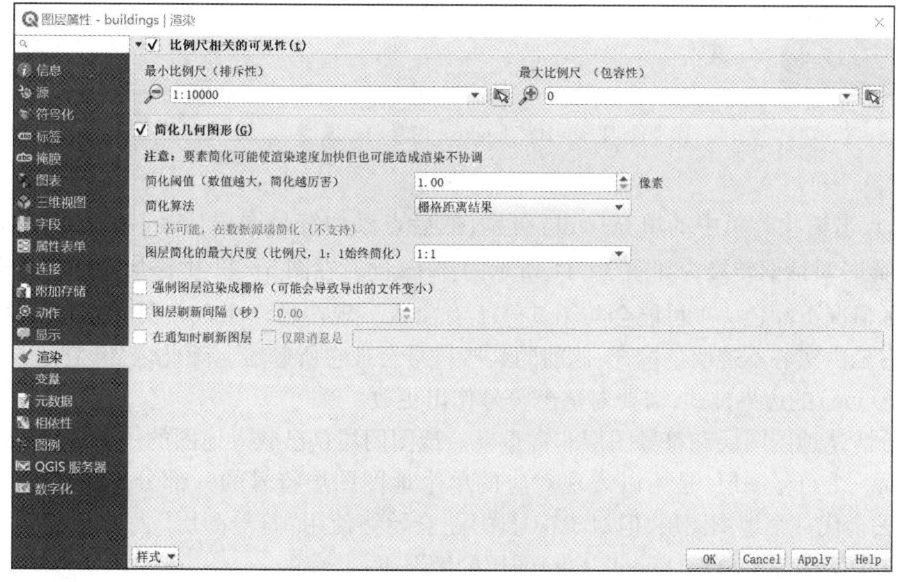

图 3-9　根据比例尺设置图层的可见性

通过放大和缩小地图来测试其效果，可以留意一下建筑物图层何时消失，何时又重新出现，也可以用鼠标滚轮放大地图，或者使用缩放工具缩放到窗口控制地图缩放。

3.2.6 添加符号图层

前面已经介绍了如何简单地变更图层符号，接下来创建更为复杂的符号。这在 QGIS 里可以通过使用符号图层来实现。

(1)回到 landuse 图层的符号属性面板[通过点击符号层树的简单填充(Simple Fill)](图 3-10)。在本例中，当前的符号是没有外轮廓的，换句话说，它当前使用的是无线条(No Pen)的边界样式。

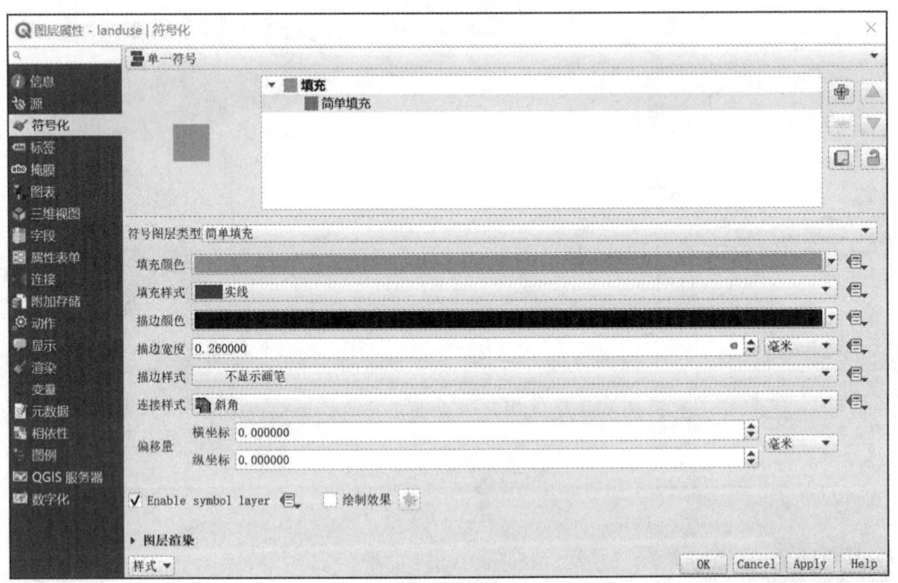

图 3-10 landuse 图层符号属性

(2)点击树状菜单中的填充(Fill)级别，然后点添加符号图层(Add symbol layer)按钮(✚)。此时对话框转换为如图 3-11 所示的样子，同时在图 3-11 中添加新的符号图层。

实际情况下颜色一项可能会与图 3-11 有出入。现在已经生成了另一层的符号图层，而鉴于它是由实心不透明色填充，此前的某些符号会被它所遮盖。除此之外，它还设置了实线(Solid Line)的边界样式，需要对这个符号作出更改。

区分清楚地图图层和符号图层非常重要。地图图层是已载入地图的一个矢量(或栅格)数据。而一个符号图层，是用以表现对应的单个地图图层符号的一部分。在本节中，会用“图层”去指代一个地图图层，但对于符号图层，会始终使用“符号图层”去进行表达，避免混淆。在选中新的简单填充(Simple Fill)图层的情况下：

(1)跟之前一样，把边界样式设置为无线条(No Pen)。

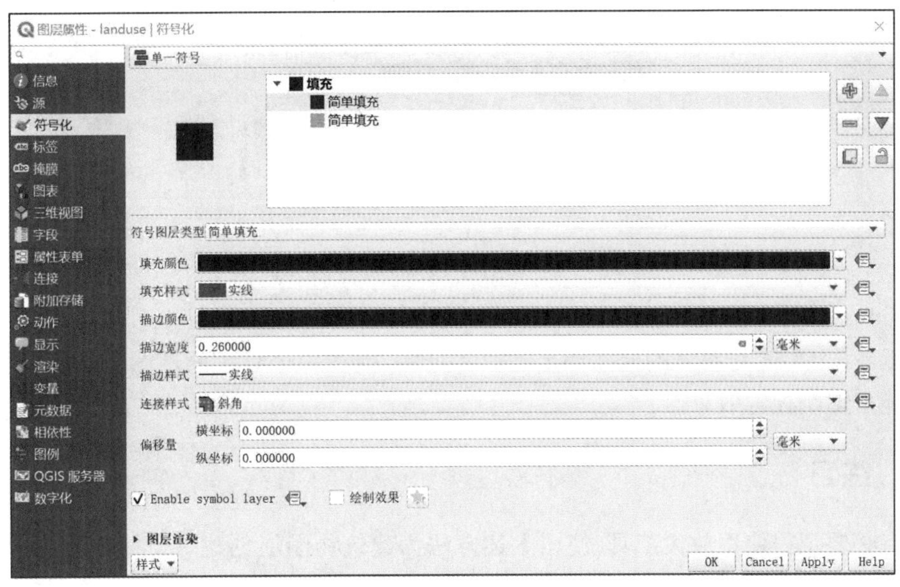

图 3-11　添加新的符号图层

(2)把填充样式更改为除了实心(Solid)和无填充(No Brush)以外喜爱的其他样式,如图 3-12 所示。

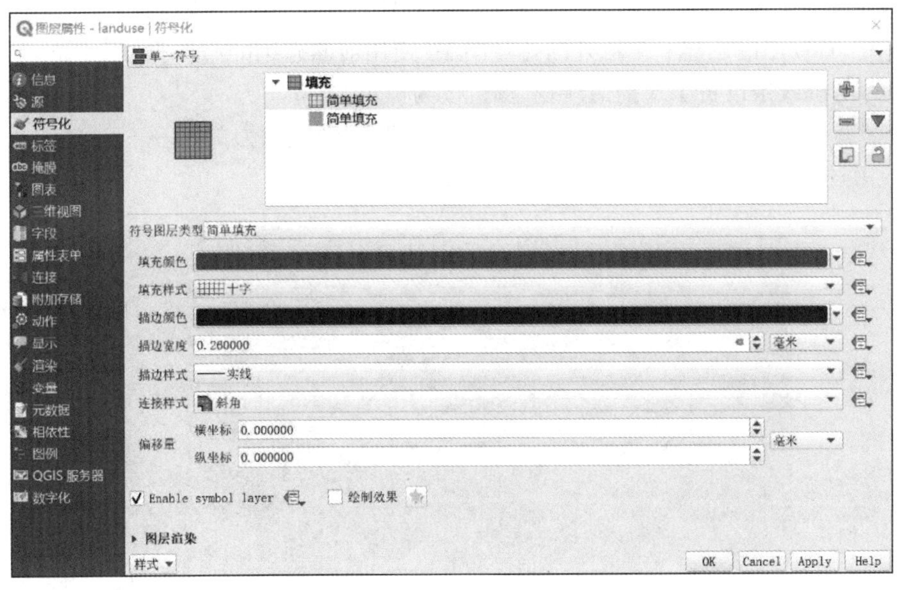

图 3-12　修改符号图层的填充样式

(3)点击 OK 按钮。现在可以查看结果并根据需要对其进行调整,也可以添加多个额外的符号图层,并以此方式为图层创建出一种纹理(图 3-13)。

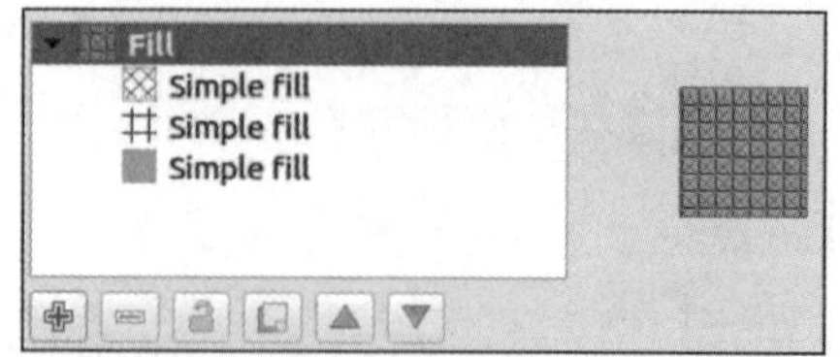

图 3-13 多个符号图层叠加效果

可以看出 QGIS 对符号的修改和定制非常灵活,但在一个真正的地图里,同时用太多种颜色可能会影响视觉效果。

3.2.7 练习

如有必要记得使用放大工具,使用上述方法为建筑物图层创建一个简单且看起来让人觉得舒服的纹理。

请参考附录内容核对结果。

3.2.8 符号等级的设置

渲染符号图层时,它们也会按顺序渲染,类似于多个不同地图图层的渲染方式。这意味着在某些情况下,一个符号体系中包含多个符号图层可能会导致意外结果。

(1)为 roads 图层创建一个额外的符号图层(使用前面介绍的添加符号图层的方法)。

(2)为基础线条设置 1.5 描边线宽,颜色设为黑色。

(3)为新创建的、处于最上层的图层设置 0.8 线宽,颜色设为白色。

通过上述步骤会得到如图 3-14 所示的结果。

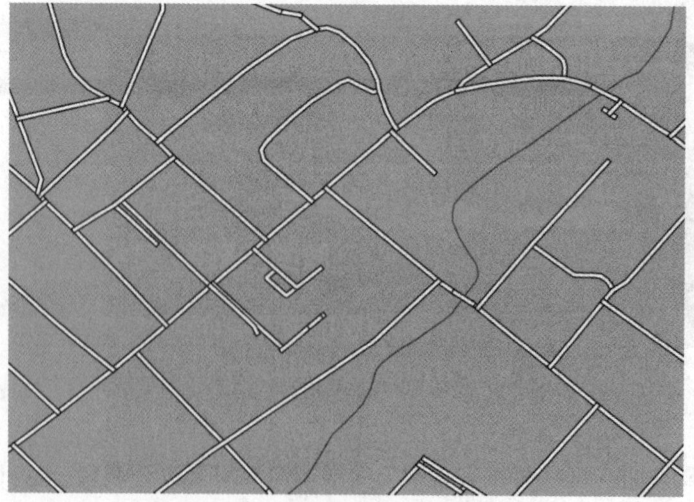
图 3-14 不同线宽的叠加效果

现在道路图层生成了一套视觉观感像 street 的符号，可以看到，那些线条在交会的地方互相覆盖，看起来还不太理想。要避免这样的情况，可以对符号级别进行排序，从而控制不同符号图层的渲染顺序。编排符号图层顺序的步骤如下：

(1)在符号层树里选中最上层的线状(Line)图层(图 3－15)。

(2)在窗口的右下角依次点击高级(Advanced)→符号等级(Symbol Levels…)。

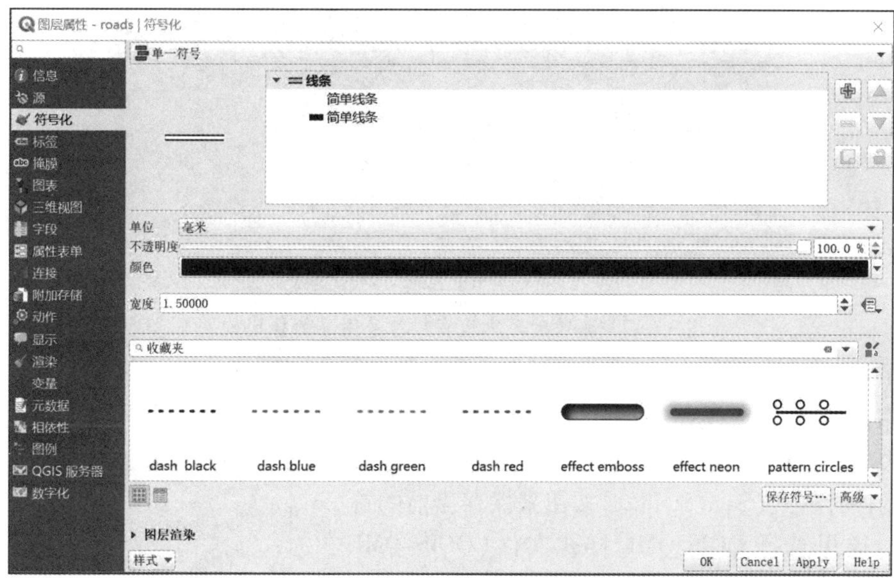

图 3－15 配置线符号的各图层属性

此时，界面会弹出如图 3－16 所示的窗口。

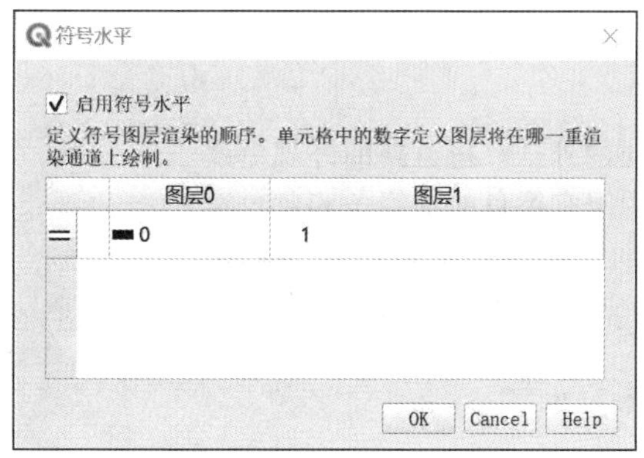

图 3－16 设置线符号图层的叠置次序

这样设置可以使白线在粗黑色线条轮廓上方进行渲染。

(3)点击两次 OK 按钮返回地图显示界面。此时地图状态如图 3－17 所示。

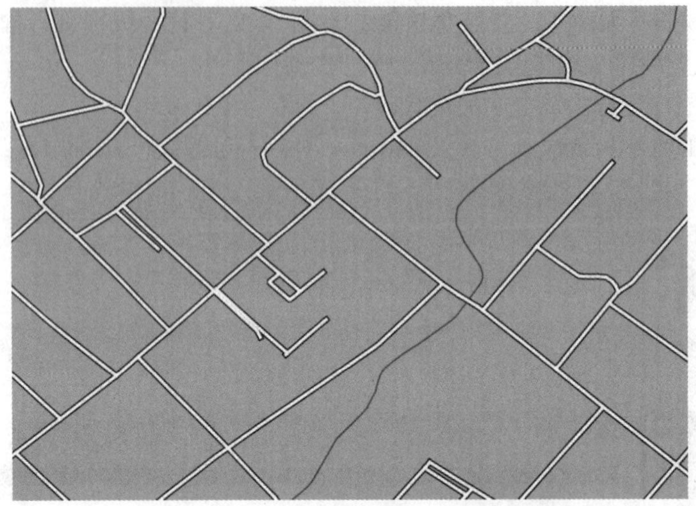

图 3－17　修改后不同线宽线符号图层的叠置效果

操作完成后，记得保存符号，以免将来再次更改符号时丢失本次操作结果。可以通过点击图层属性对话框下方的保存样式（Save Style...）按钮来保存当前的符号样式。这里选择 QGIS QML 样式文件（QGIS QML Style File）的格式保存数据（图 3－18）。

把样式保存在 solution\styles\better_roads. qml 文件夹下。可以随时点击加载样式（Load Style...）按钮加载先前保存过的样式。更改样式之前要注意被替换的所有未保存样式都会丢失。

保存图层样式
保存样式 作为QGIS QML样式文件
文件
类别
字段
表单
动作
地图提示工具
图表
表格属性设置
渲染
自定义属性
几何图形选项
关系
OK Cancel Help

图 3－18　QML 样式文件存储

3.2.9　练习 1

再次更改 roads 图层的外观。把道路的外观更改为带有淡灰色的轮廓，中间有黑色的细线条和黄色窄线条（图 3－19）。这里可能需要通过高级（Advanced）→符号等级（Symbol Levels...）对话框来改变图层的渲染顺序。

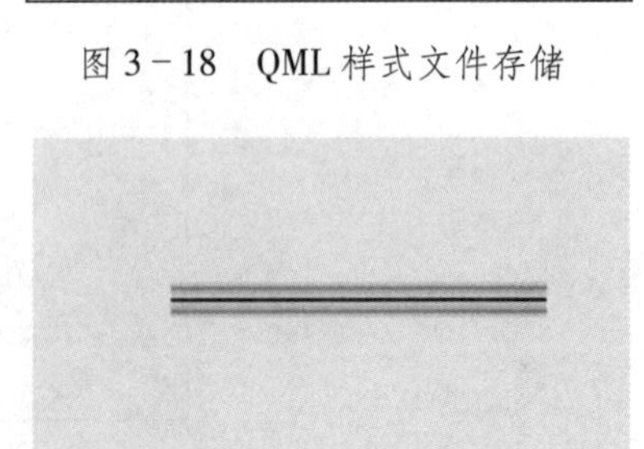

图 3－19　roads 图层的符号化效果

请参考附录内容核对结果。

3.2.10　练习 2

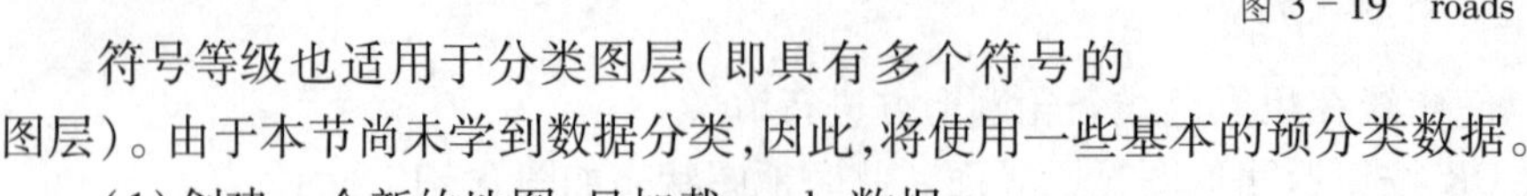

符号等级也适用于分类图层（即具有多个符号的图层）。由于本节尚未学到数据分类，因此，将使用一些基本的预分类数据。

（1）创建一个新的地图，只加载 roads 数据。

(2)加载 exercise_data/styles 路径下的 advanced_levels_demo. qml 样式文件。

(3)放大到 Swellendam 区域。

(4)使用符号图层,确保各层的轮廓相互匹配,如图 3 - 20 所示。

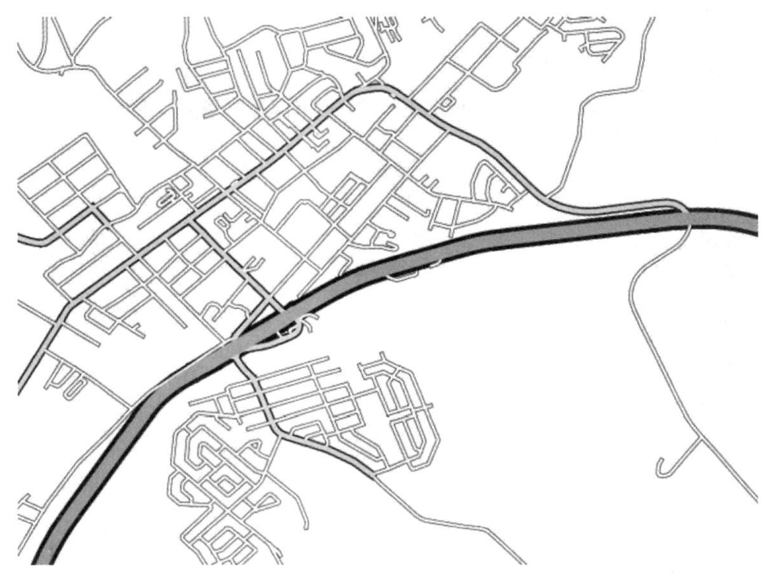

图 3 - 20　roads 图层符号的更高级配置

请参考附录内容核对结果。

3.2.11　符号图层样式设计

除了设置填充颜色和使用预定义的图案外,还可以使用完全不同的符号图层样式。目前为止,本书介绍的样式只有简单填充(Simple Fill)一种。更高级的符号图层样式会允许用户进一步自定义符号。每种矢量类型(点、线、多边形面)都有其各自的符号图层样式集。首先来看适用于点状数据的样式。

3.2.11.1　点状符号图层样式

(1)关闭除 places 外的所有图层。

(2)更改 places 图层的符号属性,如图 3 - 21 所示。

(3)通过在符号层树中选择简单标记(Simple marker)层,然后单击符号层样式(Symbol layer type)下拉列表(图 3 - 22),可以访问各种符号层样式。

(4)研究各个选项,选择认为合适的带有样式的符号。

(5)如果对选择不太确定,可以使用大小(Size)为 3. 00,线宽(Stroke width)为 0. 5 的带有白色边框和浅绿色填充的圆形简单标记(Simple marker)。

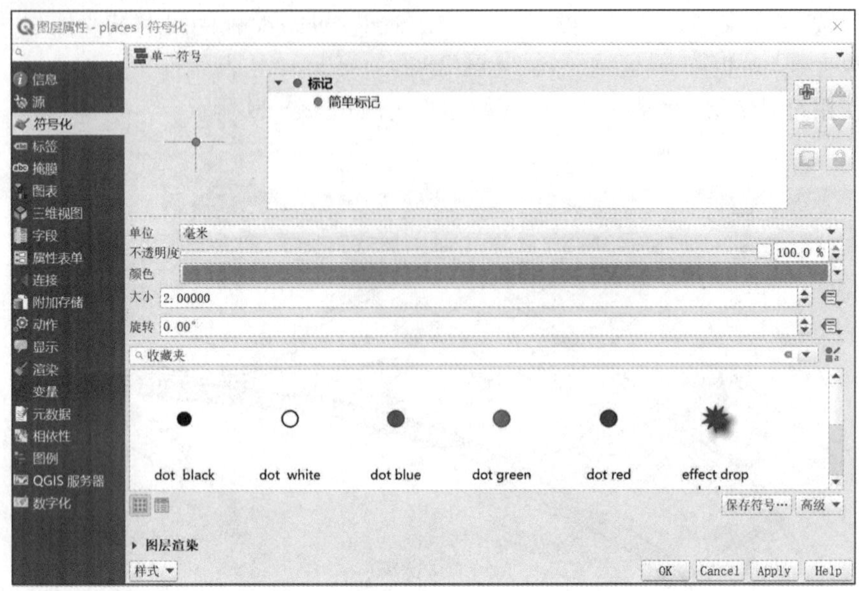

图 3－21　places 图层符号化设置

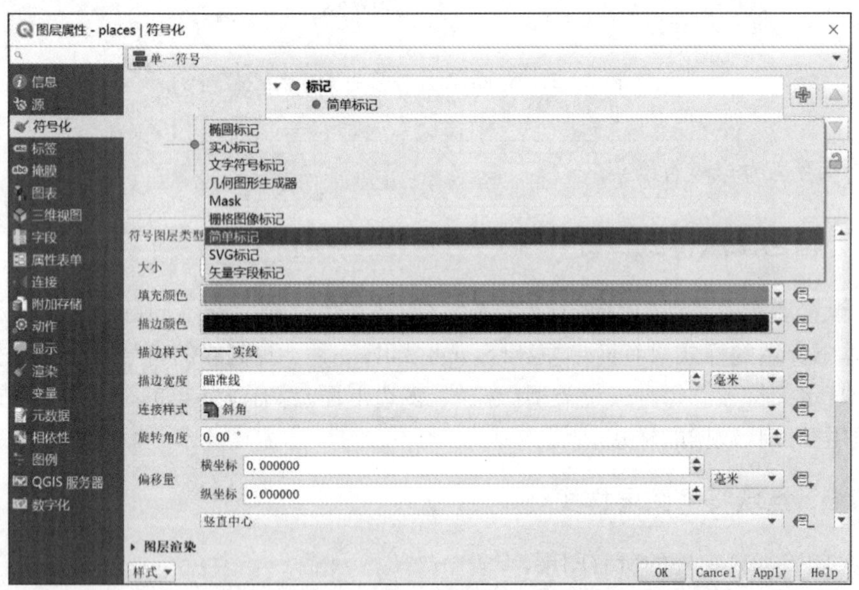

图 3－22　places 点图层不同的符号样式

3.2.11.2　线状符号图层样式

查看各种适用于线状数据选项的步骤如下：

(1)把处于 roads 图层最上层的符号图层样式(Symbol layer type)更改为线状标记(Marker line)，如图 3－23 所示。

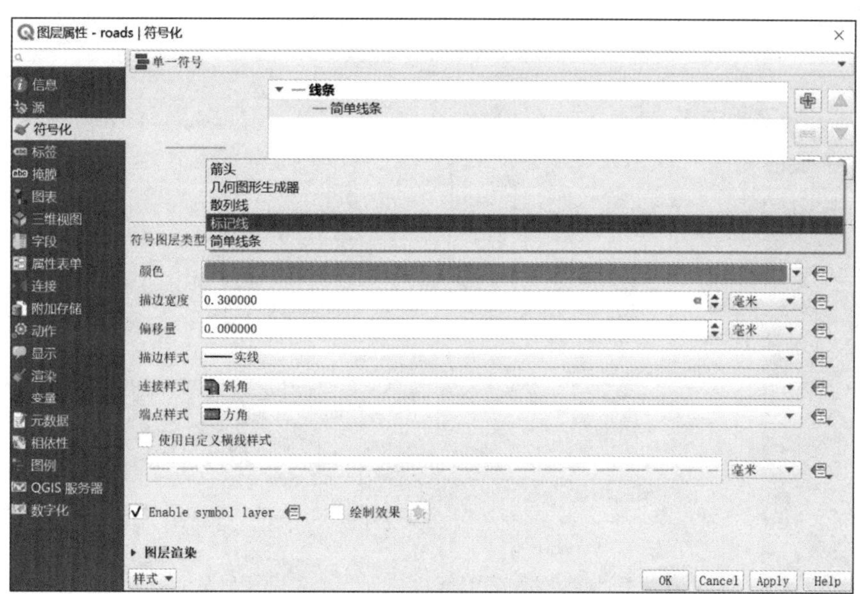

图 3－23　roads 线图层不同的符号样式

(2)在符号层树里选择简单标记(Simple marker)图层。把符号属性更改为如图 3－24 所示的状态。

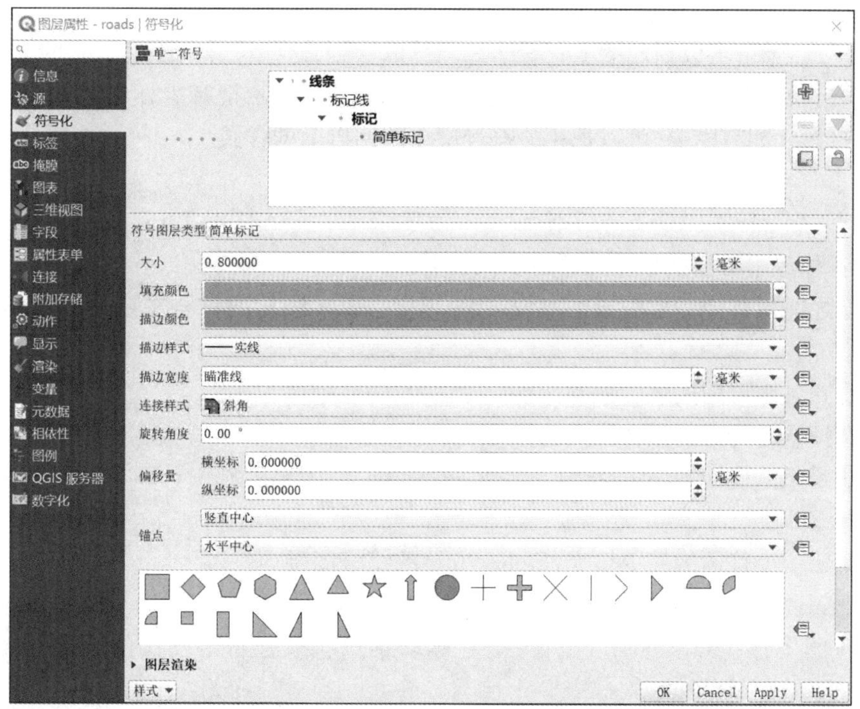

图 3－24　roads 图层标记线符号中标记点的修改和定制

(3)选择标记线(Marker line)图层并把标记线间隔更改为1.00(图3-25)。

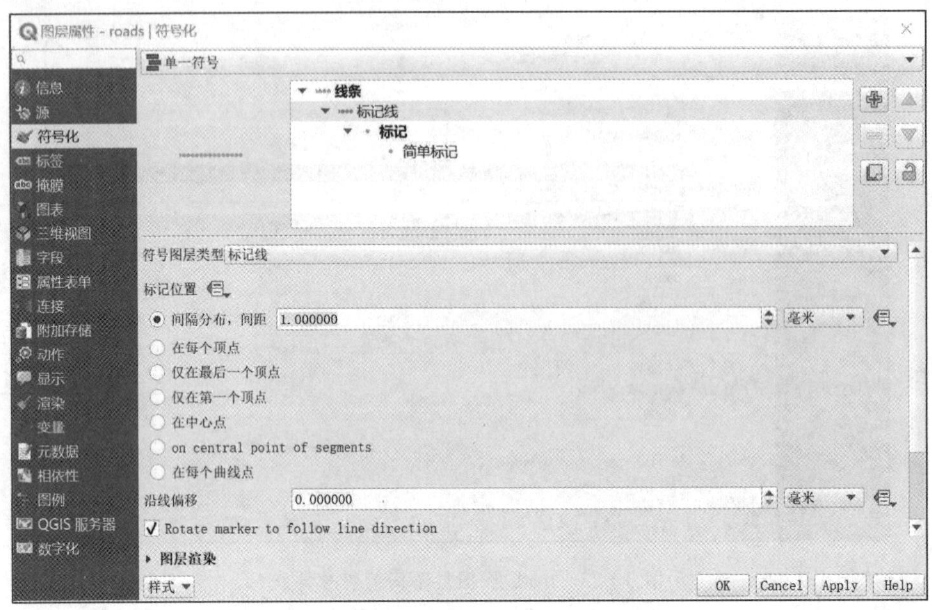

图3-25 roads图层的标记线符号的修改和定制

(4)在应用本样式前确认符号级别是否准确[通过前面所用过的高级(Advanced)→符号级别(Symbol Levels...)对话框查看]。

应用样式之后,可以在地图上查看结果。可以看到,这些符号会随着道路的变化而改变方向,但不会始终沿着道路形状弯曲。在某些情况下这样显示很有用,但某些用途下则看起来不那么自然。如有需要,可以把相关符号层更改回以前的样式。

3.2.11.3 面状符号图层样式

查看各种适用于面状数据选项的步骤如下:

(1)像之前对其他图层进行的操作一样,更改water图层的符号图层样式(Symbol layer type)。

(2)研究各个可用选项。

(3)选择认为合适的带有样式的符号。

(4)如果无法确定选择的符号,可以应用如图3-25和图3-26所示的点图案填充(Point pattern Fill)。

(5)新建一个普通的简单填充(Simple fill)的符号图层。

(6)把颜色设置为同样的带较深蓝色轮廓的浅蓝色。

(7)使用下移(Move down)按钮,把它移动到点状纹样符号图层的下层,如图3-28所示。

通过上述步骤,结果为水体图层加上了带纹理的符号体系,好处是现在可以随意调整组成纹理的每个独立的点的大小、形状和间隔距离。

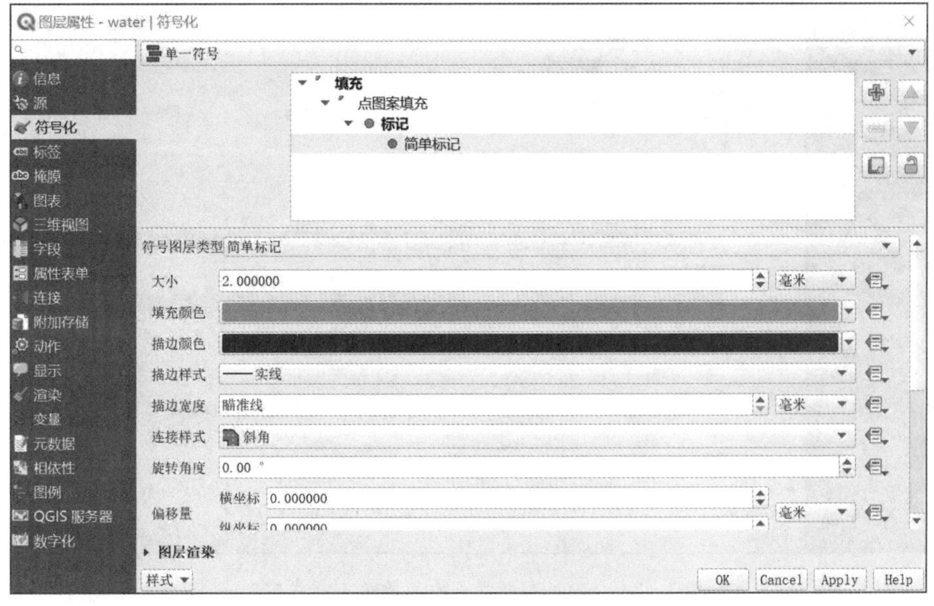

图 3－26 water 图层的符号图层样式定制

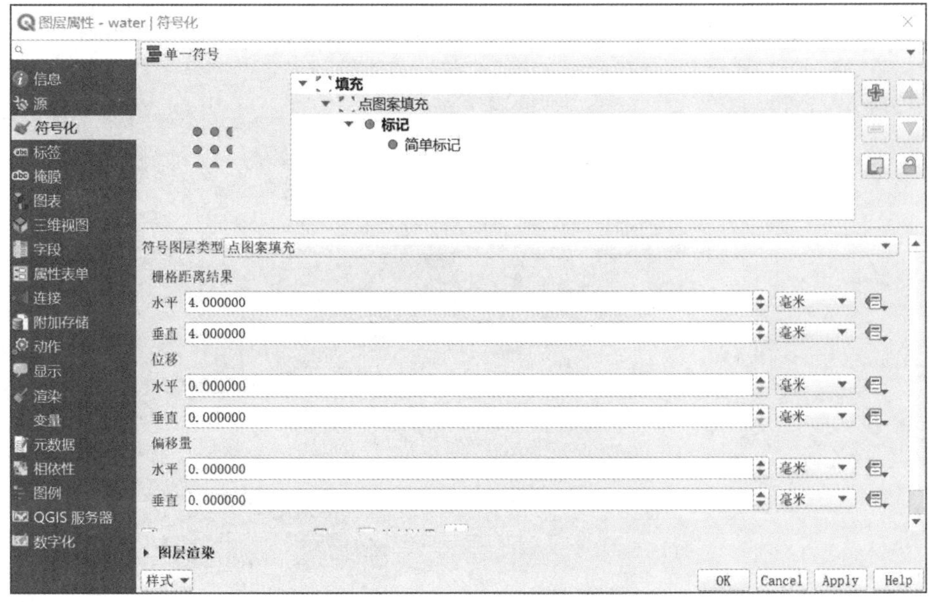

图 3－27 water 图层的符号填充样式定制

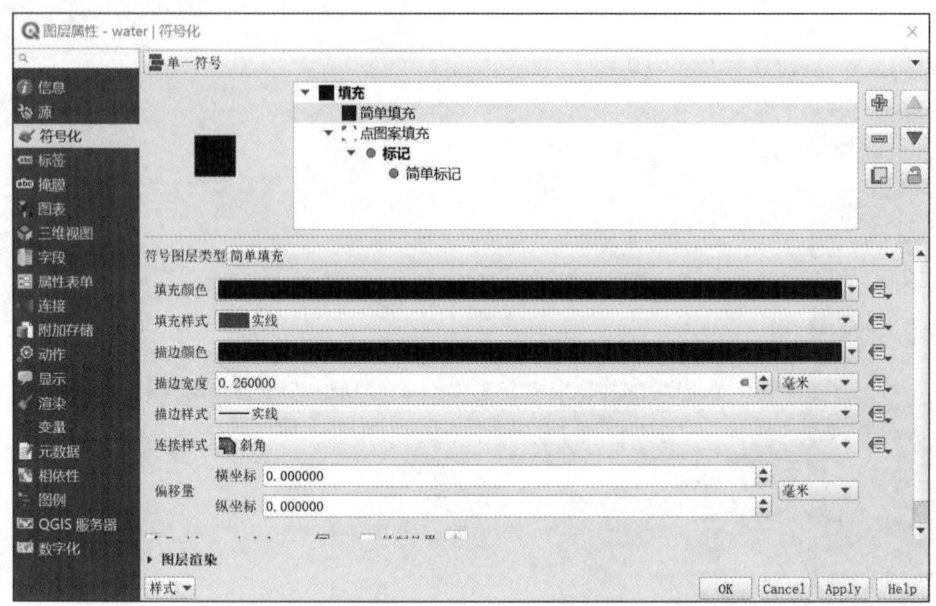

图 3-28　water 图层符号的简单填充样式定制

3.2.12 练习

把 protected_areas 图层的填充设置为带透明度的绿色,并把轮廓更改为如图 3-29 所示的样式。

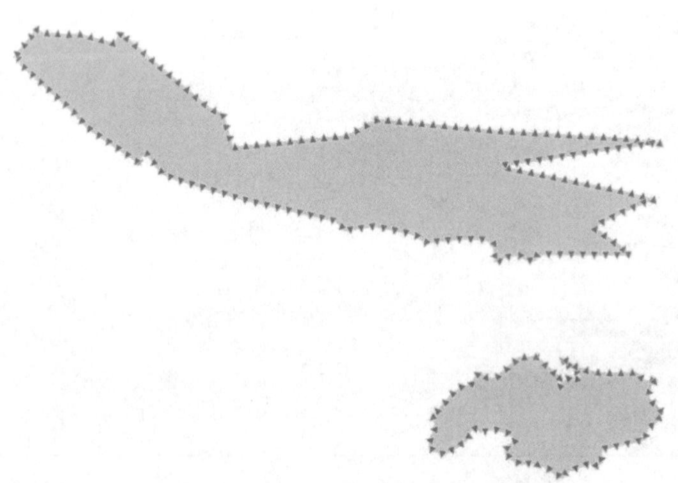

图 3-29　protected_areas 图层的填充设置为带透明度的绿色

请参考附录内容核对结果。

3.2.13 几何图形生成器符号

QGIS 可以对所有图层类型(点、线和面)使用符号化的几何图形生成器。生成的符号会直接取决于图层类型。简而言之,符号化几何图形生成器使用户可以在符号内部进行一些调整操作。例如,可以在多边形层上进行空间质心运算,而无需另外创建点层。另外在得出的结果上依然可以对所有的样式选项进行更改。

(1)选中 water 图层。

(2)点击简单填充(Simple Fill),把符号图层类型(Symbol layer type)更改为几何图形生成器(Geometry generator),如图 3-30 所示。

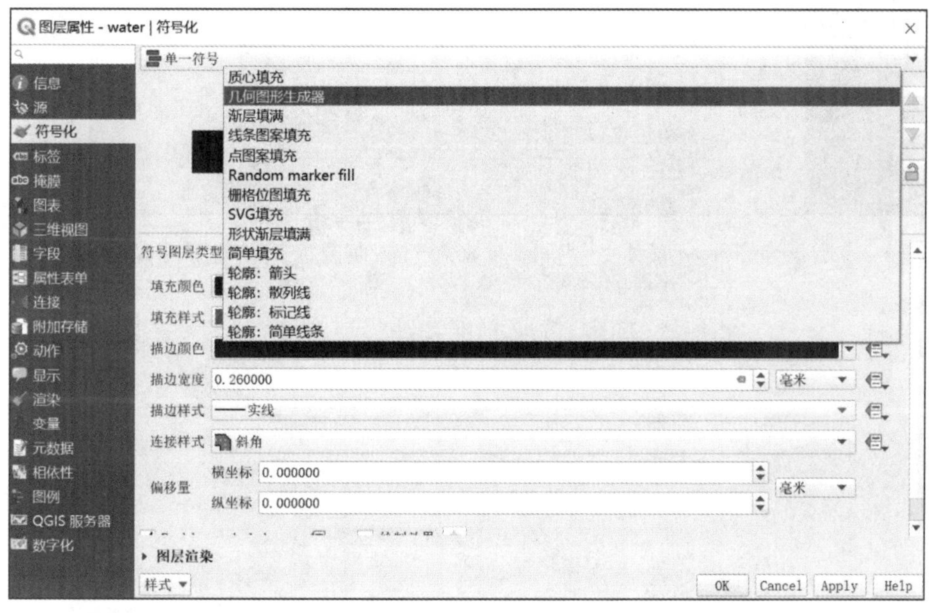

图 3-30 water 图层的几何图形生成器符号应用

(3)在开始编写空间查询语句之前需要先在"输出"中选择几何类型。在本案例中,要为每个要素创建质心,因此,要把"几何类型"更改为点/多点(Point/Multipoint)。

(4)现在在查询面板中编写查询语句(图 3-31):

```
centroid($geometry)
```

(5)点击 OK 按钮后可以看见 water 图层已经渲染成了一个点状图层(图 3-32)。

这样就刚刚在图层符号内部运行了一次空间操作。通过使用符号化几何图形生成器可以达到超越普通的(normal)几何符号效果。

3.2.14 练习

几何图形生成器只是另一个符号层。可以尝试在几何图形生成器(Geometry generator)

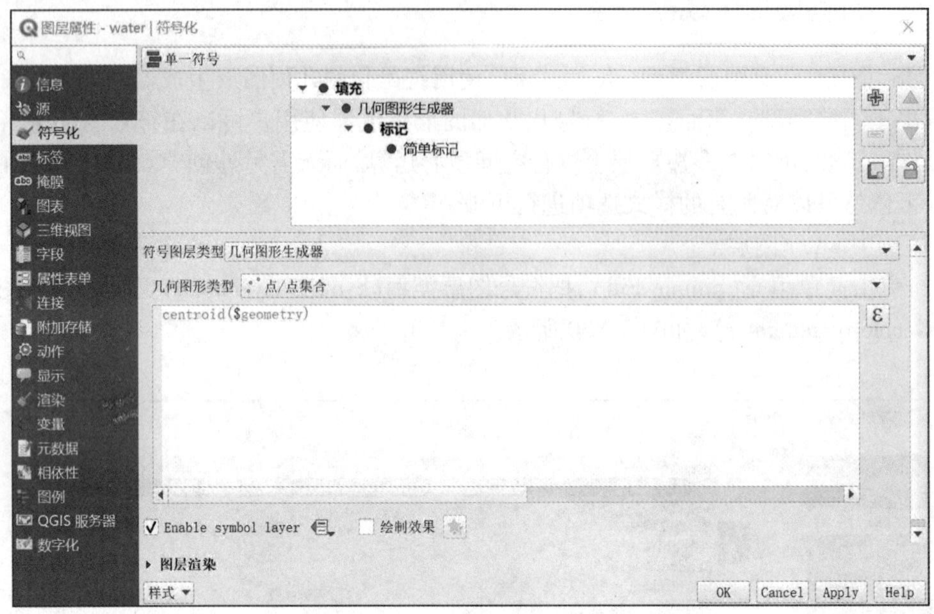

图 3－31 water 图层的几何图形生成器根据空间分析函数确定符号位置

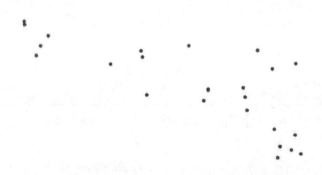

图 3－32 根据空间分析函数生成的符号化效果

生成的符号层下面创建另一个简单填充(Simple Fill)层。同时对几何图形生成器符号层的简单标记的外观也做出更改。最终结果如图 3－33 所示。

请参考附录内容核对结果。

3.2.15 自定义 SVG 填充

本练习需要先行安装免费的矢量编辑软件 Inkscape (https://inkscape.org/)。请先下载安装 Inkscape,然后再开始本节的内容。

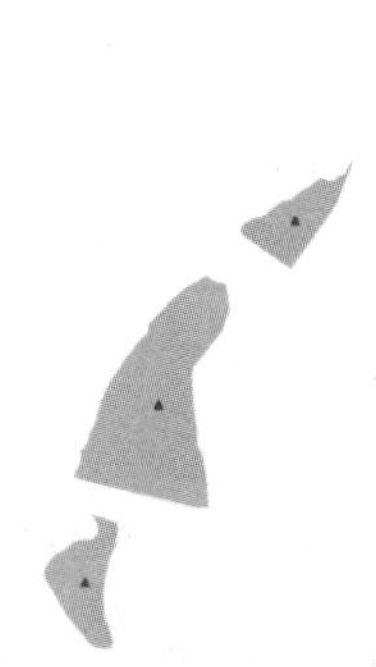

图 3－33　在 water 图层的符号层下面创建另一个简单填充

(1)启动 Inkscape 软件,会看到如图 3－34 所示的界面。

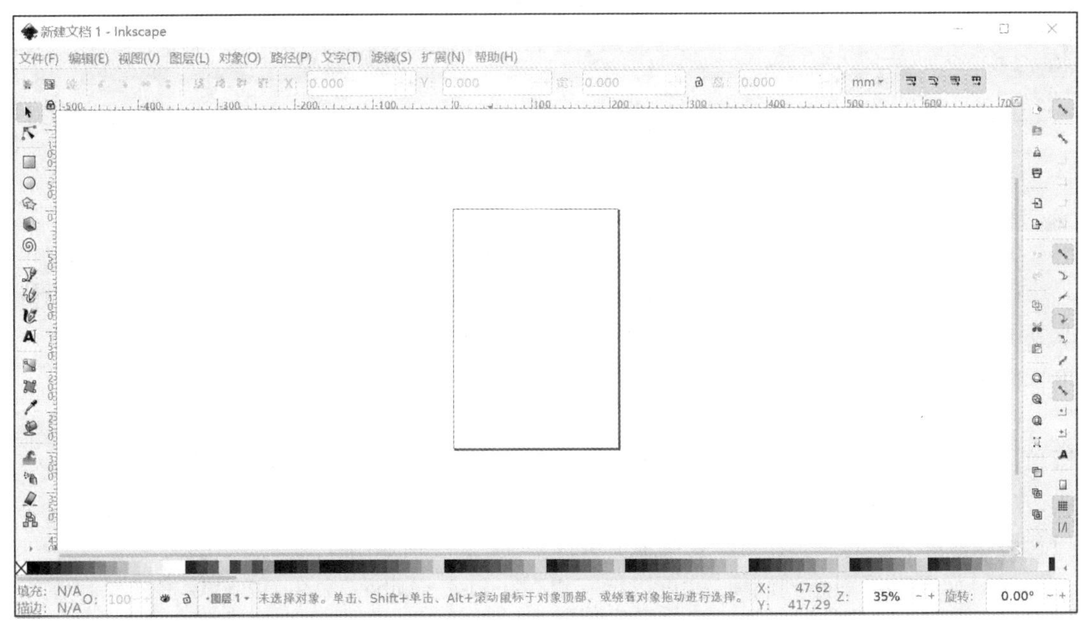

图 3－34　Inkscape 软件界面

如果此前用户用过其他矢量图像编辑软件,例如 Coreldraw,应该会对此界面感到熟悉。首先,把画布更改为适合绘制较小纹理的尺寸。

(2)点击菜单中的文件→文档属性菜单项,打开文档属性对话框。

(3)把网格单位改为 px。

(4)把宽度和高度设置为 100。

(5)完成后关闭对话框。

(6)点击视图→缩放→页面菜单项,查看正进行操作的页面。

(7)点击 Circle(圆形)工具,如图 3-35 所示。

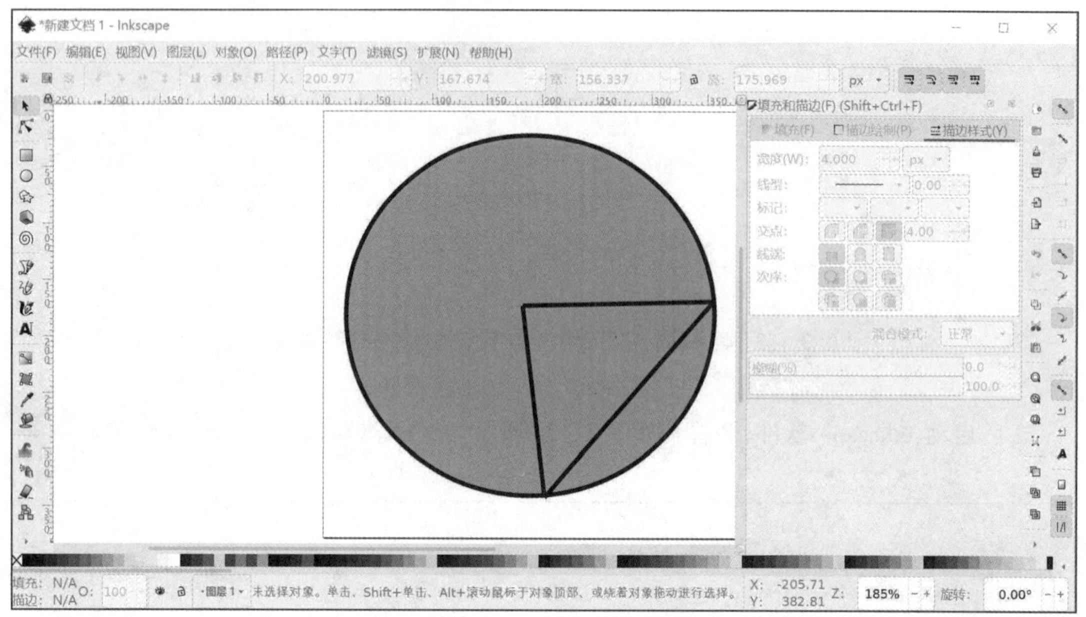

图 3-35 Inkscape 符号制作

(8)单击并拖动页面绘制一个椭圆。如果想绘制正圆形,请在绘制时按住 Ctrl 按钮。

(9)右键点击刚创建的圆,然后打开其填充和描边(Fill and Stroke)选项。在这里可以修改其配色,例如:①把填充颜色更改为灰度较高的灰蓝色;②在描边选项卡中为轮廓设置一个较深的颜色;③减少描边样式选项卡下的边框厚度。

(10)使用铅笔(Pencil)工具绘制线条:①单击作为该线条起点,按住 Ctrl,使其对齐至 15°的增量;②水平移动指针,单击一下即可放置一个点;③单击该直线的顶点绘制一条垂直线,并单击结束;④现在再画一条斜线连接两个端点;⑤更改三角形符号的颜色和线宽,使其与圆形相匹配,也可以移动位置使其完全切合,此时会得到如图 3-35 所示的符号。

(11)如果对绘图感到满意,就可以把它以"landuse_symbol"命名,以 SVG 格式保存在本教材实验数据的路径 exercise_data\symbols 下。

然后在回到 QGIS 中:①打开 landuse 图层的图层属性(Layer Properties);②在符号化(Symbology)选项卡,通过把符号图层样式(Symbol Layer Type)更改为如图 3-36 所示的 SVG 填充(SVG Fill...)变更符号方案;③点击...按钮后在选择文件(Select File...)对话框中选择刚才保存的 SVG 图像,此时图片添加到了符号图层中,现在可以自定义它的不同属性(颜色、角度、效果、单位等)了。

应用对话框中设置后,landuse 图层的要素此时应被一组符号覆盖,显示如图 3-37 所示的纹理。如果纹理不可见,可能需要在地图显示区上放大或者在图层属性里把纹理宽度(Texture width)设置得更大一些。

图 3－36　在 QGIS 中使用 SVG 填充符号

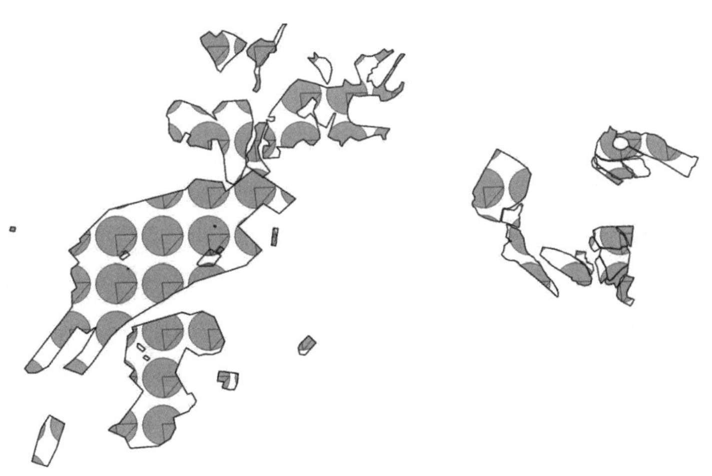

图 3－37　SVG 符号填充效果

3.2.16 扩展阅读

其实,地图设计除要求设计者具有一定的地理学专业知识,同时也需要具备极强的美学基础,能够懂得如何用不同的色彩和图案表示不同的地物,使其更适合用户的视觉习惯,使用户在观看地图的同时能够直观、准确地获得想要的信息,同时又不受其他地物干扰。感兴趣的读者可以参考此页面列出的一些专业地图设计方案,获得更多关于地图设计的启发:https://gis.stackexchange.com/questions/3083/seeking-examples-of-beautiful-maps。

3.2.17 小结

通过更改不同图层的符号配置,本章把一系列矢量文件数据转换为清晰的地图。在该地图上不仅可以阅读到地图上的信息,而且看着也赏心悦目。另外要特别提醒,在操作时对地图要经常进行保存,这是防止数据丢失的好习惯。

更改整个图层的符号作用很大,但是每个图层中包含的信息还没完全表现出来。例如,这些街道叫什么?某些地区属于哪个行政区?农场的面积是多少?下一章会解释如何在地图上表现这些数据。

4 矢量数据分类显示

对矢量数据分类，可以根据属性为要素（同一层中的不同地物要素）分配不同的符号，来表达各要素的属性。

4.1 属性数据

到目前为止，对地图所做的任何改变都与显示的对象无关。换句话说，所有的土地使用多边形看起来都一样，所有的道路看起来也一样。使用地图的时候，用户对他们看到的道路信息其实一无所知，只知道在某个区域有一条特定形状的道路，而 GIS 的优势在于地图上所有可见的要素都带有属性。它们不仅表示带有位置信息的要素，而且还表示关于这些要素的属性信息。本节的目标是研究要素的属性数据，了解这些属性的用处。

4.1.1 图层属性

这里要特别注意，图层属性（Layer Properties）对话框中是有标注（Labels）选项卡的，功能是一样的。但在本示例中是使用工具栏中对应的按钮打开标注工具（Label Tool）。

4.1.2 小结

现在已经学会使用属性表去查看当前所用的数据里究竟包含些什么。一个地图只有包含了用户需要的属性数据才真正有用。如果用户知道需要的是哪些属性，就可以很快知道获得的数据中哪些是能用上的，哪些是需要再去寻找的。不同的属性使用目的不同。其中一些可以直接显示为文本供地图用户查看。

4.2 标注工具

可以把标注添加到地图上，显示关于一个对象的任何信息。任何矢量图层都可以创建标注与其关联。这些标注的内容可以从该图层的属性数据中获取。本节的目标是为图层添加美观、实用的标注。

4.2.1 使用标注

在使用标注工具前需要先确认标注工具栏是否已启用。

(1)找到菜单中的视图(View)→工具栏(Toolbars)选项。

(2)确认标注(Label)选项旁是否有勾选标志。如果没有,勾选标注(Label)选项启用它。

(3)点击图层面板里的 places 图层,使它变为高亮状态。

(4)点击后面这个工具栏里的按钮 abc 打开图层标注设置(Layer Labeling Settings)对话框(图 4-1)。

图 4-1 图层标注设置

(5)勾选使用...为此图层添加标注(Label this layer with...)旁的复选框。

现在需要设置把属性中的哪个字段用作标注。在此前书中已确定了名称(name)字段最适合作为标注。

(6)选中列表中的 name 字段。

(7)点击 OK 按钮。

此时地图应添加上了如图 4-2 所示的标注。

4.2.2 定制标注选项

在前面为地图配置的样式过程中可能会发现标签没有配置好。例如,可以看到标注要么重叠,要么离它们的点标记太远,要么字体太小,现在进行如下调整:

(1)和之前一样再次点击标注工具(Label Tool)的按钮打开标注设置对话框。

(2)确认左侧选项列表中的文本(Text)已处于选中状态,然后更新文本格式设置,按图 4-3 显示的选项设置。

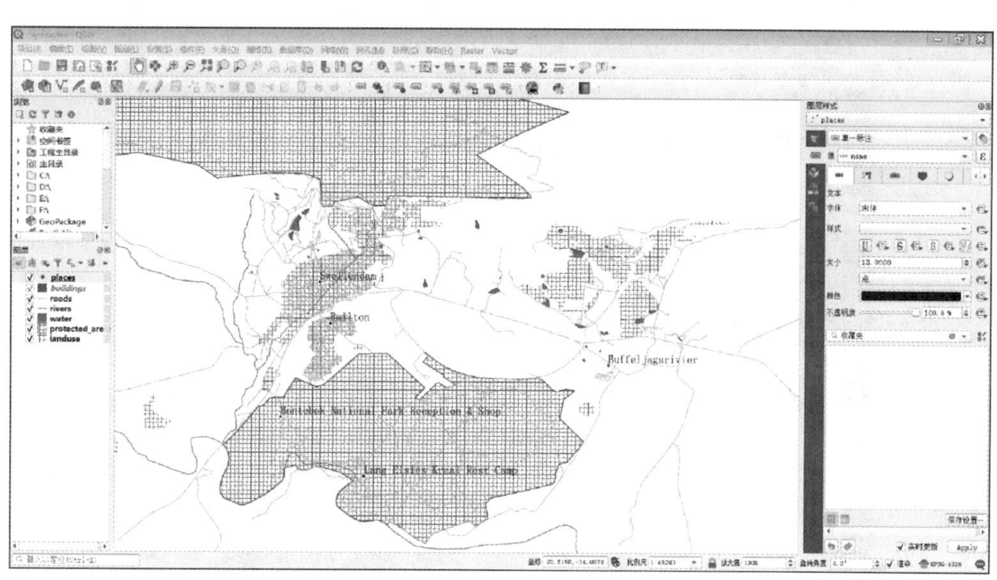

图 4-2 图层标注效果

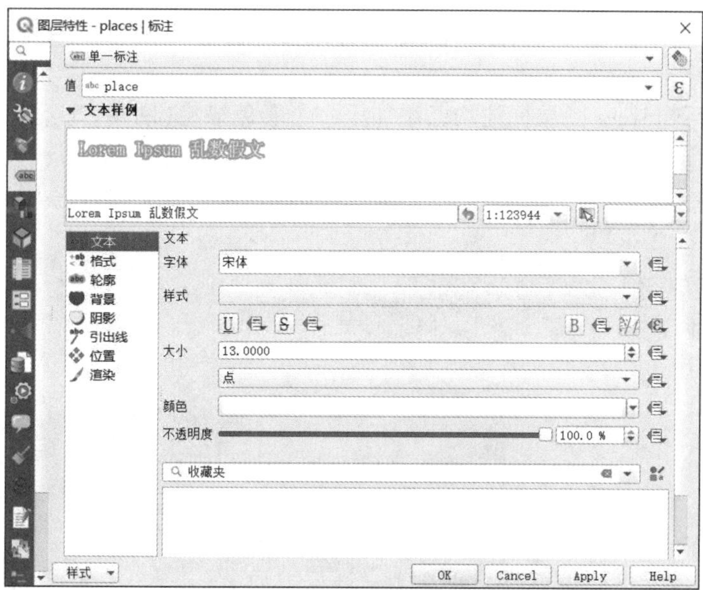

图 4-3 标注字体的文本格式修改

现在效果看起来好了一些。然后需要解决标注和点重叠的问题，在详细介绍方法之前，先介绍标注的轮廓(Buffer)选项。

(1)打开标注工具(Label Tool)对话框。

(2)选择左侧选项列表中的轮廓(Buffer)。

(3)选中绘制文本缓冲区(Draw text buffer)旁的复选框，然后按图 4-4 所示设置。

(4)点击 Apply 按钮。

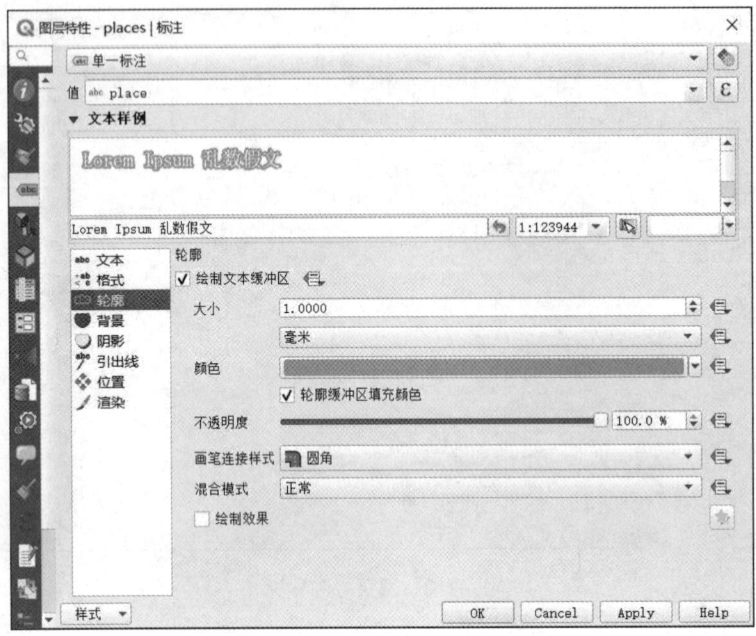

图 4-4　标注字体的轮廓设置

此时可以看到 places 图层标注均已添加了一个彩色描边(图 4-5),这样在地图上更容易选中这些要素。

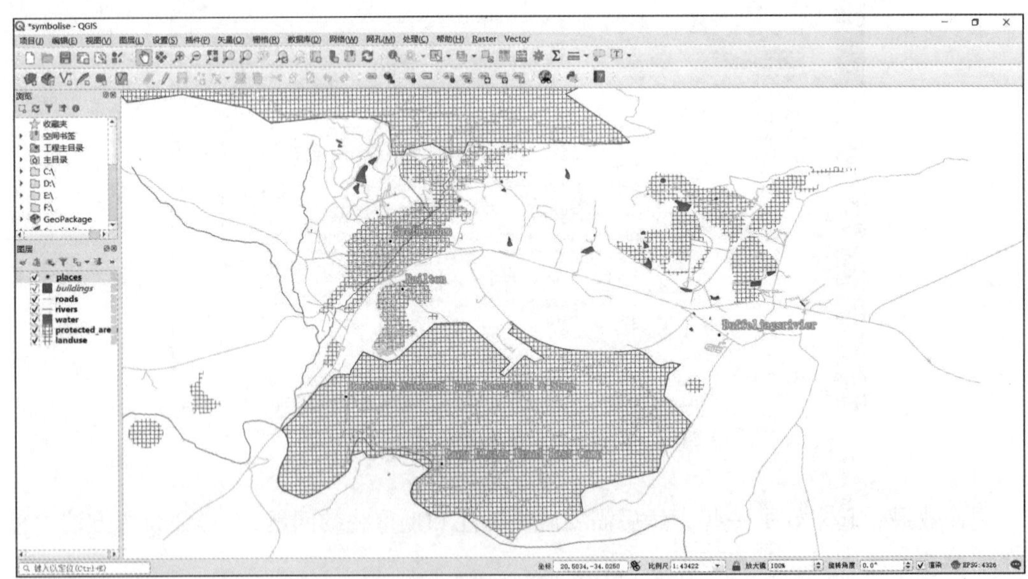

图 4-5　设置轮廓后的标注效果

现在介绍标签和其所关联的点之间的位置重叠问题的解决办法。

(1)在标签工具(Label Tool)对话框中,找到放置位置(Placement)选项。

(2)把栅格距离(Distance)的值改为 2mm,并选中点周围(Around point)选项(图 4-6)。

(3)点击 Apply 按钮。

此时可以看到标注与其对应的点不再重叠了。

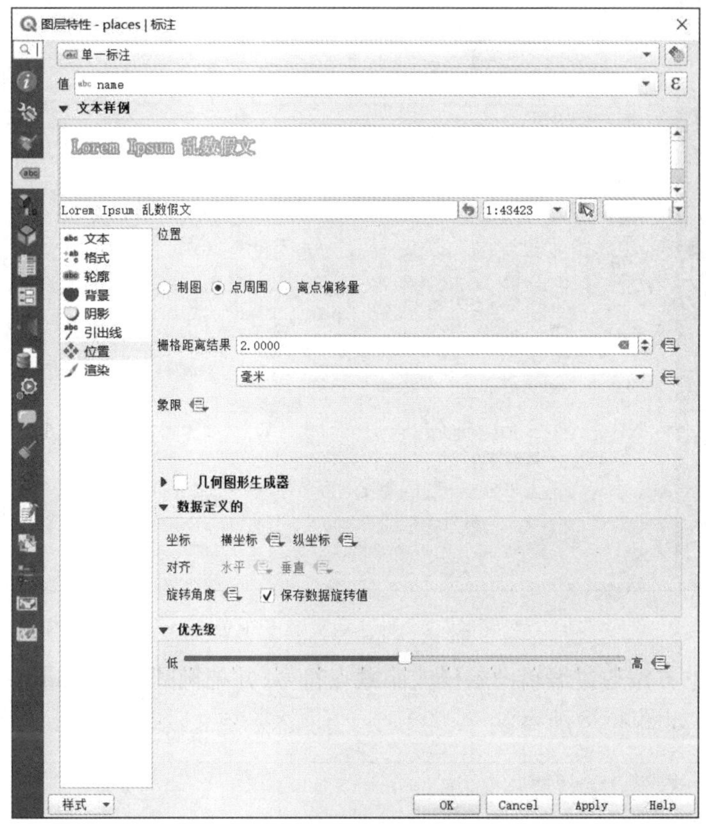

图 4-6　定制标注位置

4.2.3 标注代替图层符号

许多情况下一个点的位置不需要太具体,例如 places 图层的大部分点指代的是整个城镇或郊区,而与这些要素相关联的点要素在大比例尺下并不那么准确。事实上,如果每个点都精确显示,地图就会显得特别密集,影响地图显示效果,例如在世界地图上,表示欧盟的点可能放置在波兰,当地图使用者在地图上看到欧盟的标记位于波兰,他们就认为欧盟的首府可能是位于波兰,这显然是错误的。所以,为了避免此类情况,不用点符号,改用标签来显示整体欧盟的名称效果就会更好。在 QGIS 中,可以通过改变标注的位置,使它们直接在对应的点上显示就可以达到这样的效果。

(1)打开 places 图层的图层标注设置(Layer labeling settings)对话框。

(2)选中选项列表中的放置位置(Placement)页面。

(3)选中离点偏移量(offset)单选框。

此时会打开象限(Quadrant)选项,可以使用它设置标注相对于点标记的位置。本示例中是希望标签以点为中心放置,所以选择中心象限(图 4-7)。

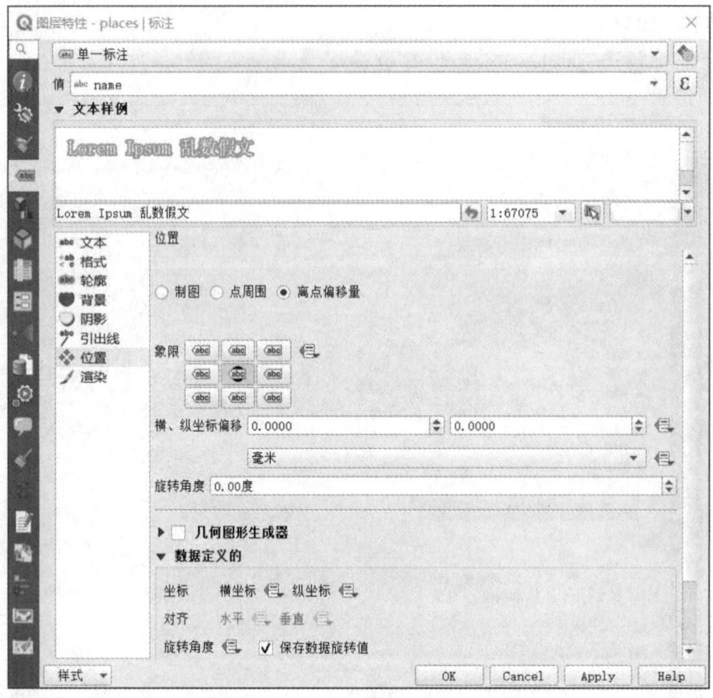

图 4-7 标注的偏移量设置

(4)用之前的方法通过编辑图层样式隐藏点符号,并把椭圆标记(Ellipse marker)的宽度和高度设置为0,如图4-8所示。

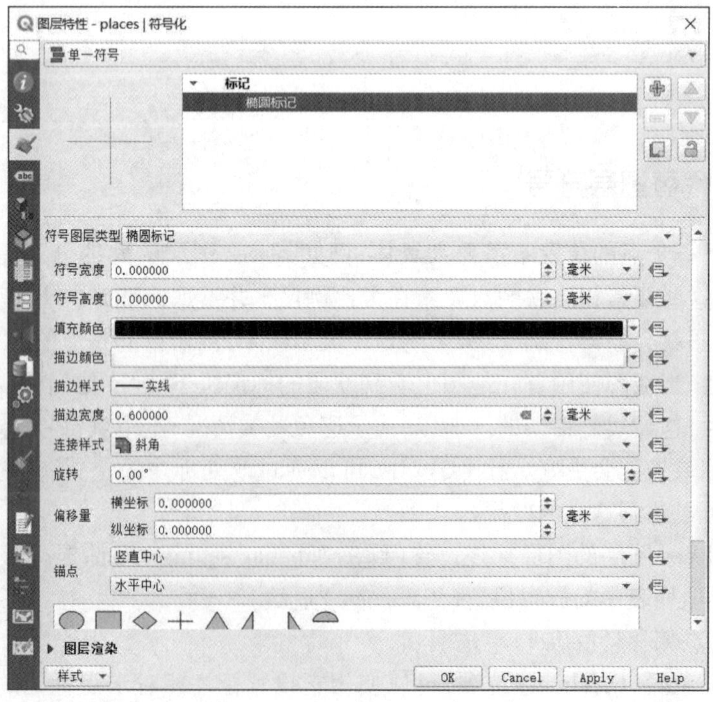

图 4-8 修改椭圆标记的宽度和高度

(5)点击 OK 按钮,会得出如图 4－9 所示的结果。

图 4－9 椭圆标记修改后的效果

如果缩小地图,就会看到一些标注在更小比例尺下被隐藏显示。这其实就是在处理具有大量点的数据时所需要的显示效果。但是在某些时候,也许会因此丢失一些有用的信息。解决这个问题还有另一种方法,会在本章稍后的示例中介绍。

4.2.4 练习

(1)回到标签和符号设置,设置为带有点标记,标注偏移量设置为 2.00mm。此时可能需要调整点符号或标注的样式。

请参考附录内容核对结果。

(2)把地图的比例尺设置为 1∶100 000。可以通过在状态栏(Status Bar)中的比例尺(Scale)框里输入“1∶100000”来实现。

(3)调整标注使其在此比例下看起来效果更好。

请参考附录内容核对结果。

4.2.5 标注字体的排列设置

前面介绍了标注设置方法,现在还有一个问题,即点状要素和多边形要素很容易设置标注,但线状数据如何设置呢? 如果用相同的方法给它们添加标注,会得到如图 4－10 所示的结果。

为便于理解,现在对 roads 图层进行标注定制:

(1)把 places 图层关闭显示。

(2)用之前的方法为 roads 图层启用标注。

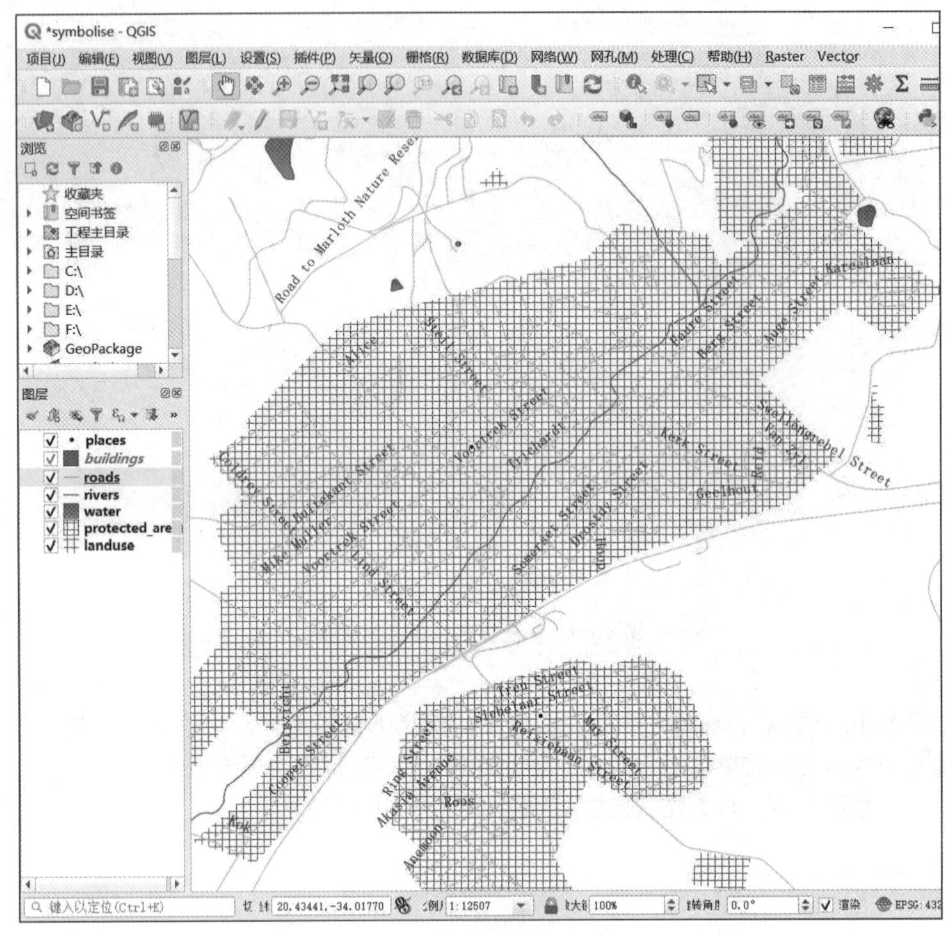

图 4-10　标注字体排列设置

(3)把字体的大小(Size)设置为 10,方便查看得到更多标注。

(4)把界面缩放至 Swellendam 区域。

(5)在标注工具(Label Tool)对话框的高级(Advanced)选项卡下,进行如图 4-11 所示的设置。

此时可能会发现,由于其文本样式使用了默认值,标注位置看起来不美观。可以把标注文本格式中的颜色(Color)设置为深灰色或黑色,并为其设置淡黄色的轮廓(Buffer)。

根据比例尺的不同,地图此时可能会显示为图 4-12 所示的效果。

可以看到有些路名重复出现,这重复显示其实没太大必要,可以进行如下设置避免重复显示:

(1)在标注设置(Label labelling settings)对话框中,选择渲染方式(Rendering)选项并选中合并相连的线以防止重复标注(Merge connected lines to avoid duplicate lables)选项①。

①作者注:该部分在 QGIS 3. x 和 QGIS2. x 中界面略有不同。

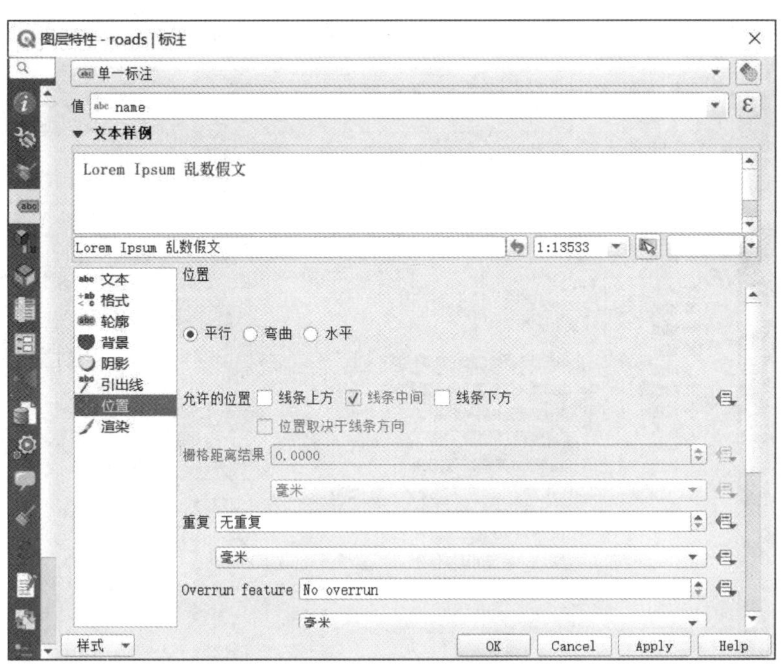

图 4－11　标注字体的高级设置

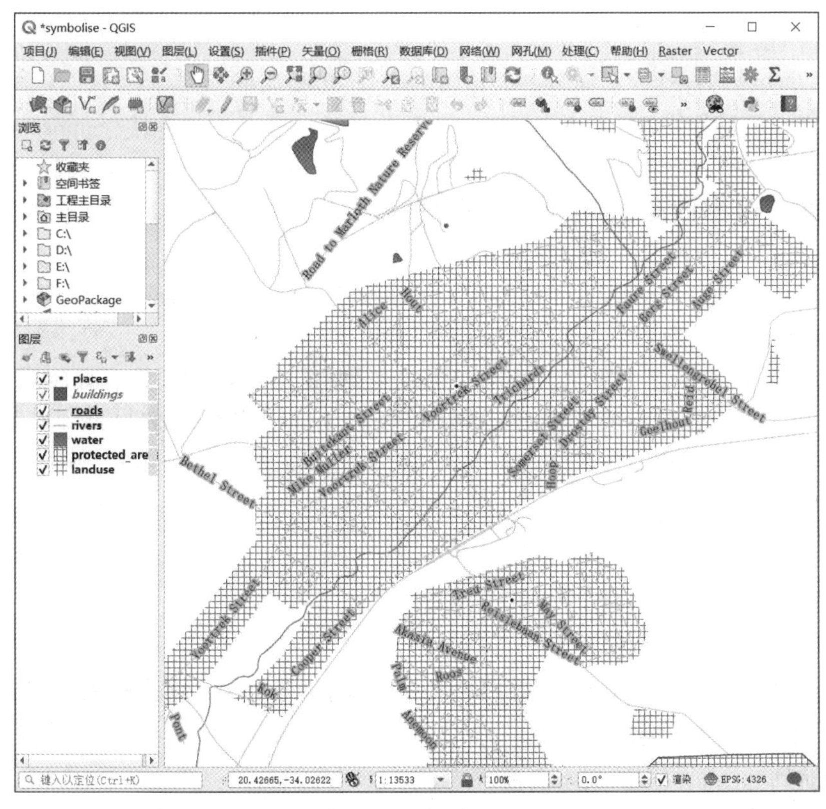

图 4－12　标注颜色修改后的效果

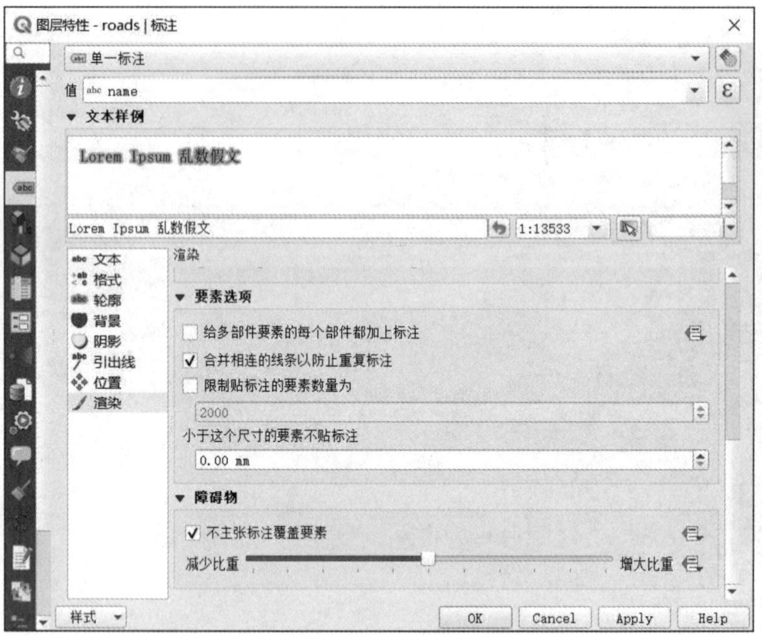

图 4－13　标注要素选项设置

(2)点击 OK 按钮。

另一个方法是不标注太短而且不太显眼的要素,步骤如下。

(1)同样在渲染方式(rendering)页面,将不小于...的要素添加标注(Suppress labeling of features smaller than...)的值设置为 5mm,点击 Apply 按钮并查看效果。也可以尝试另一套的放置位置(Placement)的设置。正如前面看到的那样,水平放置(horizontal)选项在这种情况下效果也不太好,这里可以使用弯曲(curved)选项。

(2)在放置位置(Placement)面板的图层标注设置(Layer labeling settings)对话框中选择 Curved 选项。

最终的结果如图 4－14 所示。从图中可以看到,此方法隐藏了许多原本可见的标注。因为让标注既适应弯曲的街道又方便阅读比较困难,用户可以根据效果自己决定使用这些方法中的哪一种来达到目的。

4.2.6 数据定义设置

(1)停用 roads 图层的标签。

(2)重新激活 places 图层的标签。

(3)通过 按钮打开 places 图层属性表。字段 place 定义了用户感兴趣的城市区域类型,可以使用此数据来影响标签样式。

(4)导航到标注面板中的文本面板。

(5)在斜体下拉列表中,选择编辑,打开表达式字符串生成器,执行如图 4－15 所示操作。

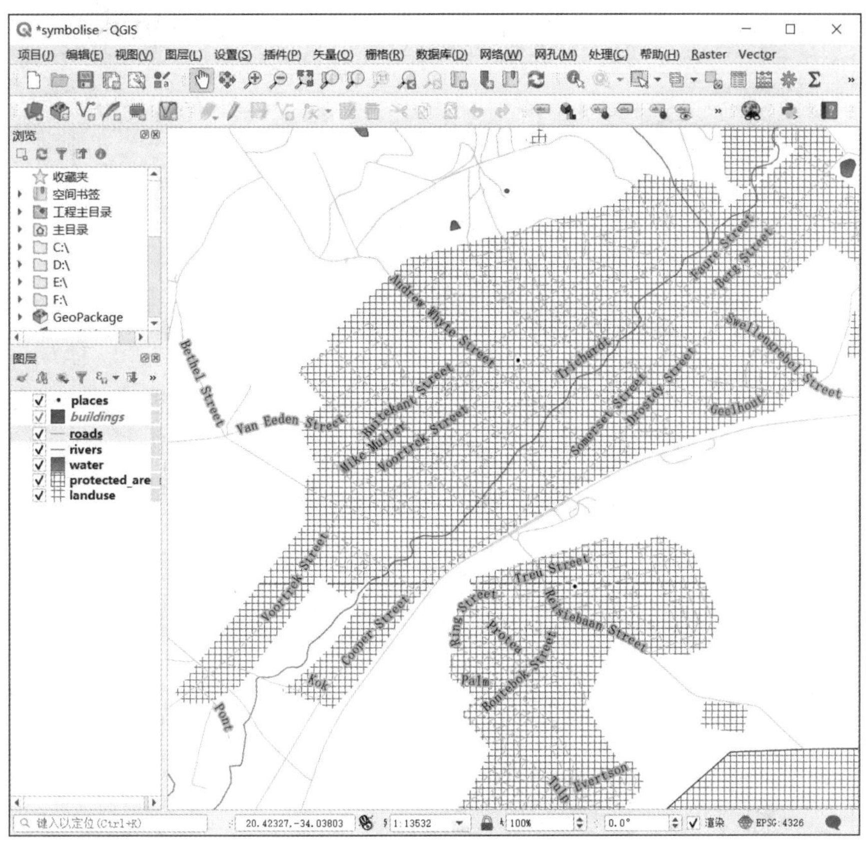

图 4－14 修改后的标注渲染效果

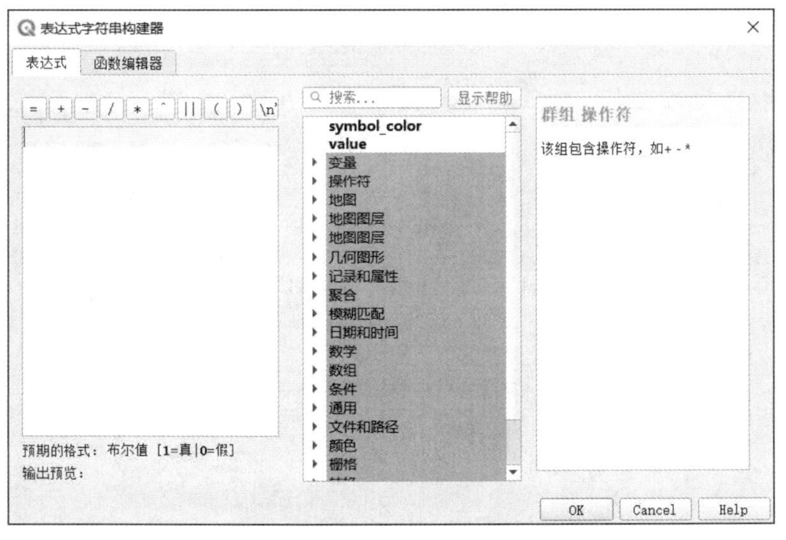

图 4－15 标注表达式设置

在表达式输入框中输入:"place" ='town'(图4-16),然后点击两次OK按钮。

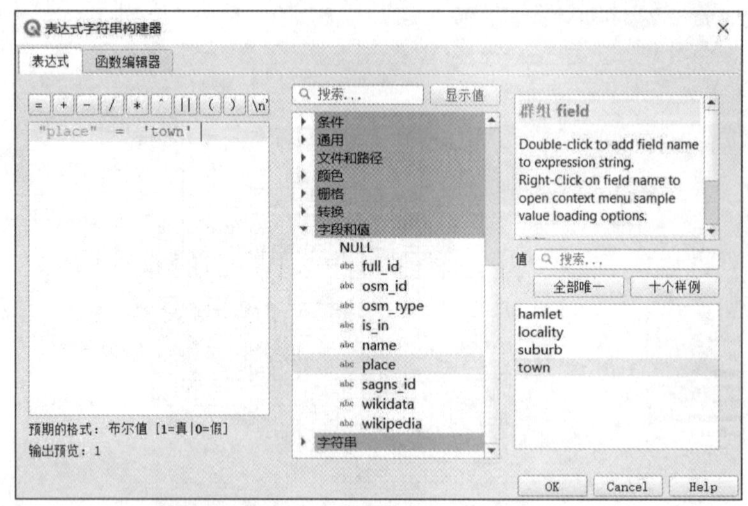

图4-16 设置字段计算表达式

注意观察图层的变化(图4-17)。

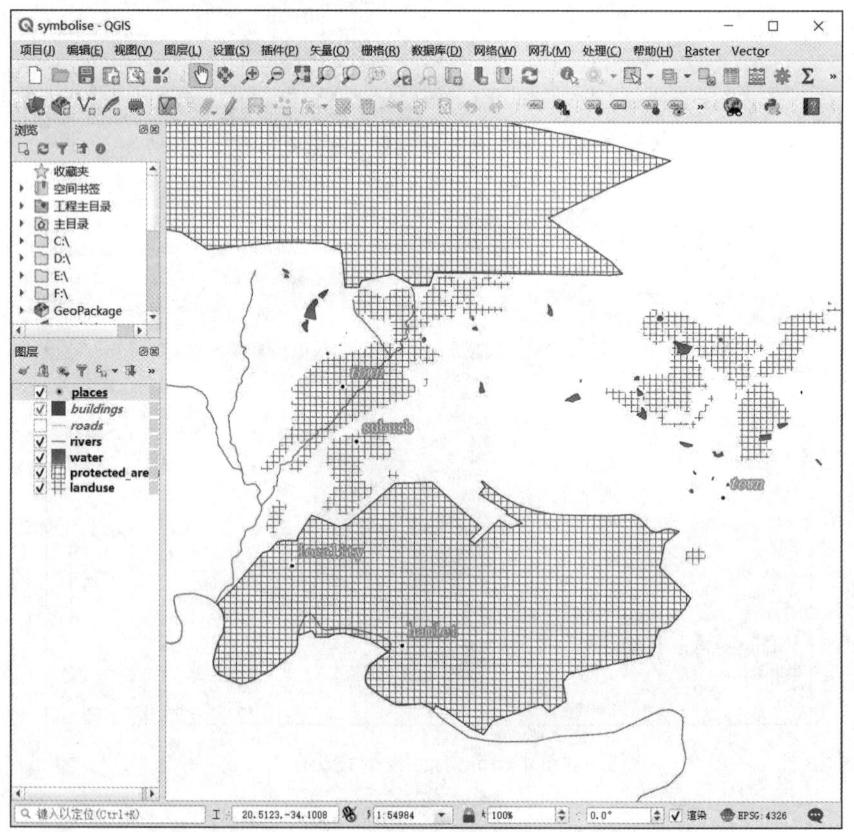

图4-17 利用表达式作为图层标注的显示效果

4.2.7 使用数据定义的设置

这里先来演示一些高级标注的设置方法。介绍以下内容之前,需要读者明白下文讲述的意思。如果看不明白,可以暂且忽略这一节,等准备好必要的材料后再来回看。

(1)打开 places 图层的属性表。

(2)点击按钮 进入编辑模式。

(3)点击按钮 新增一行。

(4)按图 4-18 所示配置。使用此选项可以为每个不同类型的地点设置自定义字体大小(例如,place 字段中的每个地点类型)。

图 4-18 属性表添加字段

请参考附录内容核对结果。

4.2.8 标注的更多方法

本书无法面面俱到地介绍所有标注方法,其实标注工具(Label Tool)有很多实用的功能。例如,可以设置为基于比例尺显示,然后更改图层中标注的显示优先级,并使用图层属性设置每个标注的各种配置。甚至可以设置标注的旋转角度,*X*、*Y* 坐标位置和其他属性(在已经设定好属性字段的前提下),然后使用标注工具(Label Tool)旁边的工具来编辑这些属性: (如果所需的属性字段存在且处于编辑模式,则这些工具会处于启用状态),这样就可以随意修改定制标注的各种属性了。

4.2.9 小结

前面已经介绍了如何使用图层属性来创建动态标注,使地图信息更丰富、更有设计感。本节介绍了如何利用属性为地图标注带来更好的视觉效果,那么如何使用属性来更改地物的显示符号呢? 这将是下节的主要内容。

4.3 属性分类

标注是地图信息传递的有效工具,例如把各个地方的名称标在地图上,但是有时候完全利用标注效果也不太好。例如,假设某人想知道每块土地利用多边形的用途,此时使用标签,得到如图 4-19 所示的结果。这时候地图标注的视觉效果就很弱,如果上面有大量不同类型的土地利用多边形,甚至会与标注互相覆盖,那看起来就更不理想了。因此,本节目标是学习如何高效地对矢量数据进行属性分类,并配置不同的显示效果。

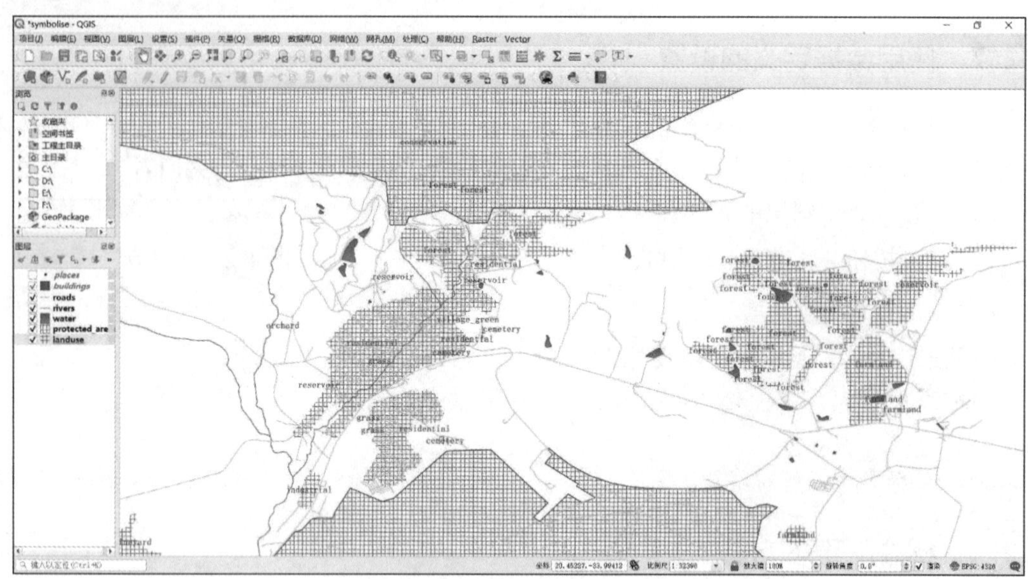

图 4－19　根据标注判断土地利用类型

4.3.1　定类数据分类

（1）打开 landuse 图层的图层属性（Layer Properties）对话框。

（2）找到符号化（Symbology）选项卡。

（3）点击设置为单个符号（Single Symbol）的下拉菜单，将其更改为分类符号化（Categorized）（图 4－20）。

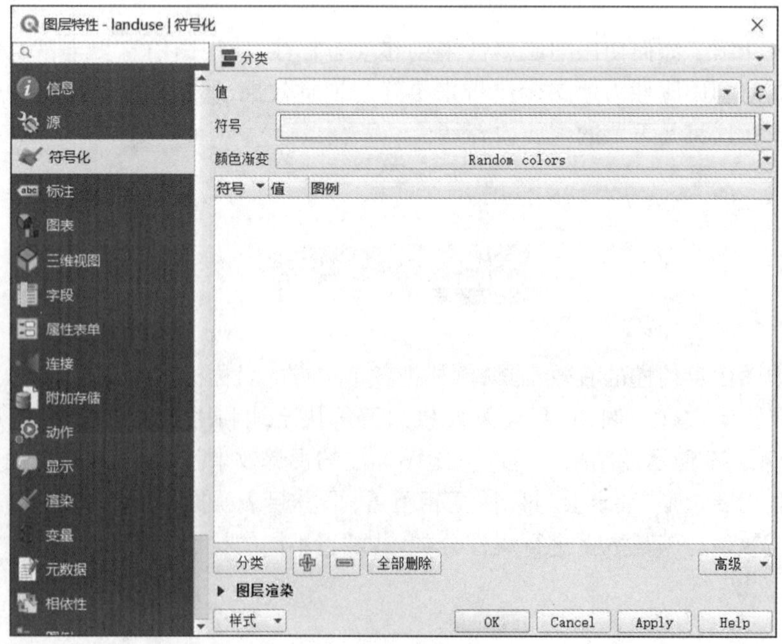

图 4－20　图层分类符号化

(4)把属性值列(Column)设置为土地利用(landuse),把色带(Color ramp)设置为绿色系(Greens)。

(5)点击分类(Classify)按钮(图4-21)。

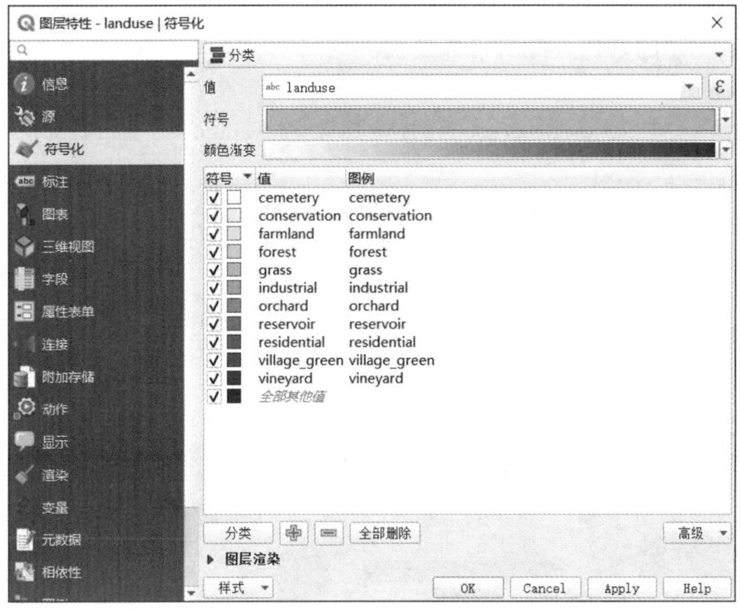

图4-21　图层符号分类设置

(6)点击OK按钮,此时可以看到如图4-22所示的效果。

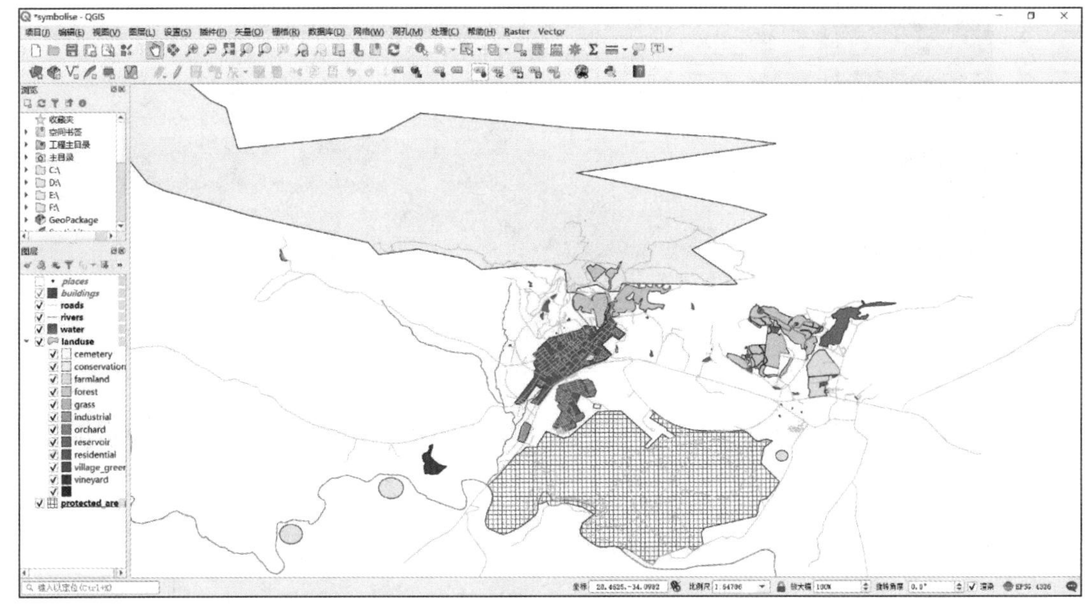

图4-22　用分类符号表示landuse图层

(7)点击图层列表(Layer List)中landuse图层旁边的箭头(或者加号),可以查看分类详情(图4-23)。

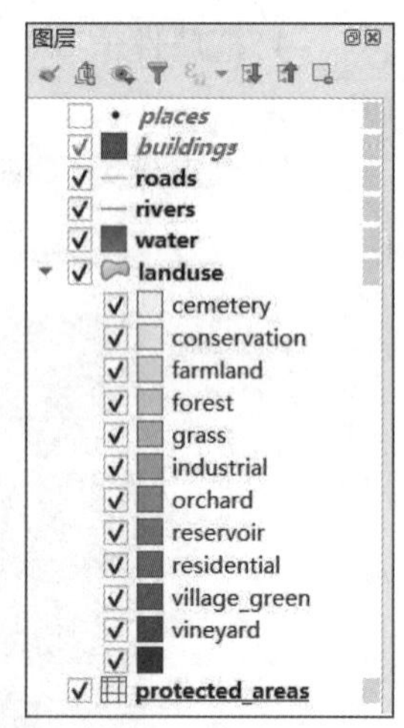

图4-23 landuse图层的分类和颜色

现在每个土地利用类型就有了合适的颜色和分类,用途相同的类别赋予了相同的颜色。此时可能还需要把每类符号的黑色边框去掉:

(1)打开图层属性(Layer Properties),找到符号化(Symbology)选项卡并选择符号(Symbol)。

(2)找到简单填充(Simple Fill)图层取消轮廓线,然后点击OK按钮,这样土地使用多边形的轮廓就去掉了,每种分类就仅仅保留填充颜色。

(3)特殊需要时还可以通过双击所关联的色块来更改该类别对应每个土地利用多边形的填充颜色(图4-24)。

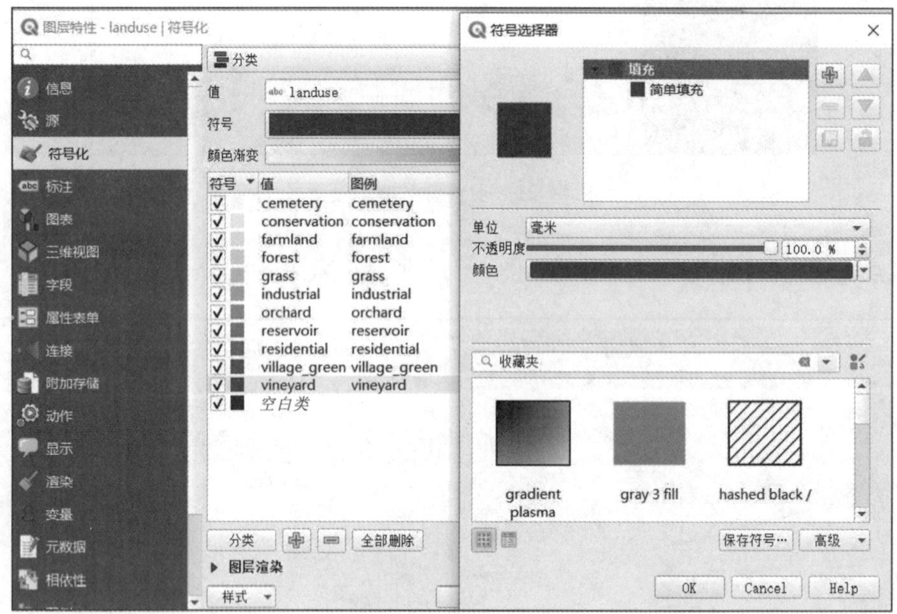

图4-24 填充样式修改

从图4-24也可以看到有一类是空白类。该空白类为未定义土地用途的地物要素或具有NULL值的所有地物要素,保留此空白类很重要,便于在地图上能够表示值为NULL的要素。当然也可以为其更改一个可以更明显地表示空白或NULL值的颜色(图4-25)。

记得立即保存地图,以免刚才所做的符号化配置丢失。

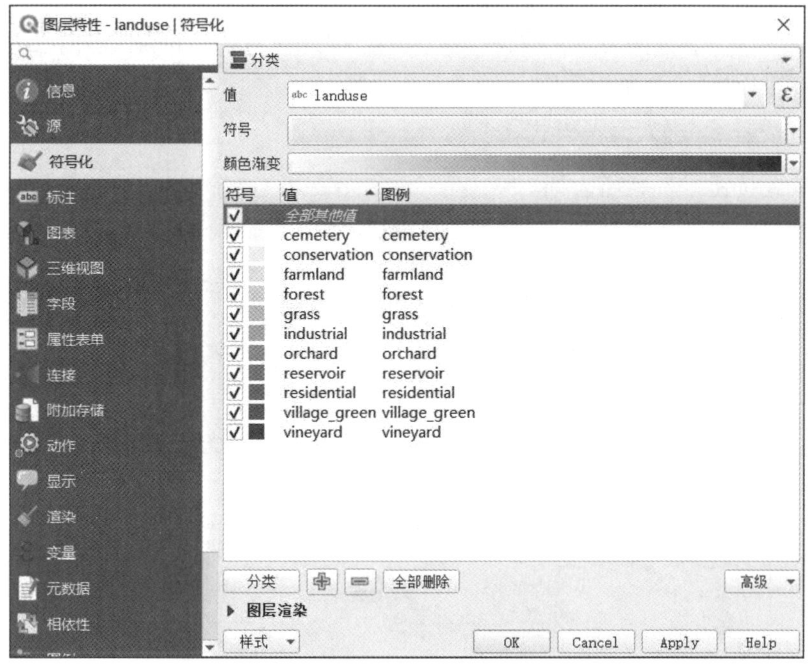

图 4－25　图层分类显示中对 NULL 值的处理

4.3.2 更复杂的分类

根据此前学习的内容对图层里的建筑物(building)一列进行分类,颜色渐变选项设置为光谱(Spectral)型。这里要注意,需要把数据放大到市区,才可以更方便查看结果。

4.3.3 定值分类

定值分类有 4 种类型:标称的(nominal)、有序的(ordinal)、区间的(interval)和比率的(ratio)。在常规分类中,对象是按名称分类,它们是没有顺序的,例如城镇名称、区号等。在有序分类中,分类是按一定数量顺序排列的,例如,基于世界上一些城市在世界贸易、旅游、文化等方面的重要性给它们排出等级。在区间分类中,数字是以正数、负数和零值为标度的,例如:高于/低于海平面,高于/低于冰点(0℃),等等。在比率分类中,所有数字都放在一个只有正值和零值的尺度里,例如:绝对零度(－273℃)以上的温度,距离某一指定点的距离,一条给定的街道每月的平均交通量,等等。

在上面的示例中使用了定值分类方法把每个农场分配给其管理的城镇。现在使用定比分类按面积对农场进行分类。

(1)通过点击样式(Style)下拉菜单里的保存样式…(Save Style …)按钮,保存刚才的土地利用符号(在希望保留此样式前提下),现在将重新分类图层,现有的还未保存的符号配置将会丢失。

(2)关闭图层属性(Layer Properties)对话框。

(3)打开土地利用(landuse)图层的属性表。

本例中希望对土地利用区域按面积进行分类,但此时有一个问题:它们没有面积字段,所以需要为它们创建一个面积字段。

(4)点击按钮 进入编辑模式。

(5)点击此按钮 新增一列。

(6)对出现的对话框作如图 4-26 所示的配置。

(7)点击 OK 按钮。

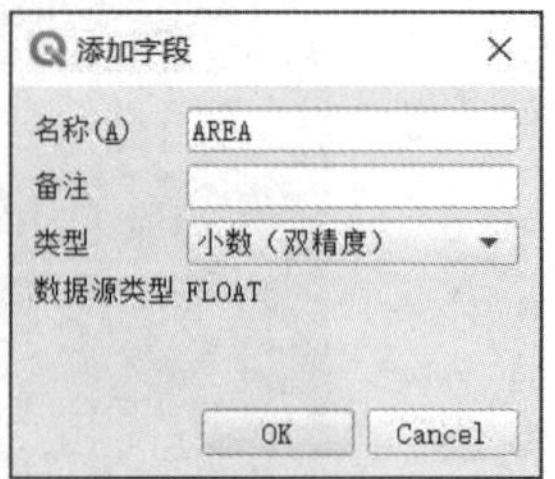

图 4-26 属性表新加字段

此时属性表会出现一个新字段(在表的最右端,可能需要水平滚动查看它)。然而,目前它还没有填充任何信息,还只是一堆 NULL 值,现在需要计算每个土地利用多边形的面积。

(1)打开字段计算器( ),会看到如图 4-27 所示的对话框。

图 4-27 字段计算器

(2)将对话框顶端的值作如图 4-28 所示的变更。

(3)在函数列表(Function List)中,选择几何图形(Geometry)→ \$ 面积(\$area),如图 4-29 所示。

(4)双击该 \$area 添加到语句框中。

(5)点击 OK 按钮。

现在面积字段中已填充上了值(有时可能需要单击该列标题刷新数据)。保存编辑,然

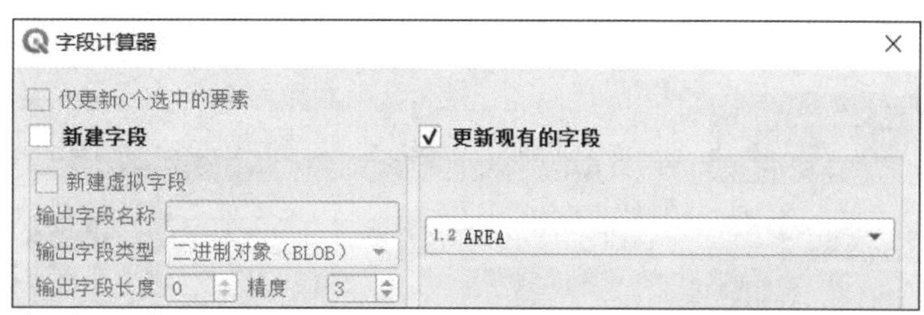

图 4－28　将新加字段改成更新现有的字段

图 4－29　更新面积(area)字段

后单击 OK 按钮。这里要注意,此时面积以度数为单位,稍后会将其转换成以平方米为单位。

(1)打开图层属性(Layer Properties)对话框的符号化(Symbology)选项卡。

(2)把分类样式从分类(Categorized)更改为渐变(Graduated)。

(3)把对应属性列(Column)更改为面积(area)。

(4)在色带(Color ramp)下选择新建色带…(Create New Color Ramp…)选项打开对话框,如图 4－30 所示。

(5)在颜色渐变下拉菜单中选择梯度(Gradient)①,如果其尚未被选中,就单击 OK 按钮。此时会看到如图 4－31 所示的内容。

①Gredient 这个词在不同 GIS 软件中有不同的翻译方法,有些 GIS 软件中用“渐变”,在 QGIS 软件中文版中使用的是“梯度”。

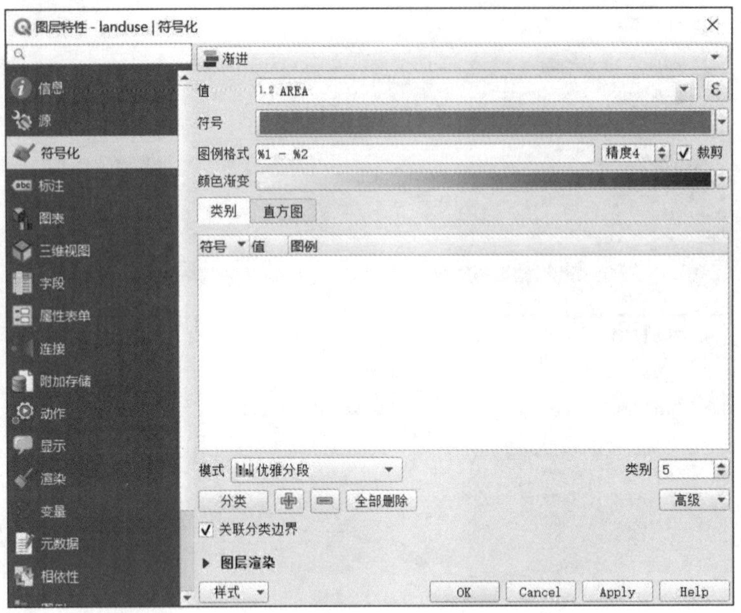

图 4-30 图层的渐变符号设置

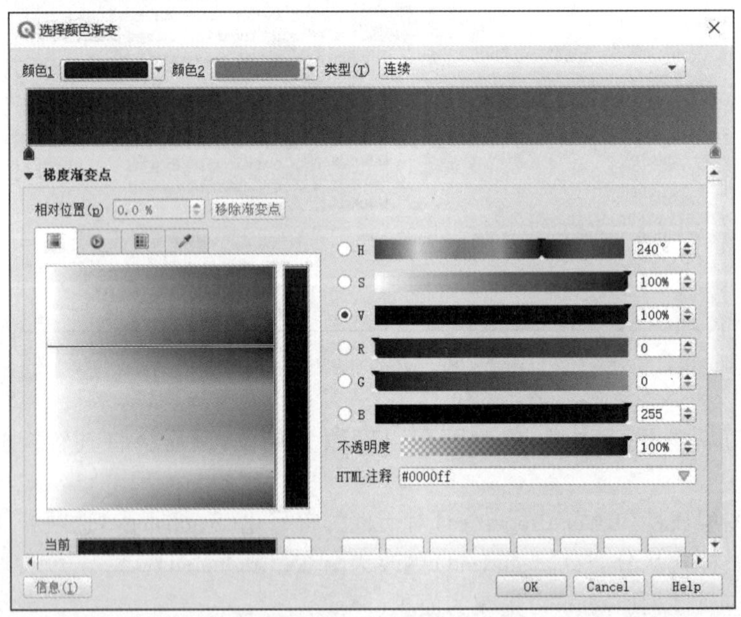

图 4-31 渐变符号的颜色方案设置

以此渐变色系表示多边形面积变化，小面积区域表示为颜色 1(Color 1)，根据面积变化逐步向大面积多边形颜色 2(Color 2)过渡。

(6)选择合适的颜色组合。在本示例中，可以得到如图 4-32 所示的结果。

(7)点击 OK 按钮。

(8)为新建的色带选择合适的名称。

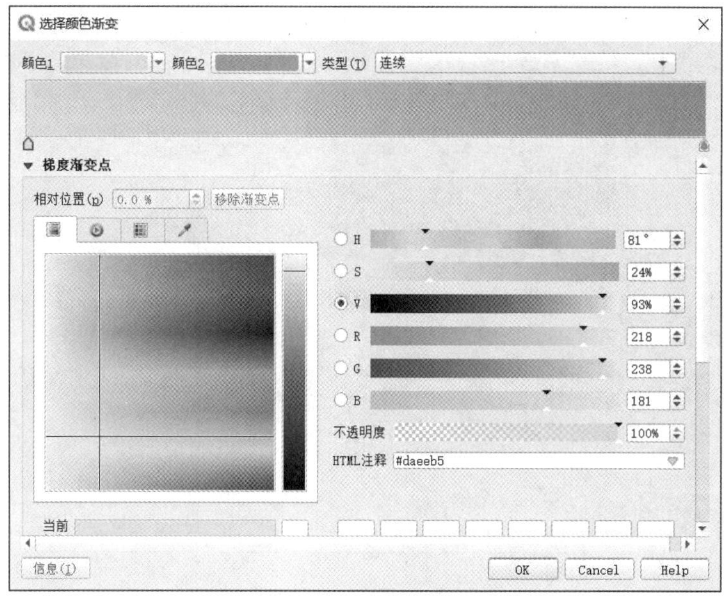

图 4-32 设置新的颜色组合

(9)填入名称后点击 OK 按钮。

现在会得到如图 4-33 所示的结果。

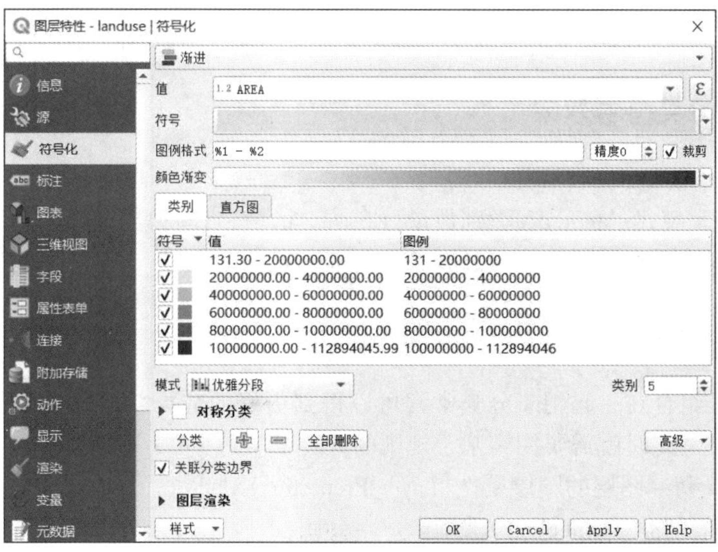

图 4-33 根据 area 字段生成新的渐变符号

(10)保持其他一切不变,点击 OK 按钮。显示效果如图 4-34 所示。

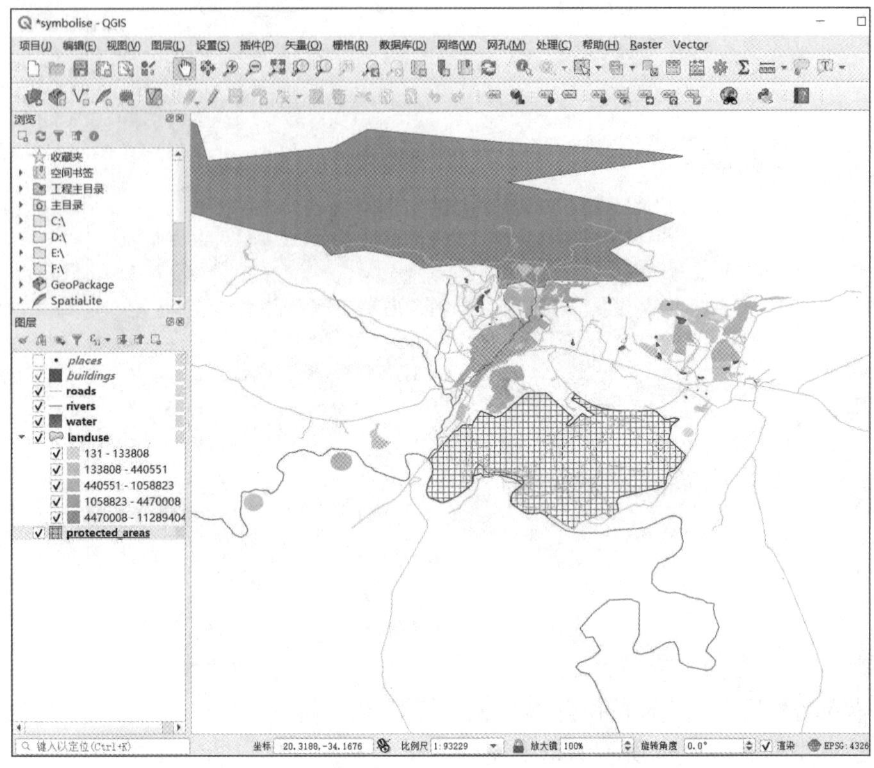

图 4－34　新的颜色方案的显示效果

4.3.4　完善分类符号效果

(1)去除每个类之间的轮廓线。

(2)更改分类模式(Mode)和类别数量(Classes)的值,直至得出一个合理的分类。

请参考附录内容核对结果。

4.3.5　基于规则分类

把多个标准组合在一起用于分类常常可以得到更好的分类效果,但常规分类方法往往只考虑一个属性。此时就需要用到基于规则的分类了。

(1)打开 landuse 图层的图层属性(Layer Properties)对话框。

(2)切换到符号化(Symbology)选项卡。

(3)把分类样式切换为基于规则(Rule－based)的样式。得到如图 4－35 所示的结果。

(4)点击新增规则按钮✚。

(5)此时会打开一个新的规则设置对话框。

(6)点击过滤(Filter)文本框旁的省略号。

(7)使用出现的查询构建器,输入条件 `"landuse" = 'residential' AND "name" <>`

图 4 - 35　按规则设置符号分类

'Swellendam'（或者输入"landuse" = 'residential' AND "name" <>='Swellendam'），然后点击 OK 按钮，为其选择浅灰蓝色并去掉其轮廓线（图 4 - 36，图 4 - 37）。

图 4 - 36　规则表达式设置

(8)新增条件"landuse" <> 'residential' AND "AREA" >= 100000，然后为其选择中绿色。

(9)新建另一个条件"name" = 'Swellendam'，并为其设定较深的灰蓝色，表明该镇在

图 4-37 根据规则配置颜色方案

该地区的重要性。

(10)点击并将此条件拖到列表顶部。

这些过滤是排他性的,因而它们共同作用起来界定地图上的一些区域(即小于 100000 的区域,非住宅区域,非“Swellendam”)的显示类别。因此,这些被排除的面数据采用了默认无过滤器(no filter)类别样式显示。我们知道地图上这些被排除的面数据不可能是住宅区,所以可以为默认分类配置浅灰绿色。此时对话框应如图 4-38 所示。

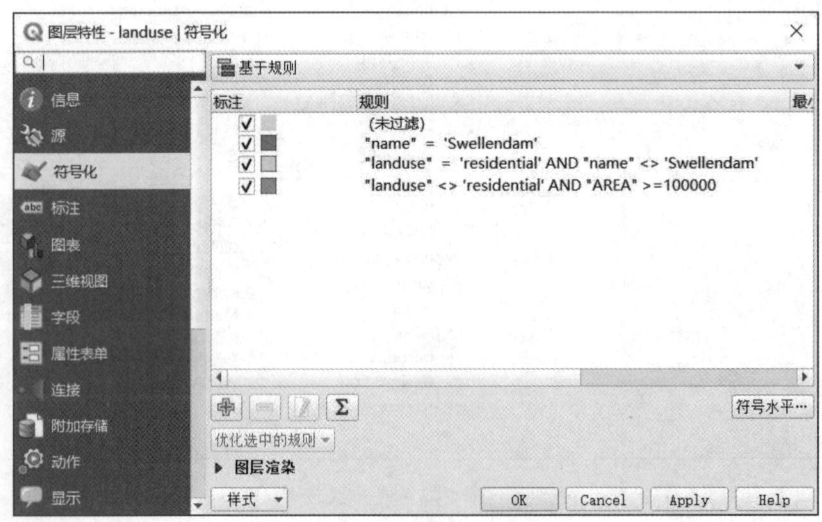

图 4-38 完整的规则设置方案

(11)应用此符号化方案，此时的地图配色效果如图 4－39 所示。

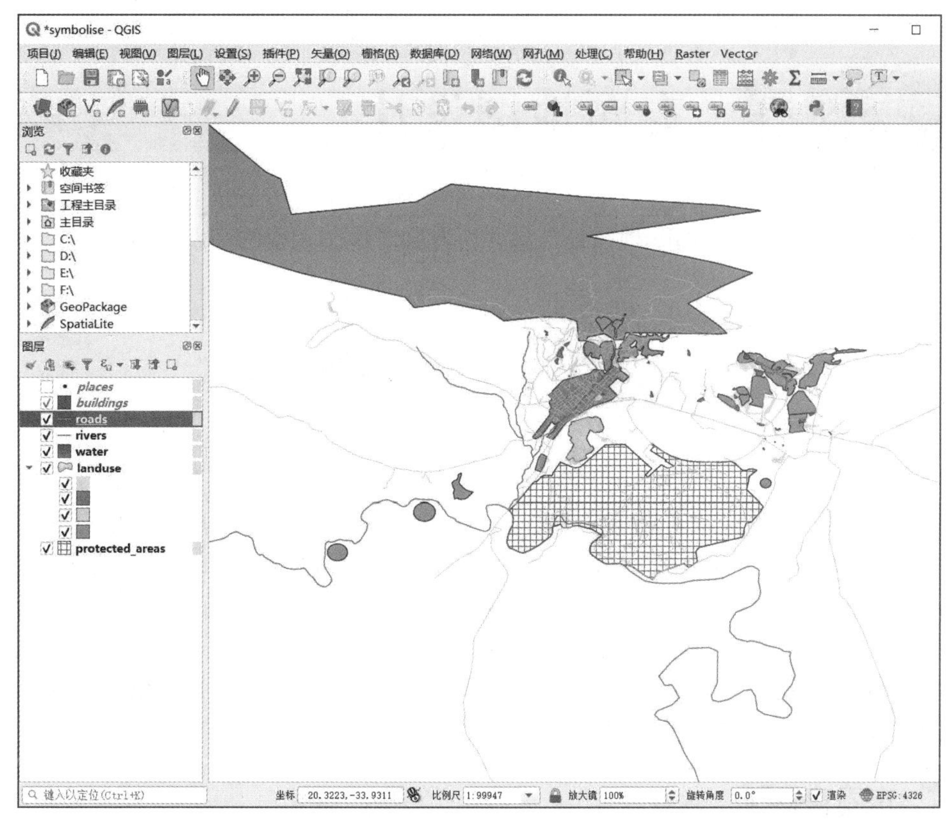

图 4－39　根据规则设置的配色显示效果

现在，得到了一张地图，其中史威兰丹是最突出的居住区，而其他非居住区则根据其大小进行不同着色。

4.3.6 小结

符号化使用户以容易区分的方式表示图层的属性，使得用户可以选择任何相关属性来表现和理解要素的意义。根据遇到的情况不同，可以应用不同的分类技术来表现图层数据。现在得到了一张美观的专题地图，但是怎么把它从 QGIS 中导出变成可以打印的格式，或者做成图像、PDF 文件呢？这会是下一章的内容。

5 专题地图设计

本章将介绍如何使用 QGIS 地图设计包含所有必要地图元素的高质量地图。

5.1 打印布局模块

经过前几章的学习，现在已经得到一个基本地图，下一步就需要打印或将其导出成图片，以便在其他报告、论文或者展示中使用。但是，首先需要明白 GIS 地图不是图像，它保存的是 GIS 程序的状态，连接其所有图层、标注、符号化等。因此，对于没有地图对应的原始数据和相同的 GIS 软件（如 QGIS）的人来说，这些地图文件根本无法使用。因此，这就需要 QGIS 把地图文件导出为非专业人士可以浏览的格式，如果有打印机，还可以把地图打印出来。在 QGIS 中导出和打印都通过打印布局功能实现的。本节的目标是使用 QGIS 打印布局来制作包含所有必需地图元素的常规地图。

5.1.1 布局管理器

QGIS 允许用户使用同一地图文件创建多个地图。因此，它有一个称为布局管理（Layout Manager）的工具。

（1）点击项目（Project）→布局管理（Layout Manager）菜单打开此工具。此时可以看见一个空白的布局管理（Layout Manager）对话框。

（2）点击新增（Add）按钮，把新布局名称设为“史威兰丹（Swellendam）”。

（3）点击 OK 按钮。

（4）点击显示（Show）按钮。

上述步骤也可以关闭对话框，通过项目（Project）→布局（Layouts）→史威兰丹（Swellendam）打开布局，如图 5－1 所示。

无论使用哪种方式打开，此时都会看到打印布局（Print Layout）窗口，如图 5－2 所示。

5.1.2 地图排版

在打印布局（Print Layout）窗口中，确认导出设置（Export Settings）和页面设置（Page Seup）的值。按如下所述设置：①纸张尺寸（Size）为 A4（210mm×297mm）；②纸质方向（Orientation）为横向（Landscape）；③输出分辨率（Quality）为 300dpi。

图 5-1 布局管理器

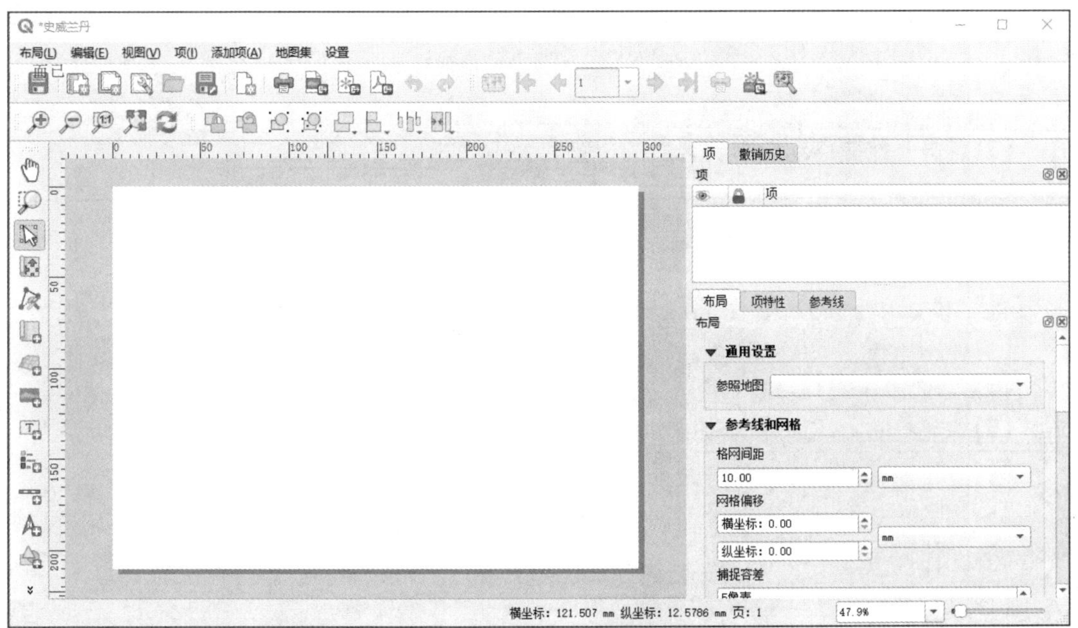

图 5-2 布局管理器主界面

现在已经按照需要设置好了页面布局，但是此页面仍然空白，还需要有个地图。现在开始添加地图：

(1)点击增加新地图(Add New Map)按钮( )如图 5-3 所示，启用此工具后，可以在页面上放置地图。

(2)在空白页面上点击并拖拽出一个框,此时地图就会显示在页面上。

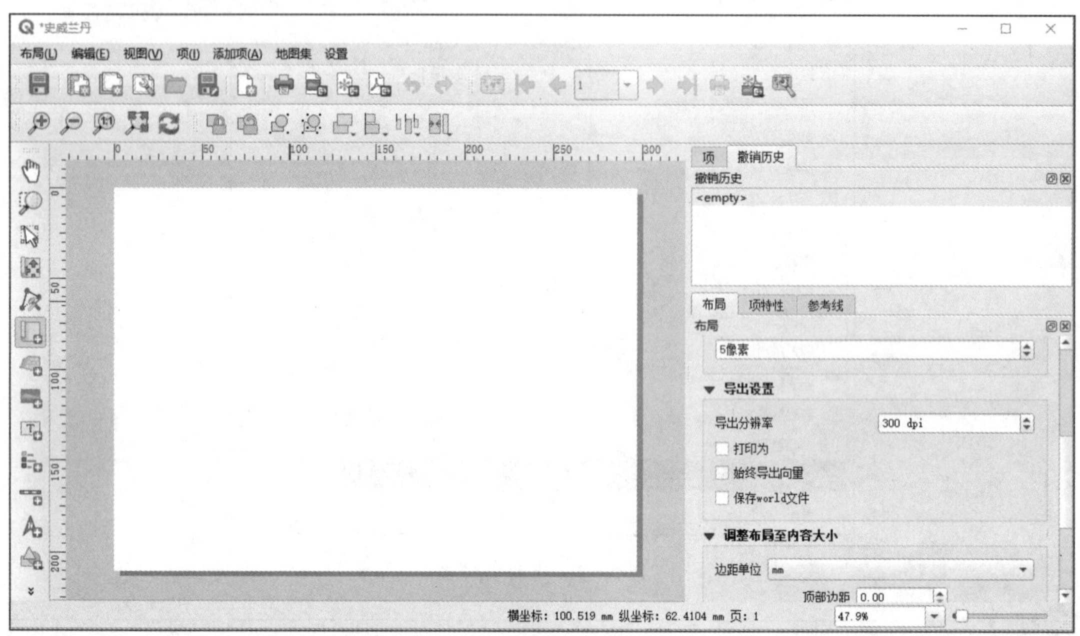

图 5-3 添加新地图按钮

(3)点击并拖拽移动地图到合适的位置和大小,如图 5-4 所示。

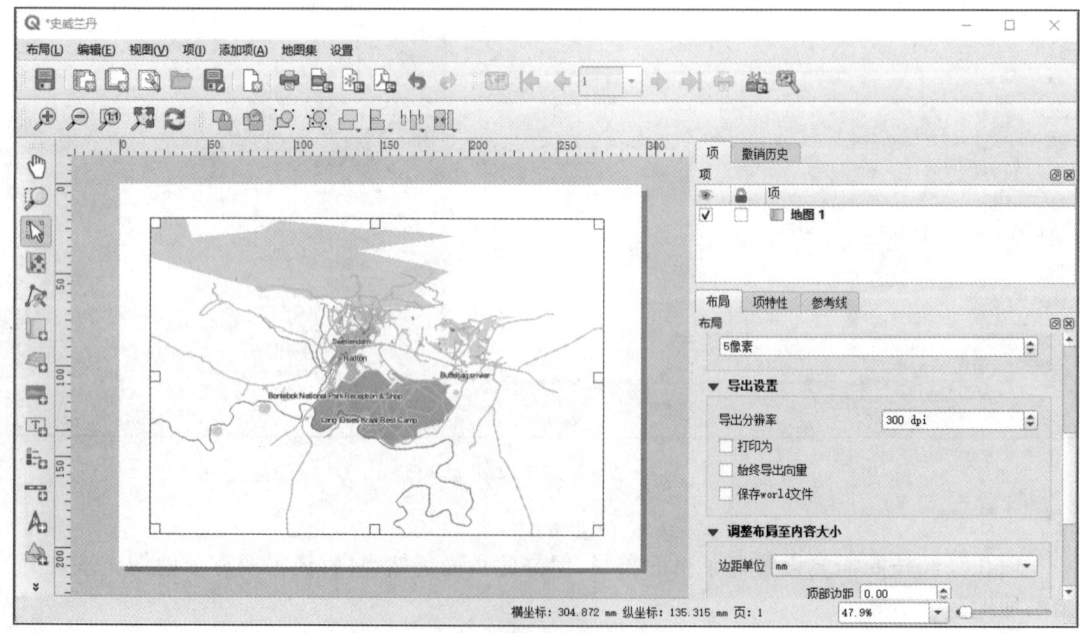

图 5-4 添加新地图

(4)通过点击并拖拽框的四角调整尺寸,如图 5-5 所示。

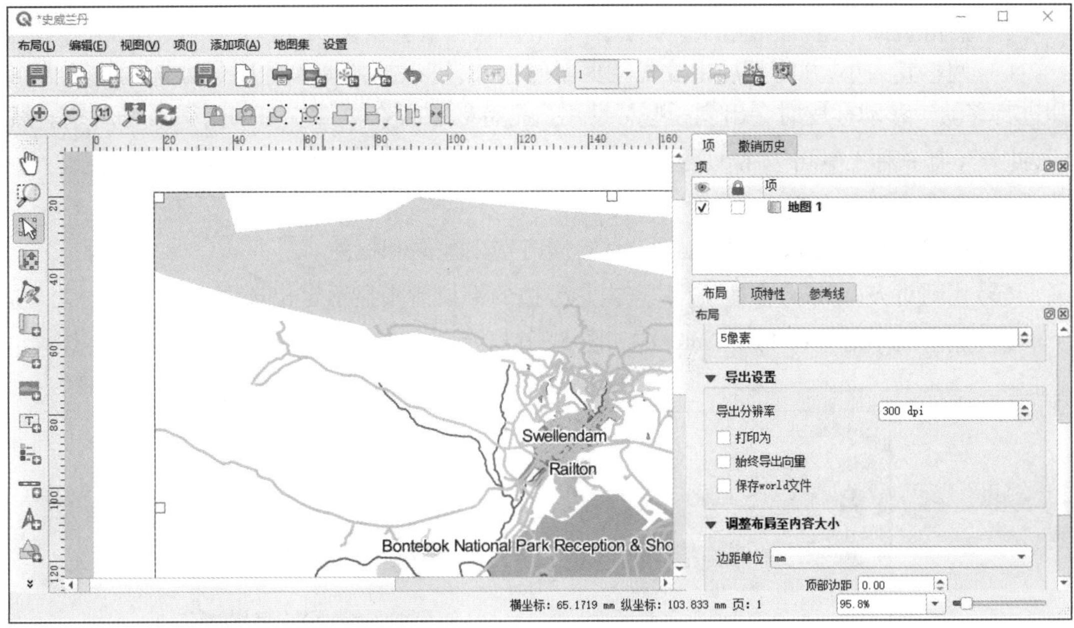

图 5-5 对地图布局调整

需要注意的是,所得实际效果会根据用户的地图项目的设置方式略有不同,但是不用担心,不管地图看起来是怎样的,对完成下面的操作基本没有影响。

(1)确保在地图的边缘和顶部留出空白。

(2)使用放大、缩小按钮( )调整此页面大小(切记:不是指放大、缩小地图)。

(3)在 QGIS 主窗口中缩放和平移地图,还可以使用移动项目内容(Move item content)( )工具移动地图。

放大时,地图视图不会自动刷新,在把页面缩放到所需位置时,它不会浪费时间重新绘制地图,但是这也意味着,如果放大或缩小,地图的分辨率不合适,布局不美观,而且视觉效果不好。

(4)使用刷新按钮( )可以刷新地图。

这里给地图调整的尺寸和位置不可能一步到位,如果不满意,可随时返回进行调整。目前,首先需要确保在此地图上保存设计操作。因为 QGIS 中的布局也是主地图文件里的一部分,需要通过保存主项目来保留它的设置。转到 QGIS 主窗口(一个带有图层面板以及此前使用过的所有其他熟悉的元素的窗口),然后从那里保存项目。

5.1.3 添加地图标题

现在地图在页面上美观很多,但不能让读者/用户从中获取信息。他们需要一些背景信息，也就是通过添加地图元素为他们提供更丰富的内容。首先，为其添加一个标题：

（1）点击按钮 。

（2）点击页面上地图顶端的地方，此时一个标题栏就会出现。

（3）调整其大小，并将其居中放置在页面的顶部，可以按照调整地图的方式调整其大小和进行移动。移动标题时会出现一些帮助用户把标题放置在页面中央的指引对齐的线。然而，此外还有一种工具可以帮助用户基于地图（而不是页面）调整标题放置的位置： 。

（4）点击地图选中它。

（5）长按键盘上的 Shift 键并点击标注，同时选中地图和标注。

（6）找到对齐（Align）按钮 并点击它旁边的下拉箭头显示定位选项。

（7）点击居中对齐（Align center），如图 5－6 所示。

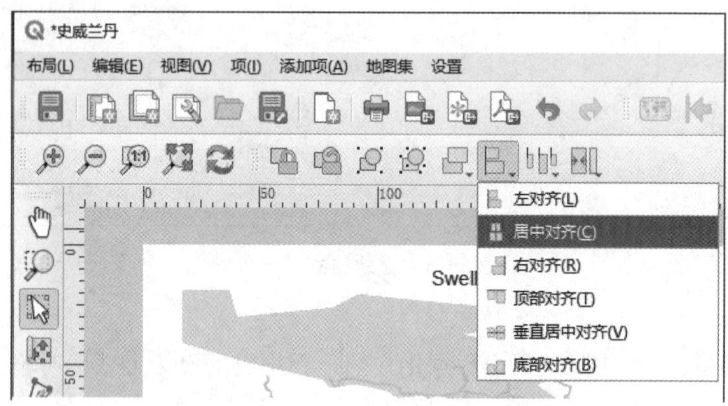

图 5－6　添加地图标题并设置对齐方式

为了确保在对齐后不会不小心移动这些元素，可以右键点击地图和该标签；此时角落里会出现一个锁头图标，表示要素现在无法拖动调整位置了。当然用户可随时右键点击要素以解锁。

现在标题已居中对齐地图，但并非内容。如果需要把标注居中对齐内容可进行如下操作：

（1）点击选中标注。

（2）点击布局（Layout）窗口侧面板中的项特性（Item Properties）。

（3）把标注的文本改为“Swellendam”。

（4）使用此界面设置字体和对齐选项（图 5－7）。

（5）选择较大但相配的字体（示例使用默认字体，其大小为 36px），并把水平对齐（Horizontal Alignment）设置为居中对齐（Center）。

用户也可以更改字体颜色，不过这里用默认的黑色看起来更适合。默认设置是不会为标题的文本框中添加边框的。但如果想添加边框，可以进行如下设置。

（1）在项特性（Item Properties）选项卡中，向下滚动列表直到看见边框（Frame）选项。

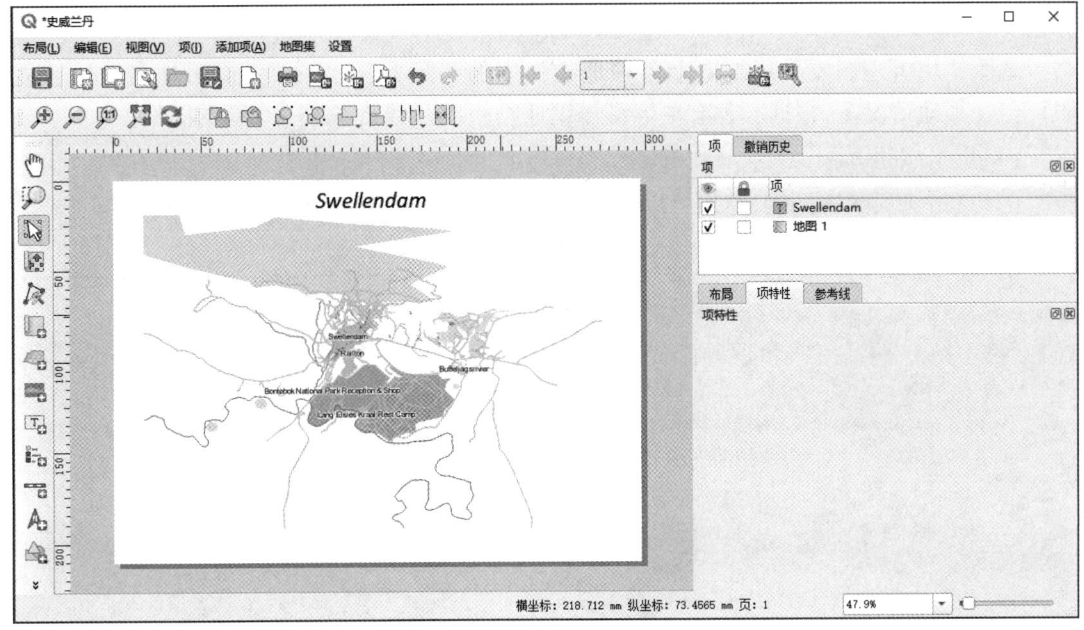

图 5-7 设置字体大小

(2)勾选边框(Frame)复选框启用边框,并调整边框颜色和线宽。本示例中不使用边框,因此,所得到的结果页面如图 5-8 所示。

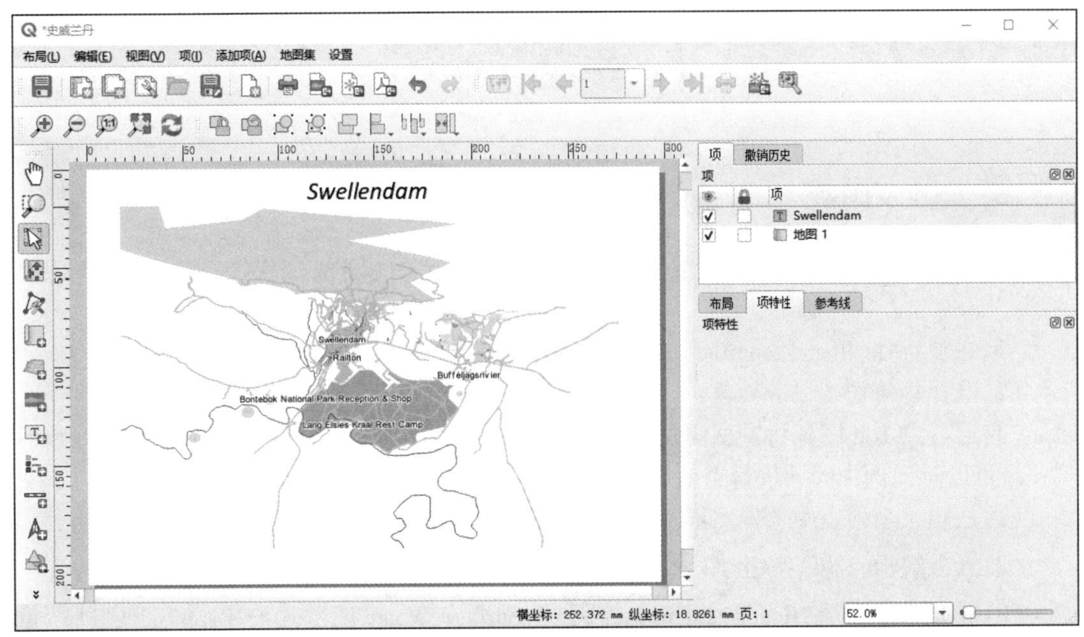

图 5-8 设置字体边框

5.1.4 添加图例

地图使用者还需要看到地图上各种地物代表的实际含义。一般情况下地名会比较显眼。但在其他情况下,根据颜色会更容易辨识地物。现在开始添加一个新的图例。

(1)点击按钮 。

(2)点击页面放置图例,然后可以按自己的意愿移动和调整图例位置(图 5-9)。

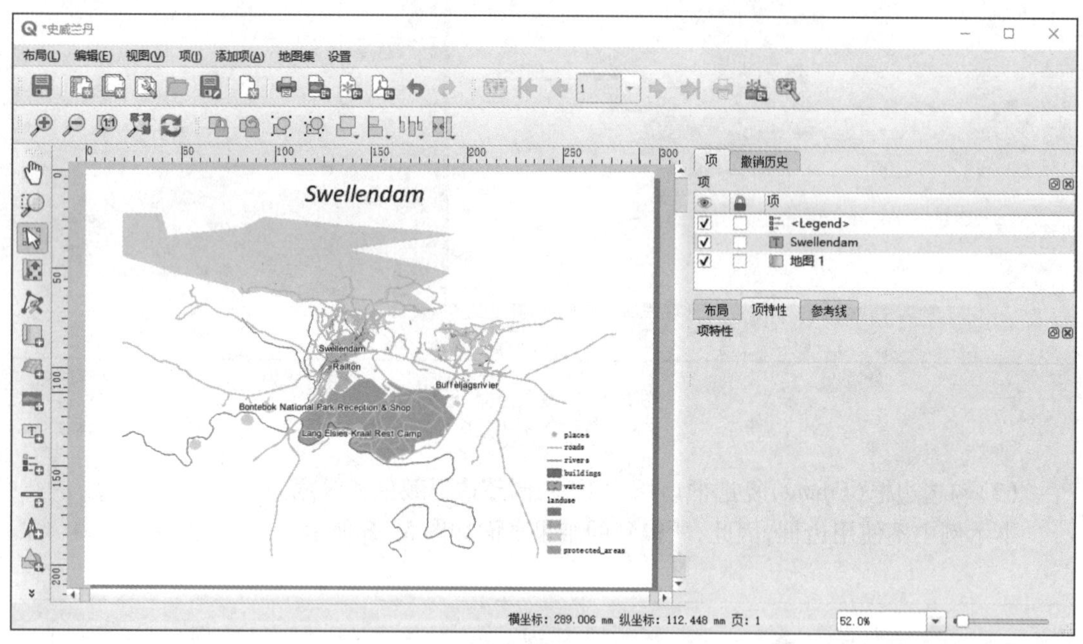

图 5-9 添加地图图例

5.1.5 自定义图例

此时的图例中有些项没必要放置,如其中建筑物相关的图例,现在来去掉这些不想要的项。

(1)在项特性(Item Properties)选项卡中找到图例项(Legend Items)面板。

(2)选择建筑物条目。

(3)通过点击此图标将它从图例中删除: 。

还可以对图例中的项进行重命名:

(1)从同一个列表中选择图层。

(2)点击编辑(Edit)按钮 。

(3)对 Places 图层、Roads and Streets 图层、Surface Water 图层还有 Rivers 图层进行重命名。

(4)把 landuse 图层设为不可见,然后点击向下的箭头,编辑每个类别,并在图例上为其命名,同时还可以对各项进行重排序(图 5-10)。

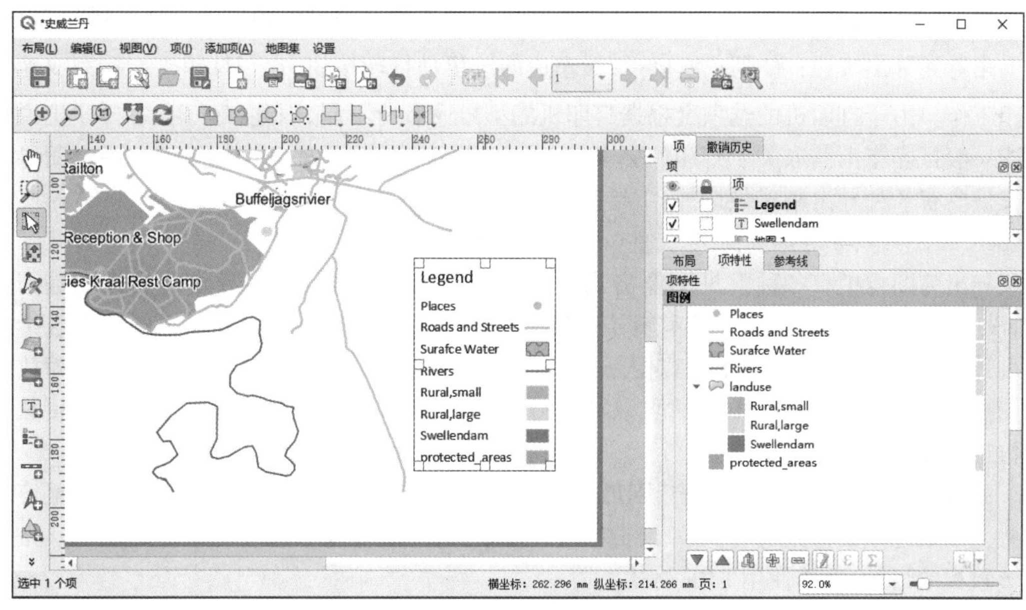

图 5-10 自定义图例

有时图例可能会因新增的图层名称而变大,因此,可能需要移动、调整图例和/或地图的大小,结果如图 5-11 所示。

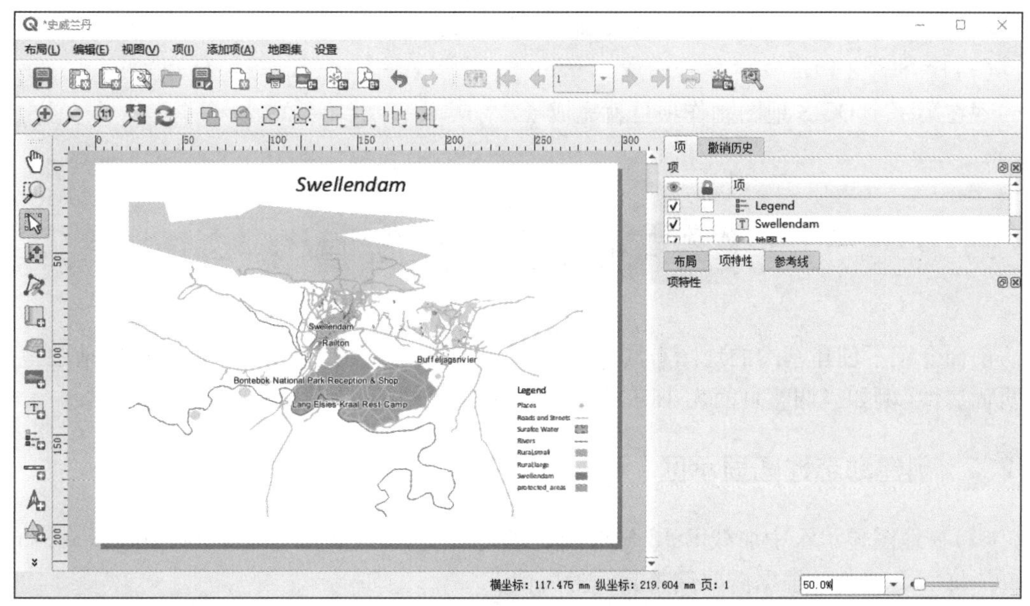

图 5-11 图例的大小和位置调整

5.1.6 导出地图

这里要注意,要经常保存地图配置。现在地图基本设计完可以导出了,在(布局)窗口的左上角看到导出按钮: 。最左边的按钮是打印按钮,它与打印机连接完成地图打印工作。由于打印机的选项会根据打印机的型号而有所不同,因此,最好参考打印机说明书或一般打印指南获取关于打印的更多信息。这里可以使用另外3个按钮把地图页面导出为文件。有3种导出格式供选择:①导出为图像文件(export as image);②导出为SVG文件(export as SVG);③导出为PDF文件(export as PDF)。

导出为图像中有各种常见图像格式供选择,该设定非常简单,但导出的图像就是固定的,没有办法再像地图一样进行编辑了。其他两个选项更为常用。如果要把地图发送给地图设计师(他们可能想编辑地图以便发布),最好将其导出为SVG格式。SVG代表可缩放矢量图形(Scalable Vector Graphic),可以导入到Inkscape之类的程序或其他矢量图像编辑软件中再进行二次编辑。

如果需要把地图发送给客户,则最常用的是PDF格式,因为PDF设置打印选项更容易一些。如果地图设计人员有PDF编辑修改专业软件,他们可能更愿意收取PDF文件。按照本节教程的目的,选择使用PDF格式。

(1)点击导出为PDF文件(export as PDF)按钮。

(2)选择保存路径,对文件命名。

(3)点击保存(Save)按钮。

(4)关闭布局(Layout)窗口。

(5)保存地图。

(6)使用操作系统的文件管理器找到导出的PDF,并打开它。

(7)检查输出PDF文件是否满意。

现在第一个QGIS地图制作项目就完成了。

5.2 地图动态打印布局

前面介绍了创建基本的地图布局,本节进行更深入地介绍,创建一个动态适应地图范围和页面属性(例如当调整页面大小时)的打印布局。同样地,创建日期也能动态调整。

5.2.1 创建动态地图显示区

(1)在地图显示区中加载ESRI Shapefile格式的数据集:protected_areas. shp、places. shp、rivers. shp、water. shp,根据需要调整其符号属性。

(2)点击工具栏里的 图标或者点击文件(File)→新建打印布局(New Print Layout),系统会要求录入新地图标题。

(3)要创建一个包含标题和 Swellendam 附近区域地图的地图布局,布局的边距应为 7.5mm,标题部分高度应为 36mm。

(4)在地图显示区上创建一个名为"main map"的地图项,然后转到布局(Layout)面板,向下滚动到变量(Variables)部分,然后找到布局(Layout)。在这里,可以设置一些在整个动态打印布局中都能使用的变量。转到布局(Layout)面板,然后向下滚动到变量(Variables)部分。第一个变量用以定义边距。点击 ✚ 按钮,在名称处输入"sw_layout_margin",把值设置为 7.5。再次点击 ✚ 按钮在名称处输入"sw_layout_height_header",把值设置为 36。

(5)现在可以通过变量自动创建地图显示区的位置和大小了:转到项特性(Item Properties)面板,打开位置和尺寸(Position and Size)环节。点击 X 的 ε 按钮,然后从变量(Variables)的条目中,选择@ sw_layout_margin。

(6)点击 Y 的 ε 按钮,选择编辑(Edit)然后输入公式:

```
to_real(@ sw_layout_margin)+to_real(@ sw_layout_height_header)
```

(7)可以通过使用宽度(Width)和高度(Height)的变量为各地图项设置尺寸。点击宽度(Width)的 ε 按钮,再次选编辑(Edit),然后输入公式:

```
@ layout_pagewidth-@ sw_layout_margin * 2
```

然后,点击高度(Height)的 ε 按钮,选择编辑(Edit),然后输入公式:

```
@ layout_pageheight-@ sw_layout_height_header-@ sw_layout_margin * 2
```

(8)还会创建一个包含主地图显示区范围的坐标的网格。再次转到项特性(Item Properties)选择网格(Grids)部分。点击 ✚ 按钮插入网格。转到调整网格...(Modify Grid...),根据在 QGIS 主地图显示区中选择的地图比例尺调整 X 和 Y 的间隔(Interval)和偏移量(offset)。十字型网格(Grid type:Cross)比较适合本示例。

5.2.2 创建动态标题

(1)点击 按钮,插入一个长方形显示标题。在项(Items)面板里输入名称标题(header)。

(2)再转到项属性(Item Properties)并打开位置和尺寸(Position and Size)的部分。使用 ε X 和 Y 设置@ sw_layout_margin 变量。宽度(Width)用此表达式定义:

```
@ layout_pagewidth-@ sw_layout_margin * 2
```

高度(Height)由此表达式定义:

```
@ sw_layout_height_header
```

(3)然后使用 按钮来插入一条水平线、两条垂直线把标题分为不同的部分。完成插入后,输入名称,为 X、Y 和宽度(Width)分别输入以下表达式。

X 的表达式:

```
@ sw_layout_margin
```

Y 的表达式：

```
@ sw_layout_margin+8
```

宽度（Width）的表达式：

```
@ layout_pagewidth-@ sw_layout_margin * 2-53. 5
```

（4）第一条垂直线以此定义。

X 的表达式：

```
@ layout_pagewidth-@ sw_layout_margin * 2-53. 5
```

Y 的表达式：

```
@ sw_layout_margin
```

还需要它根据创建的标题的高度定义其高度，因此，为高度（Height）输入表达式：

```
@ sw_layout_height_header
```

第二条垂直线需要位于第一条垂直线的左侧，为 X 输入表达式：

```
@ layout_pagewidth-@ sw_layout_margin * 2-83. 5
```

为 Y 输入表达式：

```
@ sw_layout_margin
```

它还需要有与第一条垂直线一样的高度（Height）：

```
@ sw_layout_height_header
```

图 5－12 为创建好的动态布局的结构。现在需要使用一些元素填充这些由线条创建的区域。

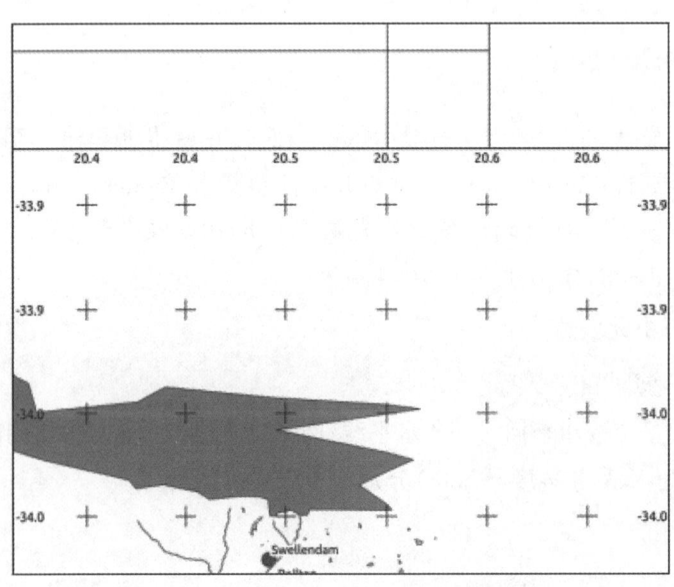

图 5－12　地图动态布局结构

5.2.3 为动态标题创建标注

(1)QGIS 项目的标题是在 QGIS 项目中自动生成的。标题可以在项特性(Project Properties)中设置。使用 按钮来插入标注,在名称里输入“project title (variable)”。在项特性(Items Properties)面板的主属性(Main Properties)输入表达式:

```
[%@projecttitle%]
```

以这些表达式设置标签位置。

X 的表达式:

```
@sw_layout_margin+3
```

Y 的表达式:

```
@sw_layout_margin+0.25
```

宽度(Width)的表达式(宽度应设置为 105mm):

```
@layout_pagewidth-@sw_layout_margin*2-90
```

在高度(Height)处输入“11.25”。在下部外观(Under Appearance)下把字体尺寸设为 16pt。

(2)第二个标签用来存放有关地图的介绍。再次插入一个新文本框,将其命名为“map description”。同时在主属性(Main Properties)中输入文本“map description”。同时会把使用日期也写进去:

```
printed on:[%format_date(now(),'dd.MM.yyyy')%]
```

再次使用 QGIS 自动创建的变量。为 X 输入以下表达式:

```
@sw_layout_margin+3
```

为 Y 输入以下表达式:

```
@sw_layout_margin+11.5
```

(3)第三个文本框会存储用户的单位的信息。首先在项特性(Item Properties)的变量(Variables)菜单里创建一些变量。找到布局(Layout)菜单,逐次点击 按钮输入以下名称:“o_department”“o_name、o_adress”和“o_postcode”。在第二行输入关于单位的详细信息。不过这里为了简化用到主属性(Main Properties)的部分。位置由以下表达式定义。

为 X 输入以下表达式:

```
@layout_pagewidth-@sw_layout_margin-49.5
```

为 Y 输入以下表达式:

```
@sw_layout_margin+15.5
```

宽度(Width)定为 49.00,高度(Height)则以此表达式定义:

```
@sw_layout_height_header-15.5
```

5.2.4 为动态页头增加图片

(1)使用 按钮以在 organisation information 上方放置一张图片,输入"organisation logo"的名称后,以此表达式定义 X 的位置:

```
@ layout_pagewidth-@ sw_layout_margin-48. 5
```

然后以此表达式定义 Y 的位置:

```
@ sw_layout_margin+3. 5
```

把 logo 的尺寸设置为 39. 292 的宽度(Width)以及 9. 583 的高度(Height)。如果要加入单位的 logo,该 logo 文件必须保存到主目录下,然后在主属性(Main Properties)→图像来源(Image Source)里输入该路径。

(2)最后,地图设计还需要加入指北针。这里同样可以使用 按钮添加。把名称设置为"north arrow",转到主属性(Main Properties),并选择 Arrow_02. svg。以此公式定义 X 的位置:

```
@ layout_pagewidth-@ sw_layout_margin-68. 25
```

然后以此公式定义 Y 的位置:

```
@ sw_layout_margin+22. 5
```

在这里使用静态数字定义其宽度(Width)和高度(Height),分别为 21. 027 和 21. 157。结果如图 5-13 所示。

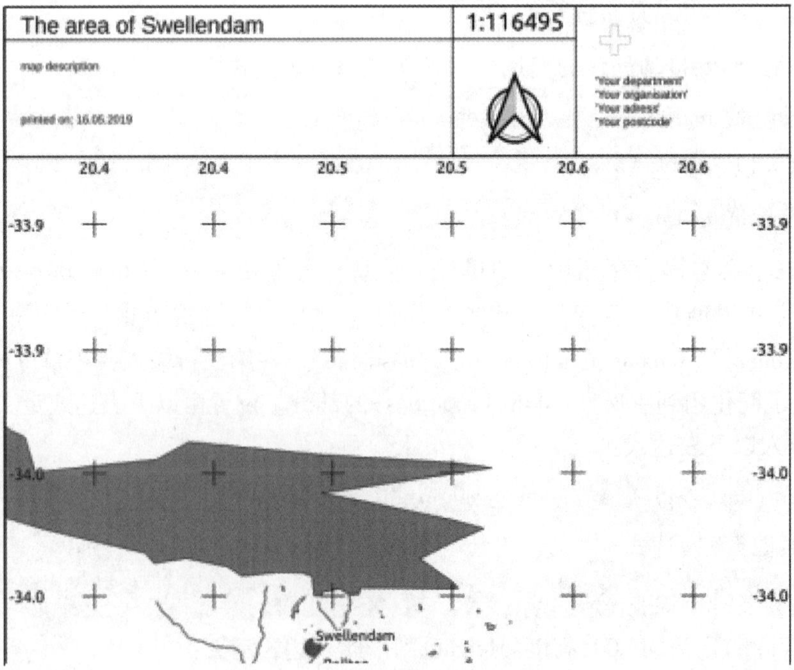

图 5-13 为地图增加指北针图片

5.2.5 为动态地图创建比例尺

(1)为地图添加比例尺,需要点击 按钮,然后将其放在指北针上方的矩形框内。主属性(Main Properties)的地图(Map)项中选择 main map(Map 0),其比例会根据 QGIS 主地图显示区中选择的范围进行自动更改。如果选择数字样式(Numeric Style)就意味着会插入一个没有比例尺条的简单数字比例尺。比例尺还需要定义位置和大小。

为 X 输入:

```
@ layout_pagewidth-@ sw_layout_margin-68. 25
```

为 Y 输入:

```
@ sw_layout_margin+6. 5
```

(2)把宽度(Width)设置为 28. 639,把高度(Height)设置为 13. 100。参考点(Reference point)要放在中间。这样第一个动态地图就设计完成了。查看布局,检查是否一切都符合要求。现在当用户更改页面属性(page properties)时,动态地图布局会自动调整。例如,如果把页面尺寸从 DINA4 更改为 DINA3,只需要点击 按钮,整个页面设计就会自动做出适配调整。

5.3 小　结

打开刚才设计的地图项目并进行彻底修改。如果发现小错误或是小问题,要立即修正。对地图进行自定义操作时,要不断询问自己一些问题。例如,对于不熟悉数据的人来说,这张地图简单易懂吗?如果在互联网、海报或杂志上看到这张地图,它会吸引读者的注意吗?如果不是本人制作的,自己会想使用这张地图吗?

一般来说,地图应根据地图本身的整体外观、符号化,以及地图页面和要素的外观及布局进行评价。但是,切记评价地图的重点始终在于地图是否易用。地图越美观、越是一眼就能理解的就越好。

第 2 章至第 5 章主要介绍了如何创建和设置矢量地图符号。在接下来的 4 个章节中,会介绍如何使用 QGIS 进行完整的空间数据编辑和分析,包括矢量数据的创建和编辑、矢量数据分析、栅格数据的使用和分析;同时还会结合 GIS 的栅格数据源和矢量数据源一起来解决和分析实际问题。

6 创建矢量数据

前面几章介绍使用现有数据创建地图仅仅是个开端，在本章会介绍如何修改现有的矢量数据，以及如何创建新的矢量数据。

6.1 新建矢量数据集

任何 GIS 数据分析项目都需要数据，对于大多数常见 GIS 项目数据都是现成的，但是，如果 GIS 项目越具体、越专业，就越难以获得现成的数据。在这种情况下，需要用户自己制作新数据。本节的目标是创建新的矢量数据集。

6.1.1 矢量数据创建对话框

创建新矢量数据需要有一个矢量数据集存储这个矢量数据。因此，本示例将从创建全新的数据开始介绍。第一步是需要定义一个新数据集。首先打开创建图层（Create Layer）对话框定义一个新图层。

（1）导航找到并点击此菜单项：图层（Layer）→创建图层（Create Layer）→新 Shapefile 图层（New Shapefile Layer）。

打开如图 6－1 所示的对话框。

在此步骤中，需要确定创建的是哪种数据集。这非常重要，因为每种矢量图层在后台都是“以不同方式构建”的，因此，一旦创建了该图层，就无法再更改其类型了。接下来需要创建一些表示区域的新要素。因此，这里需要创建一个面数据集。

（2）点击多边形（Polygon）单选按钮（图 6－2）。

该选项主要是决定创建矢量数据集时使用的几何类型是否正确。下一个选项是指定坐标参考系统，或者说是 CRS。CRS 定义了如何把地球上的一个点转换为坐标，由于执行此操作的方法有很多，因此存在许多不同的 CRS。该项目的 CRS 为 WGS84（图 6－3），因此默认情况下已正确。

然后在新建属性（New Attribute）下组建起了一系列字段。默认情况下，新建的图层只会有一个属性，就是图 6－4 中的 id 字段[在属性表（Attributes List）里可以看到]。然而，为了创建的数据能发挥更大用处，还需要对这个新创建的图层里的要素再增加更多属性。当前需要再增加一个 name 字段。

（3）按图 6－4 进行设置，然后点击添加到字段列表（Add to Attributes List）按钮。

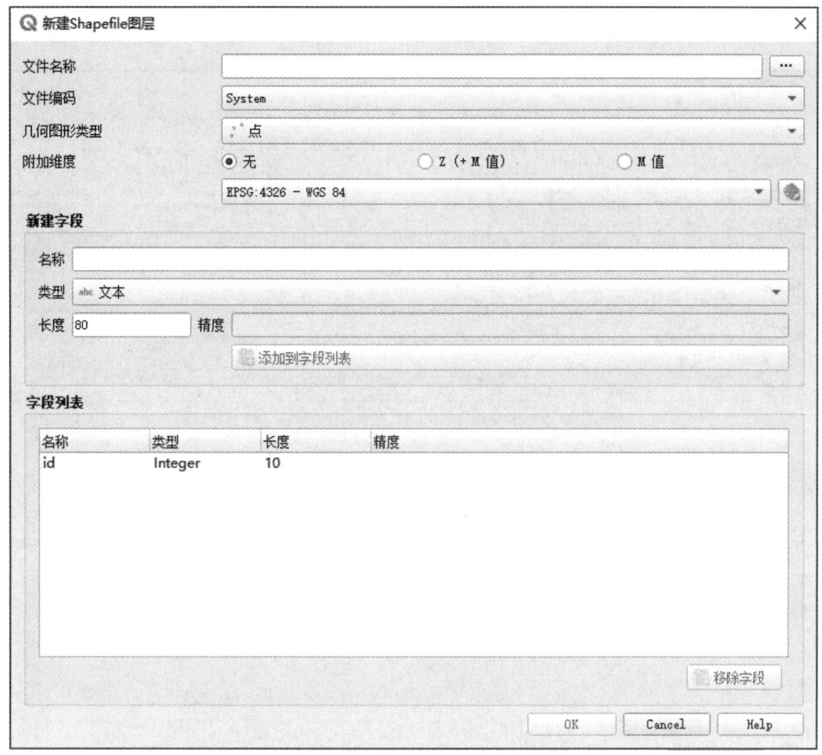

图 6-1　矢量数据创建对话框

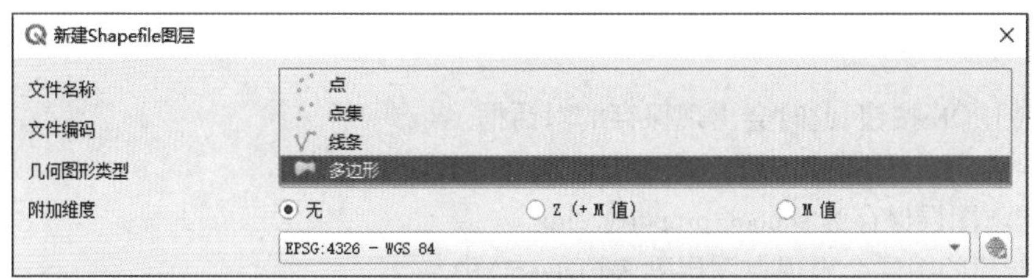

图 6-2　数据集类型设置

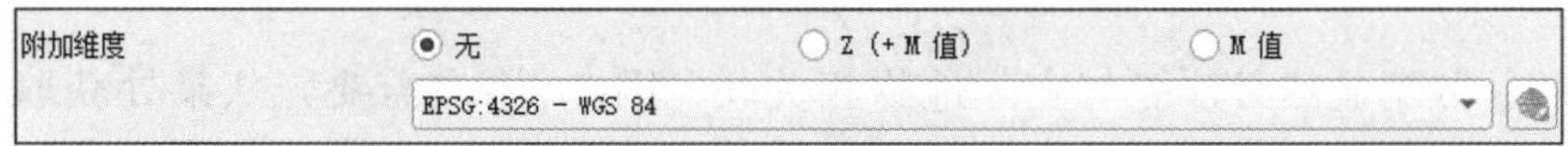

图 6-3　投影设置

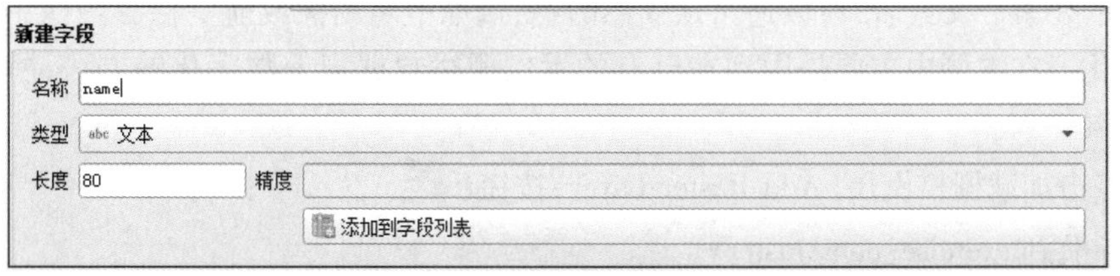

图 6-4　新加字段

完成所有设置后的对话框如图 6-5 所示。

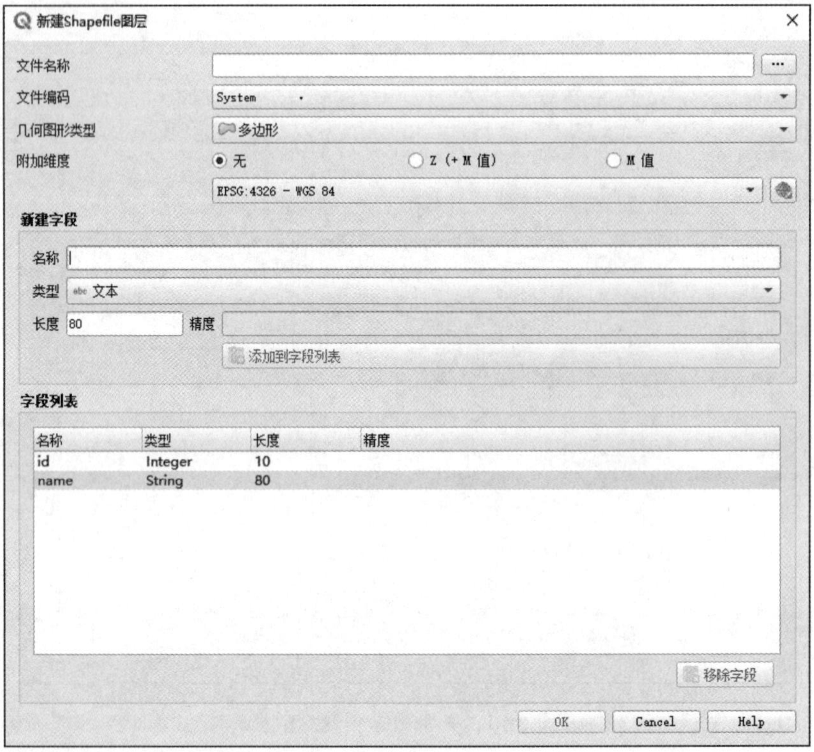

图 6-5　字段配置完成

(4)点击 OK 按钮,此时会出现保存的对话框。

(5)导航到 exercise_data 的路径。

(6)把新图层保存为 school_property. shp。

此时新建的图层会出现在图层列表(Layers)中。

6.1.2 矢量数据来源

创建的新数据显然必须能与实际地物相关联。因此,用户需要先从某处获取矢量数据准确的位置和属性信息。有很多方法可以获取有关要素数据。例如,可以使用 GPS 捕获现实世界中的点,然后再把数据导入 QGIS。或者,可以使用经纬仪测量点,然后手动输入坐标以创建新的要素。又或者,可以通过从遥感数据,例如卫星图像或航空摄影图像中追踪对象进行数字化。在本例中主要是用到在已有的示例栅格数据集上数字化的方法,所以需要先把栅格数据导入。

(1)点击加载栅格图层(Add Raster Layer)按钮( )。

(2)导航到 exercise_data\raster\。

(3)选择文件 3420C_2010_327_RGB_LATLNG. tif。

(4)点击打开(Open),此时会在地图显示区载入一张图像。

(5)在图层(Layers)面板中找到这张新载入的图像。

(6)点击并将其拖动到列表的底部,以便可以看到其他图层(图6-6)。

(7)查找并放大到这个区域。

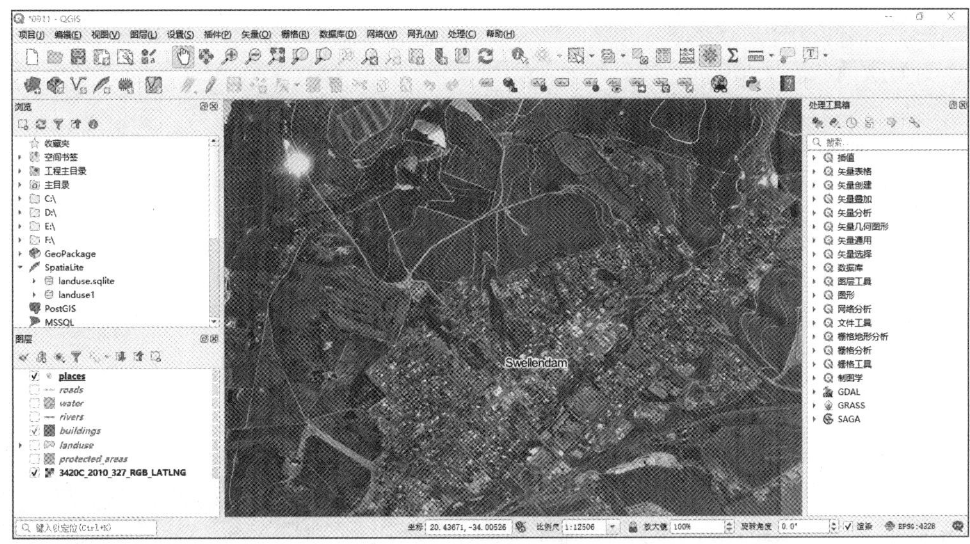

图6-6 在QGIS中加载卫星图像

这里要注意,如果建筑物(buildings)图层的符号遮盖了这个栅格图层的部分或者全部区域,可以在图层面板(Layers panel)上先取消buildings图层勾选,暂时将其设置为不可见。如果还发现道路(roads)的符号也造成了干扰,也可以关闭roads图层。接下来需要对图6-7中所示的三片地进行数字化。

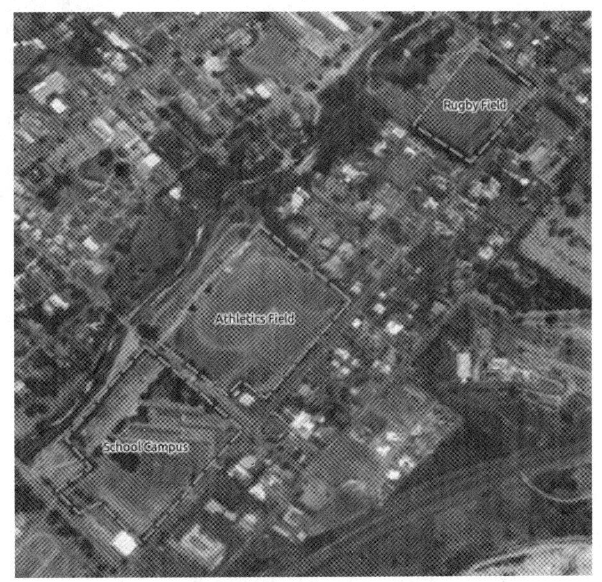

图6-7 卫星图像上的3个示例地块

在QGIS中要进行数字化,需要先进入编辑模式(Edit Mode)。GIS软件通常都会需要进入专门的编辑模式,以防用户不小心误删重要数据。每个图层的编辑模式都需要分别启用或关闭。切换school_property图层的编辑模式的方法如下:

(1)在图层列表(Layer list)上点击该图层以选中(确认是否选中了正确的图层,否则将编辑错误图层)。

(2)点击切换编辑状态(Toggle Editing)按钮。如果找不到此按钮,可以检查数字化

(Digitizing)工具栏是否处于启用状态。如已启用,在视图菜单(View)→工具栏(Toolbars)→数字化(Digitizing)菜单条目旁应该处于勾选状态。进入编辑模式后,就会看到数字化工具( )变为激活状态。

其他5个相关按钮( )仍处于非激活状态,但是当开始新数据交互操作时就会变为激活状态了。

从工具栏的最左边到最右分别是:

(1)保存编辑(Save Edits),保存对当前图层做出的变更。

(2)新增要素(Add Feature),开始数据化新的要素。

(3)移动要素(Move Feature(s)),移动整个要素到另一个位置。

(4)端点工具(Vertex Tool),移动要素中的单个节点。

(5)删除选中要素(Delete Selected),删除选中的要素。

(6)剪切要素(Cut Features),剪切选中的要素。

(7)复制要素(Copy Features),复制选中的要素。

(8)粘贴要素(Paste Features),粘贴已复制或剪切的要素。

接下来要做的是新增要素。现在点击新增要素(Add Feature)按钮,开始对卫星影像中的学校场地(School Campus)进行数字化。可以发现,此时鼠标光标已变成十字准线形状,方便更准确地选择要数字化的点。需要说明的是,即使正在使用数字化工具,一样能通过滚动鼠标滚轮对地图放大和缩小,也可以通过按住鼠标滚轮并在地图上拖动来进行视图的平移。现在开始数字化的第一个要素是操场(图6-8)。

图6-8 操场卫星图像

(1)通过点击场地边缘某处的点开始数字化。

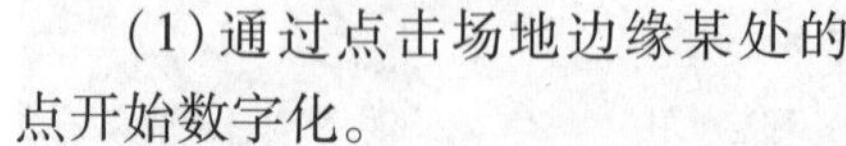

(2)继续点击场地边缘放置更多点,直到绘制出的形状完全覆盖该操场。

(3)放置好最后一个点后,点击右键结束绘制该多边形,完成该要素的创建并显示出该图层的属性(Attributes)对话框。

(4)填入如图6-9所示的属性信息。

(5)点击OK按钮,现在已创建出第一个要素了。

如果在数字化时有失误,可以在创建完该要素后对其进行编辑。因此,如果出现失误,可以继续进行上述的数字化操作,直到完成要素的创建。然后使用选择要素(Select Feature)工具选中该要素(图6-10)。

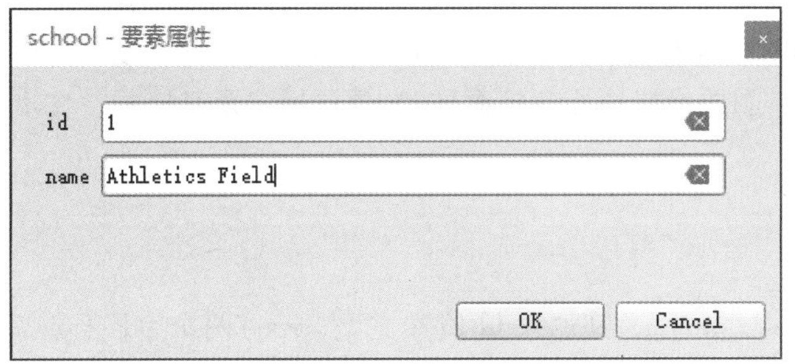

图 6-9 添加字段属性

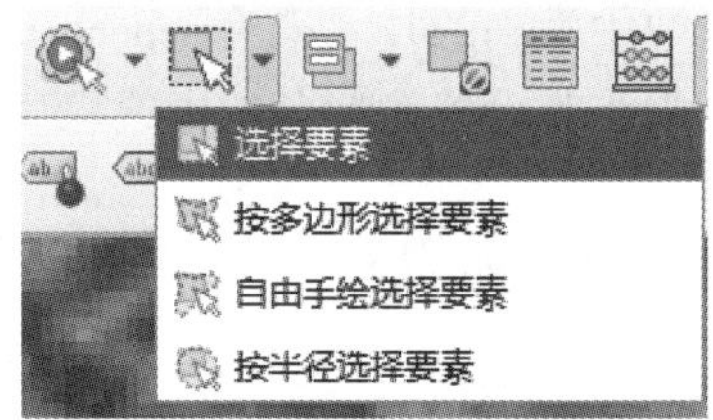

图 6-10 要素选择方法设定

可以使用：

(1)移动要素(Move Feature(s))工具来对整个要素进行移动。

(2)端点工具(Vertex Tool)移动误触的某个点。

(3)删除选中的要素(Delete Selected)来删除整个要素,以便重新绘制。

(4)编辑(Edit)→撤回(Undo)的菜单条目或者 Ctrl+Z 的快捷键来撤回错误操作。

6.1.3 练习 1

继续数字化学校及上面的运动场,可以使用图 6-11 作为参考。

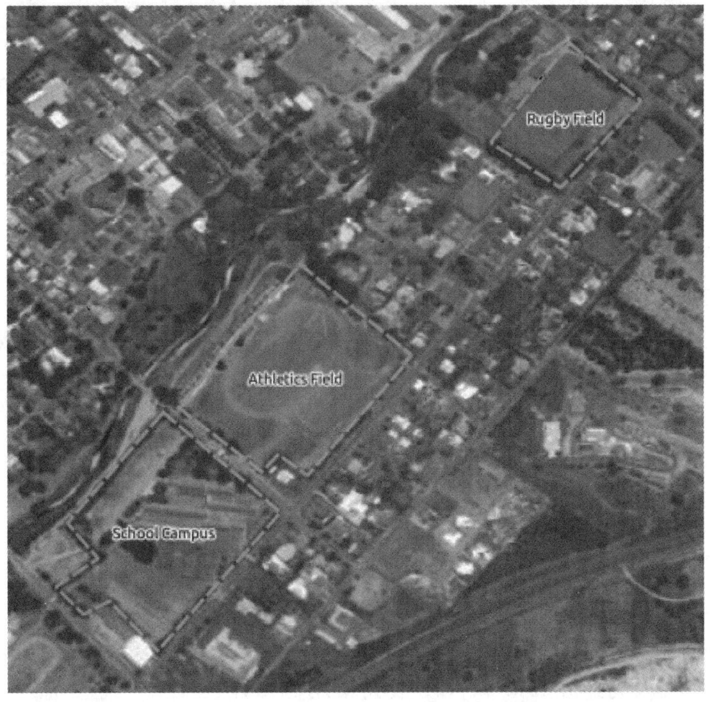

图 6-11 完成另外两个多边形的数字化练习

切记，每个新要素都需要有单独的 id 值，并且不能重复。另外，这里要注意，当在图层中创建完所有新要素后，记得保存编辑操作再退出编辑模式。也要特别注意，可以使用先前章节中学到的技术来为 school_property 图层设置填充和轮廓样式、放置标注及其格式。在本例中为其设置浅紫色的虚线轮廓，不作填充。

6.1.4 练习2

（1）创建新的线要素，命名为“routes. shp”，为其加入 id 值和类型（type）两个字段（参考上述的方法）。

（2）数字化在路网图层上还没标记的两条道路，其中一条是主路，另一条是小路。主路是沿着 Railton 的南部边缘而下，在地图上标记的道路作为起点和终点（图 6－12）；而这条小路是位于南部稍远的地方（图 6－13）。

图 6－12　道路数字化

图 6－13　道路在卫星影像的位置

一次在 route 图层上数字化一条道路。尽量准确地绘制这两条路线，在所有的转弯处和拐角点都要放置上多个点（左键）。

绘制两条路线时，还要为它们的类型（type）属性的值赋予主路（path）或者小路（track）。可以发现当前只有道路上的点被标记出来了，此时可以使用图层属性（Layer Properties）对话框为这些路线添加符号样式。这里先任意给主路和小路赋予不同的样式。保存编辑操作并切换编辑（Edit）模式来停止编辑。

请参考附录内容核对结果。

6.1.5 小结

本节主要介绍了如何创建要素；本节并没有讲述如何添加点要素，因为只要学会了处理稍微复杂的线要素和面要素，添加点要素自然不是问题。它们的原理完全相同，只不过是要单击一次需要数字化的地方，然后同样为其赋予属性就完成了点要素数字化。懂得如何进行数字化非常重要，因为这是 GIS 软件中极其常用的操作。

在 GIS 图层中的要素不是一些简单的图像，而是在空间中真实存在的地物。例如，相邻的多边形彼此之间存在着相对位置，这就是拓扑（topology），下节将介绍拓扑关系的用法。

6.2 要素拓扑关系

拓扑关系是矢量数据层中的关键部分,它可以准确合理地消除诸如要素重叠或要素间存在间隙之类的错误。例如,如果两个要素共用一条边界,使用拓扑编辑这条边界,就不需要编辑完第一个要素后再次编辑另一个要素,然后再小心地在那条共用边界上把它们排在一起使它们匹配。利用拓扑关系可以直接编辑它们共用的边,对这两个要素同时做出更改。本节的目标是通过示例理解拓扑关系。

6.2.1 捕捉

为了方便拓扑编辑,最好启用 QGIS 的捕捉功能。利用数字化捕捉功能使鼠标光标捕捉到其他对象或节点,从而避免位置偏差。设置捕捉选项的方法如下。

(1)导航到此菜单条目:项目(Project)→捕捉选项...(Snapping Options...)。

(2)得到如图 6-14 所示的工程捕捉选项(Snapping Options)对话框。

图 6-14　捕捉设置

(3)点击 OK 按钮保存更改,退出对话框。

(4)选中 landuse 图层并进入编辑模式。

(5)查看视图(View)→工具栏(Toolbars),确认高级数字化(Advanced Digitizing)工具栏处于启用状态。

(6)放大到此区域(如有必要可以关闭一些图层和标注),效果如图 6-15 所示。

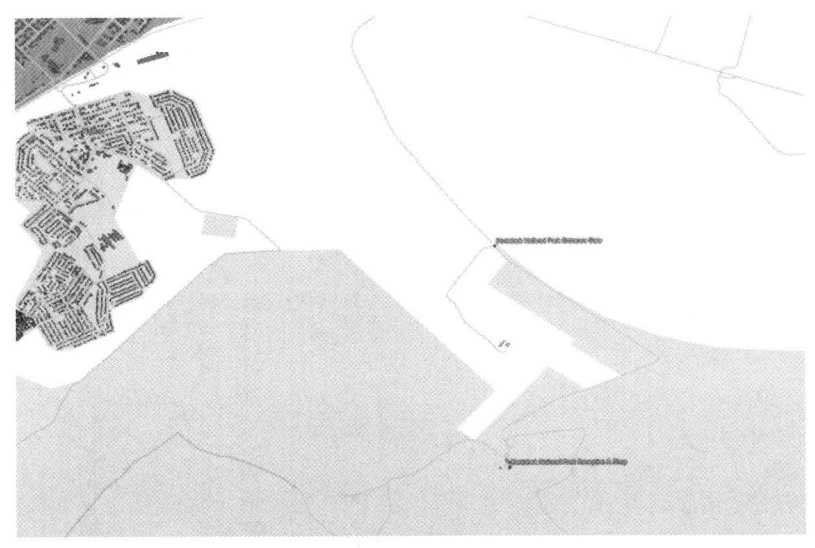

图 6-15　区域放大效果图

(7)把 Bontebok 国家公园这个(虚构的)新的区域数字化完成(图 6-16)。

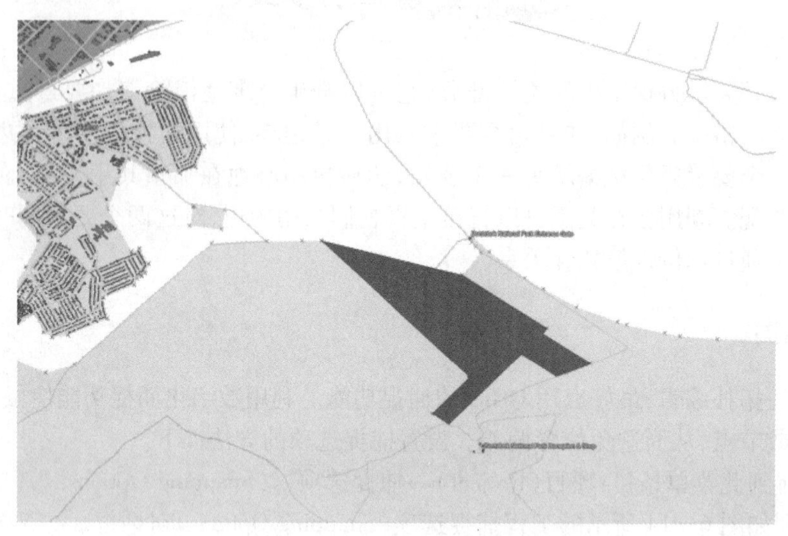

图 6-16 采用自动捕捉完成多边形数字化

(8)完成后,把 OGC_FID 的值设为 999,其他值保持不变。

如果在进行数字化过程中比较小心,并且启用了捕捉使光标捕捉到相邻区域的端点,新绘制的区域和与其相邻的现有的区域之间就不会有任何空隙。另外特别提醒,高级数字化(Advanced Digitizing)工具栏中有重复/撤回的按钮( ),可以撤销或者重做任意一步操作。

6.2.2 拓扑关系检查与修复

有时候会需要对存在拓扑关系的要素进行修复。在本例中可以看到 landuse 图层中有些很复杂的森林区域被合并成了同一个区域(图 6-17)。

图 6-17 拓扑关系问题示例

这里使用端点工具(Vertex Tool)编辑这些多边形并将其合并,而不是剔除这些要素再通过创建新的面数据来合并这些森林区域。

(1)进入编辑模式,启用状态。

(2)选择端点工具(Vertex Tool)。

(3)选择其中一个林区的其中一个角,将其移动到毗连的另一个林区的某个角,使两个林区接边完美重叠(图6-18)。

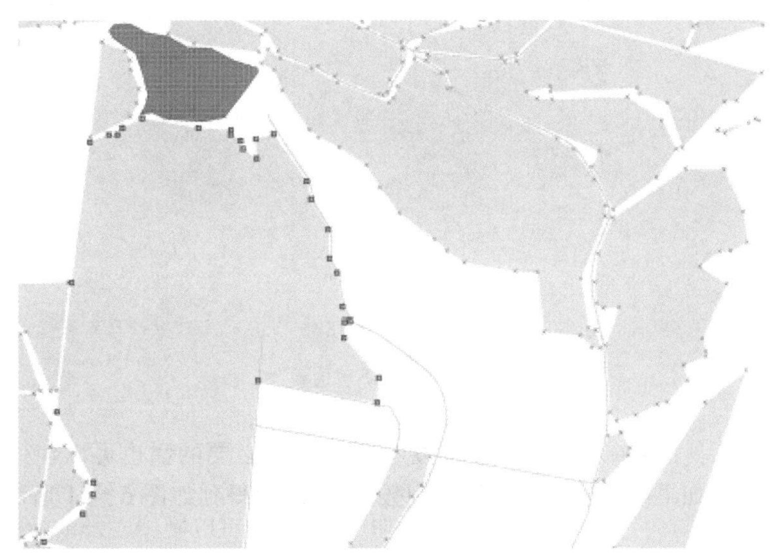

图6-18 多边形端点选择

(4)点击并拖动节点,直到它们捕捉到目标位置(图6-19)。

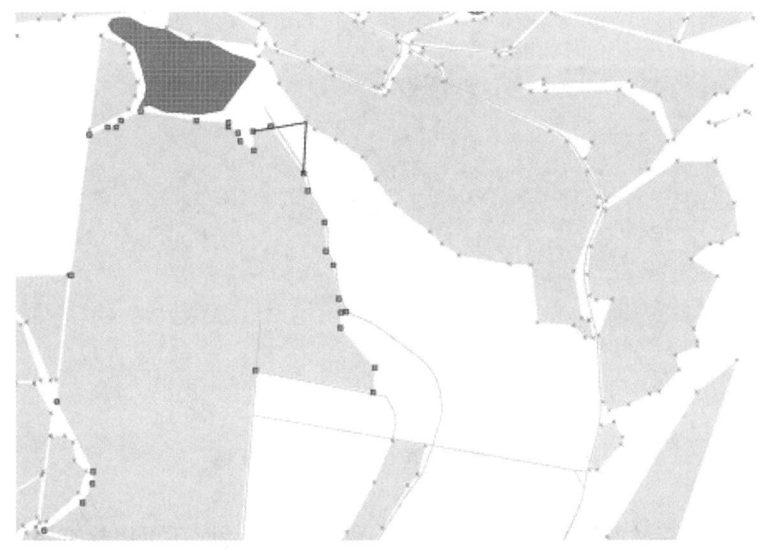

图6-19 移动多边形的单个端点

拓扑关系正确的边界看起来会是图 6-20 所示的状态。

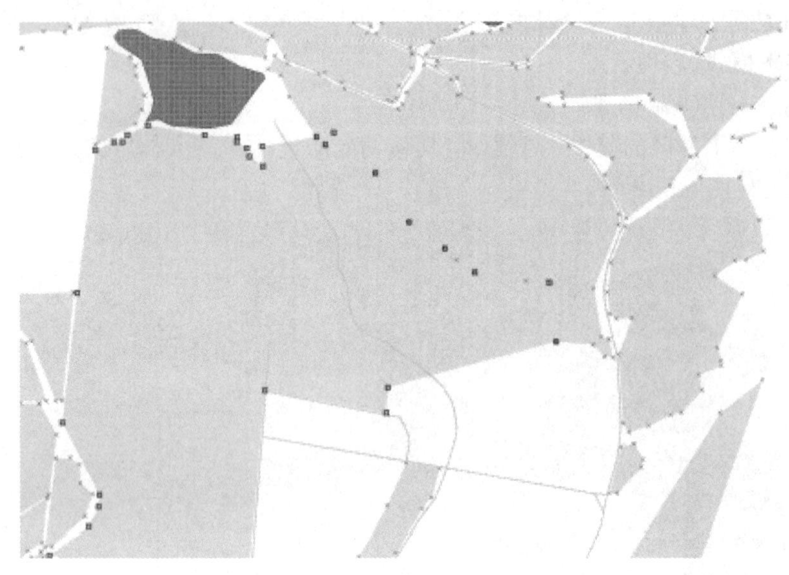

图 6-20 拓扑关系正确的边界

继续使用端点工具(Vertex Tool)去调整更多区域。有必要的话也可以使用新增要素(Add Feature)工具。如果使用的是本书的示例数据,最终会得到如图 6-21 所示的森林区域显示效果。

图 6-21 完成后的森林区域多边形数据

如果这里拼接合并森林的区域多了或者少了,影响不大,后面还可以检查更正。

6.2.3 要素简化

这里使用简化要素(Simplify Feature)工具( )。

(1)点击启用该工具。

(2)使用端点工具(Vertex Tool)或新增要素(Add Feature)工具,点击刚刚调整的其中一个森林区域。此时会看到如图 6-22 所示的对话框。

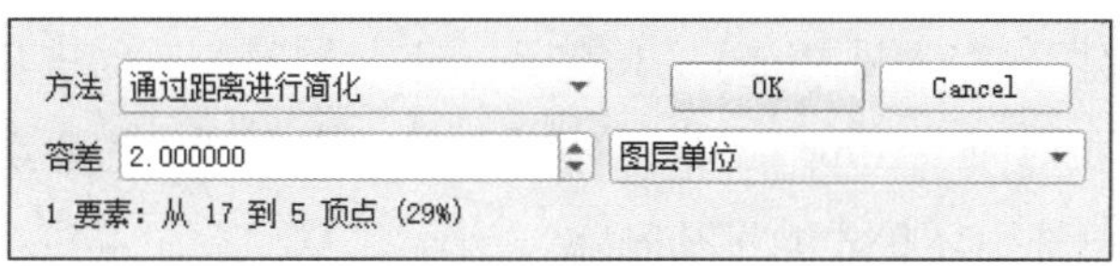

图 6-22　要素简化参数设置

(3)调整容差并观察效果(图 6-23),此功能可以减少较复杂的要素中的节点数量。

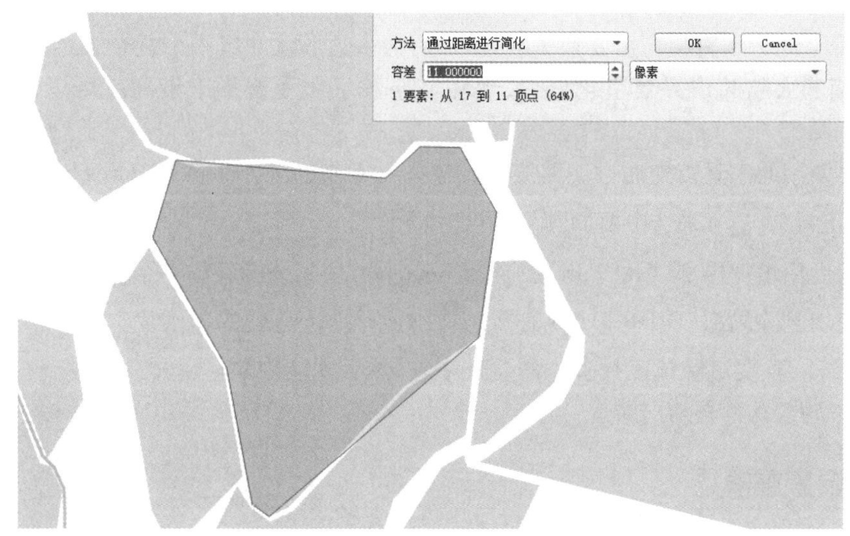

图 6-23　确认多边形简化操作

(4)点击 OK 按钮。

需要特别注意该工具对拓扑关系产生的影响。现在被简化过的面不再像以前形状那样可以完美与其临近的面重叠了,说明这个工具对独立的要素进行简化更实用,其优势在于能提供简单、直观的概括化效果。在继续下节内容学习之前,通过撤回按钮撤销最后一次操作,把该面设置返回到原来的状态。

6.2.4 创建环

创建环状(Add Ring)工具( ),能够创建一个带“洞”的要素。例如,如果已经数字化了南非的国界线,需要从中单独取一个“洞”将某区域从南非国界内剔除,此时就要用到此工具。使用此工具时会发现当前的捕捉选项不允许在多边形的中间创建环的操作。如果要在圈出的区域和该面的边界有重合则不会出现问题。

(1)通过对话框关闭对土地利用图层的捕捉功能。

(2)现在使用创建环状(Add Ring)工具在 Bontebok 国家公园的中央创建一个“洞”。

(3)使用删除环状(Delete Ring)工具( )删除刚刚新创建的要素。

这里要注意,需要选中环状才能将其删除。

请参考附录内容核对结果。

6.2.5 新增局部

新增区片(Add Part)工具( ),可以把某要素设为主要部分,为其再新增一个部分,且新增部分空间上不直接与主要素关联,增加后的多边形就变成一个复杂多边形。例如,如果已经对南非大陆的边界数字化处理,现在需要数字化爱德华王子岛就可以使用此工具新增。

(1)要使用此工具需先通过使用按区域选择要素或单击(Select Features by area or single click tool)工具( )来选中要向其新增区片的面。

(2)然后用增加局部(Add Part)工具为 Bontebok 国家公园新增一个偏远区域。

(3)使用删除局部(Delete Part)工具( )删除刚刚创建的新区片。

这里要注意,要删除该区片首先需要选中它,然后才能删除。

请参考附录内容核对结果。

6.2.6 要素重塑

重塑要素(Reshape Features)工具( ),可以为现有的要素添加新的区域。选择此工具后:

(1)在 Bontebok 国家公园内部点击左键开始绘制一个面。

(2)绘制一个包含三个角的面,最后一个角应放置到原来的面的内部,从而形成一个敞开的矩形。

(3)右键点击完成绘制。

重塑要素前后的对比如图 6-24 和图 6-25 所示。也可以反其道而行之,执行如下操作:

(1)在面的外部单击。

(2)绘制一个嵌入该面的三角形(图 6-26)。

图 6－24　要素重塑前的图像

图 6－25　要素重塑的操作结果

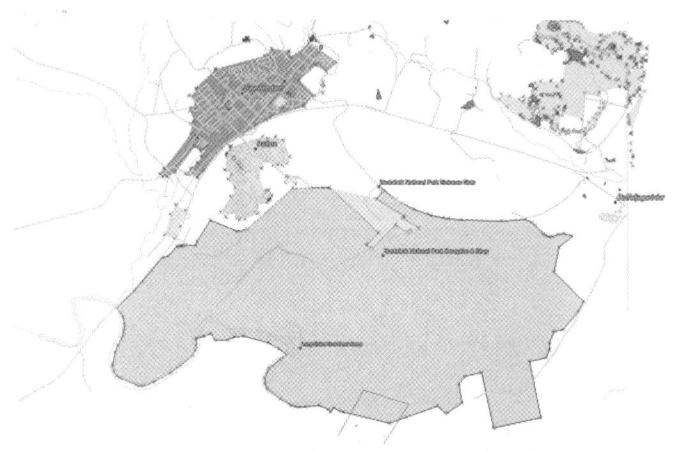

图 6－26　由外部进行要素重塑

(3)在该面的外部再次点右键。

上述操作的结果如图 6-27 所示。

图 6-27 重塑操作结果

6.2.7 要素分割工具

要素分割(Split Features)工具( )和之前介绍的操作类似,区别在于它裁剪为两部分后不会删除任何一部分,也就是说它会同时保留裁出的两部分。

(1)首先,重新启用 landuse 图层的捕捉功能,这里会使用要素分割工具裁出 Bontebok 国家公园的一个角。

(2)选择裁剪要素(Split Features)工具,然后单击放置第一个端点开始画一条裁剪线。在要裁出的角的另一侧单击放置另一个端点,单击鼠标右键完成该裁剪线(图 6-28)。

此时 landuse 图层的符号并没有设置轮廓线,所以该裁剪线无法显示出来。

图 6-28 选择裁剪的要素进行分割

(3)使用选择单个要素(Select Single Feature)工具选中刚刚裁出的角,该新要素就会高亮显示(图6-29)。

图6-29 高亮显示裁剪得出的新要素

6.2.8 要素合并工具

现在,把刚创建的要素合并回原来的面中,这里需要分别使用合并选中要素(Merge Selected Features)和合并选中要素的属性(Merge Attributes of Selected Features)两个工具。注意留意它们的区别。

请参考附录内容核对结果。

6.2.9 小结

拓扑关系编辑是一个功能强大的矢量数据编辑工具,它可以确保在拓扑上保持正确的同时,让用户快速地创建和修改地物要素。前面已经介绍了如何数字化地物要素,但在添加属性的问题上仍然不太方便,下一节会介绍如何使用表单使属性编辑更简单、有效。

6.3 表 单

通过数字化添加新数据时会出现一个对话框要求用户填写该要素的属性。但是,默认情况下,此对话框不是很直观,易用性比较差,在创建大量数据的情况下显得比较麻烦。QGIS允许为图层创建自定义对话框。本节重点讲解如何实现表单定制,即为图层创建表单。

6.3.1 QGIS 的表单定制功能

(1)在图层(Layers)面板中选中 roads 图层。

(2)切换到编辑状态(Edit Mode)。

(3)打开它的属性表(Attribute Table)。

(4)在该表中的任意单元格右击会出现打开表单(Open Form)菜单项。

(5)点击该菜单项查看 QGIS 为该图层生成的表单。

显然,这样就可以在查看地图时执行此操作,而不需要始终在属性表中查找特定的街道。具体操作如下:

(1)在图层(Layers)面板中选择 roads 图层。

(2)使用识别(Identify)工具( ),点击地图上的任意街道。

(3)识别结果(Identify Results)面板自动打开,在树形视图中显示所点击要素的字段值和其他有关的常规信息。

(4)在该面板的底部勾选自动打开表单(Auto open form)的复选框。

(5)现在再次点击地图上任意街道就会看见表单随识别结果(Identify Results)对话框一起出现,如图 6-30 所示。

图 6-30 要素属性表单定制

要使自动打开表单(Auto open form)处于勾选状态,每次通过识别(Identify)工具点击单个要素时,这个表单都会弹出。

6.3.2 使用该表单编辑值

如果处于编辑模式,可以通过使用该表单编辑某个要素的属性。

(1)切换到编辑状态。

(2)使用识别工具(Identify),点击贯通史威兰丹(Swellendam)的主街道。

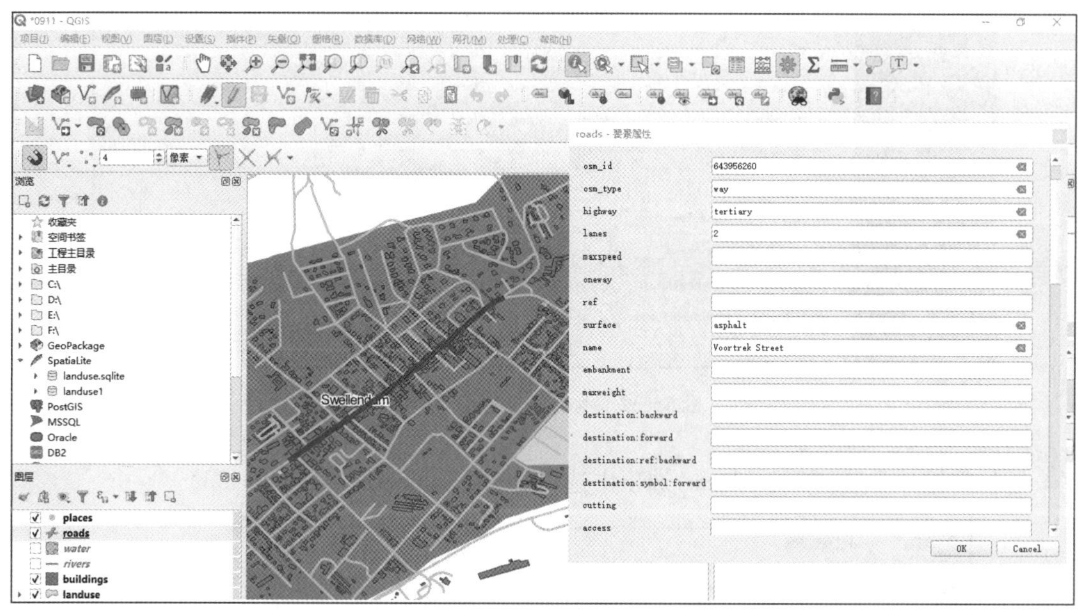

图 6-31 利用表单进行属性编辑

(3)把高速公路(highway)的值编辑为第二级(secondary)。

(4)保存编辑操作。

(5)退出编辑模式。

(6)打开属性表(Attribute Table),可以看到该值已经在属性表中得到更新。

这里要特别注意,如果正在使用的是本书配套的实习数据可以发现此时地图上有不止一条名称为"Voortrek Street"的道路。

6.3.3 设置表单字段类型

使用表单可以编辑内容,但是必须逐个手动输入。其实表单有一些不同种类的小部件(widgets),这些小部件允许用户以各种不同的方式来编辑数据。

(1)打开道路(roads)图层的图层属性(Layer Properties)。

(2)切换到字段(Fields)选项卡会看到如图 6-32 所示的内容。

(3)点击 按钮,选择字段(Fields)中的 man_made 字段。

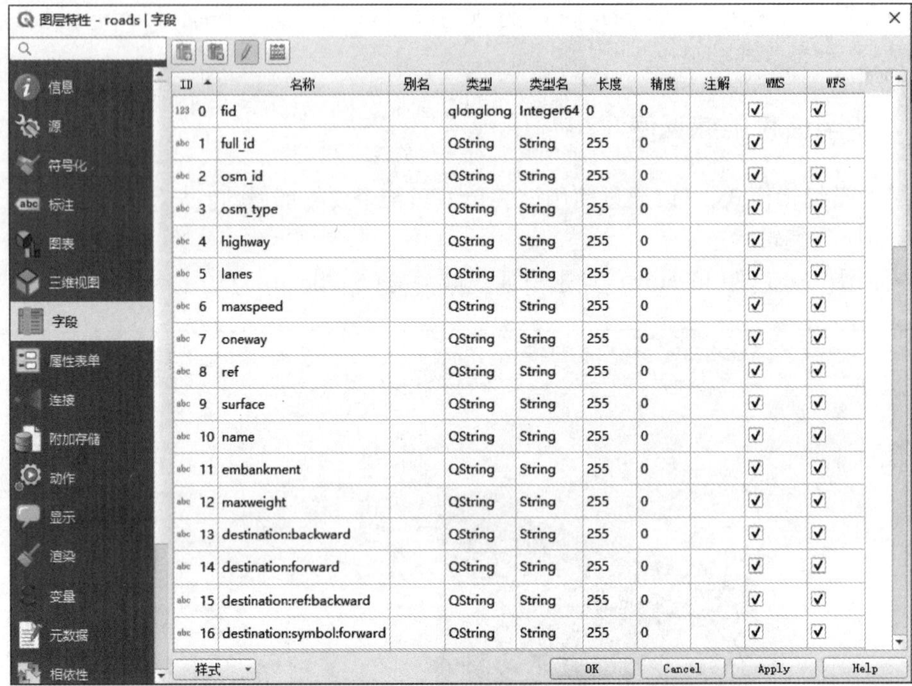

图 6-32 利用小部件编辑数据

(4)在控件类型(Widget Type)选项中选择复选框(Checkbox)(图 6-33)。

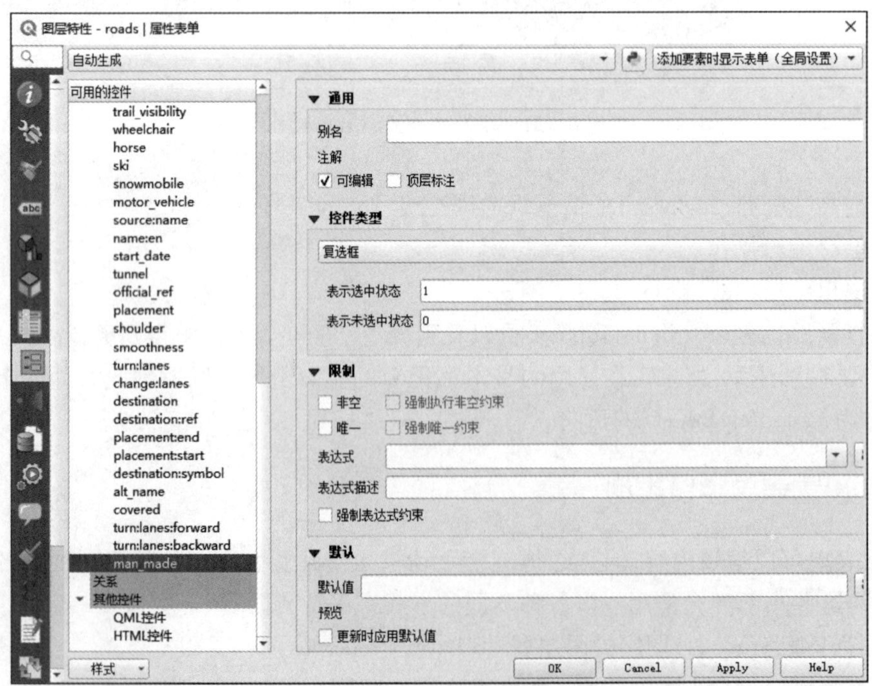

图 6-33 对 man_made 字段使用小部件控制

(5)点击 OK 按钮。

(6)切换到编辑模式。

(7)点击识别(Identify)工具。

(8)点击此前选择过的主要道路。

会看到 man_made 属性处出现了一个表示已选(True)或未选(False)的复选框。

6.3.4 练习

为高速公路(highway)字段设置一个更合适的表单插件。

请参考附录内容核对结果。

6.3.5 创建测试数据

可以完全从头开始设计自定义表单。

(1)创建一个简单的带有 name(text)和 age(text)两个属性的点图层,命名为"test-data"(图 6-34)。

图 6-34 创建测试数据

（2）使用数字化工具在新图层上创建一些点作为待处理数据。每次创建新点时，都会显示默认的 QGIS 生成的属性创建表格（图 6－35）。但要注意，如果在此前任务中启用的捕捉功能仍保留着，在这里可能需要关闭它。

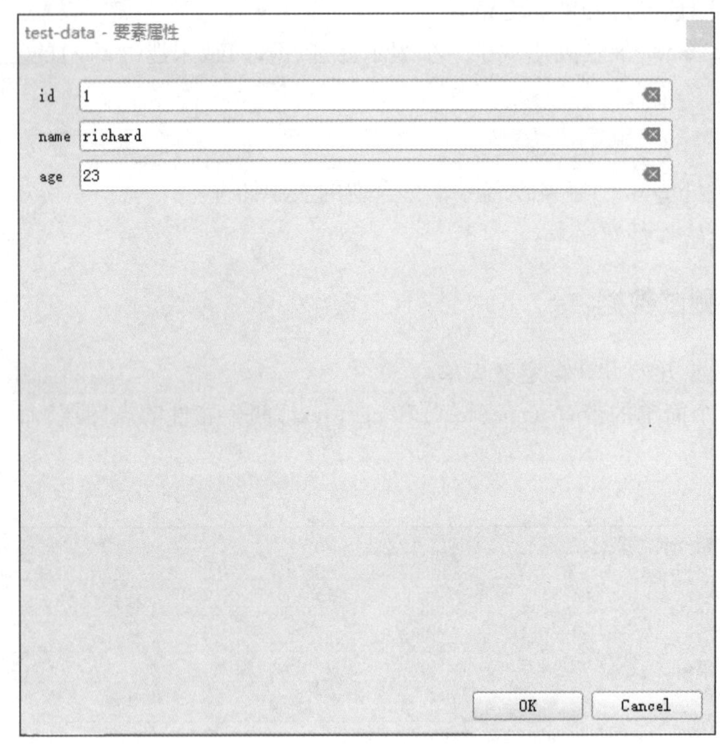

图 6－35　添加要素属性

6.3.6 创建新表单

现在为属性数据创建阶段定制自定义表单。这里需要先安装 Qt4 Designer（有创建表单需要的人才需要安装）。如果使用 Windows 操作系统，则该软件安装包在课程资料中可以找到。如果使用的是其他操作系统，则可能需要寻找它的存储路径。在 Ubuntu 操作系统中，在终端中执行操作命令安装 Qt4。

```
sudo apt install qt4-designer
```

它会自动安装。如果不成功，可以到 Ubuntu 的软件中心（Software Center）寻找该安装程序并点击安装按钮安装。这里要注意，Qt5 是最新的可用版本，只是此步骤特别地需要使用 Qt4，而且使用 Qt5 不一定兼容，所以需安装 Qt4。

（1）在 Windows 的开始菜单（Start Menu）条目（或者其他操作系统的正确路径下）启用设计器（Designer）。

（2）在出现的对话框中创建一个新的对话框，如图 6－36 所示。

（3）找到屏幕左侧的插件箱（Widget Box），找到线条编辑（Line Edit）菜单项。

（4）点击并拖拽此菜单项到表格中，表格中会创建一个新的线条编辑（Line Edit）。

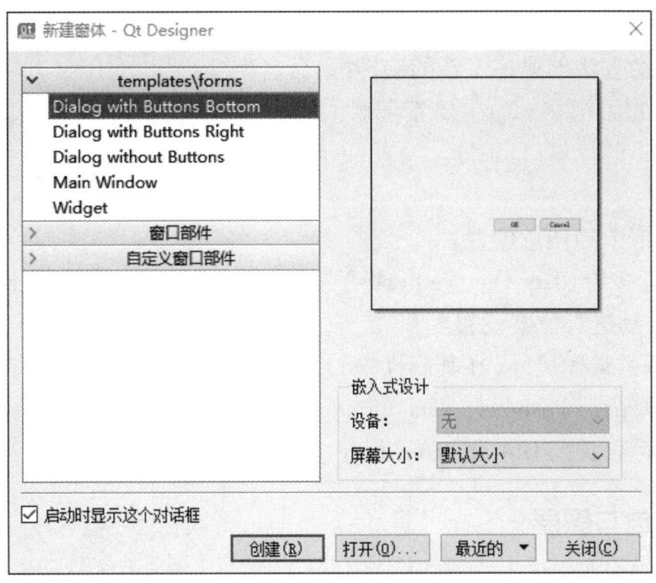

图 6-36　利用 Qt 创建新对话框

(5)当选中该新的线条编辑元素时,会在屏幕一侧(默认情况在右侧)看到它的属性,如图 6-37 所示。

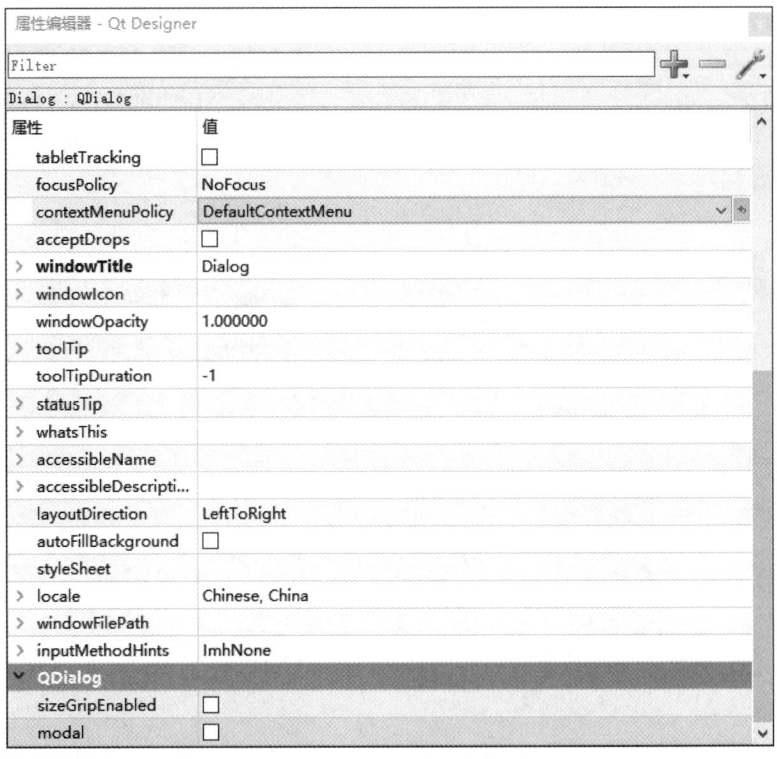

图 6-37　属性编辑器

(6)将其名称设为“name”。

(7)使用相同的方法创建一个新的旋转框,命名为“age”。

(8)添加一个带加粗格式[在要素属性(Properties)中查找如何设置此格式]的文本“Add a New Person”的标签(Label)。或者,可以设置对话框本身的标题,而不是仅仅使用添加标签。

(9)点击对话框中的任意位置。

(10)找到垂直布置(Lay Out Vertically)按钮(默认情况下在屏幕上方边缘的工具栏里),对该对话框自动进行位置设置。

(11)把对话框的最大尺寸(在其属性中)设置为200(宽度)×100(高度)。

(12)把新表单保存到 exercise_data\forms\add_people.ui。

(13)完成保存后,关闭 Qt4 Designer 程序。

6.3.7 关联表单与图层

(1)回到 QGIS。

(2)双击图例中的 test-data 图层访问其属性。

(3)在图层属性(Layer Properties)对话框中点击 选项卡。

(4)在下拉菜单中,选择提供的界面文件(Provide ui-file)。

(5)点击 ··· 按钮,然后选择刚刚创建的 add_people.ui 文件(图 6-38)。

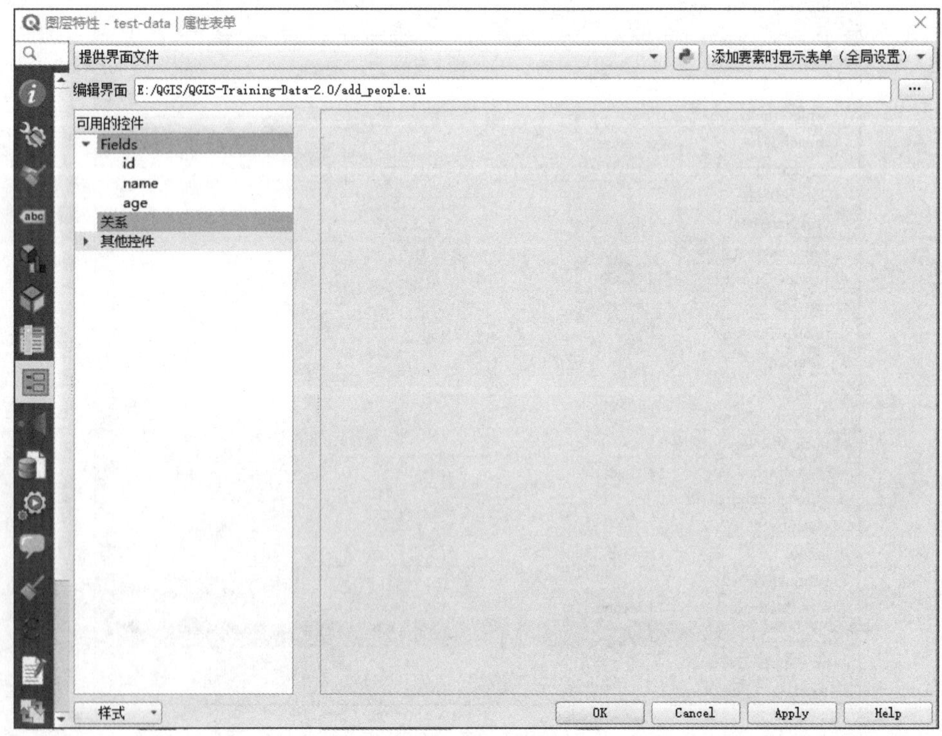

图 6-38 设置关联表单的 ui 文件

(6)点击图层属性(Layer Properties)对话框的 OK 按钮。

(7)进入编辑模式,创建一个新的点数据。

此时,会看到自定义对话框(不是 QGIS 通常进行数据创建时出现的通用对话框)。现在如果使用识别(Identify)工具点击其中任意一点,可以通过在“识别结果”窗口中右键点击,并从上下文菜单中选择查看要素表单(View Feature Form)来调出表单。如果正处于此图层的编辑状态中,则上下文菜单会显示编辑要素表单(Edit Feature Form),即使是新建要素也可以在新表单中调整属性。

6.3.8 小结

灵活使用表单可以使编辑或创建数据更方便。通过编辑插件类型或创建全新的表单可以提高对该图层新数据录入的效率,并且最大限度地减少误解和错误。如果已经完成本节内容学习,并且具备 Python 知识,可以参考关于使用 Python 语言创建自定义要素表单的这篇博客(https://nathanw.net/2011/09/05/qgis-tips-custom-feature-forms-with-python-logic/),它使用了更高阶的功能,包括数据验证、自动完成编辑等。打开要素的属性表单是 QGIS 可以执行的基本操作之一,更复杂的是用户还可以指导它执行用户定义的一些操作,下节会讲解这些内容。

6.4 动　作

在前面的章节中已经讲过默认的动作,本节会介绍如何自定义动作。动作就是用户点击一个要素时发生的一连串事情。用户可以通过它在地图上添加很多额外功能,例如检索某个对象其他的附加信息。因此,配置动作可以让用户的地图更加灵活高效。本节的目标是学习如何添加自定义动作。

6.4.1 打开一张图片

本节会使用此前创建的 school_property 图层。本书附带资料中已包含了经过数字化的 3 块场地各自的照片。接下来把每块场地和它们各自的图片对应关联起来。这里创建一个动作,当用户点击该块地时会打开其对应图片。

6.4.2 为图层增加一个字段存储图片信息

school_property 图层还没有能把图片和地块关联起来的渠道。首先这里需要创建一个字段存储图片的路径信息。

(1)打开图层属性(Layer Properties)对话框。

(2)点击字段(Fields)选项卡。

(3)开启编辑模式(图 6-39)。

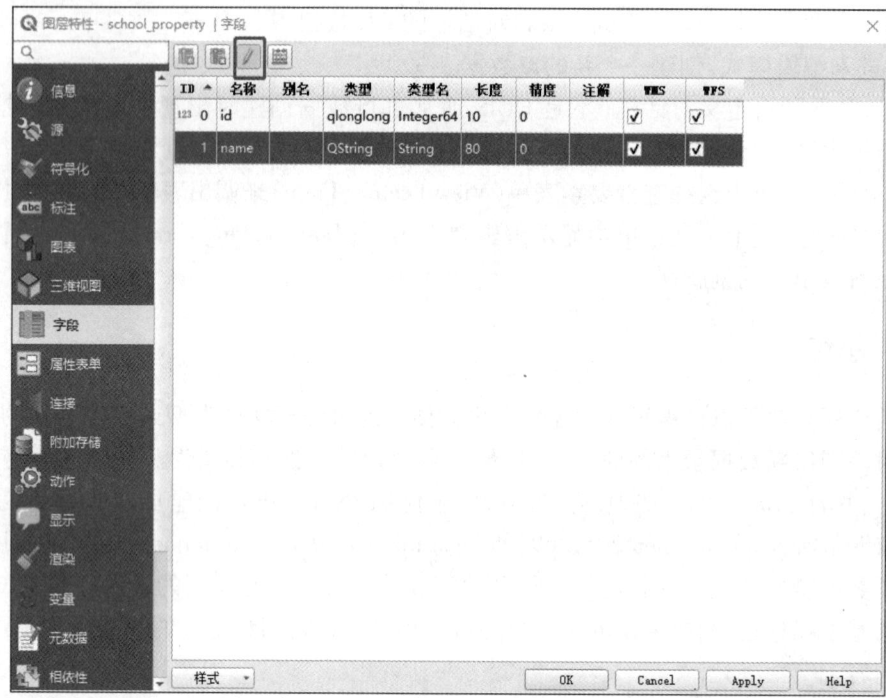

图 6-39 打开图层属性编辑模式

(4)新增一列(图 6-40)。

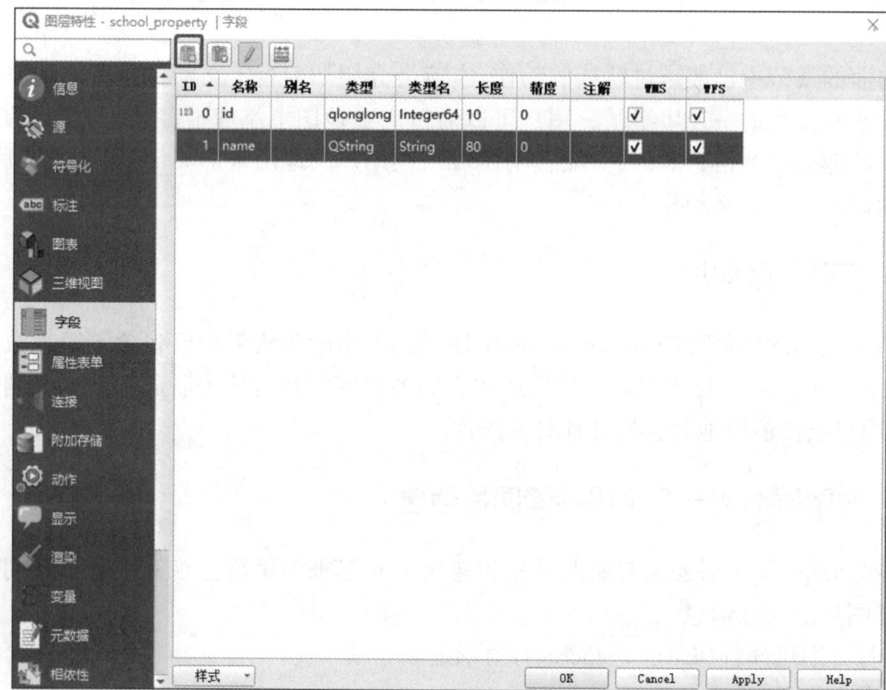

图 6-40 新增一个字段(数据列)

(5)输入如图 6-41 所示的值。

图 6-41　新字段设置对话框

(6)字段创建完成后，点击 按钮。

(7)把控件类型(Widget Type)设置为附件(File name)(图 6-42)。

图 6-42　为字段配置小部件

(8)在图层属性(Layer Properties)对话框中点击 OK 按钮。

(9)使用识别(Identify)工具，点击 school_property 图层中任一要素。

由于该图层处于编辑模式中,该对话框此时应如图 6－43 所示。

图 6－43 设置要素属性

(10)点击浏览器按钮(image 栏后的 ...)。

(11)选择图像的存储路径。3 张图片存储路径都在 exercise_data\school_property_photos\下,并以它们对应的要素名称命名。

(12)点击 OK 按钮。

(13)使用此方法对所有图片关联其对应的要素。

(14)保存编辑操作,退出编辑模式。

6.4.3 创建动作

(1)打开 school_property 图层的动作(Actions)表单。

(2)因操作系统而异,选择对应的步骤继续操作。

Windows:点击类型(Type)下拉菜单,选择打开(Open)。

Ubuntu Linux:在动作(Action)下方的 Gnome 图像阅览器(Gnome Image Viewer)输入 eog,或者输入显示(display)调用 ImageMagick 显示图片。输入命令后记得加一个空格。

Mac OS:①点击类型(Type)下拉菜单,选择 Mac;②在动作(Action)下方输入打开(open),输入命令后记得加一个空格。

继续输入命令,现在希望该动作可以实现打开图片,而现在 QGIS 已经知道图片的存储位置了。现在要做的只是让动作(Action)知道图像的存储位置并显示出来。

(1)在列表中选择图像(image),如图 6-44 所示。

图 6-44　添加动作

(2)点击插入字段(Insert field)按钮,此时 QGIS 会在动作(Action)区域中添加语句:

```
[%"image"%]
```

(3)点击添加到动作列表(Add to action list)按钮。

(4)点击图层属性(Layer Properties)对话框中的 OK 按钮。

现在来测试新创建的动作:

(1)在图层(Layers)列表中点击 school_property 图层,使其处于高亮状态。

(2)找到运行要素动作(Run feature action)按钮( )[在打开属性表(Open Attribute Table)按钮的工具栏可以找到]。

(3)点击此按钮右侧的下方向箭头,当前此图层只定义了一个动作,就是刚才创建的动作。

(4)点击该按钮启用该工具。

(5)使用此工具,点击 3 块地中的任意一块。

(6)此时会显示被点击的地块对应的图片。

6.4.4 互联网搜索

假设正在查看地图,想进一步了解包含农场的某个区域。用户可能对该区域一无所知,希望找到有关该区域的信息。考虑到用户正坐在电脑前,第一反应可能就是到 Google/百度搜索该区域的名称获取关于该区域的信息。现在来创建动作指导 QGIS 帮助实现自动搜索。

(1)打开 landuse 图层的属性表。

(2)对土地利用区域的名称(name)字段逐一进行 Google 检索。

(3)关闭属性表。

(4)回到图层属性(Layer Properties)的动作(Actions)。

(5)在动作属性(Action Properties)→名称(Name)区域输入 Google 检索(Google Search)。

接下来需要执行的操作因使用的操作系统而异,选择对应的操作系统的步骤继续操作。

(1)Windows:在类型(Type)下选择打开(Open),指导 Windows 系统在默认浏览器中打开指定网址。

(2)Ubuntu Linux:在动作(Action)下输入 xdg-open,指导 Ubuntu 系统在默认浏览器打开指定网址。

(3)Mac OS:在动作(Action)下输入 open,指导 Mac 系统在默认浏览器中打开指定网址。

无论执行了上述的哪条操作,接下来都需要指定要打开的是哪个网址。这里希望做的是访问 Google,然后自动检索特定的短语。一般地,当使用 Google 时,需要在检索栏中输入要查询的短语。但在本例中希望电脑自动帮用户做到这一点(如果不希望则直接使用检索栏)。告知 Google 查询某些事情的方法是使浏览器访问 https://www.google.com/search?q=SEARCH_PHRASE,SEARCH_PHRASE,也就是希望检索的短语输入的地方。由于还不清楚需要检索的短语是什么,先不输入需查询的短语。

(1)在动作(Action)区域,输入 https://www.google.com/search?q=。记得首行命令输入完成后要加上一个空格。

现在希望 QGIS 指导浏览器告诉 Google 查询用户点击的任意要素的名称(name)字段的值。

(2)选择名称(name)字段。

(3)点击插入字段(Insert field),如图 6-45 所示。

在 QGIS 输入如图 6-46 所示的语句。

这样 QGIS 打开浏览器并转到网址:https://www.google.com/search?q=[%"name"%]。而[%"name"%]的作用则是指示 QGIS 使用 name 字段的内容作为进行检索的关键词。如果所点击的土地利用区域名称为"Marloth Nature Reserve",那 QGIS 就会让浏览器转到网址:https://www.google.com/search?q=Marloth%20Nature%20Reserve,使浏览器访问到 Google 并检索"Marloth Nature Reserve"。

(1)如果还未完成以上准备工作,先按上文所述完成设置。

(2)点击添加到动作列表(Add to action list)按钮,此时这个新的动作会显示在动作的列表中。

图 6－45　添加新动作

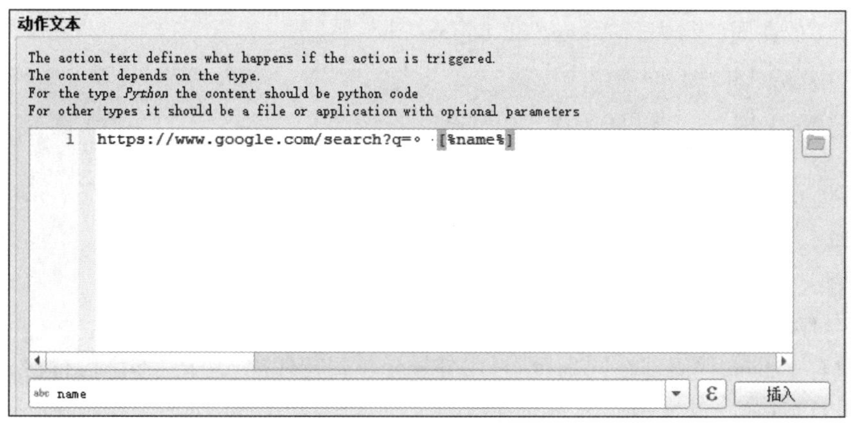

图 6－46　配置动作文本

(3)点击图层属性(Layer Properties)对话中的 OK 按钮。

现在来测试一下这个新的动作。

(1)在图层面板中的 landuse 图层处于启用状态下,点击运行要素动作(Run Feature Action)按钮。

(2)点击在地图上看到的任意一个地块,浏览器会打开,然后自动开始在 Google 上检索该地块 name 字段值对应的城镇。

这里要特别注意,如果该动作无法运行,检查输入的内容是否都正确。通常这类型的操作都很容易产生录入上的失误,比如缺少空格之类的问题。

6.4.5 在 QGIS 中直接打开网页

上节中介绍了如何在外部浏览器中打开网页。这种方法的缺点是对系统依赖性太强,即高度依赖使用该动作的用户在系统上是否有执行该动作所需的软件。因此,如果不知道用户使用的是哪种操作系统,运行该动作时需要的基础命令就没办法确定。同时,在某些版本的操作系统中打开浏览器的命令可能根本无法运行,这样使用起来就会非常麻烦。然而,QGIS 是建立在功能强大且用途广泛的 Qt4 类库上的。同时,QGIS 的动作还可以是任意的、标记化的 Python 命令(例如可以用基于字段属性内容作为变量信息)。这一节会介绍如何使用 Python 动作调出网页。这与在外部浏览器中打开网站的总体思路相同,但是由于它使用的是 Qt4 的 QWebView 类(基于 Webkit 的 html 插件)通过弹出窗口显示网站内容,因此,不需要用到用户系统上的浏览器。

这次使用维基百科代替 Google 进行检索,这里需要的 URL 为 https://wikipedia.org/wiki/SEARCH_PHRASE。

创建图层动作的方法:

(1)打开图层属性(Layer Properties)对话框,前往动作(Actions)选项卡。

(2)使用以下属性设置新的动作:

—类型(Type),Python;

—名称(Name),Wikipedia;

—动作(放在同一行内)[Action(all on one line)]:

```
from PyQt4.QtCore import QUrl;
from PyQt4.QtWebKit import QWebView;
myWV= QWebView(None);
myWV.load(QUrl('https://wikipedia.org/wiki/[% "name" %]'));
myWV.show()
```

代码输入如图 6-47 所示。

该动作有以下几个注意事项:

(1)所有 Python 代码都在同一行中,用分号分隔每行代码(切记:不是换行符,尽管换行符是分隔 Python 命令的常用方法)。

(2)[%"name"%]处在动作调用时被实际的属性值替换(如前文所述)。

(3)该代码简单地创建了一个新的 QWebView 实例,设置了该 URL,在上面调用 show(),使其在用户桌面上作为窗口显示。

注意,这是一个有点多余的例子。Python 语言在处理语法上严格遵循缩进规则,所以用分号分隔代码并不是很好的代码编写方式。因此,在现实中,从 Python 模块导入代码,然后

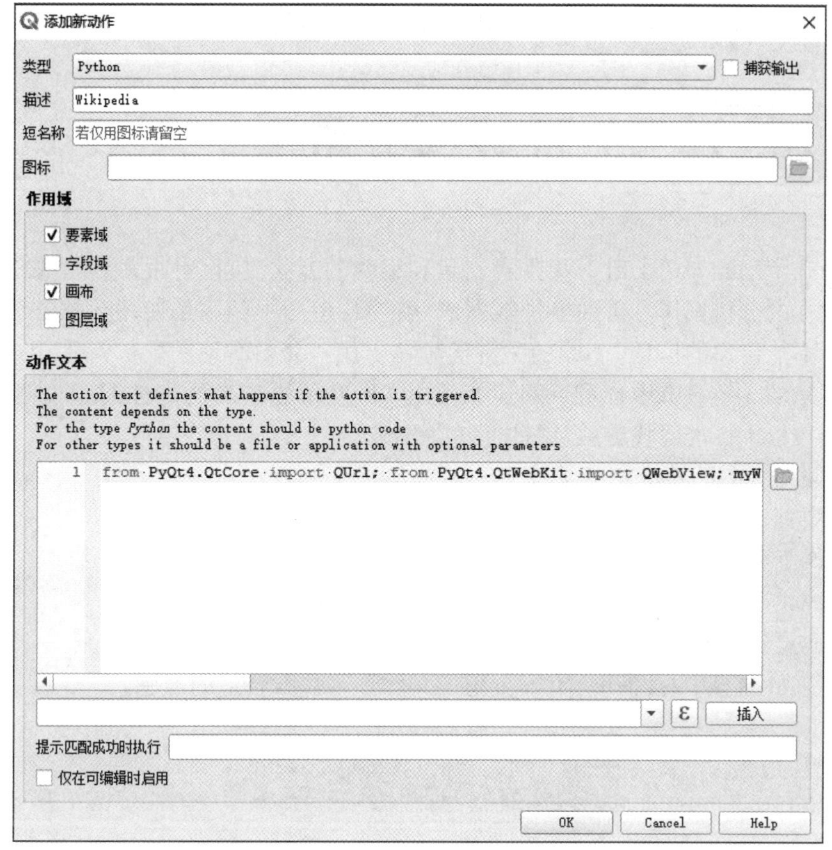

图 6-47　配置动作文本

调用一个用字段属性作为参数的函数可能更加合适。通过同样的方法也可以无须用户在系统上配备指定的图像阅览器软件情况下而直接向其展示图片。

感兴趣的读者可以尝试用上述的方法,使用刚才创建的维基百科动作,加载一个维基百科网页。

6.4.6 小结

通过动作,用户可以为地图配置额外的功能,这对于需要在 QGIS 中查看同一地图的用户有很大帮助。用户可以在任何操作系统上实现此功能,再通过集成 Python 语言和 shell 命令,可以集成进地图的功能无穷无尽。现在已经介绍了所有矢量数据创建方法,下一章会介绍如何对这些数据进行实际空间分析,以解决实际问题。

7 矢量数据分析

在前面几章已经介绍了对一些要素创建和编辑的方法，应该有很多读者想进一步了解更多空间数据的分析操作。得到矢量数据固然重要，但归根到底是使用数据告诉普通用户非 GIS 地图不能传递的信息。GIS 的关键优势在于用一张 GIS 地图能够解答用户所有的疑问。在接下来的 3 个章节中会重点阐述如何用 GIS 功能去解决研究性问题。例如，一个房地产经纪人按以下标准寻找史威兰丹城区的房产：

(1)必须在 Swellendam 市的某处。

(2)和附近学校的距离必须在合理车程之内(约 1km)。

(3)房产面积必须大于 $100m^2$。

(4)距离主要道路小于 50m。

(5)距离最近的餐馆小于 500m。

在接下来的内容中，会借助 QGIS 分析工具为项目寻找合适的房屋。

7.1 数据投影与变换

这里再次提到坐标参考系统(CRS)，虽然此前章节简单介绍过关于投影的内容，但并未详细讨论其实际含义。本节的目标是对矢量数据集进行重投影和投影变换。

7.1.1 投影

当前用到所有的数据和地图本身的 CRS 都是 WGS84。这也是本书用的数据里最为常见的一种坐标系统。仔细看数据就会发现一些问题，例如：

(1)保存当前的地图。

(2)打开 exercise_data\world\world. qgs 路径下的世界地图。

(3)使用缩放(Zoom In)工具放大到南非。

(4)尝试在屏幕底部的状态栏(Status Bar)处的比例尺(Scale)上设置比例尺。在界面处于南非上时，把值设置为 1∶5 000 000 (1∶500 万)。

(5)在地图上平移，同时留意比例尺(Scale)的变化。

发现比例尺在变化了吗？那是因为地图正在远离以 1∶5 000 000 放大的那个点，该点当前位于屏幕的中心。围绕着这一点旁边的区域，比例尺其实都不一样。以地球仪作为例子，地球仪上有从北到南一直延伸的经线，这些经线在赤道处彼此相距很远，但它们在极点则相交。

在 GIS 中，用户在此地球球面上操作，但屏幕是平坦的。当用户用平坦的表面表示球面时，该面是会发生变形的，类似于切开一个篮球并尝试使其铺平时会发生的情况。这在地图

上就意味着经线彼此之间是保持相等的距离的,即使在两极(设想中它们应该会合的地方)也是如此。也就是说,当用户离地图上的赤道越远时,看到对象的比例会越来越大。实际上,这意味着用到的地图上是不会有恒定的比例尺的。解决这个问题需要改用投影坐标系(PCS)。PCS 考虑了比例尺变化而且可以矫正比例尺变化,因此,要保持比例尺恒定应该对数据使用投影坐标系统。

7.1.2 "实时"投影变换

默认情况下,QGIS 会对数据进行"实时重投影变换"。也就是说,即使数据本身在另一个 CRS 中,QGIS 也可以把数据投影成用户选择的 CRS 并在 QGIS 中显示。

用户可以利用 QGIS 右下角的 按钮改变项目的 CRS。

(1)在对话框中找到过滤器(Filter)文本框输入文字"global"。此时下方的列表中会出现一个 CRS(NSIDC EASE-Grid 2.0 Global, EPSG:6933)。

(2)点击选择 NSIDC EASE-Grid 2.0 Global,然后点击 OK 按钮,可以看到南非的轮廓发生了明显变化,其实所有投影都会造成地球上物体的形状的改变。

(3)与此前一样,再次把比例尺放大到 1∶5 000 000。

(4)四周平移地图。

(5)会发现此时比例尺不再变化了。

"实时"投影操作也适用于合并不同 CRS 的数据集。

(1)在地图上加载另一个只含有南非数据的矢量图层,按此条件可以找到 exercise_data\world\RSA. shp 这个数据。

(2)加载之后把鼠标悬停在图层列表中的该图层上,即可快速查看其 CRS 是 EPSG:3410。

可以发现,即使该图层的 CRS 和 continents 图层不同,它和大陆的图层重叠显示也没有问题,这就是 QGIS 的"实时"投影在起作用。

7.1.3 数据投影变换

有时需要把数据从一种坐标系统变换成另一种坐标系统。例如,如果需要在图层上进行距离计算,最好先把图层变换到投影坐标系。这里需要注意,"实时"投影操作只与整个项目有关,而与单个图层无关。即使看到图层处于正确的位置上,其实际的 CRS 也可能与项目不同。但是,用户用 QGIS 可以很方便地把图层导出到另一个 CRS 中。

(1)在图层(Layers)面板上右键点击 buildings 图层。

(2)在出现的菜单中选择导出(Export)→ 把要素保存为...(Save Features As...)。此时会出现把要素保存为...(Save Vector Layer as...)的对话框。

(3)点击文件名(File name)旁的浏览(Browse)按钮。

(4)导航到 exercise_data 文件夹,把新图层命名为"buildings_reprojected. shp"。

(5)这里需要改变 CRS 的值,只有最近使用过的 CRS 才会出现在下拉菜单中,点击下拉菜单旁的 按钮。

(6)打开选择器(CRS Selector)对话框,在其过滤器(Filter)区域,搜索 34S。

(7)从列表中选择 WGS 84 / UTM zone 34S(图 7-1)。

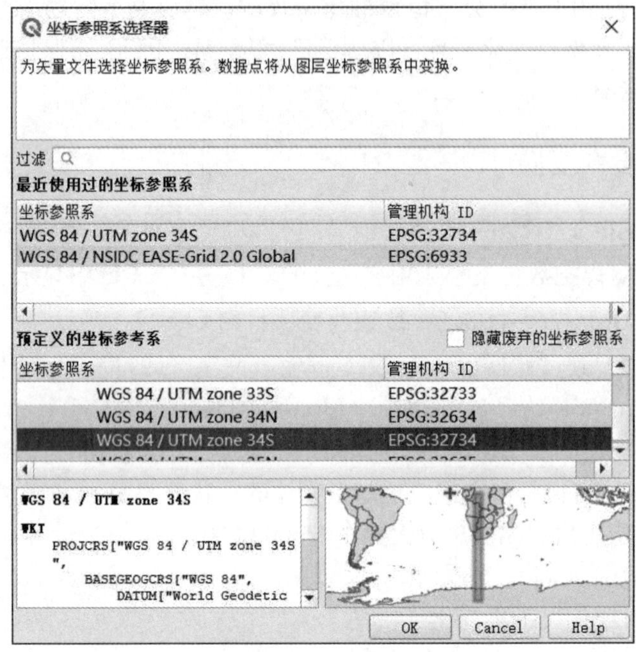

图 7-1 选择新坐标参考系统

(8)保持其他选项不变。此时矢量图层保存为…(Save Vector Layer as…)对话框如图 7-2 所示。

图 7-2 设置矢量数据另存为路径

(9)点击 OK 按钮。

现在,比较图层的新旧投影的区别,可以看到它们虽然位于两个不同的 CRS 中,但仍然可以重叠。

7.1.4 定制投影

实际上的地图投影远比 QGIS 默认提供的多很多,并且用户还可以自己定制投影。

(1)创建一个新地图。

(2)加载 world\oceans. shp 数据集。

(3)转到设置(Settings)→自定义坐标参考系(Custom Projections),打开如图 7-3 所示的对话框。

图 7-3 自定义坐标参考系

(4)点击 按钮,创建新的投影。

(5)例如,有一个有趣的投影叫作 Van der Grinten I。与常规的大多数投影不同,该投影是把地球投影在一个圆形场地上。这里可以设定该投影的相关参数,在名称(Name)区域输入它的名字(图 7-4)。

(6)在参数(Parameters)区域中添加以下字符串:

```
+proj=vandg +lon_0=0 +x_0=0 +y_0=0 +R_A +a=6371000 +b=6371000 +units=m +no_defs
```

(7)点击 OK 按钮。

(8)点击 按钮更改项目的 CRS。

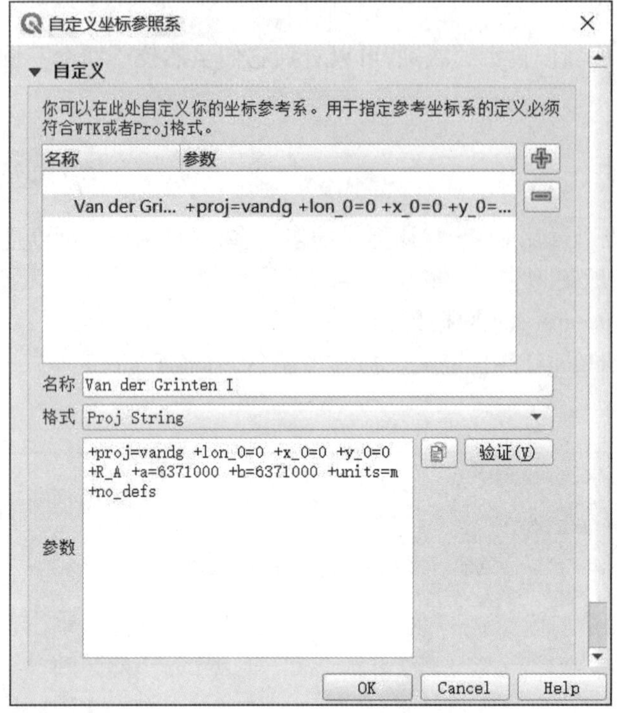

图 7－4 设置自定义坐标参考系的参数

(9)选择刚才定义的投影[通过在过滤器(Filter)区域查找它的名字]。

(10)应用此投影时,地图被投影变换为图 7－5 显示的效果。

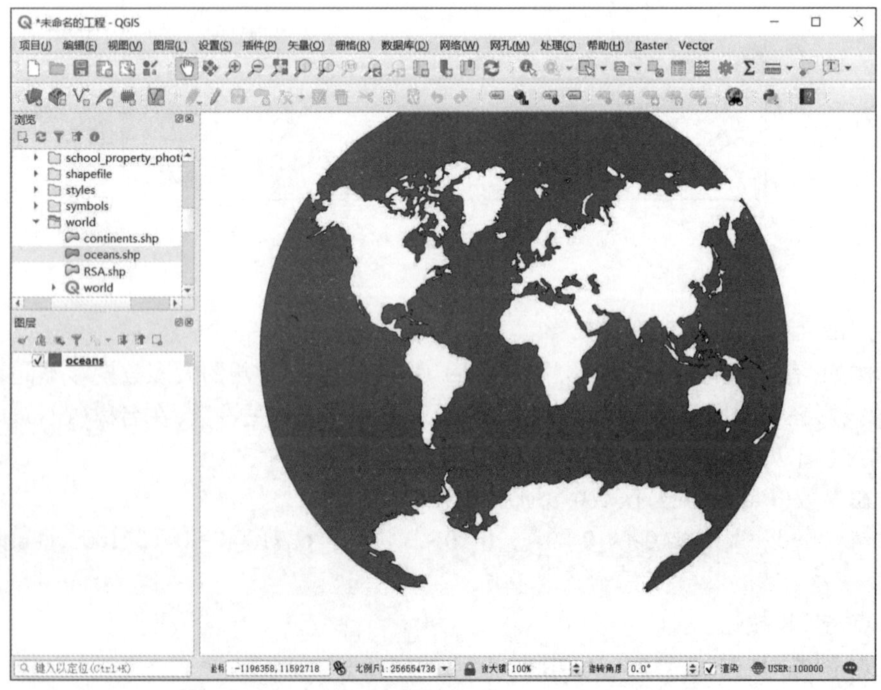

图 7－5 利用自定义坐标参考系得到的地图投影效果

7.1.5 小结

不同的投影可应用于不同目的。通过选择合适的投影,可以确保地图上的要素得到正确显示。下一节中会介绍如何使用 QGIS 的各种矢量分析工具对矢量数据进行空间分析。

7.2 矢量数据分析

矢量数据可用于空间分析,揭示空间中不同要素的空间规律和相互关系。GIS 中有非常多的空间数据分析功能,本书不会介绍所有分析模块,主要是根据解决假定问题的需要介绍 QGIS 提供的工具。本节的目标是提出一个问题,使用 QGIS 中的分析工具解决。

7.2.1 GIS 处理流程

在开始本节之前先简短纵览一下解决 GIS 问题的基本处理流程,这对于新用户了解 GIS 数据分析的基本步骤非常必要。此处理流程为:阐述问题→获取数据→分析问题→展示结果。

7.2.2 提出问题

假定一个将要解决的问题,开始这个处理流程。例如,您是一个房地产经纪人,正在为客户在 Swellendam 市区寻找符合以下条件的房屋:

(1)该房产需要位于 Swellendam 区域内。

(2)距离最近的学校必须在合理的车程内(客户提出车程为 1km)。

(3)该房产面积必须大于 $100m^2$。

(4)距离主要道路小于 50m。

(5)距离最近餐馆小于 500m。

7.2.3 数据

为了分析解决该问题,需要获取以下数据:

(1)该区域里的住宅数据(建筑物)。

(2)该市内部和四周一定范围内的道路网。

(3)学校和餐馆的位置数据。

(4)建筑物的面积信息。

所有这些数据都可以通过 OSM 获得,其实本书提供的数据也可以用于本节内容。如果希望下载其他区域的数据可以跳转到数据导入章节部分查阅如何操作。这里要特别注意,尽管 OSM 下载得来的数据具有一致的数据字段,但是覆盖范围和详细信息不太一样。例如,如果发现自己选的区域根本没有餐厅,那就需要选择其他区域代替。

7.2.4 创建项目并获取数据

首先,需要加载将要处理的数据:

(1)创建一个新的 QGIS 项目。

(2)如有必要可以添加背景地图。打开浏览器(Browser)从 XYX Tiles 菜单中加载 OSM 背景地图。

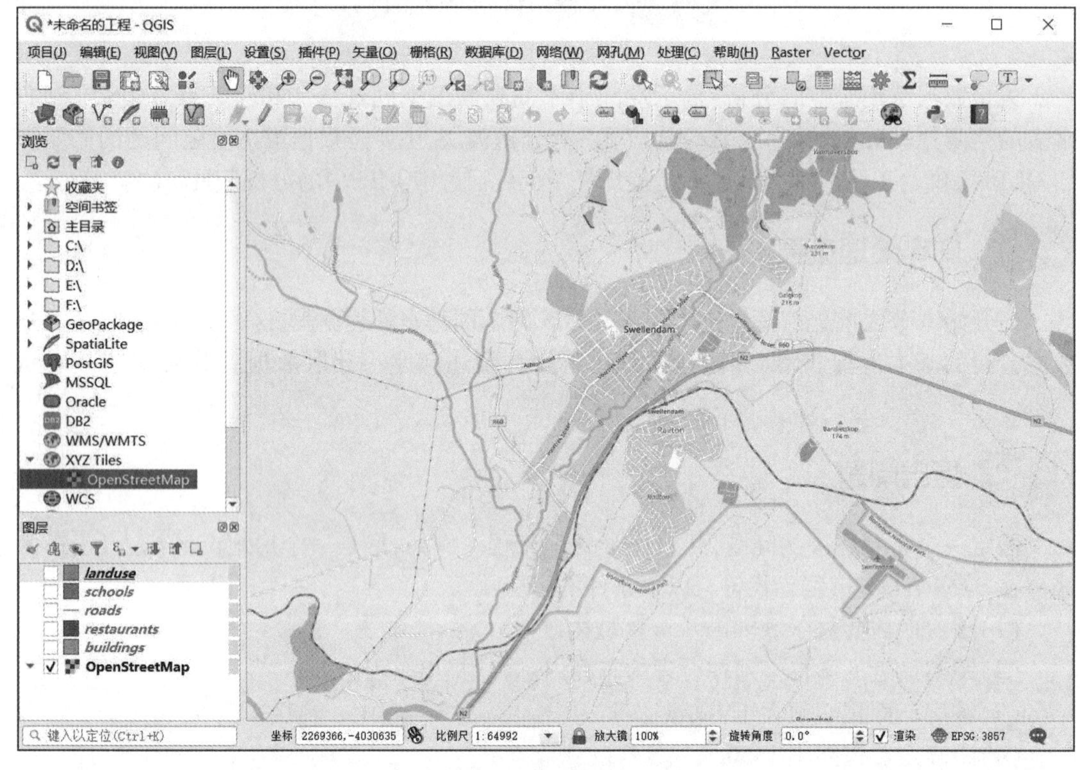

图 7-6 创建新项目

(3)从 training_data. gpkg GeoPackage 数据库中加载本节用到的所有数据:landuse(土地利用)、buildings(建筑物)、roads(道路)、restaurants(餐馆)、schools(学校)。

(4)缩放图层范围到南非的 Swellendam。

处理前需要首先对 roads 图层进行过滤,获得指定几种类型的道路用以后面的分析。在 OSM 数据集中有些道路是用 unclassified、tracks、path 和 footway 表示的。这些数据在本节分析中用途不大,可以直接剔除。此外,OSM 数据在有些道路数据还没补充属性信息,因此,还需要删除一些为 NULL 的道路。

(1)右键点击 roads 图层,选择过滤器...(Filter...)。

(2)在弹出的对话框中,用以下表达式过滤掉上述要素。

```
"highway" NOT IN ('footway','path','unclassified','track') OR "highway" ! = NULL
```

“NOT”和“IN”两个运算符的串联表示排除 highway(高速公路)字段中具有这些属性的所有要素。“! = NULL”和“OR”两个运算符一起表示排除 highway 字段中 NULL 的道路。同时会发现 roads 图层旁的 图标会提醒用户该图层启用了数据过滤,它现在没有包含项目全部的要素。包含所有数据的地图看起来应该如图 7-7 所示。

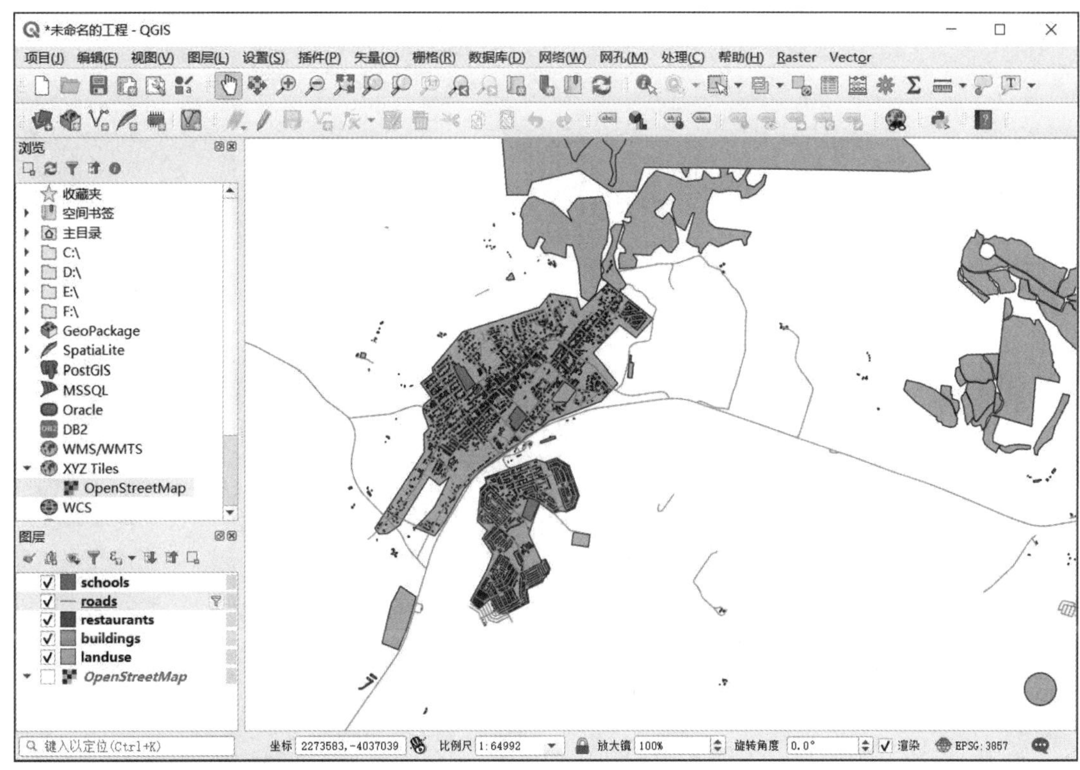

图 7-7 加载本节用到的所有数据

7.2.5 图层投影变换

因为这里要在图层内测量距离,所以需要更改图层的 CRS。为此,需要依次选择每个图层,把图层逐个保存到新投影坐标系统,然后把转换后的新图层添加到地图中。QGIS 有许多不同的转换方法,例如,可以把每个图层导出为新的 Shapefile 添加到现有的 GeoPackage 文件,也可以创建另一个 GeoPackage 文件,并把新图层放进去。这里使用的是后一种方法,目的是保持 training_data. gpkg 比较纯净。当然用户也可以选择最合适自己的处理流程。

这里要特别注意,本例中 CRS 使用的是 WGS 84 / UTM zone 34S,但是,如果用户使用的不是本书附带的数据,可能需要选择更适合自己区域的 UTM CRS。

(1)在图层(Layers)面板中右键点击 roads 图层。

(2)点击导出(Export)→把要素保存为…(Save Features As…)。

(3)在矢量图层保存为…(Save Vector Layer As…)对话框中把格式(Format)设置为

GeoPackage。

(4)点击文件名(File name)参数,把新的 GeoPackage 命名为“vector_analysis”。

(5)把图层名称(Layer name)更改为“roads_34S”。

(6)把 CRS 参数更改为“WGS 84 / UTM zone 34S”。

(7)最后点击 OK 按钮,设置参数如图 7-8 所示。

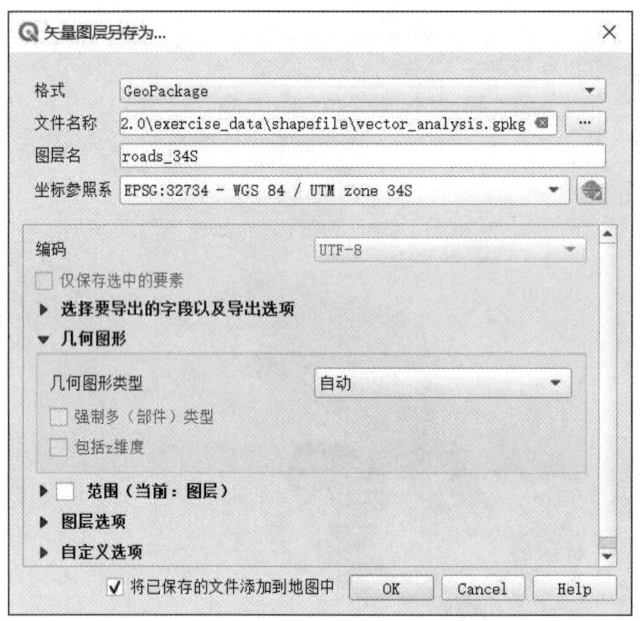

图 7-8　选择新投影并保存数据

这样,新的 GeoPackage 数据库就创建完成了,其中包含了 roads_34S 图层。

(8)重复此步骤对每个图层投影变换,在 vector_analysis. gpkg 文件中新建图层,以原名加上“_34S”后缀命名新图层,然后逐个在 QGIS 移除原图层。这里要注意,当选择把图层保存到现有的 GeoPackage 中时,QGIS 就会在 GeoPackage 中添加该图层。

(9)完成上述步骤后,右键点击任意一个图层,点击缩放到图层范围(Zoom to layer extent)缩放到感兴趣的区域。

现在已经把 OSM 的数据转换到一个 UTM 投影,可以开始计算了。

7.2.6 分析问题:与学校、道路的距离

QGIS 允许量测任何矢量对象间的距离。

(1)首先确保只有 roads_34S 和 buildings_34S 图层可见,使待处理的地图看起来比较简洁。

(2)点击处理(Processing)→工具箱(Toolbox)打开 QGIS 的核心分析工具,此工具箱基本上能够提供所有(矢量和栅格)数据的分析算法。

(3)首先使用缓冲区(Buffer)[①]算法分析 roads_34S 周围的区域。该工具是对矢量数据周边做指定距离的缓冲(图 7-9)。

也可以通过在工具箱上方的查询菜单中输入“buffer”,如图 7-10 所示。

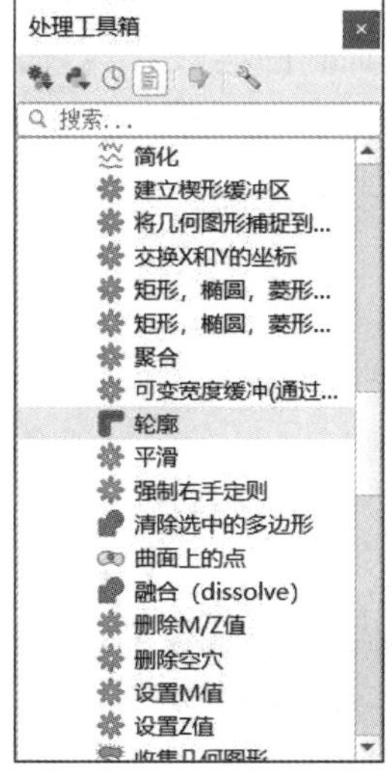

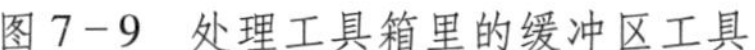
图 7-9　处理工具箱里的缓冲区工具

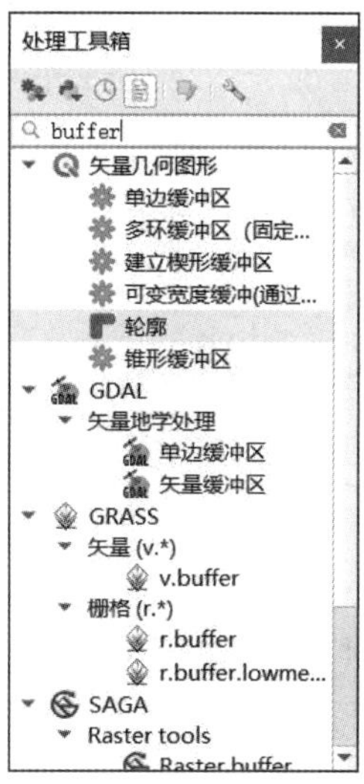

图 7-10　利用搜索功能查找缓冲区工具

(4)双击打开算法对话框。

(5)进行如图 7-11 所示的设置。

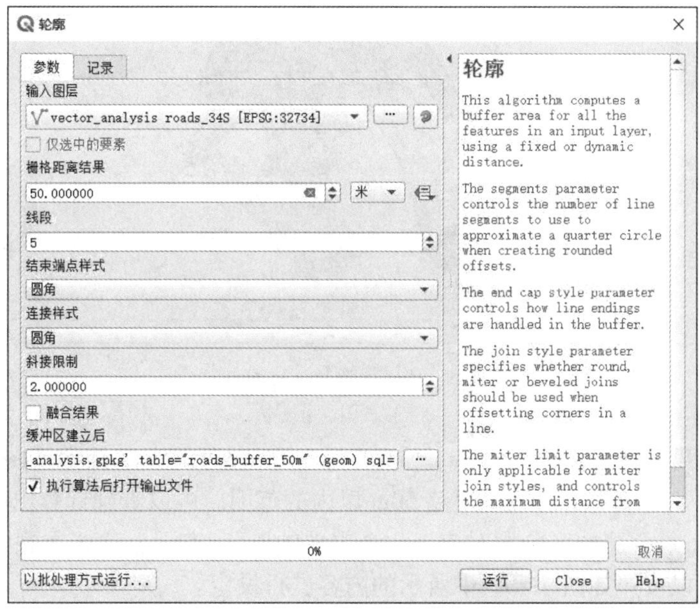

图 7-11　配置缓冲区分析参数

①QGIS 中文界面把 Buffer 翻译为“轮廓”并不合适,准确的翻译应该为“缓冲区”。

（6）默认的距离（Distance）单位是“米”，这是因为输入的数据所使用的是一个以米为单位的投影坐标系，也可以使用组合框选择其他投影的单位，例如千米、英里等。这里要注意，尝试在具有地理坐标系的图层上创建缓冲区时，QGIS 软件会弹出警告，建议把该图层重新投影到一个测量坐标系再进行缓冲分析。

（7）默认情况下，处理完成后会把结果临时图层自动添加到图层（Layers）面板上。也可以通过以下方法把处理结果添加到 GeoPackage 数据库：①点击 [...] 按钮，选择保存到 GeoPackage…（Save to GeoPackage…）；②把新图层命名为“roads_buffer_50m”；③将其保存到 vector_analysis. gpkg 文件中。

（8）点击运行（Run），然后关闭缓冲区（Buffer）对话框。

目前，地图的处理结果类似于图 7－12 所示。

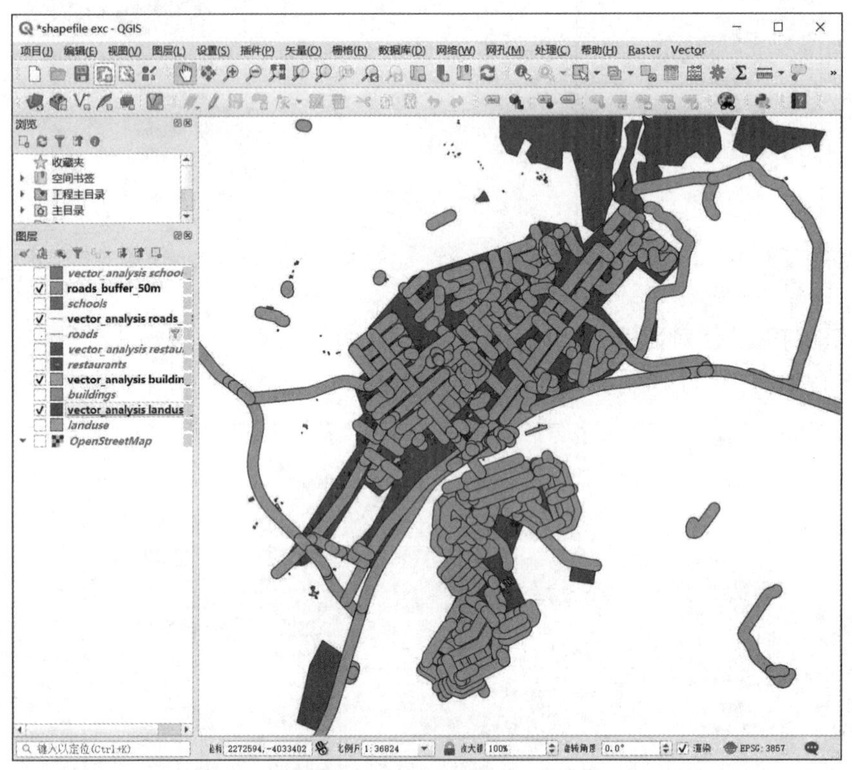

图 7－12　缓冲区分析结果

如果新图层显示在了图层（Layers）列表的最上方，它可能会遮挡到地图的很大一部分，这个图层计算出了区域内所有距离道路 50m 以内的范围。可以看到计算出的各要素缓冲区内部有明确界限，每个缓冲区分别对应于一个单独的道路，实际上这些重叠的缓冲区应该合并起来。这里可以按照如图 7－13 中所示的内容进行设定。

（1）勾选融合结果（Dissolve result）的复选框。

（2）将其输出为“roads_buffer_50m_dissolved”。

（3）点击运行（Run），关闭缓冲区（Buffer）对话框。

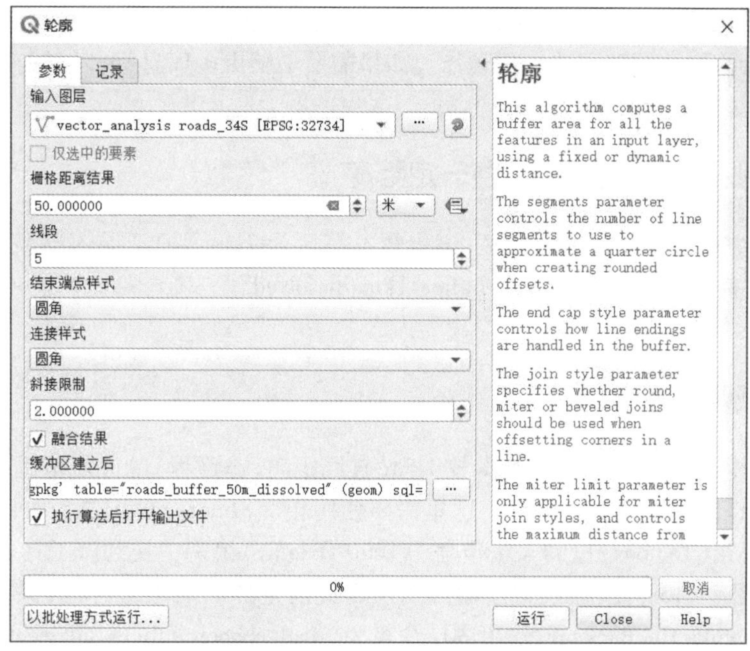

图 7－13　设置缓冲区分析“融合结果”

该图层加入到图层(Layers)面板后显示如图 7－14 所示的结果。

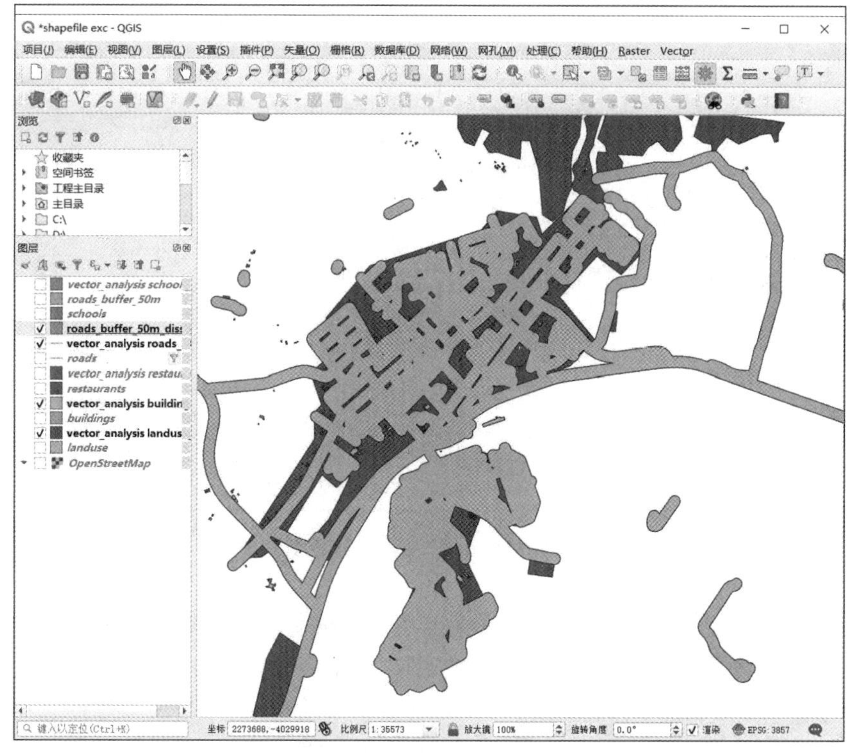

图 7－14　设置缓冲区分析“融合结果”的输出效果

现在可以看到图中没有那些多余的分界了。这里要特别注意,对话框右侧的简要帮助(Short Help)会简要介绍该算法如何运作。如果需要了解更多信息,可以点击底部的(Help)按钮查看该算法更详细的说明。

7.2.7 练习:从学校向周围扩展一定距离

使用上述方法为学校创建缓冲区,设置缓冲范围为 1km。把结果图层保存到 vector_analysis. gpkg 文件中,命名为"schools_buffer_1km_dissolved"。

请参考附录内容核对结果。

7.2.8 区域叠置分析

现在已经得到距离道路 50m 和学校 1km(直线距离,非路程)的区域范围。显然这里只需要同时满足以上两个条件的区域。这里需要使用相交(Intersect)工具。可以在处理(Processing)→工具箱(Toolbox)里的矢量覆盖(Vector Overlay)组别中找到该工具。

(1)作如图 7-15 所示的设置。输入图层为此前生成的两个缓冲区,保存位置依然是 vector_analysis. gpkg GeoPackage,输出图层命名为"road_school_buffers_intersect"。

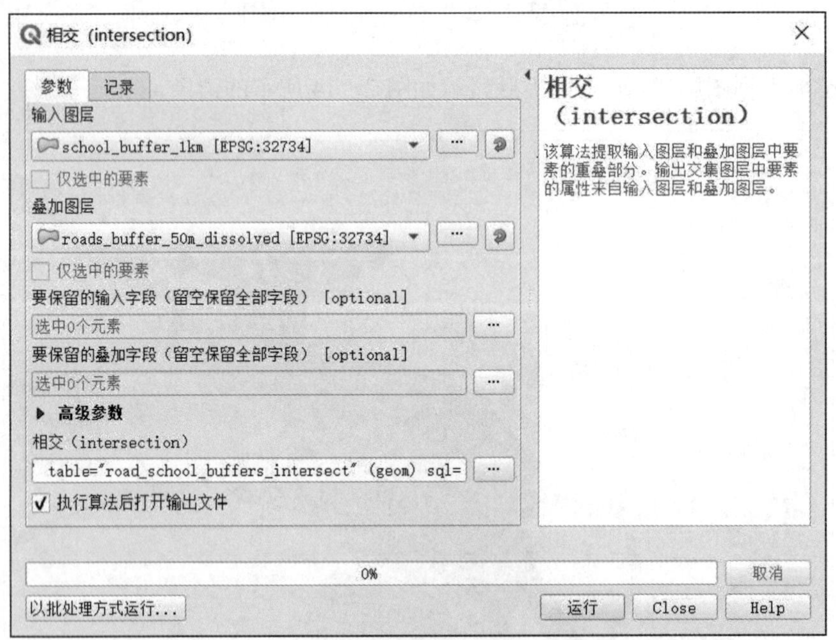

图 7-15 相交分析参数设置

(2)点击运行(Run)。图 7-16 中显示为蓝色的区域就是同时满足两个距离标准的地区。

(3)移除这两个缓冲区图层,只保留重叠区域的图层,这才是用户最想知道的信息,如图 7-17 所示。

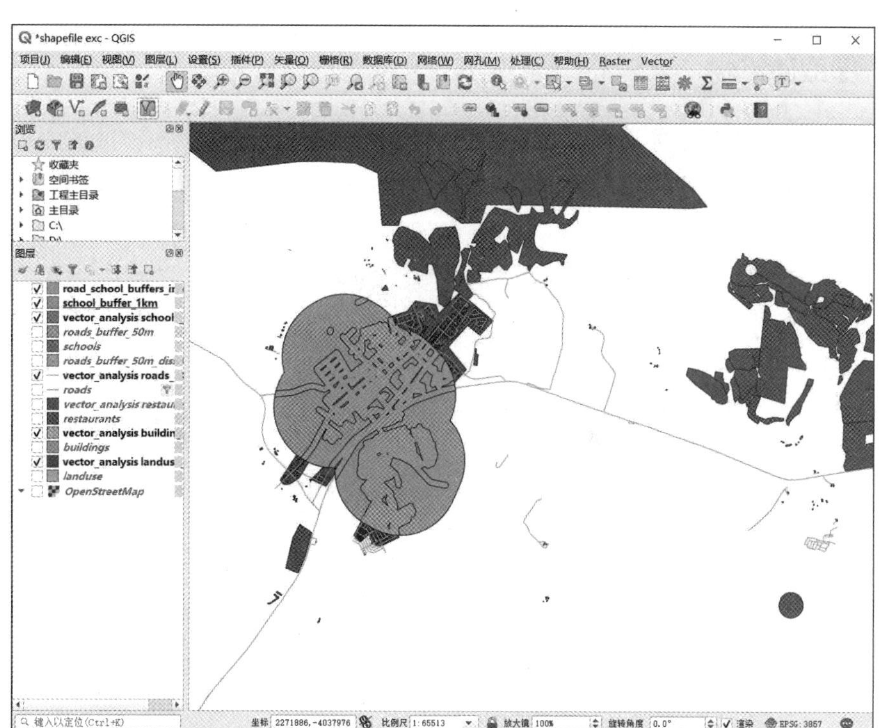

图 7－16 相交分析的结果

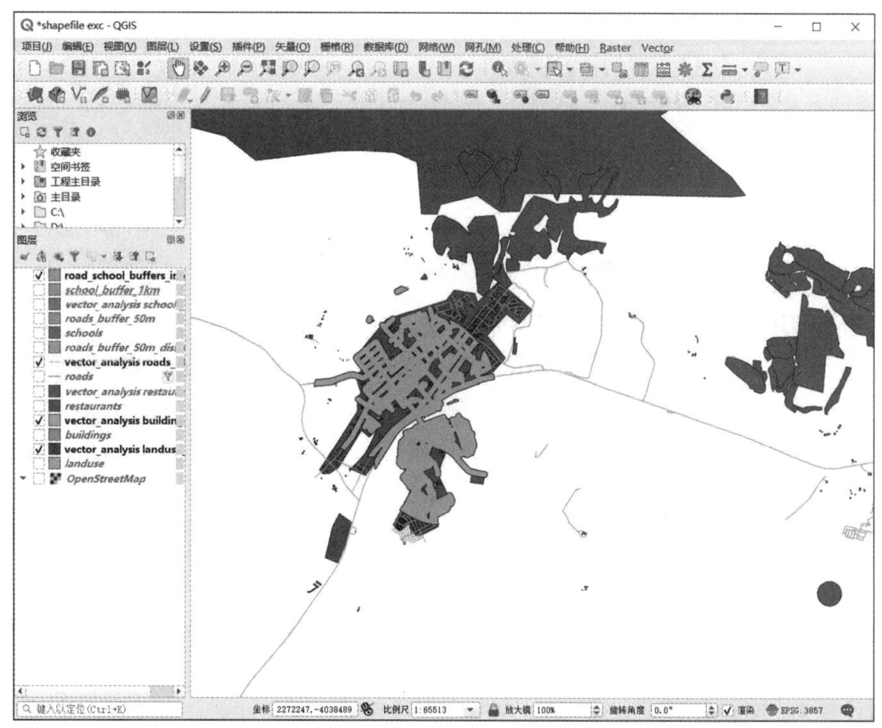

图 7－17 保留重叠区域的图层

7.2.9 提取建筑物

现在已经获得了建筑物必须与之重叠的区域。接下来，需要提取出该区域内的建筑物。

(1)依次点击处理(Processing)→工具箱(Toolbox)→矢量选择(Vector Selection)→按位置提取(Extract by location)。

(2)对按位置提取对话框作如图7-18所示设置。

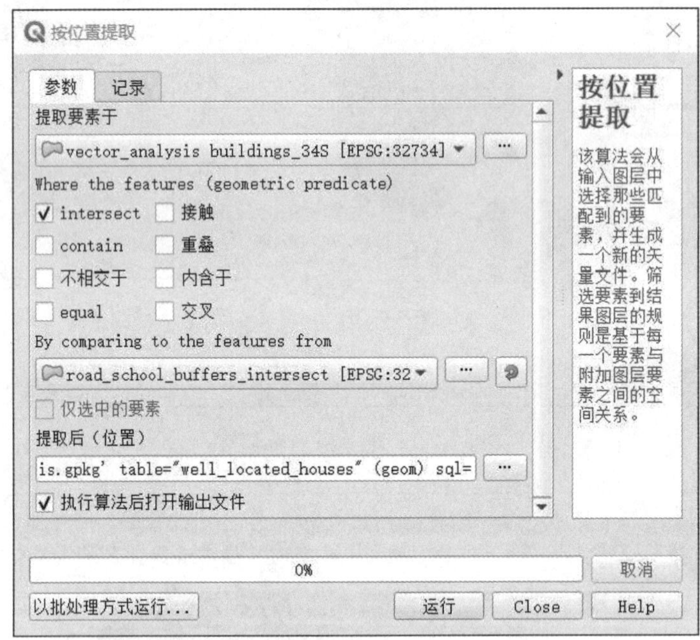

图7-18　按位置提取工具参数设置

(3)点击运行(Run)，关闭对话框。

(4)这时QGIS地图显示可能没有什么变化，需要把well_located_houses图层移到图层列表最上方，然后放大到该区域。图中显示为橙色的建筑物就是满足设定条件的建筑物，显示为粉色的建筑物为不符合条件的建筑物(图7-19)。

(5)现在得到了两个分开的图层，可以把buildings_34S图层从图层列表中移除了。

7.2.10 建筑物再过滤

现在获得了一个位于距学校1km以内和道路50m以内的所有建筑物的图层。缩小选择范围到仅显示距离最近餐厅500m以内的建筑物。同样使用上述方法，进一步过滤well_located_houses图层，创建一个仅显示那些距离最近餐厅500m以内的建筑物，命名为“houses_restaurants_500m”的新图层。

请参考附录内容核对结果。

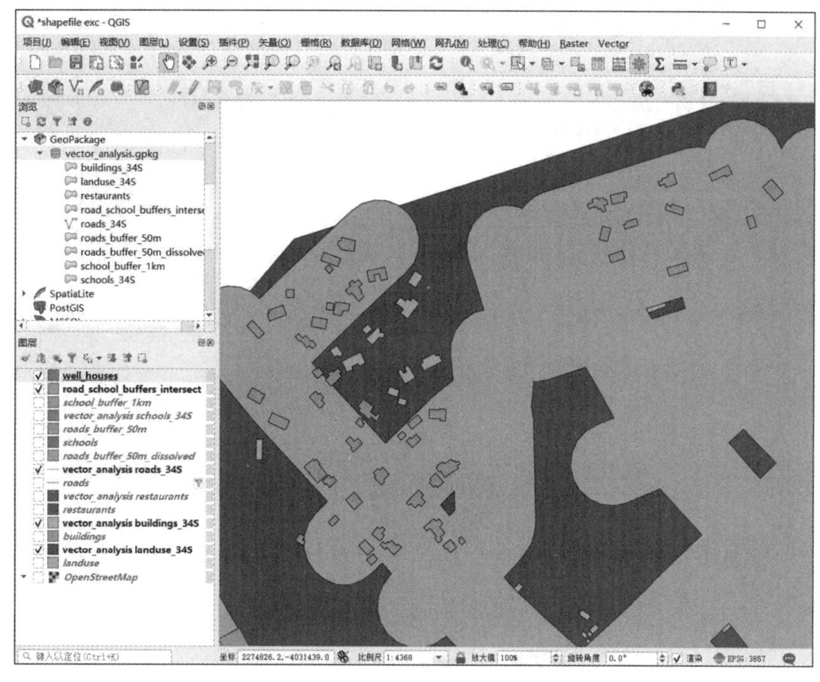

图 7-19　按位置提取的输出结果

7.2.11　建筑物面积属性过滤

这一步需要获得面积符合条件的(超过 $100m^2$)建筑物，首先需要计算这些建筑物的面积大小。

(1)选中 houses_restaurants_500m 图层，点击主工具栏的 按钮或者在属性表中打开字段计算器(Field Calculator)。

(2)按如图 7-20 所示的进行设置。

该步将创建包含每座建筑物以平方米为单位的面积的新字段 AREA。

(3)点击 OK 按钮，此时 AREA 字段加入到属性表中。

(4)再次点击编辑模式的按钮结束编辑，收到保存提示，保存编辑操作。

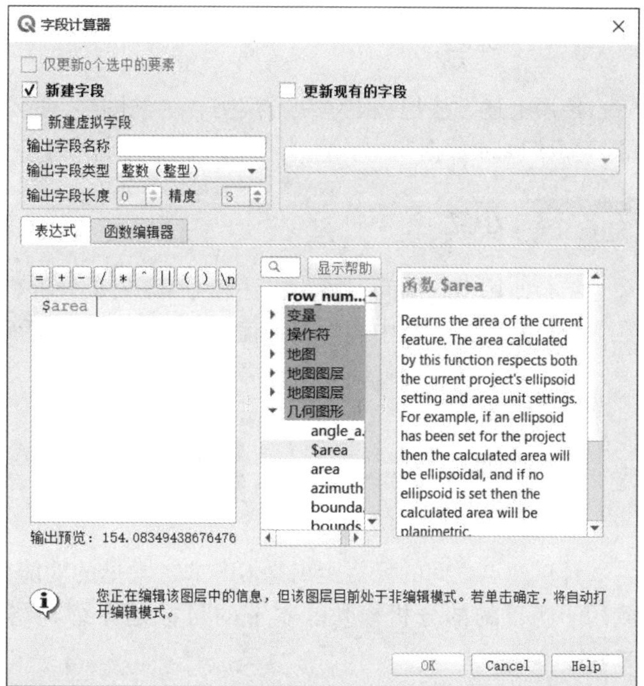

图 7-20　字段计算器

(5)按本书前面介绍的查询方法进行查询过滤(图 7-21)。

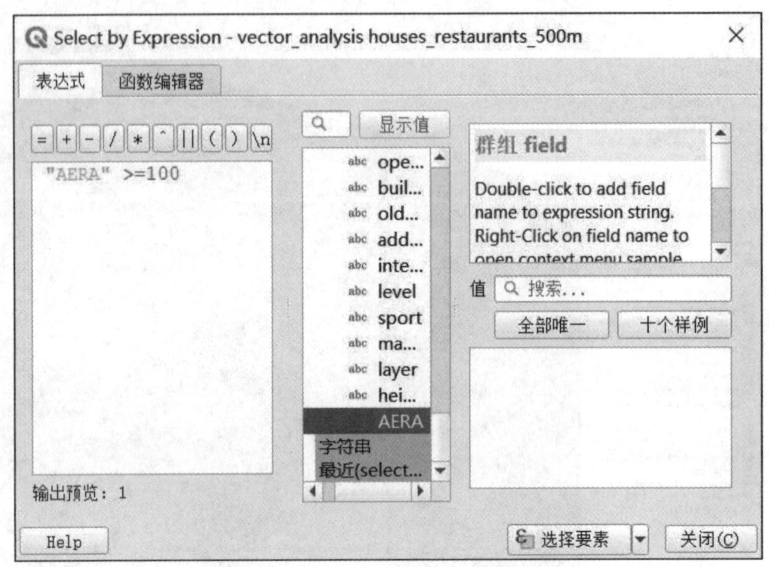

图 7-21 根据 AREA 字段过滤

(6)点击 OK 按钮。

现在地图就会只显示符合起始条件且面积超过 100m^2 的建筑物。

7.2.12 练习

使用上述方法把最终解决方案另存为新图层,命名为"解决方案(solution)"保存在相同的 GeoPackage 数据库中。

7.2.13 小结

结合使用 GIS 的问题解决方法和 QGIS 矢量分析工具,本节顺利解决了满足多个条件的数据分析问题。下节中会学习如何计算两点间最短的路径距离。

7.3 网络分析

计算两点之间的最短距离是 GIS 非常常见的功能,可以在处理工具箱(Processing)中找到用于此目的的分析模块。本节的目标是介绍网络分析(Network analysis)模块的使用方法。

7.3.1 网络分析工具和数据

在处理(Processing)→网络分析(Network Analysis)菜单中可以找到所有网络分析的模块,可以看见有很多可用于网络分析的工具(图7-22)。

打开 exercise_data\network_analysis\network. qgz 这个项目,文件内有两个图层:network_points(网络_点)和 network_lines(网络_线),其中 network_lines(网络_线)图层已经配置了帮助用户理解路网的样式(图7-23)。

最短路径工具提供了计算网络中两点之间最短路径或最快路径的方法,具体如下:

(1)从地图上选择起点和终点。

(2)起点从地图上选择,终点从点图层获取。

(3)起点从点图层获取,终点从地图上选择。

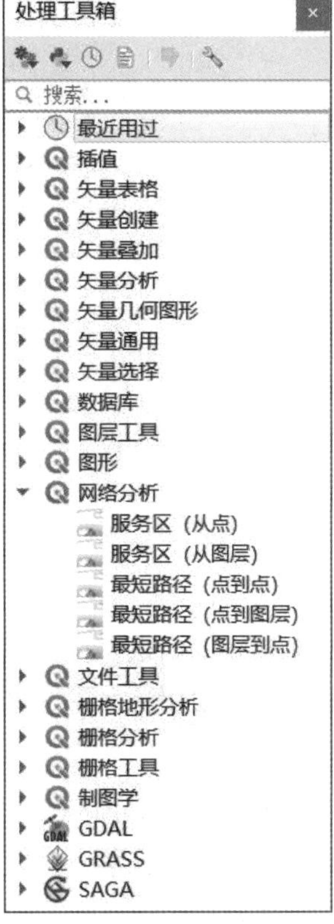

图7-22 工具箱中的网络分析工具

7.3.2 计算最短路径(点到点)

依次点击网络分析(Network analysis)→最短路径(点到点)[Shortest path (point to point)]计算地图上两个手动选择的点之间的最短距离。在本例中将计算两点间的最短(而不是最快)路径。在图7-24中,首先选择这两个点作为分析的起点和终点。

(1)打开最短路径(点到点)[Shortest path (point to point)]工具。

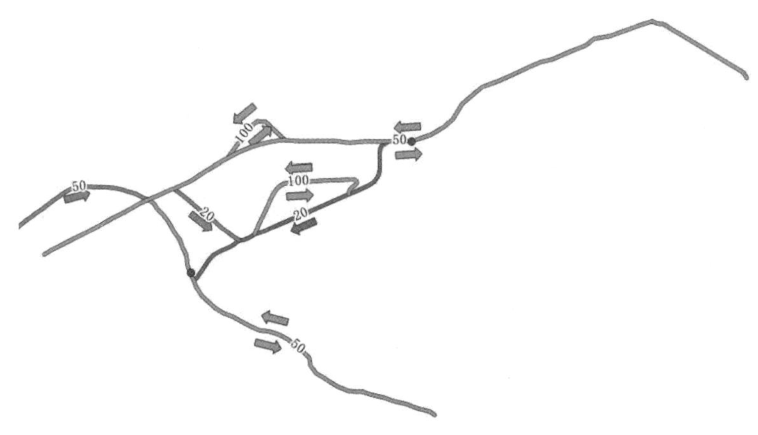

图7-23 网络分析模型示例

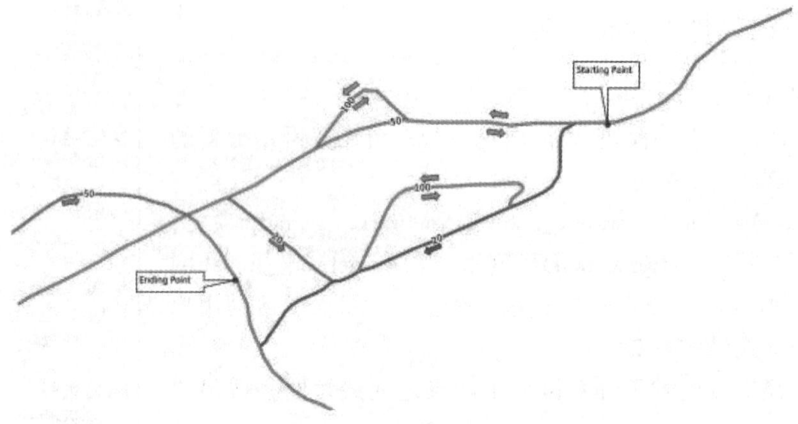

图 7-24 点到点最短路径分析

(2)把描绘网络的矢量图层(Vector layer representing network)设置为 network_lines。

(3)使用要计算的路径类型(Path type)的最短(Shortest)作为计算用的(to calculate)参数。

(4)点击起点(x,y)[Start point (x, y)]旁的 ··· 按钮,选择上图中标记为“Starting Point”的定位,此时菜单会填入鼠标指针点击那一点的坐标。

(5)使用同样的方法为终点(x,y)[End point (x, y)]选取图上标记为 Ending point 的定位。

(6)点击运行(Run)按钮。

图 7-25 最短路径(点到点)分析参数设置

(7)此时生成一个线图层,表示选取的两点间的最短路径,取消勾选网络_线(network_lines)图层可以更清楚地查看处理结果(图 7-26)。

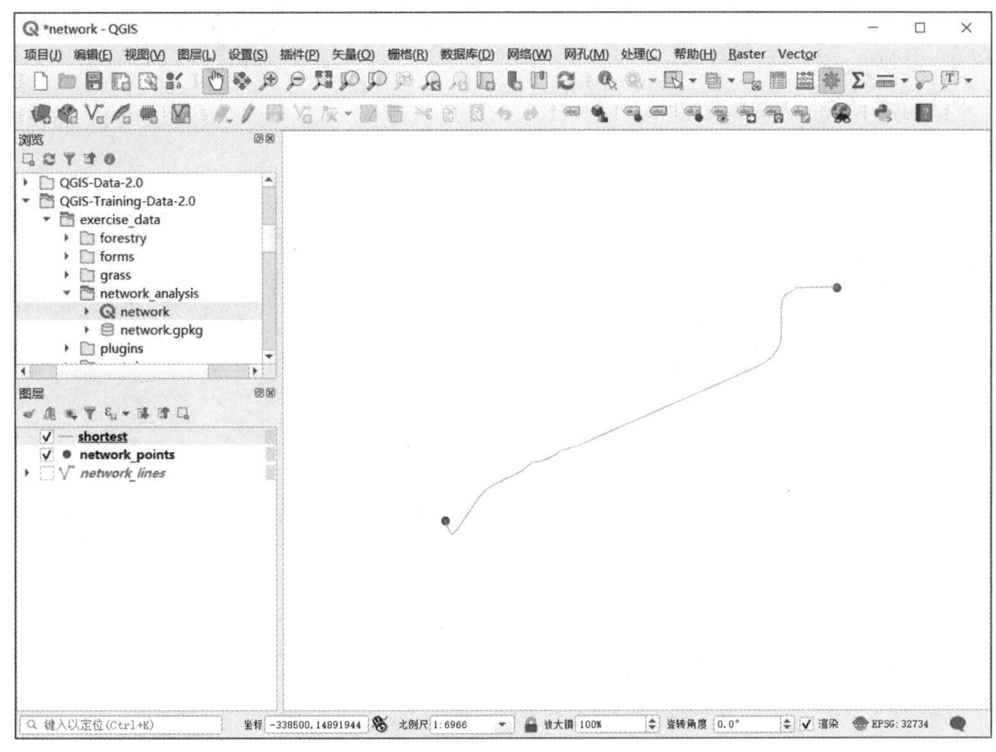

图 7-26 最短路径(点到点)分析结果

(8)打开输出图层的属性表,可以看到它包含了 3 个字段,分别代表起点坐标、终点坐标和距离成本。

这里选取了 shortest 作为需计算的路径类型(Path type to calculate),因此,该成本所表示的是在图层组合中两个定位间的距离。在本例中,选取的两点间最短(shortest)距离约为 900m(图 7-27)。

现在已介绍完了如何使用此工具,接下来读者可以自己尝试更改设置、使用其他点位置测试。

shortest :: 要素总计: 1, 过滤了: 1, 选中: 0

	fid	start	end	cost
1	1	1180616.6082...	1179726.4509...	909.30033388...

显示所有要素

图 7-27 最短路径(点到点)分析属性表

7.3.3 练习:计算最快路径

使用此前练习的同一份数据,尝试计算两点间用时最少的路径。从起点到终点需要花费多少时间呢?

请参考附录内容核对结果。

7.3.4 最短路径分析高级选项设置

现在来研究路径分析工具的更多选项。在此前的练习中已经介绍了两点间的最快路径。但是,这里最快路径是耗时最少的路径,因此,这个耗时是行程速度决定的。这里还是使用和此前练习同样的图层以及起、终点。

(1)打开最短路径(点到点)[Shortest path (point to point)]分析工具。

(2)和之前一样填写输入图层(Input layer),起点(x,y)[Start point (x, y)]和终点(x,y)[End point (x, y)]。

(3)把需计算的路径类型(Path type to calculate)设置为最快(Fastest)。

(4)打开高级参数(Advanced parameter)菜单。

(5)把默认速度(km/h)[Default speed (km/h)]的值从默认的50更改为40(图7-28)。

(6)点击运行(Run)。

(7)处理结束后关闭对话框,打开输出图层的属性表。此时成本(cost)字段的值是根据所设定的速度参数得出的。可以把成本(cost)字段的值从带小数的“时”转换为更易理解的分钟(minutes)。

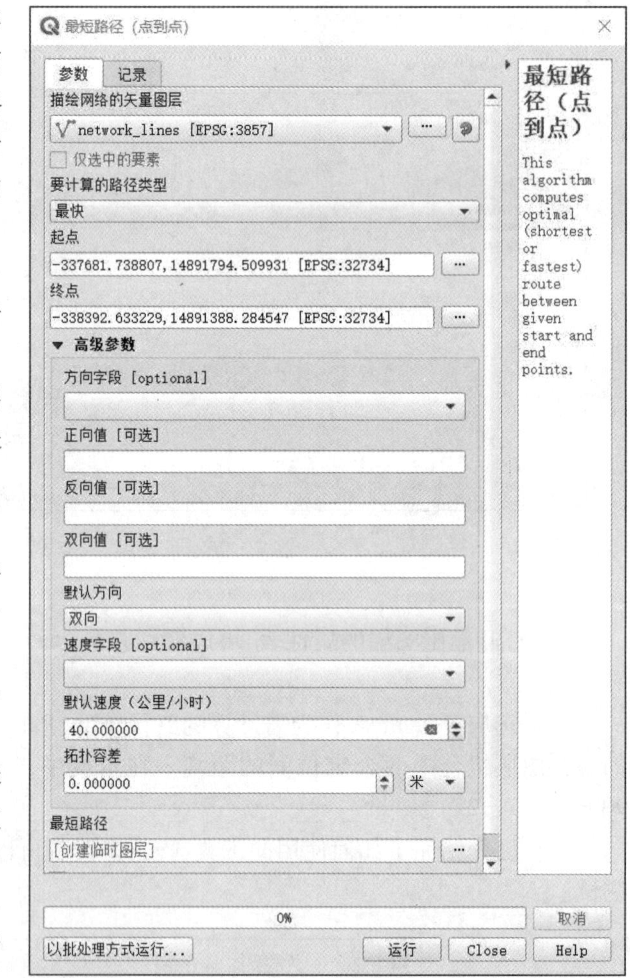

图7-28 最短路径(点到点)高级参数设置

(8)点击 图标,打开字段计算器,通过将成本(cost)字段乘以60创建新字段分钟(minutes)(图7-29)。

图 7-29 字段计算器

7.3.5 带限速的最短路径

如果想知道每条道路的速度限制下最快的路线(标签代表以 km/h 为单位的速度限制),不考虑速度限制的最短路径当然是紫色那条(图 7-30)。但是那条道路速度限制为 20km/h,而在绿色那条道路上,可以以 100km/h 的速度行驶。像第一个练习那样,这里用网络分析(Network analysis)→最短路径(点到点)[Shortest path (point to point)],然后手动选择起点和终点。

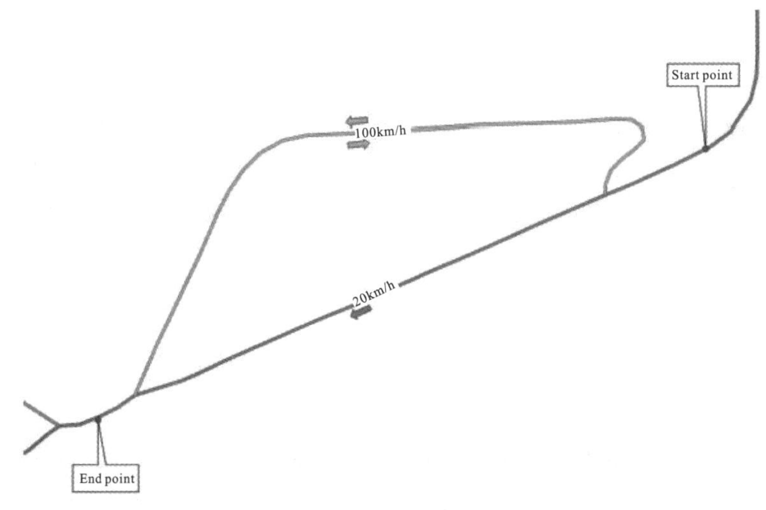

图 7-30 带限速的最短路径模型示例

(1)打开网络分析(Network analysiss)→最短路径(点到点)(Shortest path (point to point))算法。

(2)把表示网络的矢量图层(Vector layer representing network)参数设为 network_lines。

(3)把需计算的路径类型(Path type to calculate)设置为 fastest。

(4)点击起点(x,y)[Start point (x, y)]旁的 [...] 按钮,选择图上标记为"Start Point"的地方作为定位,此时菜单中会填入定位的坐标。

(5)使用同样的方法为终点(x,y)[End point (x, y)]选取标记为"End Point"的地方作为定位。

(6)打开高级参数(Advanced parameters)菜单。

(7)把速度字段(Speed field)的参数设置为速度(speed)。设置后,算法将考虑每条道路的速度值。

(8)点击运行(Run)按钮。

(9)关闭 network_lines 图层可以更清楚地查看结果(图 7-32)。

现在可以看到,最快的路线并不等于距离最短的路线。

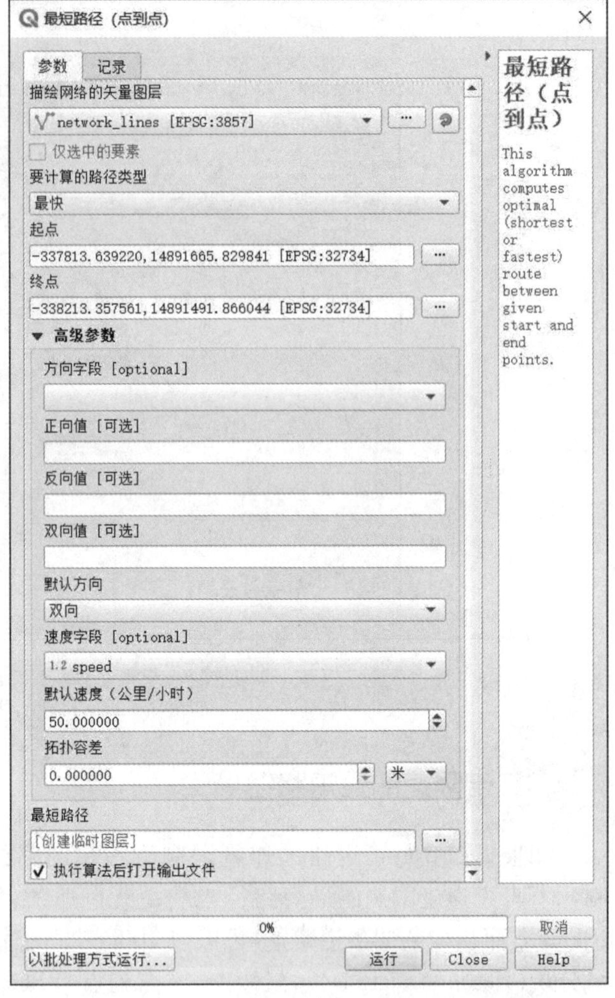

图 7-31 最短路径(点到点)高级参数设置

7.3.6 服务区(从图层起算)

网络分析(Network analysis)→服务区(从图层起算)[Service area (from layer)]算法可以解决以下问题:给出一个点图层,给定距离或时间值,可到达哪些区域? 这里要注意,网络分析(Network analysis)→服务区(从点起算)[Service area (from point)]是同一个算法,但是它允许从地图上手动选取点。给定一个 250m 的距离,希望知道从 network_points 图层中的每个点在网络上可以到达的区域。

(1)取消勾选除 network_points 图层外的所有图层。

(2)打开网络分析(Network analysis)→服务区(从图层起算)[Service area (from layer)]算法。

(3)把表示网络的矢量图层(Vector layer representing network)参数设为网络_线(network_lines)。

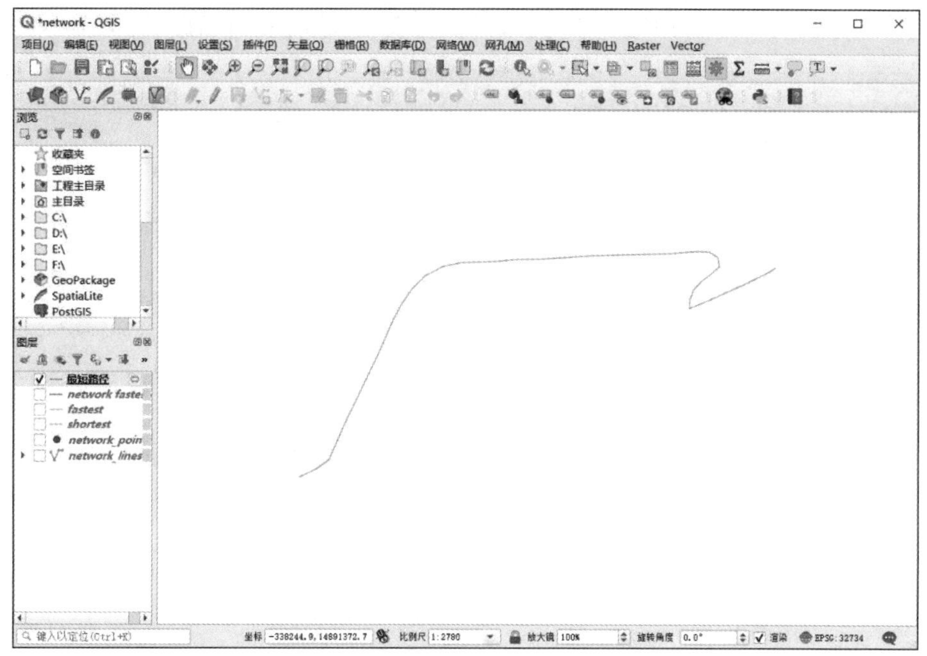

图 7-32 最短路径(点到点)分析结果

(4)把包含起点的矢量图层(Vector layer with start points)设置为网络_点(network_points)。

(5)把需计算的路径类型(Path type to calculate)设置为最短(Shortest)。

(6)在路程成本(Travel cost)参数中输入 250(图 7-33)。

(7)点击运行(Run),关闭对话框。

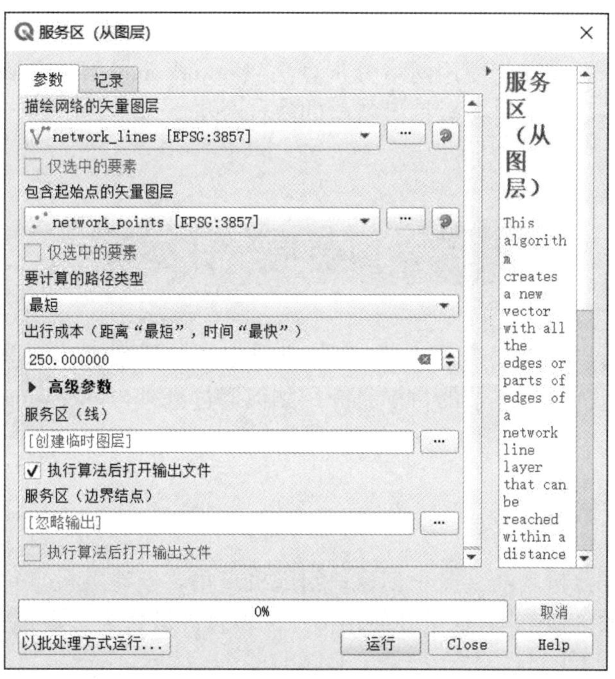

图 7-33 服务区(从图层起算)参数设置

输出图层显示了被设置给定 250m 距离的点要素可以到达的最长路径(图 7-34)。

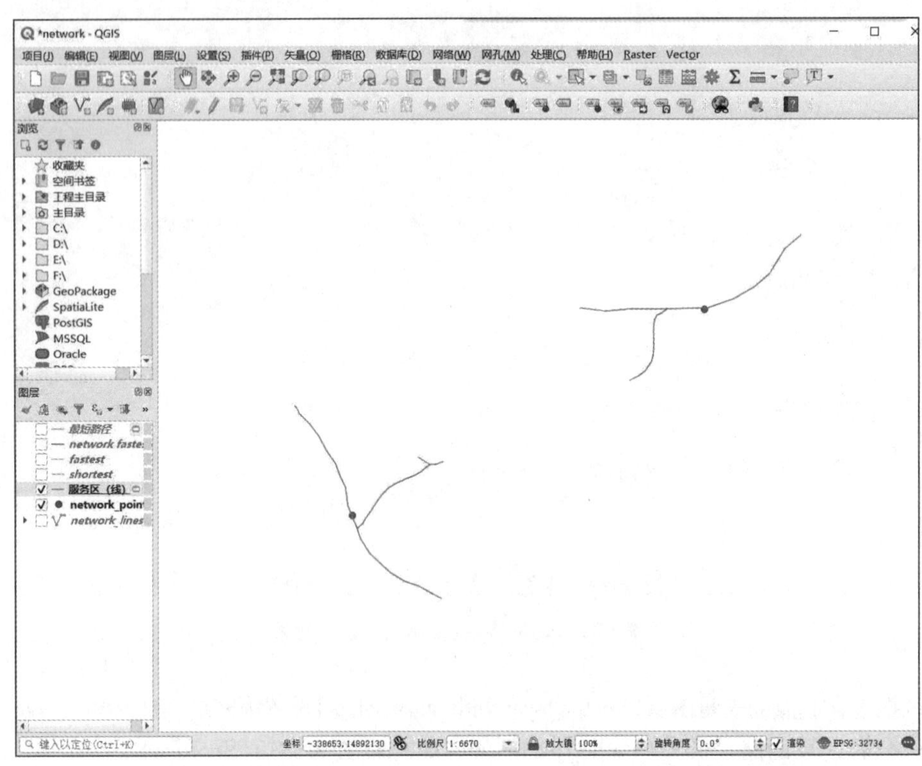

图 7-34 服务区(从图层起算)分析结果

7.3.7 小结

现在已经全部介绍完如何使用网络分析算法(Network analysis)来解决最短和最快路径问题。接下来会介绍如何用矢量数据进行空间统计分析。

7.4 空间数据统计分析

空间分析技术可以帮助用户深入理解、分析给定的矢量数据。QGIS 内置了一些标准、高效的空间统计分析工具。本节的目标是介绍如何通过处理(Processing)使用 QGIS 的空间统计分析工具。

7.4.1 创建测试数据

做空间数据统计分析之前首先来创建一组随机点集。创建随机点集需要一个面数据确定要创建点集所在的区域范围,这里会使用街道的覆盖区域作为点集覆盖范围。

(1)新建一个项目。

(2)加载 roads 图层,以及 exercise_data\raster\SRTM\路径下的 srtm_41_19 栅格文件(高程数据)。可以看到 SRTM DEM 图层的 CRS 与道路图层的 CRS 不同。QGIS 此时正在“实时”投影变换显示两个图层,不过对于以下分析没有影响,因此,可以自己决定是否要对其中一个 CRS 重新投影变换。

(3)打开处理(Processing)工具箱。

(4)使用矢量几何(Vector geometry)→最小边界几何(Minimum bounding geometry)工具,生成一个以凸包(Convex Hull)为几何类型(Geometry Type)参数的包围所有道路的面(图 7 - 35)。

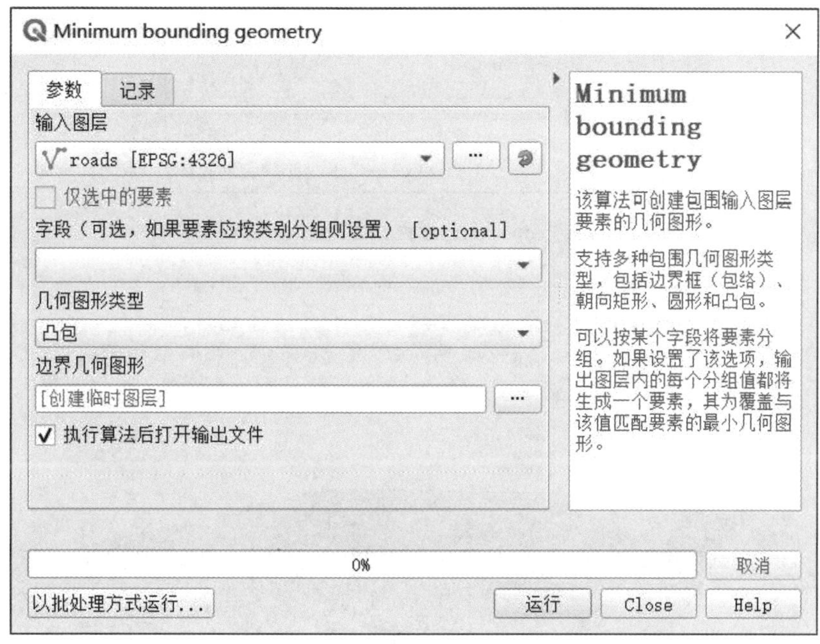

图 7 - 35　最小边界几何分析参数设置

这里如果不指定输出,处理(Processing)将把结果作为临时图层输出。是否在此设置保存路径主要取决于用户希望立刻保存输出图层还是稍后再进行保存。

7.4.1.1 创建随机的点

通过矢量创建(Vector creation)→多边形内部的随机点(Random points in layer bounds)工具(图 7 - 36),在此区域内随机创建点。

要注意,黄色的警告标志是指该参数受距离影响。该算法用到的边界几何(Bounding geometry)图层的地理坐标系会影响设定的距离参数。不过在本例中不会用到这个参数,所以可以暂且不管它。这里可以把生成的随机点图层移到图层的最上方便于更清晰地查看结果(图 7 - 37)。

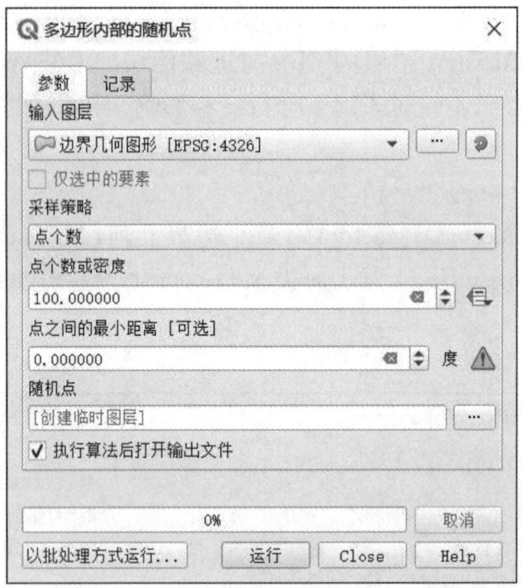

图 7-36　多边形内部的随机点工具

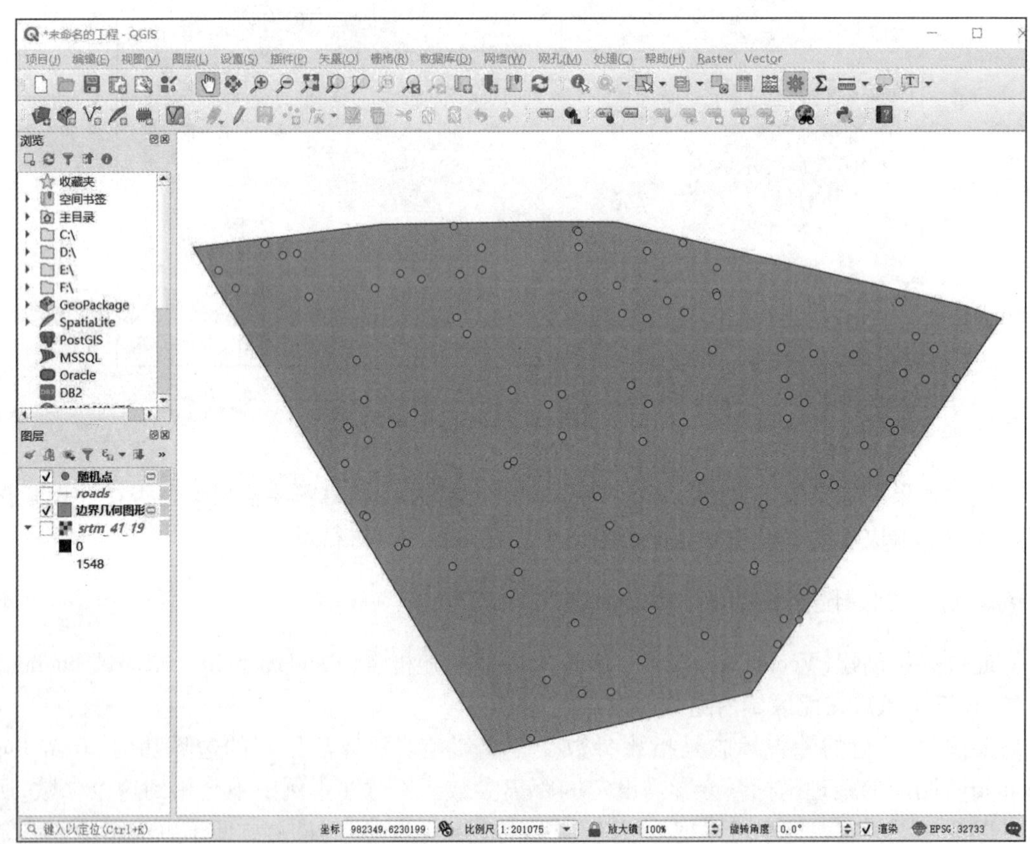

图 7-37　多边形内部的随机点分析结果

7.4.1.2 数据采样

基于栅格生成样本数据集，使用处理(Processing)工具箱中的栅格分析(Raster analysis)→栅格值采样(Sample raster values)算法。此工具会在点位置处对栅格进行采样，并根据构成栅格的波段，把点位置处的栅格值复制到对应字段中。

(1)打开栅格值采样(Sample raster values)算法对话框。

(2)把 Random_points 指定为采样点所在的图层，把 SRTM 数据指定为值获取的数据源。由此创建的新字段默认命名为“rvalue_N”，“N”对应被指定为值获取的栅格数据源的第 N 波段(图 7－38)，也可以根据需要更改前缀的名称。

图 7－38　栅格数据采样工具

(3)点击运行(Run)。

现在可以打开随机点(Random points)图层的属性表，查看基于栅格文件的采样数据。数据存放在刚刚完成命名的新字段中。样本图层如图 7－39 所示。

由 rvalue_1 字段分类显示的样本点中红色位于高海拔位置。此样本数据是接下来统计分析的输入数据。

7.4.2 基本统计分析

首先来对此图层进行基本统计。

(1)点击 QGIS 主对话框里属性表工具栏(Attributes Toolbar)中的 Σ 图标打开基本统计面板。

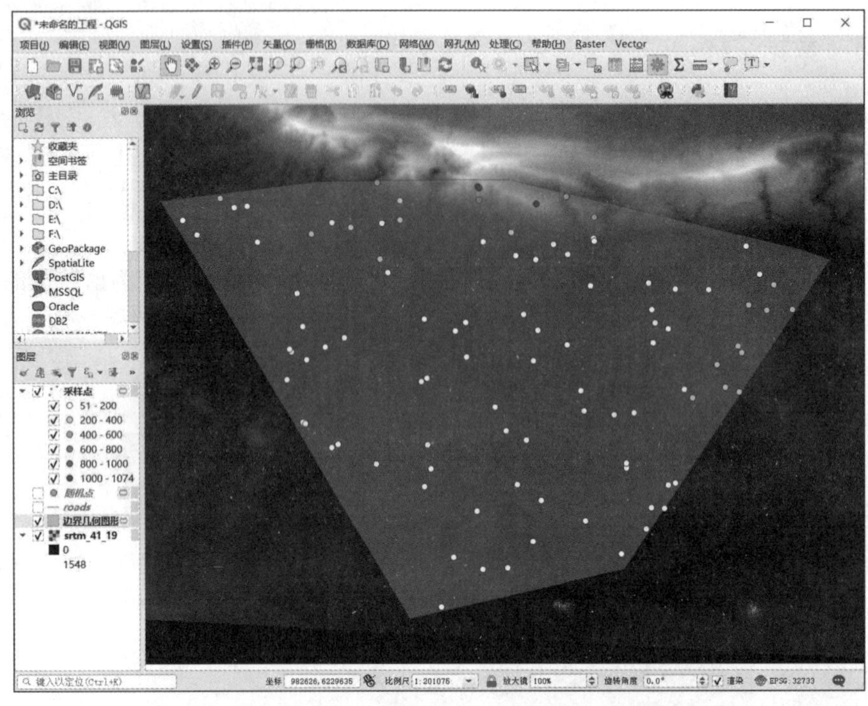

图 7-39　栅格数据采样运行结果

(2)在出现的对话框中,把“来源”设置为样本点(Sampled Points)图层。

(3)在字段复选框中选择 rvalue_1 字段,将基于此字段进行统计计算。

(4)统计(The Statistics)面板中会自动更新统计信息(图 7-40)。

这里注意,可以通过点击 (Copy Statistics to Clipboard)按钮复制这些值,并粘贴到电子表格中。

(5)完成后关闭统计(Statistics)对话框。

QGIS 提供了很多种统计指标,其中主要包括以下几类:①计数(Count),样本数量;②总值(Sum),所有值的总和;③平均值(Mean),所有值的平均值;④中值(Median),对所有值按最小到最大排列,取中间值(如果值的数量 N 是偶数,则取两个中间值的平均值);⑤标准差[St Dev (pop)],代表的是值在平均值周围的聚集程度,标准差越小,则值越趋向于平均值;⑥最小值(Minimum),所有值中的最小值;⑦最大值(Maximum),所有值中的最大值;⑧极差/值全距(Range),最小值和最大值之差;⑨第一四分位数(Q1),所有值中的第 1 个四分位数;⑩第三四

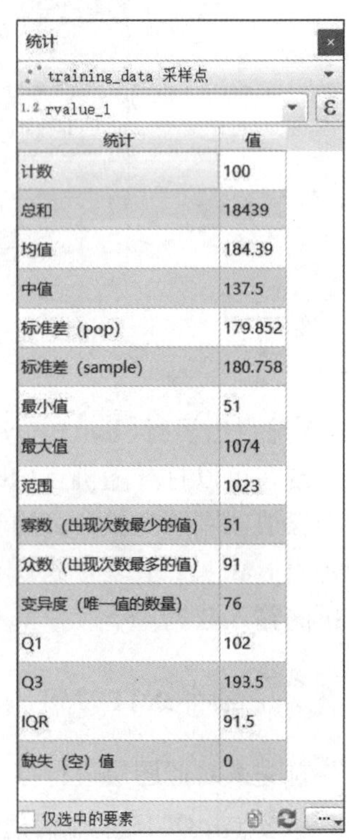

统计

training_data 采样点

rvalue_1

统计	值
计数	100
总和	18439
均值	184.39
中值	137.5
标准差 (pop)	179.852
标准差 (sample)	180.758
最小值	51
最大值	1074
范围	1023
寡数 (出现次数最少的值)	51
众数 (出现次数最多的值)	91
变异度 (唯一值的数量)	76
Q1	102
Q3	193.5
IQR	91.5
缺失 (空) 值	0

仅选中的要素

图 7-40　图层的基本统计信息

分位数(Q3),所有值中的第 3 个四分位数;⑪无(空)值[Missing (null) values],缺少数据情况。

7.4.3 使用距离矩阵工具计算点之间的距离

(1)创建一个新的点临时图层(Temporary layer)。

(2)打开编辑模式,任意在其他点之间创建 3 个新的点,或者使用之前的随机点生成方法生成 3 个点,把新图层设置格式保存为“distance_points”。

要生成有关两个图层的点之间距离的统计信息:

(1)打开矢量分析(Vector analysis)→距离矩阵(Distance matrix)工具。

(2)把 distance_points 图层设置为输入图层,把 Sampled Points 图层设置为目标图层。

(3)进行如图 7-41 所示的设置。

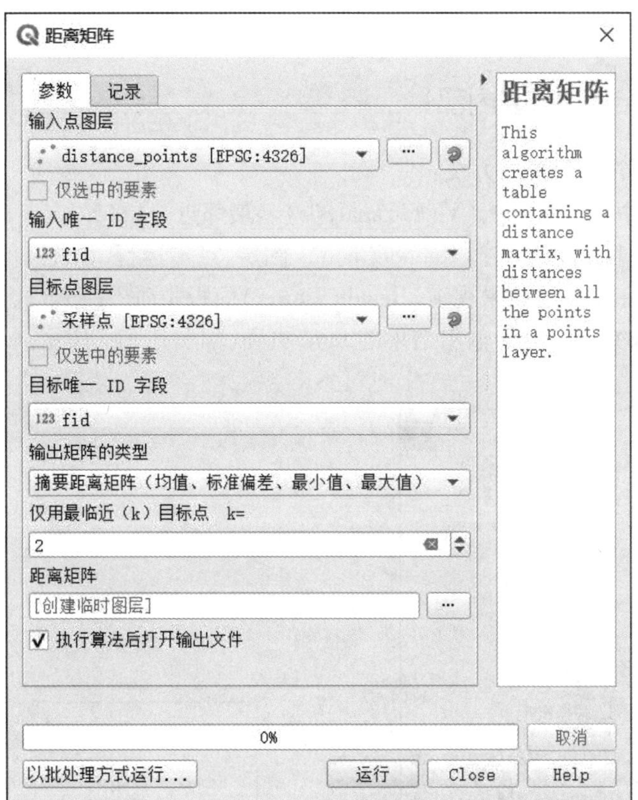

图 7-41 距离矩阵工具

(4)可以把输出的图层保存为文件,或者直接运行该算法,稍后再把临时输出图层保存。

(5)点击运行(Run),生成距离矩阵图层。

(6)打开所生成的图层的属性表:里面的值代表的是 distance_points 图层的要素和 Sampled Points 图层中,距前者的要素最近的两个点之间的距离(图 7-42)。

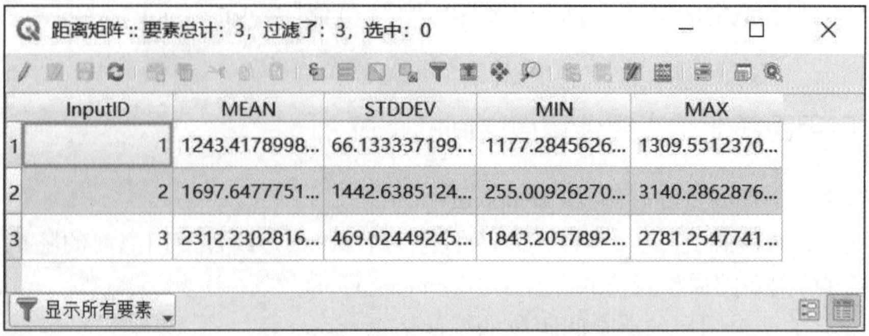

距离矩阵 :: 要素总计: 3, 过滤了: 3, 选中: 0
InputID
MEAN
STDDEV
MIN
MAX
1 1 1243.4178998... 66.133337199... 1177.2845626... 1309.5512370...
2 2 1697.6477751... 1442.6385124... 255.00926270... 3140.2862876...
3 3 2312.2302816... 469.02449245... 1843.2057892... 2781.2547741...
显示所有要素

图 7－42　距离矩阵工具的分析结果

距离矩阵(Distance Matrix)工具计算输入图层中的每个点相对于目标图层最近点的距离统计信息。输出图层的字段包含目标图层与输入图层中的最邻近点的距离的平均值、标准偏差、最小值和最大值。

7.4.4 最邻近分析(图层内部)

对点图层作最邻近分析的方法:

(1)点击菜单中的矢量分析(Vector analysis)→最邻近分析(Nearest neighbor analysis)。

(2)在出现的对话框中,选择 Random points 图层,点击运行(Run)。

(3)结果输出在处理的结果视窗(Result Viewer)面板中(图 7－43)。

(4)点击蓝色的链接,打开输出结果的 html 页面,如图 7－44 所示。

结果查看器
最邻近采样分析 [05:12:41PM]
Algorithm: 最邻近采样分析
File path: C:\Users\LIHao\AppData\Local\Temp\processing_37006121a5b5496ea27c79d4d8374d8e\f14c0618c8e3478ba647249e64d7b374\OUTPUT_HTML_FILE.html
结果查看器
处理工具箱

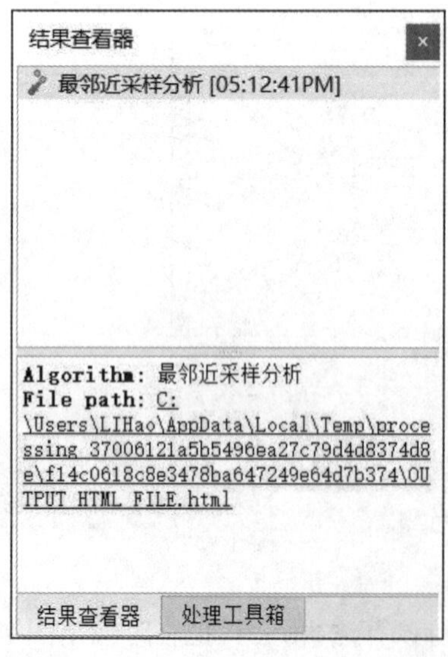

图 7－43　最邻近分析工具的结果查看

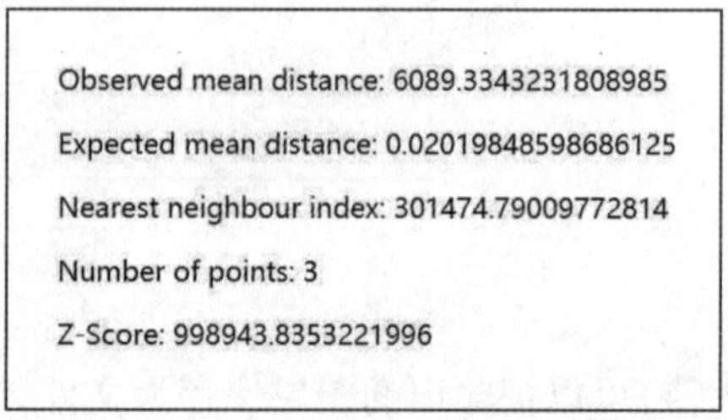

Observed mean distance: 6089.3343231808985
Expected mean distance: 0.02019848598686125
Nearest neighbour index: 301474.79009772814
Number of points: 3
Z-Score: 998943.8353221996

图 7－44　输出结果页面

7.4.5 平均坐标

获取某个数据集的平均坐标的方法为：

(1)点击菜单中的矢量分析(Vector analysis)→平均坐标[Mean coordinate(s)]。

(2)在出现的对话框中把随机点(Specify random points)图层指定为输入图层，其他不作更改。

(3)点击运行(Run)。

其结果与用于创建随机样本面的中心坐标进行比较。

(1)点击菜单中的矢量几何(Vector geometry)→质心(Centroids)。

(2)在出现的对话框中，把输入图层设置为边界几何(Bounding geometry)。

从图 7 - 45 的示例中可以看到，平均坐标(粉红色点)和研究区域的中心(绿色)不一定重合。质心是图层的重心(正方形的重心则正是正方形的中心)，而平均坐标表示所有节点坐标的平均值。

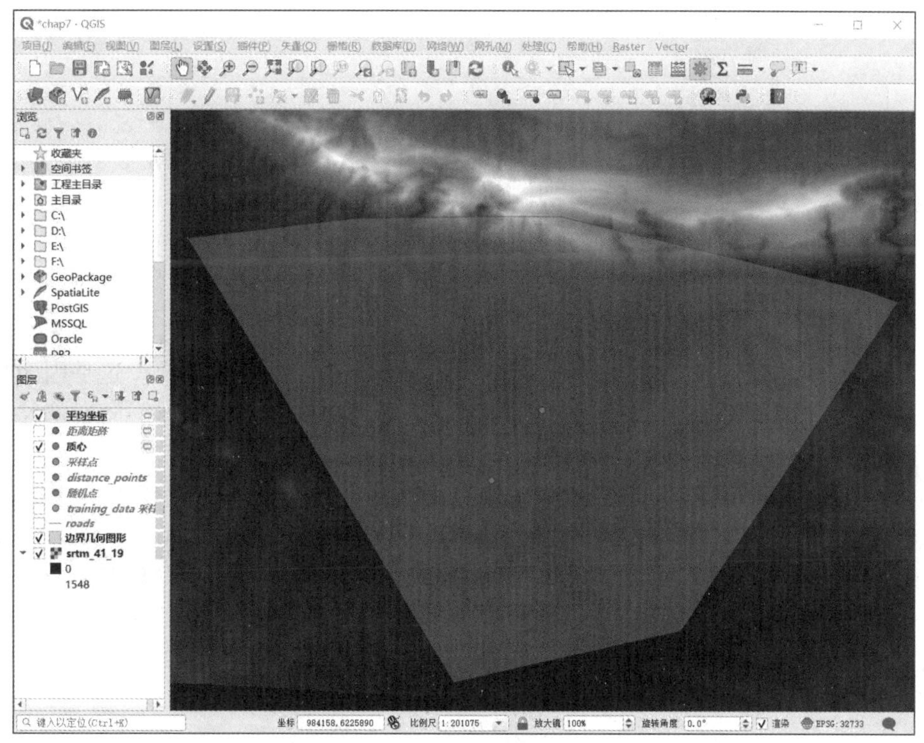

图 7 - 45　平均坐标结果比较

7.4.6 栅格数据直方图

数据集的直方图显示了数值的统计分布情况。要在 QGIS 中描述统计分布情况最简单的方法就是通过栅格数据直方图，该工具可以在任意栅格图层(栅格数据)的图层属性(Layer Properties)对话框找到。

(1)在图层(Layers)面板中,右键点击 srtm_41_19 图层。

(2)选择属性(Properties)。

(3)选择直方图(Histogram)选项卡,可能需要通过点击计算直方图(Compute Histogram)按钮生成该图表,此时可以看到一个描述图像中,各个值的频率的图表(图 7-46)。

(4)可以将其输出为图片。

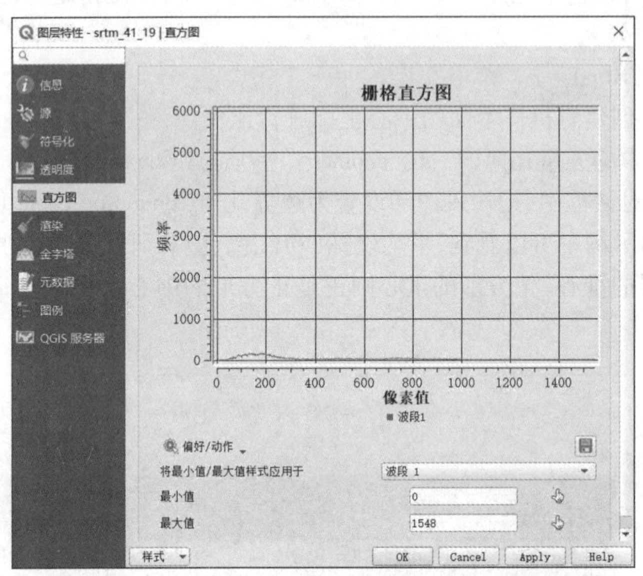

图 7-46　栅格数据直方图

(5)选择信息(Information)选项卡,可以看到该图层的更多详细信息。

平均值是 332.8,最大值却是 1699,但是这些值没有显示在直方图上。这是因为与数量众多的低值像素(均值低于平均值)相比,最大值数量太少。这就是直方图向右偏移这么远的原因,可以看出右侧高于 250 的频率值已经没有可见的红线作标记了。

这里要特别注意,如果平均值和最大值与示例中的值不一样,则可能是由于最小/最大值的问题。打开符号化(Symbology)的选项卡,展开最小/最大值设置(Min / Max Value Settings)菜单。设置好后点击 Apply 按钮。另外注意,直方图显示的是所有数据值的统计分布情况,所以并不是所有的值在图上都一定可以看到。

7.4.7 空间插值

下面从这个样本点的集合对数据在研究区的分布趋势进行进一步推断。例如,现在可能已有此前创建的样本点(Sampled Points)数据集,希望掌握更多该数据集的整体地形变化趋势情况。

(1)在处理(Processing)工具箱中启动栅格分析(GDAL→Raster analysis)→网格化(距离倒数乘方法)[Grid (IDW with nearest neighbor searching)]。

(2)在点图层(Point layer)参数处选择样本点(Sampled points)。

(3)加权功率(Weighting power)设置为 5.0。

(4)在高阶参数(Advanced parameters)中将从字段中读取 Z 值(Z value from field),参数设置为 rvalue_1。

(5)最后点击运行(Run),等待算法完成计算。

(6)关闭对话框。

这是原始数据集(图 7－47)与根据采样点构建的数据集(图 7－48)的对比显示结果。由于采样点位置是随机分布的,每个人的插值结果看起来与图 7－47 和图 7－48 可能会略有不同。

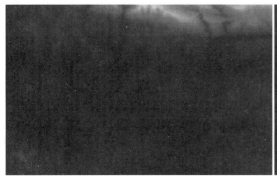

图 7－47　原始 DEM 数据

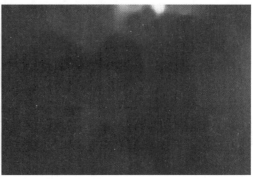

图 7－48　根据采样点构建的结果

上述示例中,采样点数量为 100,从图中可以看出仅 100 个采样点还是太少,不足以详细表现地形,但是与地形分布的大致趋势已经基本一致了。

7.4.8　练习不同的插值方法

(1)使用上文所述步骤创建一组数量为 1000 的随机点。这里注意,如果点的数量实在很多,插值分析过程可能耗时较长。

(2)使用这些点来采集原始的 DEM。

(3)使用上文所述的网格化(距离倒数乘方法)[Grid (IDW with nearest neighbor searching)]。

(4)把加权功率(Power)和平滑(Smoothing)分别设置为 5.0 和 2.0。此举结果会大致(取决于随机点的分布位置)看起来如图 7－49 所示。

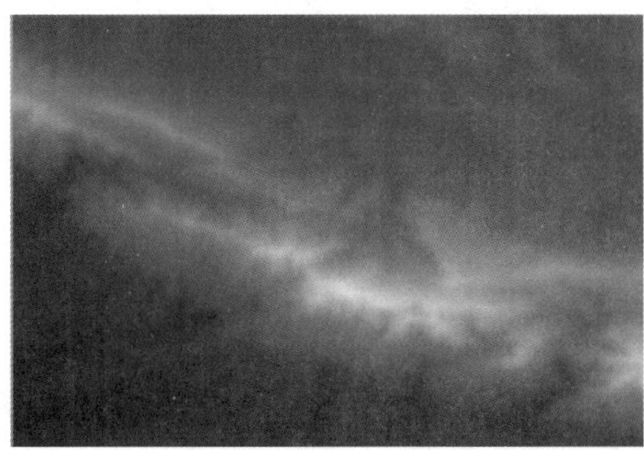

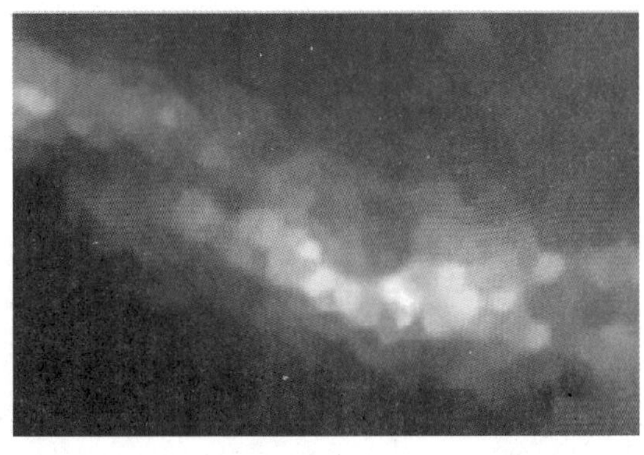

图 7－49　IDW 插值结果

由于采样点的密度更大,对地形的表现效果比之前好多了。记住,一般情况下样本数量越多,插值效果越好。

7.4.9 小结

本章利用 QGIS 介绍了更多空间统计特征和空间插值方法,用来分析地理数据,根据有限样本点获取空间数据的整体分布趋势时非常有用。本章已经介绍完矢量分析的内容,下一章将介绍对栅格数据的处理方法。

8 栅格数据分析

在前面章节曾提到使用栅格数据进行数字化，但除此外，至今还没在其他地方用到栅格数据。本章会介绍如何用 QGIS 进行栅格数据分析。

8.1 栅格数据的基本操作

栅格数据与矢量数据完全不同。矢量数据是由一系列点构成的离散的线要素或者面要素，并且与实际地物线和区域有关。但是，栅格数据就像任何的图像一样，尽管它可以描述现实世界中连续分布地物的各种属性，但是这些地物并不作为单个要素储存；而是使用具有各种不同数值的像素表示它们。本章首先会介绍如何使用栅格数据支撑现有的 GIS 空间分析。本节的目标是介绍如何在 QGIS 环境中使用栅格数据。

8.1.1 加载栅格数据

在 QGIS 中可以使用和之前加载矢量数据类似的方法加载栅格数据。不过这里推荐使用浏览器(Browser)面板来添加数据。

(1)首选打开浏览器(Browser)面板，展开 exercise_data\raster 文件夹。

(2)加载此文件夹中的所有数据：

(a)3320C_2010_314_RGB_LATLNG. tif;

(b)3320D_2010_315_RGB_LATLNG. tif;

(c)3420B_2010_328_RGB_LATLNG. tif;

(d)3420C_2010_327_RGB_LATLNG. tif。

此时 QGIS 显示区显示了四张覆盖了整个研究区域的航拍图片(图 8 - 1)。

8.1.2 创建虚拟栅格

从图 8 - 1 中可以看到研究区横跨 4 张影像图片，也就是说用户必须始终使用这 4 个栅格图像，显然管理和操作 4 张影像图片会比较麻烦，不如合并它们到一个(复合的)图像更好。QGIS 提供了栅格数据合并功能，根本不需要实际创建新的栅格数据文件，这样可以节省硬盘空间而且方便管理，这就是 QGIS 特有的虚拟栅格图层技术。这个方法通常也称为目录(Catalog)。顾名思义，它并不是真实意义上的新建栅格，而是把现有栅格组织到一个目录中,形成一个虚拟独立文件,便于后续分析操作。创建虚拟栅格图层主要会用到处理(Processing)→工具箱(Toolbox)下的GDAL类库下的分析工具。

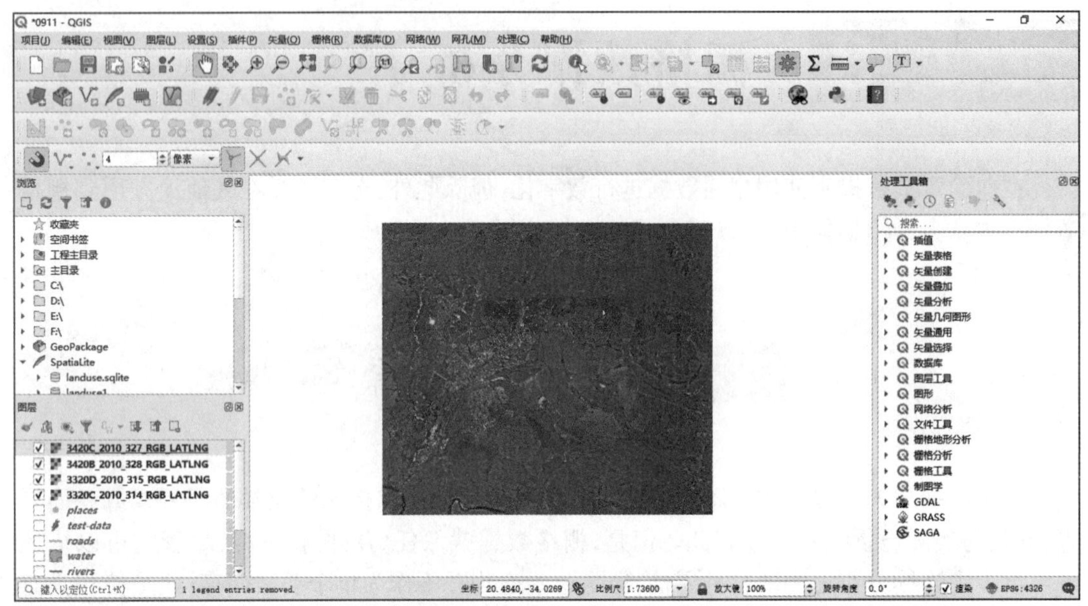

图8-1 研究区高分影像

(1)从GDAL→栅格杂项(Raster miscellaneous)中打开创建虚拟栅格(Build virtual raster)工具。

(2)在对话框中点击输入图层(Input layers)参数旁的 ... 按钮,使用全选(Select All)按钮勾选所有图层。

(3)取消勾选把每个输入文件分别置入单独波段(Place each input file into a separate band)参数,同时留意下方的文本框,该对话框的实际作用是为用户定制执行命令的各个参数,然后由QGIS执行这个很长的命令。

这里要注意,用户可以复制和粘贴OSGeo Shell(Windows用户)或Terminal(Linux和OSX用户)中的文本来运行这个命令。还可以为每个GDAL命令创建运行脚本。这一功能在数据分析比较耗时或者重复某些特定任务时非常方便。使用帮助(Help)按钮可以获取更多关于GDAL命令语法的介绍(图8-2)。

(4)点击运行(Run)。

需要注意的是,和前面章节关于矢量数据分析介绍的一样,处理(Processing)默认生成的是临时图层。若要保存文件,可以点击 ... 按钮进行保存。

现在可以从图层(Layers)面板中移除原来那4张栅格数据,只留下输出的虚拟栅格数据了。

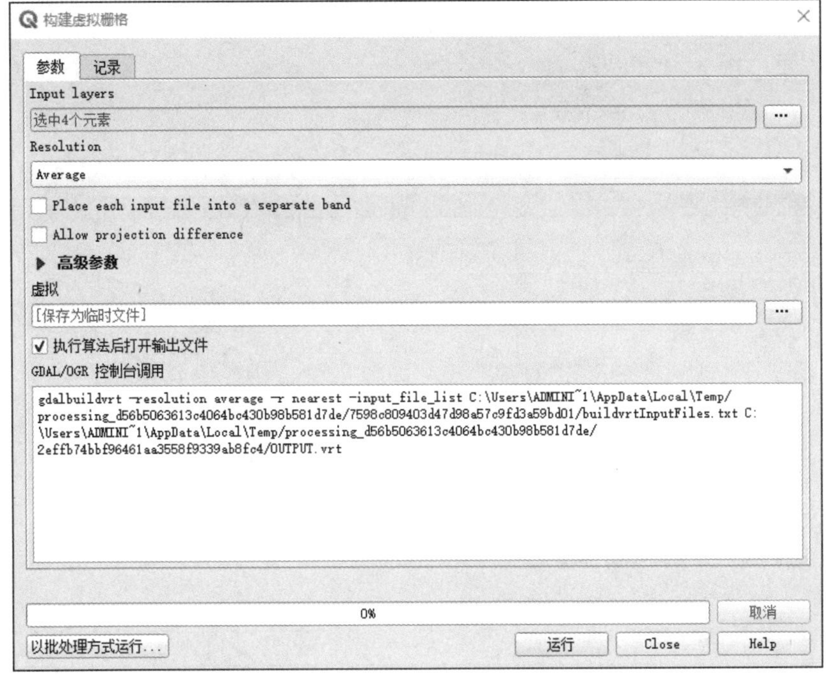

图 8 - 2　创建虚拟栅格数据

8.1.3 栅格数据转换

通过上述方法可以使用目录虚拟合并栅格数据并对它们进行“实时”投影变换。但是，如果是准备长期使用的数据，那就应该把已经合并的数据重新投影并保存在硬盘更为妥当。尽管可能在前期准备数据上会花费一些时间，但是可以提高在地图中使用栅格数据的效率。

8.1.3.1 重投影栅格数据

从 GDAL→栅格重投影(Raster projections)中打开变形(重投影)[Warp (reproject)]工具(图 8 - 3)。当然这里也可以对虚拟栅格(目录)进行投影变换、启用多线程处理等。

8.1.3.2 合并栅格数据

如需要创建新的栅格图层并将其保存到磁盘，则需要使用栅格数据合并算法。这里要注意，根据要合并的栅格文件的数量及其分辨率，新创建的栅格文件可能会很大。可以考虑用创建虚拟栅格(Create a Virtual Raster)工具创建的虚拟栅格数据代替。

(1)打开 GDAL→栅格杂项(Raster miscellaneous)菜单中的合并(Merge)工具。

(2)像之前在创建虚拟栅格(Create a virtual raster)中的操作那样，使用 … 图标选择需要合并的栅格图层。也可以把虚拟栅格指定为输入项，然后合并工具就会自动处理组成它的所有栅格数据。

(3)如果用户对 GDAL 库有所了解，可以通过高级参数(Advanced parameters)菜单添加自定义选项设置(图 8 - 4)。

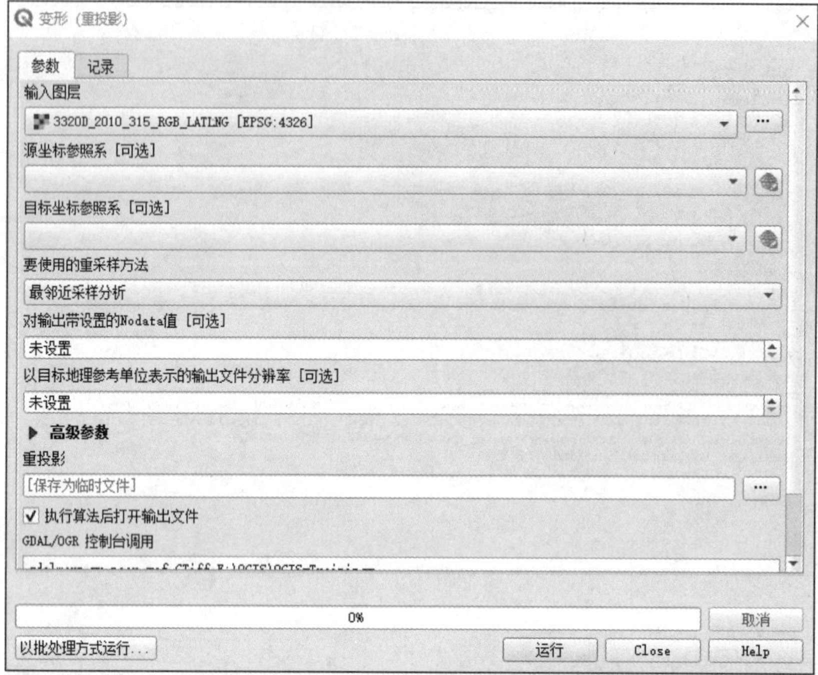

图 8-3 栅格重投影

合并（merge）

参数　记录

输入图层

选中4个元素

由第一个图层中截取伪彩色表格

将各输入文件置于不同的单独波段中

输出数据类型

Float32

高级参数

合并输出

[保存为临时文件]

执行算法后打开输出文件

GDAL/OGR 控制台调用

```
python3 -m gdal_merge -ot Float32 -of GTiff -o C:\Users\ADMINI~1\AppData\Local\Temp/
processing_d56b5063613c4064bc430b98b581d7de/b3411c3bc9ae4b6197d59cdeed9b0027/OUTPUT.tif --optfile C:
\Users\ADMINI~1\AppData\Local\Temp/processing_d56b5063613c4064bc430b98b581d7de/
9949f49b6eda482eae16b7f2a4f949d3/mergeInputFiles.txt
```

0%　取消

以批处理方式运行...　运行　Close　Help

图 8-4 合并栅格数据

8.1.4 小结

通过本节内容可以看出，借助 QGIS 可以更方便地准备栅格数据，并进行栅格数据的显示和管理。接下来会使用非航拍影像栅格数据，并进行栅格数据符号化设置。

8.2 栅格数据符号化配置

并非所有的栅格数据都用来储存航空照片或者卫星影像，栅格数据还有许多其他形式，在许多情况下，正确地对这些数据进行符号化配置，使其准确表现数据的分布情况非常必要。本节的目标是改变栅格图层的符号化配置。

8.2.1 栅格数据简单符号化配置

(1)使用浏览器(Browser)面板，加载新的栅格数据集。

(2)加载 exercise_data\raster\SRTM\路径下的 srtm_41_19_4326. tif。

(3)在图层(Layers)面板上将其重命名为"DEM"。

(4)在图层列表上右键点击此图层，选择缩放到图层(Zoom to Layer)以获得此图层全景视图。

该栅格数据是一个数字高程模型[Digital Elevation Model (DEM)]，是表现该区域地形的高程(海拔)的栅格数据。从 DEM 数据上可以非常简单直接地区分山脉、峡谷等地形。之前介绍的栅格数据中的每个像素储存的是颜色信息，而在 DEM 数据中每个像素储存的是高程信息。加载后会注意到它的颜色是根据 DEM 的高程值拉伸成一幅灰度图像，颜色越亮的地方海拔越高，颜色越暗的地方海拔越低，如图 8－5 所示。

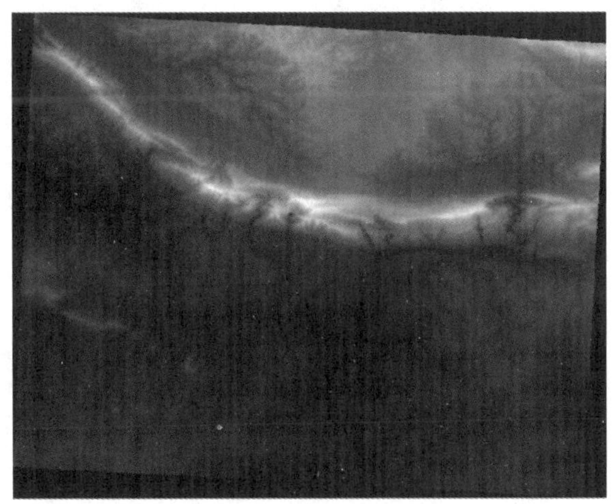

图 8－5　DEM 示例数据

QGIS 已自动对图像进行拉伸达到合适的可视化效果，接下来会进一步介绍其工作原理。

8.2.2 定制栅格数据符号

更改栅格符号有两个基本途径：

(1)在图层树状菜单上右键点击 DEM 图层，打开其图层属性(Layer Properties)对话框，选择属性(Properties)选项跳转到符号化(Symbology)选项卡。

(2)点击图层(Layer)面板右上方的 按钮，打开图层样式(Layer Styling)，从中跳转到符号化(Symbology)选项卡。

两种方法结果是一样的,可用任意一种方法。

8.2.3 单波段灰度符号化

加载的栅格文件如果不是如图 8-5 所示的图像,其样式默认会设置为灰度渐变。现在介绍这种单波段灰度渲染的原理。

默认下颜色梯度(Color gradient)是设置为黑到白渐变(Black to white)的,表示低像素值为黑色,而高像素值为白色。尝试把此设置更改为白到黑渐变(White to black),并比较显示结果。特别注意,在该模式下对比度增强(Contrast enhancement)参数非常重要:默认设置为"拉伸至最大最小值"(Stretch to MinMax),表示把灰度基于最小值到最大值间拉伸(图 8-6)。从图 8-7 可以看到增强(左)和不增强(右)的区别。

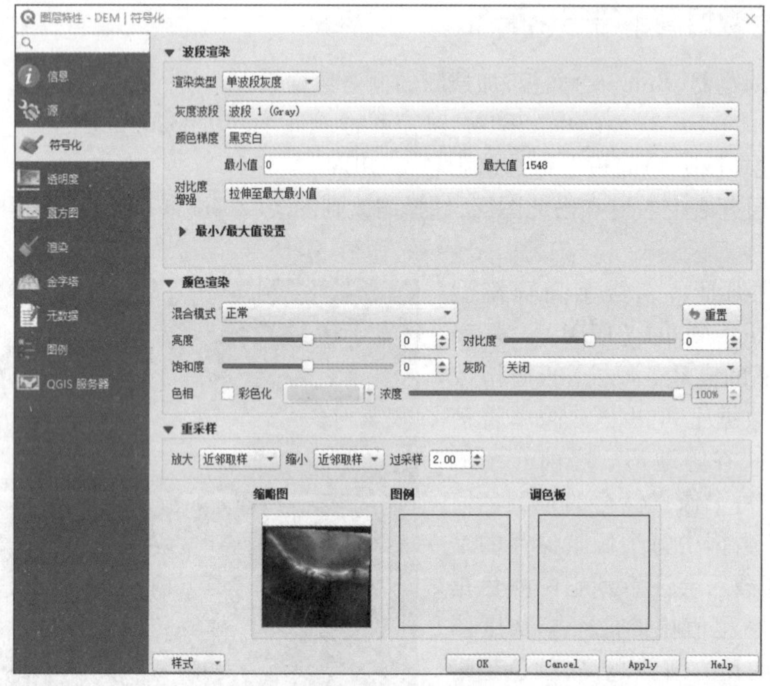

图 8-6　栅格数据单波段灰度符号化

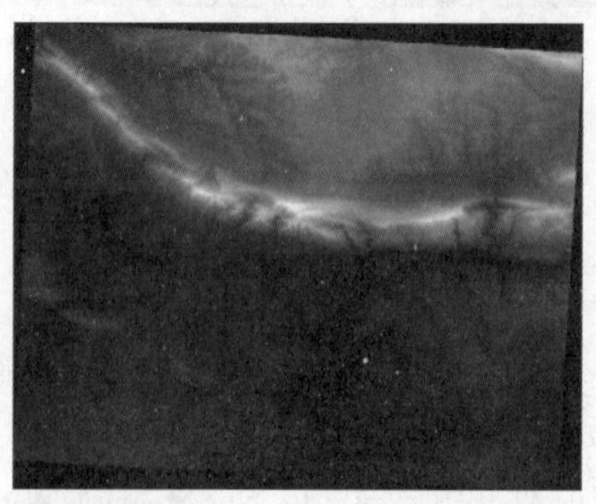

图 8-7　栅格数据拉伸效果对比

拉伸在最小/最大值设定(Min / Max Value Settings)中设置。QGIS 提供了多种方法来计算最小值和最大值并将其用于拉伸。

(1)用户定义(User Defined):由用户手动选择最小值和最大值。

(2)累计削减(Cumulative count cut):当栅格数据极低值或极高值数量较少时,此方法比较有效;它去掉(cuts)全体值(或自己选择的值)的 2%,用剩余的数据做拉伸显示。

(3)最小/最大值(Min / Max):该栅格数据真正的最小值和最大值。

(4)平均值+/-标准偏差(Mean +/- standard deviation):将根据平均值和标准偏差计算最小/最大值。

8.2.4 单波段伪彩色

灰度图不会适合所有的栅格图层。这里介绍把 DEM 图层用更多色彩表现高程变化。

(1)把渲染类型(Render type)设置为单波段伪彩色(Singleband pseudocolor)。如果不喜欢默认分配的颜色,可以点击色带(Color ramp)进行更改。

(2)点击分类(Classify)按钮,生成一个新的颜色分类。

(3)如果自动生成完成,可以点击 OK 按钮把此分类应用到 DEM 图层上(图 8-8)。

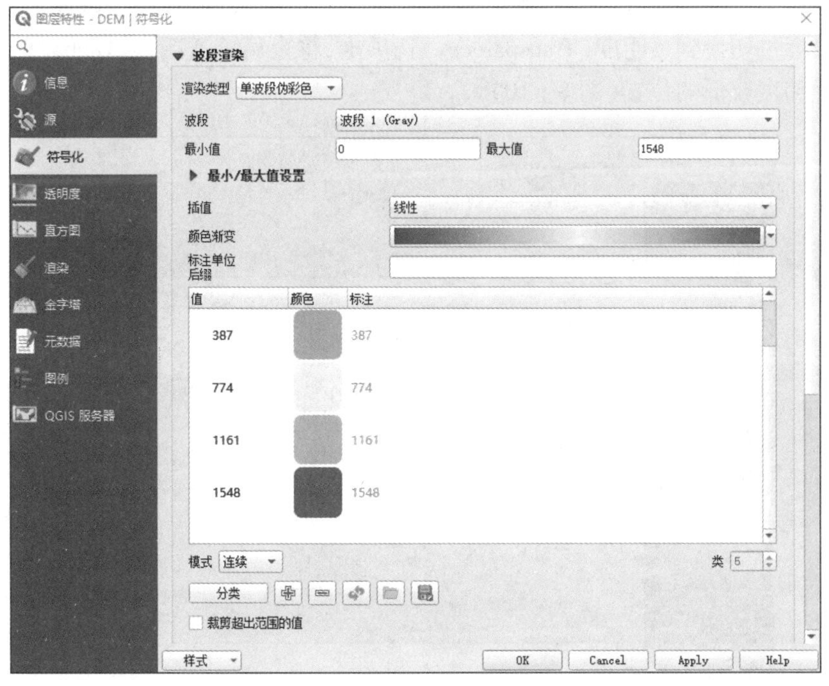

图 8-8 单波段伪彩色符号化设置

这时可以看到此时栅格显示效果如图 8-9 所示。现在可以看到 DEM 的值已经非常合理地显示在地图中了,较深的颜色代表山谷,而较浅的颜色代表山脉,颜色变化代表了地势起伏的变化。

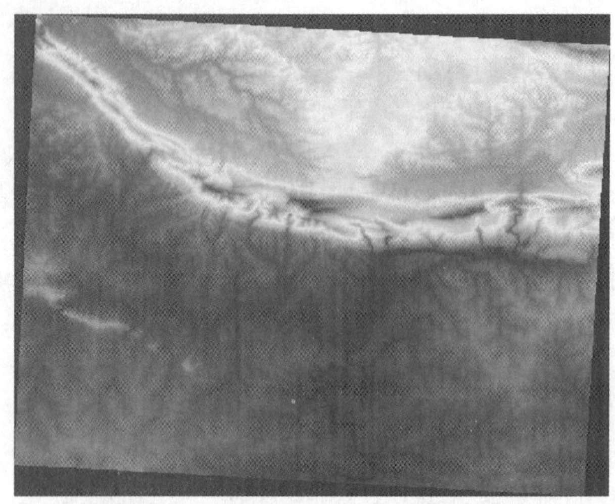

图 8-9　单波段伪彩色显示效果

8.2.5 改变栅格图层透明度

调整栅格图层的透明度可以使栅格与其他图层叠合显示,更好地了解研究区域。调整透明度可以通过切换到透明度(Transparency)选项卡,将全局不透明度(Global Opacity)的滑块调整到透明度较低的位置(图 8-10)。

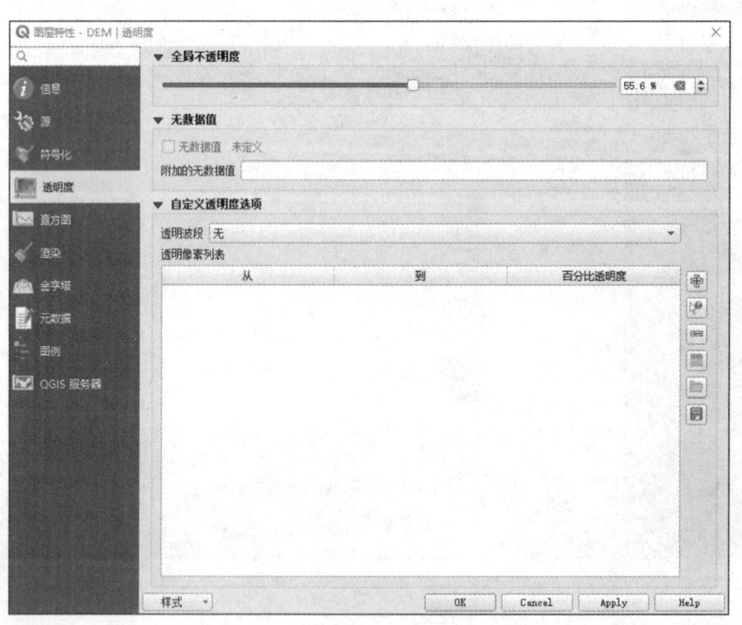

图 8-10　栅格图层透明度设置

QGIS 还有更有意思的做法是更改单个像素的透明度。例如,在使用的栅格中可以在拐角处看到均匀的不透明颜色,这其实是数据显示的时候为空值数据赋的颜色(图 8-11)。

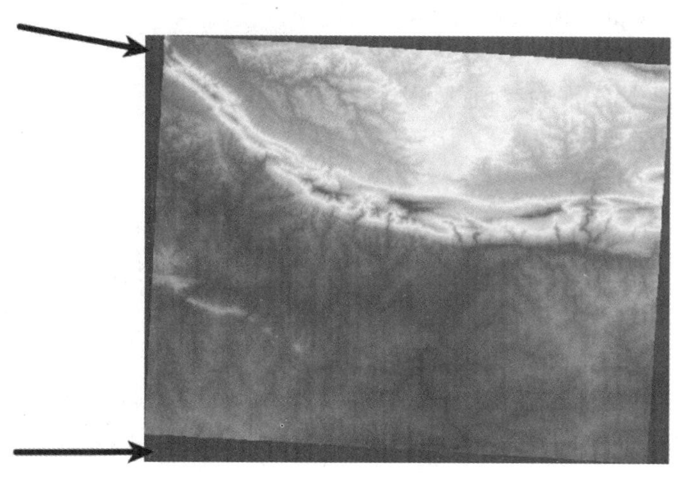

图 8－11 默认空值的显示效果

要把这些空值数据设置为透明可以在透明度(Transparency)的自定义透明度选项(Custom Transparency Options)菜单中进行设置：

(1)可以通过点击 按钮添加值域，并设置所选的每个值域对应的透明度百分比。

(2)若只对单个值设置， 按钮会更有效。点击 按钮，对话框会自动隐藏，然后就可以直接和地图进行交互，设置不同的值。

(3)点击该栅格图像的那个角(图 8－11)。

(4)可以看到透明度表格上自动填上了被点击那个角的像素值(图 8－12)。

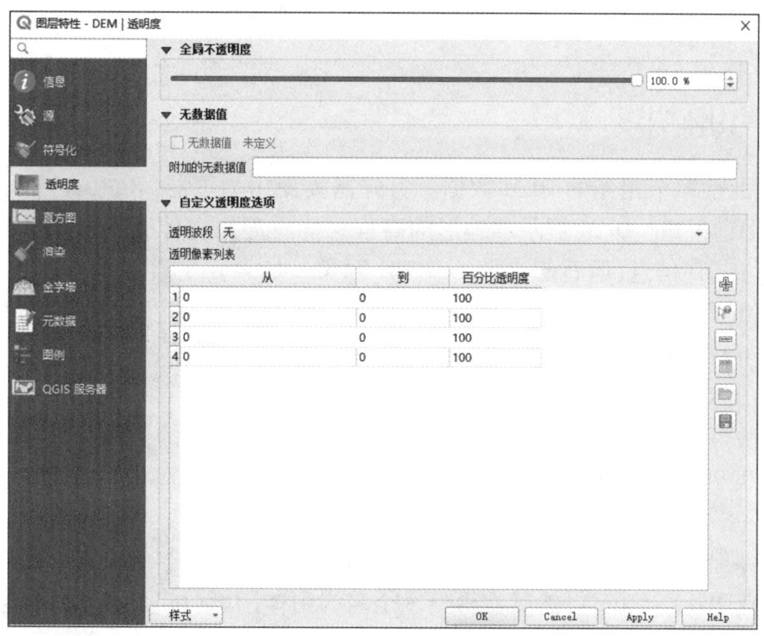

图 8－12 栅格图层全局不透明设置

(5)点击OK按钮,关闭对话框,查看结果(图8-13)。

现在可以发现原来那些空值的区域现在已经都100%透明了。

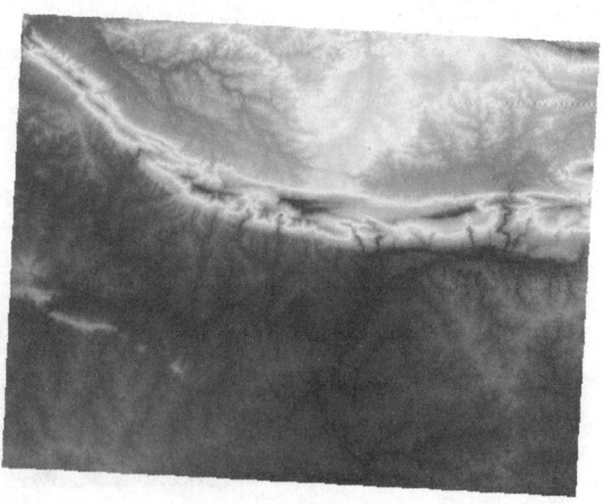

图8-13 不透明设置后的效果

8.2.6 小结

其实本节介绍的这些都只是入门级的栅格符号化配置。QGIS还可以提供诸多其他配置。例如,使用调色板/唯一值对栅格数据进行符号化,在多光谱图像中使用不同颜色表示不同波段,或自动产生山影效果(仅对DEM栅格文件有用)等。该SRTM数据集从http://srtm.csi.cgiar.org/获取。到本节为止,基本已经介绍完了栅格数据可视化的基本知识,下节会介绍如何进一步分析栅格数据。

8.3 地形分析

在栅格数据中,有些栅格可以帮助用户深入了解地形的起伏变化规律。数字高程模型(DEM)就是这类数据里最典型的代表。本节将会介绍如何使用地形分析工具处理DEM栅格数据,寻找研究区内更合适的房产信息。本节的目标是使用地形分析工具获取更多地形信息。

8.3.1 计算山体阴影

本节使用此前章节用到的DEM数据。首先需要使用浏览器(Browser)面板,加载raster\SRTM\srtm_41_19.tif。DEM展示的地形的高程可能看起来立体感不强。虽然它包含有关所需地形的所有3D信息,但看起来并不像3D对象。如果要更直观地查看地形,需要计算山体阴影(hillshade),这是一种通过使用光影塑造3D效果来表达地形的栅格数据。这里会使用栅格(Raster)→栅格地形分析(Raster terrain analysis)菜单下的工具。

(1)点击山体阴影(Hillshade)菜单。

(2)该算法可以根据用户指定太阳方位角(Azimuth)[参数的值域为0(北)到90(东),180(南)和270(西)]和太阳高度角(Vertical angle)设置太阳位置,这里暂时用默认值(图8-14)。

(3)把文件保存到exercise_data文件夹的raster_analysis,命名为“hillshade”。

(4)最后点击运行(Run),然后就得到一个名为山体阴影(hillshade)的图层,如图8-15所示。

看上去3D效果还可以,但是不是还能再改进?就其本身而言,山体阴影看起来像是石膏模型。这里能不能以某种方式把它与其他更具彩色的栅格一起使用呢？当然可以，可以使用山体阴影进行叠置。

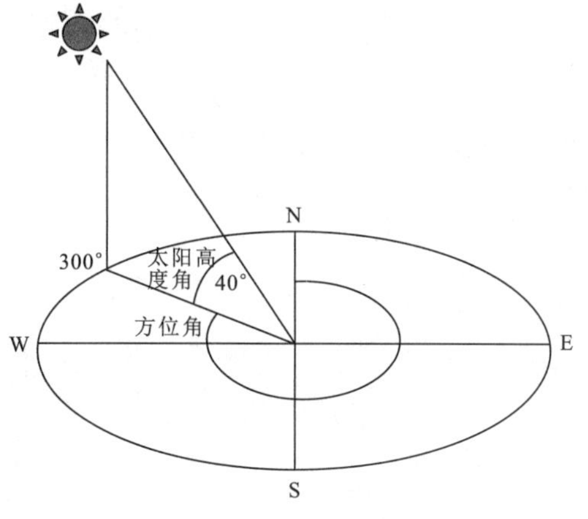

图 8－14　太阳高度角和太阳方位角的定义

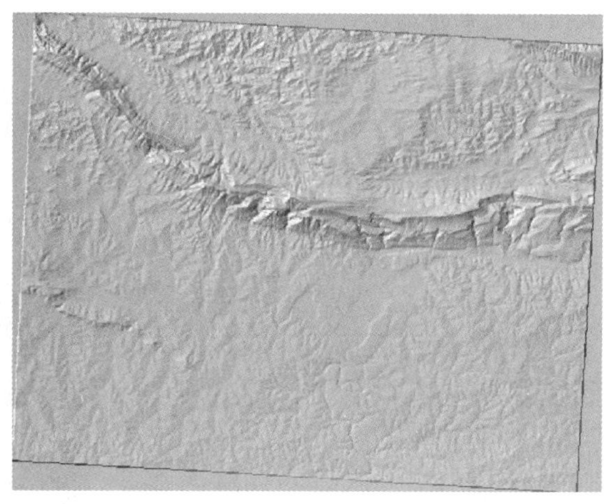

图 8－15　山体阴影分析结果

8.3.2 使用山体阴影进行叠置

山体阴影能提供给定某个时间内日光照射情况，也可以用于地图美化的目的，即使地图看起来更美观。这里美化的关键是把大部分山体阴影设置为半透明。

(1)首先更改原始 srtm_41_19 图层的符号化配置，将其设置为伪彩色(Pseudocolor)方案。

(2)隐藏除 srtm_41_19 和山体阴影(hillshade)图层外的所有图层。

(3)在图层(Layers)面板中点击 srtm_41_19 并拖放到山体阴影(hillshade)图层下方。

(4)通过打开图层属性中的透明度(Transparency)选项卡对山体阴影(hillshade)图层进行透明度设置。

(5)把整体不透明度(Global Opacity)设置为 50%，效果如图 8－16 所示。

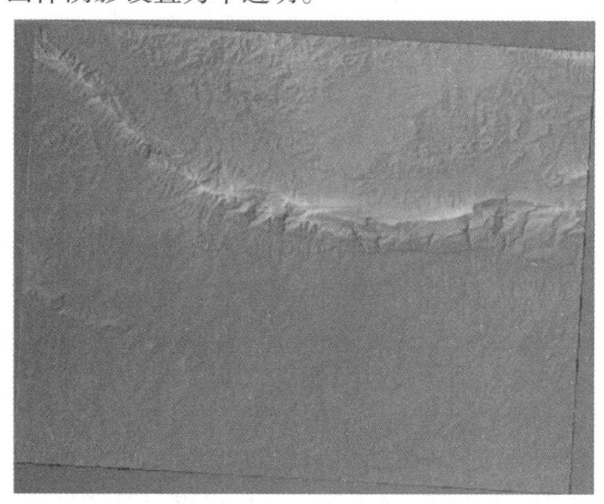

图 8－16　山体阴影与 DEM 叠置效果

(6)在图层(Layers)列表中通过开启和关闭山体阴影(hillshade)可以看到明显区别。

这种方式使用山体阴影可以增强 DEM 的立体效果。如果觉得效果不够好，可以调整山体阴影(hillshade)图层的透明度；但是，相对来说山体阴影越亮，其背后的颜色就会越暗。所以该设置需要同时兼顾两个图层视觉效果。最后，完成操作后记得保存设置。

8.3.3 计算坡度

另一个对地形比较直观的认识是地形起伏程度。例如，要在某块地上建造房屋，则需要相对平坦的土地。计算坡度需要用到处理(Processing)→栅格地形分析(Raster terrain analysis)的坡度(Slope)工具。

(1)打开该工具设置对话框。

(2)把高程图层(Elevation layer)设置为 srtm_41_19。

(3)把输出图层保存为文件，保存到和山体阴影(hillshade)同样的文件夹中，命名“Slope”。

(4)点击运行(Run)。

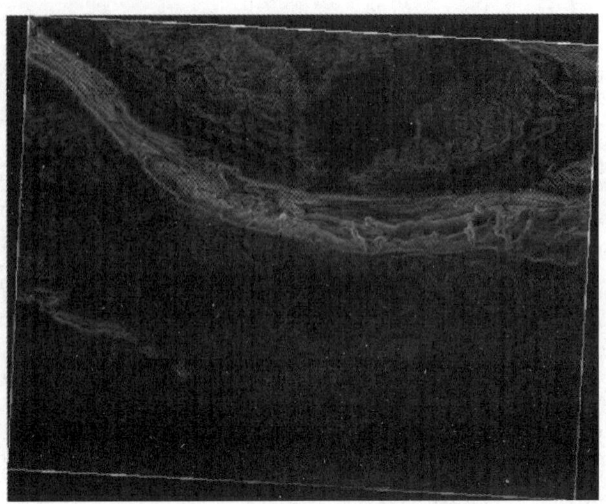

图 8-17 坡度分析结果

此时会看到地形的坡度，黑色代表地形较平坦，白色代表地形陡峭，如图 8-17 所示。

8.3.4 计算坡向

坡向(Aspect)是地形的倾斜面所面对的方向。“0”表示斜坡为北向，“90”为东向，“180”为南向，“270”为西向。由于本示例的地区是在南半球，因此，理想的做法应该是在朝北的斜坡上建造房屋，这样房屋就能持续受到日光照射了。在处理(Processing)→栅格地形分析(Raster terrain analysis)中使用坡向(Aspect)算法，获取方位图层。

请参考附录内容核对结果。

8.3.5 栅格数据计算器

回顾前面几章矢量分析中解决的房屋选址问题。现在假设买家希望购买一块地，并在该地块上建造一座小型别墅。在南半球理想的建房地块需要有部分区域朝北且坡度小于5°。而如果该地块斜率小于2°，那么方位朝向就不重要了。现在已经得到坡度和坡向栅格数据，只是暂时还不知道哪里可以同时满足这两个条件。如何用 QGIS 分析这个问题呢？答案就是用栅格数据计算器(Raster calculator)。QGIS 提供了几种不同的栅格数据计算器：

(1)栅格(Raster)→栅格计算器(Raster Calculator)。

(2)处理(Processing)→栅格分析(Raster analysis)→栅格计算器(Raster calculator)。

(3)处理(Processing)→ GDAL→栅格杂项(Raster miscellaneous)→栅格计算器(Raster calculator)。

(4)SAGA→栅格计算(Raster calculus)→栅格计算器(Raster calculator)。

以上几种工具都会产生相同的结果，但是语法可能略有不同，运算效率也可能会有所差

异。在这里使用处理(Processing)→栅格分析(Raster analysis)→栅格计算器(Raster calculator)。

(1)双击打开该工具。对话框的左上角列出了图层管理器中加载的所有栅格数据名称，大概是这样的模式“name@ N”，其中“name”是图层的名称，“N”是使用的波段。在右上角还会看到很多不同的操作符。栅格是图像文件，因此，应该把它看作一个二维矩阵。

(2)北是 0°(零度)，对于面向北的地块，其相位需要大于 270°，小于 90°，因此，公式应是：

```
aspect@1 <= 90 OR aspect@1 >= 270
```

(3)现在要做的是设置栅格详情，比如像元大小、范围等细节。可选择手动填入或者通过指定参考图层(Reference layer)自动填充。这里使用参考图层填充，点击参考图层(Reference layer)参数旁的 [...] 按钮设置。

(4)在对话框中，选择 aspect 图层，因为要获得与其相同分辨率的结果图层。

(5)保存为“aspect_north”，此时对话框参数配置应如图 8-18 所示。

(6)最后点击运行(Run)。

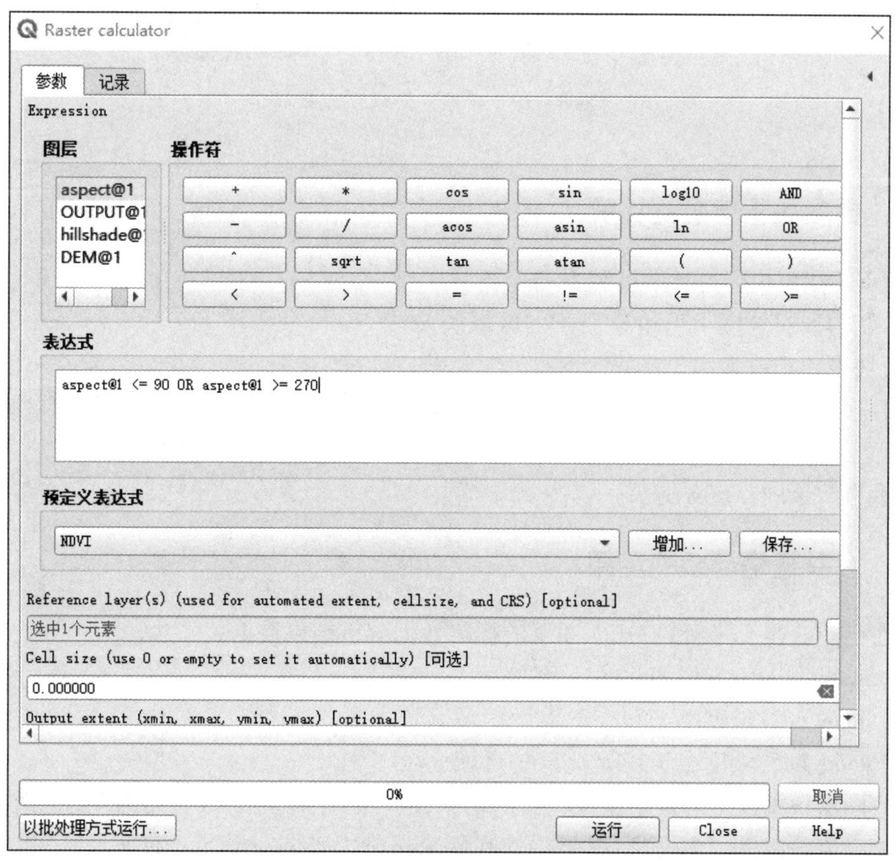

图 8-18 栅格数据计算器

输出结果如图 8-19 所示。

输出值是 0 或 1 的二值形式。这里编写的公式中包含了条件运算符“OR”,因此,最终结果将为 False(0)和 True(1)。“1”代表区域满足设置的坡向条件,“0”代表不满足设定的坡向条件。

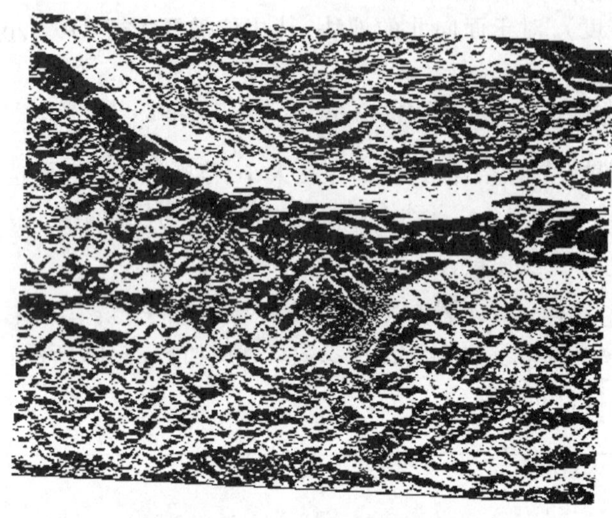

图 8-19 栅格数据计算结果

8.3.6 更多关于坡度的计算

对 DEM 图层执行另外两种独立的分析。

(1)获得所有坡度小于和等于 2°的区域。

(2)坡度要求改为小于或等于 5°。

(3)把它们保存到 exercise_data\raster_analysis,分别命名为“slope_lte2. tif”和“slope_lte5. tif”。

请参考附录内容核对结果。

8.3.7 合并栅格分析的结果

现在已经获得 3 张新的 DEM 图层的栅格数据分析结果数据。

(1)aspect_north:方位朝北的地形。

(2)slope_lte2:坡度小于和等于 2°的区域。

(3)slope_lte5:坡度小于或等于 5°的区域。

这些图层根据设定的判断条件输出的结果,满足条件时值为 1,否则为 0。因此,如果将其中一个栅格乘以另一个栅格,就能得知在两个栅格中都同时满足条件等于 1 的区域。要满足的条件是:在坡度 5°或以下的区域,地形必须朝北;但在坡度为 2°或以下的区域,地形朝向不需考虑。所以这里需要找到的区域应满足:坡度等于或低于 5°并朝北,或坡度等于或

低于 2°。这样的地形才适合开发建房。计算符合这些标准的方法是：

（1）打开栅格计算器（Raster calculator）。

（2）使用图层（Layer）面板的控制台（Operators）按钮，在表达式（Expressions）文本区域键入此表达式：

```
( aspect_north@1 = 1 AND slope_lte5@1 = 1 ) OR slope_lte2@1 = 1
```

（3）把参考图层［Reference layer(s)］参数设置为“aspect_north”（选择其他基于 srtm_41_19 计算得出的图层亦可）。

（4）把输出图层保存到 exercise_data\raster_analysis\，命名为“all_conditions. tif”。

（5）点击运行（Run）。

结果应如图 8－20 所示。

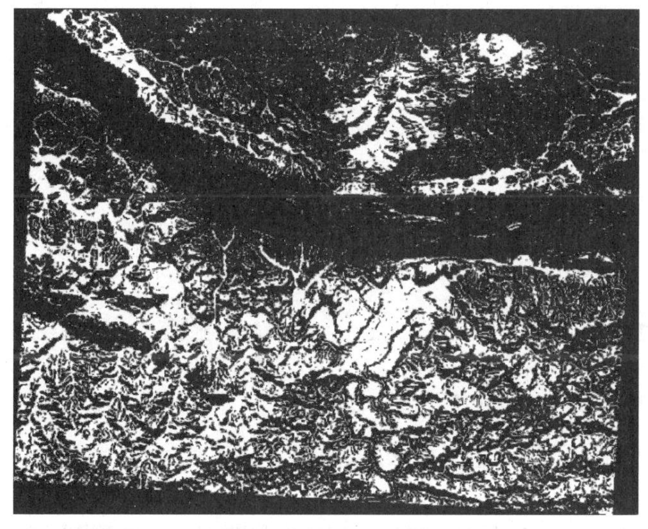

图 8－20　合并分析结果

8.3.8 栅格数据简化

从图 8－20 可以看到，组合分析得到很多可以满足条件，面积却非常小的区域。这些过小的区域对后面的分析并没有真正的作用，因为它们太小，无法建任何建筑。现在剔除所有这些无法使用的小区域。

（1）打开处理（Processing）→GDAL→栅格分析（Raster analysis）的滤除碎斑（Sieve）工具。

（2）把 Input file 设置为 all_conditions，滤除碎斑（Sieved）设置为 all_conditions_sieve. tif（在 exercise_data\raster_analysis\路径中）。

（3）把阈值（Threshold）设置为 8，勾选使用 8-方向连通方式（Use 8-connectedness）（图 8－21）。

图 8－21　剔除碎片

处理完成后，新图层会载入地图显示区，如图 8－22 所示。

图 8－22　剔除碎片的结果

结果怎么会是这样呢？答案在新生成的栅格文件的元数据里。

(4)在图层属性(Layer Properties)对话框的信息(Information)选项卡中查看元数据。可以看到统计_最小值(STATISTICS_MINIMUM)处的值(图 8-23)。

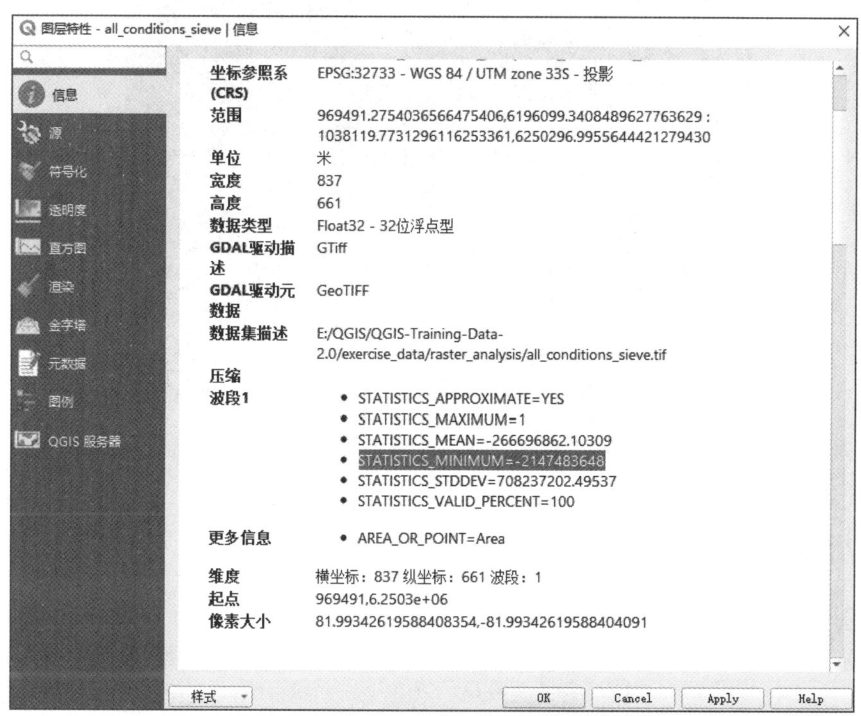

图 8-23　栅格图层元数据信息

这个栅格，本应像它原来栅格数据一样只有 1 和 0 两个值，现在却有一个非常大的负数值。仔细看这个数据会发现这个非常离谱的负值是用作代表空值的。因为这里用到的只是未过滤掉的像元区域，因此首先把这些空值设置为零。

(5)再次打开栅格计算器(Raster Calculator)，输入以下表达式：

```
(all_conditions_sieve@1 <= 0) = 0
```

这个操作保留所有现有的零值，同时把负数值设置为零；而所有值为 1 的区域则保持不变。

(6)把输出路径设置为 exercise_data\raster_analysis\all_conditions_simple.tif。

输出结果如图 8-24 所示。

这就是上述分析所期望的结果。这里特别提醒，如果从工具中获得的结果不符合预期，可以对结果图层元数据进行查看，如果是矢量数据，还可以查看属性表，这是发现问题的关键。

图 8-24　分析结果输出

8.3.9 栅格重分类

前面用到栅格数据计算器(Raster calculator)对栅格图层进行计算操作。除此外 QGIS 还有一个非常有用的工具,可以更好地从现有栅格图层提取信息。回到坡向(aspect)图层,已知坡向(aspect)图层数值范围是 0~360。现在需要根据方位角值把这个图层重分类(reclassify)为其他离散值(从 1~4):“1”=北(0~45 和 315~360);“2”=东(45~135);“3”=南(135~225);“4”=西(225~315)。

此操作也可以通过栅格计算器进行,公式比较复杂。这里用到是处理(Processing)→栅格数据分析(Raster analysis)中的按表格重分类(Reclassify by table)。

(1)打开该工具。

(2)把 aspect 数据作为输入栅格图层(Input raster layer)。

(3)点击重分类表格(Reclassification table)参数的 ··· 键,打开一个表格对话框,在其中指定各级分类的最小值、最大值和代表各分类级别的新值。

(4)点击新增行(Add row)按钮,增加 5 行。按图 8-25 逐行填写,点击 OK 按钮。

该工具还用于处理使用值域范围(Range boundaries)参数方法去定义每个类别的情况。

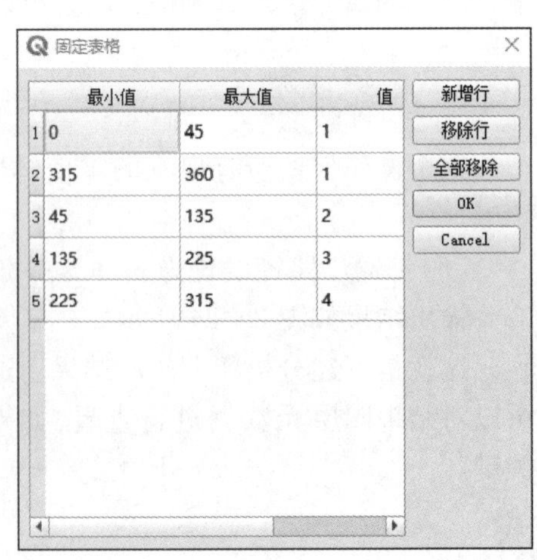

	最小值	最大值	值
1	0	45	1
2	315	360	1
3	45	135	2
4	135	225	3
5	225	315	4

图 8-25　设置栅格数据重分类标准

(5)把图层保存到 exercise_data\raster_analysis\文件夹下,命名为“reclassified”(图 8-26)。

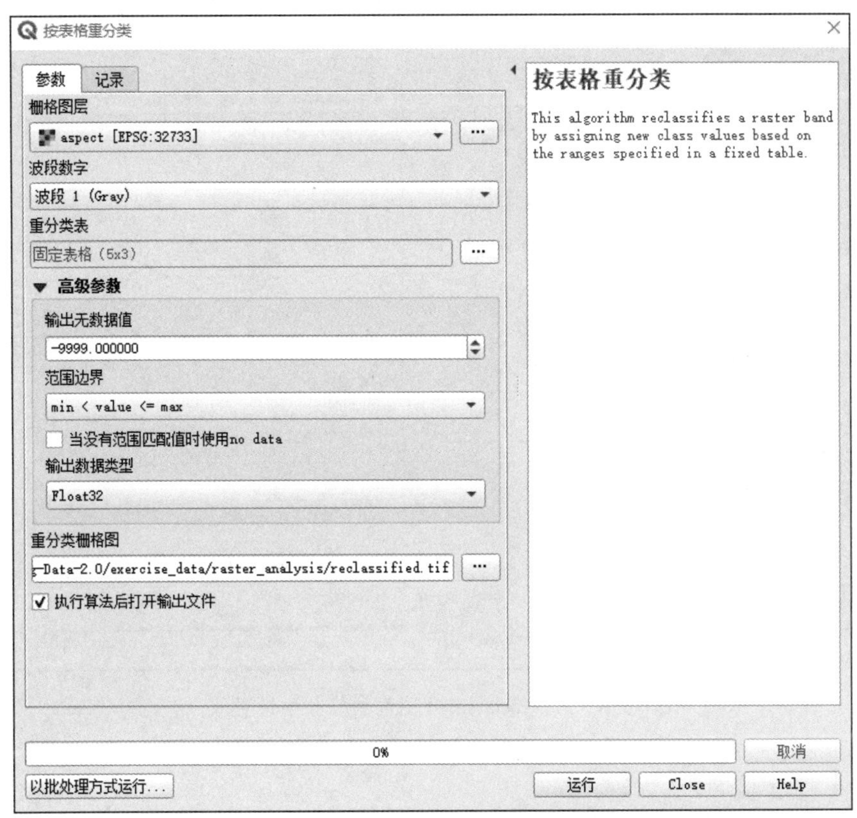

图 8-26 重分类参数设置

(6)点击运行(Run)。

如果把方位(aspect)图层和重分类(reclassified)图层进行对比会发现二者差别不大。但仔细比较图例,会发现重分类的栅格数据的值域是处于 1~4 之间。为其配置更好看一点的样式:

(1)打开图层样式(Layer Styling)面板。

(2)把原有的单波段灰度(Singleband gray)更改为调色板/唯一值(Paletted/Unique values)。

(3)点击分类(Classify)按钮,自动读取各值并为其分配随机颜色(图 8-27)。

输出结果应如图 8-28 所示(由于颜色是随机生成的,用户的配色方案可能与下图不同)。

通过栅格数据重新分类并应用新的配色方案,可以很明显看出各个方位区域。

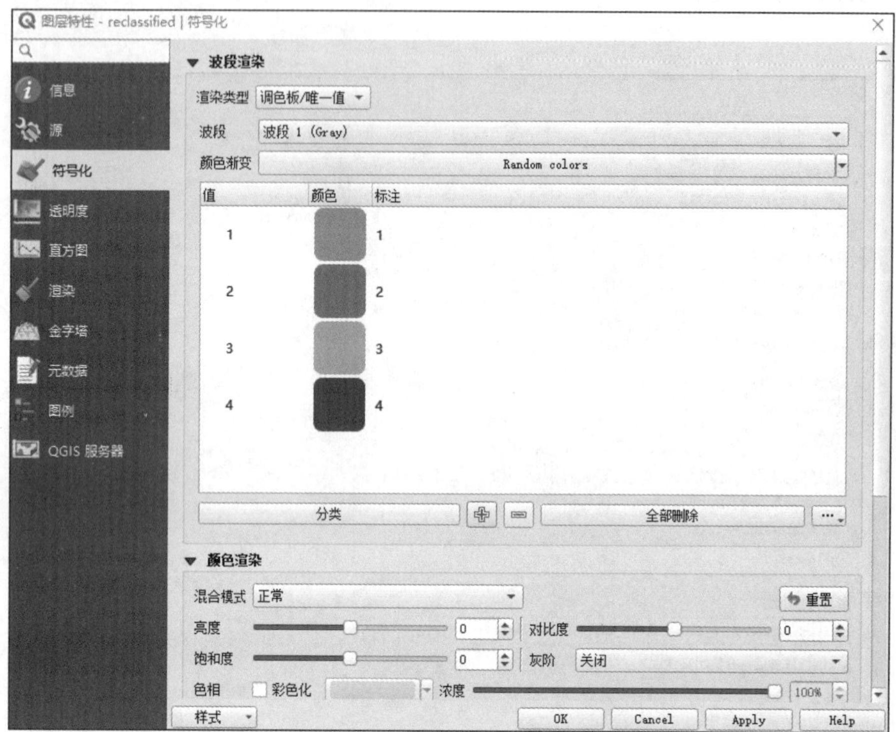

图 8－27　reclassified 图层的符号化设置

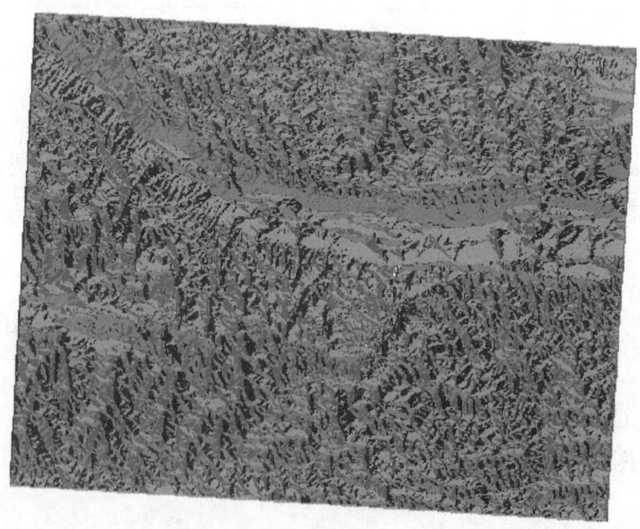

图 8－28　reclassified 图层显示效果

8.3.10 查询栅格数据

与矢量图层不同，栅格图层是没有属性表的。它的每个像素包含一个或多个数值，具体取决于栅格是单波段还是多波段。在本节中使用的所有栅格图层都仅由一个波段组成。各图层情况不一，有使用带数值的像素代表高程的，也有代表坡向或坡度值的。那么，在 QGIS 中是如何对栅格图层查询某个像素的值呢？可以使用 按钮获取此信息。

(1)从上方的工具栏中选择该工具。

(2)点击 srtm_41_19 图层中的某个位置，识别结果(Identify Results)对话框就会出现，展示该点击位置的对应波段的像元值(图 8-29)。

(3)通过识别结果(Identify Results)面板底部的视图(View)菜单，把当前的树状模式更改为表格模式，新的输出模式如图 8-30 所示。

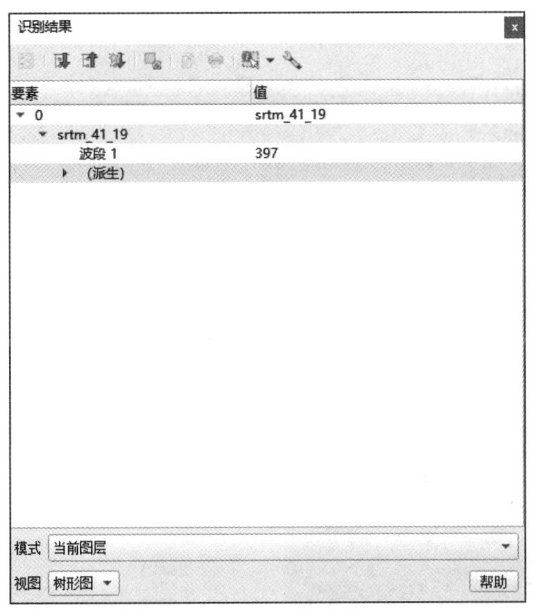

图 8-29 栅格数据查询结果

图 8-30 显示波段像元值

但是，有时候逐个点击像元获得特定的像素值也会比较麻烦，还可以使用值工具(Value Tool)插件解决这个问题。

(1)找到插件(Plugins)→管理/下载插件…(Aanage/Install Plugins…)。

(2)在所有(All)选项卡的搜索框中输入“Value Tool”。

(3)选择“值工具”插件，点击下载插件(Install Plugin)，安装并关闭(Close)对话框。

此时 QGIS 中就会出现新的值工具(Value Tool)面板。如果不小心关掉了这个面板，可通过视图(View)→面板(Panels)→值工具(Value Tool)再次打开，或点击在工具栏中新出现的图标打开。

(4)点击启用(Enable)复选框启用该插件，确保 srtm_41_19 图层在图层(Layers)面板中处于可见状态。

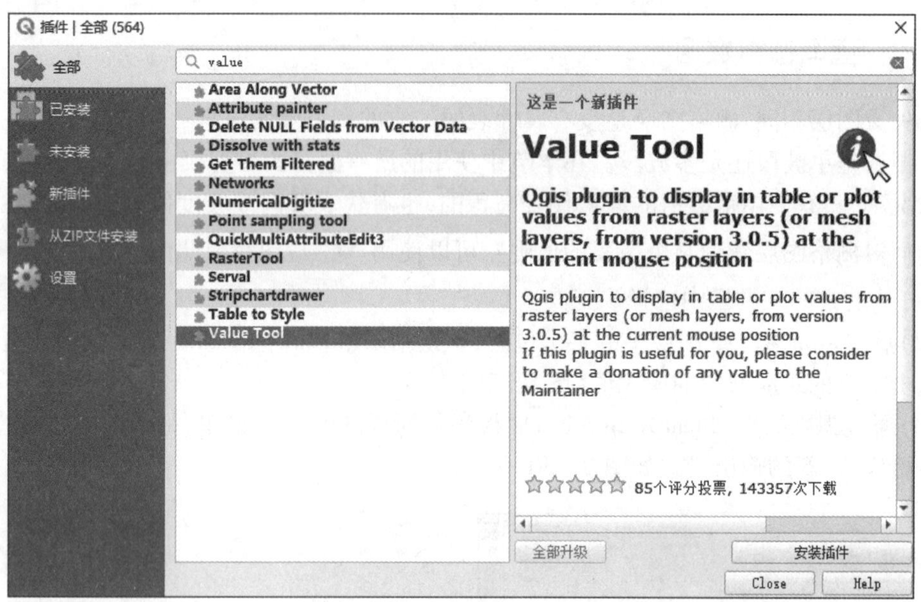

图 8－31　安装 Value Tool 工具

（5）在地图上移动光标就可以即时得知光标位置的像素值了（图 8－32）。

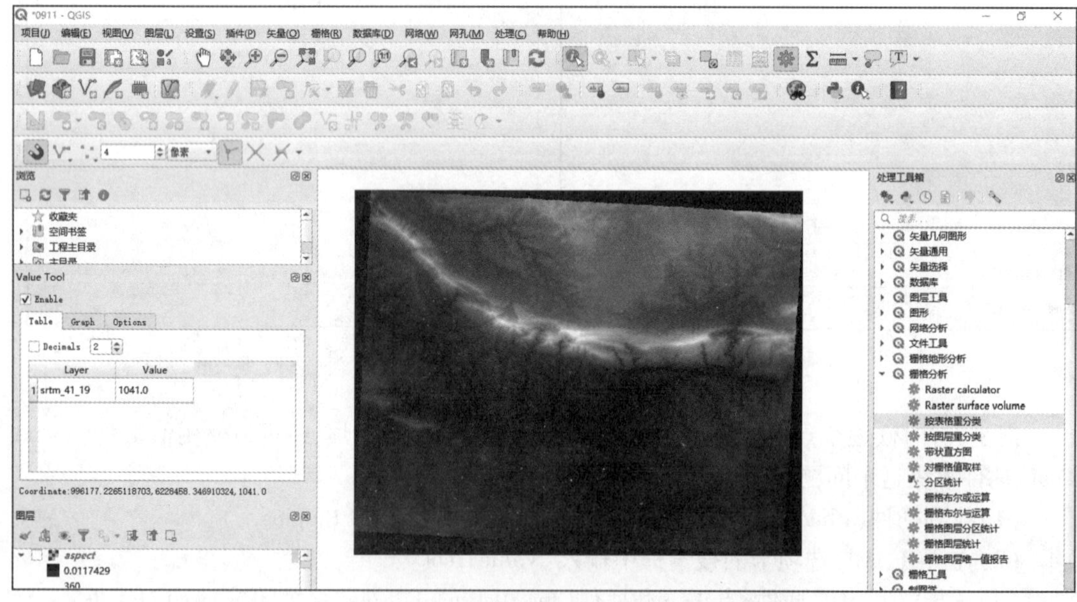

图 8－32　利用 Value Tool 实时显示像元值

（6）值工具插件还允许查询图层（Layers）面板中所有的可见图层的像元信息。例如，把坡向（aspect）和坡度（slope）图层打开，在地图上来回移动鼠标就可以看到如图 8－33 所示的效果。

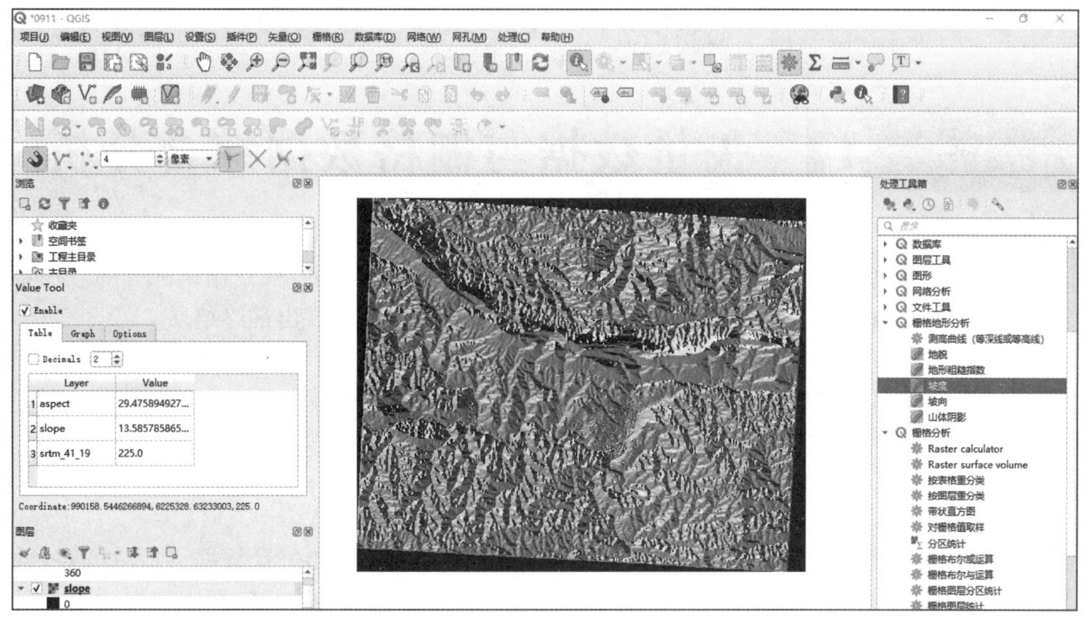

图 8－33　显示坡度数据像元值

8.3.11　小结

本章主要介绍了如何使用 DEM 数据进行各种地形分析,包括坡度、坡向等。此外还介绍了如何使用栅格计算器来进一步分析这些结果数据,如何对图层进行重分类以及如何查询结果。通过以上两章的学习已经熟悉了 QGIS 的两块主要分析工具:矢量数据分析获取了潜在的合适的地块,栅格数据分析使潜在符合条件的地形展示出来。如何把这些结果结合起来实现最终目标呢? 这将是下一章的内容。

9 矢量数据与栅格数据综合分析

经过前面几章的学习已经得到两块结果数据：一是矢量部分的，一是栅格部分的。在本章中将介绍如何结合这两个部分得到综合分析的最终结论，并展现出最终结果。

9.1 矢量数据与栅格数据相互转换

栅格和矢量格式之间的相互转换可以使用户充分利用栅格和矢量数据，以及这两种数据所特有的各种分析工具解决现实中的GIS问题。这就使得解决GIS问题中数据收集和处理方法的选择具有更大的灵活性。要把栅格分析和矢量分析结合起来，首先需要把数据转换为同一类型的数据。这里首先把上一章的栅格数据转换成矢量数据。

9.1.1 栅格数据矢量化

本章继续沿用上一章的结果数据：raster_analysis. qgs。在此前的练习中，已经对 all_conditions_simple. tif 进行过计算。

(1)点击栅格(Raster)→转换(Conversion)→Polygonize (Raster to Vector)(栅格数据矢量化)打开该工具设置对话框。

(2)进行如图9-1所示的设置。

(3)把(用以表示栅格像元值的)字段名设置为"suitable"。

(4)把图层保存到 exercise_data\residential_development 路径下，命名为"all_terrain. shp"。

现在得到了含有栅格图层中所有值的矢量数据，但是本章感兴趣的只有那些符合条件的区域，也就是那些值为1的区域。可以改变此图层的样式使转换

图9-1 栅格数据矢量化设置

的矢量数据更易于区别值为 0 和 1 的区域。

9.1.2 练习

回看矢量分析章节,完成如下练习操作:

(1)创建一个只包含 suitable 字段值为 1 的面矢量数据。

(2)把新创建的文件保存到 exercise_data\residential_development\文件夹下,命名为“suitable_terrain. shp”。

请参考附录内容核对结果。

9.1.3 矢量转栅格工具

虽然此步骤对于当前的问题没有太大必要,但是对于了解栅格数据矢量化的反向转换是很有必要的。下面把上一步生成的矢量数据 suitable_terrain. shp 转换为栅格文件。

(1)点击栅格(Raster)→转换(Conversion)→矢量数据栅格化[Rasterize (Vector to Raster)]启动该工具,按图 9-2 所示的设置。

图 9-2 矢量数据栅格化设置

(2)把输入图层(Input file)设置为 all_terrain。

(3)输出文件...(Output file...)储存为:

exercise_data\residential_development\raster_conversion. tif。

(4)宽度(Width)和高度(Height)分别设为 837 和 661。

这里要注意,此处输出图像的大小是按矢量化之前原始栅格数据的像元大小设定的。如需查看图像的像元大小,可以打开其元数据选项卡查看[位于图层属性(Layer Properties)的元数据(Metadata)选项卡]。

(5)点击对话框中的 OK 按钮开始转换。

(6)转换完成后,通过把新栅格数据与原始栅格数据进行比较判断转换成功与否。它们应该完全匹配,并且可以逐个像元对应。

9.1.4 小结

在栅格格式和矢量格式之间进行转换可以扩大数据的适用范围,而且不会导致数据信息损失。现在已经获得矢量化的地形分析结果,可以使用它们继续解决住宅开发时建筑物适宜性问题了。

9.2 组合分析

根据栅格分析的矢量化结果可以只选择位于合适地形上的建筑物。本节的目标是使用矢量化的地形分析结果选择适宜的地块。

9.2.1 练习

(1)保存当前的地图(raster_analysis. qgs)。

(2)打开先前进行矢量分析时创建的地图(当时应保存为 analysis. qgs)。

(3)在图层(Layers)面板中,把 hillshade 图层和 solution 图层(或者 buildings_over_100 图层)设为可见。

(4)除上述图层外还需加载分析得到 suitable_terrain. shp 数据。

(5)如果丢失了其中一些图层,应该可以在 exercise_data\residential_development\找到。

(6)找到相交(intersect)工具[矢量(Vector)→地理处理工具(Geoprocessing Tools)]并打开,创建一个新的矢量图层,命名为"new_solution. shp",用以仅保留那些和 Auitable_terrain 图层相交的建筑物。

现在可以直观得到一个展示满足条件的建筑物的分析结果图层,如图 9-3 所示。

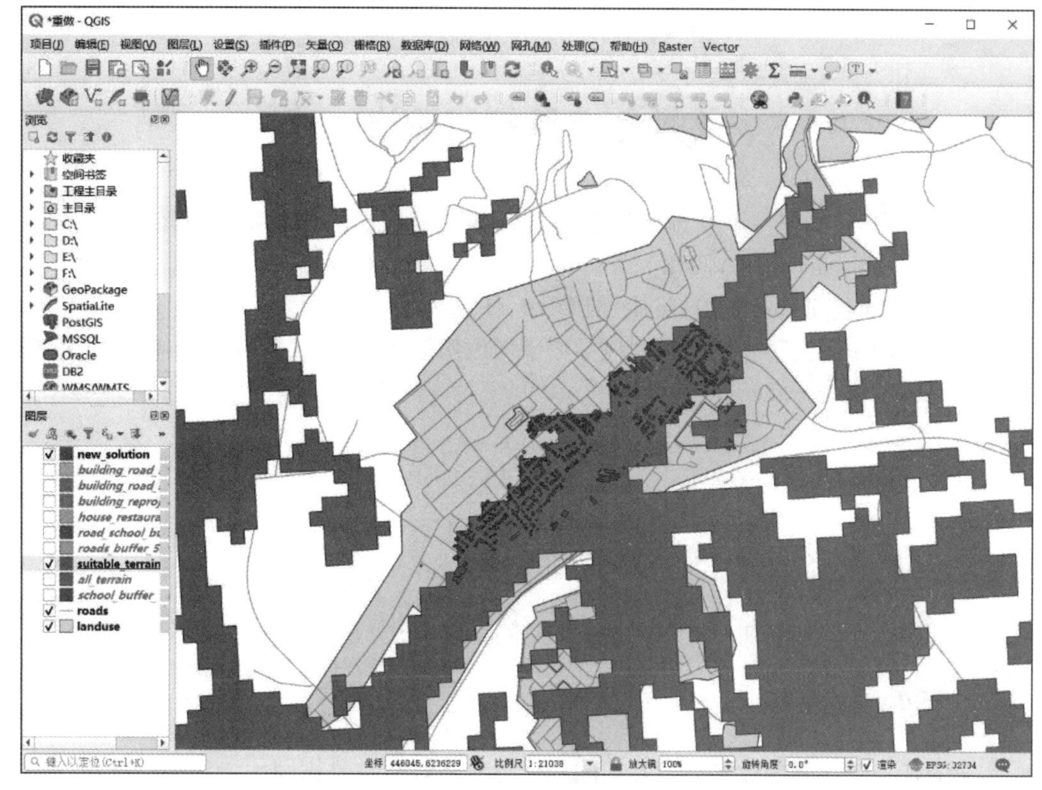

图 9-3 组合分析结果

9.2.2 检查结果

要注意，如果相交工具(Intersect)没能得到预想的效果，应检查各个图层的 CRS 设置。用作相交操作的两个图层必须具有相同的 CRS。因此，可能需要对其中一个图层进行投影变换，并将其保存为具有所需 CRS 的新文件。在本例中，suitable_terrain 图层被重投影为 WGS 84/UTM 34S，命名为“suitable_terrain_34S. shp”。

请参考附录内容核对结果。

9.2.3 检验分析结果

查看 new_solution 图层中的每一座建筑物。通过改变 new_solution 图层的符号，去掉图层填充颜色，将其与 suitable_terrain 图层作对比。能否发现其中一些建筑物有点不对？它们仅仅因为能与 suitable_terrain 图层相交就能被判断为适宜建筑吗？

请参考附录内容核对结果。

9.2.4 小结

上面章节已经回答了最开始的研究问题，并能够对开发哪些地块提出建设性建议。接下来还会有第二个任务，那就是展示此分析结果。

9.3 结果打印输出

使用打印布局，制作一个新地图展示分析结果。新地图需要包括以下图层：places（地点）（带标签）、hillshade（山体阴影）、solution（解决方案）或 new_solution（新_解决方案）、roads（道路）、aerial_photos（航拍_照片）或 DEM，任选其一。

附上简短的说明文字。文字描述包括用于考虑房屋购买、后续开发的条件，并推荐说明哪些区域更适宜优先开发。

9.4 完整应用案例

在本节中会介绍如何在 QGIS 中完成一次完整的 GIS 分析。

9.4.1 问题陈述

本节的任务是在开普敦半岛及其周围地区寻找适合稀有雌雄同株植物的栖息地。在开普敦半岛的调查范围是 Melkbosstrand 南部、Strand 西部。植物学家已经提供了该物种所表现出的分布特征：

（1）此种植物生长在东向坡。

（2）生长在坡度 15%~60%的地域。

（3）生长在年总降水量超过 1200mm 的地域。

（4）只能在人类居住区（这里指农村地区）至少 250m 以外的地域找得到。

（5）植被生长的面积至少为 6000m^2。

假设作为一名志愿者，已同意在离其家最近的一块合适的土地上搜寻该类植物，可以用之前学的 GIS 技术确定应该搜寻的区域。

9.4.2 解决方案

要解决此问题需要先找到 exercise_data\more_analysis 文件夹，本案例所用的所有数据都在此文件夹中。然后使用此文件夹中的数据来查找离“指定位置（这里假设是用户的房子）”距离最近的候选区域。如果读者不熟悉开普敦半岛，可以任意选择开普敦地区的任何一栋房屋。

该解决方案将涉及：

（1）分析 DEM，找出坡向朝东的地域和满足条件中坡度的区域。

（2）分析降水量栅格数据，找到降水量符合条件的地区。

（3）分析分区矢量图层，找到离居住区比较远，且面积符合条件的区域。

9.4.3 设置地图

(1)单击屏幕右下角的"CRS 状态"按钮。在出现页面的 CRS 选项卡中找到世界坐标系统(Coordinate reference systems of the world)。

(2)在此框中导航到投影坐标系统(Projected Coordinate Systems)→Universal Transverse Mercator(UTM)。

(3)选择条目:WGS 84 / UTM zone 33S(EPSG 码为 32733)。

(4)点击 OK 按钮。此时地图的 CRS 为 UTM 33S。

(5)点击 Save Project As 工具栏按钮保存此地图,或者使用文件(File)→项目保存为...(Save Project As...)的菜单选项保存。

(6)把地图保存到一个名称为"Rasterprac"的文件夹。可以在计算机的某处创建此文件夹,所有新创建的图层都需要保存到此文件夹内。

9.4.4 在地图上加载数据

处理数据之前需要先把必要的图层(街道名称、区域、降水量、DEM)加载到 QGIS 地图显示区。

9.4.4.1 矢量数据部分

(1)点击 Open Data Source Manager 按钮( ),在出现的对话框中找到 矢量(Vector)选项,或使用图层(Layer)→加载图层 (Add Layer) → 加载矢量图层(Add Vector Layer...)的菜单选项。

(2)确保文件(File)单选按钮处于选择状态,本次添加数据来源是矢量数据文件。

(3)点击浏览器上的 按钮,寻找前面提到的矢量数据集[Vector dataset(s)]。

(4)在打开文件对话框中打开 exercise_data\more_analysis\streets 目录。

(5)选择数据:Street_Names_UTM33S. shp。

(6)点击打开(Open),该对话框关闭后回到刚开始的对话框,且矢量数据集[Vector dataset(s)]按钮旁边的文本区域中显示出刚刚指定的文件路径,这样可以确保选择的文件路径正确,当然也可以在此文本区域中手动输入矢量文件路径。

(7)点击添加(Add)按钮,此时该图层会加载到地图显示区,QGIS 会随机给该图层配一个色,稍后会对其更改。

(8)把图层重命名为"Streets":①在图层(Layers)面板上右键点击(面板默认位于屏幕左侧);②在出现的对话框中点击重命名(Rename),输入名称后按回车(Enter)键。

(9)重复以上步骤加载矢量图层,不过这次要选择的是 Zoning 目录下的 Generalised_Zoning_Dissolve_UTM33S. shp 文件。

(10)将其重命名为"Zoning"。

9.4.4.2 栅格数据部分

(1)点击 Open Data Source Manager 按钮( ),在出现的对话框中启用 栅格(Raster)选项,或者使用图层(Layer)→加载图层(Add Layer)→加载栅格图层…(Add Raster Layer…)的菜单选项。

(2)确保文件(File)单选按钮处于选择状态,说明本次添加的是栅格数据文件。

(3)导航到应加入的文件,选择并点击添加(Open)。

(4)重复以上步骤分别加载两个栅格文件,所需的文件应是为 DEM(DEM\reproject\DEM)和 rainfall(Rainfall\reprojected\rainfall. tif)。

(5)把降水量栅格图层名称为“Rainfall”,加载完成后,降水量栅格数据会呈灰色矩形,先不用管它,稍后会对其更改。

(6)保存地图。

为了更清晰地掌握数据情况,需要准确设置这些图层的符号。

9.4.5 修改矢量图层的符号

(1)在图层(Layers)面板中,右键点击 Streets 图层。

(2)在出现的菜单中选择属性(Properties)。

(3)在出现的对话框中切换到符号化(Symbology)选项卡。

(4)点击更改(Change)且旁边带有一个展示当前 Streets 图层颜色的正方形按钮。

(5)在出现的对话框中另选一个颜色。

(6)点击 OK 按钮。

(7)在图层属性(Layer Properties)对话框中再次点击 OK 按钮,应用刚才为 Streets 图层选择的新颜色。

(8)使用类似的方法为 Zoning 图层也换上更适合的颜色。

9.4.6 变更栅格图层的符号

栅格图层的符号修改跟之前略有不同。

(1)打开 Rainfall 栅格图层的属性(Properties)。

(2)切换到符号化(Symbology)选项卡,会发现这次的对话框和之前用作矢量图层的对话框不大一样。

(3)确认使用标准差(Use standard deviation)处于选中状态。

(4)将其关联的文本框的值改为 2.00(默认是 0.00)。

(5)在对比度增强(Contrast enhancement)下,把当前(Current)下拉列表的值改为基于最小最大值拉伸(Stretch to MinMax)。

(6)点击 OK 按钮,此时 Rainfall 图层如果处于可见状态,应该已经改变颜色,并且可以看出每个像元不同的亮度值。

(7)对 DEM 图层重复此步骤,但这次把用于拉伸的标准偏差设置为 4.00。

9.4.7 更改图层排序

(1)在图层(Layers)面板中,上下点击并拖拽各图层调整它们在地图显示顺序。

(2)新版本的QGIS(图层控制)面板底部会有控制绘制顺序(Control rendering order)的复选框,确保其处于勾选状态。

现在,所有数据都已完成加载并可见,可以开始分析了,不过这里最好先进行剪切操作。这样一来,用不到的区域就可以直接剔除掉,运算效率就更高。

9.4.8 找到正确的分析地域

(1)在地图中加载矢量图层admin_boundaries\Western_Cape_UTM33S.shp。

(2)将其重命名为"Districts"。

(3)在图层(Layers)面板中右键点击Districts。

(4)在出现的菜单中点击查询...(Query...)选项,调出查询构建器(Query Builder)对话框。构建查询仅选择以下列表中的区域:

(a)Bellville(贝尔维尔);

(b)Cape(开普敦);

(c)Goodwood(古德伍德);

(d)Kuils River(库里斯河);

(e)Mitchells Plain(米切尔平原);

(f)Simons Town(西蒙斯敦);

(g)Wynberg(温博格)。

(5)在字段(Fields)列表中,双击NAME_2字段,该字段就会出现在下方的SQL where子句(SQL where clause)文本区域内。

(6)点击"="键,此时"="符号将出现在SQL查询中。

(7)点击值(Values)列表(目前应为空)下的所有(All)按钮,所选字段(NAME_2)的值会加载到值(Values)列表中。

(8)双击值(Values)列表中的值"Bellville",和之前一样,它也会被加入到SQL查询中。为了能选择多个区域,这里需要使用或(OR)布尔运算符。

(9)点击OR按钮,将其加入到SQL查询中。

(10)使用与上述类似的步骤,把下述内容加入到SQL查询中:"NAME_2" = 'Cape'。

(11)添加另一个或运算符,然后以类似的方式查询上述列表中的地区。

最终用作查询的语句应是:

```
"NAME_2" = 'Bellville' OR "NAME_2" = 'Cape' OR "NAME_2" = 'Goodwood' OR "NAME_2" = 'Kuils River' OR "NAME_2" = 'Mitchells Plain' OR "NAME_2" = 'Simons Town' OR "NAME_2" = 'Wynberg'
```

(12)点击OK按钮。此时地图中就仅显示上文列表中的区域了。

9.4.9 裁剪栅格

现在已经提取出来本项目需要用到的区域，可以对栅格进行裁剪了：

（1）先确保只有 DEM、Rainfall 和 Districts 图层处于可见状态。

（2）Districts 图层需要置于最上方，避免被遮挡。

（3）通过选择栅格（Raster）→提取（Extraction）→裁剪（Clipper）的菜单项，打开裁剪对话框。

（4）在输入文件（栅格）[Input file (raster)]的下拉列表中选择 DEM 图层。

（5）点击选择...（Select...），在输出文件（Output file）文本区域处指定输出路径。

（6）导航到 Rasterprac 目录。

（7）输入文件名。

（8）保存文件，并把无数据值（No data value）的复选框留空。

（9）确保选择正确的单选按钮，选中按范围（Extent）模式进行裁剪。

（10）在绘图区单击并拖拽出一个区域以框选覆盖所有所需区域的地域。

（11）勾选算法完成执行后打开输出文件（Open output file after running algorithm）的复选框。

（12）点击运行（Run）。

（13）完成裁剪操作后，不要关闭裁剪对话框（如关闭，会丢失刚才已定义的裁剪区域）。

（14）在输入文件（栅格）[Input file (raster)]下拉列表中选择 Rainfall 栅格数据，为其输入另一个输出文件名。

（15）保持其他选项不变，也不要更改先前绘制的剪切区域，然后点击运行（Run）。

（16）第二次的裁剪操作完成后，可以关闭裁剪（Clipper）对话框。

（17）保存地图。

9.4.10 整理地图

（1）在图层（Layers）面板中移除原来的 Rainfall 图层和 DEM 图层。

（2）右键点击这些图层并点击移除（Remove），这里要注意，此操作不会把数据从储存的磁盘中移除，仅会将其从地图显示区移出。

（3）关闭 Streets 图层的标注：①点击标注（Labeling）按钮；②取消为此图层附上...标签（Label this layer with...）的复选框；③点击 OK 按钮。

（4）再次显示所有 Streets：①在图层（Layers）面板上对其单击右键；②选择查询（Query）；③在出现的查询（Query）对话框中点击清除（Clear）按钮，然后点击 OK 按钮；④等待数据完成加载，此时所有街道都会显示出来。

（5）像之前一样更改栅格数据的符号（请查阅变更栅格图层的符号章节）。

（6）保存地图。

（7）现在可以在图层（Layers）面板上通过取消勾选矢量图层旁的复选框将其隐藏。

9.4.11 创建山体阴影

(1)在图层(Layers)面板中,确保 DEM 图层已启用(点击会变为高亮状态)。

(2)点击栅格(Raster)→分析(Analysis)→山体阴影(Hillshade)的菜单项,打开山体阴影(Hillshade)对话框。

(3)把输出图层指定合适的储存位置并命名为"hillshade"。

(4)勾选算法完成运行后打开输出文件(Open output file after running algorithm)的复选框。

(5)点击运行(Run)。

(6)等待其完成处理,此时新的 hillshade 图层会添加到图层列表中。

(7)在图层列表中右键点击 hillshade 图层,打开其属性(Properties)对话框。

(8)点击透明度(Transparency)选项卡,把透明度设置为 80%。

(9)在对话框中点击运行(Run)。

(10)注意叠加在裁剪过的 DEM 上的透明山体阴影的效果。

9.4.12 坡度

(1)点击栅格(Raster)→分析(Analysis)的菜单项。

(2)选择坡度(Slope)分析,使用裁剪后的 DEM 作为输入图层。

(3)为输出文件指定合适的文件名和储存位置。

(4)勾选算法完成运行后打开输出文件(Open output file after running algorithm)的复选框。

(5)点击运行(Run)。

此时坡度图已计算完成并添加到地图中,但是,它只显示为灰色矩形,要正确地查看坡度结果数据,需要修改其图层符号配置。

(1)通过右键点击 Slope 图层,打开属性(Properties)对话框。

(2)点击符号化(Symbology)选项卡。

(3)在显示为灰度(Grayscale)的地方[在渲染类型(Color map)的下拉菜单中],将其更改为伪彩色(Pseudocolor)。

(4)确保使用标准差(Use standard deviation)的单选按钮处于选中状态。

9.4.13 坡向

使用与计算坡度相同的方法,这次在初始对话框中选择坡向(Aspect),生成坡向数据,并记得定期保存地图。

9.4.14 栅格数据重分类

(1)点击栅格(Raster)→栅格计算器(Raster Calculator)的菜单项。

(2)把 Rasterprac 目录指定为输出图层的储存位置。

(3)确保算法完成运行后打开输出文件(Open output file after running algorithm)的复选框被选中;在左侧的栅格波段(Raster bands)列表,可以看到图层(Layers)面板中所有的栅格图层。如果坡度图层命名为“slope”,那么会以 slope@1 出现在列表中。按条件坡度必须在15°~60°之间。因此,必须排除所有小于 15°或大于 60°的区域。

(4)使用界面中的列表项和按钮,构建以下表达式:

```
((slope@1 < 15) OR (slope@1 > 60)) = 0
```

(5)为输出图层(Output layer)设置合适的储存位置和文件名。

(6)点击运行(Run)。

(7)使用相同的方法查询正确的坡向(东面朝向:45°~135°之间),构建以下表达式:

```
((aspect@1 < 45) OR (aspect@1 > 135)) = 0
```

(8)使用同样方法查询正确的降水量区域(大于 1200mm),构建以下表达式:

```
(rainfall@1 < 1200) = 0
```

重新分类所有栅格后,可以看到它们在地图中都显示为灰色矩形。这里仅使用二值(1和 0,表示是和否)显示栅格数据,因此,需要更改其符号化配置方案。

9.4.15 为重分类结果修改符号化配置

(1)在图层的属性(Properties)对话框中打开符号化(Symbology)选项卡。

(2)在标题为从波段中读取最小/最大值(Load min / max values from band)的下面选择实际(较慢)[Actual (slower)]单选按钮。

(3)点击读取(Load)按钮。

自定义最小/最大值(Custom min / max values)区域此时应分别填充入 0 和 1(如果没有这样显示,可能数据重分类结果有错,需要再次检查该部分)。

(4)在标题为对比度增强(Contrast enhancement)的下方,把当前(Current)下拉菜单设置为基于最小最大值拉伸(Stretch To MinMax)。

(5)点击 OK 按钮。

(6)对三个完成重分类的栅格数据重复此步骤,并保存操作。

剩下最后一个标准是“该区域必须与农村区域至少相距 250m”。这里需要通过计算得出的区域距离农村边缘有 250m 或更远。因此,这里需要先找出所有的农村区域。

9.4.16 找农村区域

(1)在图层(Layers)面板上隐藏所有图层。

(2)取消对 Zoning 矢量图层的隐藏。

(3)在图层名上点右键,点击过滤(Filter),打开查询(Query)对话框。

(4)录入以下查询语句:"Gen_Zoning" = 'Rural',如有这里不知道如何录入可以回看此前章节看关于 Streets 图层的查询介绍。

(5)完成后关闭查询(Query)对话框,可以看到从 Zoning 图层查询出的一系列区域,这

里需要把它们保存到新的图层中。

(6)在 Zoning 图层点右键,在右键菜单中选择保存为…(Save as…)。

(7)把图层保存到类型分区(Zoning)目录下。

(8)输出文件命名为"rural. shp"。

(9)点击 OK 按钮。

(10)在地图中加载此图层。

(11)点击矢量(Vector)→地理处理工具(Geoprocessing Tools)→融合(Dissolve)的菜单项。

(12)把 rural 图层设置为输入矢量图层,不要勾选只使用选中的要素(Use only selected features)复选框。

(13)把融合字段[Dissolve field(s)]选项留空,把所有选中要素融合为一个要素。

(14)把图层保存到 Zoning 目录。

(15)勾选算法运行完成后打开输出文件(Open output file after running algorithm)复选框。

(16)点击运行(Run)。

(17)关闭融合(Dissolve)对话框。

(18)移除 rural 图层和 Zoning 图层。

(19)保存地图。

现在需要得出距离农村地区边缘 250m 的范围,这步要通过下面介绍的方法创建缓冲区实现。

9.4.17 创建内部缓冲区

(1)点击菜单项:矢量(Vector)→地理处理工具(Geoprocessing Tools)→缓冲区[Buffer(s)]。

(2)在出现的对话框中把 rural_dissolve 图层设置为输入矢量图层[不要勾选仅使用选中的要素(Use only selected features)]。

(3)选择缓冲区距离(Buffer distance)按钮,在其文本框中输入-250;负值表示缓冲区是作内部缓冲区。

(4)勾选融合缓冲区结果(Dissolve buffer results)复选框。

(5)输出文件设置和其他 rural. shp 矢量文件相同的目录。

(6)把输出文件命名为 rural_buffer. shp。

(7)点击保存(Save)。

(8)点击 OK 按钮,等待处理完成。

(9)在出现的对话框中选择 Yes。

(10)关闭缓冲区(Buffer)工具对话框。

(11)移除 rural_dissolve 图层。

(12)保存地图。

要使农村地区矢量图层与现有的 3 个栅格数据合并分析,需要对农村地区数据栅格化。

而且,必须把它们的像元大小设置一样。因此,在进行栅格化之前,需要把矢量图层裁剪成与其他 3 个栅格数据的大小相同。矢量图层只能用另一个矢量数据裁剪,因此,首先需要创建一个与其他栅格数据范围相同的多边形矢量数据。

9.4.18 创建边界矢量图层(裁剪用)

(1)点击菜单项:图层(Layer)→新建(New)→新建 Shapefile 图层…(New Shapefile Layer…)。

(2)在类型(Type)的标题下,选择面(Polygon)按钮。

(3)点击指定 CRS(Specify CRS)把 CRS 设置为 WGS 84/UTM zone 33S: EPSG:32733。

(4)点击 OK 按钮。

(5)在新建矢量图层(New Vector Layer)对话框中也点击 OK 按钮。

(6)把矢量文件保存到 Zoning 目录。

(7)把输出文件命名为“bbox. shp”。

(8)隐藏除 bbox 和经过重分类的栅格图层以外的所有图层。

(9)确保 bbox 图层在图层(Layers)面板中处于高亮状态。

(10)导航到视图(View)→工具栏(Toolbars)菜单项,确保数字化工具条(Digitizing)已勾选并可见,此时可以看到数字化工具栏带有铅笔的图标,可以用来切换编辑状态按钮。

(11)点击切换编辑(Toggle Editing)按钮,进入编辑模式(Edit Mode)。

(12)点击新增要素(Add Feature)按钮,按钮位于切换编辑(Toggle Editing)按钮旁边,也可能隐藏在一个双箭头按钮后面,如果是隐藏的,可以打开双箭头按钮找到数字化(Digitizing)工具栏上的新增要素按钮。

(13)启用新增要素(Add Feature)工具,左键点击栅格数据的一个角,这里需要使用鼠标滚轮进行放大栅格数据,确保位置非常准确,要在此模式下平移地图可以用鼠标中键或鼠标滚轮按下并拖动地图。

(14)在第四点时,也是最后一点,右键点击完成图形绘制。

(15)输入任意数字作为图形 ID。

(16)点击 OK 按钮。

(17)点击保存编辑操作(Save Edits)按钮。

(18)点击切换编辑(Toggle Editing)按钮,退出编辑。

(19)保存地图。

现在有了边界框就可以使用它来裁剪 rural_buffer 图层了。

9.4.19 裁剪矢量图层

(1)设置图层面板里只有 bbox 和 rural_buffer 图层处于可见状态,并把后者放于前者之上。

(2)点击菜单项:矢量(Vector)→地理处理工具(Geoprocessing Tools)→裁剪(Clip)。

(3)在对话框中,把 rural_buffer 设置为输入矢量图层,把 bbox 设置为裁剪图层,两个仅

使用选中要素(Use only selected features)复选框都不作勾选。

(4)把输出文件保存到 Zoning 目录。

(5)把输出文件命名为“rural_clipped”。

(6)点击 OK 按钮。

(7)提示是否把图层添加到目录中时,点击 Yes。

(8)关闭对话框。

(9)比较这三个矢量图层,看看结果有什么不一样。

(10)移除 bbox 图层和 rural_buffer 图层,保存地图。

现在三个数据已经准备好了,可以进行栅格化了。

9.4.20 矢量图层栅格化

这里最关键的是为新栅格指定像元大小,首先需要知道现有的其中一个栅格数据的像元大小。

(1)打开三个现有的栅格数据中任意一个图层的属性(Properties)对话框。

(2)切换到元数据(Metadata)选项卡。

(3)记下元数据表格中的范围(Dimensions)标题下的 X 和 Y 的值。

(4)关闭属性(Properties)对话框。

(5)点击菜单项:栅格(Raster)→转换(Conversion)→栅格化(Rasterize),这里 QGIS 可能会提示数据集不支持,点击忽略此警告。

(6)把输入图层设置为“rural_clipped”。

(7)设置输出文件位置为类型分区(Zoning)目录。

(8)输出文件命名为“rural_raster. tif”。

(9)勾选新尺寸(New size)复选框,输入之前记下的 X 和 Y 的值。

(10)勾选加载到地图显示区(Load into canvas)的复选框。

(11)在紧挨着下面的文本框会看到要运行的命令,在该命令末尾加一个空格,然后添加“-burn 1”,Rasterize 工具把现有矢量数据转换到新栅格数据中时,把矢量覆盖的区域赋予新值 1(相应地,未覆盖的部分就自动赋值 0)。

(12)点击 OK 按钮。

(13)完成计算后,新栅格数据会自动添加到地图中。

(14)新的栅格看起来像一个灰色矩形,可以像处理重分类栅格数据那样更改其符号化配置。

(15)保存地图。

现在已经把所有四个条件都生成对应的栅格数据,下面需要把它们组合起来以查看哪些区域可以满足所有条件。显然可以用栅格数据彼此相乘,所有值为 1 的重叠像素都会保留值 1,说明同时满足了 4 个条件;如果目标像素在四个栅格的任何一个中值为 0,则会得出 0 值。这样就可以准确得到同时满足四个条件的区域。

9.4.21 栅格数据组合运算

(1)点击栅格(Raster)→栅格计算器(Raster Calculator)的菜单项。

(2)构建以下表达式(切记图层名称要与下面表达式一样):

[Rural raster] * [Reclassified aspect] * [Reclassified slope] * [Reclassified rainfall]

(3)把输出位置设定到 Rasterprac 目录下。

(4)把输出栅格命名为"cross_product. tif"。

(5)确保算法完成运行后打开输出文件(Open output file after running algorithm)复选框已勾选。

(6)点击运行(Run)。

(7)更改新栅格的符号化配置。

现在,结果数据就可以正确显示满足所有条件的区域。当然,最终结果还需要是大于 $6000m^2$ 的区域。但是,只有矢量图层才可以准确计算出区域面积,因此需要对结果栅格数据进行矢量化。

9.4.22 栅格图层矢量化

(1)点击菜单项:栅格(Raster)→转换(Conversion)→ 栅格矢量化(Polygonize)。

(2)选择 cross_product. tif 栅格。

(3)把输出位置设置为 Rasterprac。

(4)把输出文件命名为"candidate_areas. shp"。

(5)确保算法完成运行后打开输出文件(Open output file after running algorithm)复选框已勾选。

(6)点击运行(Run)。

(7)完成处理后关闭对话框。

栅格的所有区域均已完成矢量化为矢量数据值为 1 的区域。

(8)打开新矢量的查询(Query)对话框,构建以下查询语句:"DN" = 1。

(9)点击 OK 按钮。

(10)在该图层名上点右键,在右键菜单上选择保存为…(Save as…)功能,把查询结果保存为名为"candidate_areas"的新矢量文件。

(11)把输出位置设置为 Rasterprac。

(12)把文件命名为 candidate_areas_only. shp。

(13)保存地图。

9.4.23 对每个多边形计算面积

(1)打开新建的矢量图层的右键菜单。

(2)选择打开属性表(Open Attribute Table)。

(3)点击表格底部的切换编辑模式(Toggle editing mode)按钮,或者按键盘 Ctrl+E 键。

(4)点击表格顶部的打开字段计算器(Open field calculator),或者按键盘 Ctrl+I。

(5)在对话框的新建字段(New field)标题下,输入字段名称"area",输出字段类型设置为整型,字段长度设置为 10。

(6)在字段计算器表达式(Field calculator expression)中输入:$area,利用字段计算器把矢量图层中每个多边形的面积值填充到新的数据列(名为 area)中。

(7)点击 OK 按钮。

(8)使用同样方法添加另一个字段 id,在字段计算器表达式(Field calculator expression)处输入:$id,这样是确保每个多边形都分配唯一的 ID。

(9)再次点击切换编辑模式(Toggle editing mode),如提示需要保存编辑,点"是"确认保存编辑。

9.4.24 根据面积选择区域

现在已经知道结果数据里所有区域的面积:

(1)用以前的方法新建一个属性查询,仅选择面积大于 6000m² 的区域,查询条件为:"area" > 6000。

(2)把选择结果保存为新文件,命名为"solution. shp"。

获得满足条件的最终区域数据,同时,找到距用户"家"的位置最近的区域。因此,选择哪个区域就完全取决于用户设定的"家"的位置,然后选择离"家"最近的。所以这里需要假定一个用户家的位置。

9.4.25 把"家"矢量化

(1)新建一个矢量数据文件,把矢量数据类型 Type 设为 Point 点图层。

(2)确保其 CRS 正确。

(3)把新图层命名为"house. shp"。

(4)完成新图层创建。

(5)(在新图层处于选中状态下)进入编辑模式。

(6)在街道中的某个地方随意单击作为"家"即可。

(7)输入任意数字作为要素的 ID。

(8)点击 OK 按钮。

(9)保存编辑操作,退出编辑模式。

(10)保存地图。

找到结果数据中各个多边形的质心("质量中心"),确定哪个距离前面设定"家"的位置最近。

9.4.26 计算多边形的质心

(1)点击矢量(Vector)→几何工具(Geometry Tools)→质心(Centroids)的菜单项。

(2)把输入图层指定为 solution. shp。

(3)把输入目录指定为 Rasterprac。

(4)把输出文件命名为"solution_centroids. shp"。

(5)勾选算法运行完成后打开文件(Open output file after running algorithm)把结果添加到目录[图层(Layers)面板]中。

(6)点击运行(Run),关闭对话框。

(7)把新生成的图层拖拽到最上方突出显示。

9.4.27 计算哪个质心距离"家"更近

(1)点击菜单项:矢量(Vector)→分析工具(Analysis)→距离矩阵(Distance matrix)。

(2)应把用户的"家"设置为输入图层,把目标图层设置为 solution_centroids,且两个图层都应使用 id 字段作为其唯一 ID。

(3)输出矩阵类型应为线性(linear)。

(4)设置合适的输出路径和名称。

(5)点击 OK 按钮。

(6)在文本编辑器中打开文件(或将其导入电子表格),找出哪个目标 ID 与用户的"家"的距离最近,不过也可能有多个 ID 与"家"的位置有相同距离,记下距离最近的多边形的 ID。

(7)在 QGIS 中建立查询,通过 ID 字段查询找出距离"家"最近的区域。

这就本项目的最终结果。现在可以把结果输出出来,这里可以用视觉效果比较好的栅格数据(例如 DEM 或 slope 图层)作为底图,然后在上面叠加半透明的山体阴影图层。同时,还要把满足最后条件多边形区域以及指定的那座房子位置添加到地图中,然后配置地图元素就可以输出了。切记,在创建输出的地图时,一定要严格按照制图过程的所有操作步骤进行地图制图设计。

10 QGIS 插件

插件是 QGIS 软件的重要组成部分，可以扩展 QGIS 提供的功能。在本章会介绍如何启用和使用插件。

10.1 下载和管理插件

在 QGIS 中要使用一个插件需要知道如何下载、安装和启用该插件。首先需要使用插件下载器(Plugin Installer)和插件管理器(Plugin Manager)。本节的目标是认识和使用 QGIS 的插件。

10.1.1 管理插件

(1)通过插件(Plugins)→管理和安装插件(Manage and Install Plugins)，打开插件管理器(Plugin Manager)。

(2)在打开的对话框中，找到处理(Processing)插件(图 10-1)。

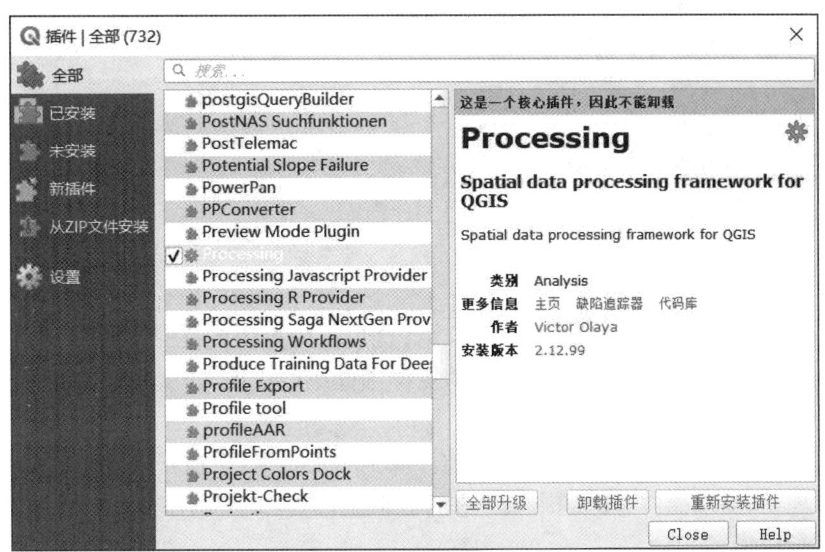

图 10-1 管理 Processing 插件

(3)单击此插件旁边的复选框,取消选中将其停用。

(4)点击关闭(Close)。

(5)查看菜单会发现处理(Processing)菜单已经不存在了,之前使用过的各种处理功能都不见了。例如矢量数据菜单、栅格数据菜单等。这是因为这些菜单都是处理(Processing)插件的一部分,需要启用处理(Processing)插件才能使用它们。

(6)再次打开插件管理器(Plugin Manager),点击处理(Processing)插件旁的复选框,再次启用它。

(7)关闭(Close)对话框,此时处理(Processing)菜单和其功能就变为可用状态。

10.1.2 安装新插件

在 QGIS 中启用和停用的插件是插件管理器中已安装的插件的。安装新插件的方法是:

(1)在插件管理器(Plugin Manager)对话框里选择尚未安装插件(Not Installed)页面,对 QGIS 当前版本可用的插件都列在这里(图 10-2)。此列表根据 QGIS 版本以及所依赖的操作系统不同列出的插件可能有所不同。

图 10-2 插件安装界面

(2)在列表中点任意一个插件可查看详情;这里比较有用的就是插件的主页,点击它可以打开该插件的主界面,会有关于该插件的更详细介绍(图 10-3)。有些插件还会提供插件使用的简明教程和示例数据。

(3)通过点击插件详情面板下的安装插件(Install Plugin)按钮安装它。

这里要注意,如果插件有问题则会列在存在问题插件(Invalid)选项卡下,可以联系插件作者对其进行纠错。

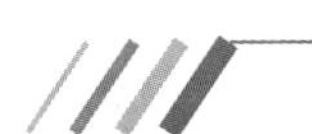

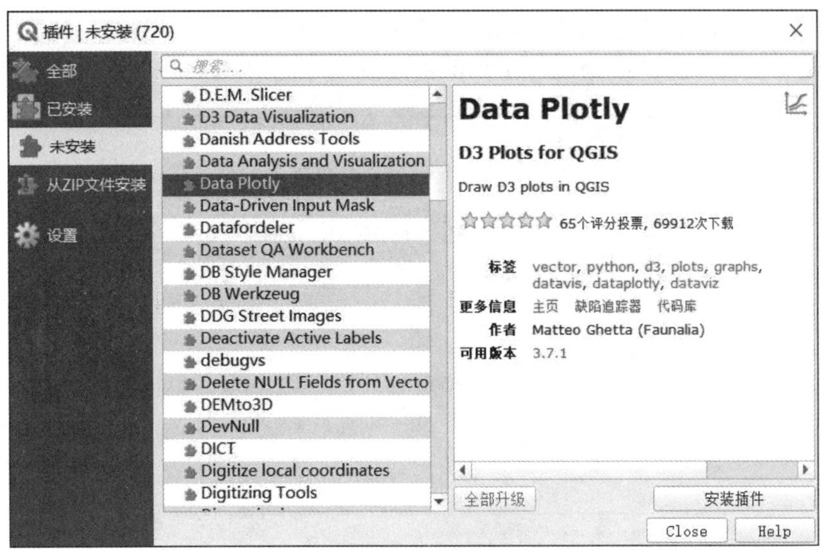

图 10－3　安装 Data Plotly 插件

10.1.3 配置外部插件库

在 QGIS 插件管理器中可供下载的插件多少取决于用户使用的是哪些插件库(Repositories)。QGIS 插件存储在远程插件库中。默认情况下 QGIS 只有官方插件库(Official repository),用户只能访问在官方插件库发布的插件。实际上该库已经提供了丰富的插件工具,基本满足了大多数的用户需求。但是,尝试默认插件之外的插件也是可以的。首先需要配置第三方插件库:

(1)打开插件管理器(Plugin Manager)对话框的设置(Settings)选项卡(图 10－4)。

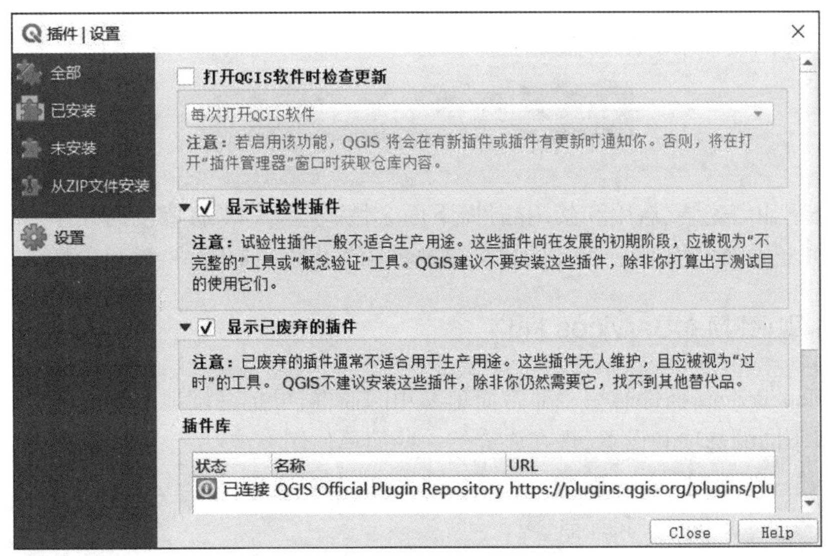

图 10－4　配置外部插件库

(2)点击添加(Add)按钮查找并添加新的插件库。

(3)配置新插件库的名称(Name)和URL链接,并选中启用(Enabled)复选框(图10-5)。

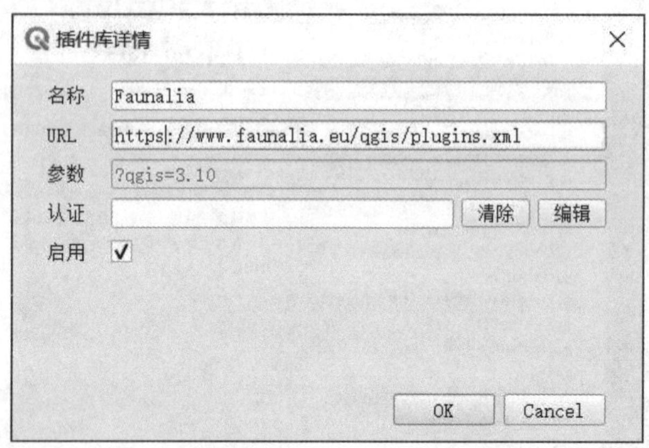

图10-5 插件库详情

(4)在配置的插件库列表中看到新的插件库。

(5)通过勾选显示实验性插件(Show also experimental plugins)复选框来显示处于实验开发阶段的插件。

(6)切换回未安装(Not Installed)选项卡可以看到新增加了很多插件。

(7)在列表上选中一个插件并点击安装插件(Install Plugin)按钮,开始安装此插件。

10.1.4 小结

在QGIS中安装插件是非常简单方便的。接下来一节作为示例会介绍QGIS中一些特别有用的插件。

10.2 常用的QGIS插件

上节介绍如何安装、启用和禁用插件,下面会用一些QGIS的特色插件作为例子介绍插件如何在QGIS中发挥作用。本节的目标是熟悉插件界面,认识一些特色的插件。

10.2.1 QuickMapServices插件

QuickMapServices插件是一个非常简单易用的插件,可把基础地图添加到QGIS项目中。它具有许多不同的选项和设置,现在先介绍一些简单使用方法:

(1)新建一幅地图,从training_data Geopackage中添加roads图层。

(2)安装QuickMapServices插件。

(3)通过点击网络(Web)→QuickMapServices→查找QMS(Search QMS)打开插件的查询选项卡,在选项卡中可以根据地图的当前范围抽取可用的基础地图数据。

(4)点击基于范围筛选(Filter by extent)。

(5)点地图旁的加载(Add)按钮开始加载数据。

此时会看到加载的基础地图获得了该地图范围的卫星图像背景(图 10-6)。

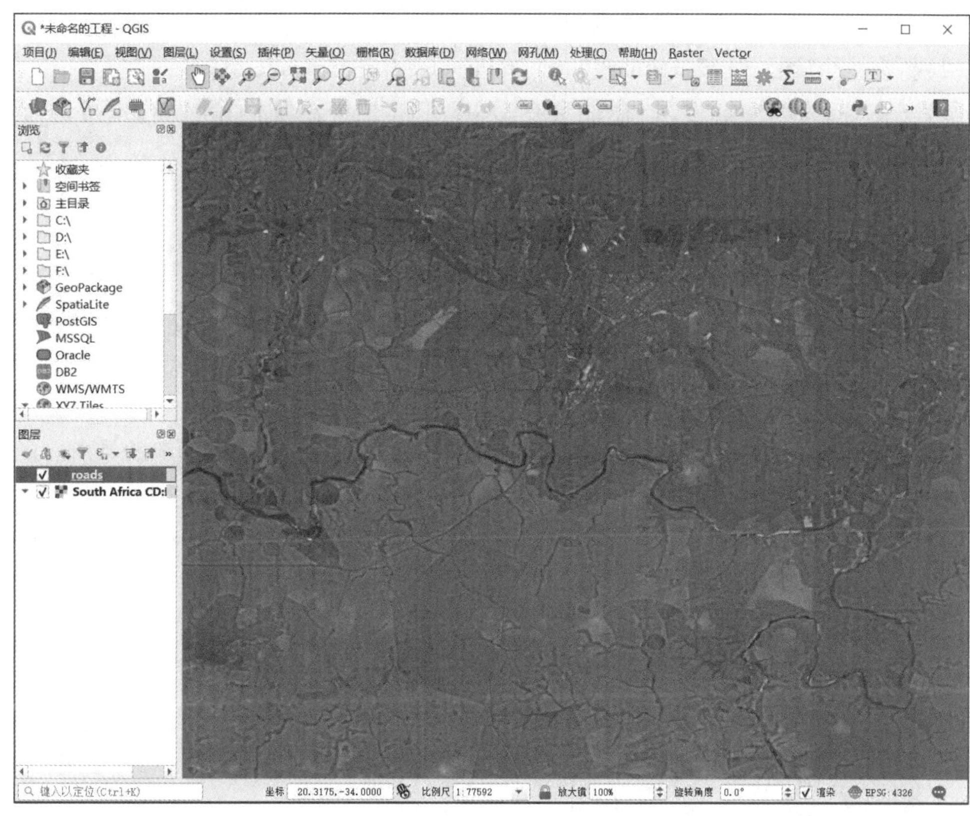

图 10-6 利用 QuickMapServices 加载卫星影像

QuickMapServices 插件还提供了很多有用的基础地图服务。

(1)关闭此前打开的查找 QMS(Search QMS)面板。

(2)再次点击网络(Web)→QuickMapServices,第一个菜单列出了不同来源的在线地图(图 10-7)。

但其实该插件还有更多在线地图服务。如果默认地图不足以满足需求,可以添加其他地图提供源。

(1)点击网络(Web)→QuickMapServices→设置(Settings)找到更多服务(More Services)选项卡。

(2)需要先阅读本选项卡的说明,点击"同意"后再点击获取第三方提供的在线数据集(Get Contributed pack)按钮。再打开网络(Web)→QuickMapServices 菜单下会看到有更多在线地图服务,可以选择其中几项尝试。

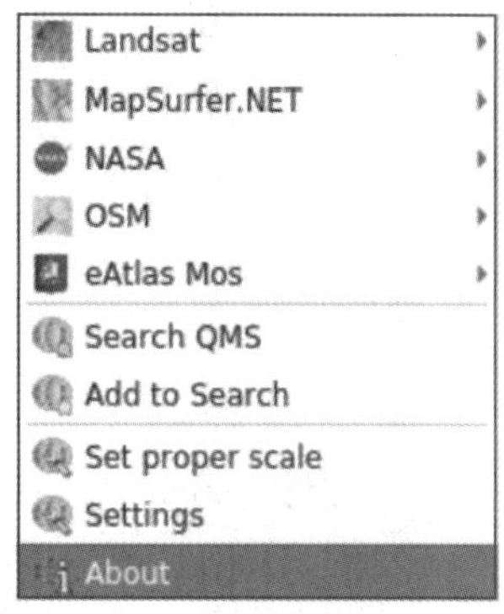

图 10-7 QuickMapServices 菜单

10.2.2 QuickOSM 插件

QuickOSM 插件界面设计极其简单,单借助它就可以下载 OpenStreetMap 的数据,这对于地理信息项目基础数据获取非常有用。

(1)新建一个项目,加载 training_data GeoPackage 中的 roads 图层。

(2)安装 QuickOSM 插件,该插件会在 QGIS 工具栏中添加两个按钮,也可通过矢量(Vector)→QuickOSM 菜单使用此功能。

(3)打开 QuickOSM 对话框,该插件有 5 个不同的选项卡,这里先使用快速查询(Quick Query)选项卡。

(4)通过选择通用的键(Key)下载特定要素,或者通过选择特定的键(Key)和值(Value)进一步缩小数据范围;这里要注意,如果不熟悉键(Key)和值(Value)的设置,可以点击关于键/值(Help with key/value)的帮助网页,会提供关于 OpenStreetMap 的这个概念的完整介绍。

(5)在键(Key)菜单中找到 railway,值(Value)留空,也就是现在要下载的是所有的 railway 要素。

(6)然后在下拉菜单中选择图层范围(Layer Extent),然后选择 roads 图层。

(7)点击运行查询(Run query)按钮(图 10-8)。

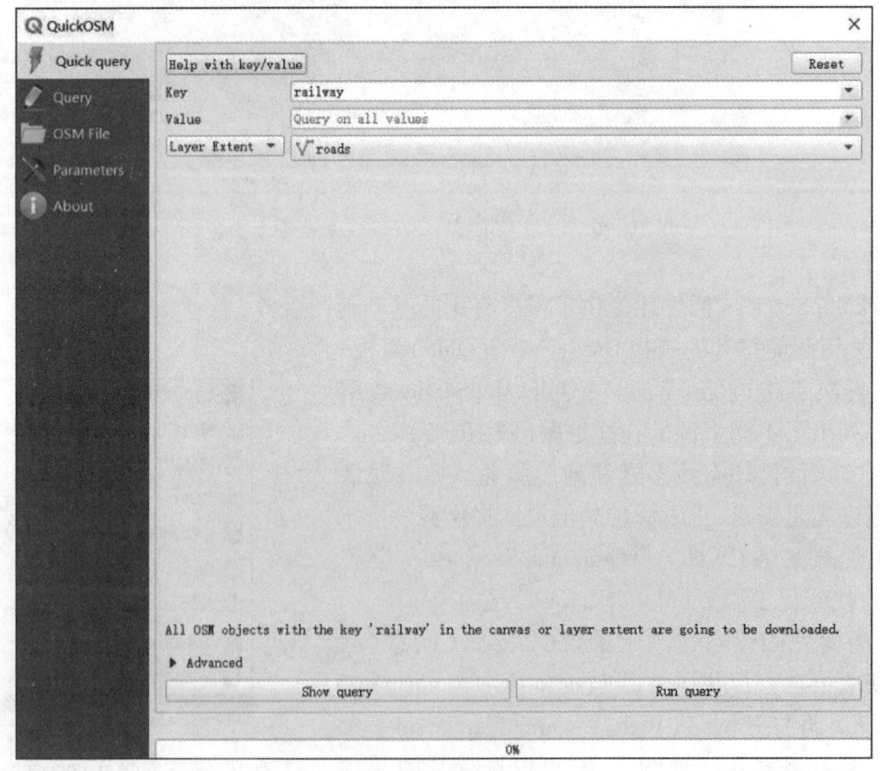

图 10-8 QuickOSM 对话框

短时间后,插件就会把 OpenStreetMap 中带 railway 标签的所有要素下载并加载到地图中①(图 10-9)。

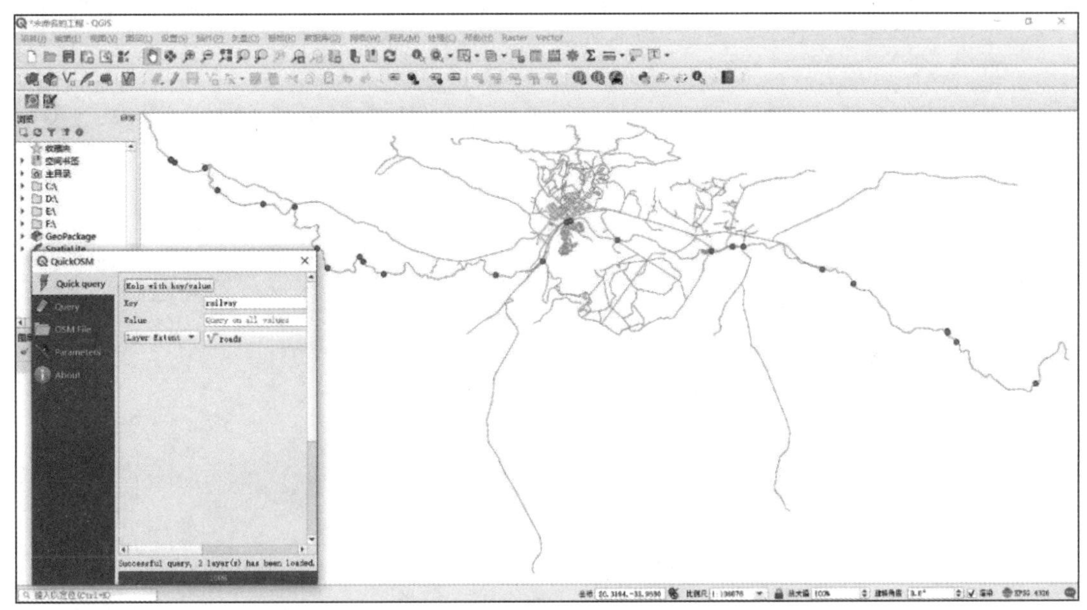

图 10-9 利用 QuickOSM 加载数据

QuickOSM 在下载数据时创建的是临时图层。如果希望作为永久保存数据,可以点击图层旁边的 图标并设置数据保存格式和路径。也可以打开 QuickOSM 的高级(Advanced)菜单,然后在目录(Directory)菜单中选择保存位置。

10.2.3 QuickOSM 数据检索引擎

从 QuickOSM 插件中下载数据最快捷的方法是使用快捷查询(Quick query)选项卡,设置一些简单参数。但如果用户需要更多特定数据,怎么提高检索效率呢?如果用户之前使用过 OpenStreetMap 数据查询工具就可以使用 QuickOSM 工具的语句查询。QuickOSM 非常强的数据解析能力,再加上 Overpass 查询引擎,可让用户根据特定需求下载数据。例如:如果想获取指定属于 Dolomites 山区的山峰数据,这个就无法通过快捷查询(Quick query)选项卡实现,这需要通过自己编写查询语句达到定制的查询效果:

(1)创建一个新项目。

(2)打开 QuickOSM 插件,点击查询(Query)选项卡。

①这里需要注意,实际上 OSM 数据在中国大陆并没有官方服务器,因此在中国大陆限于网络情况比较复杂,在不同区域访问下载数据速度会有很大区别。有时候会下载数据特别慢,需要耐心等待。

(3)复制以下代码粘贴到查询框中：

```
<!--
This shows all mountains (peaks) in the Dolomites.
You may want to use the "zoom onto data" button. =>
-->
<osm-script output="json">
<!-- search the area of the Dolomites -->
<query type="area">
<has-kv k="place" v="region"/>
<has-kv k="region:type" v="mountain_area"/>
<has-kv k="name:en" v="Dolomites"/>
</query>
<print mode="body" order="quadtile"/>
<!-- get all peaks in the area -->
<query type="node">
<area-query/>
<has-kv k="natural" v="peak"/>
</query>
<print mode="body" order="quadtile"/>
<!-- additionally, show the outline of the area -->
<query type="relation">
<has-kv k="place" v="region"/>
<has-kv k="region:type" v="mountain_area"/>
<has-kv k="name:en" v="Dolomites"/>
</query>
<print mode="body" order="quadtile"/>
<recurse type="down"/>
<print mode="skeleton" order="quadtile"/>
</osm-script>
```

这里要注意，此查询用的是类似 xml 的语言，如果用户更习惯使用 Overpass QL 语言，也可以用此语言编写查询语句。

(4)然后点击运行查询(Run query)按钮(图 10-10)。

现在，山峰图层就会下载并加载到 QGIS 中(图 10-11)。

这里也可以使用 Overpass Query 语言编写复杂的查询语句。可以去查找一些范例，尝试探索此查询语言。

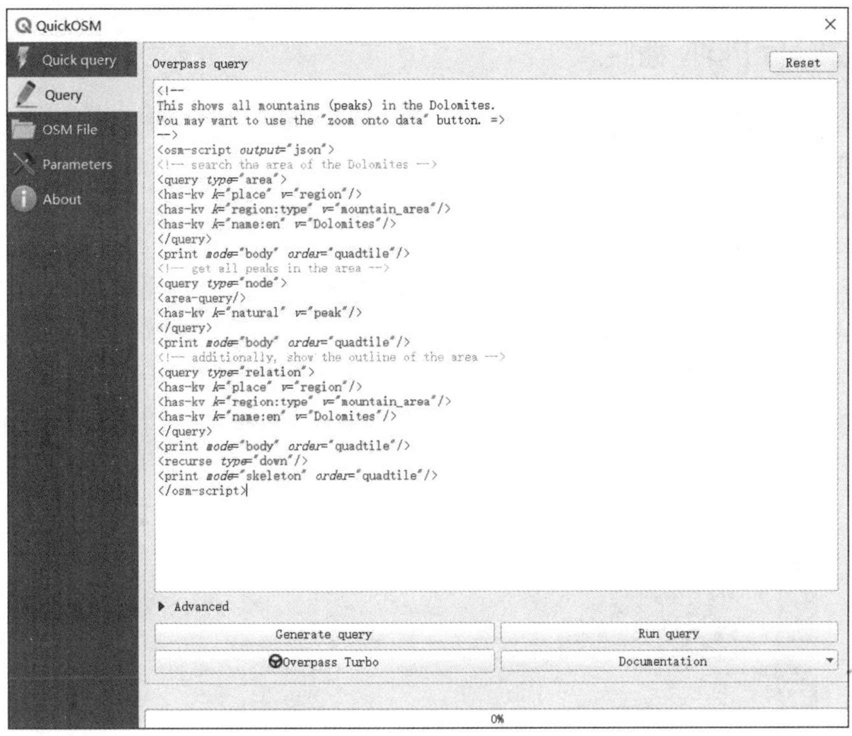

图 10 - 10　QuickOSM 数据查询

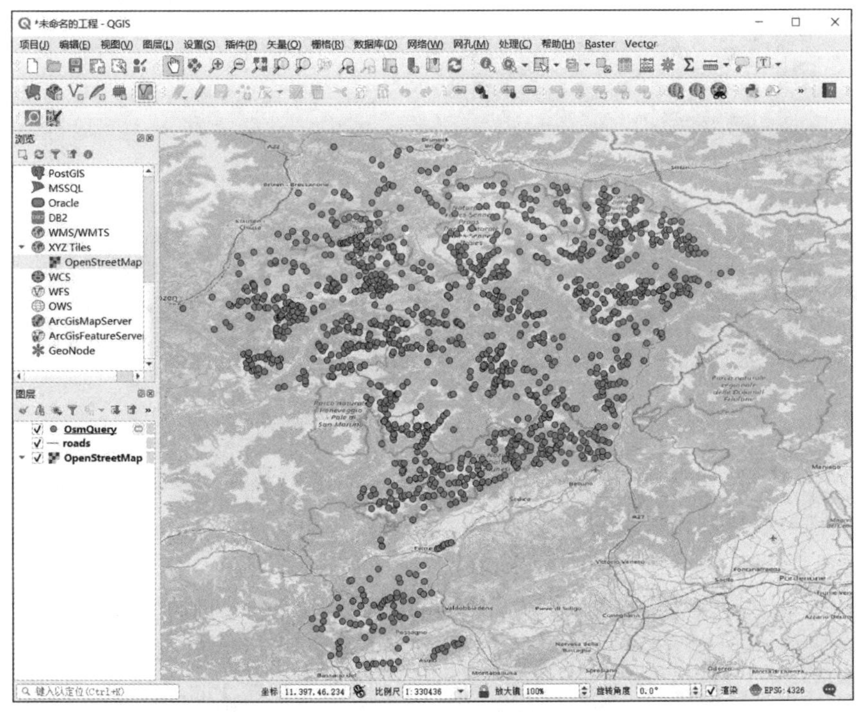

图 10 - 11　利用 QuickOSM 抽取查询结果

10.2.4 Data Plotly 插件

Data Plotly 插件可以通过 Plotly 库帮助用户创建矢量数据的 3D 统计图。

(1)创建一个新的项目。

(2)从 exercise_data\plugins 文件夹中加载 sample_points 数据。

(3)下载新插件中的方法下载安装 Data Plotly 插件。

(4)通过点击插件(Plugins) →数据绘制(Data Plotly)菜单工具栏的新图标,打开插件。

这里将创建一个简单的散点图,用 sample_points 图层的两个字段作为绘图的输入数据。在 Data Plotly 面板作如下设置:

(1)在图层设置中选择 sample_points,X 字段(X field)中输入“cl”,Y 字段(Y field)中输入“mg”(图 10-12)。

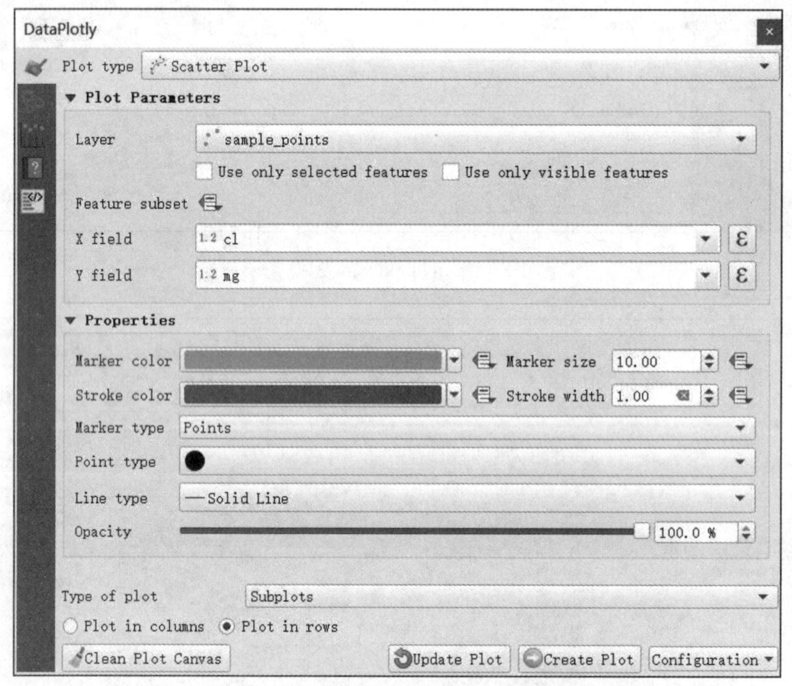

图 10-12 DataPlotly 插件

(2)如果有需要,也可以更改颜色、标记类型、透明度以及其他各种设置,这里可以尝试更改其中一些参数来创建下文的 Plot(图 10-13)。

(3)设置好所有参数后点击创建 Plot(Create Plot)按钮创建图表。

该 Plot 插件支持交互式操作,可以使用所有上面的按钮来调整绘图,移动或放大/缩小地图显示区。Plot 插件的每个元素也都支持交互式操作:通过点击或选择地块上的一个或多个点,可以在 Plot 插件绘图上选中相应的点。该插件支持把 Plot 保存为 png 格式静态图片,点击 Plot 右下方的 或 按钮或者保存为 html 文件。

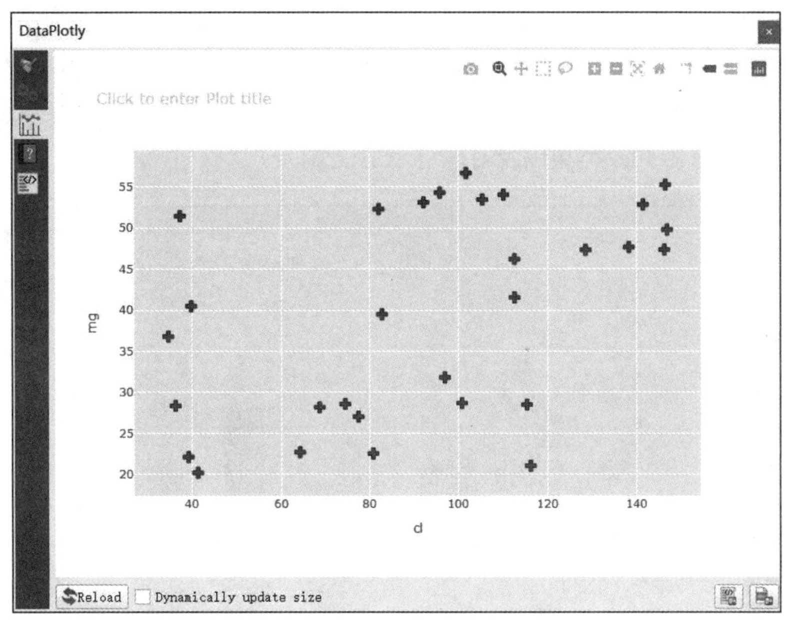

图 10 - 13 利用 Data Plotly 插件绘图

有时在同一页面上还可以摆放两个(或更多)子图,同时展示不同变量分析图表:

(1)回到主要的 Plot 设置选项卡中,点击插件面板左上方的 按钮。

(2)把绘图类型(Plot type)更改为箱式图(Box Plot)。

(3)把分组字段(Grouping field)设置为“group”,Y 字段(Y field)设置为“ph”。

(4)在面板的下面把 Plot 插件类型(Type of plot)从原来的单个 Plot(Single plot)更改为多个 Plot 组合(Sub plots),不要更改按行绘制(Plot in rows)选项(图 10 - 14)。

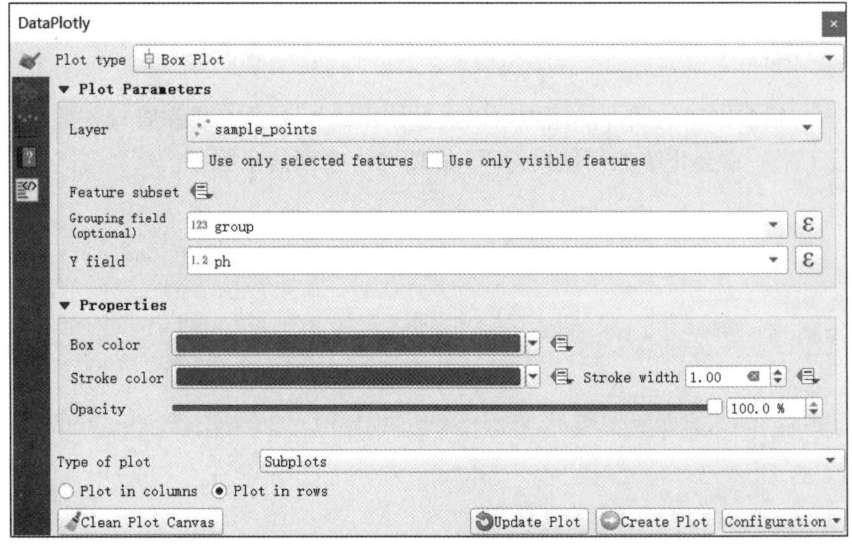

图 10 - 14 Data Plotly 绘图设置

(5)完成后点击生成 Plot(Create Plot)按钮,绘制此 Plot(图 10-15)。

此时在 Data Plotly 页面中同时显示了散点图和箱式图。这里仍然可以点击图中的每个点,然后在地图中选择相应的要素。要注意,在 ? 选项卡中,每个 Plot 都有详细的说明,用户可以自己尝试所有的 Plot 类型以及对应可用的设置。

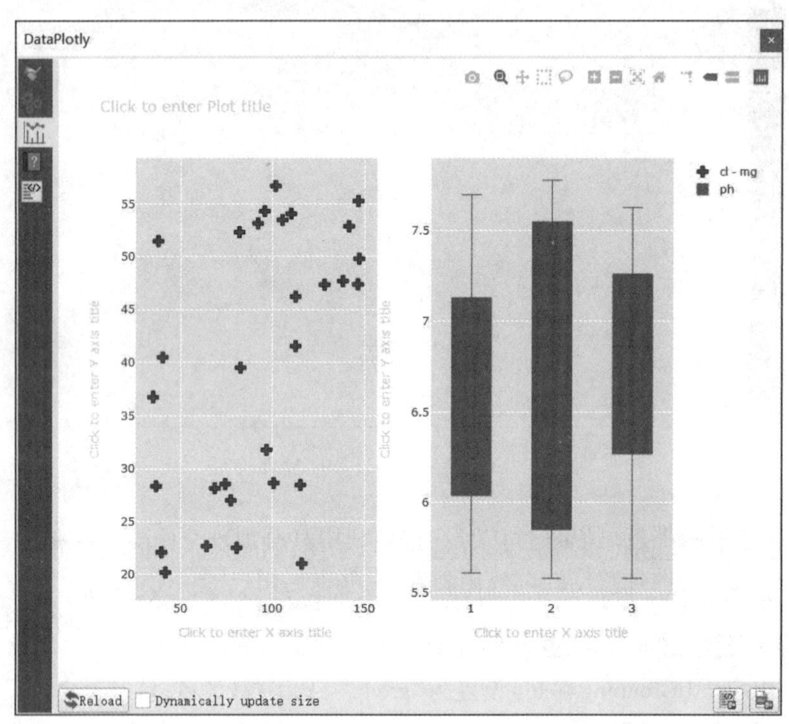

图 10-15 Data Plotly 插件绘图结果

10.2.5 小结

QGIS 中有很多好用的插件。用户可以通过使用内置工具安装和管理这些插件,做到物尽其用。接下来一章会介绍如何使用 QGIS 处理网络地理信息服务。

11 QGIS 与 Web GIS 服务

QGIS 使用的数据源不仅仅限于当前计算机上储存的数据。只要 QGIS 可以连接到 Internet,就可以从在线数据源加载数据。在本章会重点介绍 QGIS 如何操作访问基于 WebGIS 的网络地理信息服务:网络地图服务(Web Mapping Services,WMS)和网络要素服务(Web Feature Services ,WFS)。

11.1 网络地图服务(WMS)

Web Mapping Service (WMS)是一种搭建于远程服务器的 WebGIS 服务。和一般网站类似,只需要连接到服务器就可以进行访问。它是利用具有地理空间位置信息的数据制作地图,其中把地图定义为地理数据的可视化表现,能够根据用户的请求,返回相应的地图,包括 PNG、GIF、JPEG 等栅格形式,或者 SVG、WEB CGM 等矢量形式。WMS 支持 HTTP 协议,所支持的操作是由 URL 决定的。WMS 提供如下操作:

GetCapabitities:返回服务级元数据,它是对服务信息内容和要求参数的一种描述;

GetMap:返回一张地图图片,其地理空间参考和大小参数是已经明确定义的;

GetFeatureInfo:返回显示在地图上的某些特殊要素的信息;

GetLegendGraphic:返回地图的图例信息。

使用 QGIS 可以直接在当前的地图中加载 WMS。举个例子,在此前有关插件的课程中应能记得 QGIS 可以通过 Google 加载新的卫星图像。但是这种加载比较笨拙,图像下载后无法变动。而 WMS 服务的不同之处在于它是一项实时服务,当平移或缩放地图时它会自动刷新视图内的数据。本节的目标是介绍如何使用 WMS 服务,并了解使用的限制条件。

11.1.1 加载 WMS 图层

本章可以接着前章内容继续制作基础地图,也可以另外创建新地图加载一些现有图层开始本章内容。这里使用的是新建的地图并加载原始的 places、landuse 和 protected_area 图层,并对它们进行符号配置(图 11-1)。

(1)把上述图层加载到新地图中,或使用之前的地图仅设置这些图层可见。

(2)开始添加 WMS 图层前先停用 QGIS 的“实时”投影[项目(Project)→属性...(Properties...)→CRS]选项中,勾选无投影(或位置/非地球投影)[oprojection(or unknown/non-Earth projection)],因为这可能导致各图层不能正确重叠,稍后再介绍如何解决此问题。

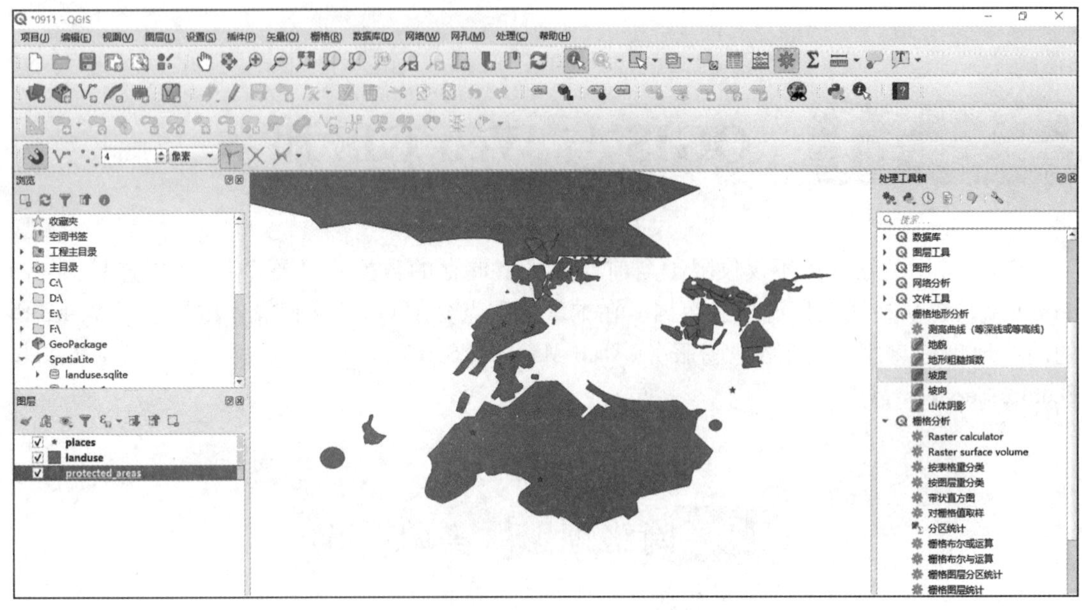

图 11－1　新建的地图并加载原始数据图层

(3)通过点击 按钮,打开数据源管理器(Data Source Manager)对话框,选择用 WMS/WMTS 选项加载 WMS 图层(图 11－2)。

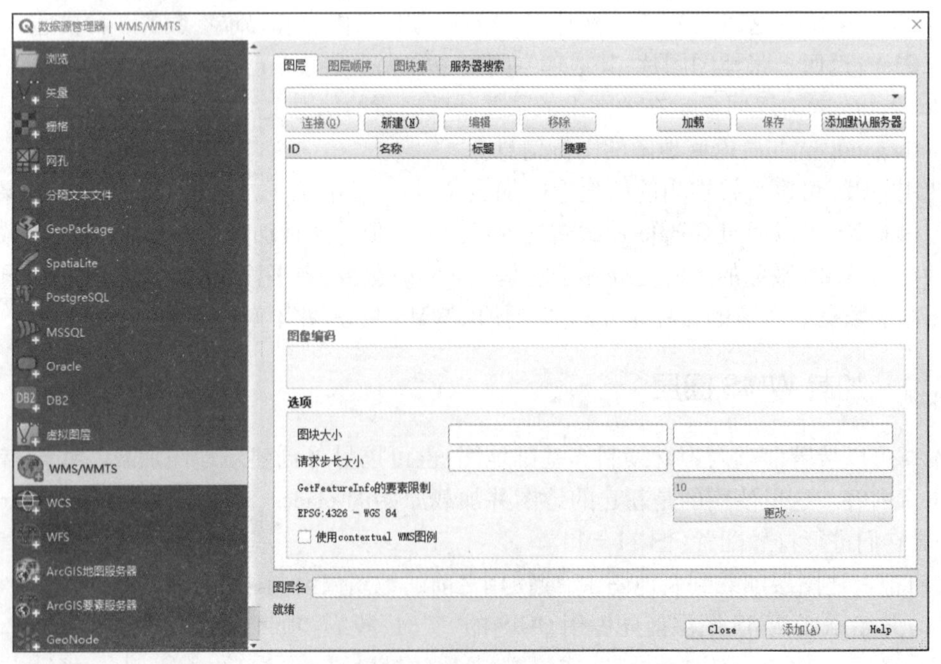

图 11－2　数据源管理器对话框的 WMS/WMTS 选项卡

可以回忆一下之前章节是如何用 QGIS 关联 SpatiaLite 或 GeoPackage 数据库的。landuse、buildings、roads 三个图层都是储存在数据库中的，想要使用这些图层需要先关联到数据库。使用 WMS 也是同样道理，区别在于它是储存在远程服务器上的。

(4)点击新建(New)按钮，创建新的 WMS 关联。

接下来需要 WMS 链接地址开始关联设置。互联网上有很多免费的 WMS 服务，这个也是目前最常用的一种网络地理信息服务。本例中使用的 terrestris 服务是利用 OpenStreetMap 数据集搭建的 WebGIS 地图服务。

(5)要正确使用此 WMS 服务，需要对当前对话框作如图 11－3 所示的设置。

(a)名称(Name)字段设置为“terrestris”；

(b)URL 字段设置为“https://ows.terrestris.de/osm/service”。

(6)点击 OK 按钮，可以看到新的 WMS 服务已经加入到列表中(图 11－4)。

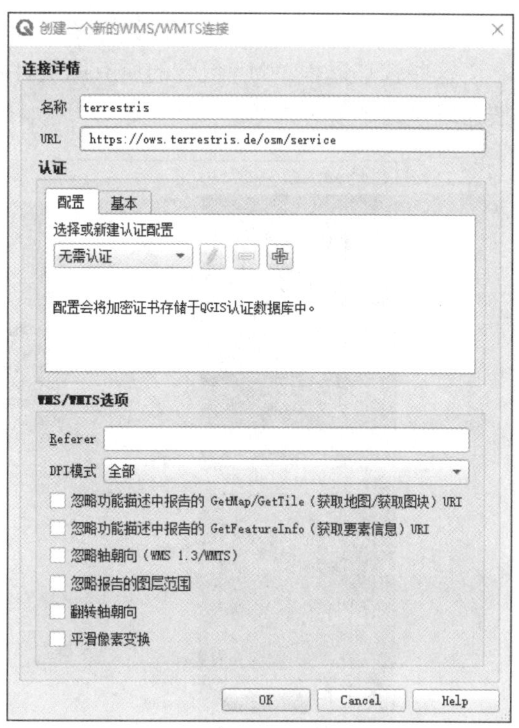

图 11－3 创建 WMS/WMTS 连接

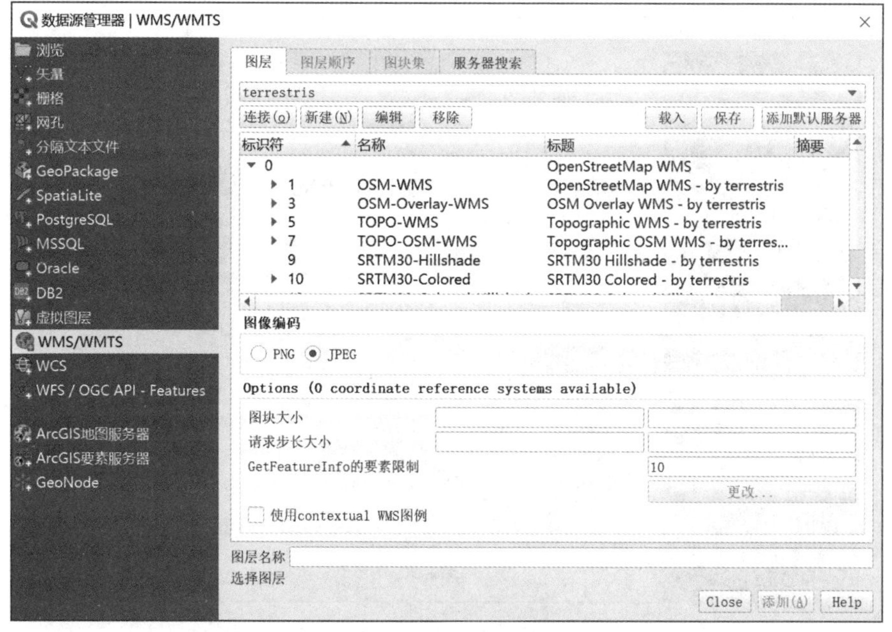

图 11－4 WMS 服务列表

(7)点击关联(Connect),应该可以看到在下方列表中加载了这些WMS服务条目(图11－5)。

这些就是远程WMS包含的所有图层,注意这里QGIS可能会有警告,点击忽略(Ignore)按钮跳过这个警告即可。

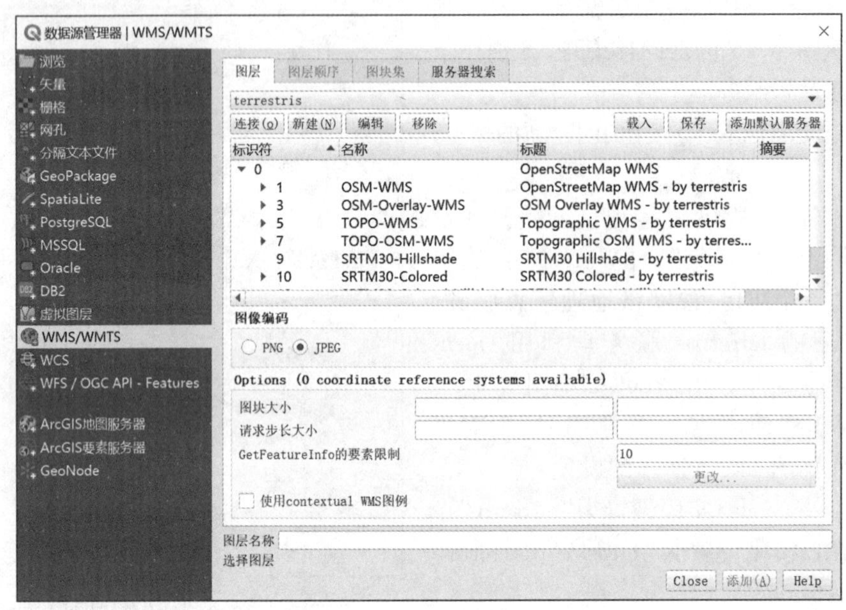

图11－5　加载远程的WMS服务

(8)单击OSM－WMS图层,即可显示其Coordinate Reference System(CRS)(图11－6)。

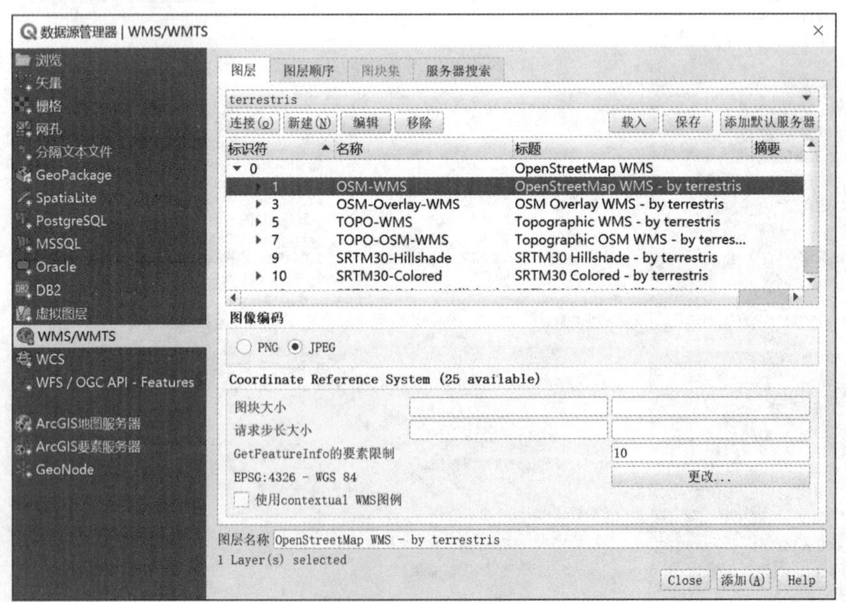

图11－6　显示远程WMS服务坐标参考信息

当前此地图使用的并非 WGS 84 坐标系，可以在当前对话框修改 CRS：

(a)点击更改…(Change…)按钮打开坐标参考系统选择器(Coordinate Reference System Selector)对话框；

(b)投影(Projected) CRS 选择 WGS 84/伪墨卡托(WGS 84/Pseudo Mercator)；

i. 在过滤器(Filter)区域输入“pseudo”；

ii. 在列表中选择 WGS 84/伪墨卡托(WGS 84/Pseudo Mercator)；

iii. 点击 OK 按钮，此时已更改为与该列表项关联的坐标参考系统(图 11-7)。

(9)点击添加(Add)，此时一个名为 OpenStreetMap WMS - by terrestris 的新图层会添加到图层列表中。

(10)如操作未能自动完成，先关闭数据源管理器(Data Source Manager)对话框。

(11)在图层(Layers)面板中，点击此图层并拖拽到列表最底部。

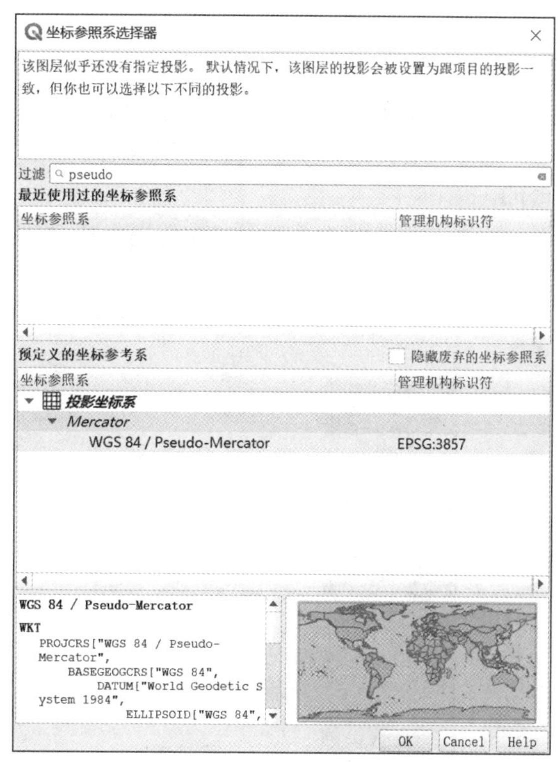

图 11-7 设置坐标参考

(12)缩小以获取此图层的全局视图，这时会发现图层没有在正确的位置上(在非洲西部附近)，这是因为“实时”投影被禁用的原因(图 11-8)。

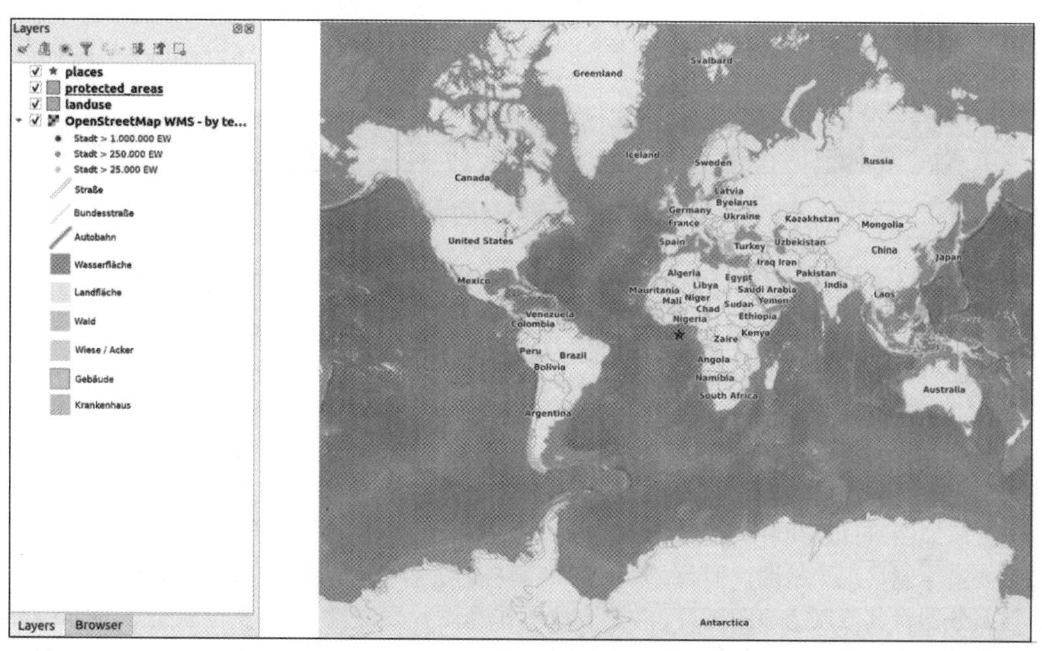

图 11-8 加载远程 WMS 服务数据

(13)再次启用实时投影,但这次要使用的是和 OpenStreetMap WMS 图层相同的投影坐标系,也就是 WGS 84/伪墨卡托(WGS 84/Pseudo Mercator)。

(a)打开项目(Project)→属性…(Properties…)→坐标参考系统选项卡;

(b)取消勾选无投影(或位置/非地球投影)[No projection (or unknown/non-Earth projection)];

(c)从列表中选择 WGS 84/伪墨卡托(WGS 84/Pseudo Mercator)(图 11-9);

(d)点击 OK 按钮。

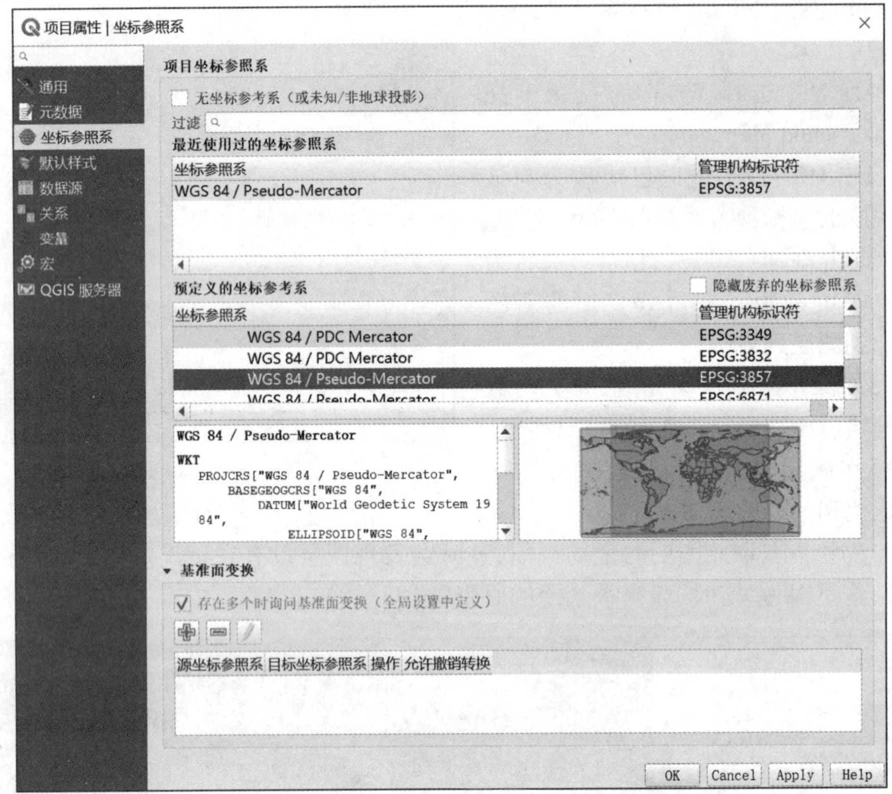

图 11-9　设置项目坐标参考系

(14)现在在图层(Layers)面板中右键点击列表中的任意图层,在弹出快捷菜单上点击放大到图层范围(Zoom to layer extent)应该就能看到史威兰丹区域了(图 11-10)。

现在 WMS 图层中的街道就和本地的街道数据完全匹配了。

WMS 的性质和局限性:通过以上示例可以看到,实际上该 WMS 图层中有非常多的要素,例如街道、河流、自然保护区等。而且即使它看起来像是由矢量要素组成,但实际却是栅格数据,无法更改其符号系统。这就是典型的 WMS 服务的工作模式:它是一张地图,类似于普通纸质地图,可以将其作为图像加载使用。通常的情况下,加载矢量图层是 QGIS 自己把每个要素绘制呈现为地图。但是,使用 WMS 服务时,这些矢量图层存放在 WMS 服务器上,由该服务器将其绘制为地图图片,再把该地图作为图片发送给 QGIS。也就是说 QGIS 收到的其实只是图片,因此不能更改其符号,所有这些操作都只能在服务器上处理。但是这样也

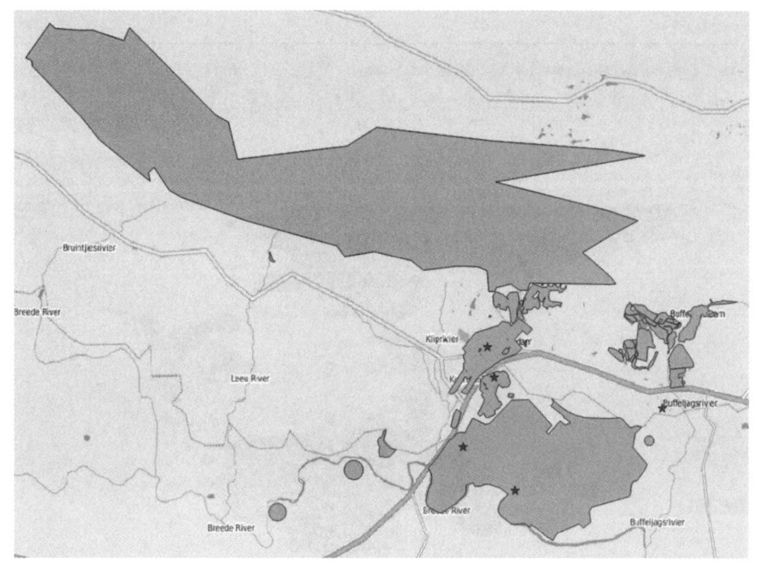

图 11-10 叠加显示效果

有好处，首先用户不用操心符号化配置的事情，而且经过专业设计的 WMS 地图会更加专业美观。实际上，如前所述，即使不喜欢该 WMS 的符号化配置也无法对其更改；而且如果 WMS 服务器上的符号发生了变化，这种变化也会自动同步到 QGIS 的地图上。这就是为什么有时用户要用 Web Feature Service(WFS)(Web 要素服务)，因为 WFS 服务可以提供分离的矢量图层。不过 WFS 服务会在下节才作详细讲述。现在先往地图中加载另一个 terrestris 图层的 WMS 服务器的 WMS 图层。

11.1.2 练习 1

(1)在图层(Layers)面板中隐藏 OSM-WSM 图层。

(2)加载此 URL 中的“ZAF CGS 1M Bedrock Lithostratigraphy”WMS 服务器：http://geo.pacioos.hawaii.edu/geoserver/PACIOOS/hi_usgs_all_geology/ows?SERVICE=WMS。

(3)在地图中加载 Geology - Hawaii 图层，也可以使用图层(Layer)→加载图层(Add Layer)→ 加载 WMS/WMTS 图层...(Add Layer WMS/WMTS Layer...)按钮打开数据源管理器对话框，记得检查地图图层的投影是否都是 WGS 84/伪墨卡托(WGS 84/World Mercator)。

(4)这里可以把编码(Encoding)设置为 JPEG，把标题尺寸(Title size)设置为 200×200，这样可以提高加载速度(图 11-11)。

请参考附录内容核对结果。

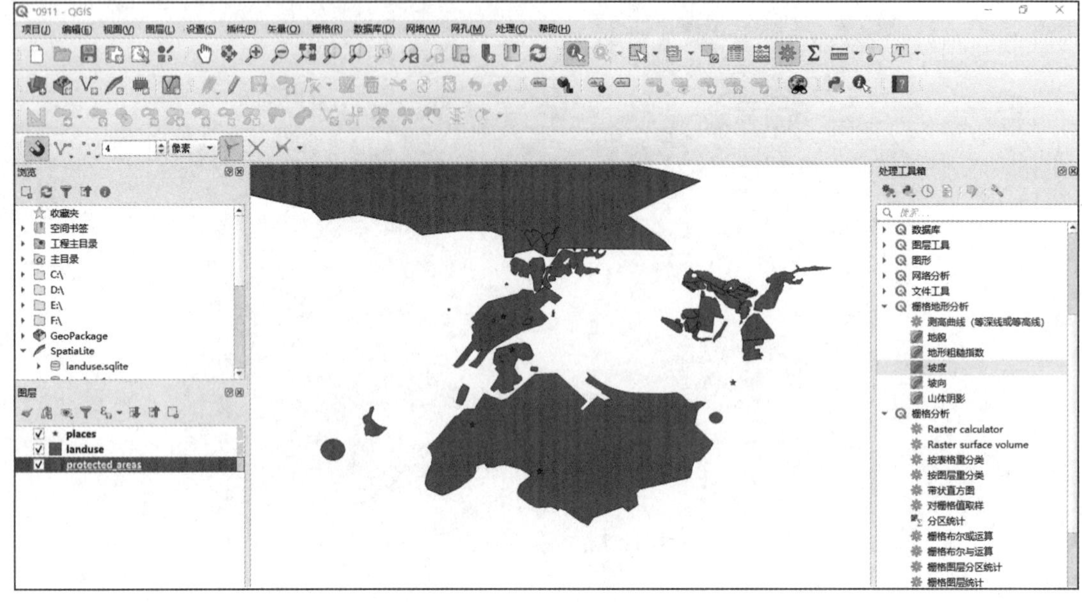

图 11－11 配置新的 WMS 连接

11.1.3 练习 2

(1)隐藏其他的 WMS 图层。

(2)加载此 URL 中的“OGC”WMS 服务器:http://ogc.gbif.org:80/wms。

(3)加载 bluemarble 图层。

请参考附录内容核对结果。

11.1.4 练习 3

使用 WMS 遇到的主要困难是很难找到稳定可靠的(免费的)WMS 服务器,感兴趣的读者可以在 https://directory.spatineo.com/或者 https://www.geoseer.net/中搜索新的 WMS 服务器。要求是此服务器不能有关联费用或限制,并且必须覆盖 Swellendam(史威兰丹)研究区域。不过使用 WMS 服务只要记住:使用一个 WMS 只需要知道其 URL(最好是有附带说明的)就好了。

请参考附录内容核对结果。

11.1.5 拓展阅读

(1)Spatineo 目录。

(2)WMS 服务器的 OpenStreetMap.org 列表。

11.1.6 小结

使用 WMS 服务可以添加远程静态的地图作为当前设计地图底图。这一节介绍了 QGIS 中如何添加 WMS 服务静态地图。当然,除此之外还可以添加 WFS 服务,通过使用网络要素服务(WFS)可以从远程服务器添加要素,下一节会介绍具体如何操作。

11.2 网络要素服务(WFS)

Web Feature Service (WFS)为用户提供的是可以直接加载到 QGIS 中的 GIS 矢量数据。和 WMS 不同的是,WFS 可以让用户直接访问矢量数据本身,而不是只提供无法进行编辑的地图。网络要素服务(WFS)支持用户在分布式的环境下通过 HTTP 对地理要素进行插入、更新、删除、检索和发现服务。该服务根据 HTTP 客户请求返回要素级的 GML(Geography Markup Language,地理标识语言)数据,并提供对要素的增加、修改、删除等操作,是对 Web 地图服务的进一步深入。WFS 通过 OGC Filter 构造查询条件,支持基于空间几何关系的查询,基于属性域的查询,当然还包括基于空间关系和属性域的共同查询。WFS 提供如下操作:

GetCapabitities:返回服务级元数据,它是对服务信息内容和要求参数的一种描述;

DescribeFeatureType:生成一个 Schema 用于描述 WFS 实现所能提供服务的要素类型;Schema 描述定义了在输入时 WFS 实现如何对要素实例进行编码以及输出时如何生成一个要素实例;

GetFeature:可根据查询要求返回一个符合 GML 规范的数据文档;

LockFeature:用户通过 Transaction 请求时,为了保证要素信息的一致性,即当一个事务访问一个数据项时,其他的事务不能修改这个数据项,对要素数据加要素锁;

Transaction:与要素实例的交互操作,该操作不仅能提供要素读取,而且支持要素在线编辑和事务处理;Transaction 操作是可选的,服务器根据数据性质选择是否支持该操作。

本节的目标是学会使用 WFS,了解它和 WMS 的不同之处。

11.2.1 加载 WFS 图层

(1)创建一个新地图,此地图只作演示用,不需要保存。

(2)确保"实时"投影处于停用状态。

(3)点击添加 WFS 图层(Add WFS Layer)按钮( )。

(4)点击新增(New)按钮。

(5)在对话框的名称(Name)处输入"nsidc. org",网址处输入"https://nsidc. org/cgi-bin/atlas_south?version=1. 1. 0"(图 11-12)。

(6)点击 OK 按钮,接下来服务器关联(Server connections)处就会加入新链接。

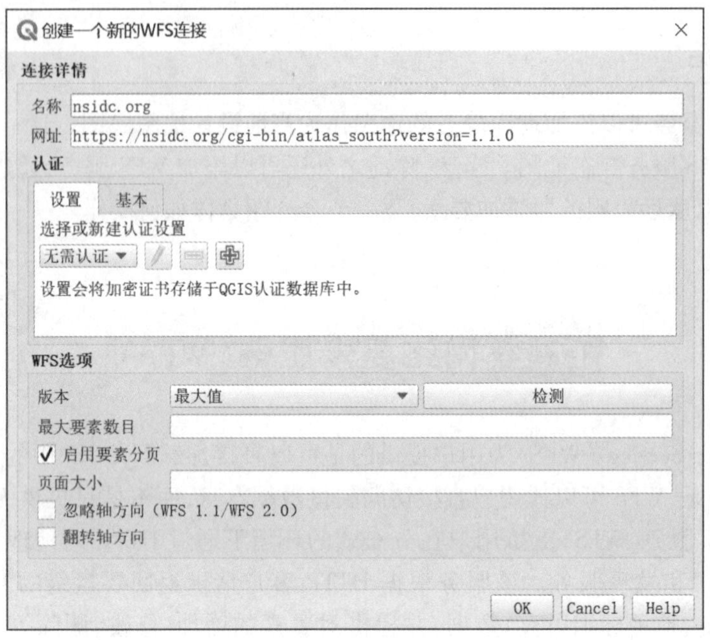

图 11－12　创建 WFS 连接

（7）点击连接(Connect)，QGIS 就会自动抽取远程服务器 WFS 服务可用的图层并添加到列表中(图 11－13)。

图 11－13　加载远程 WFS 服务图层

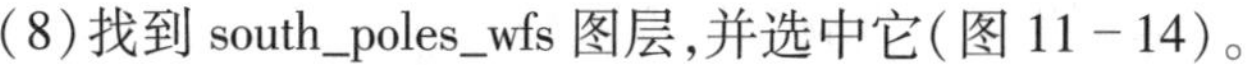

(8)找到 south_poles_wfs 图层,并选中它(图 11-14)。

图 11-14 选择 south_poles_wfs 图层并加载

(9)点击添加(Add)按钮。

加载该图层时间可能比较慢,加载完成后会自动显示在地图中①。该数据展示的是南极洲的轮廓(在同一服务器中可以看到,其名为 antarctica_country_border)(图 11-15)。

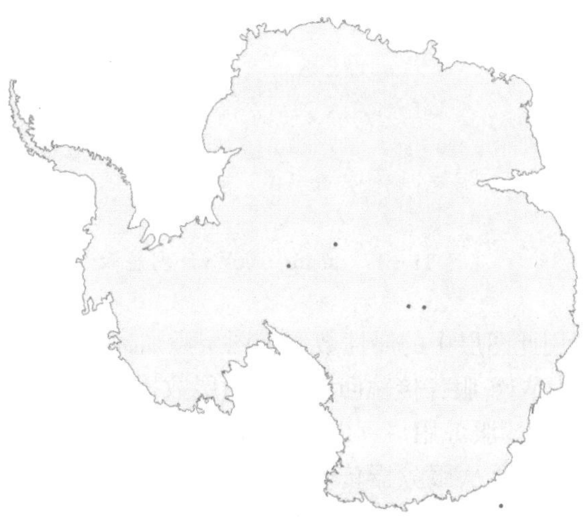

图 11-15 WFS 服务提供的南极数据

①限于国际网络数据交换问题,该数据在国内有时可能加载不成功。

这和 WMS 图层有何不同？查看该图层的属性就能发现区别了。

(10)打开 south_poles_wfs 图层的属性表可以看到如图 11－16 所示的界面。

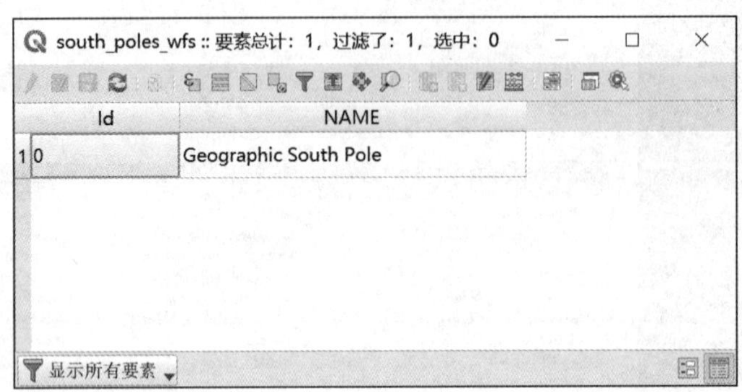

图 11－16　south_poles_wfs 图层的属性表

可以看到这些点具有完整的矢量数据属性，QGIS 可以对其标注，也可以修改它们的符号，如图 11－17 所示。

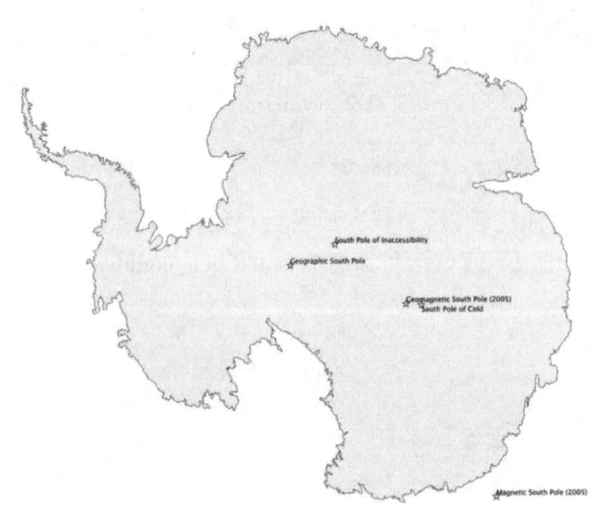

图 11－17　south_poles_wfs 图层标注

(11)现在可以利用此图层中的属性数据为图层添加标注信息。

和 WMS 图层不同，WFS 服务传输回来的是图层数据本身，而不仅仅是用这些图层绘制出的地图图片。因此，WFS 服务用户可以直接访问数据，可以更改其符号、利用其参与矢量数据分析。但问题就是需要从服务器传输大量的矢量数据。当预加载的图层形状比较复杂、带有大量属性或要素数量很多，效率问题就尤其突出。因此，WFS 图层的加载一般都比较耗时。

11.2.2 查询 WFS 图层

虽然 WFS 数据加载后可以对 WFS 图层进行查询,但在加载前先通过查询做数据过滤可以极大提高数据加载效率。因为只需请求加载所需的那部分要素,需要使用的流量可以减少很多。例如,在当前使用的 WFS 服务器上有一个名为国家(不包括南极洲)[countries (excluding Antarctica)]的图层。假设现在想知道南非相对于已加载的 south_poles_wfs 图层(可能还想知道相对于 antarctica_country_border 图层)的位置,有两种方法:一种是加载整个 countries 图层,加载完成查询找到南非这个国家。但是,传输世界上所有国家的数据,只使用南非这个国家的数据,是不是显得操作很多余? 这个数据集要完全加载一般至少要花几分钟。另一个方法就是在服务器上先过滤,然后只加载符合条件的数据。

(1)在加载 WFS 图层…(Add WFS Layer …)对话框中,连接到之前使用过的服务器,可以看到列表中列出的可用的图层。

(2)双击"countries…"旁的过滤器(Filter)列,或者直接点击构建查询(Build query)按钮(图 11-18)。

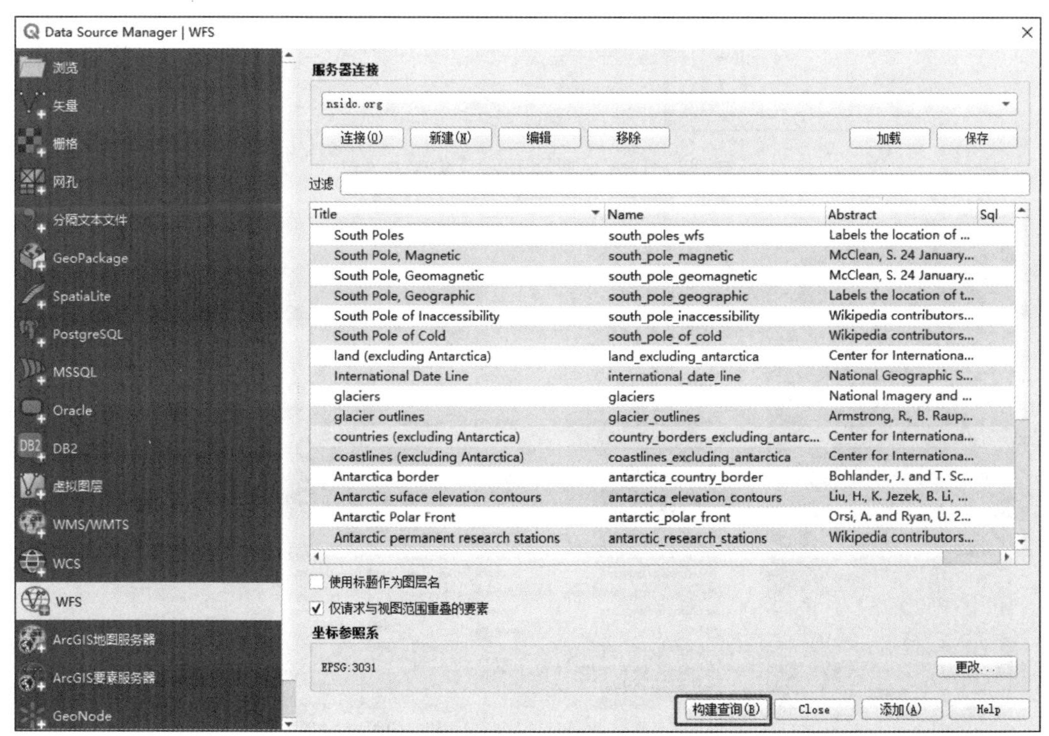

图 11-18 对 WFS 图层构建查询

(3)在对话框中填入查询语句:"Countryeng" =' South Africa' ,这里要注意,查询语句用到的单引号和双引号都是在英文状态下的符号,如图 11-19 所示。

(4)查询语句就会在 countries 列的过滤器(Filter)列显示出来(图 11-20)。

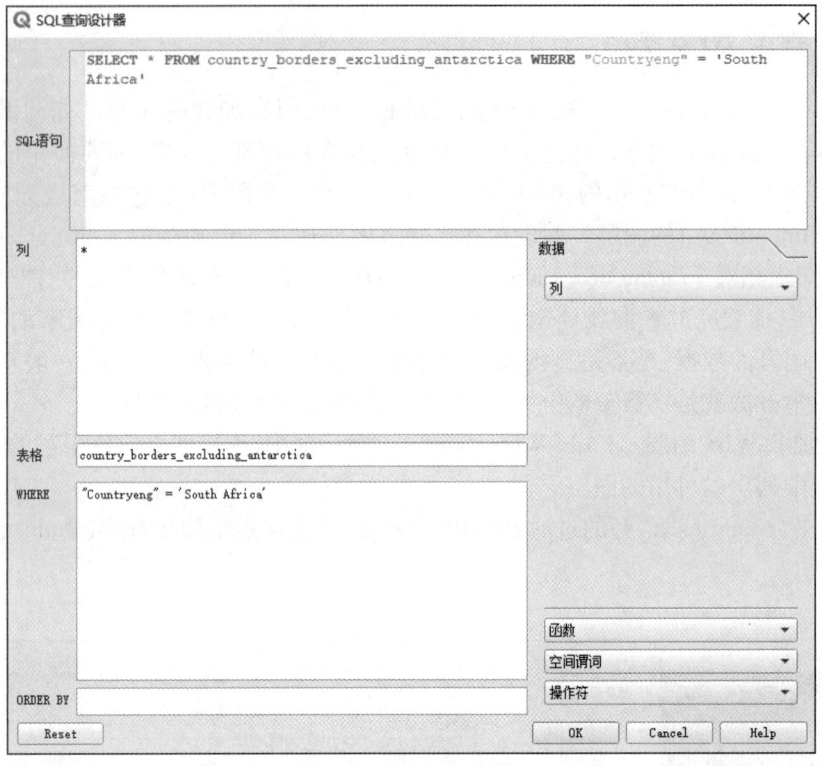

图 11－19　对 WFS 图层设置查询语句

图 11－20　过滤后的查询结果

(5)按上文所述,在选中 countries 图层的状态下点击添加(Add)。这样一来只有 Countryeng 字段值为 South Africa 的国家会从远程图层中加载到地图中(图 11-21)。

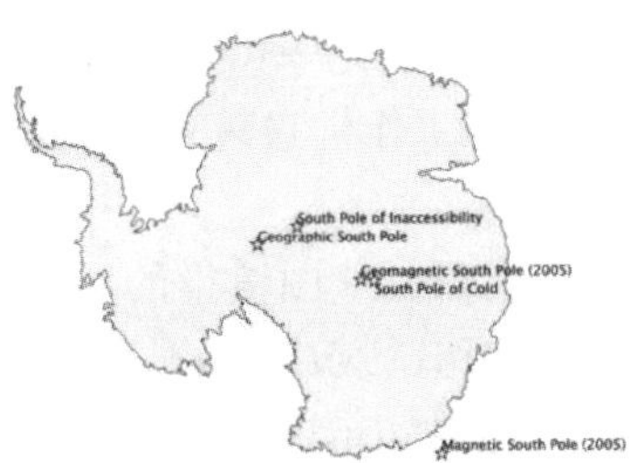

图 11-21 在显示区显示查询结果

不用两个方法都去尝试,在实际操作中此方法比在加载所有国家/地区后再过滤要快得多。有关 WFS 可用性的说明,如果用户需要的数据非常具体,而且位置比较少见,那找到所需的 WFS 服务可能比较困难。WFS 之所以使用较少,主要就是因为它必须传输大量数据。使用 WFS 服务相较于仅发送图像的 WMS 服务效率太低。因此,最常见的 WFS 服务一般都部署在本地局域网,甚至在自己的计算机上,而不是在远程互联网上。

11.2.3 小结

如果用户需要直接访问图层的属性和要素,则 WFS 图层较 WMS 图层有优势。但是,当考虑到需要下载的数据量时(这会导致数据获取效率低下,而且可用的免费 WFS 服务器相对较少),WMS 服务则优势明显,所以并非任何时候都可以使用 WFS 代替 WMS。下一章会重点介绍如何使用 QGIS 服务器提供的 OGC 服务。

12 QGIS Server 配置

本章主要与网络地理信息系统相关，讲述如何安装、使用 QGIS 服务器进行网络地理信息系统相关的开发应用。关于 QGIS Server 的介绍请参阅 label_qgisserver 部分。QGIS Server 是一个开源的 WMS 1.3，WFS 1.0.0 和 WCS 1 1.1.1 实现，此外，还实现了专题制图的高级制图功能。QGIS Server 是一个用 C++编写的 FastCGI/CGI（通用网关接口）应用程序，它与 Web 服务器（例如 Apache，Lighttpd）一起工作。它具有 Python 插件支持，可以快速有效地开发和部署新功能。

QGIS Server 使用 QGIS 作为 GIS 逻辑和地图渲染的后端。此外，Qt 库用于图形和独立于平台的 C++编程。与其他 WMS 软件相比，QGIS Server 使用制图规则作为配置语言，包括服务器配置和用户定义的制图规则。由于 QGIS 桌面版和 QGIS Server 使用相同的可视化库，因此，在 Web 上发布的地图与桌面 GIS 中的地图相同。可以直接把 QGIS 编辑和配置的地图成果，发布为标准的 OGC 地图服务。而不需要再转换为 GeoServer[①] 工程发布。这样可以避免样式的重新配置和数据的重新组织，并且通过 QGIS 的扩展开发可以灵活定制自己想要的应用。

最新版的 QGIS Server 还具有以下新功能：

（1）像 QGIS 桌面版一样的多线程渲染；

（2）信任图层元数据的新选项，从而加快项目加载速度；

（3）WFS 1.1 支持；

（4）服务器 API 的完整 Python 绑定；

（5）服务器服务作为提供者之类的插件。

12.1 QGIS Server 安装与配置

本节的目标是学习在 Linux 的 Debian Stretch 系统上安装 QGIS Server。当然也可以将本部分教程用于任何基于 Debian 的发行版，例如 Ubuntu 及其衍生版本，基本上不会有太大差

①GeoServer 是一个用 Java 编写的开源服务器，它允许用户共享、处理和编辑地理空间数据。为了互操作性而设计，它使用开源标准发布来自任何主要空间数据源的数据。GeoServer 已经发展成为一种将现有信息与 Google 地球、NASA World Wind 等虚拟地球仪以及 OpenLayers、Leaflet、Google 地图和必应地图等基于网络的地图连接起来的简单方法。GeoServer 的功能是开放地理空间协会 WFS 标准的参考实现，同时也实现了 WMS、Web 覆盖服务（WCS）和 Web 地理信息处理服务（WPS）规范。

别。这里要注意,在 Ubuntu 系统中,可以使用常规的用户账户,在需要管理员权限的命令前面加上"sudo"。在 Debian 系统中,可以使用 admin(root)身份,这就无需用到"sudo"。

12.1.1 从安装包中安装

本节中会要使用此处(https://qgis.org/en/site/forusers/alldownloads.html#linux)显示的安装包进行安装。使用此命令安装 QGIS Server:

```
sudo su
#这个命令是先获取 linux 的管理员权限,具有管理员权限才能安装软件
apt install qgis-server
# 如果要继续安装服务器插件,可以继续运行如下命令:
apt install python-qgis
```

同一台计算机中,QGIS Server 应在未安装 QGIS Desktop(带有配套 X Server)的生产环境中使用。

12.1.2 QGIS Server 的可执行文件

QGIS Server 的可执行文件是 qgis_mapserv.fcgi。可以通过执行命令:

```
find  /  -name  'qgis_mapserv.fcgi'
```

查看它的安装位置。此命令应输出如下结果:

```
/usr/lib/cgi-bin/qgis_mapserv.fcgi
```

另一个可选方法是,如果希望此时作命令行测试,可以执行此命令:

```
/usr/lib/cgi-bin/qgis_mapserv.fcgi
```

应会返回如下语句:

```
QFSFileEngine::open: No file name specified
Warning 1: Unable to find driver ECW to unload from GDAL_SKIP environment variable.
Warning 1: Unable to find driver ECW to unload from GDAL_SKIP environment variable.
Warning 1: Unable to find driver JP2ECW to unload from GDAL_SKIP environment variable.
Warning 1: Unable to find driver ECW to unload from GDAL_SKIP environment variable.
Warning 1: Unable to find driver JP2ECW to unload from GDAL_SKIP environment variable.
Content-Length: 206
Content-Type: text/xml; charset=utf-8

<ServiceExceptionReport version="1.3.0" xmlns="https://www.opengis.net/ogc">
<ServiceException code="Service configuration error">Service unknown or
→unsupported</ServiceException>
</ServiceExceptionReport>
```

服务器显示没有要求支持的服务,说明系统已经找到了 QGIS Server 的可执行文件,只是还没有配置正确的服务。稍后会介绍如何配置服务并发出 WMS 请求。

12.1.3 HTTP Server 配置

为了能在 Internet 浏览器访问 QGIS Server，这里需要使用 HTTP Server。在本节中会用到 Apache HTTP server，俗称 Apache。首先需要在终端中执行以下命令安装 Apache：

```
apt install apache2 libapache2-mod-fcgid
```

用户可以在默认网站上运行 QGIS Server，或专门为此配置虚拟主机。步骤如下：先在 /etc/apache2/sites-available 目录下创建一个名为 qgis.demo.conf 的文件，文件内容应如下：

```
<VirtualHost *:80>

ServerAdmin webmaster@localhost
ServerName qgis.demo

DocumentRoot/var/www/html
# Apache logs (different than QGIS Server log)
ErrorLog ${APACHE_LOG_DIR}/qgis.demo.error.log
CustomLog ${APACHE_LOG_DIR}/qgis.demo.access.log combined
# Longer timeout for WPS... default = 40
FcgidIOTimeout 120

FcgidInitialEnv LC_ALL "en_US.UTF-8"
FcgidInitialEnv PYTHONIOENCODING UTF-8
FcgidInitialEnv LANG "en_US.UTF-8"

# QGIS log (different from apache logs) see
https://docs.qgis.org/testing/en/docs/user_manual/working_with_ogc/ogc_server_support.html#qgis-server-logging
FcgidInitialEnv QGIS_SERVER_LOG_FILE /var/log/qgis/qgisserver.log
FcgidInitialEnv QGIS_SERVER_LOG_LEVEL 0
FcgidInitialEnv QGIS_DEBUG 1

# default QGIS project
SetEnv QGIS_PROJECT_FILE /home/qgis/projects/world.qgs

# QGIS_AUTH_DB_DIR_PATH must lead to a directory writeable by the Server's
FCGI process user
FcgidInitialEnv QGIS_AUTH_DB_DIR_PATH "/home/qgis/qgisserverdb/"
FcgidInitialEnv QGIS_AUTH_PASSWORD_FILE "/home/qgis/qgisserverdb/qgis-auth.db"
```

```
# See https://docs.qgis.org/testing/en/docs/user_manual/working_with_vector/ supported_data.html#pg-service-file
SetEnv PGSERVICEFILE /home/qgis/.pg_service.conf
FcgidInitialEnv PGPASSFILE "/home/qgis/.pgpass"

# Tell QGIS Server instances to use a specific display number
FcgidInitialEnv DISPLAY ":99"

# if qgis-server is installed from packages in debian based distros this is usually /usr/lib/cgi-bin/
# run "locate qgis_mapserv.fcgi" if you don't know where qgis_mapserv.fcgi is:
ScriptAlias /cgi-bin/ /usr/lib/cgi-bin/
<Directory "/usr/lib/cgi-bin/">
AllowOverride None
Options +ExecCGI -MultiViews -SymLinksIfOwnerMatch
Order allow,deny
Allow from all
Require all granted
</Directory>
<IfModule mod_fcgid.c>
FcgidMaxRequestLen 26214400
FcgidConnectTimeout 60
</IfModule>
</VirtualHost>
```

可以在 Linux 桌面系统中通过执行：nano /etc/apache2/sites-available/qgis.demo.conf 来粘贴并保存上述配置，从而完成上述操作（注意：有一些配置选项请参阅“服务器 server_env_variables”部分中的介绍）。现在来创建用于储存 QGIS Server 日志和身份验证数据库的目录：

```
mkdir /var/log/qgis/
chown www-data:www-data /var/log/qgis
mkdir /home/qgis/qgisserverdb
chown www-data:www-data /home/qgis/qgisserverdb
```

这里要注意，www-data 是 Debian 系统上的 Apache 软件创建的用户，用户需要使用 Apache 访问这些位置和文件。上面的命令“chown www-data...”用于把各目录和文件的所有者更改为 www-data。现在可以启用 virtual host，启用 fcgid mod（如果尚未启用），然后重启 apache2 服务：

```
a2enmod fcgid
a2ensite qgis.demo
service apache2 restart
```

这里如果在没有运行 X Server 的情况下安装了 QGIS Server(包括在 Linux 桌面中),同时又想使用 GetPrint 命令,那么需要安装一个伪 X Server,然后驱使 QGIS Server 使用它。可以通过运行以下命令来完成:

安装 xvfb:

```
apt install xvfb
```

创建 service 文件:

```
sh -c\
"echo \
'[Unit]
Description=X Virtual Frame Buffer Service After=network.target

[Service]
ExecStart=/usr/bin/Xvfb :99 -screen 0 1024x768x24 -ac +extension GLX +render-noreset

[Install]
WantedBy=multi-user.target' \
> /etc/systemd/system/xvfb.service"
```

注意上面[Service]部分是完整的一行代码,不能分开 2 行写。启用、启动并检查 xvfb.service 的状态:

```
systemctl enable xvfb.service
systemctl start xvfb.service
systemctl status xvfb.service
```

在上面的配置文件中,语句:FcgidInitialEnv DISPLAY ":99"用以告诉 QGIS Server 实例使用 No.99 显示。如果要在台式机中运行服务器,则无需安装 xvfb,只需在配置文件中使用"#"把此句设置为注释即可。更多资讯请查看此链接:https://www.itopen.it/qgis-server-setup-notes/。

现在,Apache 已获知请求的回应需返回到 http://qgis.demo,这里还需要设置客户端系统,使其知道 qgis.demo 的域名对应的 IP 地址。最简单的办法是通过在 hosts 文件中加上"127.0.0.1 qgis.demo"。通过使用 sh -c "echo '127.0.0.1 qgis.demo' >> /etc/hosts",将其中的"127.0.0.1"替换为自己的 Server 的 IP 地址即可。

切记 myhost.conf 和/etc/hosts 文件都需要配置好,才能使安装程序正常工作。也可以通过访问网络上其他客户端(例如 Windows 或 Mac OS 计算机)的/etc/hosts 文件,查看 myhost 名称指向的服务器在网络上的 IP,但可以确认该域名对应的 IP 肯定不是 127.0.0.1,因为这是一个本机 IP,只有从本机访问才会有效。在 Linux 和 Unix 机器上中,hosts 文件储存在/etc 文件夹下,而在 Windows 系统下中则储存在 C:\Windows\System32\drivers\etc 文件夹下。在 Windows 中,打开 hosts 文件之前需要使用管理员权限启动文本编辑器。

可以通过此命令行发出 http 请求测试服务器是否已经配置好:

```
qgis servers:curl http://qgis.demo/cgi-bin/qgis_mapserv.fcgi
```

它应返回以下语句：

```
<ServiceExceptionReport version="1.3.0" xmlns="https://www.opengis.net/ogc">
<ServiceException code="Service configuration error">Service unknown or unsupported
</ServiceException>
</ServiceExceptionReport>
```

如果系统提示找不到 curl 命令，可以通过此命令安装 curl：

```
apt install curl
```

现在 Apache 已经完成配置了。另外，用户可以在 Web 浏览器中检查服务器的性能：

```
http://qgis.demo/cgi-bin/qgis_mapserv.fcgi?SERVICE=WMS&VERSION=1.3.0&REQUEST=GetCapabilities
```

12.1.4 创建另一台虚拟主机

现在来创建另一台指向 QGIS Server 的 Apache 虚拟主机。用户可以任意为其命名(coco.bango,super.duper.training,example.com,等等)，简单起见，这里使用 myhost。

首先通过命令把"127.0.0.1 x"添加到"/etc/hosts"，这样就可以把 myhost 名称设置为指向本地主机 IP：sh -c "echo '127.0.0.1 myhost' >> /etc/hosts"，也可以使用命令 gedit /etc/hosts 手动编辑该文件。

然后可以通过在终端运行 ping myhost 命令，检查 myhost 是否指向本地主机，应返回以下语句：

```
qgis@qgis:~$ ping myhost
PING myhost (127.0.0.1) 56(84) bytes of data.
64 bytes from localhost (127.0.0.1): icmp_seq=1 ttl=64 time=0.024 ms
64 bytes from localhost (127.0.0.1): icmp_seq=2 ttl=64 time=0.029 ms
```

现在来执行以下命令尝试是否可以从 myhost 访问 QGIS Server：

```
curl http://myhost/cgi-bin/qgis_mapserv.fcgi
```

也可以尝试从 Debian box 浏览器访问这个 URL。可能得到以下反馈：

```
<!DOCTYPE HTML PUBLIC "-//IETF//DTD HTML 2.0//EN">
<html><head>
<title>404 Not Found</title>
</head><body>
<h1>Not Found</h1>
<p>The requested URL /cgi-bin/qgis_mapserv.fcgi was not found on this server.</p>
<hr>
<address>Apache/2.4.25 (Debian) Server at myhost Port 80</address>
</body></html>
```

Apache 并不知道它需要回应指向服务器名称为 myhost 的请求。这里需要在/etc/apache2/sitesavailable 目录下创建一个和 qgis.demo.conf 内容相同，但 ServerName 为 Server-

Name myhost 的 myhost. conf 文件。还可以更改其日志的储存位置,否则两个虚拟主机会共享日志,但该步不是必须要做的。

现在通过 a2ensite myhost. conf 启用该虚拟主机,然后通过 service apache2 reload 重新读取 Apache 服务。

此时重新尝试访问 http://myhost/cgi-bin/qgis_mapserv. fcgi,会发现已经可以顺利加载服务了。

12.1.5 小结

本节已经学会如何从安装包中安装不同版本的 QGIS Server,以及如何在基于 Debian 的 Linux 发行版上配置好 Apache 并使用 QGIS Server 了。现在 QGIS Server 已经安装好,且能够通过 HTTP 协议对其进行访问。下一节会介绍如何访问 QGIS 提供的网络地图服务(WMS)。

12.2 WMS 服务

首先找到实习用的数据,并把 exercise_data 目录中的文件解压到任意目录。这里建议直接创建一个/home/qgis/projects 目录储存这些文件,避免产生权限问题。

本书自带数据中包含的一个名为"world. qgs"文件是已配置好 QGIS Server 项目文件。如果要使用自己的项目进行本节练习,或者希望学习如何为 QGIS Server 配置项目可以参考本书前面创建和保存项目的有关章节。本节会直接展示用的 URL,以便读者可以区分 URL 配置中的参数和参数值。正常情况下格式为:

```
...&field1=value1&field2=value2&field3=value3
```

此教程使用的格式为:

```
&field1=value1
&field2=value2
&field3=value3
```

把它们粘贴到 Mozilla Firefox 浏览器中就可以正确运行,但在其他浏览器中,例如 Chrome,field:parameter 对中间可能会莫名地加空格。因此,如果遇到此问题可以选择使用 Firefox 浏览器,或修改 URL 格式使其显示到同一行中。在浏览器中或使用 curl 发出 WMS GetCapabilities 请求:

```
http://qgisplatform.demo/cgi-bin/qgis_mapserv.fcgi
?SERVICE=WMS
&VERSION=1.3.0
&REQUEST=GetCapabilities
&map=/home/qgis/projects/world.qgs
```

在前一节中的 Apache 配置文件里 QGIS_PROJECT_FILE 变量的默认项目路径是/home/qgis/projects/world. qgs。然而在上面的请求中实际上也可以使用 map 参数指向别的任意项。若在上面的请求中删除 map 参数,QGIS Server 会去默认路径中寻找项目配置,同样会返回相同的响应数据。

通过把任何 WMS 客户端指向 GetCapabilities 函数的 URL,客户端可以获取包含 Web Map Server 信息的元数据的 XML 文档,详述其地理范围、采用何种格式、WMS 的版本、服务于哪些图层等。

由于 QGIS 也是 OGC - WMS,因此,借助上节的 GetCapabilities 的 URL 创建新的 WMS 服务器链接。要了解如何执行此部分操作,请参阅本书 11.1 节中的 Web Mapping Services 或 OGC - WMS - Servers 的相关章节内容。在 QGIS 项目中加载 countries 的 WMS 图层,可以获得如图 12 - 1 所示的效果。

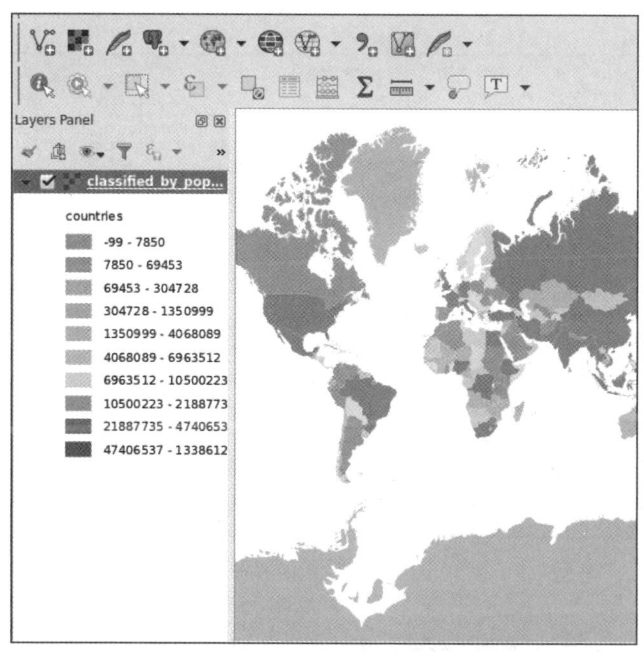

图 12 - 1 正在使用 QGIS Server 国家/地区图层 WMS 服务的 QGIS Desktop

特别注意:QGIS Server 提供的是在 world. qgs 项目中已定义的图层。使用 QGIS 打开项目可以看到 countries 图层配置了很多样式。QGIS Server 可以自动发现和渲染这些样式,因此,在请求中可以指定所需的样式,例如图 12 - 1 中选择了 classified_by_population 样式。

12.2.1 日志

设置一个网络地图服务器的时候日志是极其重要的,尤其是对直接暴露在公网的服务器来说,因为它们可以告诉服务器到底发生过什么。之前章节在 * . conf 文件中对日志作出过以下设置:

· QGIS Server 的日志位于/logs/qgisserver. log;

· qgisplatform. demo Apache 访问日志位于:qgisplatform. demo. access. log;

· qgisplatform. demo Apache 错误日志位于:qgisplatform. demo. error. log。

日志文件都只是单纯的文本文件,可以使用文本编辑器查阅。或者在终端中使用 tail 命令拆开:sudo tail -f /logs/qgisserver. log。该命令在终端实时输出该日志文件中新加的内容。当然,还可以为每个日志文件分别打开 3 个终端,如图 12-2 所示。

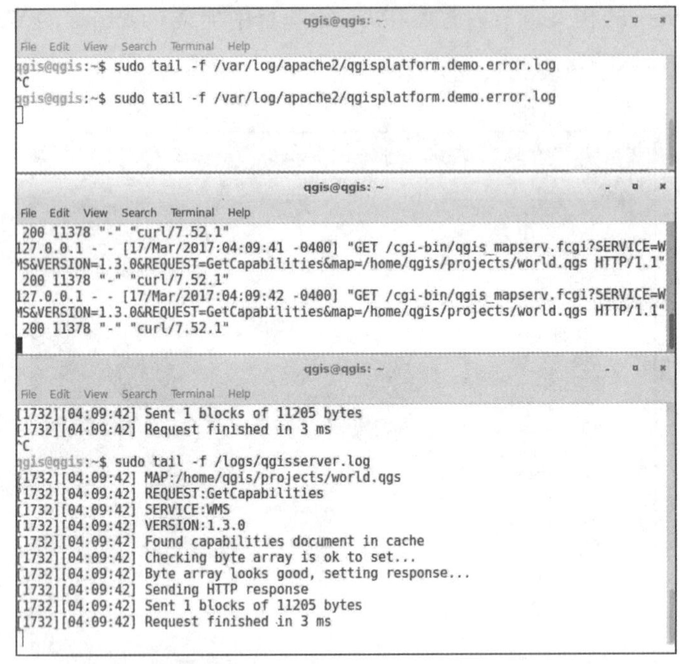

图 12-2 使用 tail 命令使 QGIS Server 日志的输出显示

当用 QGIS Desktop 连接 QGIS Server WMS 服务时可以在访问日志中看到 QGIS 发送到服务器的所有请求,在 QGIS Server 日志中还可以看到 QGIS Server 报过的错,等等。如果在接下来的部分查看系统 QGIS Server 的日志,可以很清楚地掌握服务器主要做了哪些工作。通过重新启动 Apache 服务,同时查看 QGIS Server 日志,还可以得到一些 QGIS Server 如何运作的提示信息。

12.2.2 “获取地图”请求

为了显示出 countries 图层,QGIS Desktop 和其他的 WMS 客户端一样是使用 GetMap 请求数据。以下是一个“简单请求”的示例:

```
http://qgisplatform.demo/cgi-bin/qgis_mapserv.fcgi
?MAP=/home/qgis/projects/world.qgs
```

```
&SERVICE=WMS
&VERSION=1.3.0
&REQUEST=GetMap
&BBOX=-432786,4372992,3358959,7513746
&SRS=EPSG:3857
&WIDTH=665
&HEIGHT=551
&LAYERS=countries
&FORMAT=image/jpeg
```

上述请求会输出如图 12－3 所示的内容，结果为对 QGIS Server 的简单 GetMap 请求。

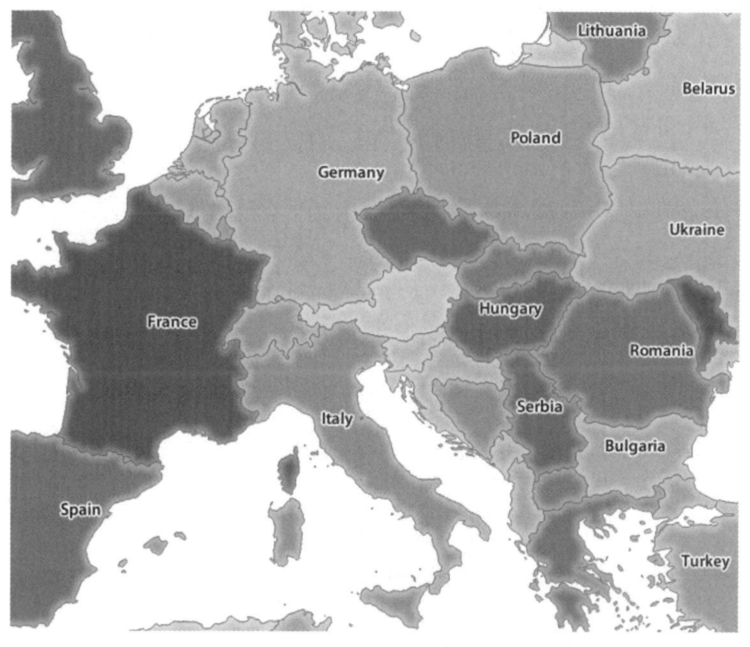

图 12－3　QGIS Server 对简单 GetMap 请求的响应

12.2.3 更改图像和图层参数

现在来使用另一个图层替换掉 countries 图层。查看其他可用图层必须在 QGIS 中打开 world.qgs 项目。WMS 客户端是无法访问 QGIS 项目的，只是能够查看地图元数据配置文档。此外，QGIS 有一个配置选项可以设置 QGIS 项目在提供 WMS 服务时是否忽略 QGIS 项目中的某些图层。所以 QGIS Desktop 可以用 GetCapabilities 函数获取图层列表，自己也可以尝试在 GetCapabilities 返回的 XML 数据中查找其他图层的名称。其中可以找到一个图层名称是"countries_shapeburst"。可能还能找到其他图层，但是有些图层可能在这么小的比例尺没显示，因此可能会获取到空白图片输出。

12.2.4 使用过滤器、透明度设置和样式参数

现在对新加载的另一个图层尝试另一种请求，一些拓展的 Getmap 参数——FILTER 和 OPACITIES，但同时也使用标准的 STYLES 参数。

```
http://qgisplatform.demo/cgi-bin/qgis_mapserv.fcgi
?MAP=/home/qgis/projects/world.qgs
&SERVICE=WMS
&VERSION=1.3.0
&REQUEST=GetMap
&BBOX=-432786,4372992,3358959,7513746
&SRS=EPSG:3857
&WIDTH=665
&HEIGHT=551
&FORMAT=image/jpeg
&LAYERS=countries,countries_shapeburst
&STYLES=classified_by_name,blue
&OPACITIES=255,30
&FILTER=countries:"name" IN ( 'Germany', 'Italy' )
```

上述请求应会输出如图 12-4 所示的结果。

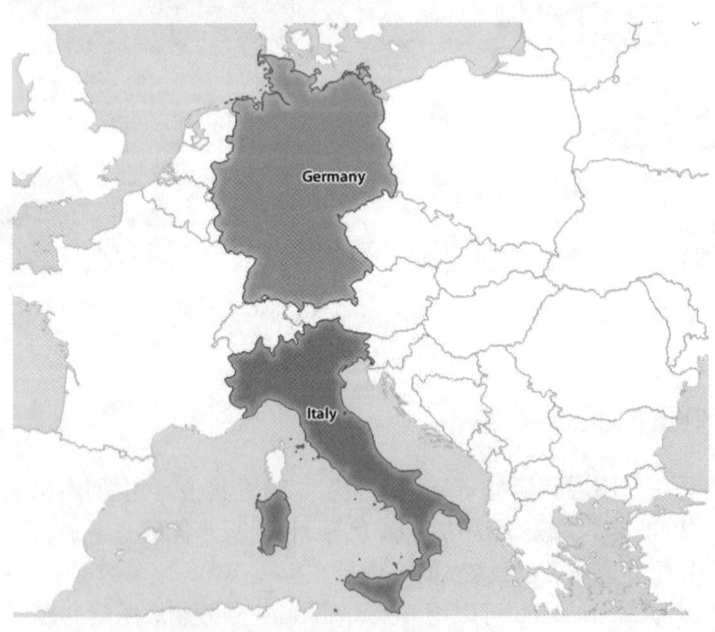

图 12-4 带“FILTER”和“OPACITIES”参数的 GetMap 请求所返回的响应

从图 12-4 中可以看出，在请求语句中是要求 QGIS Server 从 countries 图层中只抽出 Germany 和 Italy 数据进行显示。

12.2.5 使用红线

下面介绍另一个关键应用，qgisserver-redlining 框选功能和 extra-getmap-parameters 部分介绍的 SELECTION 参数执行 GetMap 请求：

```
http://qgisplatform.demo/cgi-bin/qgis_mapserv.fcgi
?MAP=/home/qgis/projects/world.qgs
&SERVICE=WMS
&VERSION=1.3.0
&REQUEST=GetMap
&BBOX=-432786,4372992,3358959,7513746
&SRS=EPSG:3857
&WIDTH=665
&HEIGHT=551
&LAYERS=countries,countries_shapeburst
&FORMAT=image/jpeg
&HIGHLIGHT_GEOM=POLYGON((590000 6900000, 590000 7363000, 2500000
7363000, 2500000 6900000, 590000 6900000))
&HIGHLIGHT_SYMBOL=<StyledLayerDescriptor><UserStyle><Name>Highlight</Name>
<FeatureTypeStyle><Rule><Name>Symbol</Name><LineSymbolizer><Stroke><SvgPa-
rameter
name="stroke">%233a093a</SvgParameter><SvgParameter name="stroke-opacity">
1</
SvgParameter><SvgParameter name="stroke-width">1.6</SvgParameter></Stroke></
LineSymbolizer></Rule></FeatureTypeStyle></UserStyle></StyledLayerDescriptor>
&HIGHLIGHT_LABELSTRING=QGIS Tutorial
&HIGHLIGHT_LABELSIZE=30
&HIGHLIGHT_LABELCOLOR=%23000000
&HIGHLIGHT_LABELBUFFERCOLOR=%23FFFFFF
&HIGHLIGHT_LABELBUFFERSIZE=3
&SELECTION=countries:171,65
```

把上述请求语句粘贴到浏览器中，应能输出如图 12－5 所示的图像。

从图 12－5 中可以看到，使用“SELECTION”参数的结果是把 id 为“171”和“65”的国家/地区用黄色高亮显示（罗马尼亚和法国），而使用“REDLINING”参数的结果则是在图中叠置了一个标记着“QGIS Tutorial”标签的矩形。

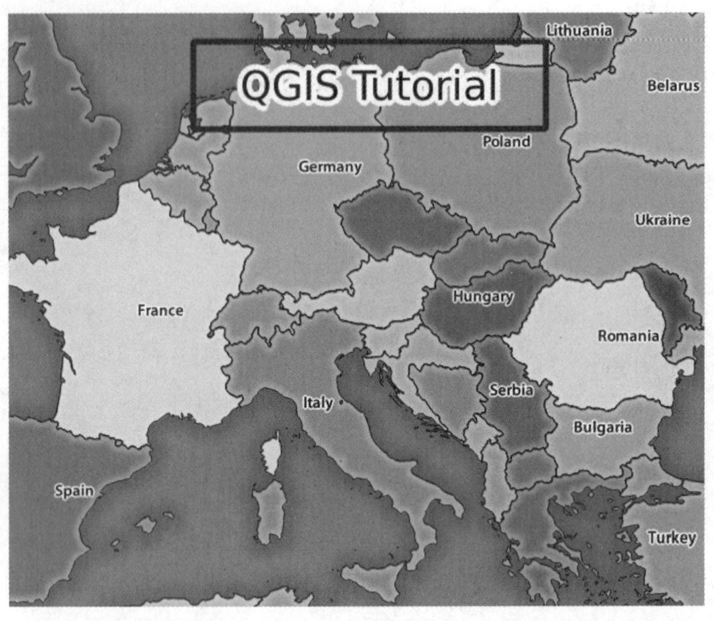

图 12-5 带“REDLINING 要素”和“SELECTION”参数请求返回的响应

12.2.6 GetPrint 请求

QGIS Server 还能充分利用 QGIS Desktop 的打印布局功能。关于打印请求的详细介绍可以在 server_getprin 部分的帮助文档查看。如果使用 QGIS Desktop 打开 world. qgs 项目，可以在其中找到一个名为“Population distribution”的打印布局设置。以下是一个可以展示此强大功能的简单示例，GetPrint 请求链接为：

```
http://qgisplatform. demo/cgi-bin/qgis_mapserv. fcgi
?map=/home/qgis/projects/world. qgs
&SERVICE=WMS
&VERSION=1.3.0&
REQUEST=GetPrint
&FORMAT=pdf
&TRANSPARENT=true
&SRS=EPSG:3857
&DPI=300
&TEMPLATE=Population distribution
&map0:extent=-432786,4372992,3358959,7513746
&LAYERS=countries
```

把上述请求语句粘贴到浏览器中，应能输出如图 12-6 所示的图像。

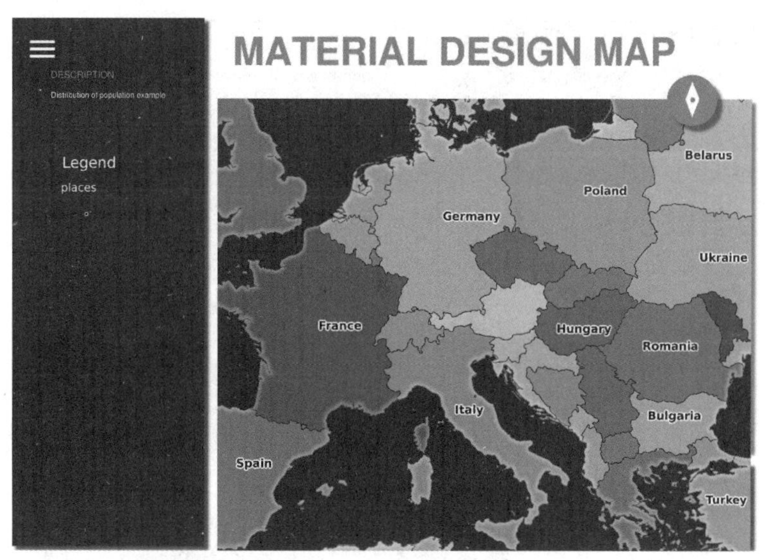

图 12－6　显示上述 GetPrint 请求的 pdf 结果

一般来说，自己编写 GetMap、GetPrint 等请求是比较麻烦，QGIS Web Client（QWC）是一个 Web 客户端项目，可以与 QGIS Server 一起使用，方便用户在 Web 上发布项目，或协助用户创建 QGIS Server 请求，以便能更好地了解 QGIS Server 的各种可能性。

可以依照以下步骤安装 QWC：

（1）以用户 qgis 的身份，通过 cd /home/qgis 跳转到主目录。

（2）从此处（https://github.com/qgis/QGIS-Web-Client/archive/master.zip）下载 QWC 项目并将其解压。

（3）创建一个路径链接，把/var/www/html 路径和/home/qgis/Downloads/QGIS-Web-Client-master 链接起来作为文档根目录（DocumentRoot），该目录在之前配置虚拟主机配置中已经做过设置。

如果把安装文件解压缩到/home/qgis/Downloads/QGIS-Web-Client-master，相当于把它存放在/var/www/html 文件夹中；创建路径链接的命令是：

```
sudo ln -s /home/qgis/Downloads/QGIS-Web-Client-master  /var/www/html/
```

（4）然后打开浏览器，并在浏览器访问链接：http://qgisplatform.demo/QGIS-Web-Client-master/site/qgiswebclient.html?map=/home/qgis/projects/world.qgs，在浏览器中就可以看到加载的地图，如图 12－7 所示。

在 QWC 中点击打印按钮就可以创建和定制 GetPrint 请求链接了，也可以点击 QWC 的“?”图标打开帮助文档，了解更多关于 QWC 操作和配置功能。

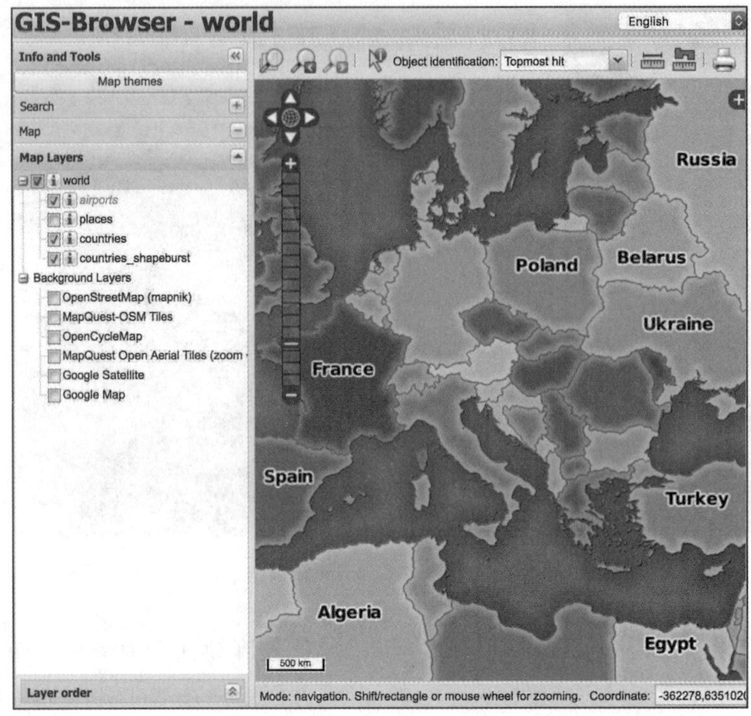

图 12-7 QGIS QWC 客户端操作 world.qgs 工程项目文件

12.2.7 小结

本章主要介绍了 QGIS Server 配置以及如何用 QGIS Server 提供网络地理信息服务。下一章会介绍如何在 QGIS 中使用 GRASS GIS 模块。

13 GRASS 配置与应用

GRASS(Geographic Resources Analysis Support System,地理资源分析支持系统)是一个知名的、具有各种高效功能的开源 GIS。自 1984 年首次发行以来,进行了大量改进,加入了很多附加功能。QGIS 允许直接利用 GRASS 强大的 GIS 工具完成各种分析操作。

13.1 安装设置 GRASS

在 QGIS 中使用 GRASS 的界面和直接使用 QGIS 自身界面稍微不太一样。这里需要注意使用 GRASS 不是直接使用 QGIS 操作,而是通过 QGIS 在调用 GRASS。因此,必须确保安装配置 GRASS 软件与 QGIS 软件兼容。本节的目标是在 QGIS 中创建一个 GRASS 项目。

13.1.1 创建新的 GRASS 会话

要在 QGIS 中启动 GRASS,和其他插件一样先将其启用:

(1)首先,创建一个新的 QGIS 项目。

(2)在插件管理器(Plugin Manager)中,启用列表里的 GRASS(图 13-1)。

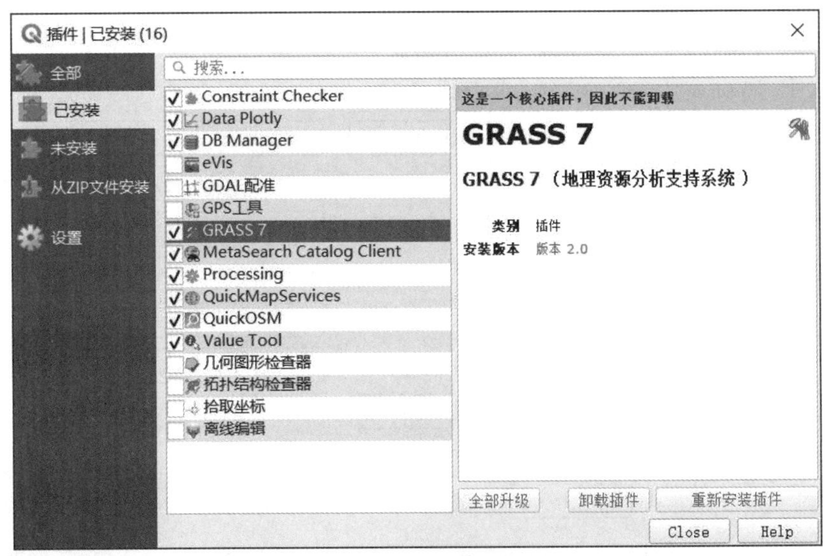

图 13-1 安装 GRASS 插件

此时会出现 GRASS 工具栏和 GRASS 面板(图 13－2):

此时 GRASS 面板还没处于启用状态,这是因为使用 GRASS 之前需要先创建一个 Mapset 数据库。GRASS 是始终都在数据库环境下运行的,用户必须把所有使用的数据导入一个 GRASS 的 Mapset 数据库(图 13－3)。

图 13－2　GRASS 插件面板

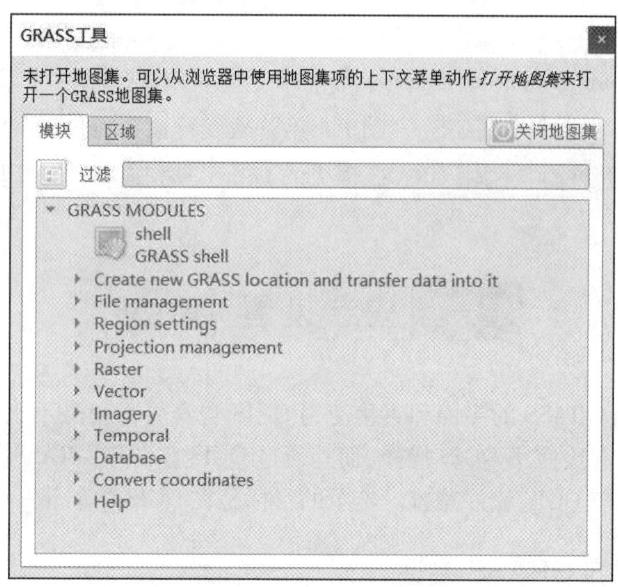

图 13－3　GRASS 工具集

GRASS 数据库虽然看起来比较复杂,但实际结构非常简单(图 13－4)。用户需要知道,数据库的最上层是 Location。每个 Location 可以包含不同的 Mapset,在每个 Mapset 中都能找

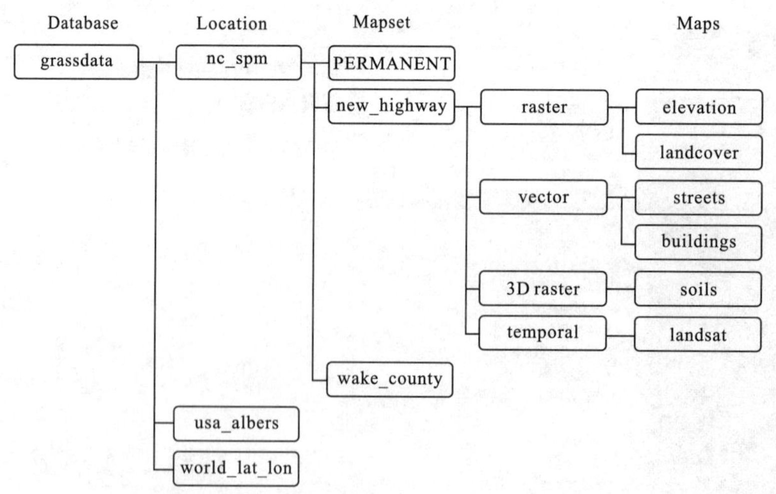

图 13－4　GRASS 数据库结构(来源于 GRASS docs)

到 PERMANENT Mapset，它是 GRASS 默认创建的，而每个 Mapset 中则按特定结构存储矢量、栅格数据等。这里只要记住一点：Location 是用来存放装载数据的 Mapset 的。更多关于 GRASS 数据库的内容请访问 GRASS 官方网站。

13.1.2 创建一个新的 GRASS 项目

（1）点击插件（Plugins）→GRASS→新建 Mapset（New Mapset）菜单（图 13－5）。

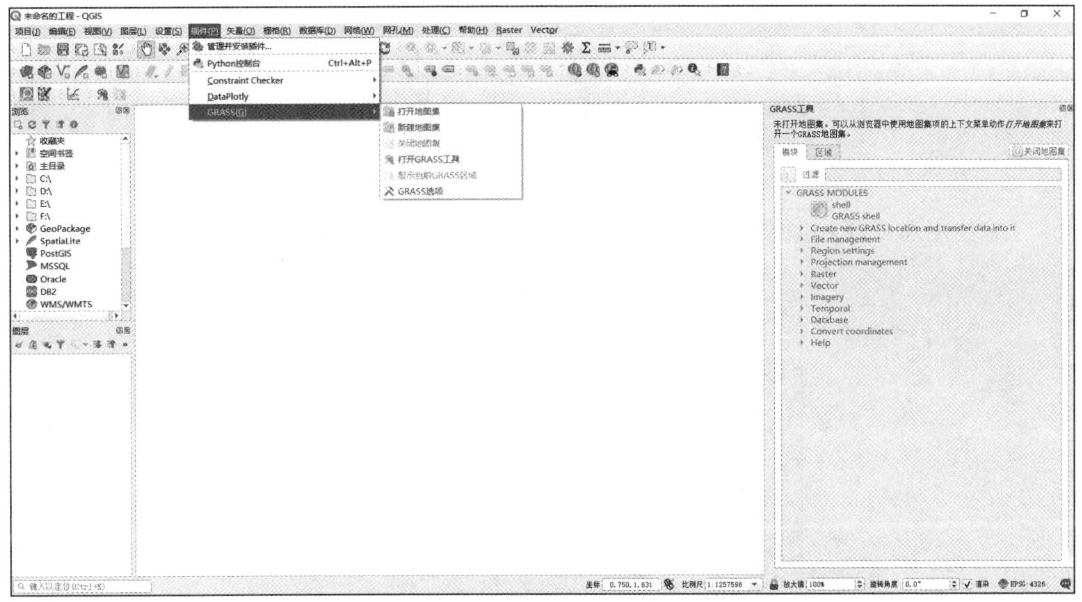

图 13－5 GRASS 菜单

选择 GRASS 数据库的储存位置。注意：设置的存储路径的文件夹尽量不要用中文名称命名。

（2）将其设置为如图 13－6 所示的目录，GRASS 将在指定的文件夹建立数据库。

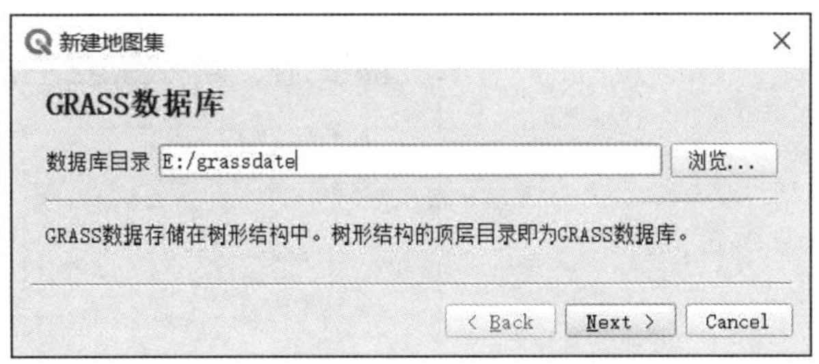

图 13－6 新建 GRASS 地图存储位置

（3）点击下一步（Next）。

此时 GRASS 需要创建一个 Location，也称为 GRASS Region，用以设定操作的研究区的最大范围。这里要注意，Region 对于 GRASS 极为重要，因为它设定了对于 GRASS 来说需要考虑的所有图层的区域范围。超出该范围的所有地物要素都会被忽略。不过这里也不用担心，因为创建好 Location 依然随时可以更改。

（4）把新建的 Location 命名为 SouthAfrica（图 13－7）。

（5）点击下一步（Next）。

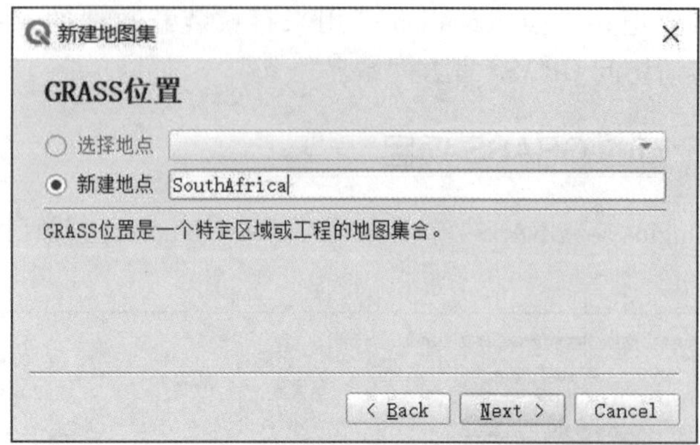

图 13－7　创建 SouthAfrica 地点

(6)使用 WGS 84 空间坐标参考系,查询并选择此 CRS(图 13－8)。

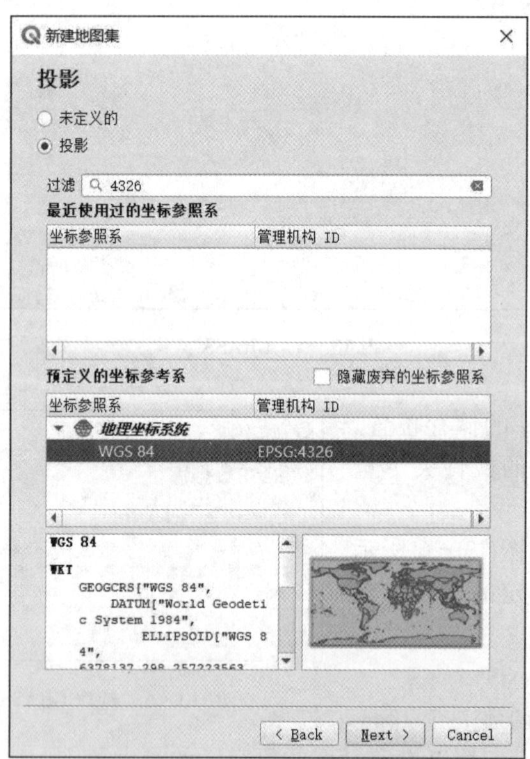

图 13－8　设置数据坐标参考系统

(7)点击下一步(Next)。

(8)从下拉菜单中选择 South Africa 区域,点击设置(Set)(图 13－9)。

(9)点击下一步(Next)。

图 13－9　配置数据范围

(10)此时 Mapset 已完成创建,这就是接下来要进行操作的地图文件(图 13－10)。

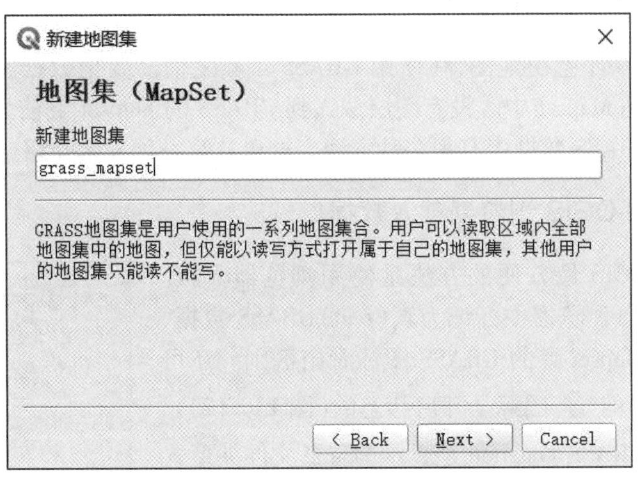

图 13－10　设置地图集名称

操作完成后会看到一个显示所有输入信息摘要的确认对话框(图 13－11)。

(11)点击完成(Finish)。

(12)在对话框中点击 OK 按钮,此时可以看到 GRASS 面板变为启用状态,现在就可以使用所有 GRASS 工具了。

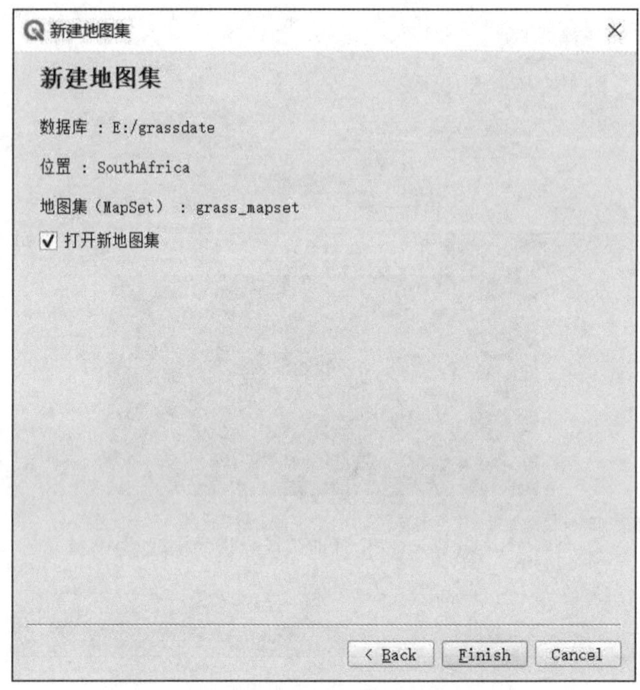

图 13-11 创建地图集确认对话框

13.1.3 在 GRASS 中载入矢量数据

现在已经打开一个空白地图,在使用 GRASS 工具之前需要把数据加载到 GRASS 数据库中,特别是加载到 Mapset 中。没有图层载入到 GRASS 的 Mapset 之前无法使用 GRASS 工具。把数据载入 GRASS 数据库有很多种方法。这里从第一种开始介绍。

13.1.3.1 使用 QGIS 浏览器载入数据

把数据载入 QGIS 最方便的方法是使用浏览器面板。GRASS 数据在 QGIS 浏览器中标记为真(real)GRASS 数据,可以通过 GRASS Mapset 旁的 GRASS 图标看出区别。还可以看到 Mapset 旁边的图标是开启状态的(图 13-12)。

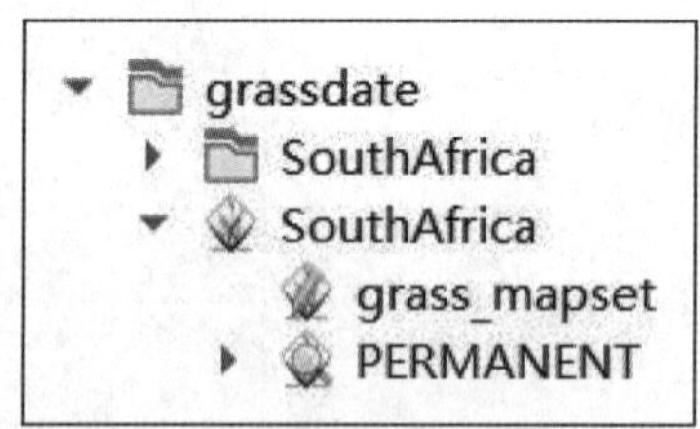

图 13-12 GRASS 的 Mapset 数据结构

这里要注意,GRASS Location 是显示为普通文件夹形式的,GRASS Mapset 数据就是位于文件夹里。可以把图层从某个文件夹中点击并拖拽到 GRASS Mapset 中。现在把 roads 图层导入到 SouthAfrica Location 中的 grass_mapset 里。转到数据浏览器,把 roads 图层从 training_data.gpkg 的 GeoPackage 文件中拖放到 grass_mapset 这个 Mapset 中。

完成之后,展开 Mapset 可以看见导入的 roads 图层(图 13-13)。现在就可以像加载其他图层一样在 QGIS 中加载这个图层了。这里也可以在浏览器面板中,把图层从图层控制面板导入到 Mapset 里。

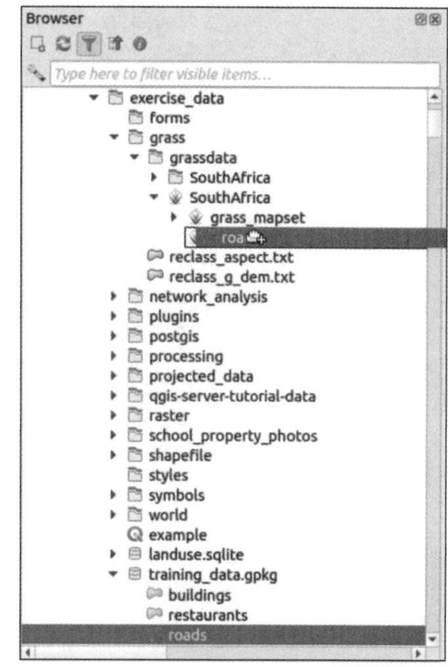

图 13-13 向 Mapset 中导入数据

13.1.3.2 使用 GRASS 面板导入数据

还有一种稍微麻烦的方法,这里使用此方法把 rivers 图层加载到同一个 Mapset 中。

(1)首先把数据载入 QGIS,这里使用图层数据是 rivers.shp(可以在 exercise_data\shapefile\文件夹中找到)。

(2)加载完成后,点击 GRASS 面板中的过滤器(Filter),通过输入 v.in.ogr.qgis 查到导入矢量数据工具(图 13-14)。注意:这里有 2 个看上去很相似的工具(v.in.ogr.qgis 和 v.in.ogr.qgis.loc),要使用的是第一个没有带".loc"的工具。

"v"代表的是 vector(矢量),"in"指的是一个把数据导入 GRASS 数据库,"ogr"则是用于读取矢量数据的软件库,而"qgis"意味着该工具会在 QGIS 图层列表的已加载到矢量数据中寻找矢量数据。

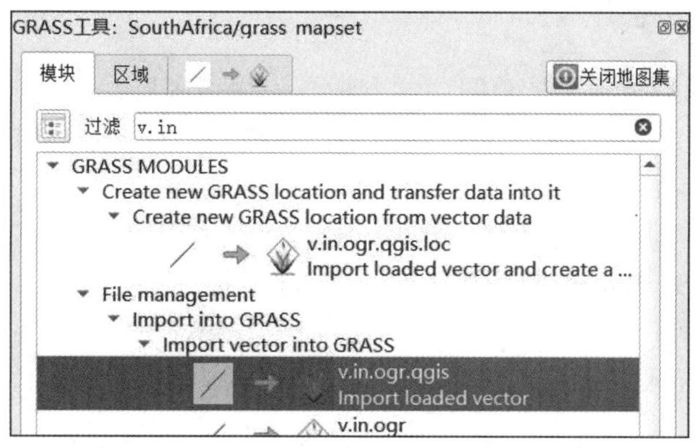

图 13-14 GRASS 工具集导入数据工具

(3)单击调出该工具,在已加载图层(Loaded Layers)框中选中 river 图层,将其命名为"g_rivers"以免混淆(图 13-15)。

要注意,更多的导入选项是位于高级选项(Advanced Options)中,包括可以对导入数据通过 SQL 语句添加 WHERE 子句过滤数据功能。

(4)点击运行(Run),开始导入。

(5)完成后,点击查看输出结果(View Output)按钮,在地图中查看最新输出的 GRASS 图层。

图 13－15　利用 GRASS 工具载入数据

(6)先关闭导入工具[点击查看输出结果(View Output)右侧的关闭(Close)按钮],然后关闭 GRASS 工具(GRASS Tools)窗口。

(7)移除最开始的 rivers 图层。现在,QGIS 地图中显示的只剩下导入的 GRASS 图层。

13.1.4　把栅格数据导入 GRASS

其实用户也可以通过导入矢量图层的方法导入栅格图层。现在尝试在 GRASS Mapset 中导入 srtm_41_19_4326. tif 图层。这里要注意,该栅格图层已经具有正确的 CRS,也就是 WGS 84。如果在导入数据时发现导入数据的 CRS 与 Mapset 的图层不一致,则需要将其重投影为和 GRASS Mapset 相同的 CRS 才能导入。

(1)在 QGIS 中导入 srtm_41_19_4326. tif 图层。

(2)再次打开 GRASS 工具(GRASS Tools)对话框。

(3)点击模型列表(Modules List)选项。

(4)查找出 r. in. gdal. qgis,双击此工具打开工具的对话框。

(5)进行设置,把输出图层设定为 srtm_41_19_4326. tif,输入图层设定为 g_dem(图 13－16)。

(6)点击运行(Run)。

图 13－16　GRASS 中导入栅格数据

(7)待此处理完成，点击查看输出结果(View output)(图 13－17)。

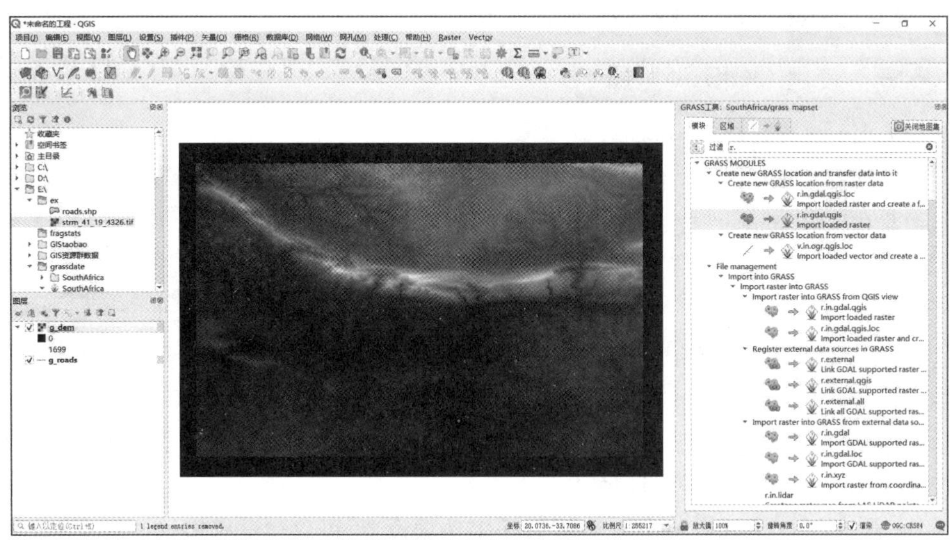

图 13－17　将 GRASS 的 Mapset 数据集内的数据加载到地图显示区

(8)关闭(Close)当前的选项卡，接着关闭(Close)整个对话框。

(9)移除原来的 srtm_41_19_4326. tif 图层。

13.1.5　练习

尝试从 exercise_data\shapefile\文件夹中把 water. shp 和 places. shp 两个矢量图层导入到 GRASS Mapset 中。参照之前对 rivers 图层的操作，把两个图层重命名为“g_water”和“g_places”。

请参考附录内容核对结果。

13.1.6　打开已有的 GRASS Mapset

可以通过很多种方法打开 GRASS Mapset，本节介绍其中常用的几种方法。先通过点击 GRASS 工具(GRASS Tools)窗口上的关闭 Mapset(Close Mapset)按钮关闭当前 Mapset。

13.1.6.1　使用 GRASS 插件

(1)点击前面章节中用过的插件(Plugins)→GRASS→新建地图集(New Mapset)菜单旁边的插件(Plugins)→GRASS→打开地图集(Open Mapset)菜单。

(2)浏览到 GRASS 数据库文件夹，切记，这里必须选择 GRASS Mapset 的上一级文件夹，而不是 GRASS Mapset 文件夹本身。然后，GRASS 就会自动读取数据库的所有 Locations，以及每个 Location 中的所有 Mapsets(图 13－18)。

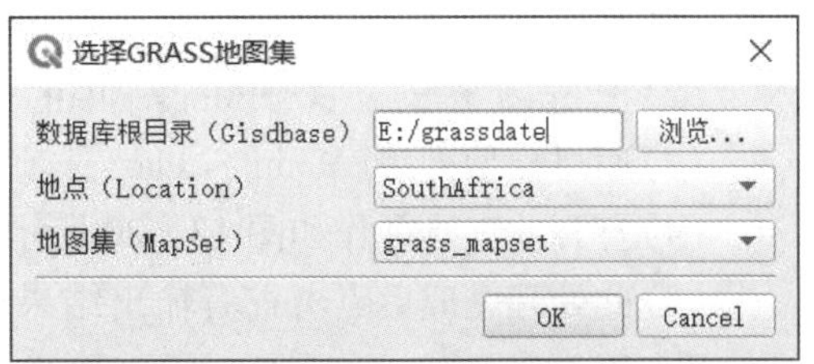

图 13－18　选择 GRASS 地图集

(3)选择此前创建的 Location 数据和 Mapset 数据 grass_mapset 就可以了。GRASS 面板变为启用状态，意味着 Mapset 已经正确地打开了。

13.1.6.2 使用 QGIS 浏览器

使用 QGIS 浏览器打开 Mapset：

(1)通过点击 GRASS 工具(GRASS Tools)窗口上的关闭地图集(Close Mapset)按钮关闭 Mapset。

(2)在 QGIS 浏览器中，导航到 GRASS 数据库所在的文件夹。

(3)右键点击 Mapset(记得 Mapset 旁边是带着 GRASS 图标的，很容易找到这个图标)。

(4)点击打开地图集(Open Mapset)(图 13-19)。

图 13-19 使用 QGIS 浏览器浏览 Mapset 数据

现在 Mapset 已成功打开，可以使用了。

另外，右键点击 GRASS Mapset 会展开很多选项设置，可以尝试点击这些选项，看看会有哪些定制功能。

13.1.7 小结

使用 GRASS 提取数据的工作流程与 QGIS 方法有所不同，因为 GRASS 会将其数据加载到一个空间数据库中。通过把 QGIS 用作前端可以把 QGIS 中的现有图层用作 GRASS 的数据源来简化 GRASS Mapset 的设置。由于现在数据已经导入到 GRASS 了，下一节将进一步研究 GRASS 提供的高级分析操作了。

13.2 GRASS 分析工具

在本节中会介绍 GRASS 提供的一些工具，通过它们能够更深入了解 GRASS 的分析功能的运作模式。

13.2.1 坡向分析

(1)打开 GRASS 工具(GRASS Tools)选项。

(2)把 grass_mapset 这个 Mapset 中的 g_dem 栅格图层导入。

(3)通过模型列表(Modules List)选项中的过滤器(Filter)区域搜索 r. aspect 工具。

(4)打开此工具并作如图 13-20 所示的设置，然后点击运行(Run)按钮。

(5)此处理完成后点击查看输出结果(View Output)，把结果图层加载到地图显示区中(图 13-21)。

g_aspect 图层储存在 grass_mapset 这个 Mapset 内，可以将其从绘图区移除或重新加载。

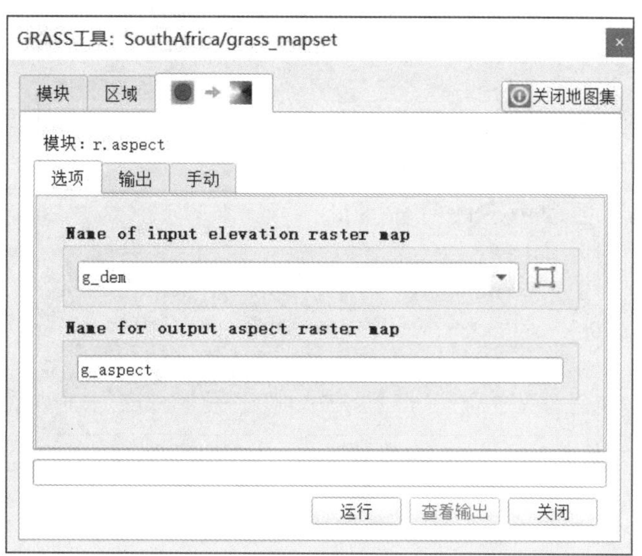

图 13－20　导入栅格数据图层

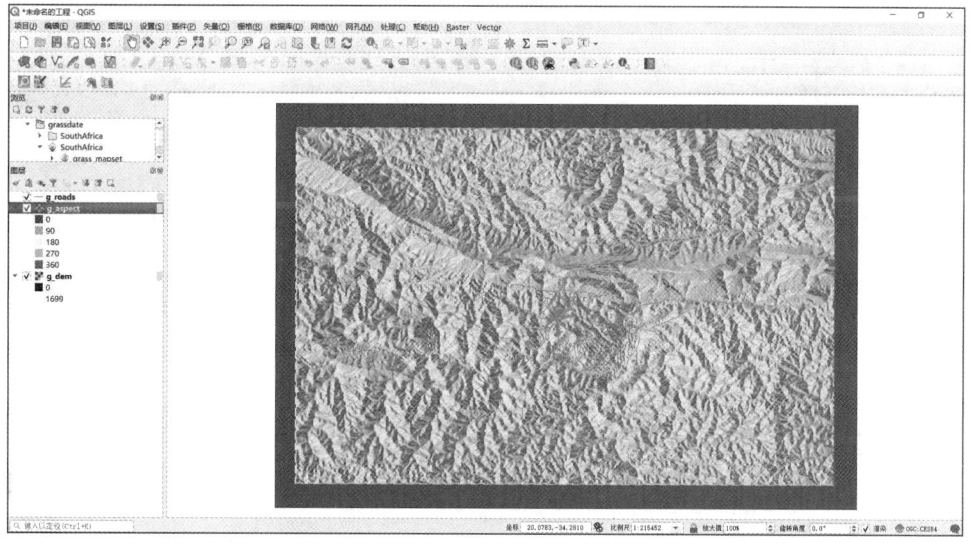

图 13－21　结果加载到显示区显示

13.2.2　栅格图层基础统计信息

可以利用 GRASS 工具获取 g_dem 栅格图层的某些基本统计信息。

（1）打开 GRASS 工具（GRASS Tools）选项。

（2）导入 grass_mapset 这个 Mapset 中的 g_dem 栅格图层。

（3）通过模型列表（Modules List）选项中的过滤器（Filter）区域搜索栅格信息（r. info）工具。

（4）打开此工具并作如图 13－22 所示的设置，然后点击运行（Run）按钮。

图 13-22 导入栅格图层

(5)在输出的选项卡中能看到栅格的一些信息显示出来,如文件路径,行、列数量,以及其他一些有用的信息(图 13-23)。

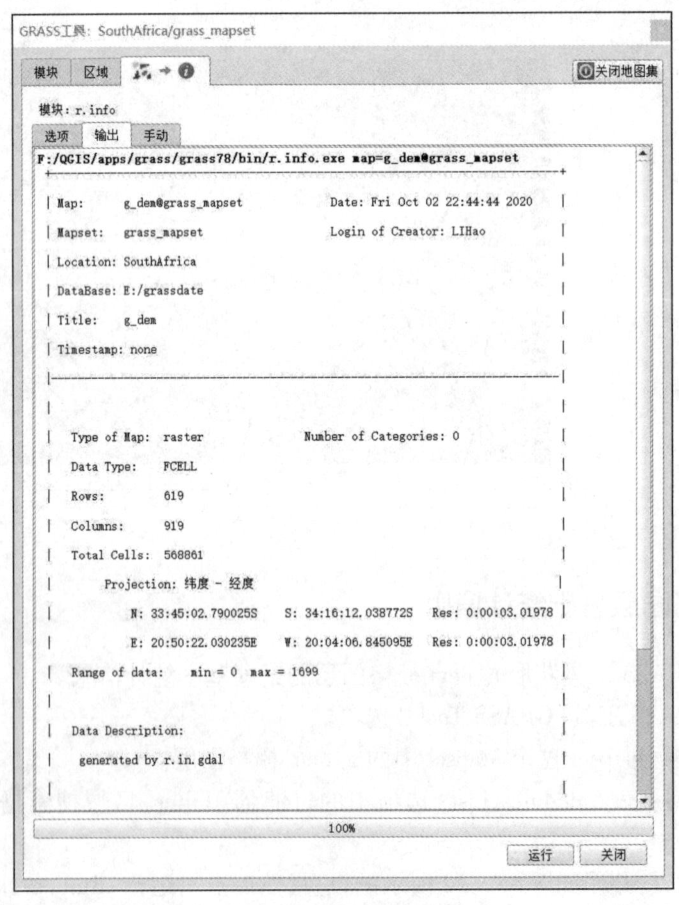

图 13-23 显示栅格数据相关信息

13.2.3 栅格数据重分类

栅格数据重分类是非常有用的工具。此前使用 g_dem 图层创建了一个 g_aspect 图层。其值域从 0(北)到 90(东),180(南),270(西),最后到 360(北)。现在可以把 g_aspect 图层重分类为只有遵循特定 rules(规则)的 4 类[North(北)= 1,East(东)= 2,South(南)= 3,West(西)= 4]。GRASS 的重分类工具接受使用 *. txt 文件定义分类规则。编写规则非常简单,GRASS 操作指导手册中有详尽描述,在 GRASS 操作指导手册中每个 GRASS 工具都配有操作指导。在本节学习开始之前可以花时间浏览即将使用的工具的介绍,以免不知道某些参数如何设置。

(1)加载 g_aspect 图层,如果还没创建这个图层,回到上一步,创建坡向图章节。

(2)通过工具列表的模型列表中(Modules List)的过滤器(Filter)查询 r. reclass 工具。

(3)打开该工具,作如图 13 - 24 所示的设置,存放规则的 *. txt 文件位于 exercise_data\grass\文件夹中,命名为 reclass_aspect. txt。

(4)点击运行(Run),等待处理完成。

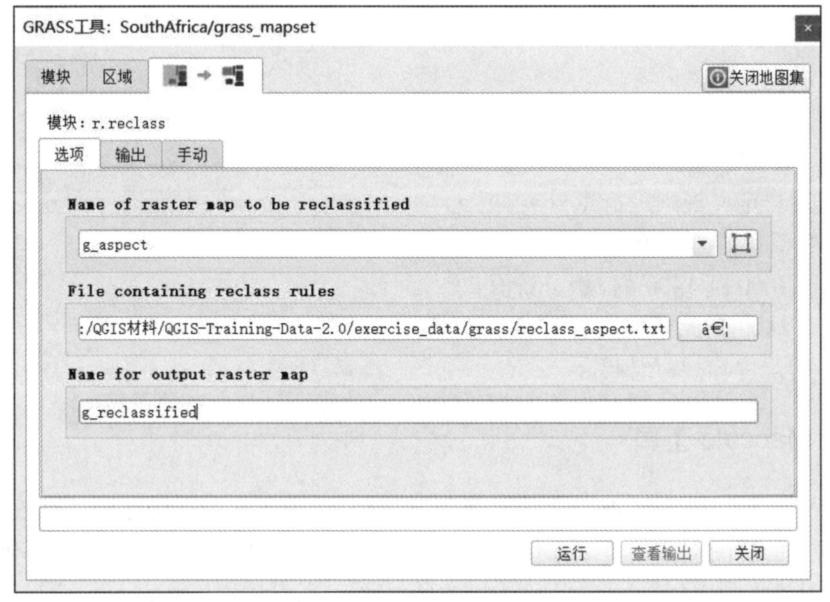

图 13 - 24 利用 GRASS 工具对栅格数据重分类

(5)点击查看输出结果(View Output)并把完成重分类的栅格加载到地图显示区中,新图层仅由 4 个值(1、2、3 和 4)组成,更易于管理和处理(图 13 - 25)。

提示:可以使用文本编辑器打开 reclass_aspect. txt 查看这些规则。此外,请参考 GRASS 操作手册,它提供了很多不同的示例指导各种操作的实现过程。

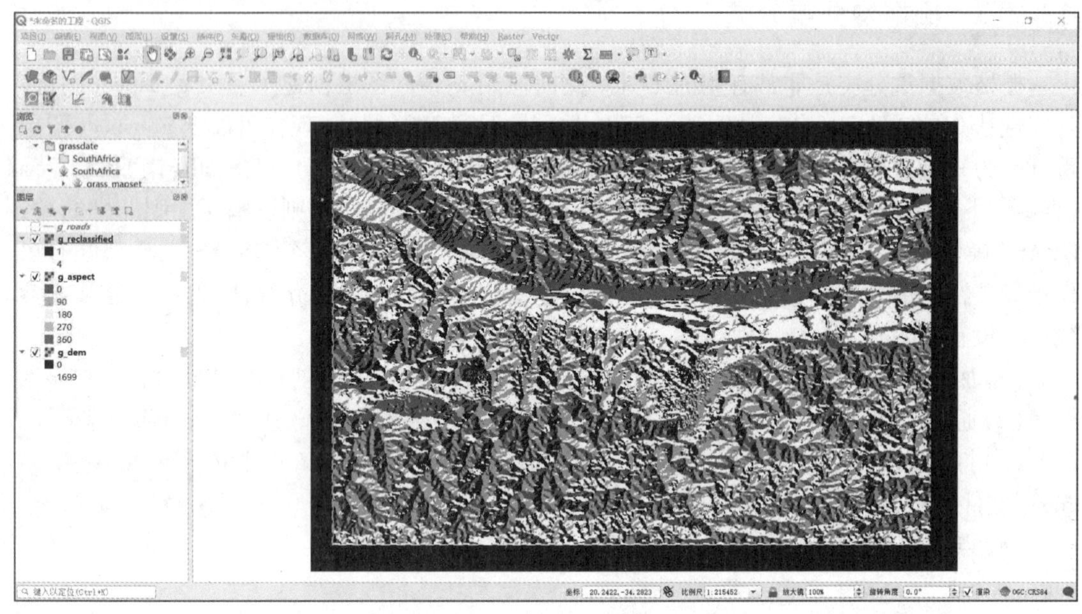

图 13-25 重分类结果显示

13.2.4 练习

练习使用自定义规则进行重分类，把 g_dem 图层以 3 个新的类别进行重分类：

(1)值处于 0 到 1000 的，赋予新值 1。

(2)处于 1000 到 1400 的，赋予新值 2。

(3)处于 1400 到此栅格最大值的，赋予新值 3。

请参考附录内容核对结果。

13.2.5 Mapcalc 工具

Mapcalc 工具类似于 QGIS 的栅格计算器，可以对一个或多个栅格图层进行数学运算，生成具有计算值的新图层。接下来操作的目的是从 g_dem 栅格图层中提取大于 1000 的值。

(1)通过模型列表(Modules List)的过滤器(Filter)区域搜索 r. mapcalc 工具。

(2)启用该工具，Mapcalc 对话框允许用户构造对栅格或多个波段的栅格数据执行的一系列计算操作，计算过程中可能会使用到如图 13-26 所示的工具。

图 13-26 Mapcalc 工具栏

从左到右,依次介绍如下。

加载地图(Add map):加载当前的 GRASS Mapset 中一个栅格文件;

添加常数(Add constant value):要在函数中使用的常数,本案例中为 1000;

添加运算符或函数(Add operator or function):添加要计算使用的运算符或函数,这里会使用大于等于(greater equals than)的运算符;

添加关联(Add connection):关联元素;使用此工具,单击并从一个项上的红点拖动到另一个项上的红点。正确关联到关联器线上的点会变成灰色。如果线或点呈红色,则说明未正确关联。

选择项(Select item):选择一个项,以及移动选中的项;

删除选中的项(Delete selected item):从当前的 mapcalc 表单中删除选中的项,但并不是从 Mapset 删除该数据;

打开(Open):使用定义的操作打开现有文件;

保存(Save):把所有操作保存到文件中;

另存为(Save as):把所有操作保存到硬盘上的另一个文件中。

(3)使用这些工具,构建出如图 13-27 所示的算法。

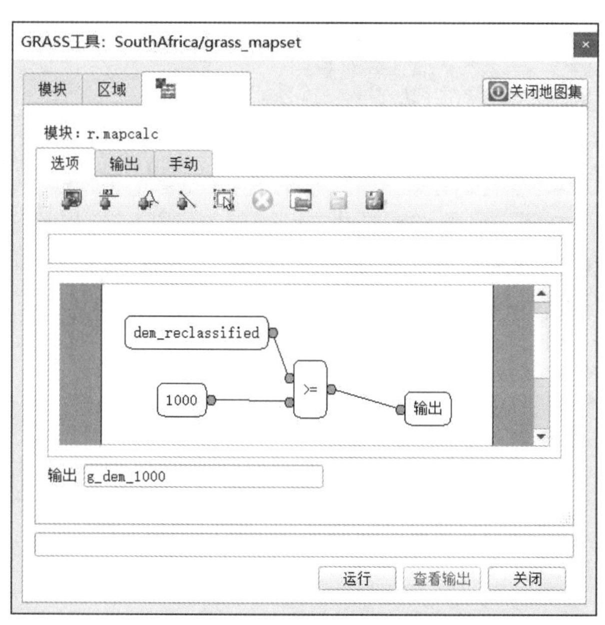

图 13-27　GRASS 的算法模块

(4)点击运行(Run),然后通过查看输出结果(View output),把输出结果显示到地图上(图 13-28)。

此结果显示了地形高于 1000m 的地区。

其实 GRASS 也可以保存构建的公式,当在其他 QGIS 项目中操作时,可以通过点击 GRASS Mapcalc 工具栏的最后一个按钮加载保存的公式。如果编写的公式比较复杂,该功能就比较有用了。

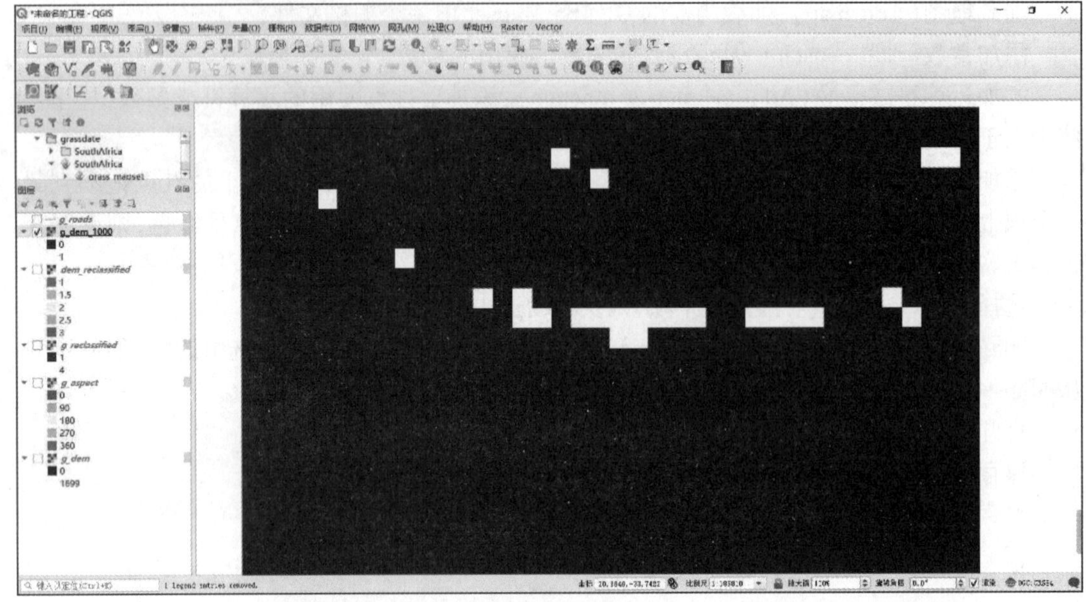

图 13－28　算法运行结果

13.2.6 小结

本节只是讲述了少部分 GRASS 提供的工具。用户也可以通过打开 GRASS 工具(GRASS Tools)对话框,向下滚动浏览模型列表,发现 GRASS 的更多功能。或者通过另外一种方式把工具按类型分类的模型树(Modules Tree)选项按类别查看。

14 QGIS 空间分析与评价

空间数据分析是基于空间数据进行空间信息挖掘和知识发现，是从空间数据中通过合理的分析手段获取有关地理对象的空间位置、空间分布、空间形态、空间演变等信息。其目的是通过对空间数据的加工和分析获取需要的结论，包括空间查询、空间处理与计算、空间划分、空间统计等。此章会介绍从数据获取，到数据分析和结果输出的一系列流程，让读者了解利用 QGIS 执行空间分析和评价的基本方法。本章需要用到以下数据：

· 一个带点名称和多个分类的兴趣点矢量点状数据集；
· 一个道路线矢量数据集；
· 一个(带类型分界线的)土地利用面矢量数据集；
· 一张影像(如航拍照片、卫星图像)；
· 一个 DEM 数据(如果手头上没有可以从 CGIAR-CSI 处下载)。

读者可以根据数据的要求自己创建该部分数据。

14.1 创建底图

在开始数据分析之前，需要先创建一张底图，该底图能帮助读者更好地掌握分析结果的前后关系。

14.1.1 加载点图层

(1)把点图层加载到 QGIS 中。

(2)基于特定一个属性(例如地名)为点图层添加标注。可以尽量使用较小的字体，让标注不那么显眼。这些标注信息应该有一定作用，但不能成为地图的主要要素。

(3)把这些点按一定分类规则，分类成不同的颜色。例如，分类应包含"观光景点""警察局""镇中心"。

(4)把点按重要性分类，用大小不同的符号表示：标志性越强的要素，赋予越大的尺寸，但是最大不要超过 2.00。

(5)对于不能定位于单个点上的要素(例如，省/地区名称或大量的城镇名称)，不要为其分配任何点。

14.1.2 加载线图层

(1)加载道路图层,更改其符号化配置。不要给此图层添加标注。

(2)把道路图层的符号更改为浅色且带轮廓的样式,透明度也稍微向透明方向调整。

(3)为此矢量图层创建带多个符号图层的符号,最终符号形状应该要类似真实的道路。可能需要使用一个简单的符号。例如,将其呈现为一条黑线,中心有一条细白实线,也可以做得更精美一些,但是不要让生成的地图看上去太花哨。

(4)如果数据在设定的比例尺下看起来道路仍然非常密集,则需要建立两个不同的道路图层。其中,一个图层的符号较稠密,比较近似现实道路,另一个图层的符号则趋于简单,可以用在较小比例尺下显示(这里需要设置地图基于比例尺可见,使其能随比例尺切换)。

(5)要求所有的符号都要由多个符号图层组成,把符号设置到能使它们能合理表现的状态。

(6)此外,道路应进行分类。在使用近似显示道路的符号时,为每个类型的道路赋予合适的符号。例如,一条高速公路在每个方向上都应该有两条车道。

14.1.3 加载面图层

(1)加载土地利用图层,更改其符号。

(2)根据土地利用类型对图层分类,并将其设置不透明色。

(3)根据土地利用类型对图层分类。在适当的地方,可以合并符号图层、合并不同的符号类型。但是,尽量保持最终结果在视觉上看起来比较协调。切记,这里的土地利用类型是背景的一部分。

(4)使用基于规则的分类把土地利用分为比较宏观的类别,例如“城市”“农村”“自然保护区”等。

14.1.4 创建栅格背景

为 DEM 图层创建山体阴影,并把山体阴影和重分类版本的 DEM 进行叠置。也可以(按此前介绍插件的课程所述)使用 Relief(浮雕)插件。

14.1.5 最终确定底图

使用上述资源,利用其中某些或全部图层创建基础地图。该地图应包括确定用户方向所需的所有基本信息,并且在视觉角度上看上去比较协调。

14.2 分析数据

(1)寻找满足某些条件的房产。

(2)可以根据自己的标准进行决定,把这些标准记录下来。

(3)针对预备制定的标准应该有以下规则:

(a)目标房产应属于某种或多种土地用途;

(b)目标房产应该与道路相距一定距离,或与道路交叉;

(c)距离某种类型的点,例如医院,应在给定距离内。

(4)结果中应包括栅格分析。要把栅格的至少一种派生属性参与考虑,例如其坡向或坡度。

14.3 最终地图

(1)使用打印布局(Print Layout)创建出一张包含所做分析结果的最终地图。

(2)把此地图与一开始记录下的标准存放在同一文档中。如果添加的图层使地图看起来比较乱,可以移除一些不必要的图层。

(3)最终地图还应该具有标题、图例和比例尺。

15 QGIS 在林业的应用

在第 1 章到第 13 章中已经介绍了很多 QGIS 操作的知识。本章会利用一个完整例子系统讲解 QGIS 在实际中的应用,如果刚好读者对 GIS 在林业方面的应用感兴趣,那本章就更适合此类读者了。本章会用到很多之前介绍的知识,并引入一些有用的新工具。

15.1 林业应用简介

学习本章需要具备本书第 1 章至第 11 章的知识。接下来的课程假定读者已经熟悉和掌握 QGIS 的很多基础操作,下文中只有此前没讲述过的工具才会详细介绍。如果读者已经具备前面章节介绍的 QGIS 经验,应不会觉得困难。这里要特别注意,本章中使用的示例数据存放在 exercise_data 文件夹中的 forestry 子文件夹中。常规的示例数据(航拍图像、LiDAR 数据、基础地图)是从芬兰国家土地测量局开放数据服务获得,并根据本章目的进行过调整。还要特别注意,该书的余下部分会包含一些添加、删除、更改 GIS 数据集的操作。在使用本书提供的示例数据操作之前注意做好数据备份。

15.2 地图配准

林业任务中比较常见的包括更新林区信息。需更新的区域的历史信息有可能是几年前的,并且是以纸质地图的方式收集的,或者可能已数字化,但只剩下该资源调查数据的纸质版本。用户当然希望在林业管理中更新这些比较旧的信息,此后用其做比较分析。因此,首先需要用 GIS 软件把现有的地图数字化。但是在开始数字化之前,有个重要步骤是对纸质地图进行扫描和配准。本节的目标是学习使用 QGIS 中的地图配准工具。

15.2.1 扫描地图

地图配准要做的第一项任务是扫描地图。如果地图太大,则可以分区进行扫描,但这样一来就需要为每个部分重复进行预处理和配准。因此,如果可能,尽可能一次完成地图扫

描。如果要使用与本书不同的地图,需要先使用扫描仪将其扫描为图像文件,分辨率为300dpi①。如果地图是有色的,可以用彩色扫描,以便以后可以使用这些颜色把信息从地图中提取到不同的图层(例如林分、等高线、道路等)。在本章的学习中,将使用已扫描的地图,可以在数据文件夹 exercise_data\forestry 中找到,文件名为“rautjarvi_map. tif”。

15.2.2 地图配准

打开 QGIS,通过工程(Project)→属性(Properties)→坐标参照系(CRS),把项目的坐标参照系(CRS)设置为芬兰当前正使用的 ETRS89/ETRS-TM35FIN(图 15-1)。

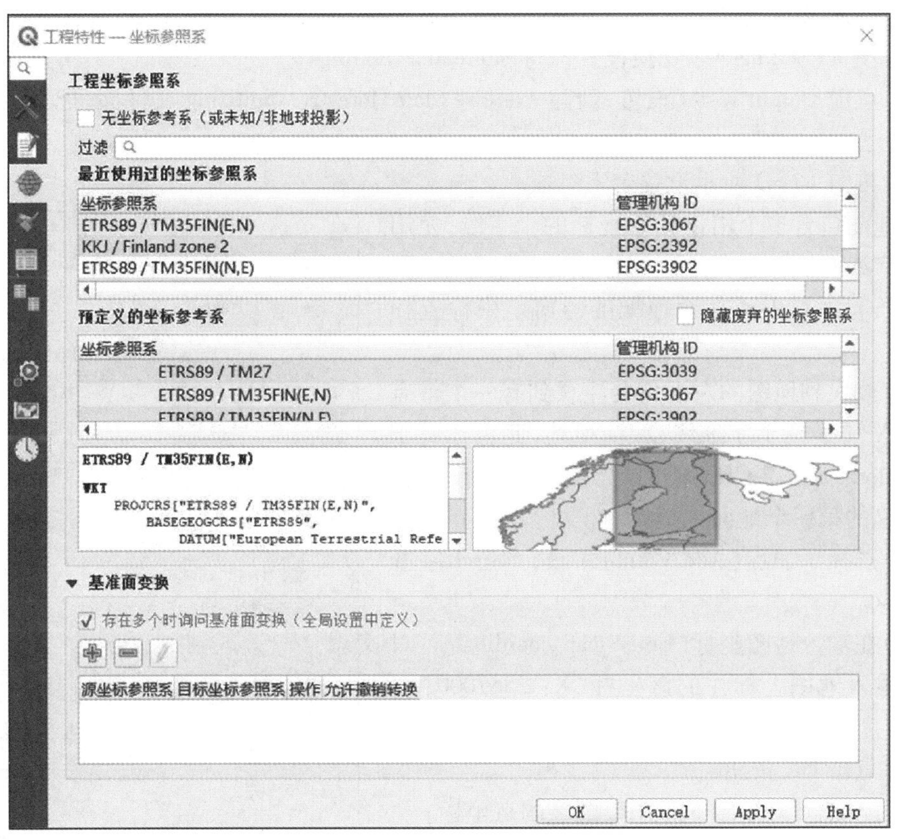

图 15-1 设置项目坐标参照系

把 QGIS 项目保存为 map_digitizing. qgs。这里会使用 QGIS 中的 Georeferencing 插件,该插件已安装在 QGIS 中。按照在前面章节中的操作方法使用插件管理器激活插件。该插件

①dpi(Dots Per Inch,每英寸点数)是一个量度单位,用于点阵数码影像,指每一英寸长度中,取样、可显示或输出点的数目。它是打印机、扫描仪等设备分辨率的度量单位,是衡量扫描仪精度的主要参数之一。一般来说,dpi 值越高,表明扫描仪的扫描精度越高;dpi 值越低,扫描的清晰度越低,由于受网络传输速度的影响,web 上使用的图片都是 72dpi,但是扫描地图不能使用这个参数,必须是 300dpi 或者更高的 350dpi。

命名为地理配准 GDAL(Georeferencer GDAL)。

按以下步骤配准地图:

(1)打开地理配准工具,栅格(Raster)→地理配准(Georeferencer)→地理配准(Georeferencer)。

(2)通过文件(File)→打开栅格(Open Raster)加载地图图像文件 rautjarvi_map. tif 作为进行配准的图像。

(3)通过设置(Settings)→栅格属性(Raster Properties)找到并选择 KKJ/Finland zone 2,这是 1994 年此地图制作时芬兰使用的 CRS。

(4)点击 OK 按钮。

接下来需要为配准此地图定义变化设置:

(1)设置(Settings)→变换设置(Transformation Settings)。

(2)点击 Output raster 设置,新建 exercise_data\forestry\digitizing 文件夹,把文件命名为"rautjarvi_georef. tif"。

(3)按图 15-2 所示设置余下参数。

该地图包含多个用作标记坐标的十字线,使用这些十字线对图像进行地理配准。可以在 QGIS 中使用缩放和平移工具在地理配准器窗口中检查扫描地图。

(4)放大到地图的左下角会注意到有一个带有坐标对 X 和 Y 的十字准线,如前所述,此坐标属于 KKJ/Finland zone 2 CRS,使用此点作为对地图进行地理配准的第一个地面控制点。

(5)选择添加点(Add Point)工具,点击十字准线的交点。

(6)在输入地图坐标(Enter map coordinates)对话框中输入地图上标注的该坐标(X: 2557000,Y: 6786000)。

(7)点击 OK 按钮。

此时便设置好了第一个用以配准的点坐标。

在图中的黑线上寻找十字交叉点,每个十字在北和东方向上分别相距 1000m,可以很容易计算出这些点相对于第一个点的坐标。缩小图像,然后向右移动,直到找到其他十字准线,同时估算已移动的距离,尽量使地面控制点相距远些。用相同方式再添加至少 3 个地面控制点,最终结果如图 15-3 所示。

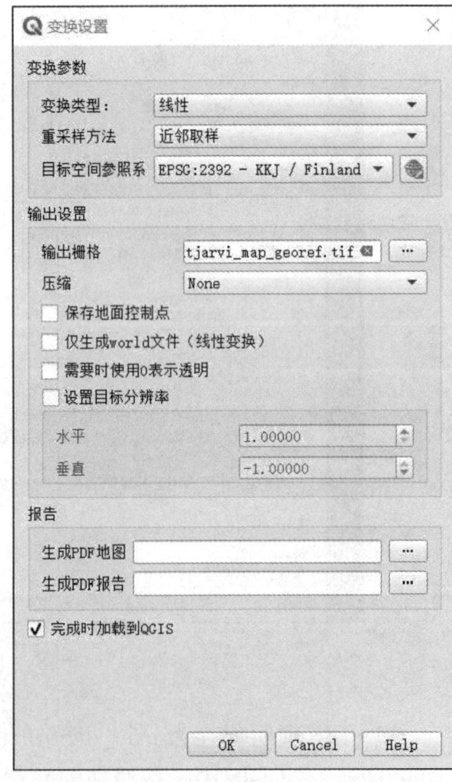

图 15-2 配置变换参数

从图中可以看到已经 3 个数字化的地面控制点上出现一条红线,显示配准错误。在地面控制点列表(GCP table)的 dX(像素)(dX[pixels])和 dY(像素)(dY[pixels])列中也可以

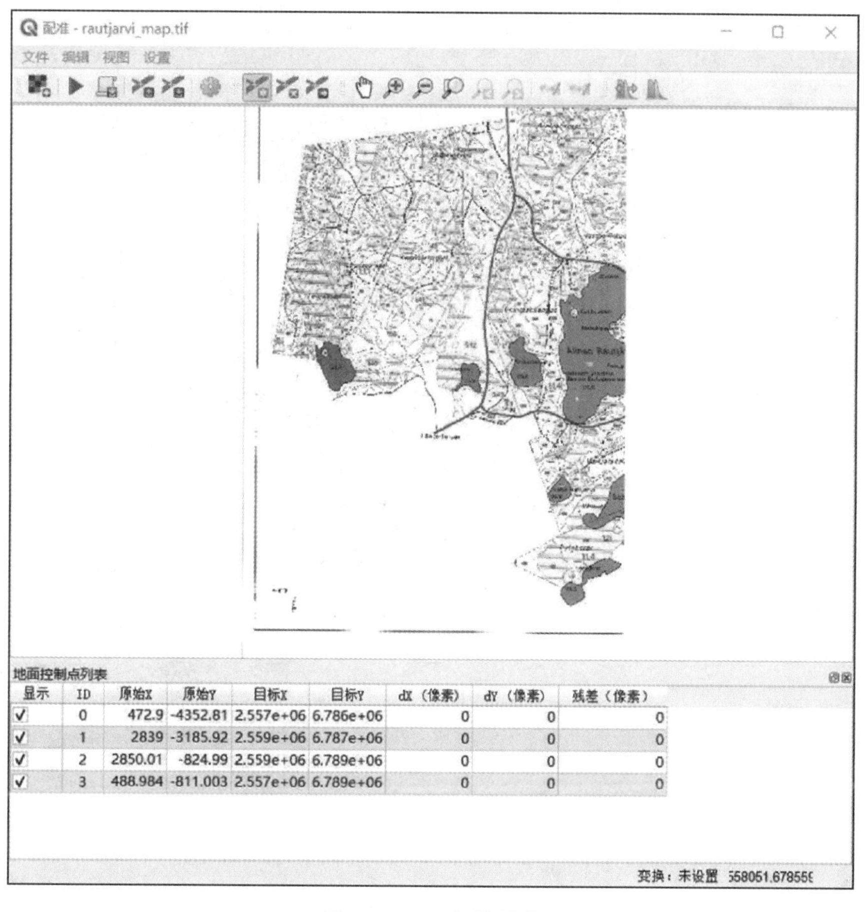

显示	ID	原始X	原始Y	目标X	目标Y	dX（像素）	dY（像素）	残差（像素）
√	0	472.9	-4352.81	2.557e+06	6.786e+06	0	0	0
√	1	2839	-3185.92	2.559e+06	6.787e+06	0	0	0
√	2	2850.01	-824.99	2.559e+06	6.789e+06	0	0	0
√	3	488.984	-811.003	2.557e+06	6.789e+06	0	0	0

图 15－3 添加控制点

看到像素误差。像素误差不应大于 10 像素，如果大于 10 像素，应检查已数字化的点和输入的坐标，找出问题。可以把图 15－3 作为参考。

如果对控制点设置和精度感到满意，可以进行保存，供以后使用：

(1)文件(File)→地面控制点另存为…(Save GCP Points as…)。

(2)储存到 exercise_data\forestry\digitizing 文件夹中，命名为“rautjarvi_map. tif. points”。

(3)文件(File)→开始配准(Start Georeferencing)。

(4)输出文件在编辑地理配准设置时已自动设置为“rautjarvi_georef. tif”。

现在可以把 QGIS 项目中的地图视为已经经过地图配准的栅格数据。此处可以看到栅格好像有点变形了，这主要是因为数据是 KKJ/Finland zone 2，而整个项目在 ETRS89/ETRS-TM35FIN 的 CRS 下。可以通过打开 exercise_data\forestry 文件夹中名为“rautjarvi_aerial. tif”的航拍图像检查数据是否正确配准。配准的地图应与此航片十分吻合。把地图的透明度设置为 50%，以和航拍图像作对比(图 15－4)。

把本次修改保存到 QGIS 项目文件中，下节将继续用它学习。

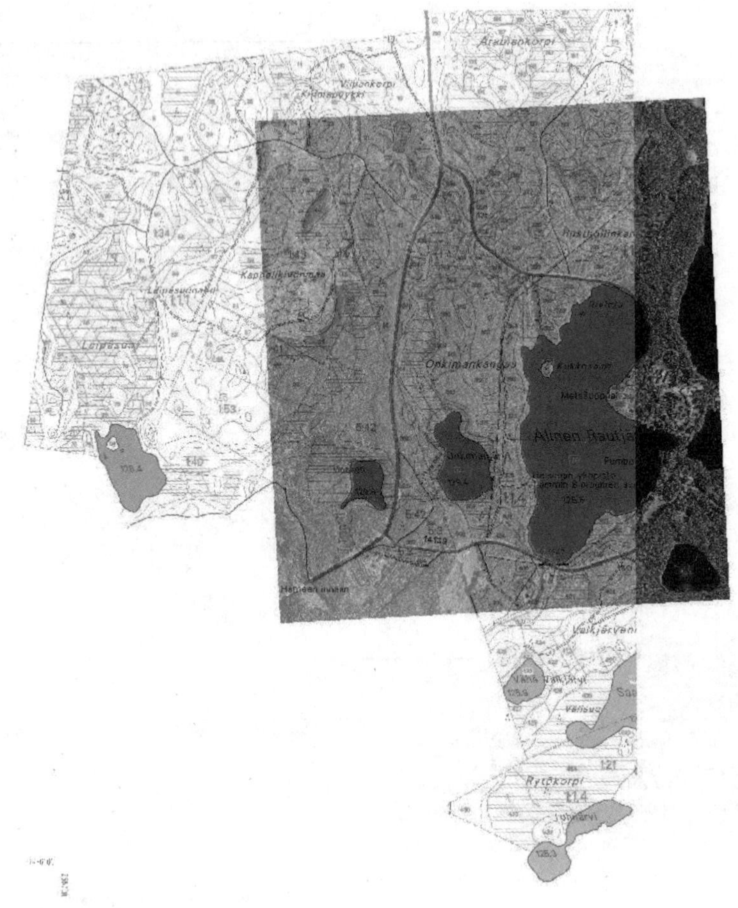

图 15－4　地图配准效果

15.2.3 小结

现在已经对一张纸质地图进行配准,可以作为 QGIS 的地图图层使用了。下节中会把地图中的林分数字化为面数据,并把资源调查数据添加到林分数据中。

15.3 数字化林分图

现在配准好的地图仅能作为一个普通的背景图像,如果要用作分析就要把地图上面的元素数字化。在本书创建新的矢量数据集章节中已经介绍如何对学校区域进行数字化,做过关于创建矢量数据的实习。在本节中会需要对地图中显示为绿色线的林分进行数字化,这次要用的是刚才配准的地图,而之前实习用的是航拍图像。本节的目标是强化数字化技术,把地图中的林分数字化为面数据,并把资源调查数据作为属性信息添加。

15.3.1 提取林分边界

在 QGIS 中打开前面保存的 map_digitizing. qgs 项目。扫描并对地图进行配准后就可以把图像作为参考直接进行数字化了。如果需要进行数字化的是图像(例如航拍照片),这可能是提取林分数据最好的方法。可以看到在这幅数字化好的地图上每个类型的元素都使用了不同颜色的线表示,图上信息都呈现得清晰直观。使用诸如 GIMP 之类的图像处理软件,可以很容易把这些颜色提取为单个图像,所以这些离散的图像可用来辅助数字化。

首先,使用 GIMP 获取仅包含林分的图像,即所有在原始扫描的地图中呈现绿色线条的部分:

(1)打开 GIMP(如果未安装,请从百度搜索下载)。

(2)打开原始地图图像,依次点击文件(File)→打开(Open),加载 exercise_data\forestry 文件夹下的“rautjarvi_map. tif”(图 15-5)。这里要注意,林分是以绿色线表示的(每个林分区域都带有该林地的编号)。

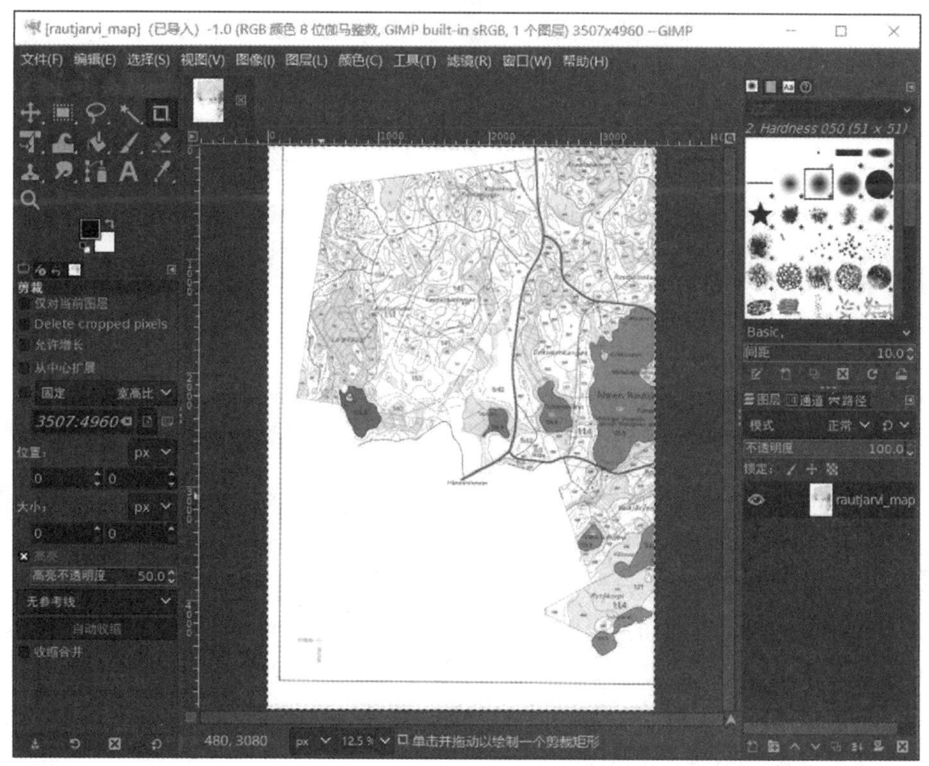

图 15-5 加载 rautjarvi_map. tif 文件

其次,选择图像中组成林分轮廓的区域(绿色像素):

(1)打开工具选择(Select)→基于颜色(By color)。

(2)在工具启用的状态下,放大图像(Ctrl +鼠标滚轮)到能够看到组成林分边界线条的像素(图 15 - 6a)。

(3)点击并拖动放置鼠标光标到线的中间,以便该工具能收集多个像素颜色值。

(4)松开鼠标左键,等待几秒时间,然后整个图像中能够匹配收集的几种颜色的像素都会被选中。

(5)缩小视图查看整个图像中绿色像素被选中的情况。

(6)如果对结果不满意,可以重复点击并拖动的操作。

现在像素选择结果应看起来像如图 15 - 6a 所示图像。

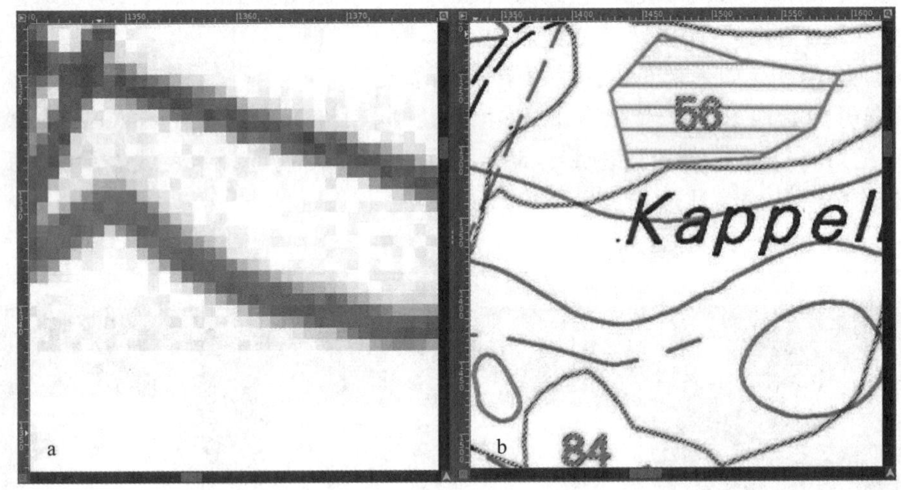

图 15 - 6　边界提取操作

然后,需要把选择结果复制为新图层,然后保存为单独的图像文件:

(1)复制(Ctr+C)选中的像素。

(2)然后直接粘贴(Ctr+V)这些像素,GIMP 会把粘贴的这些像素当作图层列表里的一个临时图层。

(3)选择面板(Selection),面板会显示一个新的临时图层——浮动选择(粘贴图层)[Floating Selection (Pasted Layer)]。

(4)右键点击该临时图层,选择粘贴到新图层(To New Layer)。

(5)点击原始图像层旁边的“眼睛”图标将其关闭,仅查看粘贴的图层(图 15 - 7)。

(6)选择文件(File)→导出...(Export...),把选择文件类型(按扩展名)(Select File Type (By Extension))设置为 TIFF 图像(TIFF image),选择 digitizing 文件夹,命名为“rautjarvi_map_green. tif”,询问要不要压缩时选择不压缩。

也可以对图像中的其他元素执行相同的处理,例如提取代表道路的黑线或代表地形等高线的棕色线。不过对本章来说只提取林分就够了。

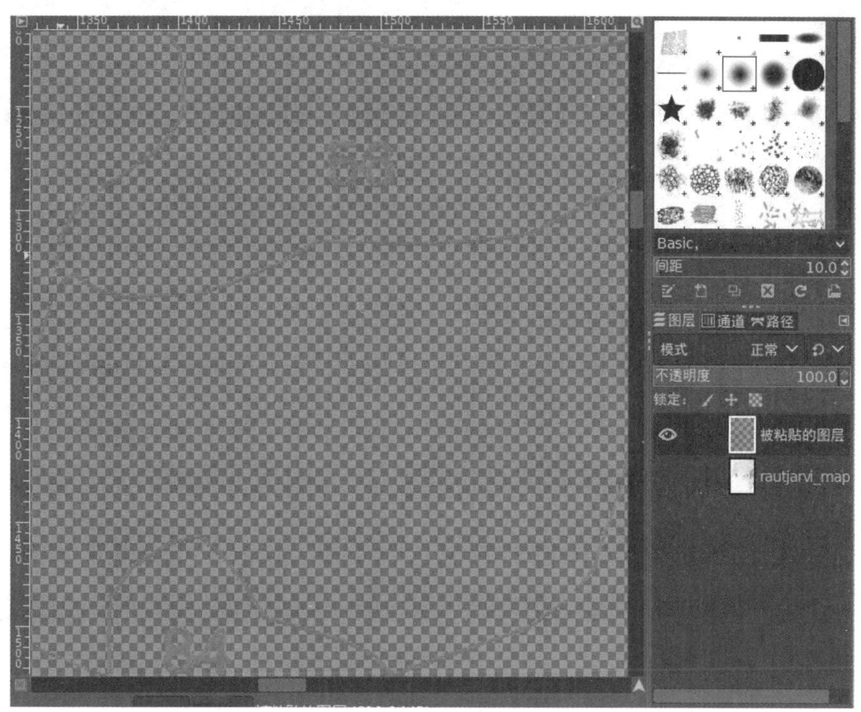

图 15-7 选择图层并粘贴

15.3.2 对绿色像素图像进行地图配准

和上一节一样,需要对该新图像进行配准,这样才可以与其余数据一起使用。这里特别说明,对于地理参考工具而言,此图像基本上与前面的原始地图图像相同,所以就不再需要数字化地面控制点。不过配准的时候需要注意以下几点:

(1)此图像的 CRS 同样是 KKJ/Finland zone 2。

(2)要使用此前保存的控制点,文件(File)→加载地面控制点(Load GCP Points)。

(3)记得认真核对变换设置(Transformation Settings)。

(4)把输出栅格保存到 digitizing 文件夹,命名为"rautjarvi_green_georef. tif"。

此时可以看到新图层能够与原来的地图完美匹配了。

15.3.3 创建数字化支持点

对 QGIS 中的数字化工具使用几次之后会发现,数字化时对这些绿色像素设置捕捉会非常有用。通过使用 QGIS 中提供的捕捉工具,从这些像素中创建点,在后续数字化时使用它们更好地追踪林分边界。

(1)使用栅格(Raster)→转换(Conversion)→栅格矢量化(栅格转矢量)[Polygonize (Raster to Vector)]工具,把绿色线矢量化为面。

(2)把结果保存为 digitizing 文件夹下的"rautjarvi_green_polygon. shp",放大查看这些面

的数字化成果,大概如图 15-8 所示。

从这些面中获取点的下一个选项是获取面的质心:

(1)打开矢量(Vector)→几何图形工具(Geometry Tools)→质心...(Polygon Centroids...)。

(2)把刚刚获取的面图层作为工具的输入文件。

(3)把输出文件命名为"green_centroids. shp",放在 digitizing 文件夹下。

(4)勾选执行算法后打开输出文件(Open output file after running algorithm)选项。

(5)运行该工具,计算各面的质心。

质心分析结果如图 15-9 所示。

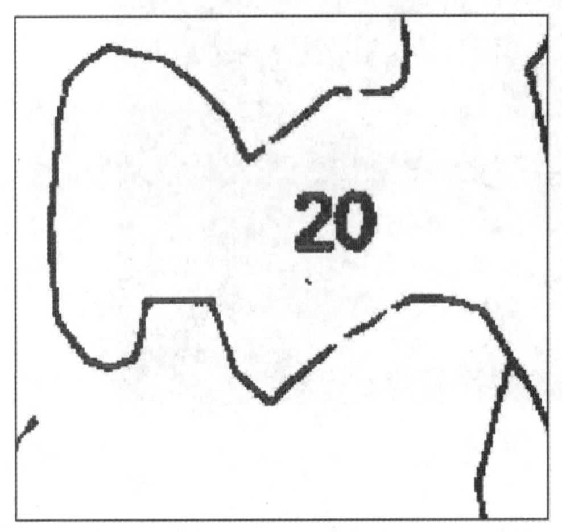

图 15-8 栅格矢量化结果

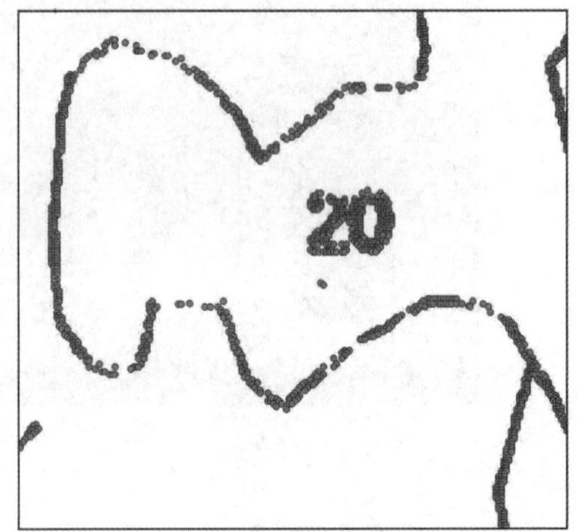

图 15-9 质心分析结果

现在可以从图层控制面板中移除 rautjarvi_green_polygon 图层。对质心图层的符号作如下调整:

(1)打开 green_centroids 图层属性(Layer Properties)。

(2)转到符号化(Symbology)选项卡。

(3)把单位设置为与地图单位相同。

(4)大小(Size)设置为 1。

这里不用把点设置太小,只需要把它们留在地图上可对它们使用捕捉工具就可以了。现在可以使用这些点,通过对这些点的捕捉功能更轻松地完成数字化工作。

15.3.4 数字化林分

到现在为止已经准备进行数字化了。一般需要先创建一个多边形类型(polygon type)矢量文件,不过在本章的练习中为了节省时间已经提供了一个包含部分数字化数据的 shapefile 文件,可以找到这个文件加载到地图显示区,然后在这个文件基础上完成对主要道路(宽粉色线)和湖泊之间剩下的林分数据的数字化就可以了(图 15-10):

(1)使用文件管理浏览器打开 digitizing 文件夹。

(2)把 forest_stands. shp 矢量文件拖拽到地图中,更改新图层的符号,这样更方便查看已经数字化的面区域。

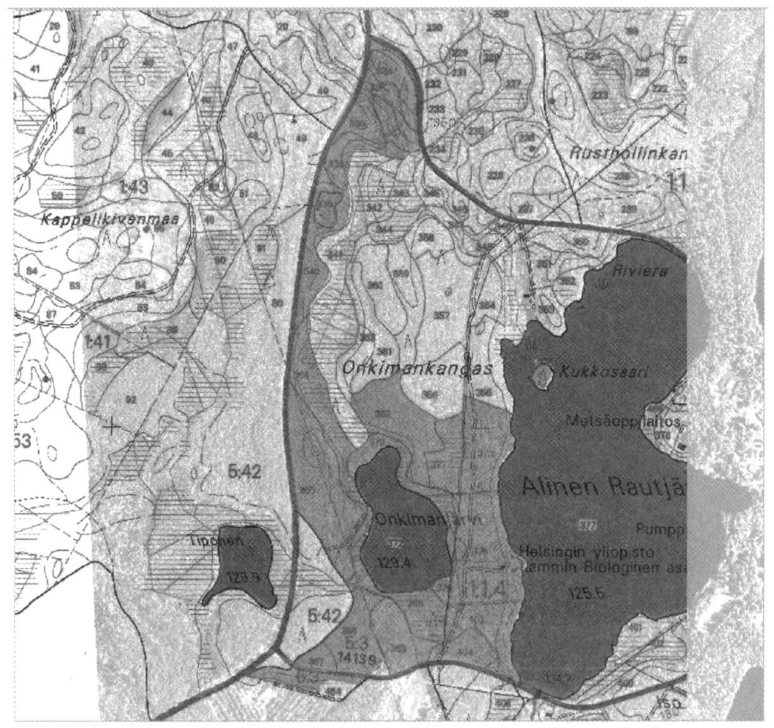

图 15－10　数字化准备

（3）把面的填充设置为绿色。

（4）把面的轮廓线设置为 1mm。

（5）把透明度设置为 50%。

（6）现在需要设置并启用捕捉选项。

（7）转到工程（Project）→捕捉选项（Snapping options...）。

（8）把默认的 全部图层 设置为 高级配置，对 green_centroids 和 forest_stands 两个图层启用捕捉。

（9）把容差（Tolerance）设置为 5 个像素。

（10）勾选 forest_stands 层的避免重叠（Avoid Int.）复选框。

（11）点选启用拓扑编辑（Topological Editing）（图 15－11）。

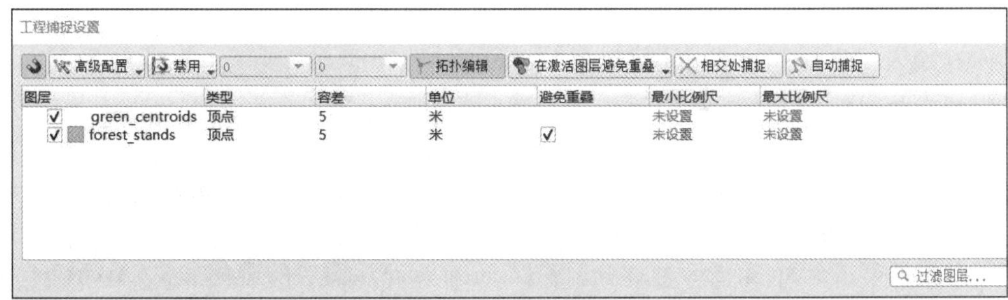

图 15－11　拓扑编辑设置

应用这些捕捉设置,每当进行数字化并接近质心图层中的点或数字化面的任何端点时,就会在要捕捉的点上出现一个粉红色的"十"字图标。最后,把 forest_stands 和 rautjarvi_georef 两图层外的其他图层设为不可见。确保地图图像的透明度为不透明。

开始数字化前还需要注意的一些事项:

(1)数字化这些轮廓时不用太过精准。

(2)如果该轮廓是条直线,将其数字化为只有两个端点的线。总的来说,使用尽可能少的节点进行数字化。

(3)仅在需要比较精确数字化的情况下(例如在某些拐角处或希望某个面与该面某个节点上的另一个面连接),才放大至近距离范围。

(4)使用鼠标的滑轮进行放大/缩小,边数字化边进行平移。

(5)一次只数字化一个面,完成一个面的数字化后,写下在地图上看到的它的林分编号。

(6)在地图窗口中定位到第 357 号林分(图 15-12)。

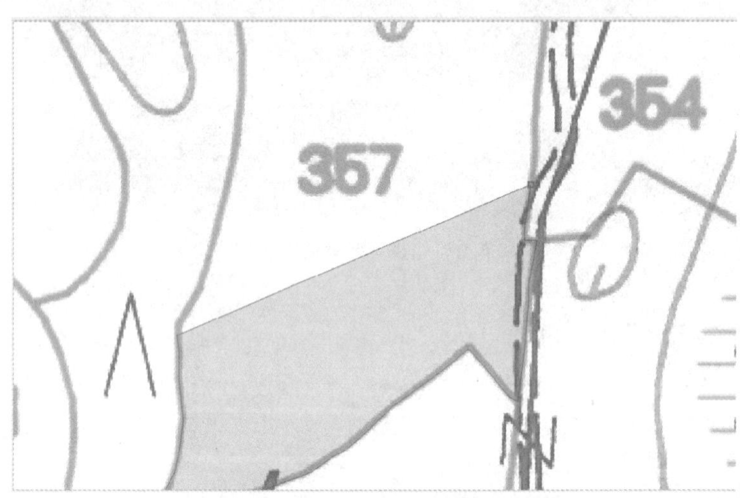

图 15-12 数字化 357 号地块

(7)启用 forest_stands. shp 的编辑。

(8)选择添加要素(Add Feature)工具。

(9)通过连接某些点开始数字化第 357 号林分。

(10)留意粉色"十"字图标代表正被捕捉。

(11)完成后,右键点击结束数字化。

(12)输入林分 id(在本例中是 357 号)。

(13)点击 OK 按钮。

如果完成数字化时没有提示输入该要素 id,到设置(Settings)→选项(Options)→数字化(Digitizing),确认没勾选要素创建后不要弹出属性表单(Suppress attribute form pop-up after feature creation)。数字化完成后的面应如图 15-13 所示。

现在轮到第二个面,第 358 号林分。确保 forest_stands 图层的避免重叠(Avoid int.)处于勾选状态。此选项表示在数字化时不允许面多边形相交。因此,如果数字化是在现有多

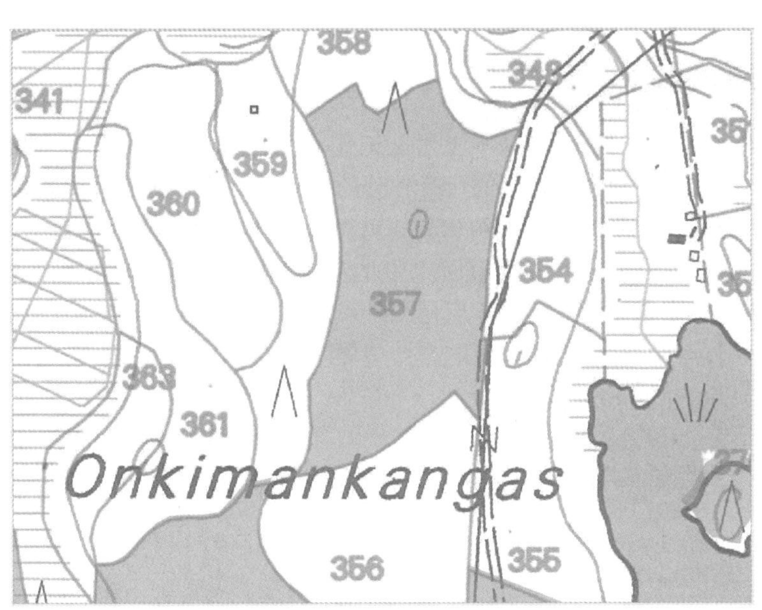

图 15-13 完成 357 号地块数字化

边形上进行的,则多边形绘制好后会被剪裁为与现有的面多边形边界相交。这样就可以利用此特性在绘制时自动获取公共边界。

(14)从第 358 号与第 357 号林分的公共角开始数字化第 358 号林分。

(15)和以前一样继续绘制,直到抵达两个林分的另一个共用角。

(16)数字化一些 357 号面的点,并确保二者公共边界不相交,请参照图 15-14a。

(17)右键点击完成第 358 号林分的绘制。

(18)为其 id 输入"358"。

(19)点击 OK 按钮,新的面应显示出与第 357 号林分共用一条边界,如图 15-14b 所示。新的面中与现有的面重叠的部分已自动裁剪删除,并按照前面的设想留下了公共边界。

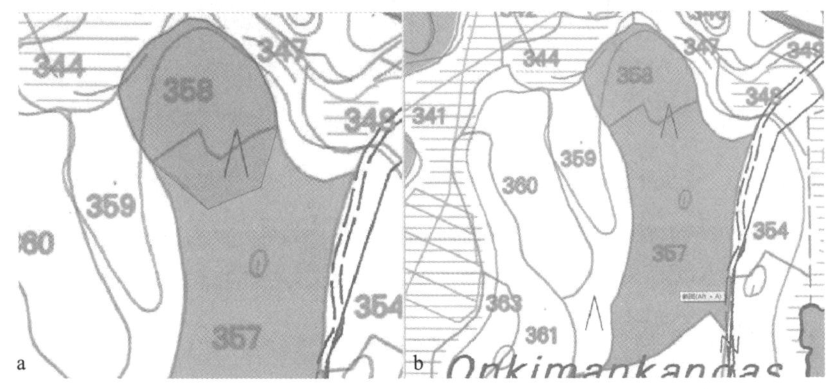

图 15-14 数字化 358 号地块

15.3.5 完成所有林分的数字化

现在已经绘制好两个林分了，基本上对此工作有了比较完整的认识。现在可以继续进行数字化，直到完成主路和湖泊之间的所有林分的数字化。看上去工作量可能很大，实际上很快就会习惯林分的数字化工作，大约 15min 就可以完成所有工作。在数字化期间可能需要编辑或删除节点，拆分或合并多边形面。在此前要素拓扑关系章节中已经学习过所需的工具，现在做类似操作应该没有问题。启用拓扑编辑(Topological Editing)选项，这样可以移动两个面的公共节点，同时编辑两个面的公共边界。

最后的结果应如图 15－15 所示。

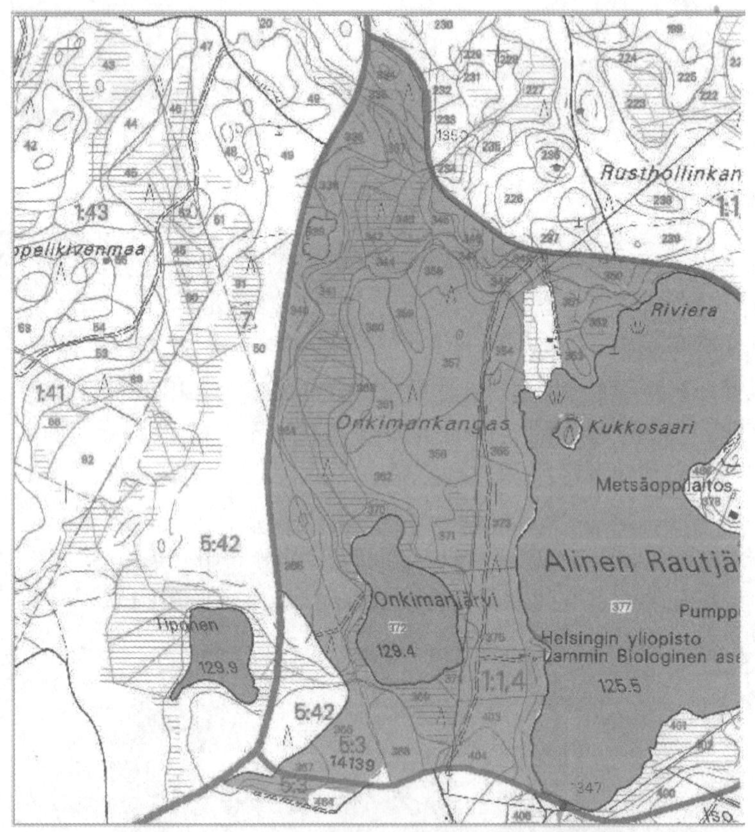

图 15－15 完成所有林分地块数字化后的结果

15.3.6 连接林分数据

地图所带的森林资源调查数据有可能会是纸质记录。这就需要先把该数据录入文本文件或电子表格。在本节中，来自 1994 年的资源调查数据信息(与地图相同的资源调查数据)以逗号分隔的文本(csv)文件格式存储。

使用文本编辑器打开 exercise_data\forestry 目录下的 rautjarvi_1994. csv 文件。请留意，资源调查数据文件有一项属性名为 ID，对应林分的编号。那些编号是和数字化林分面数据时输入的 id 一致，可用于把文本文件中的数据连接到数字化的矢量文件。可以在同一文件夹中的 rautjarvi_1994_legend. txt 文件中查看此资源调查数据的元数据。

在 QGIS 中通过图层(Layer)→添加定界文本数据图层…(Add Delimited Text Layer…)工具打开这个 *. csv 文件。在对话框中作如图 15 - 16 所示的设置。

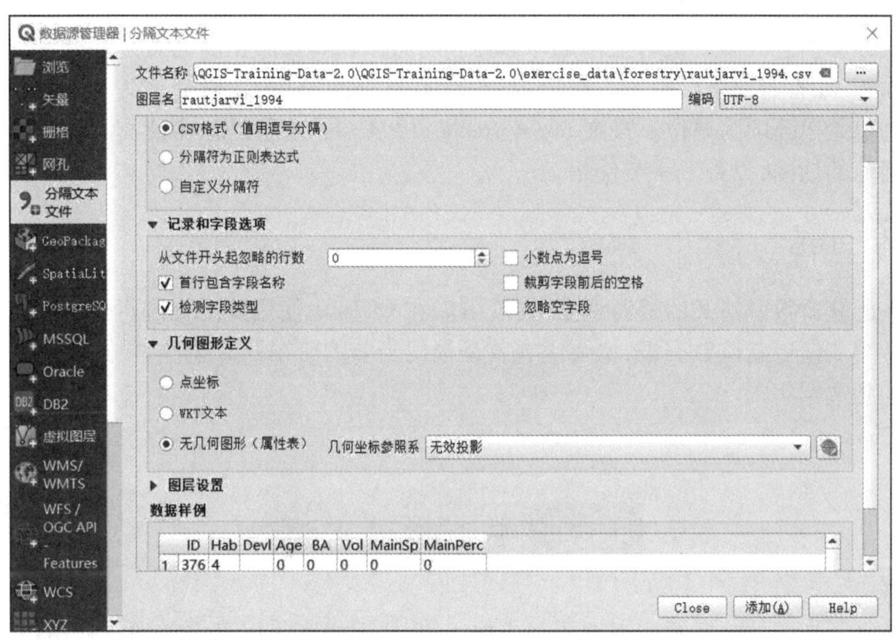

图 15 - 16　导入 *. csv 文件

按以下步骤，从 *. csv 文件中添加数据：

(1)打开 forest_stands 图层的图层属性。

(2)转到连接(Joins)选项卡。

(3)点击对话框底部的“+”图标。

(4)选择 rautjarvi_1994. csv 作为连接图层(Join layer)，选择 ID 作为连接字段(Join)。

(5)确保目标字段(Target)也设为了 id。

(6)点击两次 OK 按钮。

此时文本文件中的数据应已连接到数字化的矢量文件中。打开 forest_stands 图层的属性表可以看到该数据已经添加到属性表中了，而且所有资源调查数据文件的属性都已经连接到数字化的矢量图层中。

15.3.7 重命名属性名称以及新增面积和周长字段

该 *. csv 文件的数据现在已连接到了矢量文件中。现在需要把 forest_stands 图层另存为新的矢量文件保留此连接结果，物理上把数据记录到矢量文件中。关闭属性表，右键点击林分图层,将其另存为 forest_stands_1994. shp。

保存后如果没有自动加载,可以在地图中打开 forest_stands_1994. shp。然后打开其属性表。可以发现刚添加的各列的字段名称命名不太理想,下面调整自动名称:

(1)转到该图层属性(Properties)→字段(Fields)选项卡。

(2)双击字段名称进行修改,匹配 * . csv 文件中的记录。

(3)点击应用(Apply)。

(4)点击 OK 按钮,关闭属性(Properties)对话框。

完成林分信息收集的最后工作是计算林分的面积和周长。在前面章节中介绍过计算多边形的面积,如有需要可以参考该部分内容,计算林分的面积,新增命名为 Area 的字段,确保计算的值是以公顷为单位。现在 forest_stands_1994. shp 图层已包含所有可用信息。保存项目和当前的地图,以备下一节使用。

15.3.8 小结

现在已获得数字格式的资源调查数据,可以在 QGIS 中使用此数据进行分析了。下一节首先会介绍如何更新该数据集,主要内容就是根据当前的航拍照片创建林分,并把一些相关信息添加到数据集中。

15.4 更新林分数据

之前已经把旧林分资源调查地图完成数字化,并把相应的信息添加到林分属性表中,下一步是生成当前状态的森林资源调查数据。这里会使用该森林区域的航拍照片对新的林分进行对比数字化。在上一节中数字化的林业地图是根据航空彩色红外(CIR)影像创建的。这种图像以记录红外光代替蓝光,广泛用于研究植被区域。在本节中还会使用 CIR 影像。把林分数字化后,还需要添加相关属性信息,例如森林保育法规的新规定等信息。本节的目标是使用 CIR 航拍照片数字化一组新的林分,并将其他数据信息添加到属性表中。

15.4.1 把旧林分和当前的航拍照片作对比

芬兰国家土地测量局采用开放数据政策,允许用户下载各种地理数据,例如航拍影像、传统地形图、DEM、LiDAR 数据等。此服务也可在此处(https://tiedostopalvelu. maanmittauslaitos. fi/tp/kartta?lang=en)以英语访问。此练习中使用的航拍图像是以该数据中心中下载的两个经过校正的 CIR 图像创建(M4134F_21062012 和 M4143E_21062012)。

缩放和平移该区域,可以发现一些旧的林分仍然可以与图像匹配,而有一些边界已经发生了变化。这很正常,因为已经过去了大约 20 年,其间进行过很多不同的森林作业(采伐、间伐等)。在 1992 年对森林进行数字化处理的人看来,森林还很均匀,但是随着时间的流逝,有些林分已经朝不同的方向发展,或者只是森林优势树种发生了变化。下一步会按照此图像创建新的林分数据,然后可以对它们比较查看区别。

15.4.2 解译 CIR 影像

现在对旧资源调查覆盖的同样区域,道路和湖泊之间的区域进行数字化。不需要从头开始数字化整个区域,和在此前的练习中一样,本书自带数据中已经包含了一个完成大多数林分数字化的矢量文件,可以加载此文件,在此文件基础上数字化。

(1)移除 forest_stands_1994. shp 图层。

(2)加载 forest_stands_2012. shp 图层,该文件存放在 exercise_data\forestry\文件夹中。

(3)设置该图层的样式为面数据无填充,面轮廓可见。

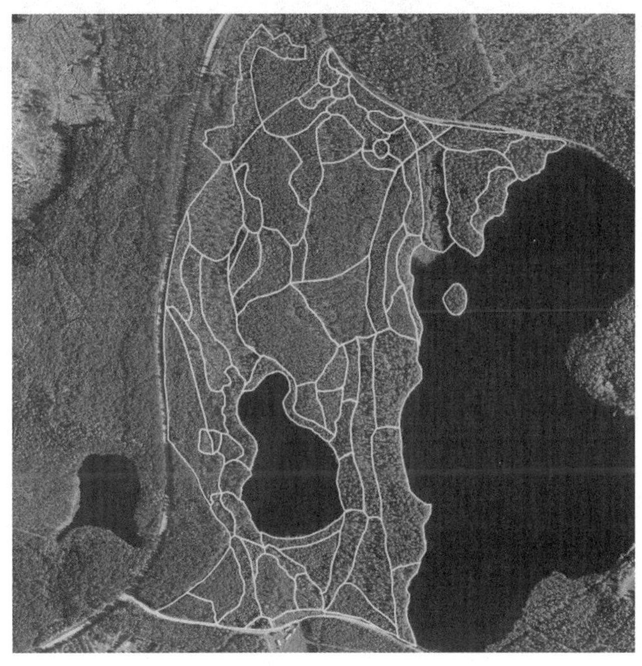

图 15-17 叠加 CIR 影像

可以看到资源调查区域的北边仍是空白的。本节的任务就是数字化这些无记录的林分。数字化之前可以大概构思一下这些林分边界是按什么规则勾绘的,这有助于帮助读者了解林业相关的知识。观察此图像可以了解以下信息:

(1)哪些森林是落叶树种(在芬兰主要是桦木林),哪些是针叶树(在该地区应是松树或云杉);在 CIR 图像中,落叶物种通常呈现为亮红色,而针叶树呈现深绿色。

(2)林分年龄的变化,可以通过查看图像中树冠的尺寸识别。

(3)不同林分的密度,例如最近进行了疏伐的林分树冠之间会显示出清晰的空间,一般可很容易与周围的其他林分区分开。

(4)蓝色区域表示荒地、道路和市区、生长初期的农作物等。

(5)尝试识别林分时,不需要放大得离图像太近。对于此图像,比例在 1∶3000 和 1∶5000 之间就足够了。参照图 15-18 所示的效果(比例为 1∶4000)。

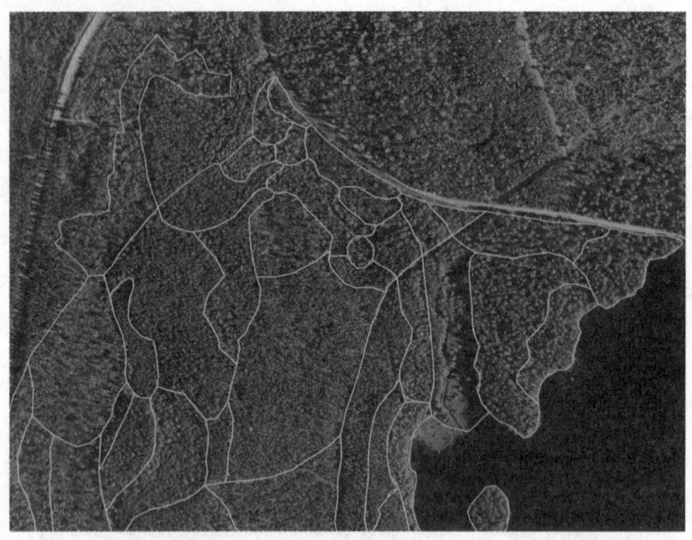

图 15－18　1∶4000 比例尺下显示效果

15.4.3　根据 CIR 图像数字化林分

在对林分进行数字化处理时应尽量绘制出树木种类、树木年龄、林分密度等同质均匀的林区。但也不必太详细，否则最后制作出数百个根本没有用的小型林分就没有太大意义了。所以应尽量绘制出具有林业意义的林分，面积不能太小（至少 0.5hm^2），但也不能太大（不超过 3hm^2）。现在按这些提示数字化剩余部分的林分：

（1）启用对 forest_stands_2012.shp 图层的编辑。

（2）把捕捉和拓扑选项作如图 15－19 所示的设置。

（3）点击 Apply 或 OK 按钮。

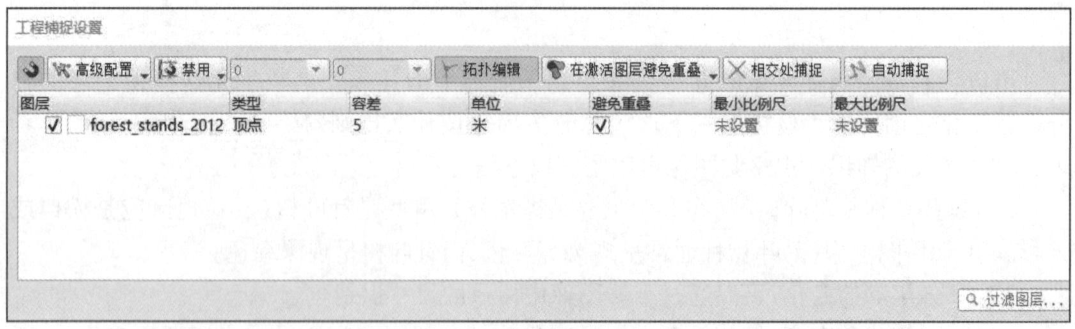

图 15－19　捕捉设置

按此前章节的方法开始数字化，唯一的差别是这次不再有点图层供捕捉使用。对于此区域，大概可以数字化出 14 个新的林分，在数字化时，给 Stand_id 字段输入从 901 开始的编号。完成后的图层应如图 15－20 所示。

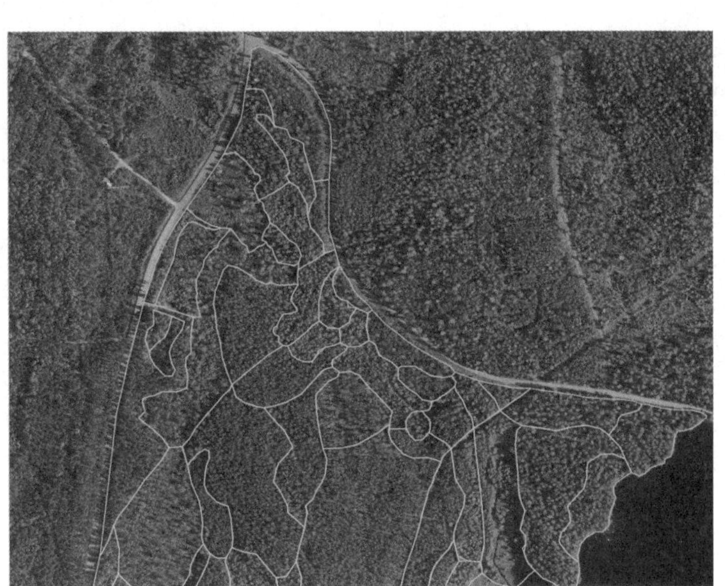

图 15 – 20 完成森林地块数字化后的结果

现在有了一组新的面,这些多边形代表了当期新的可以从 CIR 图像中解译的林分状况。现在还缺少森林资源调查数据,因此,需要访问森林并获取一些样本数据用于估计每个林分的森林属性。下一节中会重点介绍此内容。目前,还可以把该区域森林保护法规的一些信息加到图层属性表中丰富矢量图层信息。

15.4.4 使用保护区信息更新林分

对当前正进行操作的区域规定在进行森林保护时需要遵循以下生态保护法规:

(1)在其中认定了两个位置保护西伯利亚飞鼠(Pteromys volans)物种,根据规定该位置周围 15m 范围内必须保持原貌。

(2)必须保护该地区沿溪流生长的稀有树种森林,在实地考察中认定必须保护溪流两岸 20m 范围内的森林区域。

随书数据中附带一个包含西伯利亚飞鼠保育区的矢量文件,以及一个从北边流向湖泊的已数字化的小溪矢量文件。这些数据是在 exercise_data\forestry\文件夹下,名称分别为"squirrel. shp"和"stream. shp",可以把这两个矢量文件加载到地图。

这里首先需要在新的林分中为西伯利亚飞鼠保育区域添加一个新的属性字段用以储存有关保育区位置的信息,用于后面的森林作业规划,使现场作业人员能够在开始作业前标记出必须保持原状的区域。

(1)打开 squirrel 图层的属性表。

(2)可以看到其中有两个定义为西伯利亚飞鼠的位置,需保护的区域为从这两个点起算半径为 15m 的范围。

(3)可以使用按位置连接属性(Join attributes by location),把西伯利亚飞鼠的相关信息连接到林分中。

(4)转到矢量(Vector)→数据管理工具(Data Management Tools)→按位置连接属性(Join Attributes by Location)。

(5)把 forest_stands_2012. shp 图层设置为基础图层(Target Vector Layer)。

(6)连接图层(Join vector layer)则选择 squirrel 点图层。

(7)输出文件命名为“stands_squirrel. shp”。

(8)确保丢弃不被关联的记录(Discard records which could not be joined)选项处于取消勾选的状态(图 15－21),这样一来就能保留图层中的所有林分,不会只留下那些与飞鼠位置具有空间关联的林分。

(9)勾选运行算法后打开输出文件(Open output file after running algorithm)。

(10)点击运行(Run)。

(11)关闭对话框。

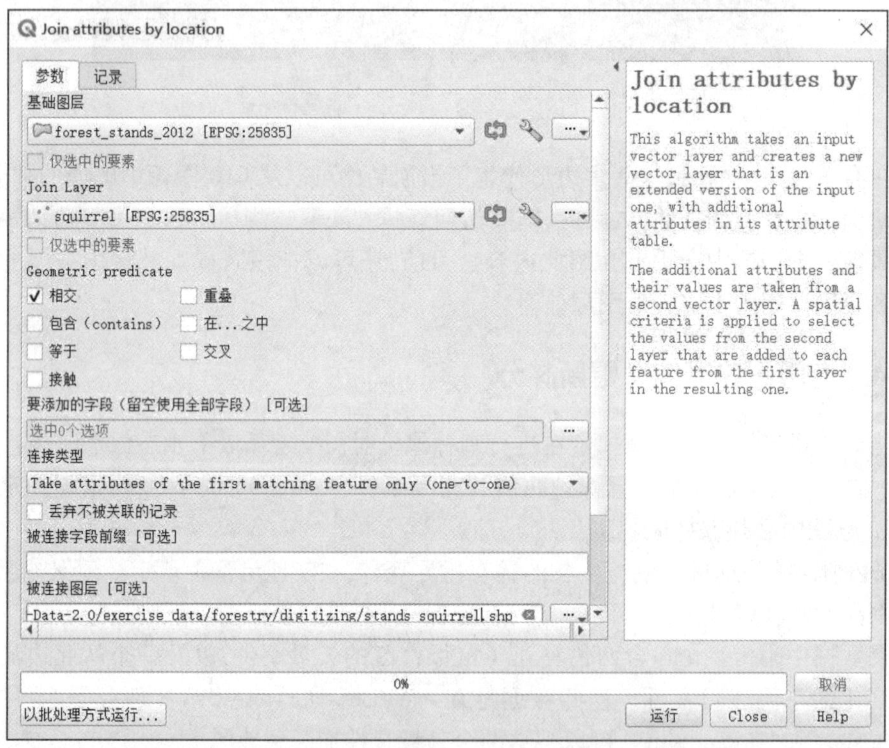

图 15－21　连接属性表

现在获得了一个新的林分图层——stands_squirrel,具有对应关联西伯利亚飞鼠保护信息的新属性。打开新图层的表格,对其排序,把带有保护区(Protection)属性信息的林分排在前面,可以看到有两个林分是这种飞鼠所在的区域(图 15－22)。

虽然现在信息可能已经比较完备了,但还需要再查看下哪些区域是需进行飞鼠保护的区域。前面已经说了飞鼠所在的位置需留出一个 15m 的缓冲区:

(1)打开矢量(Vector)→地学数据处理工具(Geoprocessing Tools)→缓冲区...(Buffer...)。

stands_squirrel — 要素总计: 90, 过滤了: 90, 选中: 0

	idcalc	StandID	point id	point pr	point dist
1	70	971	2	liito-orava	15
2	13	914	1	liito orava	15
3	5	906	NULL	NULL	NULL
4	4	905	NULL	NULL	NULL
5	7	908	NULL	NULL	NULL
6	6	907	NULL	NULL	NULL
7	12	913	NULL	NULL	NULL

显示所有要素

图 15-22 连接后的新属性表

(2)为 squirrel 图层生成 15m 的缓冲区。

(3)把输出结果命名为"squirrel_15m. shp"。

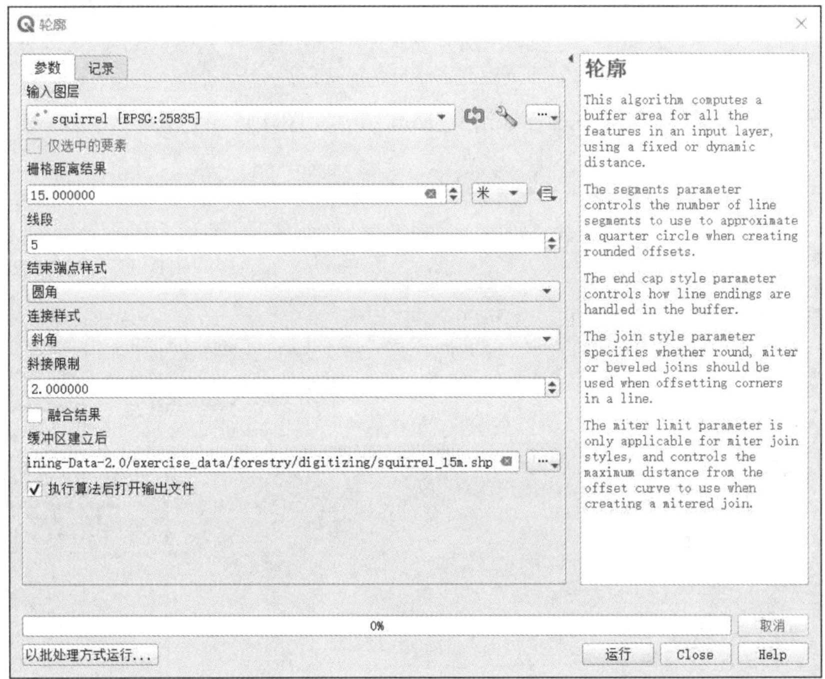

图 15-23 squirrel 图层缓冲区分析

如果放大到该区域的北部会看到缓冲区延伸到相邻的林分(图 15-24),说明当在该林区进行森林作业时应充分考虑这些受保护的位置。

此前的分析还没把林分记录保护状况的信息集成到林分属性数据内,现在完成这部分工作:

(4)再次运行按位置连接属性(Join Attributes by Location)工具。

(5)把 squirrel_15m. shp 图层设置为连接图层。

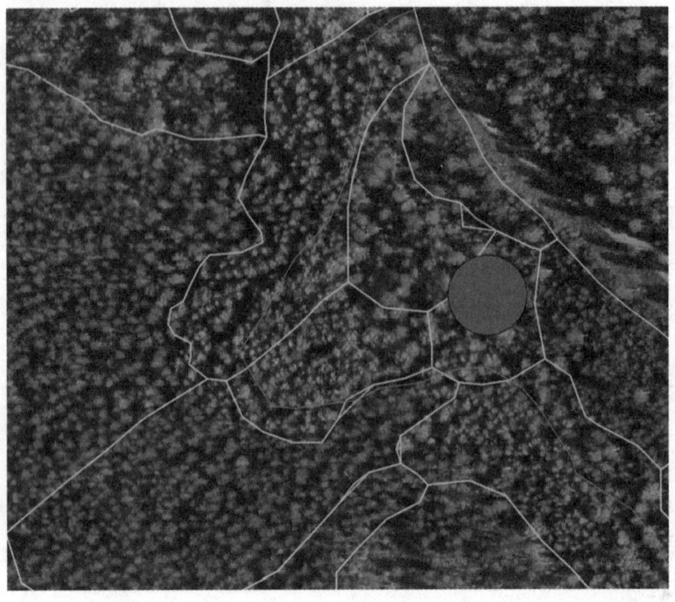

图 15 - 24　缓冲区分析结果

(6)把输出文件命名为“stands_squirrel_15m. shp”(图 15 - 25)。

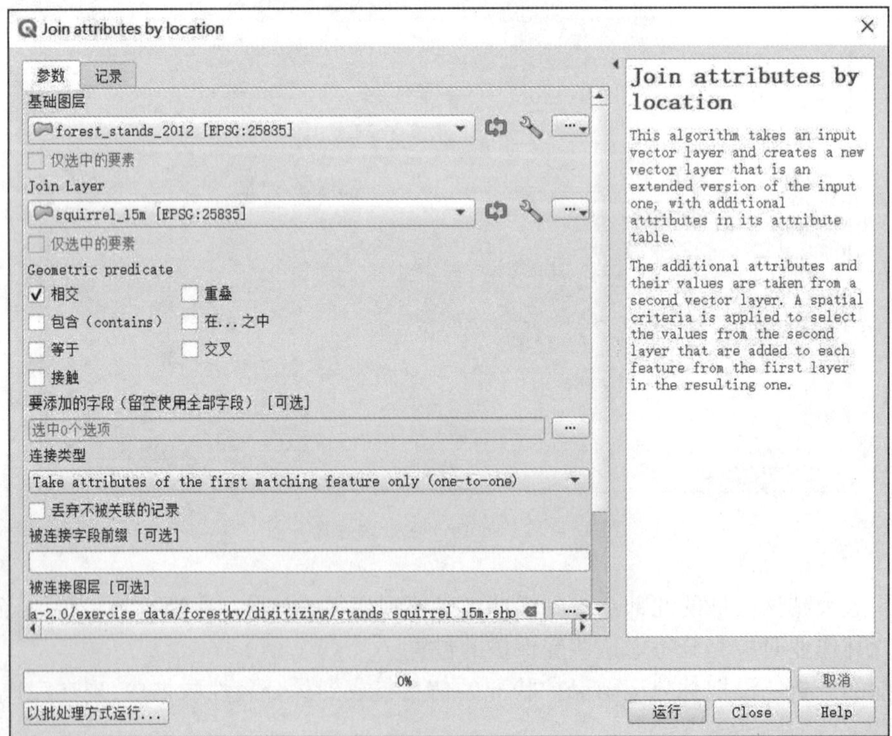

图 15 - 25　按位置连接属性

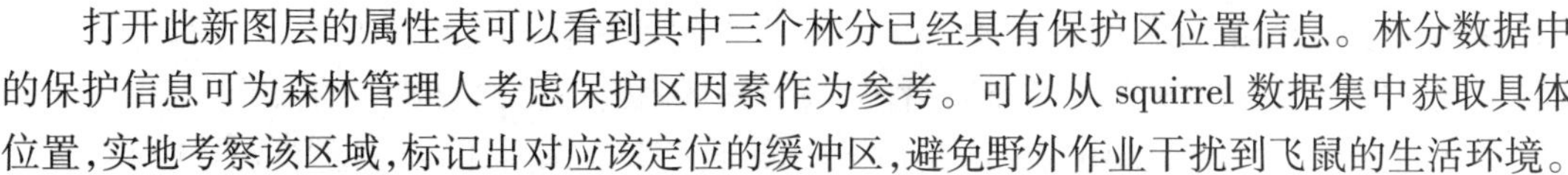

打开此新图层的属性表可以看到其中三个林分已经具有保护区位置信息。林分数据中的保护信息可为森林管理人考虑保护区因素作为参考。可以从 squirrel 数据集中获取具体位置,实地考察该区域,标记出对应该定位的缓冲区,避免野外作业干扰到飞鼠的生活环境。

15.4.5 使用溪流缓冲区更新林分

按照和飞鼠保育区位置相同的方法使用在字段中标识为与溪流相关的保护信息来更新林分属性数据:

(1)注意本例中的缓冲区是周围 20m。

(2)这里建议把保育区信息都放在同一个矢量数据文件中,所以这里还把 stands_squirrel_15m. shp 图层设为输入图层;

(3)把输出图层命名为"forest_stands_2012_protect. shp"。

打开新创建的矢量图层的属性表可以查看受保护法规影响需保护与溪流相关的河岸森林的林分信息。最后,保存当前的 QGIS 项目。

15.4.6 小结

本节介绍了如何根据 CIR 影像数字化林分数据,这仅仅是一个简单实习,实际情况肯定是还需要更多练习才能把林分完善得更准确,通常还会用到其他信息(例如土壤图)来输出丰富的结果。因此,本节是掌握处理此类任务的基础。不过用户也应该明白,有时候从其他数据集中加入更多信息可能会比本节的实习更加麻烦。

完成数字化的林分可以用于指导林业运营,但此时仍需要获取更多有关该森林的信息。下一节中会介绍如何设计出一组采样点用以抽样获取刚才数字化的森林区域并估计整体森林参数。

15.5 系统抽样设计

在前面章节已经数字化得到代表林分的多边形图层,但仍未获得关于森林的任何属性信息。本节会设计一个抽样调查方案,调查整个林区,然后估算相关参数。本节的重点是设计随机采样点集。在规划森林资源调查时,设计调查位置非常重要,例如,调查什么样地类型、收集哪些数据可以实现调查目标。该设计根据不同情况下的森林类型,管理目的不同也会有所改变;并且都应由具备林业专业知识的人认真考虑每个规划地点。本节中会根据森林系统采样方案来完成一次虚拟的森林资源调查。本节的目标是创建森林系统采样数据集,并完成调查林区的任务。

15.5.1 森林资源调查

森林资源的调查有多种方法,每一种都对应不同的目的和现况。例如,调查一片森林资源（如果只考虑树的物种）的一种很简单的方法是到该片森林中记录每一棵树和它们的特征。当然，这个方法并不常用，除非该片林区很小，或者是一些比较特殊的情况。

实际上，调查森林最常用的方法是抽样调查，也就是在森林不同的位置调查获得森林数据，再把这些信息应用到整片森林。这类测量通常会以森林样地的形式进行，也就是面积稍微小一些的、易于测量的林区样地。森林样地可以是任何面积（如 $50m^2$、$0.5hm^2$）、任何形式（如圆形、矩形等各种形状）、以任何形式在森林选定测量位置（如随机地、系统地、沿指定调查路线等）。森林样地的大小、形式、位置通常基于统计学、经费开支等实际情况决定。

15.5.2 森林样地采样设计方案

对于现在正操作的森林，管理者认为使用系统采样方案①设计是最适合此森林的调查方法，已定下了样地间的间隔距离应是固定的 80m、采样线需得出满足误差的结果（本例中要求是概率为 68%情况下平均误差为±5%），并且认定对于已开始生长和成熟的林分最适合、最有效的调查方法是采用不同大小的样地，而幼苗木的森林则使用固定的 4m 半径样地。

在练习中，首先需要把样地标记为点：

（1）打开先前课程中的 digitizing_2012. qgs 项目。

（2）关闭除了 forest_stands_2012 外所有图层。

（3）把项目保存为 forest_inventory. qgs。

现在，需要创建一个点间距为 80m 的矩形网格：

（1）打开矢量（Vector）→研究工具（Research Tools）→生成规则点…（Regular Points…）。

（2）输入范围（Extent）设置为 forest_stands_2012 图层。

（3）勾选使用点间距（Use this point spacing）复选框，把点间距或数目（Spacing）设为 80。

（4）把输出文件保存为 forestry\sampling\文件夹下的 systematic_plots. shp。

（5）勾选运行算法后打开输出文件（Open output file after running algorithm）。

（6）点击运行（Run）。

这里要注意，这里所说的生成规则点…（Regular Points…）从所选的面图层范围的左上角开始创建规则的采样点。如果想在规则的采样点中添加一些随机性，则可以选择在 0 到 80 之间的随机数字（80 是所设定的点间距），在对话框中从角落处开始插入（左边）[Initial inset from corner (LH side)]参数填上该数字。可以发现该工具是使用的林分图层的整个图层范围来生成矩形网格，但是，实际上这里只对真正落入森林区域内的那些点感兴趣（图 15－26）。

（1）打开矢量（Vector）→地学数据处理工具（Geoprocessing Tools）→裁剪（Clip）。

（2）把 systematic_plots 设为输入图层（Input vector layer）。

（3）把 forest_stands_2012 设为叠加图层（Clip layer）。

①采样方案一般分为简单随机采样、系统采样和分层采样。简单随机采样一般是从元素个数为 N 的总体中不重复抽取容量为 n 的样本，如果每一次抽取时总体中的各个个体有相同的可能性被抽到。本章所说的系统采样是将总体按一定顺序号平均分成 n 个部分，每一部分抽取第 k 号组成样本，这里的 k 是随机确定的，该方法体现了系统采样中的随机性。分层采样是将总体中各个个体按某种特征分成若干个组，每一组叫做层，在各层中按层在总体中所占比例进行简单随机采样。

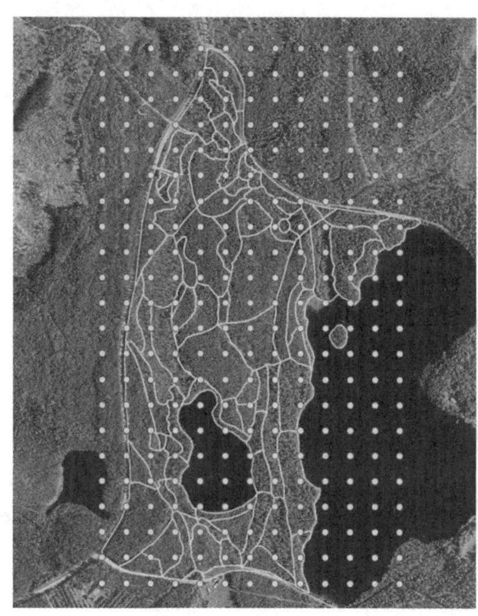 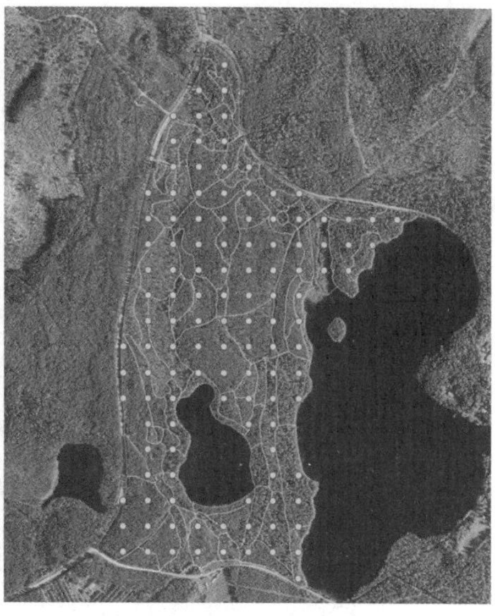

图 15－26 不同采样方案的输出结果

(4)把结果保存为 systematic_plots_clip. shp。

(5)勾选运行算法后打开输出文件(Open output file after running algorithm)。

(6)点击运行(Run)。

现在获得了调研人员用来开展调研样地的位置。还可以继续补充一些信息便于现场工作。例如,至少为这些点添加有意义的名称或者编号,并将其位置导出为可在 GPS 设备中使用的格式。现在先从样地命名开始。如果查看落在森林区域中的样地属性表(Attribute table)会看到由生成规则点...(Regular Points...)工具自动生成的默认的 id 字段,可以为这些点设置标注,方便查看它们在地图中的位置,考虑是否能使用这些编号作为样地命名的一部分:

(1)打开 systematic_plots_clip 的图层属性(Layer Properties)→标注(Labels)页面。

(2)在下拉菜单中把默认的无标注(No Labels)切换为单一标注(Single Label),把界面中的值(Value)参数设置为字段 id。

(3)转到缓冲区(Buffer)选项,勾选绘制文本缓冲区(Draw text buffer),大小(Size)设为 1。

(4)点击 OK 按钮。

现在查看地图上的标签,可以看到创建出了从西到东、从北到南编号的点。再次查看属性表会注意到表中的顺序也恰好遵循此模式。除非出于特殊原因要把这些样地以不同的方式命名,否则把它们以从西到东、从北到南的顺序命名是个很有逻辑的设计,这样方便开展后面的外业调查工作。这里要注意,如果希望以另一种方式为它们命名或者排序可以使用电子表格进行重排序、把行和列以另一种方式组合排序。除此之外,编号值放在 id 字段是不太好的。如果让它们以 p_1、p_2、…、p_n 这样的方式命名会更好,可以为 systematic_plots_clip 图层创建一个新的字段存储编号:

(1)转到 systematic_plots_clip 图层的属性表(Attribute Table)。

(2)启用编辑模式。

(3)打开属性表中的字段计算器(Field Calculator)把新列命名为“Plot_id”。

(4)把输出字段类型(Output field type)设置为文本(字符串)[Text (string)]。

(5)在表达式(Expression)字段,输入、复制或者构建此公式:concat('P_', $rownum)。这里其实可以双击函数列表(Function list)中的元素构建公式。concat 函数可以在字符串分组下找到,而 $rownum 参数可以在记录和属性分组下找到。

(6)点击 OK 按钮。

(7)退出编辑模式,保存编辑操作。

现在获得了一个包含了有意义的样地名称的新属性数据。把 systematic_plots_clip 图层用于标注的字段更改为新的 Plot_id 字段(图 15-27)。

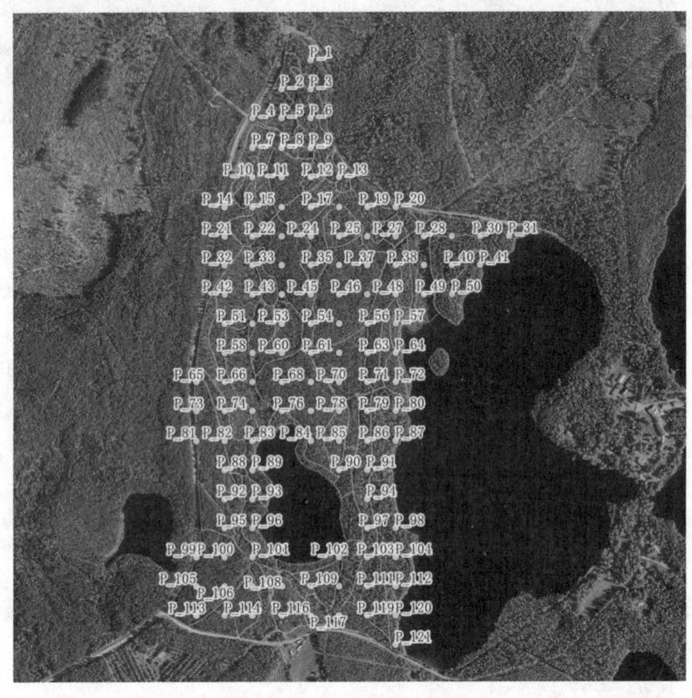

图 15-27　为采样点添加标注

15.5.3 把样地输出为 GPX 格式

野外团队会使用 GPS 设备来定位所规划的样地。下一步需要把创建的这些点导出为 GPS 能读取的格式。QGIS 允许把点和矢量数据保存为 GPS eXchange Format(GPS 交换格式),这是一种标准的 GPS 数据格式,可在大部分 GIS 软件中读取。但是,这里切记在保存数据时需要谨慎选择 CRS:

(1)右键点击 systematic_plots_clip 图层,选择另存为…(Save as…)。

(2)在格式(Format)处选择 GPS eXchange Format [GPX]。

(3)输出保存为 plots_wgs84. gpx。

(4)在坐标参照系处点击选择坐标参照系(Selected CRS)。

(5)浏览找到 WGS 84(EPSG:4326)。

这里要注意,GPX 格式只认可这个 CRS,如果选择了另一个,QGIS 不会报错但是会输出一个空文件。

(6)点击 OK 按钮。

(7)在打开的对话框中,只选择 waypoints 图层(剩下的图为空白)(图 15-28)。

图 15-28 将数据导出为 GPX 格式

资源调查样地现在已经转换为大多数 GPS 软件都能读取和管理的标准格式。现在,野外调查团队可以把这些森林样地的位置导入他们的设备中。通过使用特定 GPS 设备以及刚刚保存的 plots_wgs84.gpx 文件就可以在后续开展野外调研。另一种方法是使用(GPS 工具)插件,但这很可能需要把 GPS 工具设置得可以与特定 GPS 设备适配。如果对此工具的运作模式感兴趣,可以参考 QGIS 用户指南的 Working_gps 部分。现在保存本节的 QGIS 工程。

15.5.4 小结

本节可以看到利用 QGIS 创建用于森林资源调查的系统抽样点非常方便。尽管创建其他类型的采样方案会涉及使用 QGIS 中的更多工具,也可能会使用电子表格或使用脚本计算样地的坐标,但是总体思路基本差不太多。

在下一节中会介绍如何使用 QGIS 中的 Atlas 功能生成详细的调研地图,野外调查队会使用这些地图到指定的样地开展调查工作。

15.6 使用地图集工具制作详细地图

15.6.1 准备打印布局

在生成详细的森林地区地图和样地图之前需要先创建一个地图模板并加入一些辅助现场工作的地图元素。当然,最重要的一点是地图符号样式设置要合理,还需要添加许多其他元素来辅助完成最终地图产品。打开前面章节使用的 QGIS 项目 forest_inventory. qgs。该项目应至少有以下这些图层:

· forest_stands_2012(透明度为 50%,填充色为绿色,具有较深绿色的轮廓线);

· systematic_plots_clip;

· rautjarvi_aerial。

把此项目另存为一个新项目,命名为"map_creation. qgs"。要创建用于打印的地图可以使用布局管理器(Layout Manager)模块进行地图设计:

(1)打开工程(Project)→布局管理器...(Layout Manager...)。

(2)进入布局管理器(Layout Manager)对话框。

(3)点击添加(Add)按钮,把新打印布局命名为 forest_map。

(4)点击 OK 按钮。

(5)点击显示(Show)按钮。

(6)设置打印选项,使地图能匹配 A4 纸的尺寸和页边距:

(a)打开菜单选择:布局(Layout)→页面设置...(Page Setup...);

(b)大小(Size)设为 A4(217mm×297mm);

(c)纸张方向(Orientation)设为横向(Landscape);

(d)页边距(毫米)(Margins (millimeters))全部设为 5。

(7)在打印布局(Print Layout)窗口,转到布局(Composition)选项卡(在右侧的面板中),确保这些导出质量(Paper and Quality)的设置和打印机定义的相同:

(a)纸张大小(Size):A4(210mm×297mm);

(b)纸张方向(Orientation):横向(Landscape);

(c)质量(Quality):300dpi。

组成地图时使用地图显示区网格来定位不同的元素会更方便。可以这样查看地图网格设置:

(1)在布局(Composition)选项卡中展开参考线和网格(Grid)区域。

(2)检查格网间距(Spacing)是否设置为 10mm。

(3)检查捕捉容差(Tolerance)是否设置为 2mm。

(4)打开视图(View)菜单。

(5)勾选显示网格(Show Grid)。

(6)勾选吸附网格(Snap to Grid)。

注意显示标尺(guides)的使用选项是默认勾选的,此功能会在用户在布局中移动元素时显示红色的引导线方便改变地图元素位置。

现在可以向地图显示区中添加元素了。首先添加一个最关键的地图元素:

(1)点击添加地图(Add New Map) 按钮(图 15-29)。

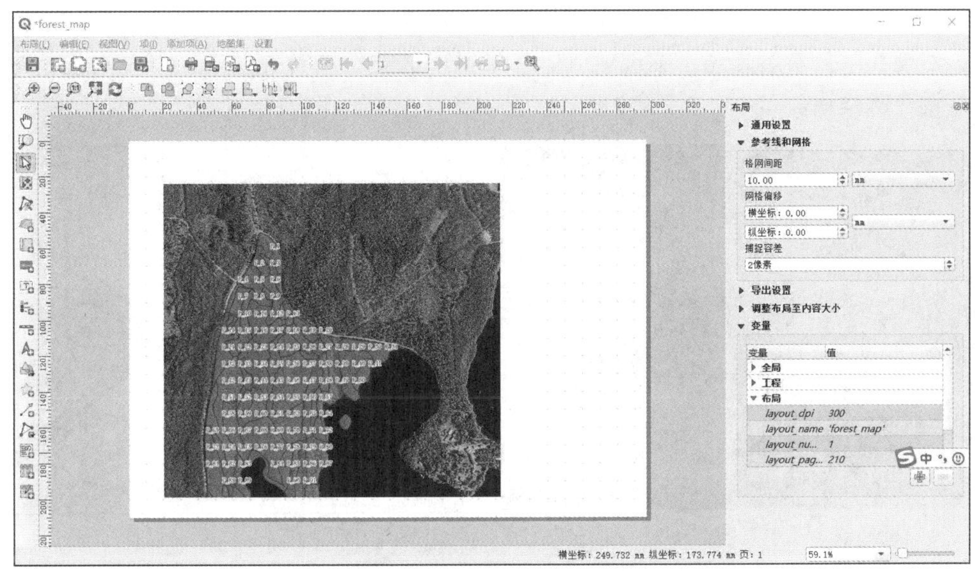

图 15-29 添加新地图

(2)在地图显示区上点击并拖拽出一个框以便在地图显示区上的大部分版面放置地图。

(3)注意鼠标光标如何捕捉到地图显示区格网的。在添加其他元素时也使用此工具。如果希望进一步提高准确性,可以更改格网的网格间距(Spacing)选项设置。如果不希望继续使用捕捉到格网,可以随时在视图(View)菜单中更改其复选框状态禁用捕捉网格选项。

15.6.2 添加背景地图

使布局保持打开状态,返回到地图显示区。现在来添加一些背景数据并创建一些样式使地图内容更加清晰。

(1)添加背景栅格 basic_map.tif,该文件在 exercise_data\forestry\文件夹中。

(2)弹出提示时,为栅格数据配置 ETRS89/ETRS-TM35FIN 坐标系统。

可以看到背景图已设置好了样式。这种自带颜色配置的制图栅格数据实际上非常常见。它其实是由矢量数据创建并以标准格式设置样式然后存储为栅格数据的,这样就不用浪费时间设计多个矢量图层的样式,也不必担心能否获得专业级别的效果。

(3)现在缩放示例图,直到只能看到样地的 4~5 行。

样地的样式在当前视图下看起来还不是特别理想,但是在打印布局中看起来效果如何呢？在上一节练习中，标注文字白色的缓冲区置于航拍图像上方并不影响地图显示，但现在背景图像几乎是全白的，已经很难分清所设置的标注了。现在可以查看其在布局中的效果：

（1）转到打印布局（Print Layout）窗口。

（2）使用按钮在布局中选择地图元素。

（3）转到项特性（Item Properties）选项卡。

（4）范围（Extents）下的参数默认为地图显示区范围，通过移动项内容工具可进行调整。

（5）如有需要更新元素，在面板上方中点击更新预览（Update preview）。

显然现在效果看起来还不够理想（图 15 - 30），这类地图首先要求编号尽可能清晰，方便野外调查队使用。

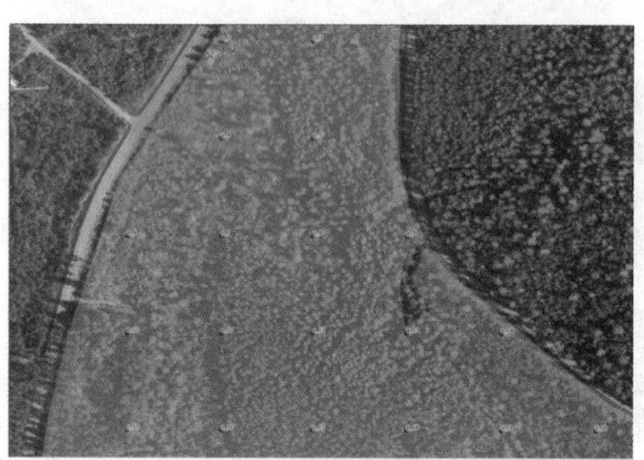

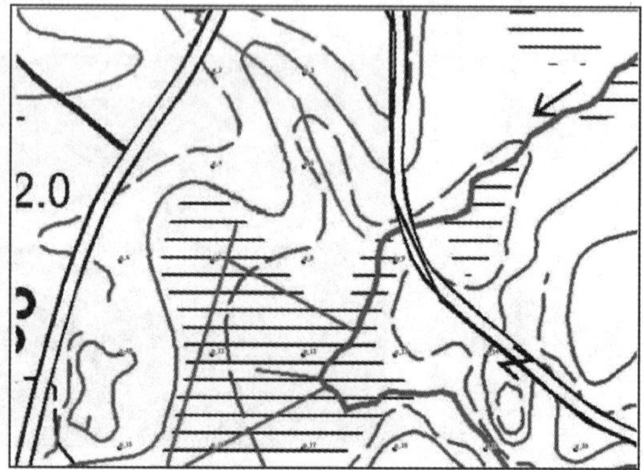

图 15 - 30　添加背景地图

15.6.3 更改图层符号

在前面章节创建基础地图中已经介绍了地图符号化配置，同时在矢量数据分类章节中也介绍了地图标注设置。如果不太熟悉这两个部分的内容可以参考前面章节的介绍。本节的目的是把这些样地位置和它们的名称标注尽可能清晰，并和背景地图元素叠合达到最好的视觉效果（图 15 - 31）。

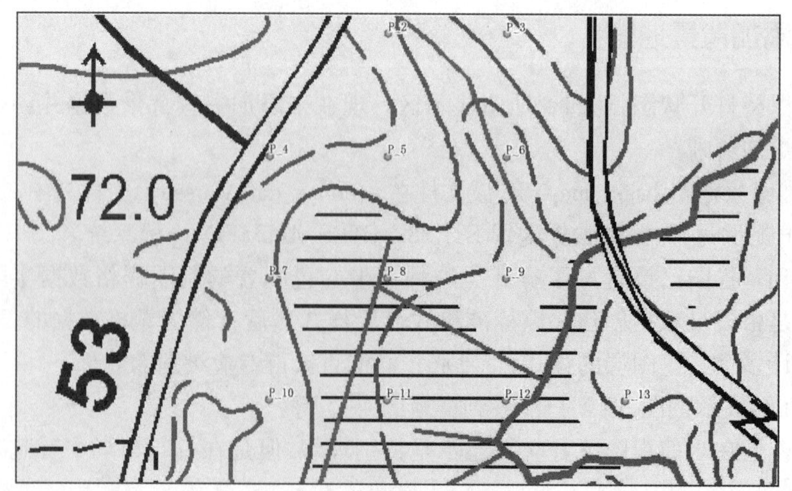

图 15 - 31　修改图层符号

稍后还会用到 forest_stands_2012 图层的绿色样式,所以这里要保留这个样式配置;要仅显示林分轮廓可以这样操作:

(1)右键点击 forest_stands_2012 选择复制(Duplicate)。

(2)此时会得到一个命名为 forest_stands_2012 copy 的新图层,对其定义另一个不同的样式,不作颜色填充,设置红色轮廓。

现在就有了两个不同样式的林分图层,可以自由选择使用哪一个在地图中显示。回到打印布局(Print Layout)窗口查看地图的成图效果。要创建比较详细的地图还需要配置一个方便阅读的符号方案,使其在较小比例尺(图 15 - 32a)下看起来效果比较理想[尽管在整个林区的比例尺下(图 15 - 32b)看起来不太好]。在修改地图比例尺或者地图范围时记得用更新预览(Update preview)和移动项内容(Set to map canvas extent)功能进行操作。

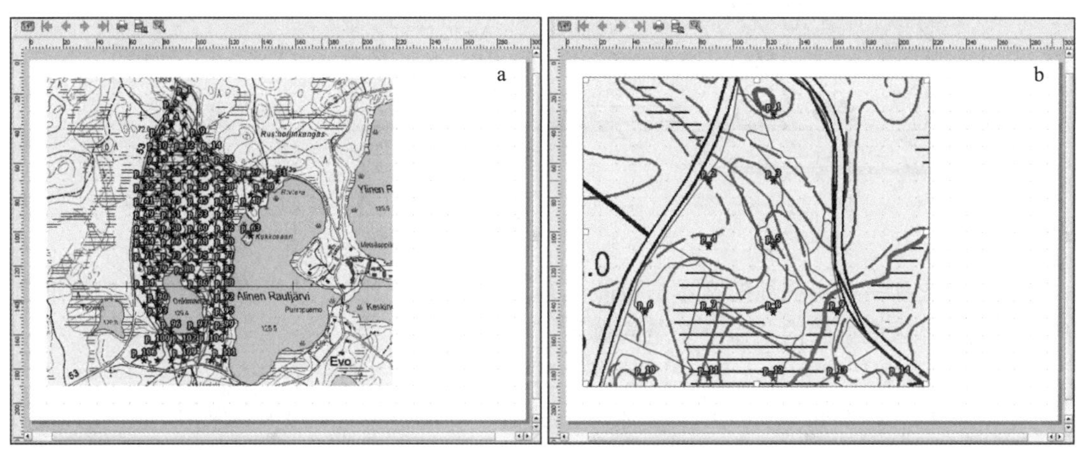

图 15 - 32 新符号的预览效果

15.6.4 创建基本地图模板

当调整出满意的符号后就可以把更多信息添加到打印的地图中。这里要求至少需要添加以下元素:标题、比例尺、地图的格网、格网两侧的坐标。

前面已经在创建地图章节中创建过类似的地图元素,不太熟悉这部分操作的读者可以参考前面章节。添加完后的效果如图 15 - 33 所示。

把地图输出为图像:

(1)布局(Layout)→输出为图像...(Export as Image...)。

(2)本例中使用 JPG 格式(JPG format)。

这就是打印它时得到的实际效果。

15.6.5 向打印布局中加入更多元素

从前面生成的地图可以看到地图的右侧还有很多空白区域(图 15 - 33),这其实是本节故意留下的。现在添加一些别的辅助元素。就这幅地图而言图例实际上没太大必要,而加

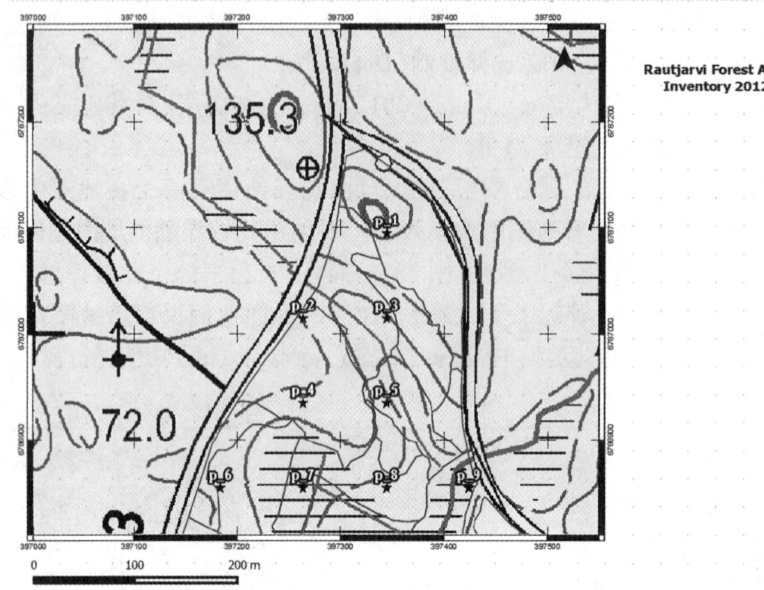

图 15-33　基本地图模板

入林区概览图和一些说明性的文本框可能更有用。林区概览图有助于野外调查队把详细信息图放置在林区概览图内获得一个全局效果：

(1)向地图显示区中加入另一个地图元素，放在标题文本的正下方。

(2)在项特性(Item Properties)选项卡中，打开鹰眼图(Overview)下拉菜单。

(3)点击加号添加新的鹰眼图，默认名称为“鹰眼图 1”(Overview 1)，勾选绘制“鹰眼图 1”鹰眼图(Draw “Overview 1” overview)，地图框架(Map frame)设置为地图 1(Map 1)，这样会在较小的地图上创建一个阴影矩形，代表可见范围在概览地图中的位置。

(4)点击框架样式(Frame style)的下拉菜单，选择配置符号(Symbol Settings)，把描边颜色(Stroke color)设置为黑色、描边宽度(Stroke width)设置为 0.30。

此时的概览图并没有真正提供所需的林区概览(图 15-34)。如果想要此地图显示出整个森林区域，并且只显示背景地图图层和 forest_stands_2012 图层。另外，还要锁定视图，防止每次更改图层的可见性或顺序时它会一起改变，还需要增加以下设置：

(1)回到地图上，但是不要关闭打印布局(Print Layout)。

(2)右键点击 forest_stands_2012 图层，点击放大到图层范围(Zoom to Layer Extent)。

(3)关闭除 basic_map 和 forest_stands_2012 外所有图层。

(4)回到打印布局(Print Layout)。

(5)在选中小地图的状态下，点击设为地图显示区范围(Set to map canvas extent)，将其范围设置为在地图窗口中看到视图区域。

(6)锁定概览图的视图，展开项特性(Item Properties)下的图层(Layers)设置，勾选锁定图层(Lock layers)。

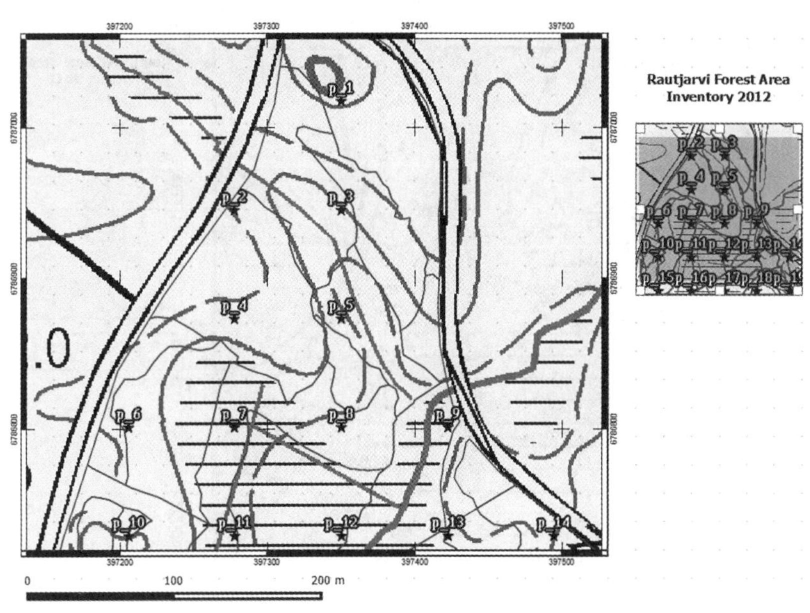

图 15 - 34　向打印布局中添加更多地图元素

现在的概览图基本上接近本案例想要的效果了,其视图也不会改变了。但是,现在主地图也不再显示林分轮廓和样地了,这是因为刚才关闭了这几个图层,现在重新打开这几个图层:

(1)回到地图窗口,选择打开希望可见的图层(systematic_plots_clip、forest_stands_2012 copy、Basic_map)。

(2)再次缩放到样地只有几条线可见。

(3)回到打印布局(Print Layout)窗口。

(4)在布局中选择较大的地图( );

(5)在项特性(Item Properties)中点击更新预览(Update preview)和设为地图显示区范围(Set to map canvas extent)。

现在可以看到只有较大的地图显示当前地图视图的内容,而较小的概览地图则保持锁定时视图不变。同时可以发现,概览视图显示了主地图范围的阴影框(图 15 - 35)。

现在地图已经基本完成了,最后在地图下方添加两个文本框,其中一个写入文本“详细地图区域:”,另一个写入“备注:”。如图 15 - 35 所示进行放置。当然,还可以为概览图添加指北针:

(1)使用 添加图像(Add Picture)工具。

(2)点击概览图的右上角。

(3)在项特性(Item Properties)中打开搜索目录(Search directories),找出一个箭形图像。

(4)在图像旋转(Image Rotation)下,勾选与地图同步(Sync with map),选择 Map 2 (概览图)。

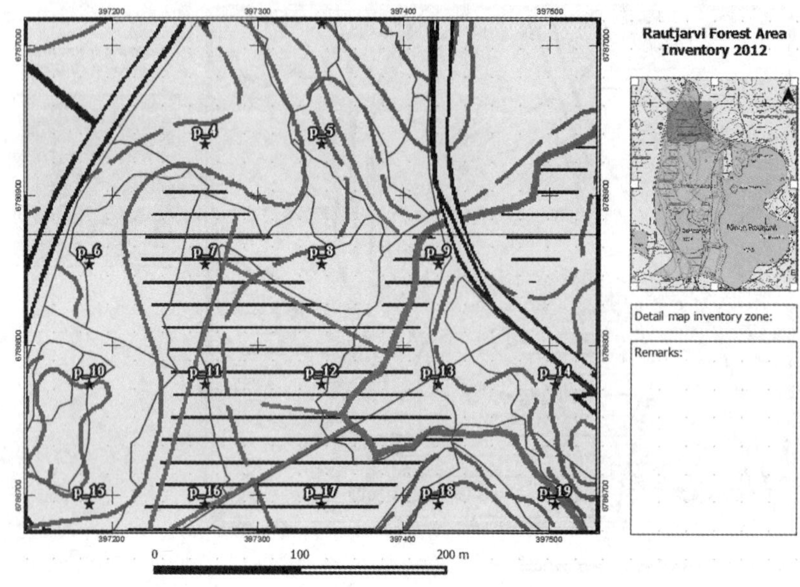

图 15－35　添加概览视图

（5）取消勾选背景（Background）。

（6）调整箭形图像大小，直到其尺寸在小地图中看起来比较协调。

现在基础地图的设计就基本完成了，可以使用 Atlas 工具用同样方式生成这种不同区域的详细地图。

15.6.6　生成图层 Atlas coverage

Atlas coverage 是一个用于生成详细地图矢量图层的操作，包含覆盖范围中每一个要素的地图。为了让读者对下一步工作有个大致概念，先展示一下本小节要完成的森林区域的全套详细地图（图 15－36）。

覆盖范围可以是任何现存图层，但通常情况下，有针对性覆盖图层更有意义。现在先创建一个覆盖森林区域的多边形网格：

（1）在 QGIS 地图视图中，打开矢量（Vector）→研究工具（Research Tools）→创建网格（Vector grid）。

（2）把工具作如图 15－37 所示的设置。

（3）把输出文件保存为“atlas_coverage. shp”。

（4）为新的 atlas_coverage 图层设置样式，多边形面不作填充。

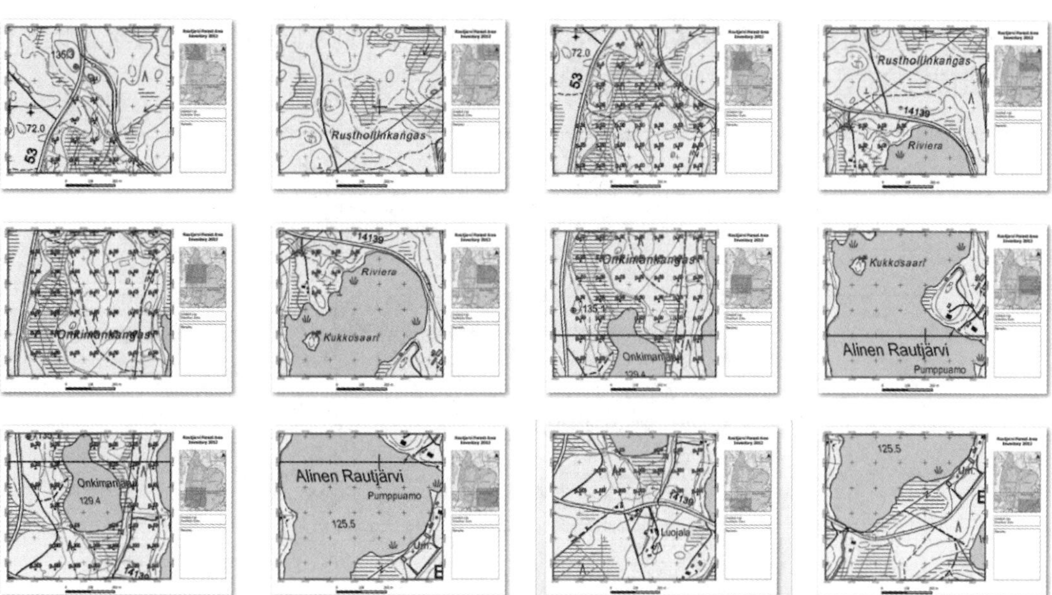

图 15－36　生成地图集

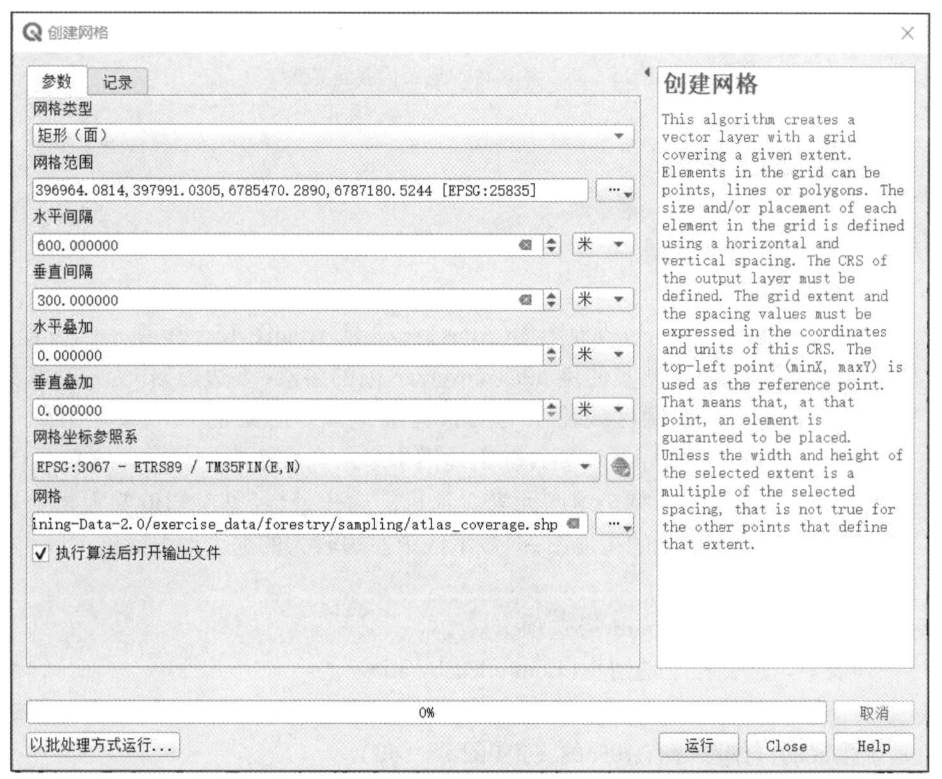

图 15－37　创建网格

新的多边形覆盖了整个森林区域,可以帮助用户了解每块详细地图(从每个多边形创建)包含的内容(图 15-38)。

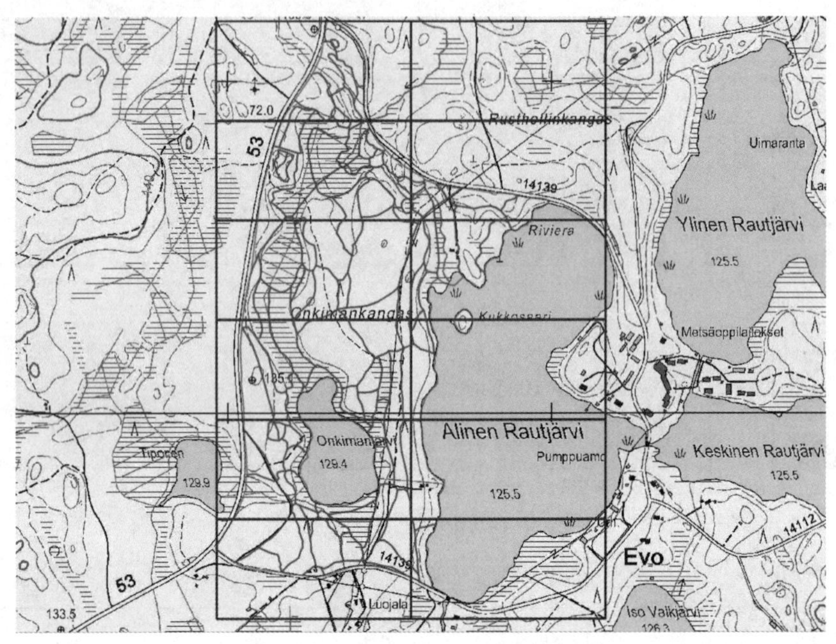

图 15-38 每块详细地图的覆盖范围

15.6.7 设置 Atlas 工具

最后一步是设置 Atlas 工具:

(1)回到打印布局(Print Layout)。

(2)在右侧的面板中,转到生成地图集(Atlas)选项卡,作如图 15-39 所示的设置。

这是在指定地图集 Atlas 工具使用 atlas_coverage 内的要素(多边形)作为每个详细图的范围。它把图层中的每个格网区域输出为一张详细地图。隐藏的 coverage 图层(Hidden coverage layer)则告诉地图集 Atlas 不要在输出地图中显示此多边形。最后还需要告诉 Atlas 工具需要为每个输出地图更新哪个地图元素。到目前为止,已经基本知道要为每个要素更改的那个地图是准备显示样地的主地图,即显示区中左边较大的那个地图元素:

(1)选择较大的地图元素。

(2)转到项特性(Item Properties)选项卡。

(3)在列表中勾选受控于地图集(Controlled by atlas)。

(4)把要素周围的边距(Marging around feature)设置为 10%。视图范围将比多边形大 10%,就是说生成的详细图会有 10%的飞边(图 15-40)。

现在,可以使用 Atlas 地图的预览工具来显示地图集的效果:

选中 [图标] 启用地图集预览。如果地图集 Atlas 工具栏还未启用可以通过地图集→预览地图集(Preview)访问。然后可使用 Atlas 工具栏中的箭头,或者在 Atlas 菜单中移动查看即将输出生成的地图集。这里强调一点,可以看到其中一些子图涵盖了部分无用的领域。现在做些微小的改动禁止打印这些无用的地图。

图 15-39　设置 Atlas 工具

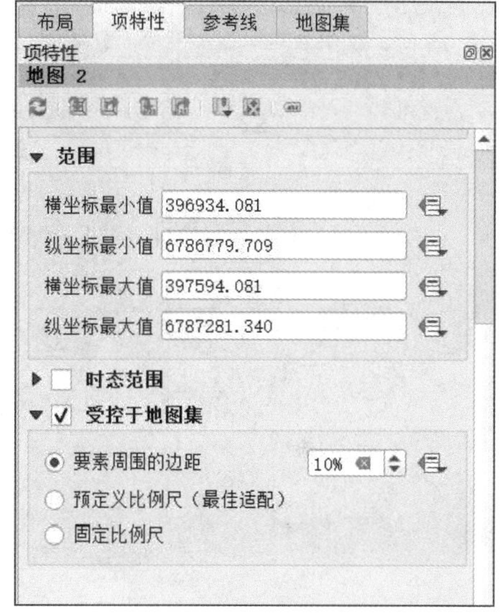

图 15-40　地图集参数设置

15.6.8 编辑 Coverage 图层

地图覆盖层其实是可以编辑定制的,例如删除那些无用的区域的多边形,自定义地图中的文本标注以 coverage 图层的属性表(Attribute table)中的内容生成的文本标注等,现在介绍这些在 QGIS 中是如何实现的:

(1)回到地图视图。

(2)启用 atlas_coverage 图层的编辑。

(3)选择图 15-41 中被选中(黄色区域)的面。

(4)移除所选中的那些多边形。

(5)关闭编辑,保存编辑操作。

回到打印布局视图(Print Layout),查看 Atlas 只使用图层中留下的那些多边形生成的地图集。另外,现在正在使用的 coverage 图层还没有标注,可以为每个详细图添加一个区域代码和带有备注的说明文字供野外调查人员参考:

(1)打开 atlas_coverage 图层的属性表(Attribute Table)。

(2)启用编辑。

(3)使用计算器创建和填充以下两个字段。

(4)创建一个名为“Zone”的字段,类型设为整数(整型)[Whole number (integer)]。

(5)在表达式(Expression)框中填写“ $ rownum”。

(6)创建另一个字段,命名为“Remarks”,类型设为文本(字符串)[Text (string)],长度设为 255。

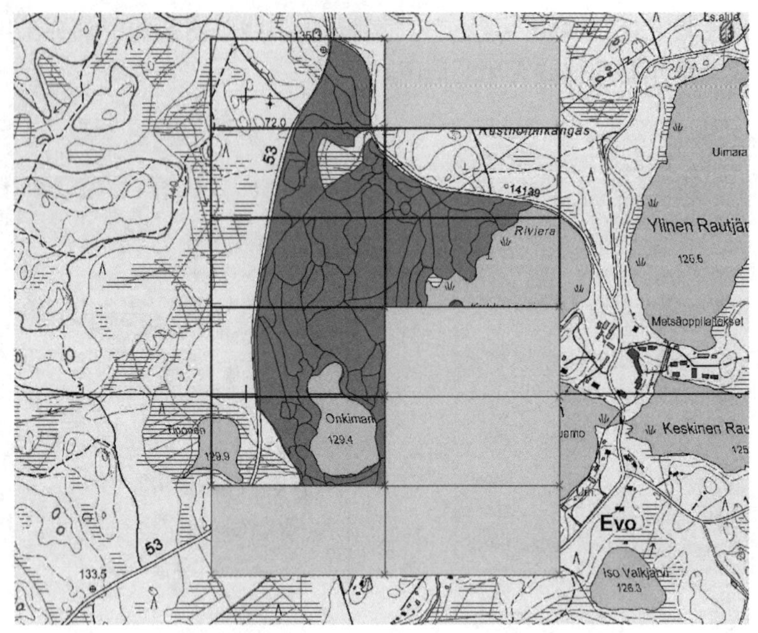

图 15-41　编辑 coverage 图层

(7)在表达式(Expression)框中写入' No remarks. '给地图集的每个详细图赋予备注信息。

森林管理员处有一些在访问有关该林区时可能会有用的信息。例如,桥梁的位置、沼泽或受保护物种的位置。atlas_coverage 图层可能仍处于编辑模式,在其对应的面 Remarks 字段中添加以下文本(双击单元格以进行编辑):

(1)为 Zone 2 输入:Bridge to the North of plot 19. Siberian squirrel between p_13 and p_14. 。

(2)为 Zone 6 输入:Difficult to transit in swamp to the North of the lake. 。

(3)为 Zone 7 输入:Siberian squirrel to the South East of p_94. 。

(4)关闭编辑,保存编辑操作。

现在需要告诉 Atlas 工具在地图集的文本标注需要读取 atlas_coverage 图层的属性中的哪个字段,备注需要使用哪个字段等。

(5)回到打印布局(Print Layout)。

(6)选择包含 Detailed map…的文本标签。

(7)把字体(Font)大小设为 12。

(8)把光标置于标签文本的末尾。

(9)进入项特性(Item Properties)选项卡,在主要属性(Main Properties)处点击插入表达式(Insert an expression)。

(10)在函数列表(Function list)的字段和值(Field and Values)处双击字段 Zone。

(11)点击 OK 按钮。

(12)文本框中的文本项特性(Item Properties)此时应显示 Detail map inventory zone:

[%"Zone"%]。注意[%"Zone"%]就会根据 atlas_coverage 图层对应要素的 Zone 字段的值来替换。

通过查看不同的 Atlas 预览图检验标注内容。用相同的步骤读取 Remarks 的文本作为备注文本框的填充内容。这里还可以在输入表达式之前留下一个换行符。例如,zone 2 的预览结果如图 15－42 所示。

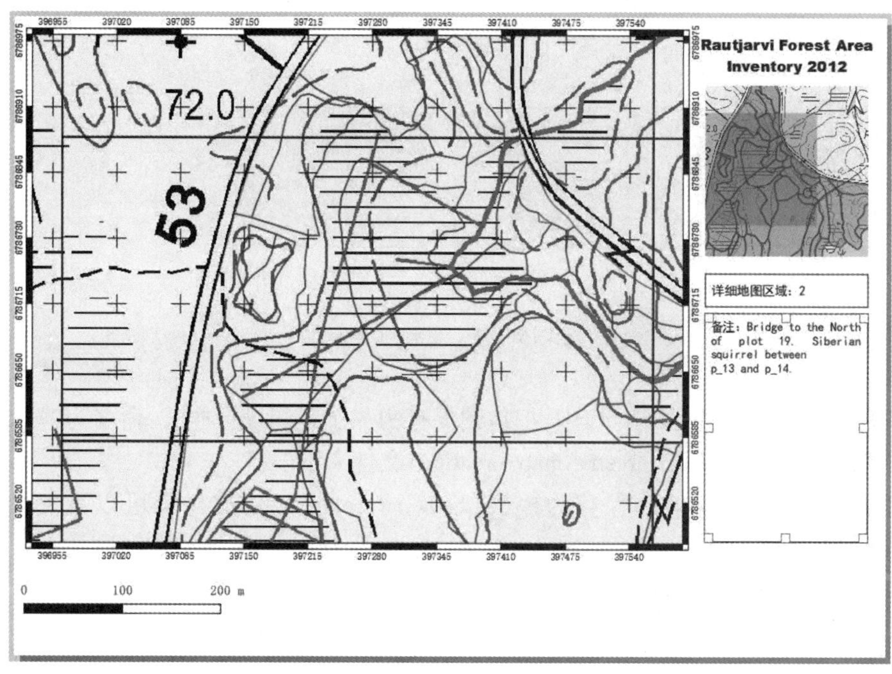

图 15－42 详细地图预览图

使用 Atlas 预览功能浏览所有生成的详细地图,看看效果是否满意。

15.6.9 打印地图

打印或把地图导出为图像文件或 PDF 文件,可以通过 Atlas 地图集菜单导出成图像…(Export Atlas as Images…)或 Atlas 地图集菜单→导出为 PDF…(Export Atlas as PDF…)实现。这里特别说明,当前导出为 SVG 格式无法正常使用。把地图打印为单个 PDF 文件,这就可以直接发送给野外调查队使用:

(1)转到右侧面板的生成图集(Atlas)选项。

(2)在输出(Output)下勾选可能时导出为单个文件(Single file export when possible)。这会把所有地图放在同一个 PDF 文件里输出,如果此选项没有勾选就把每张地图分别输出一个 PDF 文件。

(3)打开布局(Layout)→导出为 PDF…(Export as PDF…)。

(4)把该 PDF 文件保存为 exercise_data\forestry\sampling\map_creation\文件夹下的 inventory_2012_maps. pdf。然后就可以打开该 PDF 文件查看。

这里可以看到要输出的地图的缩略图如图 15－43 所示。

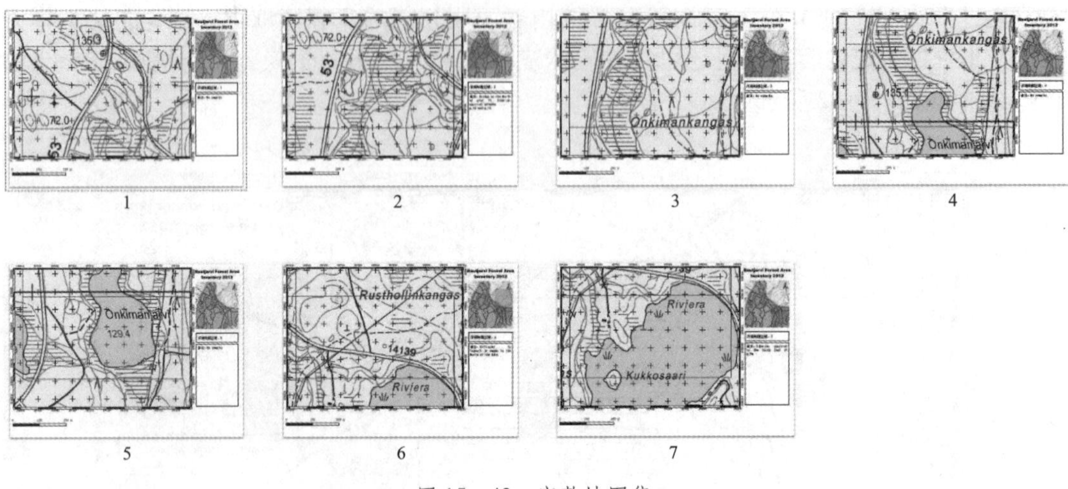

图 15－43　完整地图集

(5)在打印布局(Print Layout)中,把地图保存为一个地图设计样式,命名为“Forestry_atlas. qpt”,放在 exercise_data\forestry\map_creation\文件夹下。

(6)使用布局(Layout)→保存为模板(Save as Template),这样就可以重复使用此模板了。

(7)关闭打印布局(Print Layout),保存当前的 QGIS 项目。

15.6.10　小结

本节介绍如何创建一个地图集模板用于自动生成要在现场使用的详细地图集,方便野外调研人员在不同区域进行调研时使用。通过以上操作可以发现这部分一系列操作下来并不轻松,但是,当需要为一个区域创建类似的系列地图集的时候就可以使用刚才保存的模板,那这个方法的优势就显现出来了。在下一节中会介绍如何使用 LiDAR 数据创建 DEM,用其增强数据和地图视觉效果。

15.7　计算森林参数

估计森林参数是森林资源调查的重要内容。本节的目标是计算森林参数,先计算整体森林参数,然后计算单个林分区域。

15.7.1　导入资源调查结果

野外调查队到每个样区根据提供的详细地图在每个样地收集有关森林的信息。一般来说，这些信息会记录到带到现场的纸质表格中，然后输入到电子表格。这些样地信息已保存到一个 *.csv 文件中，可以在 QGIS 中打开查看。继续使用上一节中有关森林资源调查设计的 QGIS 项目，可以把该工程文件复制一个，命名为“forest_inventory.qgs”。

首先，把野外调查队获得的样地测量值添加到 QGIS 项目中：

（1）转到图层（Layer）→添加定界文本数据图层…（Add Delimited Text Layer…）。

（2）浏览文件，打开在 exercise_data\forestry\results\下的 systematic_inventory_results.csv 文件。

（3）确保勾选了点坐标（Point coordinates）选项。

（4）把 X 和 Y 字段设置为坐标字段。

（5）点击添加（Add）。

（6）弹出提示时，选择 ETRS89 / ETRS-TM35FIN CRS。

（7）打开新图层的属性表（Attribute table），查看数据。

这里可以通过查看 exercise_data\forestry\results 文件夹下的 legend_2012_inventorydata.txt 文件，查看样地测量结果的数据类型。上一步加载的 systematic_inventory_results 图层实际上是 *.csv 文件中的文本信息的虚拟表示。在继续处理前，需要先把资源调查结果转换为真正的空间数据集：

（1）右键点击 systematic_inventory_results 图层。

（2）浏览到 exercise_data\forestry\results 文件夹。

（3）把文件命名为“sample_plots_results.shp”。

（4）勾选把已保存的文件添加到地图中（Add saved file to map）。

（5）从项目中移除 systematic_inventory_results 图层。

15.7.2 整体森林参数估算

从森林资源调查结果中可以计算出一些有意思的参数，例如每公顷树木的棵数和体积，从而计算出整个森林面积的平均值。由于系统的样地是以相同的面积划分，可以直接基于 sample_plots_results 图层计算每公顷内的树木棵数和体积的平均值。

这里可以使用基本统计（Basic statistics）工具计算矢量图层的字段平均值：

（1）打开矢量（Vector）→分析工具（Analysis Tools）→字段基本统计（Basic Statistics or Fields）。

（2）把 sample_plots_results 设为输入图层（Input Vector Layer）。

（3）把 Vol 设为计算统计的字段（Target field）。

（4）点击运行（Run）。

体积均值结果为 135.2m^3/hm^2（图 15－44）。

同样可以通过该方法计算树木棵数均值，结果为 2745$stems/hm^2$。

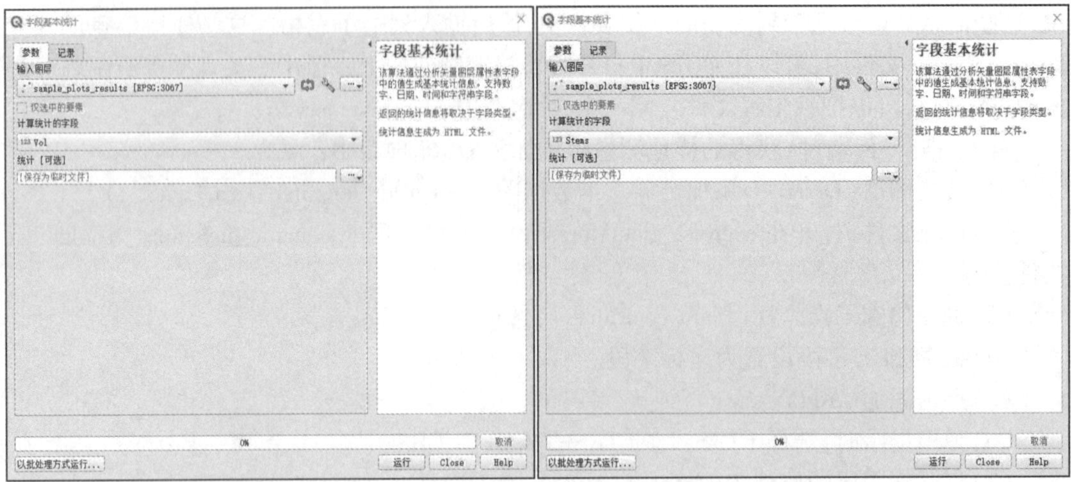

图 15-44 字段基本统计

15.7.3 样地估算

可以利用相同的方法根据系统样地来计算先前数字化的不同林分多边形区域的森林参数。对于一些没有分配到任何样地的林分就暂时没办法估算林分信息了。要避免这种情况可以在进行系统调查方案设计时多设计一些样地让野外调查队测量,或者可以稍后再派一支野外调查队补测,再估算这些未记录的林分完成林分资源调查。不过在本例中,仅使用前期计划的样地就可以获得相关的林分的信息了。

现在需要获取的是落入每个林分中的样地的均值。当要基于位置合并信息时可以执行空间连接:

(1)打开矢量(Vector)→数据管理工具(Data Management)→按位置连接属性(摘要)[Join Attributes by Location(summary)]工具。

(2)把 forest_stands_2012 设为目标图层(Target Vector Layer),作为结果数据输出的图层。

(3)把 sample_plots_results 设为连接图层(Join Vector Layer),作为用以估算的图层。

(4)点击要计算的汇总(Summaries)参数旁的 [...] 按钮,在弹出的窗口中勾选以只计算均值(Mean)。

(5)把输出结果命名为"forest_stands_2012_results. shp",储存到 exercise_data\forestry\results\文件夹。

(6)最后确保取消勾选丢弃不被关联的记录(Discard records which could not be joined)的复选框,以便后续知道哪些没有获取到均值的林分多边形。

(7)点击运行(Run)。

(8)弹窗提示时同意把生成的新图层加载到地图显示区中。

(9)关闭按位置连接属性(摘要)[Join attributes by location(summary)]工具。

打开 forest_stands_2012_results 图层的属性表(Attribute Table),查看获得的结果。可以发现有些林分的计算结果是 NULL 值,这些就是没有分配到样地的林分区域。选中它们,在地图中进行查看会发现这些区域基本都是规模比较小的林分(图 15-45)。

现在按之前估算整体均值一样对其进行计算,不过这次是要为每个林分计算平均值。在前面介绍过每个样地均匀表示 80m×80m 的假设林分,现在则根据每个林分的面积计算统计信息。这样,其中的参数的均值,比如体积均值(m^3/hm^2)乘以林分的面积(hm^2)就可以转换为林分的总体积。所以这里先需要先计算林分的面积,然后计算每个林分的树木的总体积和数量:

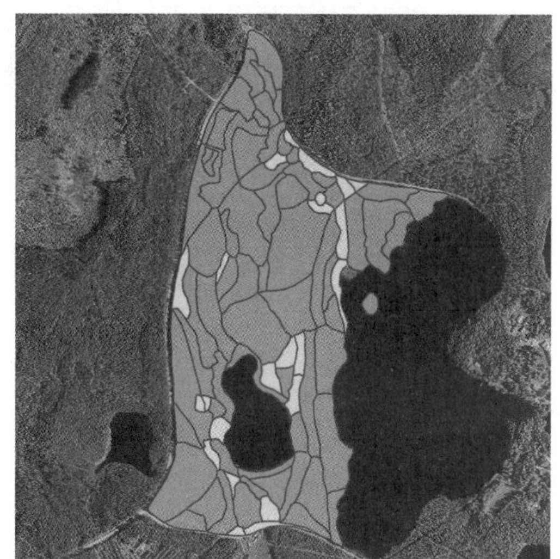

图 15-45 样地估算

(1)在属性表(Attribute Table)中启用编辑。

(2)打开字段计算器(Field Calculator)。

(3)创建一个名为"area"的新字段。

(4)把输出字段类型(Output field type)设为十进制数(数字)[Decimal number (real)]。

(5)把精度(Precision)设为 2。

(6)在表达式(Expression)框中,写入 $ area / 10000 这里是把面积单位换算为 hm^2 为单位的林分面积。

(7)点击 OK 按钮。

现在计算每个林分的树木的总体积和树木总棵数:

(1)把字段命名为"s_vol"和"s_stem"。

(2)字段可以设为整数也可以使用实数。

(3)使用表达式"area" * "MEANVol"和"area" * "MEANStems"分别计算总体积和树木总棵数。

(4)完成后保存编辑操作。

(5)关闭编辑状态。

在前一种情况中每个样地面积相同,所以计算样地均值即可。本节需要使用林分的面积或树木总棵数除以有调查结果信息的林分的总面积才能得到林分平均估计值,方法如下:

(1)打开 forest_stands_2012_results 图层的属性表(Attribute table),选中所有带结果信息的林分。

(2)打开矢量(Vector)→分析工具(Analysis Tools)→字段基本统计(Basic Statistics or Fields)。

(3)把 forest_stands_2012_results 设为输入图层(Input layer)。

(4)把"area"设为计算统计的字段(Field to calculate statistics on)。

(5)勾选仅选中的要素(Selected features only)(图 15-46)。

(6)点击运行(Run)。

可以看到林分面积的总和是 177.87hm^2,而无记录的林分面积只有 10.47hm^2(图 15-47)。

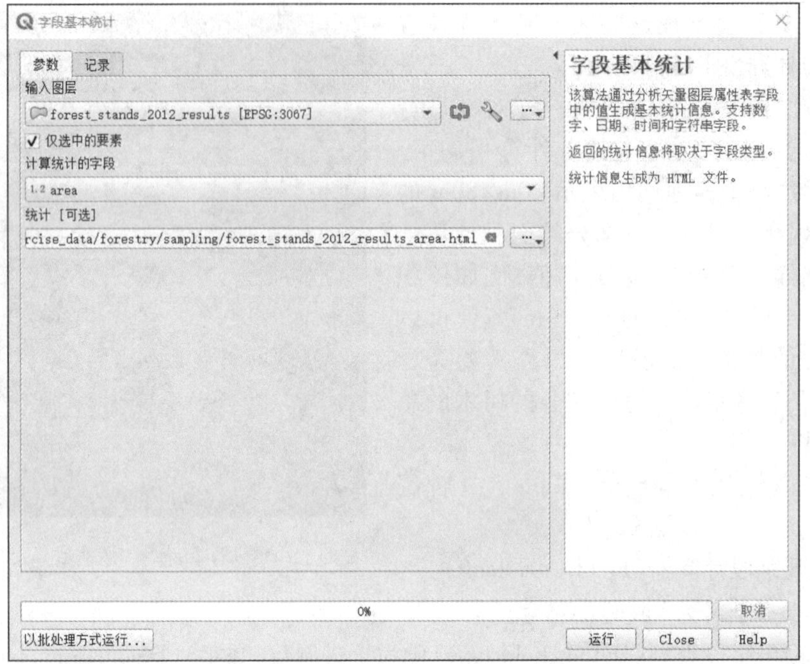

图 15-46　字段基本统计

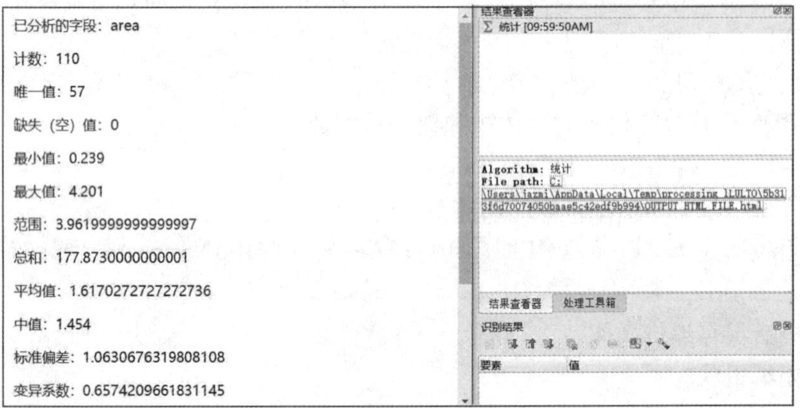

图 15-47　area 字段的统计信息

同样的方法可以计算出这些林分的总体积为 14 899m^3，树木总数量为 301 646 stems（棵）。使用从林分处获取的数据会得出以下的均值估算结果：

(1) 14 899/177.87≈83.8(m^3/hm^2)。

(2) 301 646/177.87≈2559(stems/hm^2)。

15.7.4 小结

本节主要在不考虑森林结构特征，并在前面航拍影像数字化的林分面积的基础上，介绍如何使用系统样地中的信息计算整个森林的森林估算值，获取了特定林分的一些有关数据信息,这些信息对后面的森林管理规划非常有用。

15.8 基于 LiDAR 生成 DEM 数据

一般情况下,可以通过使用不同的底图使地图看起来更加美观。这些底图可以是此前使用过的基础地图或者航拍图像,但在某些情况下,使用地形的山体阴影栅格作为背景会更美观。本节会用到 LAStools,利用 LiDAR 数据集提取 DEM,然后创建山体阴影栅格影像作为底图配合之后的地图制作。本节的目标是安装 LAStools,然后基于 LiDAR 数据计算出 DEM 和山体阴影图。

15.8.1 安装 LAStools

在 QGIS 中管理 LiDAR 数据的常用方法是使用 LAStools 工具提供的处理算法,可以基于 LiDAR 点云中获取数字高程模型(DEM),然后创建在视觉上相对直观的山体阴影栅格数据图。首先需要安装配置处理(Processing)工具箱,并进行正确设置才能正确地使用 LAStools 工具:

(1)如果此时已启动 QGIS,需要先将其关闭。

(2)一般在 QGIS 安装目录下应该有一个旧的 lidar 插件文件夹,默认是安装在 C:\Program Files\QGIS 3.12\apps\qgis\python\plugins\processing\文件夹中。

(3)如果有一个名为 lidar 的文件夹,需要先将其删除。这个插件可能是用户在 QGIS2.2 或 QGIS2.4 的某个版本安装的,可能会有不兼容的问题,因此需要先将其删除(图 15-48)。

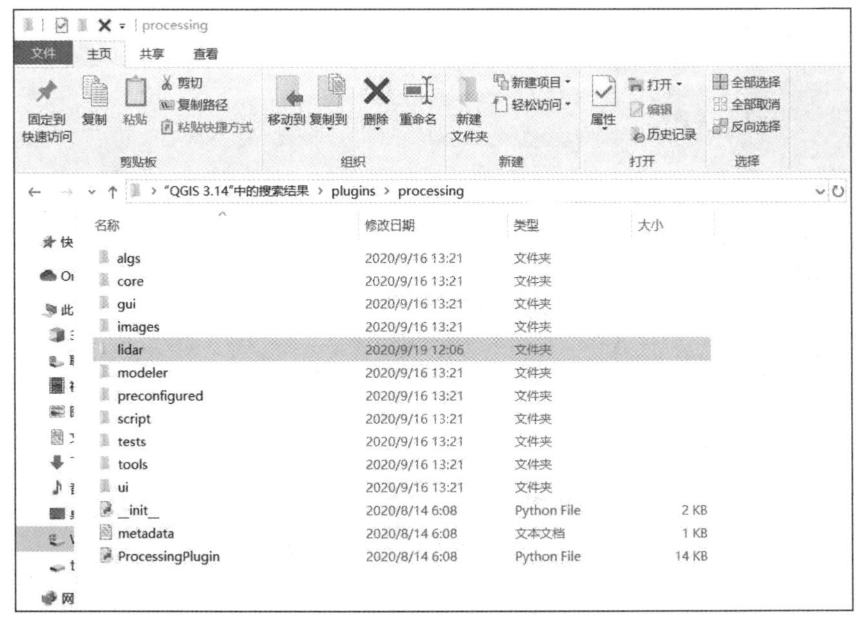

图 15-48 LAStools 工具的安装位置

(4)转到 exercise_data\forestry\lidar\文件夹,可以在其中找到文件 QGIS_2_2_toolbox.zip,打开并将其中的 lidar 文件夹解压替换到刚才删除的文件夹处。

(5)如果在使用其他版本的 QGIS,可以在指南(https://rapidlasso.com/2013/09/29/how-to-install-lastools-toolbox-in-qgis/)中找到更多安装方法。

现在开始在电脑中安装 LAStools。最简单的方法是直接在插件管理器中搜索 LAStools 工具并安装。也可以在此链接(https://lastools.github.io/download/LAStools.zip)获取最新版本的 LAStools,把 LAStools.zip 文件的内容解压到系统中的某个文件夹里,例如 C:\lastools\。lastools 文件夹的路径不能包含任何空格或特殊符号。现在插件和实际算法已经安装到计算机上,只需要安装配置好处理工具箱就可以使用了:

(1)在 QGIS 中打开一个新的项目。

(2)把项目的 CRS 设为 ETRS89/ETRS-TM35FIN。

(3)把项目保存为 forest_lidar.qgs。

在 QGIS 中安装配置 LAStools 的步骤:

(1)转到处理(Processing)→ 选项(Options)。

(2)在选项(Processing)→空间运算对话框中,找到数据源(Providers),然后找到 LiDAR Tools。

(3)勾选 Activate。

(4)把 C:\lastools\(或将 LAStools 解压的文件夹)设为 LAStools 文件夹(图 15-49)。

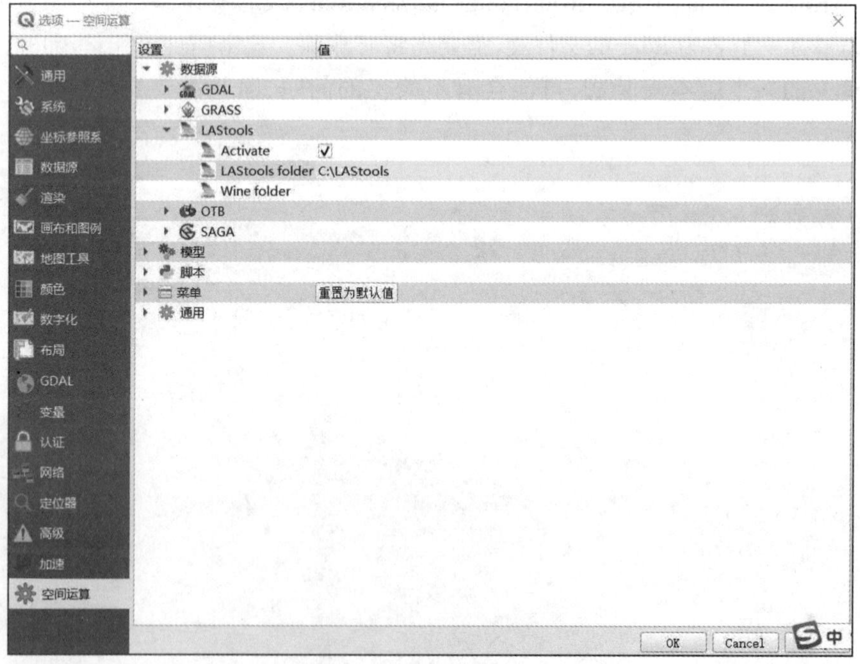

图 15-49 LAStools 工具运行环境设置

15.8.2 使用 LAStools 生成 DEM

在空间统计部分,已经简单介绍处理工具箱(Processing)的一些 SAGA 算法。现在还是使用处理工具箱运行 LAStools 工具:

(1)打开处理(Processing)→工具箱(Toolbox)。

(2)在底部可以看到 LAStools 类别(图 15-50)。

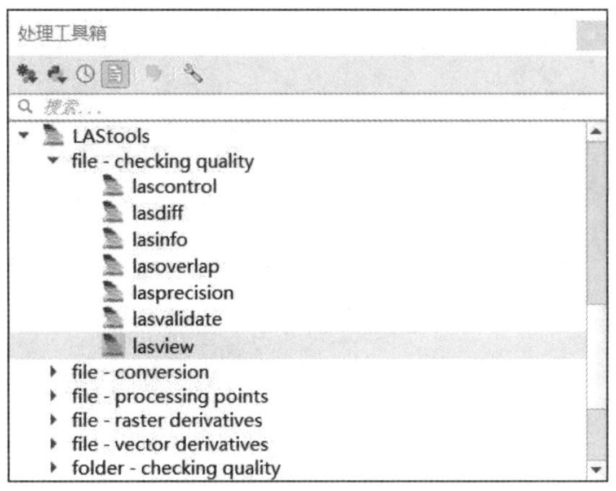

图 15-50 工具箱中的 LAStools 工具

(3)展开查看可用的工具(算法数量可能与上图不同)。

(4)向下滚动找到 lasview 算法,双击打开。

(5)在 Input LAS/LAZ file 处,浏览到 exercise_data\forestry\lidar\,然后选择 rautjarvi_lidar. laz 文件。

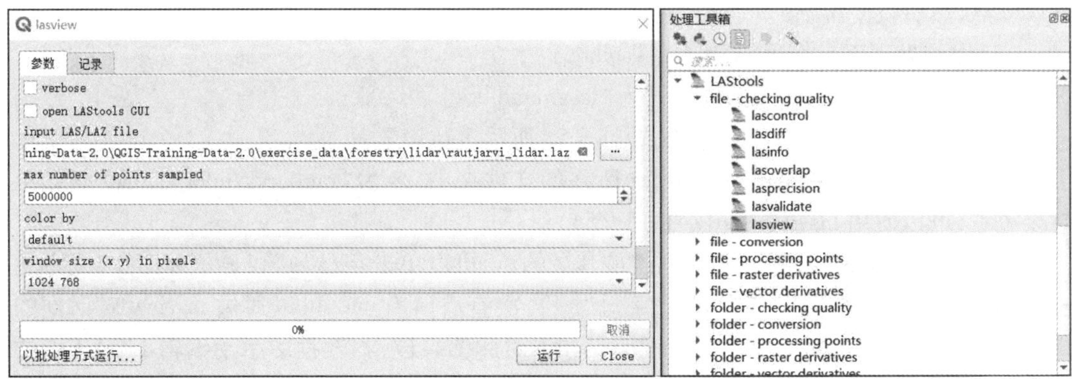

图 15-51 lasview 视图配置

(6)点击运行(Run)。

现在可以在 just a little LAS and LAZ viewer 对话框窗口查看 LiDAR 数据了(图 15-52)。其实该对话框提供了很多功能,不过现在暂时只需要在视窗上点击和拖拽浏览 LiDAR

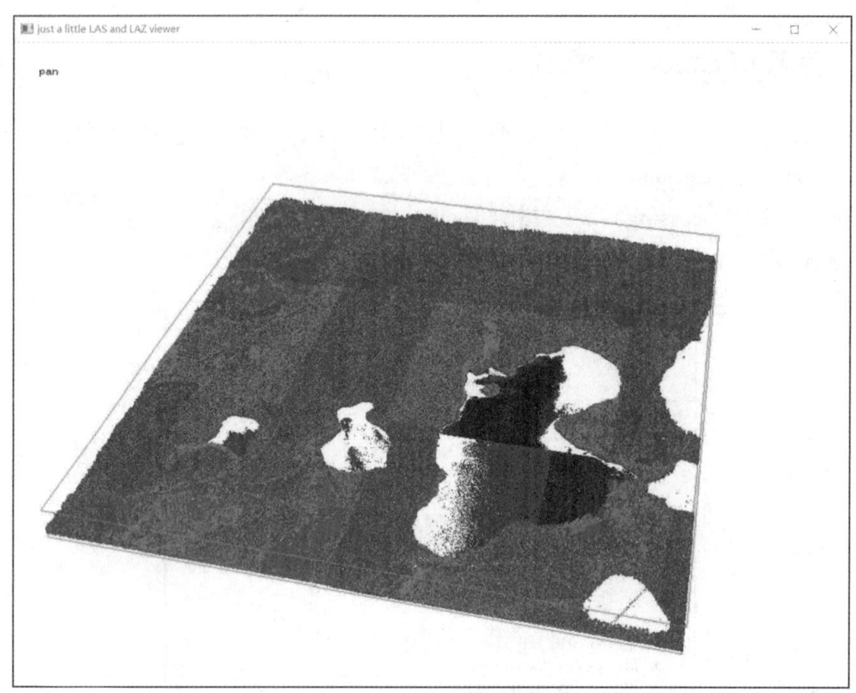

图 15－52　LiDAR 数据显示

点云。这里要注意，如果希望了解更多 LAStools 工作机制的详细信息，可以查阅 README 文件中有关于各工具的信息，位于 C：\lastools\bin\文件夹。Rapidlasso 网页（https://rapidlasso.com/）中也有教程和其他材料。

（1）做好准备后关闭对话框。

（2）使用 LAStools 创建 DEM 数据主要有两个步骤，第一步把点云分类为 ground 点和 no ground 点，然后仅使用 ground 点计算出 DEM。

（3）回到处理工具箱（Processing Toolbox）。

（4）找到搜索…（Search…）框，键入“lasground”。

（5）双击打开 lasground 工具，按图 15－53 所示进行设置。

输出文件储存在 rautjarvi_lidar.laz 所在的文件夹中，名为“rautjarvi_lidar_1.las”。如果想要查看，可以使用 lasview 打开（图 15－54）。

棕色点是分类为地面的点，灰色点是其余的点，可以单击字母“g”仅显示地面点，或者单击字母“u”仅查看未分类的点。单击字母“a”再次查看所有点。可以通过 lasview 对话框的 README 文件获得更多命令和操作说明。如果对此感兴趣，本教程中手动编辑 LiDAR 点的部分还会介绍 lasview 的不同操作方法。

（1）关闭此对话框。

（2）在处理工具箱中搜索 las2dem 工具。

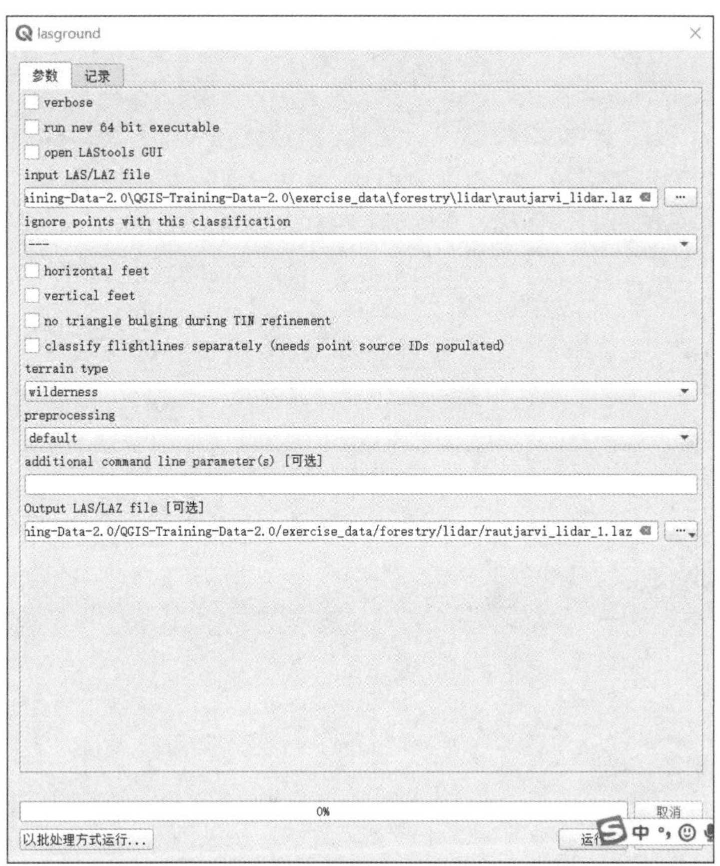

图 15－53 lasground 工具参数设置

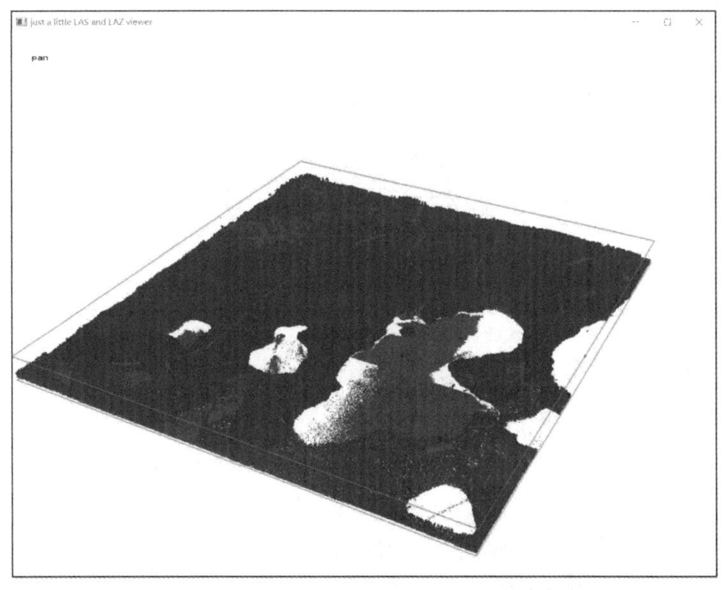

图 15－54 lasview 打开 rautjarvi_lidar_1. las 数据

(3)打开 las2dem 工具对话框并按图 15－55 所示设置。

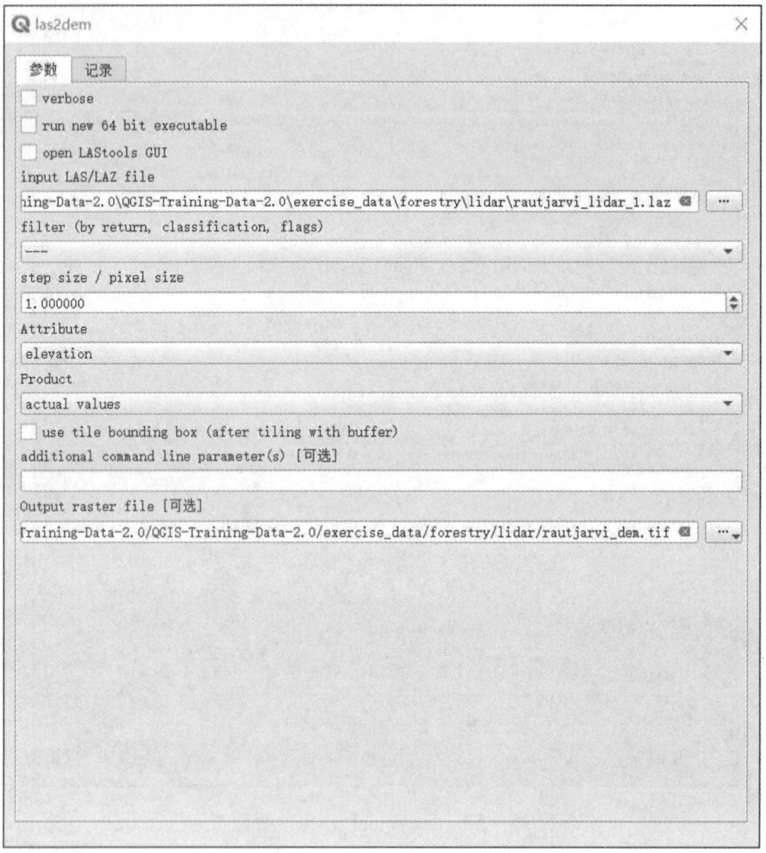

las2dem
参数 记录
verbose
run new 64 bit executable
open LAStools GUI
input LAS/LAZ file
ning-Data-2.0\QGIS-Training-Data-2.0\exercise_data\forestry\lidar\rautjarvi_lidar_1.laz
filter (by return, classification, flags)
----
step size / pixel size
1.000000
Attribute
elevation
Product
actual values
use tile bounding box (after tiling with buffer)
additional command line parameter(s) [可选]
Output raster file [可选]
Training-Data-2.0/QGIS-Training-Data-2.0/exercise_data/forestry/lidar/rautjarvi_dem.tif

图 15－55 las2dem 工具参数设置

输出的结果 DEM 会以默认的名称 Output raster file 加载到地图显示区。这里要特别注意，lasground 工具和 las2dem 工具都需要授权许可。正如授权文件所述，用户可以使用未授权的工具，但是可以看到在输出结果图像结果中有斜线标识，这是由未授权的工具输出得到的。

15.8.3 创建地形山体阴影

如果考虑美观因素，基于 DEM 生成的山体阴影可以更直观地表达地形：

(1)打开栅格(Raster)→栅格地形分析(Terrain Analysis)→山体阴影(Hillshade)。

(2)在山体阴影(Output layer)路径设置，浏览到 exercise_data\forestry\lidar\，把文件命名为“hillshade.tif”。

(3)为余下的参数保留默认的设置(图 15－56)。

(4)提示时选择 ETRS89/ETRS-TM35FIN 为 CRS。

尽管在山体阴影栅格中因为未授权的原因有三条斜线，但还是可以清晰地看出该区域山体阴影情况，甚至可以看到在森林中各种排水沟(图 15－57)。

图 15－56　山体阴影工具参数设置

15.8.4 结论

使用 LiDAR 数据生成 DEM，特别是在森林区域，可以很容易地获得非常好的阴影效果。因此，用户可以使用现成的 LiDAR 派生成 DEM 数据，或者其他数据源，如 SRTM 9m resolution DEMs（http://srtm.csi.cgiar.org/srtmdata/）。又或者，可以使用 SRTM 创建山体阴影栅格数据用于下一节的地图演示上。在本章最后一节中会介绍如何使用山体阴影栅格和森林资源调查结果生成地图演示成果。

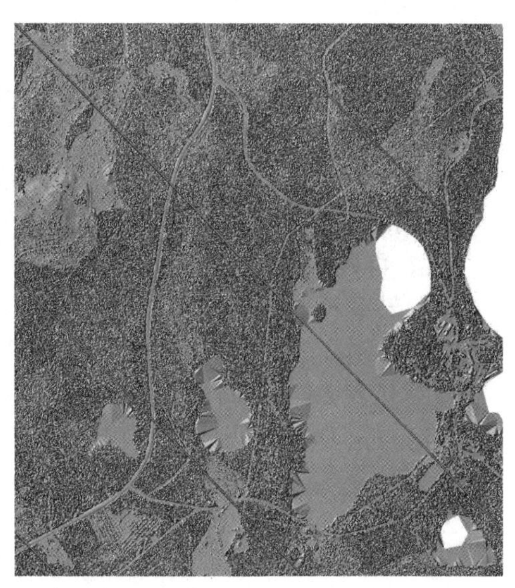

图 15－57　山体阴影图

15.9 地图演示

在先前的章节已经介绍了创建 GIS 项目并把旧的森林资源调查数据导入,然后更新森林数据,进行森林资源调查的采样设计,创建采样方案专题图集,并根据现场测量结果计算森林参数。基于 GIS 项目的结果创建地图通常也是很重要的。一张显示森林资源调查结果的地图能够很方便地展示森林指标趋势变化,以更简单的方式快速了解调查结果,这比枯燥的表格数字更直观。本节的目标是创建一张使用山体阴影栅格作为底图,能展现森林资源调查结果的地图。

15.9.1 准备地图数据

打开前面参数运算课程时使用的 QGIS 项目 forest_inventory. qgs。至少保留以下几个图层:

· forest_stands_2012_results;

· basic_map;

· rautjarvi_aerial;

· lakes(如缺少此图层,可从 exercise_data\forestry\文件夹加载)。

该地图需要体现林分的平均面积。打开 forest_stands_2012_results 图层的属性表(Attribute table),可以看见带着 NULL 值的林分是没有调查信息的。为了使这些带 NULL 值的林分也能用符号表示出来,这里需要先替换掉这些 NULL 值,例如替换为-999,记住这些负值表示该面无数据。然后对 forest_stands_2012_results 图层执行以下操作:

(1)打开属性表(Attribute Table),启用编辑。

(2)选中 NULL 值的面。

(3)使用计算器把选中要素的 MEANVol 字段的值更新为-999。

(4)关闭编辑,保存更改。

现在可以对此图层使用一个已保存的样式:

(5)转到符号化(Symbology)选项卡(图 15 - 58)。

(6)点击样式(Style)→加载样式…(Load Style…)。

(7)从 exercise_data\forestry\results\文件夹选择 forest_stands_2012_results. qml。

(8)点击 OK 按钮。

现在地图看起来应该如图 15 - 59 所示的效果。

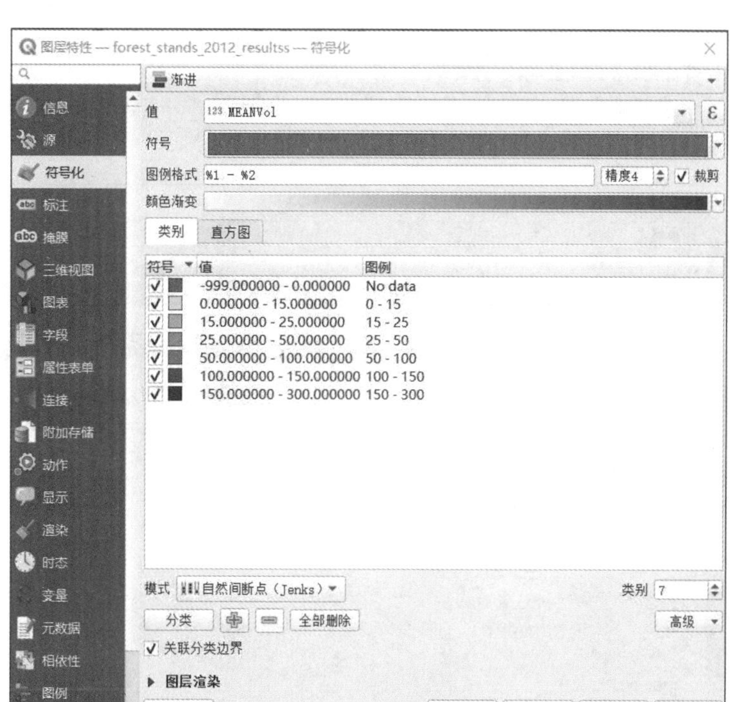

图 15－58　对 forest_stands_2012_results 图层进行符号化设置

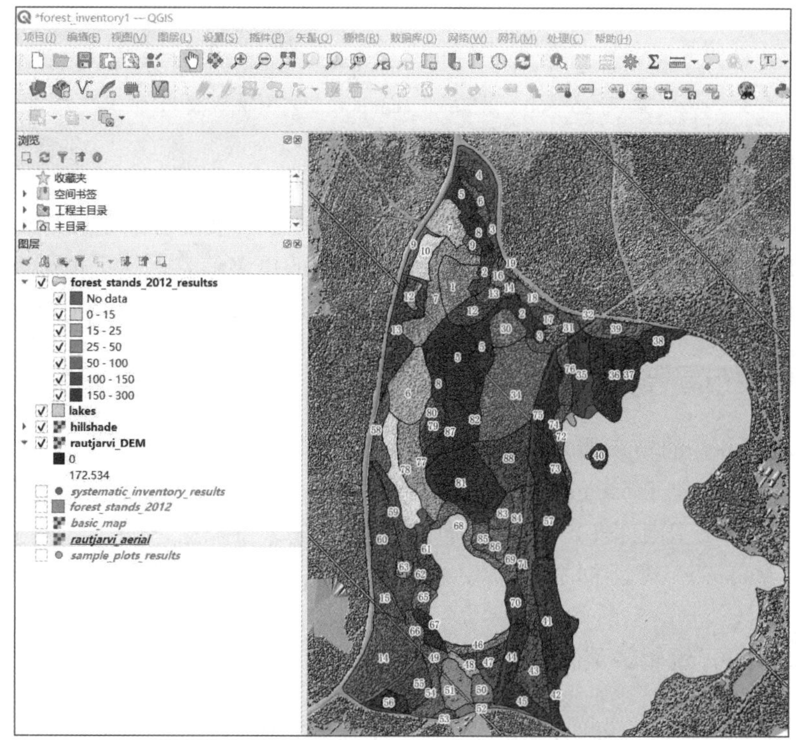

图 15－59　forest_stands_2012_results 图层符号化效果

15.9.2 使用不同的颜色渐变模式

所加载的样式如图 15－60 所示。

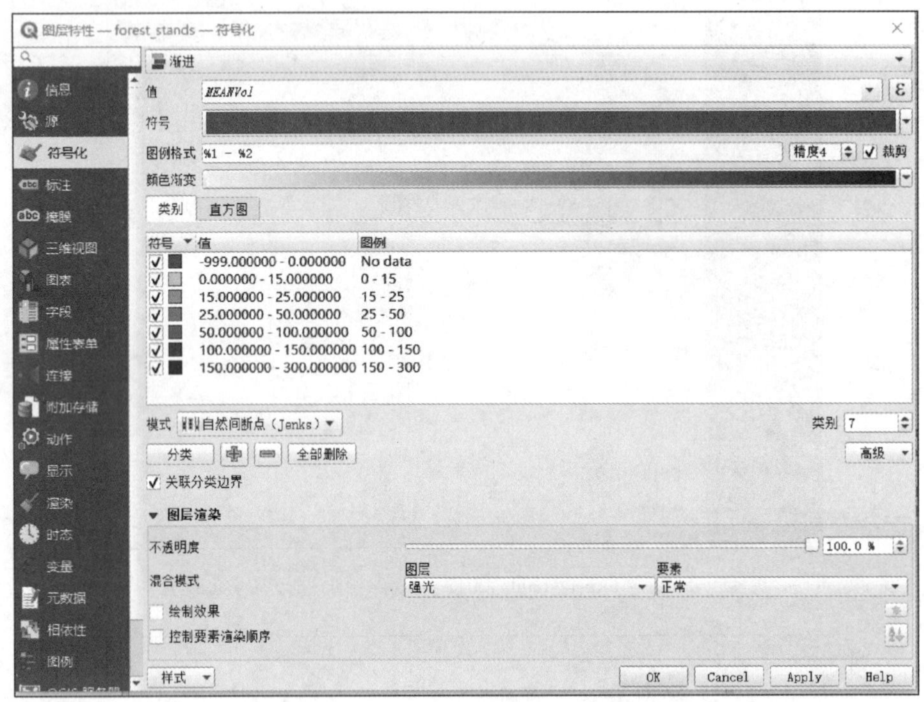

图 15－60 对 forest_stands 图层符号化设置

选择使用的是强光混合模式(Layer blending mode)。注意这些所有不同的模式提供不同的滤镜可以混合上下图层得到不同的视觉效果。本例中,被混合的是山体阴影栅格和森林林分。用户也可以在用户指南中获得有关这些模式的更多信息。这里也可以尝试使用其他不同的模式,观察地图变化,然后选择最喜欢的模式用于最终的地图。

15.9.3 使用布局模板创建地图结果

使用提前准备好的模板展示地图结果。该模板 Forest_map. qpt 位于 exercise_data\forestry\results\文件夹中。使用工程(Project)→布局管理器(Layout Manager)对话框加载该模板(图 15－61)。

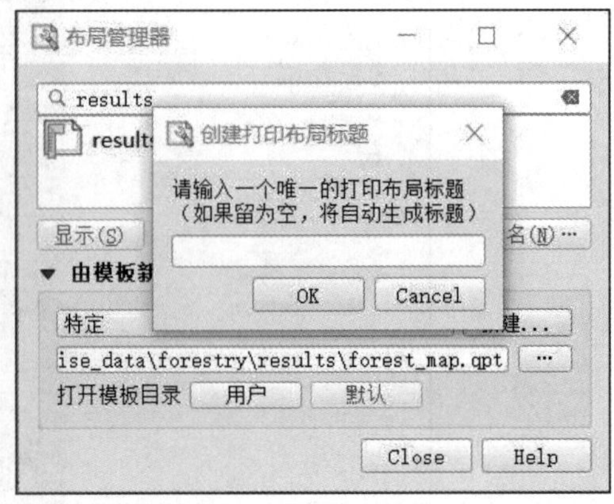

图 15－61 加载布局模板

打开打印布局,编辑最终的地图。当前正使用的地图模板呈现效果类似图 15－62。

保存 QGIS 项目作日后参考用。

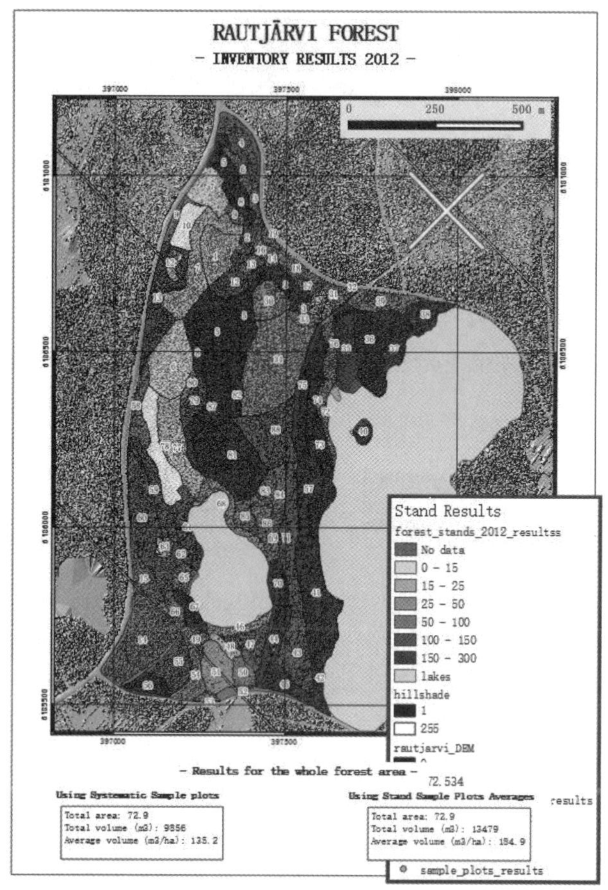

图 15－62 编辑地图模板，形成最终地图

15.9.4 结论

本章系统介绍了如何使用 QGIS 规划和展示基础的森林资源调查。读者通过使用各种工具还可以进行更多的森林分析。本章为森林资源调查提供基本分析，对读者探索如何实现所需的森林资源调查很有帮助。

16 PostgreSQL 与数据库基础

关系数据库是所有 GIS 软件的重要组成部分。在本章中,会介绍 Relational Database Management System(RDBMS)(关系数据库管理系统)的基本概念,并介绍如何使用 PostgreSQL① 创建一个新的数据库储存数据,同时学习比较基本的 RDBMS 功能。

16.1 数据库导论

在使用 PostgreSQL 之前,本节先介绍数据库的基本理论知识。在本节中用户不需要输入任何示例中的代码,它们仅作说明目的使用。当然,如果是有数据库基础的用户可以在 Linux 系统(例如 Ubuntu)下操作本节的一些命令,掌握数据库操作的基本命令知识。本节的目标是了解基本的数据库知识。

16.1.1 数据库概念

数据库由一种或多种用途的有组织的数据集合组成,通常以数字化的形式储存。数据库管理系统(DBMS)由操作数据库的软件组成,可提供存储、访问、数据安全、数据备份和其他功能。

16.1.2 表

在关系数据库和文本文件数据库中,表是一组数据元素(值),由垂直的列(由其名称标识)和水平的行模型组成。一个表具有的列数是确定的,但可以有任意的行数。每行由被标识为候选键对应特定列子集的值标识。

①PostgreSQL 是一个功能非常强大的、源代码开放的客户/服务器关系型数据库管理系统(RDBMS)。PostgreSQL 最初设想于 1986 年,当时被叫做 Berkley Postgres Project。该项目一直到 1994 年都处于演进和修改中,直到开发人员 Andrew Yu 和 Jolly Chen 在 Postgres 中添加了一个 SQL(Structured Query Language,结构化查询语言)翻译程序,该版本叫做 Postgres 95,在开放源代码社区发放。1996 年,再次对 Postgres95 做了较大的改动,并将其作为 PostgresSQL 6.0 版发布。该版本的 Postgres 提高了后端的速度,包括增强型 SQL92 标准以及重要的后端特性(包括子选择、默认值、约束和触发器)。PostgreSQL 是一个非常健壮的软件包,有很多在大型商业 RDBMS 中所具有的特性,包括事务、子选择、触发器、视图、外键引用完整性和复杂锁定功能。

```
id| name | age
----+-------+-----
1| Tim | 20
2| Horst | 88
    (2 rows)
```

在 SQL 数据库中,单个表格也被称为一个关系。

16.1.3 列/字段

一列是对应特定一种简单数据类型的一套数据值,每个列都包含有特定的数据类型的一组数据,例如年龄列对应的就是包含所有年龄的数据,所以表格的每一行对应这套数据中的一个值。表格的各个列使得每行组成一个完整的结构。虽然很多人认为使用字段(或字段值)指代位于一行一列的交叉处特定的一个值会更加准确,但术语“字段”经常是和列可以对等使用的。在本书中也认为字段和列两个术语是可以互换的。

一列:

```
|name |
+-------+
|Tim |
|Horst |
```

一个字段:

```
|Horst |
```

16.1.4 记录

记录是指储存在表格中一行的信息。在表格中,每条记录都有该表对应的每个字段:

```
2| Horst | 88 <-- one record
```

16.1.5 数据类型

数据类型限制可以存储在列中的信息的类型。数据类型有很多种,这里主要讲最常见的几种类型:

· String:用以储存自由格式的文本数据;

· Integer:用以储存整数;

· Real:用以储存带小数点的数值;

· Date:用以储存日期信息;

· Boolean:用以储存简单的 true/false 值。

也可以使数据库允许空字段不储存任何值。如果字段中没有任何值,则该字段内容会指示为一个 null 值:

```
insert into person (age) values (40);
    select * from person;
```

结果：

```
id| name | age
---+-------+-----
1| Tim | 20
2| Horst | 88
4| | 40 <-- null for name
    (3 rows)
```

还有很多种数据类型，这里不再赘述，感兴趣的读者请查阅 PostgreSQL 手册（https://www.postgresql.org/docs/current/datatype.html）。

16.1.6 练习

现在通过一个简单的案例介绍数据库是如何构建的。假设现在想要创建一个地址数据库。写下想要储存到数据库中的，能组成一个简单的地址的属性，用以表述一个地址的那些属性就是表格中列。每一列中储存信息的类型就是数据类型。在下一节中会对地址表格的概念设计进行分析，然后看如何优化它的表结构。

请参考附录内容核对结果。

16.1.7 数据库理论

创建数据库的过程涉及构建现实世界的模型；从真实世界中抽象出概念，再把它们以实体的形式储存到数据库中。

16.1.8 规范化

数据库的一个核心思想的是避免数据重复/冗余。从数据库中移除冗余的过程称为规范化。规范化是确保数据库结构适合常规查询，剔除冗余数据，并可以通过插入、更新和删除异常数据操作保持数据完整性。规范化的“表格”有很多种形式，先来看一个简单的例子：

```
Table"public.people"
Column| Type | Modifiers
----------+-----------------------+-----------------------------------
id| integer | not null default
|          |nextval('people_id_seq'::regclass)
|          |
name| character varying(50) |
address| character varying(200) | not null
phone_no| character varying |
Indexes:
"people_pkey"PRIMARY KEY, btree (id)
```

```
select * from people;
id| name | address | phone_no
---+---------------+----------------------------+-------------
1| Tim Sutton | 3 Buirski Plein, Swellendam | 071 123 123
2| Horst Duester | 4 Avenue du Roix, Geneva | 072 121 122
(2 rows)
```

可以假想有很多朋友住在相同名字的街道或者城市。这些数据每次重复都会多占用一定的储存空间。更糟糕的是,如果城市名称有所更改,就必须跟着做大量数据更新。

16.1.9 练习

重新设计上面这个 people 表,这次要考虑减少冗余,并且使数据结构更加规范化。

请参考附录内容核对结果。

16.1.10 索引

数据库索引是一种可以在数据库表格查询时提高数据检索效率的数据结构。假想正在阅读一本书,寻找书中某个概念的解释,但这本教科书没有目录。读者不得不从头开始慢慢浏览整本书直到找到所需的信息为止。然而,一本书的目录有助于快速跳转到包含相关信息的页面:

```
create index person_name_idx on people (name);
```

现在对名字的搜索比之前更快更方便:

```
Table"public.people"
Column| Type | Modifiers
----------+----------------------+------------------------------------
id| integer | not null default
|       | nextval('people_id_seq'::regclass)
|       |
name| character varying(50) |
address| character varying(200) | not null
phone_no| character varying |
Indexes:
"people_pkey"PRIMARY KEY, btree (id)
"person_name_idx"btree (name)
```

16.1.11 序列

序列是生成特定数字的生成器,通常用于为表中的列创建专属的标识符。此示例中的 id 是一个序列,每把一条记录添加到表中时,id 中的数字会递增:

```
id| name | address | phone_no
---+--------------+----------------------------+-------------
1| Tim Sutton | 3 Buirski Plein, Swellendam | 071 123 123
2| Horst Duster | 4 Avenue du Roix, Geneva | 072 121 122
```

16.1.12 实体关系图

在规范化的数据库中，通常会有许多关系（表）。实体关系图（ER图表）用于设计关系之间的逻辑依赖关系。以本书此前的非标准化人名表为例：

```
select * from people;
id| name | address | phone_no
----+--------------+----------------------------+-------------
1| Tim Sutton | 3 Buirski Plein, Swellendam | 071 123 123
2| Horst Duster | 4 Avenue du Roix, Geneva | 072 121 122
    (2 rows)
```

只需做一些微小的改动，将其分成两个表，这样就无需为居住在同一条街道上的人重复储存街道名称：

```
select * from streets;
id| name
----+--------------
1| Plein Street
    (1 row)
```

以及：

```
select * from people;
id| name | house_no | street_id | phone_no
----+--------------+----------+-----------+-------------
1| Horst Duster | 4 | 1 | 072 121 122
(1 row)
```

然后，可以使用 streets. id 和 people. streets_id 这两个"键"链接两个表。如果为这两个表绘制一个ER图，它看起来如图16-1所示。

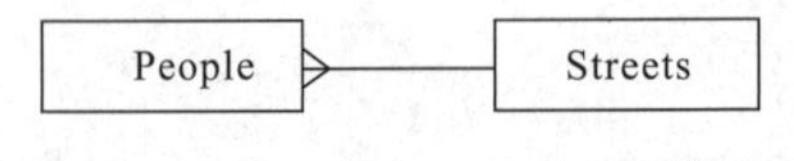

图16-1 People-Streets 表的ER模型图

ER图帮助用户表达出"一对多"的关系。在本案例中，箭头符号表示同一条街道上可以有很多人居住。

16.1.13 练习

这里的 people 模型仍带有一些规范化的问题，尝试对其进一步规范化并通过 ER 图表示自己的想法。

请参考附录内容核对结果。

16.1.14 约束、主键和外键

数据库约束用于确保关系中的数据能符合建模者关于应如何存储该数据的想法。例如，对邮政编码设立限制可以用于确保数字仅在 1000 到 9999 之间产生。主键是使一条记录具有唯一性的一个或多个字段值。通常主键被称为 id，是一个序列。外键用于（通过另一个表的主键）引用另一个表上的指定某条记录。在 ER 图中，表之间的链接通常基于外键连接到主键。再看看本例中的表，表的定义显示了 streets 列是一个外键，引用到 streets 表上的主键：

```
Table"public. people"
Column| Type | Modifiers
-----------+----------------------+-------------------------------------
id| integer | not null default
 || nextval('people_id_seq' ::regclass)
name| character varying(50) |
house_no| integer | not null
street_id| integer | not null
phone_no| character varying |
Indexes:
"people_pkey"PRIMARY KEY, btree (id)
Foreign-key constraints:
"people_street_id_fkey"FOREIGN KEY (street_id) REFERENCES streets(id)
```

16.1.15 事务

在数据库中添加、更改或删除数据时，很重要的一点是万一出问题时，要能把数据库保留在良好的状态。大多数数据库提供一种称为事务支持的功能。事务允许创建一个回滚位置，让用户在对数据库进行修改后运行结果不如预期时，可以安全回滚到之前那个位置。例如，假设有一个会计系统，需要从一个账户转移资金，然后把资金添加到另一个账户。步骤顺序如下：

（1）从 Joe 处移除 R20。

（2）添加 R20 到 Anne 处。

如果在处理过程中发生了意外（例如电源没电关机），可以使用事务回滚。

16.1.16 小结

数据库使用户可以使用简单的代码结构，以一种结构化的方式存储和管理数据。本节已经在理论上介绍了数据库的工作机制，下一节会创建一个新数据库来实践本节所介绍的理论。

16.2 应用数据模型

现在已经介绍了所有数据库理论，可以创建一个新的数据库检验前面所介绍的理论了。这个数据库在接下来整章的练习中都会用到。本节的目标是安装所需的软件，并将其用以实践处理示例数据库。

16.2.1 安装 PostgreSQL

这里要注意，本节内容虽然超出本书的范围，但特此备注 Mac 用户可以使用 Homebrew 安装 PostgreSQL。Windows 用户则可以使用 PostgreSQL 安装包进行安装。注意本节假定用户正使用 Ubuntu 系统运行 QGIS。在 Ubuntu 系统环境下安装 PostgreSQL 的命令是：

```
sudo apt install postgresql-9.1
```

此时会输出以下消息：

```
[sudo] password for qgis:
Reading package lists... Done
Building dependency tree
Reading state information... Done
The following extra packages will be installed:
postgresql-client-9.1 postgresql-client-common postgresql-common
Suggested packages:
oidentd ident-server postgresql-doc-9.1
The following NEW packages will be installed:
postgresql-9.1 postgresql-client-9.1 postgresql-client-common postgresql-common
0 upgraded, 4 newly installed, 0 to remove and 5 not upgraded.
Need to get 5,012kB of archives.
After this operation,19.0MB of additional disk space will be used.
Do you want to continue [Y/n]?
```

按下 Y 键，然后是 Enter 键，等待下载和安装程序完成。

16.2.2 帮助

PostgreSQL 的在线文档能够提供很大帮助,限于篇幅限制本书没办法展开这个部分,具体可以参考:https://www.postgresql.org/docs/9.1/index.html。

16.2.3 创建数据库用户

在 Ubuntu 环境下安装完成后,运行此命令以成为 postgres 用户,创建新的数据库用户:

```
sudo su - postgres
```

在出现提示时输入 sudo 的验证密码(需要具有 sudo 权限)。现在在 postgres 用户的 bash 提示符下,创建数据库用户。请确保用户名与 UNIX 登录名相同,这样登陆数据库就会更方便,因为当以该用户身份登录时,postgres 会自动进行身份验证:

```
createuser -d -E -i -l -P -r -s qgis
```

在收到提示时输入密码,建议设置一个与登录密码不同的密码,那么该命令的配置参数意义如下:

-d, --createdb:表示此角色有创建新的数据库的权限;

-E, --encrypted:设置以加密方式存储密码;

-i, --inherit:该用户从所在的用户组继承所有权;

-l, --login:该用户有权限登陆(默认权限);

-P, --pwprompt:给此新角色设定新的密码;

-r, --createrole:该角色有权限再创建新的角色;

-s, --superuser:该角色具有超级管理员权限。

现在输入以下内容离开 postgres 用户的 bash shell 环境:

```
exit
```

16.2.4 验证新账号

回到上面小节,同样在 bash shell 环境(命令窗口)输入命令:

```
psql -l
```

应返回类似以下的文字:

```
Name| Owner | Encoding | Collation | Ctype |
----------+----------+----------+------------+------------+
postgres| postgres | UTF8 | en_ZA.utf8 | en_ZA.utf8 |
template0| postgres | UTF8 | en_ZA.utf8 | en_ZA.utf8 |
template1| postgres | UTF8 | en_ZA.utf8 | en_ZA.utf8 |
(3 rows)
```

输入 Q 退出。

16.2.5 创建数据库

Linux 中使用 createdb 命令创建新数据库，应在 bash shell 提示符下运行：

```
createdb address -O qgis
```

可以通过此命令验证新数据库是否存在：

```
psql -l
```

应返回类似以下的文字：

```
Name| Owner | Encoding | Collation | Ctype | Access privileges
----------+----------+----------+------------+------------+-----------------------
address| qgis | UTF8 | en_ZA. utf8 | en_ZA. utf8 |
postgres| postgres | UTF8 | en_ZA. utf8 | en_ZA. utf8 |
template0| postgres | UTF8 | en_ZA. utf8 | en_ZA. utf8 | =c/postgres: postgres=CTc/postgres
template1| postgres | UTF8 | en_ZA. utf8 | en_ZA. utf8 | =c/postgres: postgres=CTc/postgres
(4 rows)
```

输入 Q 退出。

16.2.6 启动数据库 shell 会话

可以像这样轻松地连接到数据库：

```
psql address
```

需要离开 psql 数据库 shell 时，输入：

```
\q
```

需要查阅 shell 使用帮助时，输入：

```
\?
```

需要查阅 sql 命令的使用帮助时，输入：

```
\help
```

需要查阅某特定命令的使用帮助时，输入（下为示例）：

```
\help create table
```

这些都是 psql 数据库常用的命令，鉴于 psql 数据库命令众多，无法详细介绍，也可以查阅 Psql 速查表（http://www.postgresonline.com/downloads/special_feature/postgresql90_cheatsheet_A4.pdf）。

16.2.7 在 SQL 中创建表格

现在开始创建一些表格，不过这里先用到 ER 图表作为导入。首先，连接到 address 数据库：

```
psql address
```

然后创建一个 streets 表格：

```
create table streets (id serial not null primary key, name varchar(50));
```

serial 和 varchar 都是数据类型。serial 指示 PostgreSQL 创建一个整数序列(自动编号)，为每一条新记录自动填充 id。varchar(50)则指示 PostgreSQL 创建一个长度为 50 个字符的字段。可以看到所有命令都以“;”结尾，这是一个 SQL 命令正常终止的方式。在用户按 Enter 键时，psql 会作类似下文的报告：

```
NOTICE: CREATE TABLE will create implicit sequence "streets_id_seq"
for serial column "streets.id"
NOTICE: CREATE TABLE / PRIMARY KEY will create implicit index
"streets_pkey" for table "streets"
CREATE TABLE
```

这说明表格已成功创建，其中具备一个使用 streets.id 的主键 streets_pkey。这里要注意的是，如果没有输入“;”的情况下按回车键会得到类似 address-#的提示。这是因为数据库系统正等待用户继续输入更多内容。输入“;”号结束输入，开始执行命令。

可以执行以下操作查看表格架构：

```
\d streets
```

会得到类似这样的结果：

```
Table"public.streets"
Column| Type | Modifiers
--------+----------------------+-------------------------------------
id| integer | not null default
|         | nextval('streets_id_seq'::regclass)
name| character varying(50) |
Indexes:
"streets_pkey"PRIMARY KEY, btree (id)
```

可以执行以下操作查看表格内容：

```
select * from streets;
```

会得到类似这样的结果：

```
id| name
---+------
(0 rows)
```

显然，当前表格为空，有 0 条记录。

练习

使用上述方法创建名为 people 的表格。添加如电话号码、家庭地址、姓名等的字段(并非全部字段名都合法：对其进行更改使每个字段名合法)。根据上文中同样的数据类型为表格创建 ID 列。

请参考附录内容核对结果。

16.2.8 在 SQL 中创建键

上文的解决方案的缺陷在于数据库无法获知 people 与 streets 之间存在逻辑关系。为了表达这种关系，必须定义一个外键，指向 Streets 表的主键(图 16-2)。

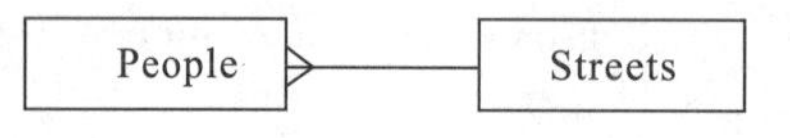

图 16-2 people 与 streets 之间的逻辑关系

有两种方法：①在创建好表格之后添加键；②在表格创建时定义键。

现在表格已经创建好了，所以这里使用第一种方法：

```
alter table people
add constraint people_streets_fk foreign key (street_id) references streets(id);
```

这会告诉 people 表其 street_id 字段必须能够与 streets 表格的有效街道 id 相匹配。更常见的创建约束的方法是在表格创建时创建约束：

```
create table people (id serial not null primary key,
name varchar(50),
house_noint not null,
street_id int references streets(id) not null,
phone_no varchar null);

\d people
```

添加约束后，表格架构应如下：

```
Table"public. people"
Column| Type | Modifiers
-----------+----------------------+---------------------------------
id| integer | not null default
‖ nextval('people_id_seq'::regclass)
name| character varying(50) |
house_no| integer | not null
street_id| integer | not null
phone_no| character varying |
Indexes:
"people_pkey"PRIMARY KEY, btree (id)
Foreign-key constraints:
"people_streets_fk"FOREIGN KEY (id) REFERENCES streets(id)
```

16.2.9 在 SQL 中创建索引

这里希望能方便快速地查询人名，所以要为 people 表格的 name 列创建索引：

```
create index people_name_idx on people(name);
\d people
```

应得如下结果：

```
Table"public. people"
Column| Type | Modifiers
-----------+-----------------------+-----------------------------------
id| integer | not null default nextval
 ||('people_id_seq'::regclass)
name| character varying(50) |
house_no| integer | not null
street_id| integer | not null
phone_no| character varying |
Indexes:
"people_pkey"PRIMARY KEY, btree (id)
"people_name_idx"btree (name) <-- new index added!
Foreign-key constraints:
"people_streets_fk"FOREIGN KEY (id) REFERENCES streets(id)
```

16.2.10 在 SQL 中删除表格

如果希望删除某个表格可以使用 drop 命令：

```
drop table streets;
```

需要特别注意，在当前的示例中，上述命令将无法执行。详细介绍可以参见本书第 21 章 21.7.5 节内容。如果在 people 表中使用 drop table 命令，会成功运行：

```
drop table people;
```

这里要注意，如果输入这个命令，删除掉 people 表格，那就需要再花费大量时间重新创建，因为下一个练习中还需要使用到这个表。

16.2.11 浅谈 pgAdmin Ⅲ

现在展示的是来源于 psql 提示的 SQL 命令，因为它对于学习数据库相关知识非常有帮助。其实，还有更快捷简便的方法去完成刚才展示的内容。安装 pgAdmin Ⅲ，然后就可以通过 GUI 图形界面中的'point and click'操作对表格进行创建、删除、更改等动作。

在 Ubuntu 环境下，可以这样进行安装：

```
sudo apt install pgadmin3
```

16.2.12 小结

现在已经介绍如何从头开始地创建一个全新的数据库了，接下来会介绍如何使用DBMS 添加新数据。

16.3 插入数据

上一节创建的数据表现在添加一些数据到表中。本节的目标是学习如何在数据库中插入新的数据。

16.3.1 插入语句

```
insert into streets (name) values ('High street');
```

需要注意：

(1)在表格名称(streets)后，列出要进行插入的列的名称(本例中只有 name 列)；

(2)在关键词 values 后，列出字段值；

(3)字符串应使用单引号引起来；

(4)这里 id 字段并没有插入值，这是因为它是一个序列会自动生成值；

(5)非要手动设置 id 可能会导致数据库完整性出现严重问题。

如成功，应能看到 INSERT 0 1。然后可以通过查询表格中所有数据来查看插入结果：

```
select * from streets;
```

返回结果是：

```
select * from streets;
id| name
----+-------------
1| High street
(1 row)
```

练习

使用 INSERT 命令，在 streets 表格中加入一条新的 street(街道)。

请参考附录内容核对结果。

16.3.2 练习

尝试在 people 表格中添加一个带以下详细信息的记录：

```
Name: Joe Smith
House Number:55
Street: Main Street
Phone:072 882 33 21
```

注意:在此示例中是把电话号码定义为字符串,而不是整数。此时,如果在添加前没有先在 streets 表格中为 Main Street 创建一条新记录,就会收到一条报错信息。

这时可以发现:①对于 people 表无法使用该街道名称则直接添加该街道;②在 streets 表创建出一条街道记录前是无法通过街道 id 添加街道的。这是因为两个表是通过主/外键对连接的,在没有有效的相应街道记录的情况下也无法在 people 表创建有效的记录。

应用上述知识,在数据库 people 表中添加这个新的记录。

请参考附录内容核对结果。

16.3.3 数据选择

其实前面已经展示过选择记录的语句,现在再多看几个例子:

```
select name from streets;
select * from streets;
select * from streets where name='Main Road';
```

在稍后的章节中会讨论更多如何选择、过滤数据的操作方法。

16.3.4 数据更新

如果想对现存数据修改或更新该怎么办呢?例如,有条街道名称有所变更:

```
update streets set name='New Main Road' where name='Main Road';
```

使用此类更新语句时要非常小心,如果有多个记录与 WHERE 子句匹配,它们全都会被更新。这其实是非常危险的,更好的解决方案是使用表的主键来引用要更改的记录:

```
update streets set name='New Main Road' where id=2;
```

此语句应返回 UPDATE 1。这里要注意,WHERE 语句条件区分大小写,“Main Road”和“Main road”是不同的。

16.3.5 数据删除

通过使用 DELETE 命令可以删除数据:

```
delete from people where name = 'Joe Smith';
```

现在再来查看下 people 表格:

```
address=# select * from people;
id| name | house_no | street_id | phone_no
----+------+----------+-----------+----------
(0 rows)
```

16.3.6 练习

应用学到的技巧在数据库的 people 表中添加一些新记录。

```
name| house_no | street_id | phone_no
-----------------+----------+-----------+--------------
Joe Bloggs| 3 |         2 | 072 887 23 45
Jane Smith| 55 |        3 | 072 837 33 35
Roger Jones| 33 |        1 | 072 832 31 38
Sally Norman| 83 |        1 | 072 932 31 32
```

16.3.7 小结

现在已经基本介绍完了如何在先前创建的表中添加新记录。但是,如果要添加新类型的数据就需要新增加字段,可能就需要修改和/或创建新表以储存该数据。现在已经添加过一些数据了,下一节介绍如何使用查询以多种方式访问此数据。

16.4 查　询

当输入 SELECT ...命令时数据库就知道这是一个查询,正在查询数据库以获取某些信息。本节的目标是学习如何创建能返回有用信息的查询。如果在上一节中没有插入以下记录,把以下记录添加到 people 表格中。如果插入时收到与外键约束相关的错误,则需要先把"Main Road"对象添加到 Streets 表格中。

```
insert into people (name,house_no, street_id, phone_no)
values('Joe Bloggs',3,2,'072 887 23 45');
insert into people (name,house_no, street_id, phone_no)
values('Jane Smith',55,3,'072 837 33 35');
insert into people (name,house_no, street_id, phone_no)
values('Roger Jones',33,1,'072 832 31 38');
insert into people (name,house_no, street_id, phone_no)
values('Sally Norman',83,1,'072 932 31 32');
```

16.4.1 结果排序

现在对 people 查询记录,并把返回的记录按门牌号排序:

```
select name, house_no from people order by house_no;
```

返回结果:

```
name| house_no
--------------+----------
Joe Bloggs| 3
Roger Jones| 33
Jane Smith| 55
Sally Norman| 83
(4 rows)
```

其实还可以按多列对结果进行排序：

```
select name, house_no from people order by name, house_no;
```

返回结果：

```
name| house_no
--------------+----------
Jane Smith| 55
Joe Bloggs| 3
Roger Jones| 33
Sally Norman| 83
(4 rows)
```

16.4.2 过滤

一般情况下查询都不会想获得数据库中的所有记录，特别是数据库里有上亿条记录而用户只对查询出其中一条或两条感兴趣的时候更是这样。以下是一个数值过滤的示例，该过滤器仅返回 house_no 小于 50 的记录：

```
select name, house_no from people where house_no < 50;
name| house_no
-------------+----------
Joe Bloggs| 3
Roger Jones| 33
(2 rows)
```

也可以把过滤器（使用 WHERE 子句定义）与排序（使用 ORDER BY 子句定义）结合起来使用：

```
select name, house_no from people where house_no < 50 order by house_no;
name| house_no
-------------+----------
Joe Bloggs| 3
Roger Jones| 33
(2 rows)
```

当然，还可以基于文本数据进行过滤：

```
select name, house_no from people where name like '%s%';
name| house_no
-------------+----------
Joe Bloggs| 3
Roger Jones| 33
(2 rows)
```

这里使用的 LIKE 关键字,查找所有 name 中带“s”的记录,但是注意该查询是区分大小写的,因此,这里未返回 Sally Norman 这项条目。如果要搜索字符串时不区分大小写可以使用 ILIKE 关键字进行查询:

```
select name, house_no from people where name ilike '%r%';
name| house_no
--------------+----------
Roger Jones| 33
Sally Norman| 83
(2 rows)
```

这个查询会返回所有 name 中带“r”或“R”的 people 记录。

16.4.3 连接

如果想查看的是某人的详细信息和他们的街道名称,而不是 ID,该怎么办呢?这就需要在这个查询中把两个表连接在一起。现在看这个例子:

```
select people.name, house_no, streets.name
from people,streets
where people.street_id=streets.id;
```

特别注意,使用联合查询时需要始终声明信息来源的两个表,本例中是 people 和 streets。同时,还需要指定必须相匹配的两个键(外键和主键)。如果未指定,则返回 people 和 streets 所有可能的组合的列表,而无法知道谁实际居住在哪条街道上。

以下是正确的输出结果:

```
name| house_no | name
--------------+----------+------------
Joe Bloggs| 3 | Low Street
Roger Jones| 33 | High street
Sally Norman| 83 | High street
Jane Smith| 55 | Main Road
(4 rows)
```

稍后会在创建更复杂的查询时重新使用联合查询。这里只需要记住联合查询同时返回两个或多个表中的信息提供便捷的解决方法。

16.4.4 子选择

子选择可以基于外键关系连接的表的数据从一个表中选择记录。在本例中想查询的是住在特定街道上的人。首先,先对数据进行一些调整:

```
insert into streets (name) values('QGIS Road');
insert into streets (name) values('OGR Corner');
insert into streets (name) values('Goodle Square');
update people set street_id = 2 where id=2;
update people set street_id = 3 where id=3;
```

现在快速查看一下更改之后的数据,然后可以再次使用上一节中的查询,看看返回结果:

```
select people.name, house_no, streets.name
from people,streets
where people.street_id=streets.id;
```

输出结果:

```
name| house_no | name
--------------+----------+-------------
Roger Jones| 33 | High street
Sally Norman| 83 | High street
Jane Smith| 55 | Main Road
Joe Bloggs| 3 | Low Street
(4 rows)
```

现在尝试基于此数据做子选择只想列出那些住在 street_id 为 1 号的 people 记录:

```
select people.name
from people, (
select *
from streets
where id=1
)as streets_subset
where people.street_id = streets_subset.id;
```

输出结果:

```
name
--------------
Roger Jones
Sally Norman
(2 rows)
```

尽管这个操作非常简单,对本例的小数据集没有太大必要,但此例说明在查询大型和复杂数据集时子选择的有用性和重要性。

16.4.5 统计查询

数据库中的一个强大功能是统计表格数据的能力。这种统计称为统计查询。以下是一个典型的查询 people 表中有多少记录的例子：

```
select count( * ) from people;
```

输出结果：

```
count
-------
4
(1 row)
```

如果希望统计查询是基于 street name(街道名称)统计的,则可以执行以下命令：

```
select count(name), street_id
from people
group by street_id;
```

输出结果：

```
count| street_id
-------+-----------
2| 1
1| 3
1| 2
(3 rows)
```

由于这里没有用到 ORDER BY 子句,因此,所得到的输出结果排序与前面展示的结果不太相同。

练习

基于 street name(街道名称)统计 people 表中的记录,这次不用 street_id,而用实际的街道名称展示。

请参考附录内容核对结果。

16.4.6 小结

本节介绍了如何使用查询从数据库中提取有用的信息并返回数据查询结果,接下来会介绍如何根据查询语句创建视图。

16.5 视　图

通常编写一个复杂的查询语句需要花费大量时间和精力,如果仅仅使用一次就扔掉了会显得比较浪费。使用视图可以把对 SQL 查询语句结果作为一个“虚拟表”保存下来方便

以后重复使用。本节的目标是把查询保存为视图。

16.5.1 创建视图

其实可以把一个视图看作一个表格,不同之处在于其中的数据是动态的,可以根据查询实时生成,所以不需要专门维护这个表格的内容。假如根据上文 SQL 语句创建一个简单的视图:

```
create view roads_count_v as
select count(people.name), streets.name
from people, streets where people.street_id=streets.id
group by people.street_id, streets.name;
```

可以看到唯一的变化是开头的"create view roads_count_v as"部分。现在可以从这个视图中选择数据:

```
select * from roads_count_v;
```

输出结果:

```
count| name
-------+-------------
1| Main Road
2| High street
1| Low Street
(3 rows)
```

16.5.2 调整视图

视图不是固定的,且其中承载的并非"真实的数据"。这样用户就可以很方便对表做出变更,而不对数据库中的真实数据产生任何影响:

```
CREATE OR REPLACE VIEW roads_count_v AS
    SELECT count(people.name), streets.name
    FROM people, streets WHERE people.street_id=streets.id
    GROUP BY people.street_id, streets.name
    ORDER BY streets.name;
```

这个语句还延续了对所有 SQL 关键字使用大写的标准 SQL 语句的惯用写法。可以看见这里添加了一个 ORDER BY 关键字,可以对视图的行按街道名称排序:

```
select * from roads_count_v;
count| name
-------+-------------
2| High street
1| Low Street
1| Main Road
(3 rows)
```

16.5.3 删除视图

当不再需要视图时,可以这样删除它:

```
drop view roads_count_v;
```

16.5.4 小结

通过视图可以把一次查询保存下来并访问其输出结果,视图的作用就像一张表,但它比表更灵活,定制使用更方便。下一节会介绍在更改数据时,有时会希望某次更改操作对数据库中的其他地方也同时生效。

16.6 规 则

规则可以对传入查询的"查询树"进行重写。其中一种常见的方法是应用数据的视图,包括可更新的数据库视图。本节的目标是介绍如何给数据库创建新规则。

16.6.1 创建日志记录规则

假设希望在每次对 people 表的 phone_no 字段进行变更时,都要记录到 people_log 表格中,就可以创建一个新的 people_log 表:

```
create table people_log (name text, time timestamp default NOW());
```

下一个步骤,创建记录 people 表中的 phone_no 每一次的更改都储存到 people_log 表中:

```
create rule people_log as on update to people
    where NEW.phone_no <> OLD.phone_no
    do insert into people_log values (OLD.name);
```

现在变动其中一个电话号码查看规则是否已经生效了:

```
update people set phone_no = '082 555 1234' where id = 2;
```

检查 people 表是否正确更新:

```
select * from people where id=2;
id| name | house_no | street_id | phone_no
----+------------+----------+-----------+--------------
2| Joe Bloggs | 3 | 2 | 082 555 1234
(1 row)
```

此时由于这里创建的规则,people_log 表看起来会是这样的:

```
select * from people_log;
name| time
------------+--------------------------
Joe Bloggs| 2014-01-11 14:15:11.953141
(1 row)
```

注意这里 time 字段的值获取的是当前的日期和时间。

16.6.2 小结

规则使用户可以在数据库中自动添加或更改数据,以反映数据库其他部分的变动。其实本章关于数据库的基本内容都是为下一章介绍空间数据库做铺垫,在下一章中会介绍 PostGIS 空间数据库,讲解 PostGIS 空间数据库如何把同样的数据库概念应用到 GIS 数据管理中。

17 PostGIS 空间数据库

空间数据库是用户可以在数据库内部存储记录的地理空间要素,并提供使用这些地理要素的查询和检索的函数。在本章中会通过使用 PostGIS 空间数据库软件介绍如何安装配置空间数据库,在数据库中导入数据,以及如何充分利用提供的地理函数进行空间分析操作。

1986 年,加州大学伯克利分校的 Michael Stonebraker 教授领导了 Postgres 的项目,它是 PostgreSQL 的前身。这个项目的成果非常显著,在现代数据库的许多方面都作出了大量的贡献,如在面向对象的数据库、部分索引技术、规则、过程和数据库扩展方面都取得了显著的成果。同时,Stonebraker 将 PostgreSQL 纳入到 BSD 版权体系中,使得 PostgreSQL 在各种科研机构和一些公共服务组织得到了广泛的应用。在 PostgreSQL 中已经定义了一些基本的集合实体类型,这些类型包括:点(POINT)、线(LINE)、线段(LSEG)、方形(BOX)、多边形(POLYGON)和圆(CIRCLE)等;另外,PostgreSQL 定义了一系列的函数和操作符来实现几何类型的操作和运算;同时,PostgreSQL 引入空间数据索引 R-tree。尽管在 PostgreSQL 提供了上述几项支持空间数据的特性,但其提供的空间特性很难达到 GIS 的要求,主要表现在:缺乏复杂的空间类型;没有提供空间分析;没有提供投影变换功能。为了使得 PostgreSQL 更好地提供空间信息服务,PostGIS 就应运而生了。

PostGIS 是对象关系型数据库系统 PostgreSQL 的一个扩展,PostGIS 提供如下空间信息服务功能:空间对象、空间索引、空间操作函数和空间操作符。同时,PostGIS 遵循 OpenGIS 的规范。PostGIS 的版权被纳入到 GNU 的 GPL 中,也就是说任何人可以自由得到 PostGIS 的源码并对其做研究和改进。正是由于这一点,PostGIS 得到了迅速的发展,越来越多的爱好者和研究机构参与到 PostGIS 的应用开发和完善当中。

PostGIS 是由 Refractions 公司开发的。Refractions 是一家 GIS 和数据库咨询公司,Refraction 公司最初是在 PostgreSQL 的基础上研究空间数据库的实现,由于 PostgreSQL 所提供的空间数据类型和功能远远不能满足 GIS 的需求,研究工作经常陷入到进退维谷的境地,最终的结果往往是耗费了大量的人力物力,而产品却极其复杂并且性能低下。这些原因直接或间接促成 PostGIS 项目的实施。

PostGIS 的实施也不是很顺利,直到 PostgreSQL 7. 1 发布之后,PostGIS 的实现才变为可能,主要原因是 7. 1 版本之前 PostgreSQL 支持的记录容量最大为 8Kb,从 7. 1 版本之后,PostgreSQL 解除了这一限制。采用二进制方式存储,空间数据对象也往往会经常超过 8Kb,如果这个限制存在的话,空间数据的存储就无从谈起。

伴随着这一限制的消除,PostGIS 的研究和开发也随即在 2001 年的 4 月展开,并于 2001

年 5 月发布了 PostGIS 的第一版(PostGIS V0.1)。在 PostGIS 的第一版中,主要包括空间数据库、采用标准表示方式的空间数据对象、支持快速查询的空间索引和一些简单的分析函数(如 area 和 length 等)。PostGIS V0.1 中支持的空间数据对象类型包括点、线、多边形、几何对象类型,以及多点、多线、复杂多边形的几何对象类型。2001 年 5 月发布的 PostGIS V0.2 增加了对于 Windows 平台下二进制表示的支持,同时为新用户提供帮助文档。不过,用户反馈 PostGIS 的函数命名没有遵循 OpenGIS 规范。2001 年 7 月 PostGIS V0.5 发布,PostGIS 增加了 OpenGIS 现有的所有功能性函数并在函数的命名上与其保持一致。增加了 24 个 OpenGIS 存取函数,同时删除了与这些函数功能等价的不标准的原有函数。伴随着来自 British Columbia 省政府的资金支持,对于在球体表面的长度运算支持也加入到 0.5 版本中。同期,Refractions 公司将 British Columbia 省的数字道路地图集移植到 PostGIS 中,同时使用数据库的模式和数据转换功能为地图集客户提供支持(急救车派遣、紧急事务响应,以及其他市政事务等)。

PostGIS V0.5 之所以重要,还有一个原因就是 Minnesota 大学的 Mapserver 的发布。Minnesota 大学的 Mapserver 是一个开源的互联网地图发布引擎,就像 ESRI 公司的 ArcIMS 系统,Mapserver 同时增加了对于 PostGIS 的支持。

在 Mapserver 中,提供了一个 Web 驱动的接口,这个接口用于检查数据库中数据的空间特征。在 PostGIS 中,PostGIS 为了使得 Mapserver 能够更好地提供服务,提供了一个易于读写的数据源,这个数据源将会在网络事务繁忙的时候发挥其效用。例如,如果用标准的 GIS 文件作为数据源,如果有两个用户并发的对同一文件进行写入操作,这样将会不可避免的导致操作冲突,而利用 PostGIS 就能够很好地解决这个缺陷,同时确保数据的完整性。

2001 年 9 月,PostGIS V0.6 发布,在 0.6 版本中提供了完整的 OpenGIS 支持,加入了标准的元数据表,并且提供了对于空间参照系统标识的支持。另外还加入了 OpenGIS 支持的 12 个功能函数,同时对于 Mapserver 的支持得到了进一步的增强。2002 年 2 月,PostgreSQL V7.2 发布,在 7.2 版本中,GIST 索引的 API 函数作了一点改进。由于这些 API 函数同样应用于 PostGIS 中,这给 PostGIS V0.6 的应用带来了麻烦,促使 PostGIS 必须作出改进适应 PostgreSQL 的变化。2002 年 PostGIS V0.7 发布,在 0.7 版本中,提供了新的对于 GIST 的 API 函数支持,同时在这一版中,提供了对于坐标变换的支持。

从 2002 年到现在,PostGIS 又陆续发布了一系列的新版本,这些 PostGIS 产品在继承 PostGIS 产品原有优点的同时,又针对 PostGIS 本身存在的问题和不足进行了进一步的改进。到现在为止,PostGIS 的最新版本是 PostGIS V1.1.4。PostGIS V1.1.4 主要改进的地方包括:

(1)提供了对于将要发布的 PostgreSQL V8.2 的支持。

(2)修复了函数 collect 中存在的 bug。

(3)在 MakeBox2d 和 MakeBox3d 中增加了对 SRID 的匹配检查。

(4)提高了 pgsql2shp 的运行并发性。

(5)进一步改进了对于 Java 的支持。

17.1 安装与配置 PostGIS

安装配置 PostGIS 函数将使用户在 PostgreSQL 内部访问空间函数。本节的目标是安装空间函数并简要演示其效果。本节中假定使用的是 PostGIS 2.1 版本。对于较早的版本,安装和数据库配置上都会有所不同,但本节中除安装过程略有不同外,其他说明材料基本是一样的。用户可以查阅所用平台的文档获取有关安装和数据库配置的帮助。

17.1.1 在 Ubuntu 环境下安装

可以从 apt 安装 PostGIS。

```
sudo apt install postgis
sudo apt install postgresql-9.1-postgis
```

就是这么简单,现在 PostGIS 已经安装完成了。不过要注意,这些命令会根据用户使用的是哪个版本的 Ubuntu 以及配置了哪些存储库而安装 PostGIS 1.5 或 2.x。用户可以通过调用 select PostGIS_full_version();使用 psql 或其他工具查询安装的是哪个版本。

如果希望安装最新版本的 PostGIS,可以使用以下命令:

```
sudo apt-add-repository ppa:sharpie/for-science
sudo apt-add-repository ppa:sharpie/postgis-nightly
sudo apt update
sudo apt install postgresql-9.1-postgis-nightly
```

17.1.2 在 Windows 环境下安装

在 Windows 环境下安装会稍微复杂一点,这里需要注意的是,保证安装设备在线以安装 PostGIS 软件。首先访问下载页面,然后按照安装指南操作。在 Windows 下安装的更多帮助可以查阅 PostGIS 网页(https://postgis.net/windows_downloads/)。

· Windows 版本下载地址:https://www.postgresql.org/download/

· PostGIS 在 Windows 系统的安装指南:https://www.bostongis.com/PrinterFriendly.aspx?content_name=postgis_tut01

17.1.3 在其他平台安装

PostGIS 网页下载(https://postgis.net/install/)中有关于在其他平台,包括在 mac OS 和 Linux 发行版上安装的信息。

17.1.4 配置 PostGIS 数据库

PostGIS 安装好后还需要配置数据库才可以使用它。如果用户下载的是 PostGIS 2.0 以上的版本就可以像使用上一章练习中的地址数据库通过 psql 发出命令完成下面的操作了:

```
psql -d address -c "CREATE EXTENSION postgis;"
```

这里要特别注意，如果正使用 PostGIS 1.5 版本及低于 PostGIS 9.1 版本的 PostgreSQL，那就需要按照一套不同的步骤为数据库安装 postgis 扩展，具体请查阅 PostGIS 文档获取安装文档，这里不再赘述。

17.1.5 搜索已安装的 PostGIS 函数

PostGIS 可以作为数据库内空间数据操作函数的集合，这些函数扩展了 PostgreSQL 的核心功能，因此，可以处理空间数据。此处的"处理"是指存储、检索、查询和操作。为此数据库中需要增加诸多空间数据操作函数。现在上一章的 PostgreSQL address 数据库在 PostGIS 的帮助下已经可用于地理空间数据存储了。在接下来的部分会对此进行更深入的介绍，现在暂且先作简要说明。假设要基于文本创建一个点，首先，需要使用 psql 命令查找与点有关的函数。如果现在还没连上 address 数据库，先用前面一章的命令连上数据库，然后执行：

```
\df *point*
```

这就是我们搜寻的命令：st_pointfromtext。可以通过向下的箭头浏览显示的内容，然后按 Q 键返回到 psql shell 命令窗口。执行以下命令：

```
select st_pointfromtext('POINT(1 1)');
```

输出结果：

```
st_pointfromtext
--------------------------------------------
0101000000000000000000F03F000000000000F03F
(1 row)
```

这里需要注意三点：

(1)这里使用 POINT(1 1)在位置 1 上定义了一个点 1(假设为 EPSG:4326)；

(2)这里仅从 SQL 提示符输入的数据上执行 sql 语句，没有在任何表格上执行；

(3)输出结果行看上去并不是特别好理解。

其实这里输出结果使用的是 OGC 格式，称为"Well Known Binary"(WKB)。下一节中会深入探讨此格式。为了得到文本形式的返回结果，可以快速浏览函数列表，查找能返回文本的操作函数：

```
\df *text
```

现在找到的函数是 st_astext，将其和此前的查询命令结合起来：

```
select st_astext(st_pointfromtext('POINT(1 1)'));
```

输出结果：

```
st_astext
------------
POINT(1 1)
(1 row)
```

这里输入了字符串 POINT(1,1)，将其转变成为一个使用 st_pointfromtext()的点，然后使用 st_astext()将其转变回可读的形式，也就是返回原来的字符串。

以下是这里真正开始详细讲述 PostGIS 使用前的最后一个例子：

```
select st_astext( st_buffer( st_pointfromtext( 'POINT( 1 1)' ) ,1.0) ) ;
```

这行命令输出了什么？答案是围绕前面创建的点建立了一个 1°的缓冲区，并把结果作为文本返回。

17.1.6 空间参考系统

除了 PostGIS 函数以外，该扩展还包含了一系列 European Petroleum Survey Group (EPSG，欧洲石油调查组所定义的空间参考系统)，它们会在诸如坐标参考系统(CRS)转换之类的操作时用到。可以在数据库中检查这些 CRS 定义，它们就存储在普通数据库表中，可以直接通过常规 SQL 语句查询。首先，在 psql 提示符中输入以下命令，查看表的架构：

```
\d spatial_ref_sys
```

结果应如下：

```
Table" public. spatial_ref_sys"
Column| Type | Modifiers
-----------+-------------------------+-----------
srid| integer | not null
auth_name| character varying(256) |
auth_srid| integer |
srtext| character varying(2048) |
proj4text| character varying(2048) |
Indexes:
"spatial_ref_sys_pkey"PRIMARY KEY, btree (srid)
```

可以使用标准的 SQL 查询(和上一章入门部分中学习介绍的类似)来查看和操作该表。特别要注意的是，除非清楚自己在做些什么，否则更新或删除任何记录都会给 PostGIS 的数据管理带来严重问题，导致 PostGIS 无法运行。其中有个大家可能会很感兴趣的 SRID：EPSG:4326——使用 WGS 84 椭球的地理/纬度参考系统。对其进行查看：

```
select * from spatial_ref_sys where srid=4326;
```

输出结果：

```
srid| 4326
auth_name| EPSG
auth_srid| 4326
srtext| GEOGCS["WGS 84",DATUM["WGS_1984",SPHEROID["WGS
84",6378137,298.257223563,AUTHORITY["EPSG","7030"]],TOWGS84[0,
0,0,0,0,0,0],AUTHORITY["EPSG","6326"]],PRIMEM["Greenwich",0,
AUTHORITY["EPSG","8901"]],UNIT["degree",0.01745329251994328,
AUTHORITY["EPSG","9122"]],AUTHORITY["EPSG","4326"]]
proj4text| +proj=longlat +ellps=WGS84 +datum=WGS84 +no_defs
```

其中的 srtext 就是以文本格式书写的投影定义(可以通过组成 Shapefile 文件中的.prj 后缀辨识)。

17.1.7 小结

现在 PostgreSQL 数据库中已经安装好 PostGIS 功能函数了。通过它就能够充分利用 PostGIS 的扩展空间查询操作函数了。接下来会介绍在数据库中是如何存储空间要素。

17.2 简单要素模型

怎样在数据库中存储和表达几何要素呢?在本节中先介绍一个最常用的方法,OGC 定义简单特征模型。本节的目标是了解什么是 SFS 模型,以及如何使用 SFS 模型。

17.2.1 OGC 概念

开放地理空间联盟(OGC)是一个国际自愿性共识标准组织,始于 1994 年。在 OGC 中,全球超过 370 多个商业、政府、非营利组织和研究组织在开放的共识过程中进行协作,鼓励地理空间内容和服务、GIS 数据处理和数据共享标准的开发和实施。

17.2.2 SFS 模型

SQL 简单要素(SFS)模型以非拓扑(non-topological)方式在数据库中存储地理空间数据,并定义用于访问、操作和构造这些数据的函数。

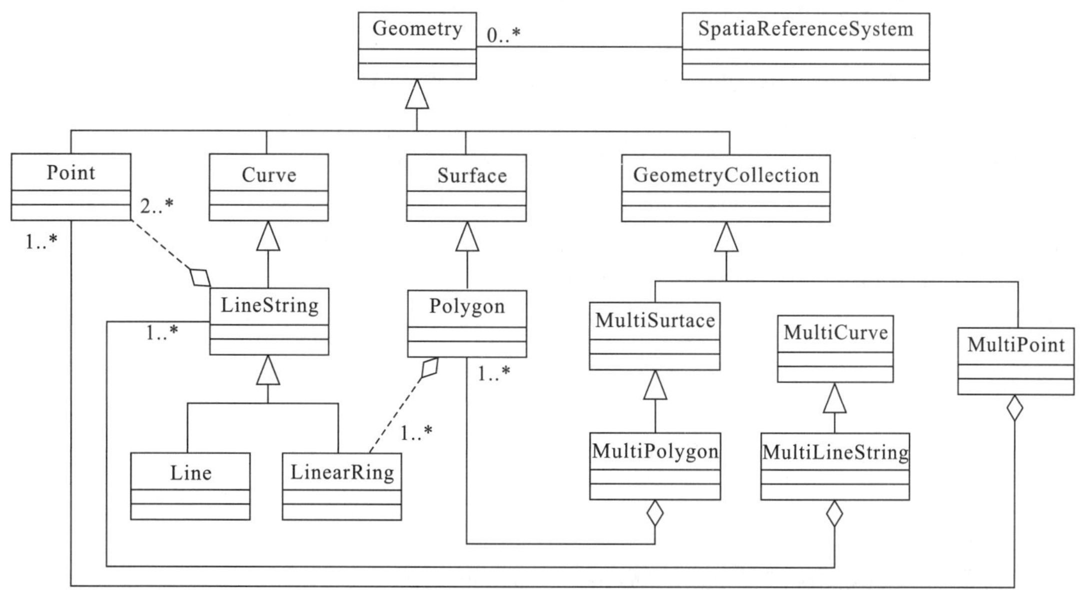

图 17-1 SFS 模型图

该模型定义了 Point、Linestring 和 Polygon 类型的地理空间数据(并把它们的聚合定义为 Multi 对象)。请查阅 SQL 的 OGC 简单要素(https://www.opengeospatial.org/standards/sfs)标准以获取更多信息。

17.2.3 在表格中添加几何字段

现在在 people 表中添加一个点字段:

```
alter table people add column the_geom geometry;
```

17.2.4 添加基于几何类型约束

这里可能会注意到几何字段类型的部分现在还没有指定该字段使用的是哪个几何 type(类型)。因此,这里需要添加约束:

```
alter table people
add constraint people_geom_point_chk
    check(st_geometrytype(the_geom) = 'ST_Point'::text
    OR the_geom IS NULL);
```

此命令会向 people 表中添加仅接受点几何或空值的约束。

17.2.5 练习

创建一个名为"cities"的新表格,为其创建合理的字段列,包括一个用以储存多边形面(城市边界)的几何字段,并记得为其增加限制几何类型为多边形的约束。

请参考附录内容核对结果。

17.2.6 填充 geometry_columns(几何_列)表格

现在,还需要在 geometry_columns 表中添加一条记录:

```
insert into geometry_columns values
    ('','public','people','the_geom',2,4326,'POINT');
```

这是为什么?因为 geometry_columns 表格是使其他软件知道数据库中的哪些表格储存的是地理数据,这样就便于检索和标记哪些是空间数据表,哪些是普通二维表。

如果上述 INSERT 语句报错,先执行以下查询:

```
select * from geometry_columns;
```

如果 f_table_name 列已储存 people 值,那此表格已注册过了,无需再进行任何操作。"2"表示维度数量;在本案例中一共 2 个,即 X 和 Y。"4326"表示正在使用的投影;在本案例中是 WGS 84,由编号 4326 所指代(请参考上文关于 EPSG 的讨论)。

练习

为新建的 cities 图层创建合适的 geometry_columns 记录。

请参考附录内容核对结果。

17.2.7 使用 SQL 在表格中增加几何记录

现在的 people 表已经从普通二维表转变成地理空间数据表了，可以在其中储存空间要素：

```
insert into people (name,house_no, street_id, phone_no, the_geom)
values('Fault Towers',
    34,
    3,
    '072 812 31 28',
    'SRID=4326;POINT(33 -33)');
```

这里需要注意，在上面的新条目中需要指定要使用的投影(SRID)。这是因为新的点类型几何图形是通过纯文本字符串输入的，而该文本字符串不会自动添加投影信息。因此，创建新的点要素需要为其指定一个与目标数据集相同的 SRID。例如，如果此时使用的是图形界面，则会自动为每个新点指定投影坐标参考。也就是说，如果像此前所做的那样，已经为该数据集指定了正确的投影，就不用再为每个新添加的点指定投影坐标系统了。

现在终于可以在 QGIS 打开查看 people 表格了。同时应当尝试编辑/添加/删除表格记录，然后在数据库中进行选择查询，查看数据的变动情况。在 QGIS 中可以通过图层(Layer)→加载 PostGIS 图层(Add PostGIS Layers)的菜单选项或者工具栏中同样的图标加载 PostGIS 图层。此时会打开一个对话框，如图 17-2 所示。

图 17-2 添加 PostGIS 图层对话框

点击上面的新增(New)按钮打开新的对话框,如图 17-3 所示。

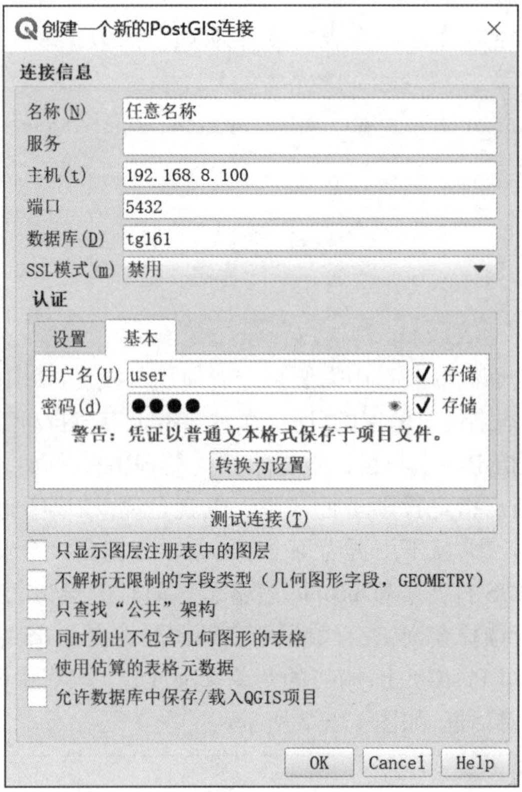

图 17-3　创建新的 PostGIS 连接

然后定义新的连接,例如:

Name:任意名称
Service:留空
Host: 192.168.8.100
Port:5432
Database: address
User:
Password:

如需检验 QGIS 是否找到了 address 数据库,以及用户名和密码是否正确,可以点击测试连接(Test Connect)按钮。如果正常运行,则勾选保存用户名(Save Username)和保存密码(Save Password)旁的复选框。然后点击 OK 按钮创建此连接。回到加载 PostGIS 图层(Add PostGIS Layers)对话框,点击连接(Connect),像添加常规图层一样在项目中添加 people 图层。

练习

创建一个能够显示人名、街道名和定位(从 the_geom 字段获取)的纯文本的查询。
请参考附录内容核对结果。

17.2.8 小结

本节介绍了如何在数据库中添加空间要素以及在 QGIS 软件中进行查看。接下来会介绍如何在数据库中导入和导出数据。

17.3 数据导入与导出

一个数据库,如果不能通过简单的方法对数据进行迁移就很难得到广泛应用。对于 PostGIS 数据库来说,有许多工具可以让用户方便地在 PostGIS 中导入和导出数据。

17.3.1 shp2pgsql

shp2pgsql 是一个可以把 ESRI 公司的 Shapefile 文件导入到数据库的命令行工具。在 Linux 环境下可以使用以下命令导入一个新的 PostGIS 表格:

```
shp2pgsql -s <SRID> -c -D -I <path to shapefile> <schema>. <table>  | \
psql -d <databasename> -h <hostname> -U <username>
```

在 Windows 环境下需要以两个步骤进行导入操作:

```
shp2pgsql -s <SRID> -c -D -I <path to shapefile> <schema>. <table> > import. sql
psql psql -d <databasename> -h <hostname> -U <username> -f import. sql
```

导入时可能会遇到此错误:

```
ERROR: operator class"gist_geometry_ops" does not exist for access method "gist"
```

这个问题很常见,其实是对正导入的数据进行空间索引创建的操作的问题。避免这个错误的方法是去掉-I 参数,要求暂时不做空间索引的创建操作,在数据导入后再在数据库中进行空间索引创建(有关空间索引的创建会在下一节中讨论)。

17.3.2 pgsql2shp

pgsql2shp 顾名思义是一个导出 PostGIS 表格、视图或 SQL 选择查询的命令行工具。在 Linux 环境下可以这样操作:

```
pgsql2shp -f <path to new shapefile> -g <geometry column name> \
-h <hostname> -U <username> <databasename> <table | view>
```

如需使用查询再导出数据:

```
pgsql2shp -f <path to new shapefile> -g <geometry column name> \
-h <hostname> -U <username> "<query>"
```

17.3.3 ogr2ogr

ogr2ogr 是一个把数据转换为 PostGIS 格式或从 PostGIS 转换为各种数据格式的有力的工具。ogr2ogr 是 GDAL/OGR 软件的一部分,需要先单独安装。如需从 PostGIS 中导出表格为 GML,可以使用此命令:

```
ogr2ogr -f GML export.gml PG:'dbname=<databasename> user=<username>
host=<hostname>' <Name of PostGIS-Table>
```

17.3.4 DB 管理器

细心的读者可能之前已经发现了数据库(Database)菜单中标识为数据库管理器(DB Manager)工具。这是一个为用户提供统一的与数据库(包括 PostGIS)交互式空间数据管理的界面工具。此工具同时还可以把数据导入或从数据库中导出为其他格式。下一节会详细介绍此工具,这里仅仅简要说明一下其功能。

17.3.5 小结

在 PostGIS 数据库中导入和导出数据有很多种方法。特别是在使用不同的数据源的情况下,可能会经常用到这些(或其他类似的)函数。接下来会详细介绍如何查询空间数据。

17.4 空间查询

空间查询和其他的数据库查询没有太大区别,用户可以像使用其他数据库中的列一样使用几何字段列查询。数据库的 PostGIS 的安装配置中有附加的可用以查询数据库的函数。本节的目标是学习如何和"普通的"非空间函数一样执行空间查询函数。

17.4.1 空间算子

当用户想知道哪些点在距点(X,Y)2°的范围内时,可以执行以下操作:

```
select *
from people
where st_distance(the_geom,'SRID=4326;POINT(33 -34)') < 2;
```

输出结果:

```
id| name | house_no | street_id | phone_no | the_geom
----+--------------+----------+-----------+---------------+---------------
6| Fault Towers | 34 | 3 | 072 812 31 28 | 01010008040C0
(1 row)
```

需要注意的是，上面 the_geom 的值在本页中被空格截断了。如果想要查看人眼能识别的语法书写的坐标，可以用在上文中“以 WKT 语言查看点”的部分类似的操作。以上的命令是如何获得 2 degrees(2°)范围内的所有点？为什么不是 2 meters(2m)范围？又或者其他单位？

请参考附录内容核对结果。

17.4.2 空间索引

PostGIS 还可以定义空间索引。空间索引可以加快空间查询的速度，在几何字段创建空间索引的代码如下：

```
create index people_geo_idx
on people
using gist
(the_geom);
\d people
```

输出结果：

```
Table"public.people"
Column| Type | Modifiers
-----------+----------------------+--------------------------------------
id| integer | not null default
| |nextval('people_id_seq'::regclass)
name| character varying(50) |
house_no| integer | not null
street_id| integer | not null
phone_no| character varying |
the_geom| geometry |
Indexes:
"people_pkey"PRIMARY KEY, btree (id)
"people_geo_idx"gist (the_geom) <-- new spatial key added
"people_name_idx"btree (name)
Check constraints:
"people_geom_point_chk"CHECK (st_geometrytype(the_geom) = 'ST_Point'::text
OR the_geom IS NULL)
Foreign-key constraints:
"people_street_id_fkey"FOREIGN KEY (street_id) REFERENCES streets(id)
```

17.4.3 练习

调整 cities 表，使其几何字段列配备空间索引。

请参考附录内容核对结果。

17.4.4 PostGIS 空间函数操作示例

为演示 PostGIS 空间函数,这里先创建一个储存有一些空间数据的数据库 postgis_daemo。需要先退出 psql shell,再创建一个新的数据库:

```
createdb postgis_demo
```

记得要为数据库配置 postgis 扩展:

```
psql -d postgis_demo -c "CREATE EXTENSION postgis;"
```

接下来,导入 exercise_data\postgis\目录提供的数据。可以参考此前课程作为参考,但记得需要为新数据库创建 PostGIS 关联。这里最简单的方法是通过 DB 管理器进行导入。把这些文件导入以下数据库中:

- 把 points. shp 导入 building;
- 把 lines. shp 导入 road;
- 把 polygons. shp 导入 region。

然后把这三个数据库图层通过 Add PostGIS Layers(加载 PostGIS 图层)对话框加载到 QGIS 地图显示区。当打开数据时会发现它们都具备 PostGIS 导入默认创建的 id 字段和 gid 字段。数据导入后可以使用 PostGIS 进行数据查询。回到之前的终端命令窗口(命令行),执行进入 psql 命令:

```
psql postgis_demo
```

这里是通过一些选择语句创建视图,然后在 QGIS 查看,这样就可以在 QGIS 中打开它们并查看结果。

17.4.4.1 通过定位选择

选中所有 KwaZulu 区域内的建筑物:

```
select a.id, a.name, st_astext(a.the_geom) as point
from building a, region b
where st_within(a.the_geom, b.the_geom)
and b.name = 'KwaZulu';
```

输出结果:

```
id| name | point
----+------+-------------------------------------------
30| York | POINT(1622345.23785063 6940490.65844485)
33| York | POINT(1622495.65620524 6940403.87862489)
35| York | POINT(1622403.09106394 6940212.96302097)
36| York | POINT(1622287.38463732 6940357.59605424)
40| York | POINT(1621888.19746548 6940508.01440885)
(5 rows)
```

或者如果基于其创建视图:

```
create view vw_select_location as
select a. gid, a. name, a. the_geom
from building a, region b
where st_within( a. the_geom, b. the_geom)
and b. name = 'KwaZulu';
```

然后把视图作为图层加载到 QGIS 中,效果如图 17－4 所示。

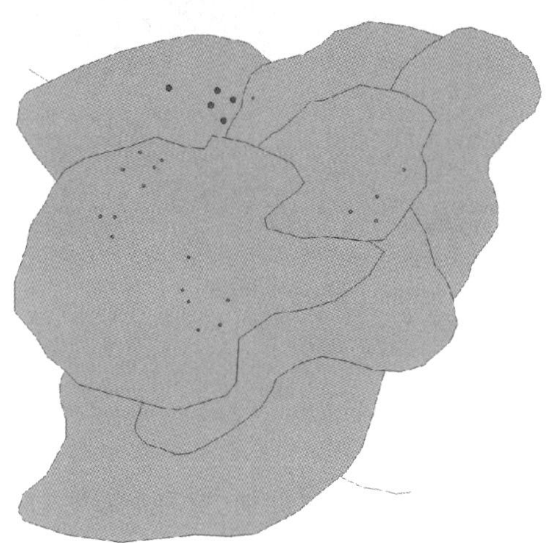

图 17－4　视图数据加载效果

17.4.4.2　选择邻近

把所有与 Hakkiado(北海道)地区相邻的地区名称显示为列表:

```
select b. name
from region a, region b
where st_touches( a. the_geom, b. the_geom)
and a. name = 'Hokkaido';
```

输出结果:

```
name
--------------
Missouri
Saskatchewan
Wales
(3 rows)
```

作为视图:

```
create view vw_regions_adjoining_hokkaido as
select b. gid, b. name, b. the_geom
from region a, region b
where TOUCHES( a. the_geom, b. the_geom)
```

```
and a. name = 'Hokkaido';
```

在 QGIS 中显示效果如图 17－5 所示。

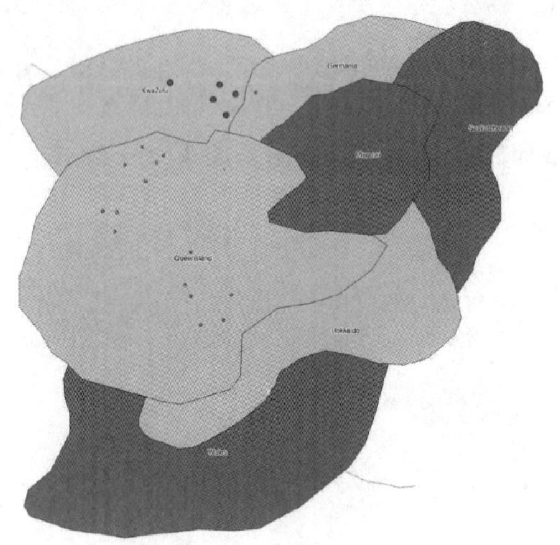

图 17－5 近邻选择结果

可以发现有个区域(Queensland)没被选进来,这可能是拓扑关系错误导致的分析结果不正确。这种情况说明该方法可能会受到数据拓扑问题的影响。为了解决这个问题,可以改用缓冲区相交:

```
create view vw_hokkaido_buffer as
select gid, ST_BUFFER(the_geom, 100) as the_geom
from region
where name = 'Hokkaido';
```

方法是在 Hokkaido 周围创建 100m 的缓冲区。稍深色的区域就是缓冲区(图 17－6)。

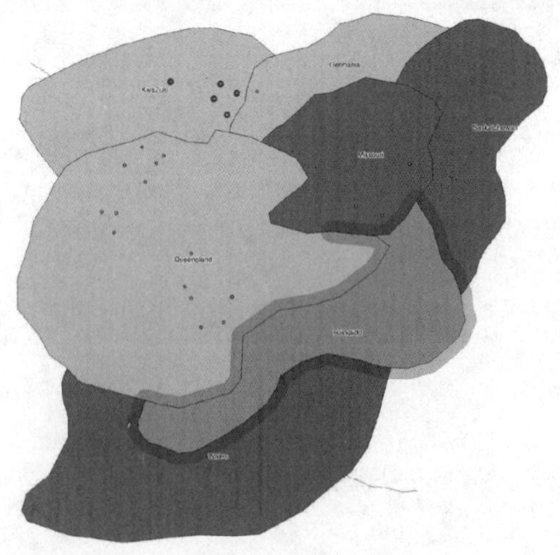

图 17－6 缓冲区分析结果图

使用缓冲区选择要素：

```
create view vw_hokkaido_buffer_select as
select b. gid, b. name, b. the_geom
from
(
select * from
vw_hokkaido_buffer
) a,
region b
where ST_INTERSECTS(a. the_geom, b. the_geom)
and b. name ! = 'Hokkaido';
```

这次查询像与其他表格一样使用原本的缓冲区视图。其被赋予别名"a",而它其中的几何字段 a. the_geom,则用于选择所有 region 表格中(别名"b")与它相交的多边形。而 Hokkaido 本身是剔除在这个选择语句之外的,因为不需要选中它,这里只想获取与 Hokkaido 毗邻的地区。在 QGIS 中的效果如图 17－7 所示。

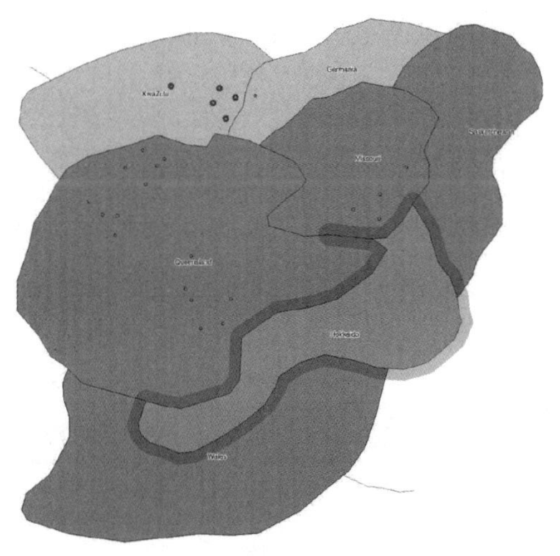

图 17－7　相交分析结果

通过给定距离选择距离内的所有对象也是可行的,这就不需要创建缓冲区这个步骤了：

```
create view vw_hokkaido_distance_select as
select b. gid, b. name, b. the_geom
from region a, region b
where ST_DISTANCE (a. the_geom, b. the_geom) < 100
and a. name = 'Hokkaido'
and b. name ! = 'Hokkaido';
```

这个命令可达到同样的效果(图 17－8),也无需创建临时缓冲区的步骤：

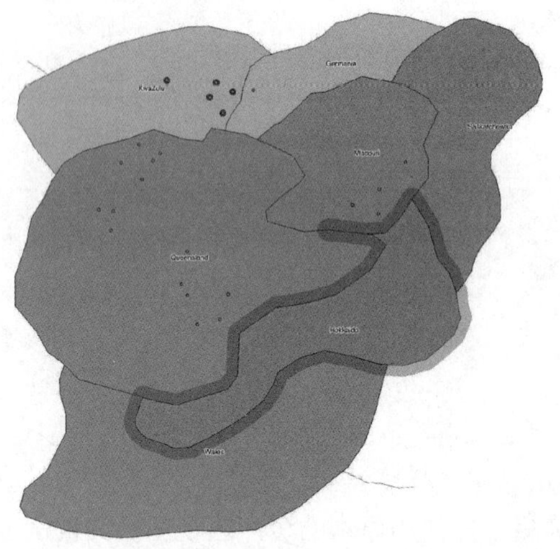

图 17-8　利用距离运算得到的相同结果

17.4.4.3　选择对应唯一值

把所有 Queensland 区域中的建筑物对应唯一的镇名显示为列表：

```
select distinct a. name
    from building a, region b
    where st_within(a. the_geom, b. the_geom)
    and b. name = 'Queensland';
```

输出结果：

```
name
---------
Beijing
Berlin
Atlanta
(3 rows)
```

更多空间分析的示例如下：

```
create view vw_shortestline as
select b. gid as gid,
ST_ASTEXT(ST_SHORTESTLINE(a. the_geom, b. the_geom)) as text,
ST_SHORTESTLINE(a. the_geom, b. the_geom) as the_geom
from road a, building b
where a. id=5 and b. id=22;

create view vw_longestline as
select b. gid as gid,
```

```
ST_ASTEXT(ST_LONGESTLINE(a.the_geom, b.the_geom))as text,
ST_LONGESTLINE(a.the_geom, b.the_geom)as the_geom
from road a, building b
where a.id=5 and b.id=22;

create view vw_road_centroid as
select a.gid as gid, ST_CENTROID(a.the_geom) as the_geom
from road a
where a.id = 1;

create view vw_region_centroid as
select a.gid as gid, ST_CENTROID(a.the_geom) as the_geom
from region a
where a.name = 'Saskatchewan';

select ST_PERIMETER(a.the_geom)
from region a
where a.name='Queensland';

select ST_AREA(a.the_geom)
from region a
where a.name='Queensland';

create view vw_simplify as
select gid, ST_Simplify(the_geom, 20) as the_geom
from road;

create view vw_simplify_more as
select gid, ST_Simplify(the_geom, 50) as the_geom
from road;

create view vw_convex_hull as
SELECT ROW_NUMBER() over (order by a.name) as id, a.name as town,
ST_CONVEXHULL(ST_COLLECT(a.the_geom))as the_geom
from building a
group by a.name;
```

17.4.5 小结

本节介绍了如何使用 PostGIS 的空间数据库函数进行空间要素查询。接下来会介绍更复杂的几何结构,以及如何使用 PostGIS 创建这些几何要素。

17.5 几何要素构建

本节会更深入介绍如何在 SQL 中构造复合的地理要素。实际上,大多数用户可能会使用 GIS 创建地理要素,例如 QGIS 的数字化工具来创建线或者面的几何要素;然而,明白这些几何要素是如何构造而成的,会更利于用户掌握编写查询语句和理解数据库的构造语句。本节的目标是深入理解如何直接在 PostgreSQL/PostGIS 中创建线和面空间实体。

17.5.1 创建线要素(linestring)

回到之前的 address 数据库,先把 streets 表格和其他表格匹配起来;也就是说为几何类型制定约束,创建索引以及在 geometry_columns 表格中创建对应记录。

17.5.2 练习

- 修改 streets 表格,使其具备 ST_LineString 类型的几何字段列;
- 不要忘记同时更新 geometry columns 表格;
- 还需要添加约束防止其他非 LINESTRINGS 或 null 值的几何要素添加进去;
- 在新的几何字段列上创建空间索引。

请参考附录内容核对结果。

现在向 streets 表格中更新 id 为 2 的要素的空间信息,插入一个 linestring 线要素:

```
update streets;
set the_geom = 'SRID=4326;LINESTRING(20 -33, 21 -34, 24 -33)'
where streets.id=2;
```

在 QGIS 中查看结果(可能需要在图层面板中右键点击 streets 图层,然后选择“缩放到图层范围”)。现在再来创建更多 streets 条目,一部分在 QGIS 中创建,另一部分则通过命令行创建。

17.5.3 创建多边形

创建多边形也一样简单。需要记住的一点,即根据定义,多边形至少需要有四个顶点,最后一个和第一个位于同一位置:

```
insert into cities (name, the_geom)
values('Tokyo', 'SRID=4326;POLYGON((10 -10, 5 -32, 30 -27, 10 -10))');
```

这里要注意,一个多边形需要在其坐标列表两边加上双括号;这就可以定义添加具有多

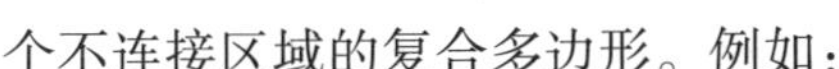

个不连接区域的复合多边形。例如：

```
insert into cities (name, the_geom)
values('Tokyo Outer Wards',
'SRID=4326;POLYGON((20 10, 20 20, 35 20, 20 10),
(-10 -30, -5 0, -15 -15, -10 -30))'
);
```

如果执行完此步骤可以通过在 QGIS 中加载 cities 数据，打开其属性表以及选择新增的条目查看其结果。注意观察新的两个多边形是如何看起来像一个多边形的。

17.5.4 练习

本练习需要完成以下事项把 cities 连接到 people：

- 把 people 表格中的数据全部删除；
- 为 people 表格添加一个指向 cities 表格的主键的外键；
- 使用 QGIS 圈出一些 cities；
- 使用 SQL 插入一些新的 people 记录，确保每个记录都能关联到 street 和 city。

更新后的 people 表格架构应如下：

```
\d people
Table "public.people"
Column | Type | Modifiers
-----------+----------------------+-----------------------------------------
id | integer | not null
 || default nextval('people_id_seq'::regclass)
name | character varying(50) |
house_no | integer | not null
street_id | integer | not null
phone_no | character varying |
the_geom | geometry |
city_id | integer | not null
Indexes:
"people_pkey" PRIMARY KEY, btree (id)
"people_name_idx" btree (name)
Check constraints:
"people_geom_point_chk" CHECK (st_geometrytype(the_geom) =
'ST_Point'::text OR the_geom IS NULL)
Foreign-key constraints:
"people_city_id_fkey" FOREIGN KEY (city_id) REFERENCES cities(id)
"people_street_id_fkey" FOREIGN KEY (street_id) REFERENCES streets(id)
```

请参考附录内容核对结果。

17.5.5 查看数据库架构

当前的数据库架构如图 17 - 9 所示。

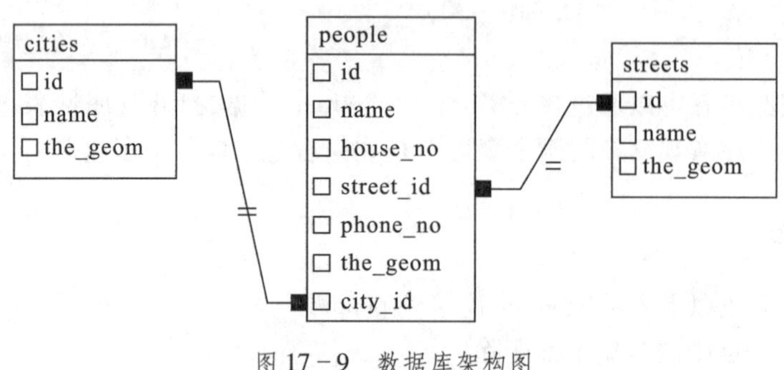

图 17 - 9 数据库架构图

17.5.6 练习

通过计算该城市所有地址的最小凸包创建出城市边界,并计算出一个围绕该区域周围的缓冲区。

17.5.7 访问子对象

通过 SFS-Model 函数,有很多方法可以访问 SFS 几何的子对象。例如,如果想选择 myPolygonTable 表格中每个多边形几何要素的第一个节点时:

(1)把多边形边界转换为线要素(linestring):

```
select st_boundary(geometry) from myPolygonTable;
```

(2)选择结果得出线要素的第一个节点:

```
selectst_startpoint(myGeometry)
from(
select st_boundary(geometry) as myGeometry
from myPolygonTable) as foo;
```

17.5.8 数据处理

PostGIS 支持所有符合 OGC SFS/MM 标准的函数,所有的这种函数都以"ST_"开头。

17.5.9 剪裁

可以通过使用 ST_INTERSECT()函数对数据的一部分进行剪裁(图 17 - 10)。可使用此命令避免输出结果产生空几何要素:

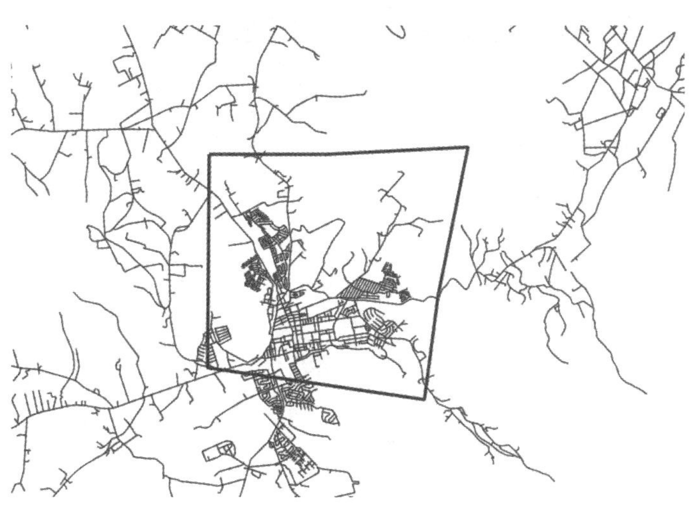

图 17－10　空几何要素的控制方法

```
where not st_isempty(st_intersection(a.the_geom, b.the_geom))
select st_intersection(a.the_geom, b.the_geom), b.*
from clip as a, road_lines as b
where not st_isempty(st_intersection(st_setsrid(a.the_geom,32734),
b.the_geom));
```

结果如图 17－11 所示。

图 17－11　剪裁结果

17.5.10 基于其他几何要素创建新的几何要素

假设想使用一个给定的点要素表格生成一条线要素，这些点的顺序以它们的 id 定义。另一个排序的方法则是时间戳(timestamp)，类似使用 GPS 接收器捕获路边点时所获得的一样(图 17-12)。

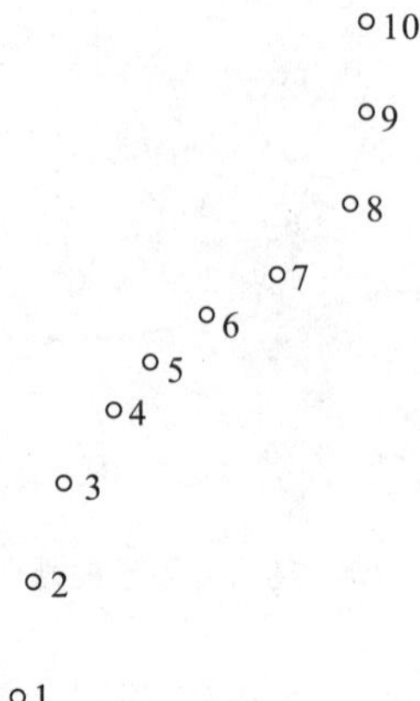

图 17-12　数据库中创建新的几何要素

假设希望基于一个名为“points”的图层生成一条线要素，可以运行以下命令：

```
select ST_LineFromMultiPoint(st_collect(the_geom)), 1 as id
from(
select the_geom
from points
order by id
)as foo;
```

结果如图 17-13 所示。

如果想测试输出结果另外创建新图层的效果，也可以在 people 图层中运行此命令，当然这样做没有现实意义。

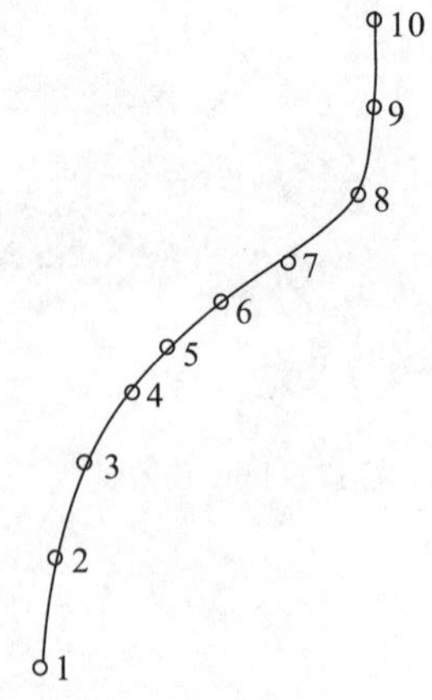

图 17-13　线要素创建方法

17.5.11 几何图形清理

此部分属于更加复杂的内容,读者可以访问此博客(https://linfiniti.com/?s=cleangeometry)查阅此主题的更多内容。

17.5.12 表格间的差异

检测具有相同结构的两个表之间的差异,可以通过 PostgreSQL 的关键词 EXCEPT 实施:

```
select * from table_a
except
select * from table_b;
```

运行上述命令后会得到 table_a 中存在,而在 table_b 没有储存的所有记录。

17.5.13 表空间

用户可以通过创建表空间来定义 postgres 在磁盘上的数据存储位置:

```
CREATE TABLESPACE homespace LOCATION '/home/pg';
```

创建数据库时,可以指定要使用的表空间,例如:

```
createdb --tablespace=homespace t4a
```

17.5.14 小　结

本章介绍了如何使用 PostGIS 语句创建更复杂的地理要素。不过切记本章主要是为了提高用户在通过 QGIS 前端操作地理功能的数据库的基本技能。一般来说,用户基本不需要实际手动输入这些语句,但是需要对它们的结构有一个大致了解,这会在使用 GIS 操作空间数据库时,尤其是当遇到一些本来就很难理解的错误时,知道可能是由于什么原因造成的,可以快速锁定问题并找到解决问题的办法。

18 QGIS 处理工具箱

18.1 引　言

本章介绍如何使用 QGIS 的处理工具箱。本章内容需要读者具备前面章节介绍 QGIS 的基础知识。有关脚本编写的部分需要用户具备一定 Python 编程基础，也需要掌握 QGIS Python API 的基本知识。

本章中的示例均使用 QGIS 3.12。因此，在别的版本中可能无法正常运行，需要根据用户使用的 QGIS 版本稍做调整。本章中的一系列小练习的复杂程度逐步递增，如果用户从未使用过 QGIS 的处理工具箱应该从头开始学习。如果用户已经具备处理工具箱操作的相关经验，可跳过前面一些简单的章节。本章尽量保证每节内容相对独立，并且像每节标题和每节开头的引言介绍中都会有小节内容的简要介绍，便于用户能快速查找关于特定主题的章节。

如需了解有关全体框架组件及其用法的更详细描述，建议查阅对应工具的用户手册中的相应章节。可将其与本章节一起用作技术支持。本章中的所有练习使用的是与整本书同样的免费数据集。用到的所有数据都放在 processing 文件夹里，各文件夹分别对应本章中的一节课程。每个文件夹中都能找到一个 QGIS 项目文件，打开即可开始学习。

18.2 有关处理工具箱

本章不会讲解每个空间分析的数学和计算机原理，因为这样介绍会占用很大篇幅，也超出了本书的内容范围。本章主要是向用户介绍如何使用 QGIS 处理工具箱的一些特色工具，每个工具背后的数学和计算机原理留作用户自己去探索。但是这些数学和计算机原理非常重要，如脱离这些必要原理，即使用户会使用工具及其算法也毫无意义。

现在先通过一个简单示例说明了解工具所包含的空间分析原理的重要性。例如，用户可以通过克里金(*Kriging*)插值算法，基于每个点均给定的值插值计算出一个栅格图层。此模型的参数配置对话框类似图 18 - 1。

通过阅读本章，用户会学习诸如如何使用该模块，如何在批量处理中运行该模块，通过

Ordinary kriging

参数 记录

点

仅选中的要素

属性

Type of Quality Measure

对数变换

Block Kriging

Block Size

100.000000

最大距离

-1.000000

Lag Distance Classes

100

Skip

1

变异函数模型

a + b * x

输出范围 [可选]

未设置

格子大小

1.000000

Fit

搜索范围

最大搜索距离

1000.000000

0%

取消

以批处理方式运行...

运行 Close

图 18－1 Ordinary Kriging 工具

一次处理完成用数百个点图层创建栅格图层，或者如果输入图层中选中某些点会发生什么情况等。但每个参数本身的数学意义会介绍很少。因为具有丰富的空间统计学知识的专家基本都熟悉这些参数，知道如何配置。如果用户不熟悉基台值（sill）、变程（range），或是块金值（nugget）这些概念，可以先跳过克里金（Kriging）工具的内容，说明用户还不具备这方面的基本知识，因为使用此工具需要学习诸如空间自相关或半变异函数之类的概念，这些概念可能有些用户以前也没有听说过，或者至少没有认真地研究过。这类用户应当先学习和理解这些概念，然后再回到 QGIS 中运行该工具实现分析。如忽略这些前置条件，胡乱配置参数会得到比较差的分析结果。

尽管并非所有算法都像克里金法一样复杂（但其中某些算法甚至更复杂），但几乎所有算法都需要先了解它们的基本分析思想。如果不具备这些知识，不懂如何配置最优参数就使用它们无法得到满意的结果。

在没有很好的空间分析基础的情况下使用地理分析工具，就有点类似在不了解语法或句法、也不具备叙述能力的情况下写小说一样。可能会获得分析结果，但该结果可能根本没有实用价值。因此，不要以为完成本章的内容就具备空间分析的能力且可以获得合理的分析结果，用户同样应当具备扎实的空间分析知识。

18.3 设置处理工具箱

使用处理箱之前首先需要对其进行简单配置。该处理工具箱是 QGIS 的一个核心插件，已经随 QGIS 安装到系统里。如果它处于启用状态，可以在菜单栏中看到一个名为处理（Processing）的菜单（图 18－2），就可以通过该菜单访问所有处理工具箱的组件了。

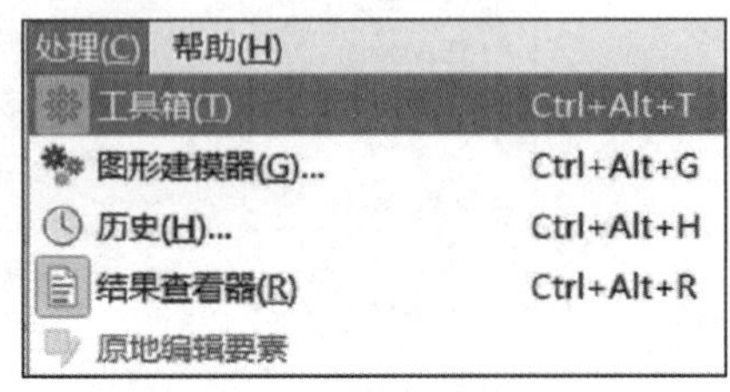

图 18－2 处理菜单

如果找不到该菜单，可以打开插件管理器启用该插件（图 18－3）。

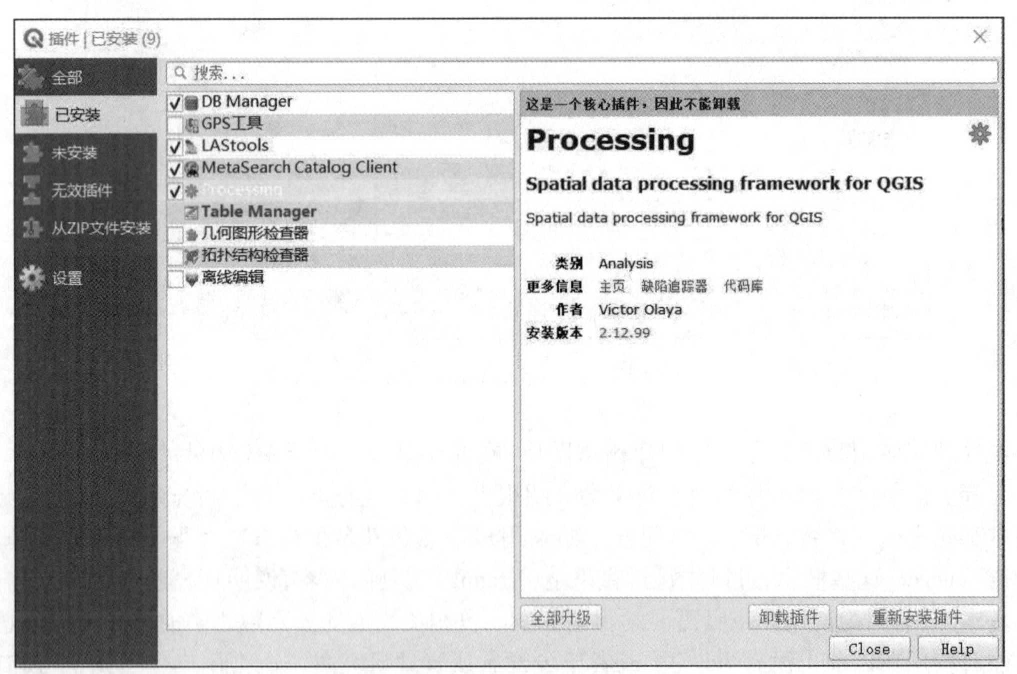

图 18－3 处理插件

本章进行操作的主要工具都在此工具箱里。点击对应的菜单条目就能在 QGIS 窗口右侧看到该工具箱（图 18－4）。

该工具箱包含一个由可用工具组成的列表，是按工具提供者进行分组的。这些工具提

图 18－4　处理工具箱界面

供者可以在设置(Settings)→选项(Options)→处理(Processing)中启用或关闭。稍后再讨论该对话框。

默认情况下,只有 QGIS 自身提供的工具处于启用状态,外部软件的工具可能需要进一步配置。现在基本不需要配置其他任何内容就可以运行第一个工具了,现在开始介绍第一个工具。

18.4 运行第一个工具

这里要注意,本节中会运行第一个工具,并得到其输出结果。本节作为本章介绍处理工具箱的开始会首先介绍处理工具箱自带的一个工具,用来计算多边形的质心。打开对应本节课程的 QGIS 项目。其中只包含一个图层,内含两个多边形(图 18－5)。

找到工具箱上方的文本框。这是一个搜索框,输入文本即可过滤出带所搜索词的工具,以列表形式展示。如匹配搜索的算法所属的提供者没有启用,工具箱下半部分会出现附加标签。输入 centroids,会看到如图 18－6 所示的内容。

搜索框是查找工具的非常实用的方法。在对话框的底部,附加标签显示存在与搜索匹配的算法,是由没激活的提供者提供的。如果点击该标签中的链接算法列表,会把那些未激

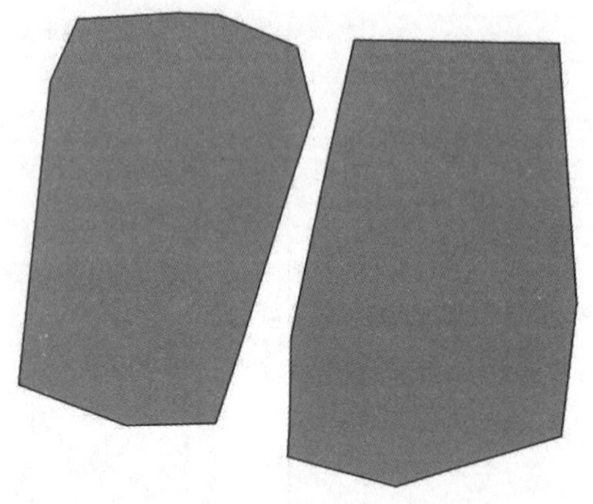

图 18 - 5 质心工具用到的数据

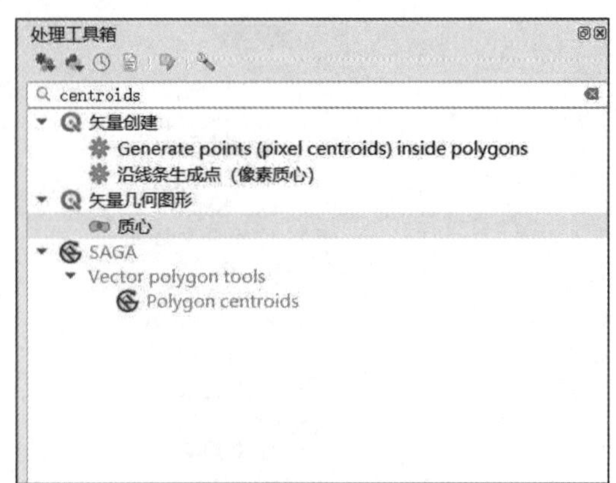

图 18 - 6 输入 centroids 查找质心工具

活的提供者的匹配结果以浅灰色显示在列表中(图 18 - 7)。同时会显示启用各个未激活的提供者的链接。稍后介绍如何启用其他工具提供者。

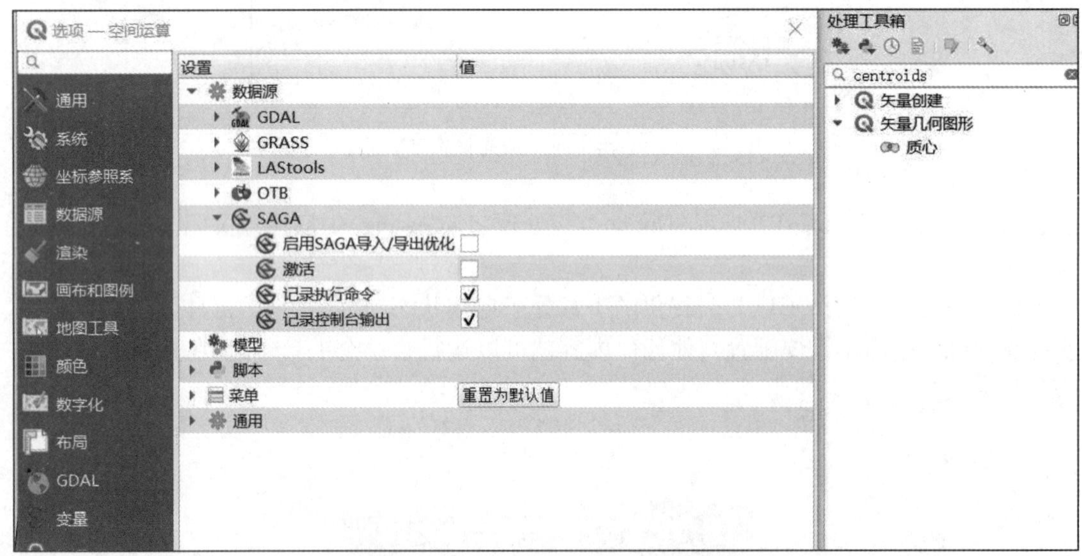

图 18 - 7 处理工具箱的运行环境设置

只需在工具箱中双击工具名称即可执行该工具。当双击质心(Polygon centroids)算法时,应能看到如图 18 - 8 所示的对话框。

所有算法的界面都很类似,基本上都是包含需要的输入参数以及选择储存位置的输出参数。本例中,唯一需要选择的输入项是一个含多边形的矢量图层。

把 Polygons 图层作为输入项,定义输出数据的保存位置有两个选项:输入文件路径或者将其保存为临时的文件名。如果不想把结果保存到临时文件中,需要选择数据存储位置,输出格式由文件扩展名定义。要选择输出格式,只需选择相应的文件扩展名(如果是直接键入

图 18-8 质心工具

文件路径则输入时要加上扩展名）。如果在文件路径中键入的扩展名无法与任何 QGIS 支持的格式匹配，则会为其分配默认扩展名（一般，表格将存为.dbf，栅格图层存为.tif，而矢量图层则是.shp），会使用与该扩展名相对应的文件格式保存该图层或表格。

在本章中所有练习的结果都会保存为临时文件，因为没必要保存它们留作日后使用。但如果有必要，可随时把它们保存到自己电脑上。临时文件会在关闭 QGIS 时被删除。如果创建了一个含有输出临时文件图层的项目，QGIS 会在重新打开项目时报错，提示找不到该图层，因为该输出文件已被删除了。配置该算法对话框后，点击运行（Run）执行该算法。会得到如图 18-9 所示输出结果。

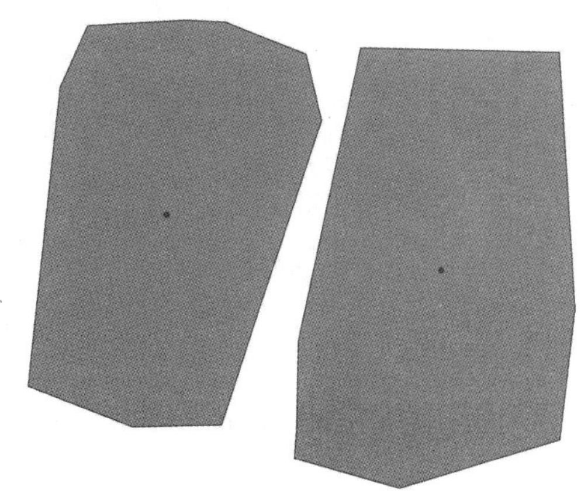

图 18-9 质心工具分析结果

输出图层的 CRS 与输入图层相同。处理工具会假定所有输入图层都使用同一 CRS 且不作任何重投影操作。除非是某些特定的算法（例如重投影算法），否则输出图层也会使用和输入图层同一的 CRS。

尝试把输出结果保存为不同的文件格式（例如使用 shp 和 geojson 作为扩展名）。同时，如果不希望输出图层生成后加载到 QGIS 中，可以取消勾选输出路径框下方的复选框。

18.5 更多处理工具和数据类型

这里要注意,本节中会介绍运行另外三个工具,学习如何使用其他输入类型,配置输出保存到给定的文件夹。本节会用到一个表格和一个多边形面图层。这里会基于表格中的坐标创建一个点图层,然后统计落入每个多边形中的点数。如果打开对应本节的 QGIS 项目可以找到一个带 X 和 Y 坐标的表格,但不会找到多边形图层,因为这里会用一个处理工具创建该多边形图层。

要做的第一件事是通过从表格创建点图层(Points layer from table)算法,根据表格中的坐标创建点图层。既然已经知道如何使用搜索框,查找出此算法就比较容易了。对其双击运行,会得到如图 18-10 所示的对话框。

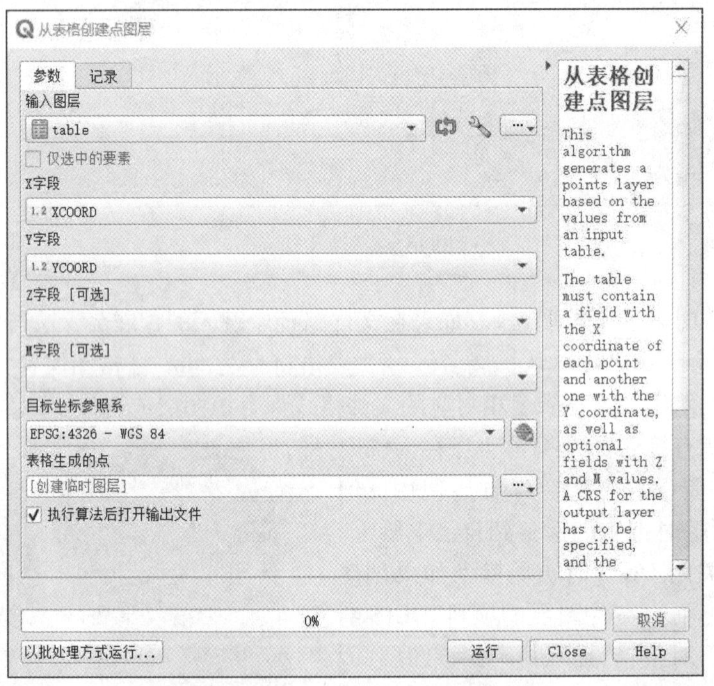

图 18-10 从表格创建点图层

此算法和上文中一样只生成单个输出图层,但有三个输入参数:

(1)输入图层(Table):包含坐标的表格,在此处设置为本节自带的数据中的表格。

(2)X 和 Y 字段(X fields、Y fields):这两个参数与第一个参数先关联。相应的选择器会显示所选表中可用字段的名称。为 X 参数选择 xcoord 字段,为 Y 参数选择 ycoord 字段。

(3)目标坐标参照系(CRS):由于此算法无输入图层,因此,无法基于输入图层为输出图层分配 CRS。它会要求手动选择表格中坐标所使用的 CRS。点击左边的按钮,打开 QGIS

CRS 选择器,然后选择 EPSG:4326 作为输出图层的 CRS。之所以选择此 CRS 是因为表格中的坐标是在此 CRS 下获取的。

所有配置参数应该如图 18 - 10 所示。

现在点击运行(Run)按钮,获取如图 18 - 11 所示图层(可能需要把视窗放大到新创建的点附近的地图)。

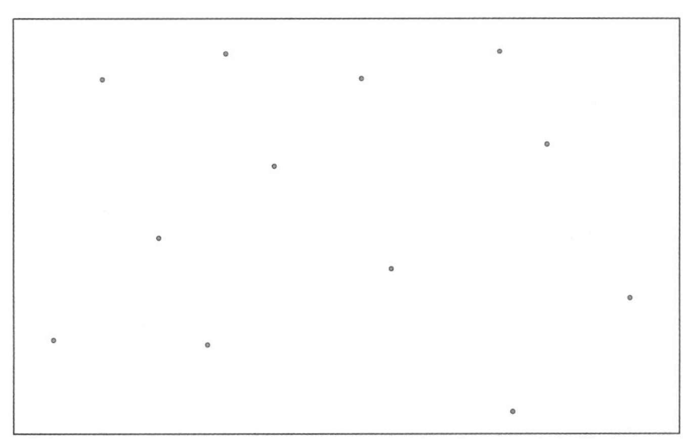

图 18 - 11 创建结果

接下来需要的是多边形图层。这里会使用创建网格(Create grid)算法创建一个规则的多边形网格,该工具参数配置对话框如图 18 - 12 所示。

图 18 - 12 创建网格

其实这些选项在更新的 QGIS 版本已经做了简化,用户只需要输入 X 和 Y 的最小值及最大值即可(建议输入值:-5.696 226,-5.695 122,40.247 42,40.248 171)。创建网格只需输入数字。当对话框必须输入一个数值时,有两个选择:直接在相应的框上键入,或点击右侧的按钮进入如图 18 - 13 所示的对话框。

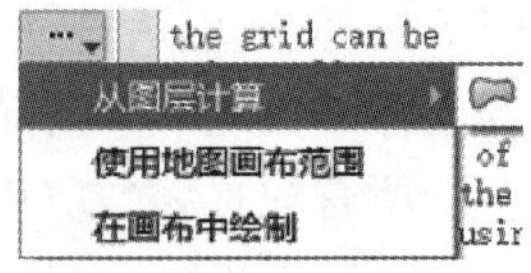

图 18 - 13　网格范围设定

该对话框包含可以使用的常量以及其他可用图层中的值。本例中要创建的是一个覆盖输入点图层范围的网格,因此,应该使用其坐标来计算网格的中心坐标及其宽度和高度,因为它们是工具用以创建网格的参数。在网格类型(Type)区域选择矩形(面)[Rectangles (polygons)]。和上一个使用的算法一样,在这里也需要为其指定 CRS,把 CRS 设为 EPSG:4326。

最后的参数设置对话框如图 18 - 14 所示。

图 18 - 14　创建网格的参数设置

点击运行(Run),然后获得网格图层如图 18 - 15 所示。

图 18 - 15　输出的网格数据

最后一步是统计该网格的每个矩形中的点数,这里使用统计多边形中的点数量(Count points in polygons)工具(图 18-16)。

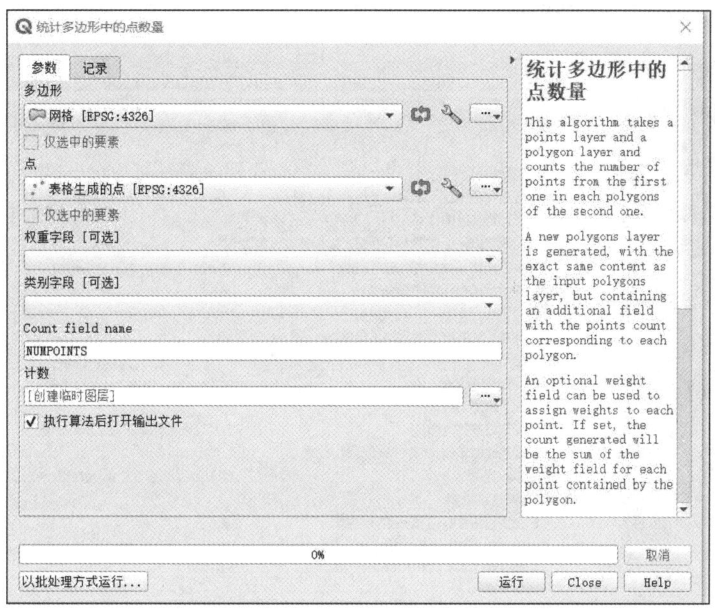

图 18-16 统计多边形中的点数量

现在已经得到了所有需要的结果。在完成本节之前有个提示,有助于方便地保存数据。如果希望所有输出文件保存在给定文件夹中,其实不需要每次都保存输入文件夹名。可以到处理菜单中选择选项(Setting)和配置(Options)菜单项,打开配置对话框(图 18-17)。

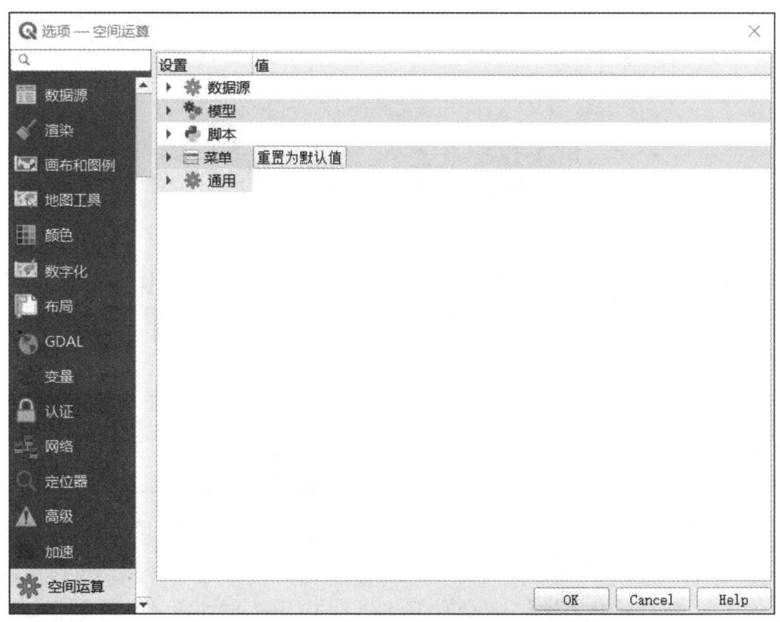

图 18-17 空间运行选项设置

在通用(General)组中可以找到输出目录(Output folder)选项,在此处输入目标文件夹的路径就可以了(图18-18)。

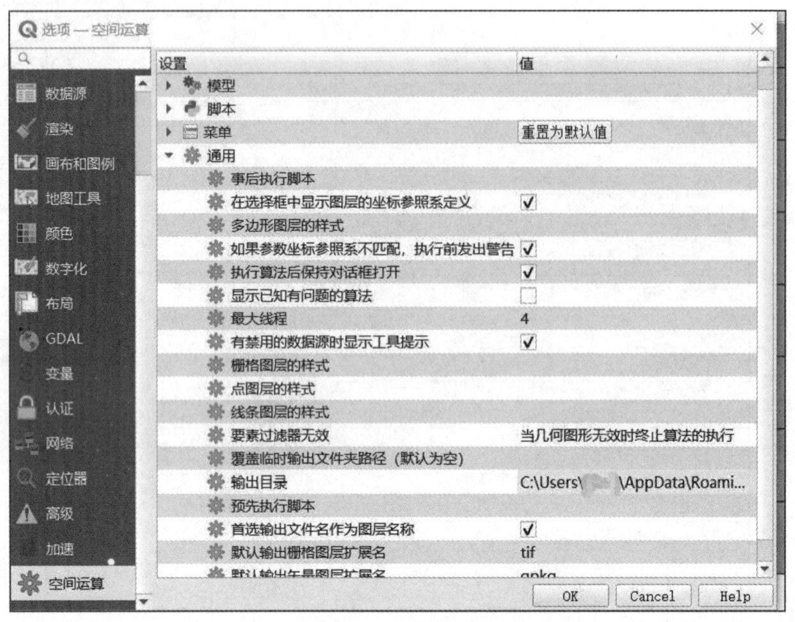

图18-18 输出路径设置

每次运行工具时可以只输入文件名,不再需要输入完整路径。例如,在上述配置下,如果输入graticule.shp作为刚才使用的工具的输出路径,输出结果就会保存到D:\processing_output\graticule.shp。如希望输出结果保存到别的文件夹,依然可以通过输入完整路径实现。

现在可以尝试运行创建网格(Create grid)工具生成不同网格大小、不同网格类型的网格,然后再统计不同多边形中的点数。

18.6 CRS投影变换

本节会介绍如何对CRS进行处理,同时还会介绍一个非常有用的数据重投影工具。对于QGIS数据分析而言,CRS不同是造成数据混乱的重要原因,这里先介绍一些有关数据处理创建新图层的一般规则:

(1)如果该工具有输入图层,则会使用首个输入图层的CRS。算法假定所有输入图层使用的都是这个CRS,因为默认所有图层都使用同一个CRS。如果使用了和第一个输入图层不匹配的CRS,QGIS会发出警告,注意输入图层的CRS也会显示在参数对话框中,如图18-19所示。

图18-19 工具中显示的地图投影信息

(2)如果该工具没有输入图层,则会使用项目的CRS,除非

该工具有可指定 CRS 的选项(如上节中的产生网格工具)。

打开对应本节的项目应该能看到两个图层的 CRS 分别为 23030 和 4326。它们都包含同一套点,只是使用的是不同的 CRS(分别是 EPSG:23030 和 EPSG:4326)。两套点显示的位置相同是因为 QGIS 把它们投影在临时项目 CRS(EPSG:4326)中,但实际上它们不是在同一个图层上。打开添加几何属性(Export/Add geometry columns)算法(图 18-20)。

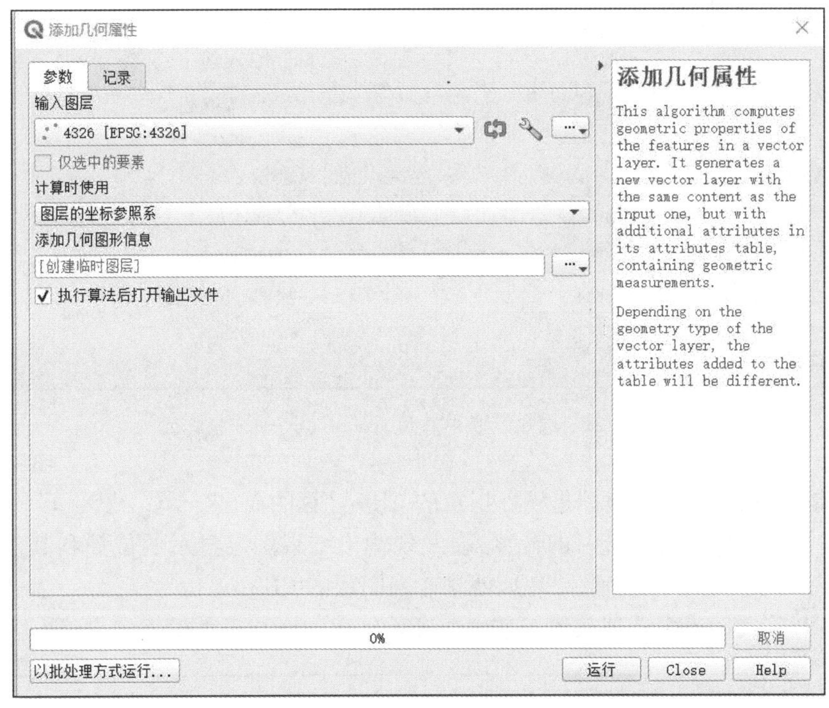

图 18-20 添加几何属性

此算法是为矢量图层的属性表添加新的属性列,列的内容根据该图层的类型不同而不同,本例中是点类型,运行结果是添加每个点的 X 和 Y 坐标列。在输入图层区域中可以看到可用图层列表,可以看到每一个图层及其使用的 CRS。也就是说,即使它们出现在地图显示区中同一位置,工具对于它们还是会区分处理。现在选择 4326 图层。

此算法的另一个参数是设置如何使用坐标来计算添加到结果图层的新值。其他大多数算法没有这样的选项,而是直接使用输入图层的 CRS。这里选择图层的坐标参照系(Layer CRS)选项,使用它们本身的 CRS,这也是大多数分析工具对 CRS 的配置方法。

输出结果会得到一个新图层,该图层与其他两个图层中的点完全相同。如果右键点击该层的名称并打开其属性就能看到它与输入图层具有相同的 CRS,即 EPSG:4326。把图层加载到 QGIS 时,由于 QGIS 已经知道该图层的 CRS,因此,不会提示输入该图层的 CRS。

如果打开此新图层的属性表,可以看到其包含两个新的字段,分别是各点的 X 和 Y 坐标(图 18-21)。

这些坐标的值是由图层 CRS 赋予的,因为这里选择了这个计算方式选项。但是,即使选择的是另一个选项,输出图层 CRS 也将是相同的,因为输入图层 CRS 会被指定为输出图层

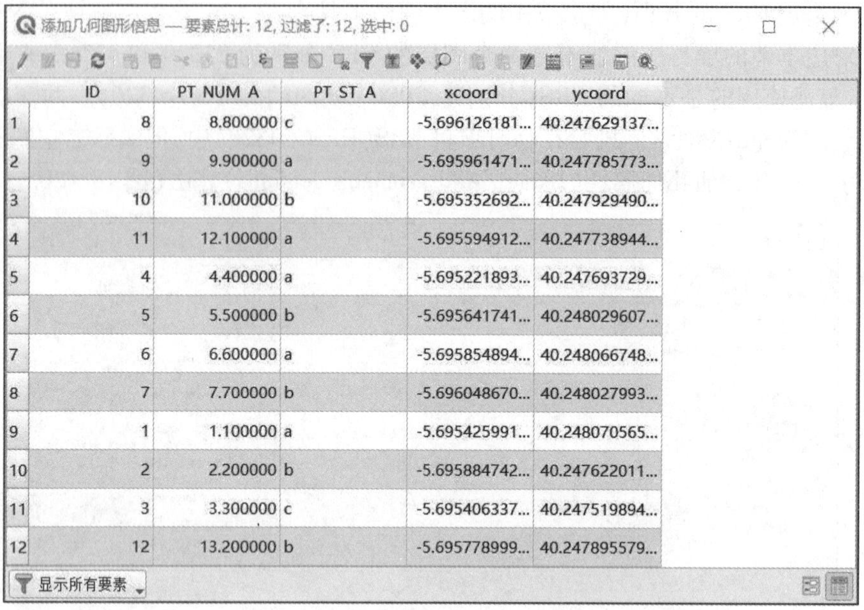

添加几何图形信息 — 要素总计: 12, 过滤了: 12, 选中: 0

	ID	PT NUM A	PT ST A	xcoord	ycoord
1	8	8.800000	c	-5.696126181...	40.247629137...
2	9	9.900000	a	-5.695961471...	40.247785773...
3	10	11.000000	b	-5.695352692...	40.247929490...
4	11	12.100000	a	-5.695594912...	40.247738944...
5	4	4.400000	a	-5.695221893...	40.247693729...
6	5	5.500000	b	-5.695641741...	40.248029607...
7	6	6.600000	a	-5.695854894...	40.248066748...
8	7	7.700000	b	-5.696048670...	40.248027993...
9	1	1.100000	a	-5.695425991...	40.248070565...
10	2	2.200000	b	-5.695884742...	40.247622011...
11	3	3.300000	c	-5.695406337...	40.247519894...
12	12	13.200000	b	-5.695778999...	40.247895579...

显示所有要素

图 18-21 在属性表中添加 xcoord 和 ycoord 坐标列

的 CRS,只是计算的 X 和 Y 坐标是根据指定的 CRS 计算的而已。

现在使用其他图层进行统一的计算,会发现输出结果图层显示的位置和其他图层一模一样,并且 CRS 为 EPSG:23030,因为这就是输入图层的 CRS。

如果打开其属性表会看到其值与前面一开始创建的图层里的值不一样(图 18-22)。

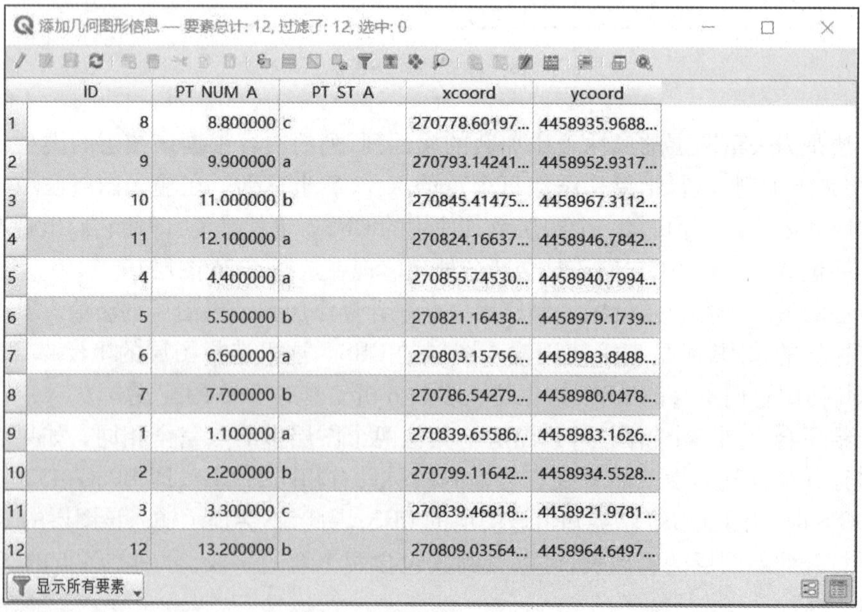

添加几何图形信息 — 要素总计: 12, 过滤了: 12, 选中: 0

	ID	PT NUM A	PT ST A	xcoord	ycoord
1	8	8.800000	c	270778.60197...	4458935.9688...
2	9	9.900000	a	270793.14241...	4458952.9317...
3	10	11.000000	b	270845.41475...	4458967.3112...
4	11	12.100000	a	270824.16637...	4458946.7842...
5	4	4.400000	a	270855.74530...	4458940.7994...
6	5	5.500000	b	270821.16438...	4458979.1739...
7	6	6.600000	a	270803.15756...	4458983.8488...
8	7	7.700000	b	270786.54279...	4458980.0478...
9	1	1.100000	a	270839.65586...	4458983.1626...
10	2	2.200000	b	270799.11642...	4458934.5528...
11	3	3.300000	c	270839.46818...	4458921.9781...
12	12	13.200000	b	270809.03564...	4458964.6497...

显示所有要素

图 18-22 在新坐标系下计算得到 xcoord 和 ycoord 坐标列

这是因为原始数据不相同(它们使用不同的 CRS),这些坐标是由原始数据获取过来的。该实例想说明的问题是,处理工具使用的是其原始数据源中的原始图层,完全忽略 QGIS 在显示时可能做的即时投影变换。换句话说,不要相信在显示区看到的内容,因为这些投影已经被 QGIS 做了即时投影变换,而是要留意正在使用的原始数据。在本例中可能还感觉不到其重要性,因为每次运算只用到一个图层,但是在使用多个输入图层的工具(例如裁剪算法)中,原先看起来匹配或重叠的图层可能差别很远,因为它们的 CRS 是不同的。

QGIS 这一点处理比较"笨",本身工具不会进行投影变换,所以使用工具之前必须确保图层间具有相同的 CRS。其中一个有关处理 CRS 的工具叫做"重投影工具"。此工具是一个特例,因为其中有一个输入图层(用作重投影的图层),但不会把输入图层的 CRS 分配给输出图层使用。打开重投影图层(Reproject layer)工具(图 18-23)。

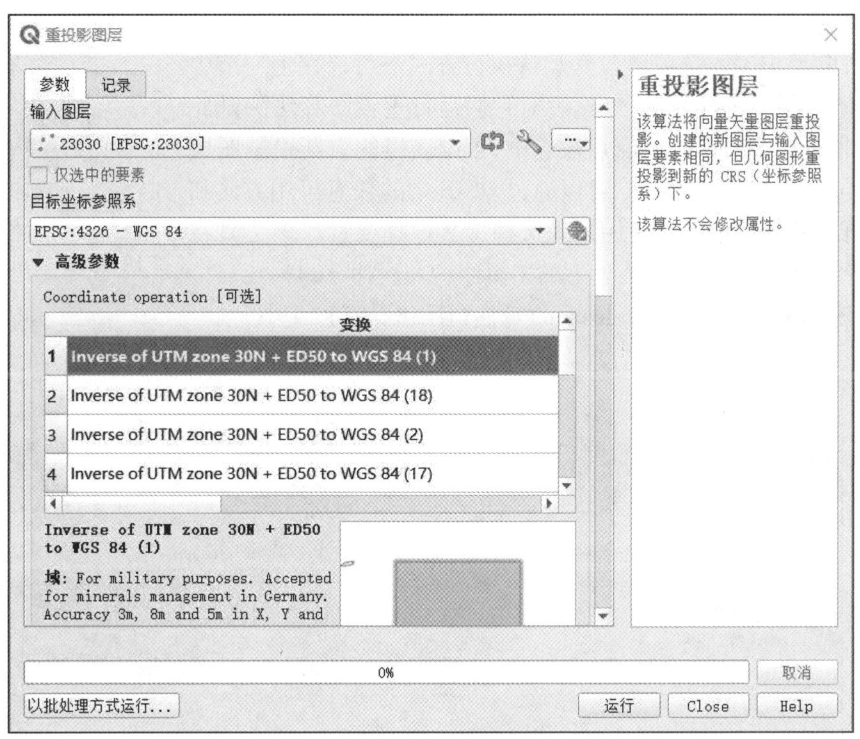

图 18-23 图层重新投影

选择任一图层作为输入图层,然后选择 EPSG:23029 作为目标 CRS。运行该工具会获得一个新的图层,与输入图层相同,只是 CRS 不同。虽然其在地图显示区会显示到同一区域上,这只是因为 QGIS 进行了即时投影变换,实际其 CRS 是不一样的。若使用此新图层作为输入图层,运行添加几何属性(Export/Add geometry columns)算法能更清晰地看出区别,能够非常清楚地发现所添加的坐标与之前计算的两个图层属性表中的坐标完全不一样。

18.7 选择的处理工具策略

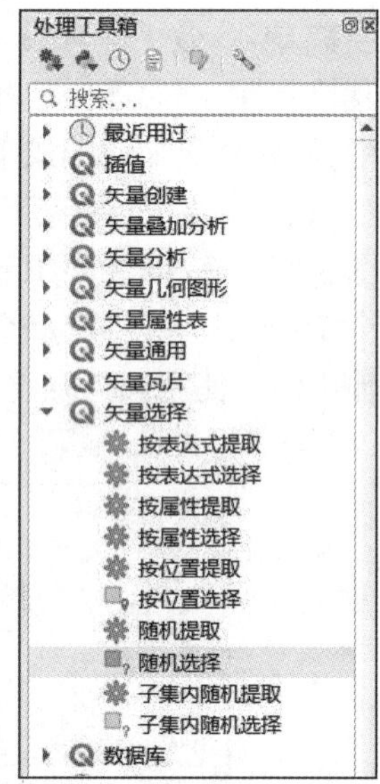

图 18-24 随机选择工具

在本节中会介绍处理工具如何处理被用作输入图层的矢量图层选中数据,还会介绍如何使用一个特定类型的算法创建选择数据集。和其他 QGIS 分析插件不同,在处理工具中是找不到"仅使用选中要素"的复选框或类似选项的。QGIS 的处理工具箱有关选择的处理是针对整个插件及其所有工具统一设置的,而不是针对每个工具单独执行设置的。使用矢量图层时,工具一般遵循两个简单规则:①如果该图层有选中的要素,那将仅使用选中要素;②如果不存在选择操作,将使用所有要素。

用户可以通过处理(Processing)→选项(Options)→通用(General)菜单,取消相关的选项更改其默认执行方式。可以在上一节中使用的任何图层中选择几个点,然后对它们运行重投影算法测试此规则。除非原始图层没有任何点被选中,否则获得的重新投影图层就会仅仅包含那些选中的点。可以通过 QGIS 中的任意可用方法和工具进行要素选择,也可以使用地理选择工具选择要素。该工具在矢量选择(Vector/Selection)菜单下的工具组内(图 18-24)。

打开随机选择(Random selection)算法(图 18-25)。

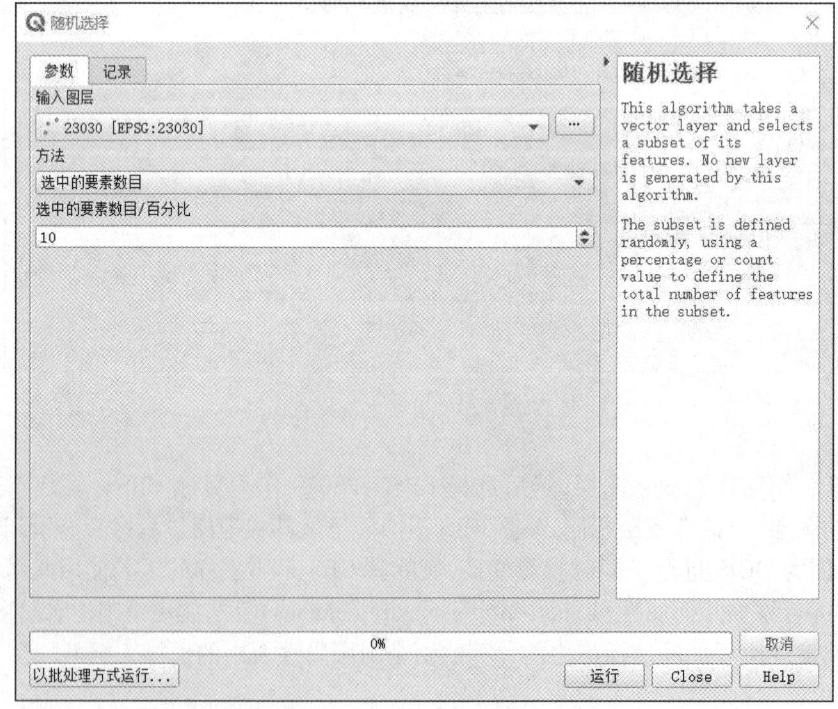

图 18-25 随机选择工具参数设置

保留所有默认值,然后该工具会在目前图层中选出 10 个点要素(图 18-26)。

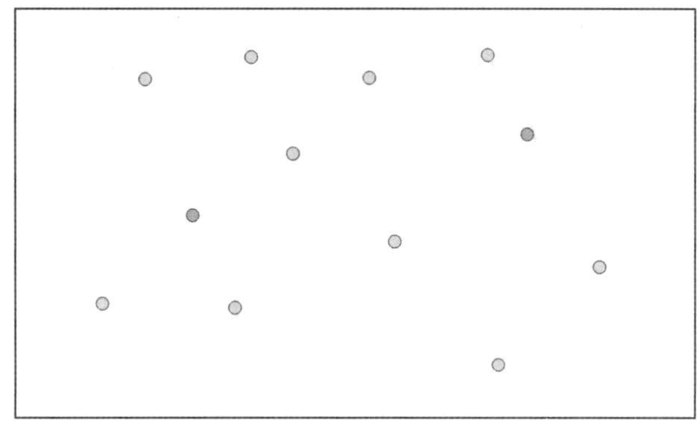

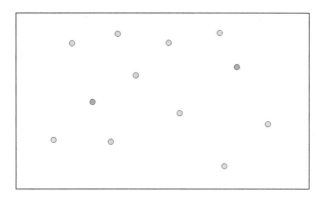

图 18-26 随机选择工具运行结果

可以发现此工具不会生成任何输出图层,而是对输入图层作出了调整(不是对图层本身而是对图层选择的要素)。这个执行方式和一般处理工具不同,因为大多数处理工具都会生成新图层而不会对输入图层作出更改。由于对要素的选择并非数据本身的一部分,而是只存在于 QGIS 中的一个操作状态,因此,这些选择算法只能用于在 QGIS 中打开的图层,该工具不像其他工具一样有输入文件路径配置选项。

刚刚创建的选择其实也能在 QGIS 中手动完成,所以一些用户可能会疑惑为什么需要创造这种算法。虽然对本例来说可能没有道理,但稍后会介绍如何创建模型和脚本,如果想在模型运行中进行要素选择(由处理工作流定义),那就只能把工具添加到模型中,其他 QGIS 元素和操作是不能添加到模型中的。这就是为什么某些处理工具集会和其他 QGIS 工具集中提供重复的功能的原因。目前用户只需要知道可以通过处理工具作要素选择,对数据如果已存在选中要素,则仅会使用被选中的要素执行该工具,否则将使用所有要素参与工具的运算分析。

18.8 运行外部工具

本节会介绍如何使用第三方软件提供的工具,特别是作为主要的提供者之一的 SAGA 所提供的一系列工具。到目前为止,运行的所有算法都是处理工具箱的一部分。也就是说,它们是 QGIS 自带的算法工具,是在插件内部独立实现的,QGIS 执行算法和插件本身运行是一样的。然而处理工具箱最大的特点是它可以使用来自外部软件的算法工具。此类算法已打包并包含在工具箱中,可以很容易在 QGIS 中使用它们,并运行在 QGIS 系统上。

处理工具箱的选项配置中看到的某些算法工具要求系统中有安装对应的第三方软件。SAGA 是其中一种特别重要的第三方算法提供者。首先,需要配置好所有 SAGA 相关的环境,以便 QGIS 可以正确调用 SAGA。这很简单,但了解其工作原理很有意义。每个外部应用程序都有其自己的配置,本章后面还会讨论到其他一些软件,但由于 SAGA 是最主要第三方处理工具提供者,这里先进行讨论。

如果用户使用的是 Windows 操作系统,获取外部算法的最佳途径是使用独立安装程序安装 QGIS。它会安装所有的依赖项,包括 SAGA,所以如果用户用的是独立安装程序,就无需额外操作,可以打开设置对话框,转到数据源/SAGA 选项(图 18-27)。

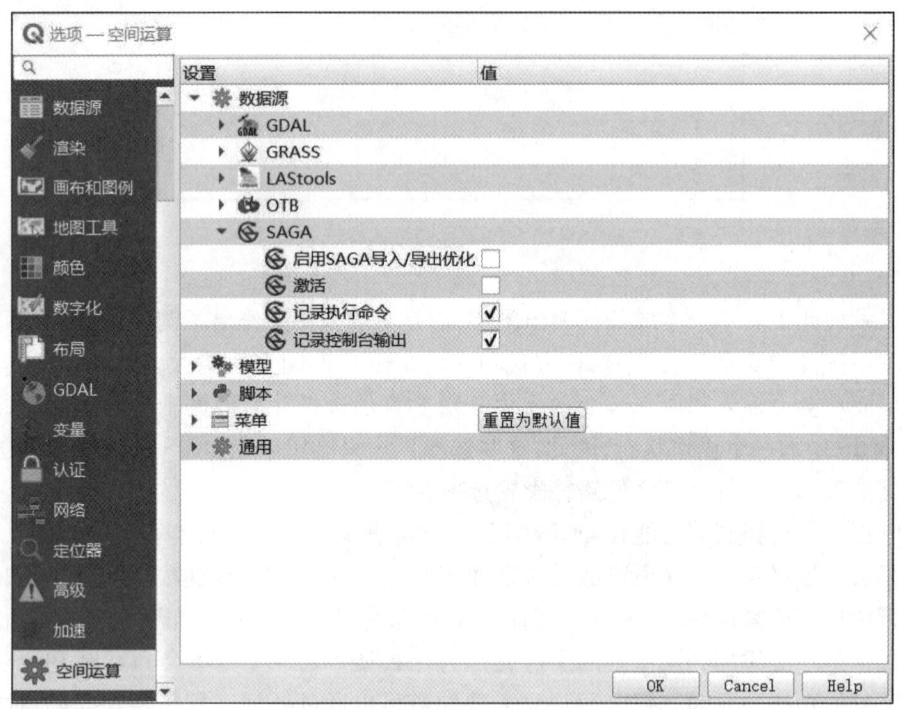

图 18-27 空间运行选项卡参数设置

这里 SAGA 路径应该已配置好,指向了安装 SAGA 的文件夹。如果没使用独立安装程序安装 QGIS,必须在此处输入 SAGA 安装路径(必须再单独安装 SAGA)。所需的版本是 SAGA 2.1(根据 SAGA 的发行版本有所变化)。

如果使用的是 Linux 操作系统,则无需在处理配置中设置 SAGA 安装的路径。而是必须安装 SAGA 并确保 SAGA 文件夹位于 PATH 中,才可以从控制台中调用它(只需打开控制台,键入 saga_cmd 命令进行检查)。在 Linux 操作系统下,SAGA 的目标版本也是 SAGA 2.1。但在某些安装中(例如 OSGeo Live DVD)可能只有 SAGA 2.0.8 版本可用。也还有一些 SAGA 2.1 安装包是可用的,但并不常见且安装时可能出错,因此,如果用户更喜欢使用更常见、稳定的 SAGA 2.0.8 版本,则可以通过在 SAGA 组下的配置对话框中启用 SAGA 2.0.8 兼容性完成安装(图 18-28)。

安装好 SAGA 后就可以像系统自带工具一样双击它的名称启动 SAGA 工具了。由于这里使用的是简化界面,可能无法知道哪种算法是基于 SAGA 或其他外部软件的,但是如果双击其中一种工具而未安装相应的软件,则会看到类似图 18-29 所示的内容。

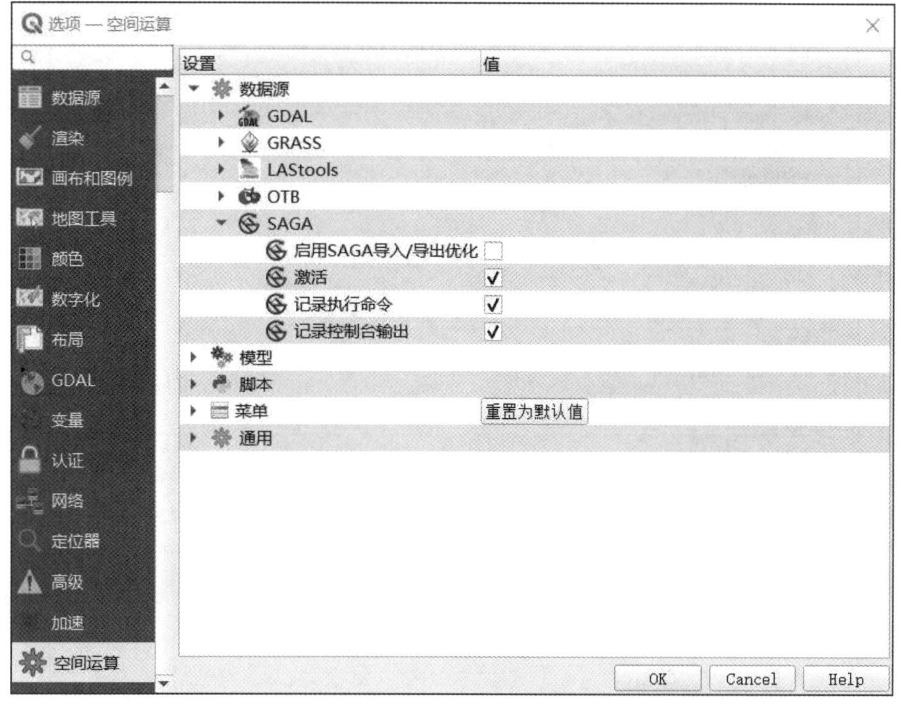

图 18－28　SAGA 运行环境设置

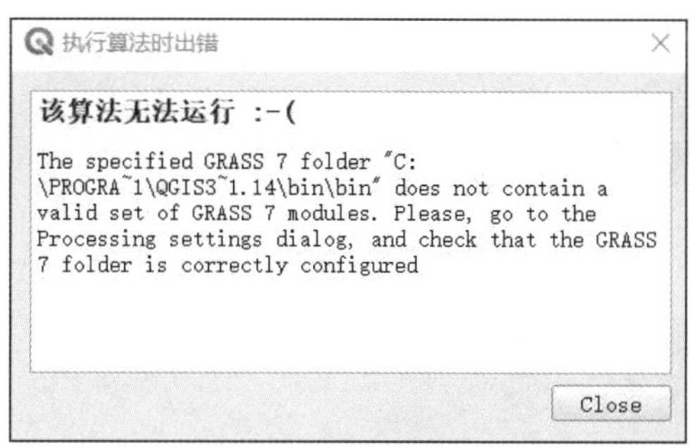

图 18－29　SAGA 算法执行错误提示

在本例中假设 SAGA 已经正确安装并配置好，所以应该不会看到此窗口，而是直接显示参数配置对话框。现在来尝试一个基于 SAGA 的算法，名称为"Split shapes layer randomly"（图 18－30）。

使用对应本节的项目中的点图层作为输入图层，使用默认参数值，然后会得到类似图 18－31 的内容（该分割为随机分割，因此用户看到的结果可能与图 18－31 不相同）。输入图层被分割成了两个图层，分别含有同等数量的点要素。此结果由 SAGA 计算得出，然后由 QGIS 抓取此结果并添加到 QGIS 项目中。

正常情况下用户感觉不到基于 SAGA 的算法和前面运行的自带算法有什么区别。但是，出于某些原因，SAGA 有时可能无法得出结果且无法生成 QGIS 预期的文件。在这种情

图 18－30 Split shapes layer randomly 工具参数设置

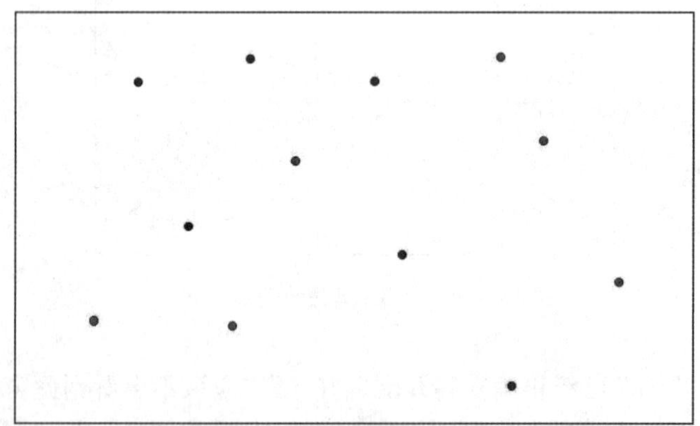

图 18－31 Split shapes layer randomly 运行结果

况下，把结果添加到 QGIS 项目中会出问题，出现类似图 18－32 所示的错误报告。

即使正确安装了 SAGA（或正在从处理工具箱中调用的任何其他软件），也还是可能会发生这种问题，学会如何处理这些问题很重要。现在就来解决其中一个错误消息。

打开 Create lines graticule 算法，把各值按图 18－33 所示进行配置。

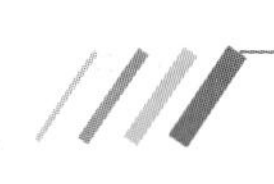

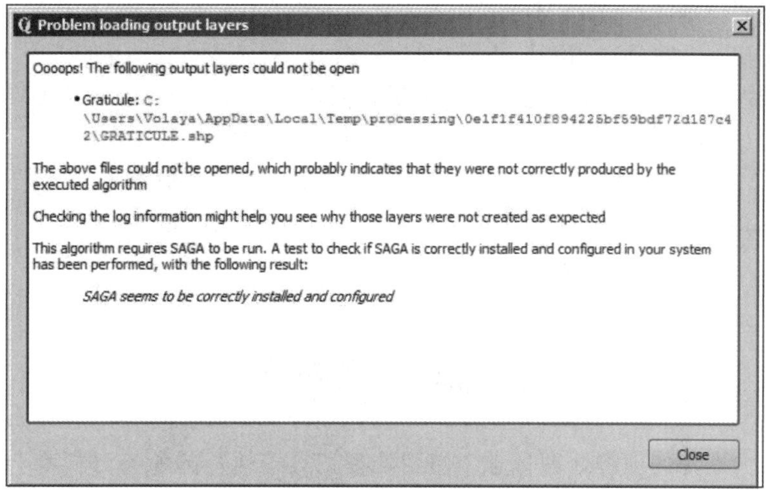

图 18－32 SAGA 错误报告

图 18－33 Create lines graticule 工具参数设置

这里使用了大于指定范围的宽度和高度值，使 SAGA 无法产生任何输出。也就是说这些配置参数是有问题的，直到 SAGA 抓取这些错误参数值并试图创建标线前是不会检查出这些问题。由于无法创建，也就无法生成预期的图层，然后就会看见如图 18－32 所示的错误报告。这里要特别注意,在 SAGA 2.2.3 或之后的版本中,此命令会自动调整错误的输入数据,因此,用户不会收到报错。

了解此类问题会帮助用户解决实际问题并找到其原因。正如在错误报告中看到的那样,系统会执行测试检查与 SAGA 的连接是否正常工作,表明算法的执行是否存在问题。这不仅适用于 SAGA,也适用于其他外部软件。在下一节中会介绍保留有关处理工具运行的命令的处理日志,并且向用户展示出现此类问题时,以及如何获得更多详细信息。

18.9 处理日志

本节主要介绍如何理解处理日志。使用处理工具箱执行的所有分析都会记录在 QGIS 日志中。由于日志记录系统还提供了交互操作,因此,还可以通过它了解更多有关处理工具运作的信息,帮助解决发生的问题,或者再次执行之前的操作,省去了多次配置参数的麻烦。

用户可以通过单击右下角 QGIS 状态栏上的"气球"标志打开日志。一些工具会在此处输出执行信息。例如,那些调用外部软件的工具通常会把该软件的控制台信息输出到此处。如果查看输出信息会看到刚刚运行的 SAGA 算法(由于输入数据不正确而未能执行)的输出记录储存到这里了。这对掌握 QGIS 处理工具箱的运行状态非常有帮助。经验丰富的用户能够分析这些处理日志,找到算法运行失败的原因。对于新手,处理日志也有助于帮助其诊断所遇到的问题,可能是外部软件安装中出了问题,或所提供数据有问题。

有时候即使工具能够运行也可能会发出警告提示结果可能不正确。例如执行插值算法时,用以插值的点数量太少,此时算法可以运行并输出结果,但是结果可能误差很大。所以如果对某种算法的某些方面没有把握,最好经常查看此处的警告信息。

在处理(Processing)菜单中的历史(History)部分中也可以找到算法(Algorithms)项。所有执行的算法,即使是由 GUI 调用执行的,日志都会作为控制台调用储存在这里。所以每次运行一个工具时,控制台命令都会添加到运行日志中,并且会记录下完整的会话历史记录。图 18-34 是一个历史记录示例。

刚开始使用控制台时,通过日志来了解工具相关算法的配置参数非常有帮助。历史记录同时也是可交互式的,可以通过双击其中的条目再次运行此前执行过的任意算法工具。这是复制曾完成过的工作的便捷方法。举个例子,打开对应本章第一节的数据,运行前面解释过的工具。然后进入日志对话框,找到列表中的最后一次执行的算法记录,也就是刚才运行过的那个算法工具并双击,就可以生成一个新的结果,和之前通过对话框配置运行的输出结果一样。

图 18－34 运行日志

18.10 栅格计算器和“nodata”空值处理

本节中会介绍如何使用栅格计算器对栅格图层执行计算操作，同时还会解释什么是“nodata”值，以及用栅格计算器和其他算法如何处理这种值。栅格计算器是 QGIS 最强大的栅格数据处理工具之一。它是一个非常灵活且用途广泛的栅格数据处理工具，可用于许多不同的计算，相信很快就会成为用户工具箱中最常用的栅格数据处理工具之一。

在本节中会使用栅格计算器执行一些比较简单的栅格数据计算。通过这些计算过程了解栅格数据计算器的用法以及如何处理可能发生的一些意外情况。理解这一点对以后在使用计算器时能否获得预期的结果，以及熟悉和栅格计算器一起使用的栅格技术非常重要。打开对应本节的 QGIS 项目能看到其中有几个栅格图层。现在打开工具箱，然后打开对应栅格计算器的对话框（图 18－35）。

这里要注意，该界面在更新的版本中外观不同。该对话框包含 2 个参数设置：

（1）用于分析的输入图层。此处为多重输入，可以选择任意多个图层。点击右侧的按钮，然后在出现的对话框中选择要使用的图层。

图 18 - 35　栅格计算器的对话框

(2)应用的公式。公式使用的是上面这个参数中已选择的图层,这些图层使用字母(a,b,c,…,)或 g1,g2,g3,…作为变量名称进行命名。也就是说,公式 a+2 * b 和公式 g1+2 * g2 等同,计算出的是首个图层中的值的总和加上第二个图层中的值的两倍。图层的顺序和在选择对话框中能看到的顺序相同。

这里要注意,计算器参数设置是区分大小写的。第一个例子是要把 DEM 的单位从米改成尺。用到的公式如下:

```
h' = h * 3.28084
```

在图层区域选择 DEM,在公式区域键入 a * 3.28084。点击运行(Run),运行该算法后会获得一个和输入图层外观相同,但值不同的图层。这里使用的输入图层在其所有单元格中均具有有效值,因此,最后的那个关于 nodata 的参数没有意义。

现在进行另一次计算,这次是对 accflow 图层。此图层储存了累计流量值,accflow 是水文分析中一个重要水文参数,仅包含给定流域内的值,流域外的区域则没有数据值。可以看出,由于栅格数据可视化中值的分配方式问题没有办法很好地表现 accflow 的累计分布情况。通过计算累计流量值的对数能获得更好的显示效果,可使用栅格计算器进行计算。

再次打开算法对话框,把 accflow 图层设为唯一输入图层,然后键入这条公式:log(a),会获得如图 18 - 36 所示的输出结果。

图 18 - 36 accflow 图层显示效果

如果选择刚才生成的图层，使用识别(Identify)工具，然后点击流域以外的任意区域位置会看到其中储存的是"nodata"值(图 18 - 37)。

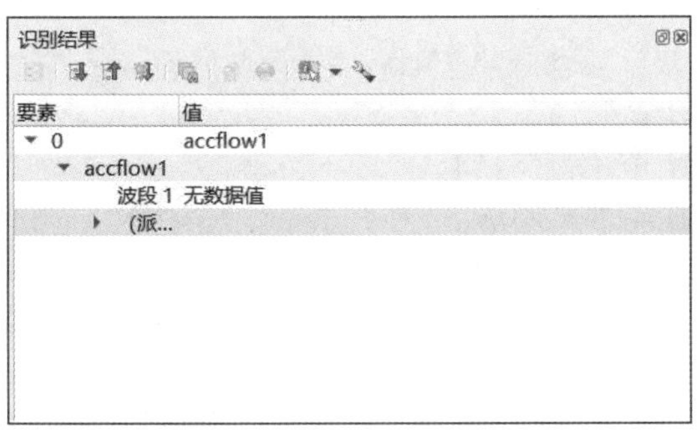

图 18 - 37 识别(Identify)工具查看单个像元值

下一个练习中会使用两个图层参与分析，同时通过计算第二个图层中定义的流域范围获取对应范围 DEM 数据。打开计算器对话框，然后在输入图层字段中选择项目的两个图层。在相应的区域中输入以下公式：

```
a/a * b
```

a 对应的是累计流量值图层(因为这是显示在列表中的第一个图层)，而 b 指的是 DEM。公式的第一部分用于对累计流量值图层本身进行分类，使得流域内部的值为 1，外部为"nodata"值。然后将其与 DEM 相乘，得出流域内那些单元格的高程值(DEM * 1 = DEM)以及外部区域的"nodata"值 (DEM * no_data = no_data)(图 18 - 38)。输出图层如图 18 - 39 所示。

这个方法是栅格数据掩模的常用方法，在要对栅格图层使用的任意多边形以外的区域

图 18 - 38　栅格计算器处理 nodata 值

执行计算时也非常有用。举个例子，栅格图层的高程直方图通常意义不大。然而，如果仅使用与流域对应的值进行计算(如上文中的例子)，得出的结果则是有意义的，实际上，图 18 - 39 呈现出了流域的地形构造信息。

图 18 - 39　提取的流域范围

关于刚才运行的算法工具，除了"nodata"值的介绍及其处理方法外，还有其他需要了解的地方。首先，如果查看两个相乘的图层的范围(可以通过双击它们在目录中的图层名称并进入属性查看)，会发现它们的范围并不相同，因为累计流量值图层覆盖的范围是小于完整 DEM 范围的。这说明二者范围并不匹配，不通过对其中一个或两个图层都进行重采样，将其大小和范围保持一致是无法直接相乘的。但刚才操作的时候并没有对其进行重采样。其实，QGIS 会在需要的时候自动对其中一个或两个输入图层进行重采样。输出的范围是基于输入图层的最小覆盖范围计算得出，输出的单元格大小则取用输入图层的最小单元格大小。所以在本例可以生成预期结果，但是,应当始终记住 QGIS 自动进行了额外的重采样操作,因此,这可能会对结果产生影响。在不能得到预期结果的情况下,需要先单独手动进行重采样。在稍后的章节中将介绍使用多个栅格图层组合的算法。

现在进行本节最后一个掩模练习:计算海拔在 1000~1500m 之间的所有区域的坡度。

在这个例子中没有可以用作掩模的图层,但可以使用计算器来创建一个。运行计算器,把 DEM 作为唯一的输入图层,输入以下公式:

```
ifelse(abs(a-1250) < 250, 1, 0/0)
```

可以看出 QGIS 不仅可以使用计算器执行简单的代数运算,而且可以运行涉及条件语句的更复杂的计算。结果表明,在要使用的范围内的值为 1,在该范围之外的单元格中则没有数据(图 18-40)。

图 18-40 提取的流域范围

"nodata"值来自 0/0 表达式。由于这是不确定值,因此,SAGA 会将其添加为 NaN(非数字)值,该值在实际上被作为"nodata"值处理。通过这个小技巧可以设置"nodata"值而无需知道该单元格原来的值是什么。现在,需将其乘以项目中包含的坡度图层,即可获得所需的结果。只需通过在计算器中的一个操作就可以完成所有的这些事情,本节把这作为练习留给读者自己实践。

18.11 矢量计算器

在本节中会介绍如何使用矢量计算器,基于数学表达式为矢量图层添加新的属性。前面已经介绍了如何在栅格计算器使用数学表达式创建新的栅格图层。对于矢量图层也有一个相似的工具,生成与输入图层具有相同属性的新图层,并增加上一个根据输入的表达式计算结果的属性字段。此算法名为字段计算器(Field Calculator),其参数设置对话框如图18-41所示。

图18-41　字段计算器对话框

这里要注意,在较新版本中的处理界面作了调整,功能更强大,使用起来也更方便。以下是几个该算法的使用示例。

首先,计算每个多边形中白人的人口密度,即人口普查。属性表中有两个字段可以使用,分别名为WHITE和SHAPE_AREA。只需要把它们相除并乘以1 000 000(也就是每平方千米的人口数量),可以在相应的区域中使用以下公式:

```
("WHITE" / "SHAPE_AREA") * 1000000
```

参数对话框填写情况应如图18-42所示。该工具会生成一个新的字段,名为"WHITE_DENS"。然后再计算男性(MALES)和女性(FEMALES)字段的比率,创建一个新的指标来显示男性人口在数量上是否高于女性人口。

输入以下公式:

```
"MALES"/"FEMALES"
```

这次,在点击OK按钮前所有参数配置如图18-43所示。

图 18－42　计算输出 WHITE_DENS 字段

图 18－43　计算输出 ROTIO 字段

在早期版本中，由于两个字段均为整数类型，结果会被截断为整数。在这种情况下，公式应为：1.0 * "MALES" / "FEMALES"，表示想要的是浮点数结果。

这里可以使用条件函数使新创建的字段中填入“MALE”或“FEMALE”的字符串，而不是那些比值，公式如下：

```
CASE WHEN "MALES" > "FEMALES" THEN 'male' ELSE 'female' END
```

此时参数对话框配置如图 18－44 所示。

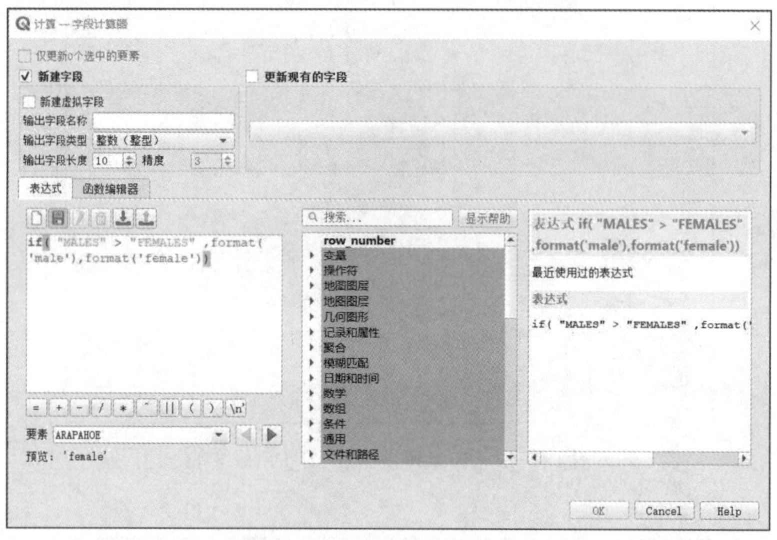

图 18－44 条件函数的使用

在高级 Python 字段计算器(Advanced Python field calculator)中可使用 Python 字段计算器(图 18－45)，在此不作详述。

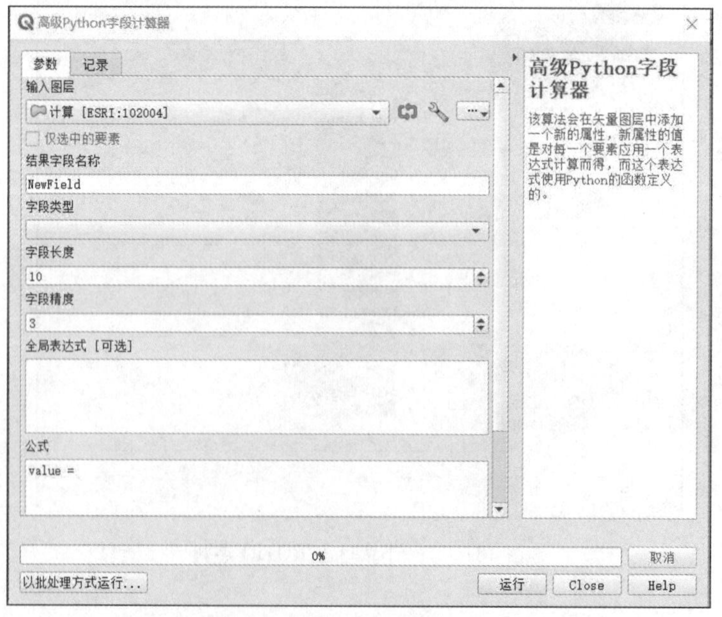

图 18－45 高级 Python 字段计算器

18.12 定义空间数据操作范围

在本节中会介绍如何定义范围,这是很多算法工具所需的条件,特别是一些栅格数据操作的工具。一些算法需要进行范围定义来确定它们执行分析所要覆盖的区域,有这种需要的通常是结果图层的范围。当需要定义范围,可以通过输入定义范围的四个值(最小 X,最小 Y,最大 X,最大 Y)来进行手动定义范围;但是,在 QGIS 中其实还有其他更实用、更方便的方法。

首先,打开一个需要定义范围的算法。打开矢量栅格化(矢量转栅格)(Rasterize)算法(图 18-46),这是一个把矢量图层转换为栅格图层的算法工具。

图 18-46 矢量栅格化对话框

除最后两个参数外,所有参数都是用于定义要栅格化的图层以及配置栅格化过程的工作模式的。另一方面,最后的两个参数用以定义输出图层的特征,定义输出图层的覆盖区域(不一定与输入矢量图层覆盖的区域相同)以及分辨率/像元大小(由于矢量图层没有像元大小,因此无法依据矢量层获取)。

按上文解释的四个定义值录入数据范围,以逗号分隔(图 18-47)。

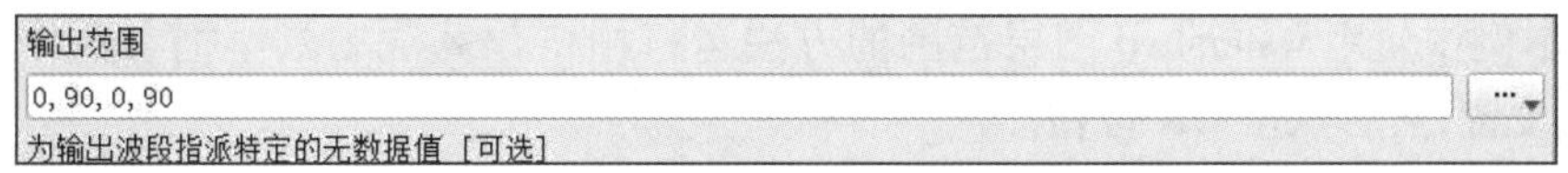

图 18-47 输出范围设定

尽管这是最灵活的方法，但在某些情况下也不实用，因为它只能定义一个规则矩形范围，这就是还需要使用其他选项确定范围的原因。用户必须点击范围文本框右侧的 ⋯ 按钮访问其他选项（图 18－48）。

图 18－48 设置图层范围

这几个选项分别的意思是：

第一个选项是使用图层范围（Use layer extent）；

第二个选项是使用地图显示区范围（Use canvas extent），在这里可以选择地图显示区的范围（当前缩放覆盖的范围）或任何可用图层的范围。点击选择图层后文本框中就会自动填入相应的值。

第三个选项是在地图显示区中绘制（Select extent on canvas）。在这种情况下，算法对话框会自动缩小，可以在 QGIS 地图显示区上点击并拖拽出希望定义的范围（图 18－49）。

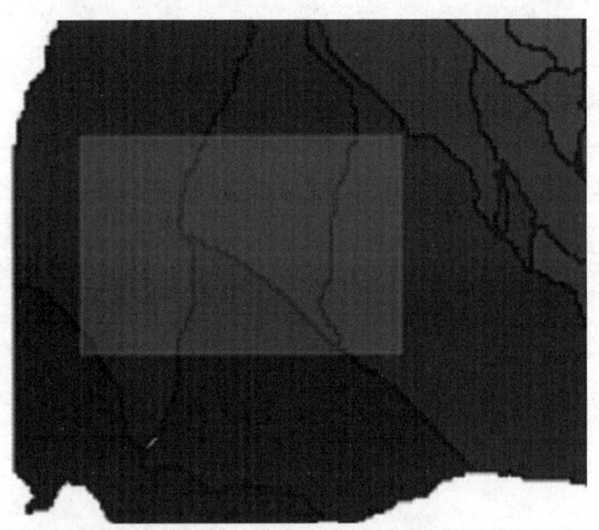

图 18－49 手动绘制操作范围

当松开鼠标键，对话框就会重新出现，文本框中也会自动填入所选择区域的值。

在输入图层只有一个的情况下，例如，这里正在运行的配置，可以通过选择和刚刚介绍的使用图层范围（Use layer extent）或使用地图显示区范围（Use canvas extent）作为输出图层的范围。本例中使用 watershed 图层范围的方法运行栅格化算法工具。把参数作如图 18－50 所示的设置，然后点击 OK 按钮。

这里要注意，在本例中，使用 Integer (1 byte) 会比 Floating point (4 byte) 好，因为 NAME

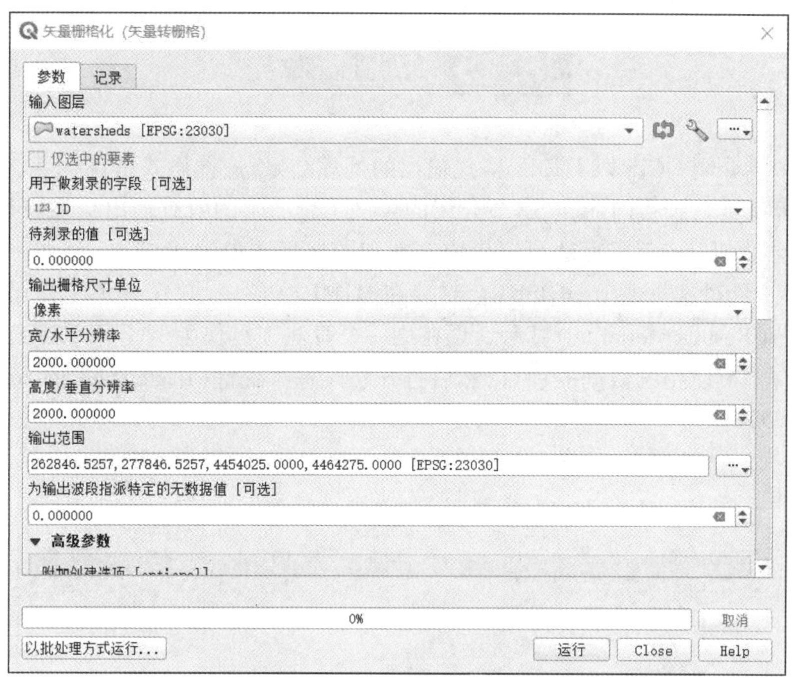

图 18－50　矢量栅格化参数配置

字段是一个最大值为 64 的整数。这样运行结果文件会小一些,计算速度也会快些。工具会根据设定输出一个刚好能完全覆盖原始矢量图层的栅格图层(图 18－51)。

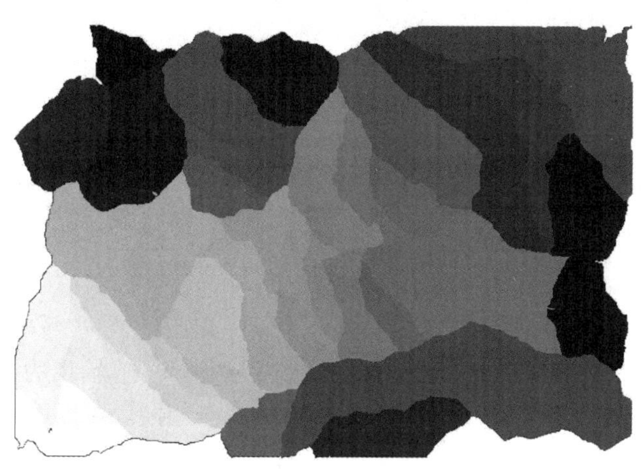

图 18－51　矢量栅格化工具的输出结果

注意,当有要素被选中时,该图层的范围对应的仍是整个要素集的范围,并且即使仅对所选要素执行栅格化,也不会仅仅使用所选的要素进行范围计算。在这种情况下如果想仅仅用所选要素的范围作为输出范围,可能需要把选择内容导出为一个新图层,然后再将其用作输入图层。

18.13 HTML 输出

在本节中会介绍 QGIS 以 HTML 格式输出的处理结果，这种格式常用于生成文本输出以及图像输出等工具。到目前为止，本节介绍的算法工具产生的所有输出结果都是图层（栅格或者矢量图层）。但是，某些算法可以生成文本和图像形式的输出结果（例如一些统计信息或者统计图）。针对这类输出 QGIS 都会封装在 HTML 文件中，并在处理工具箱的另一个面板结果查看器（Results viewer）中显示。现在用一个算法工具作为例子介绍其工作方式。

打开带有本节使用的数据的项目，然后打开字段基本统计（Basic statistics for fields）算法工具（图 18－52）。

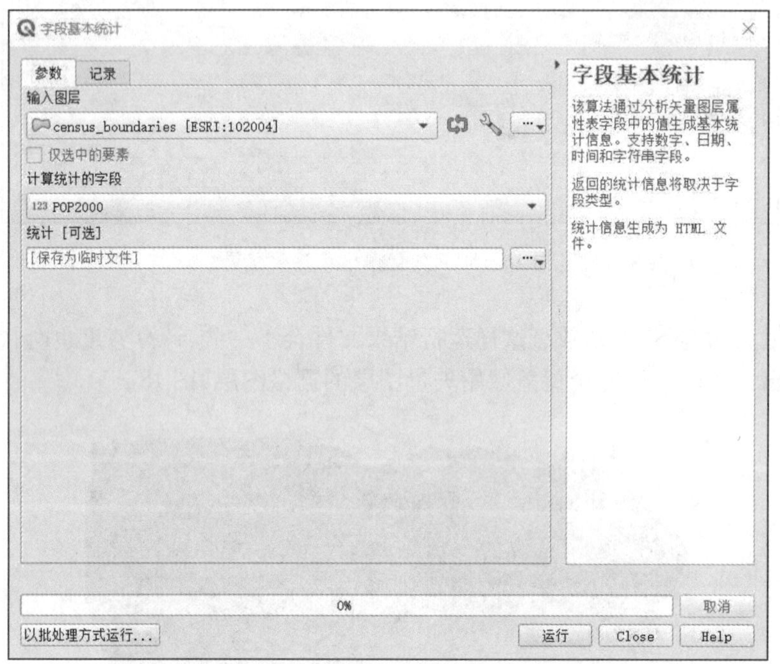

图 18－52　字段基本统计工具

该算法非常简单，只需选择要输入的图层及数字字段即可。输出为 HTML 文件格式，相应的输出参数配置方法与以栅格或矢量格式输出的完全相同。可以配置输出文件路径，或者留空使其保存为临时文件。不过在这个情况下，只允许使用 html 和 htm 的扩展名，无法使用其他输出格式。选择此项目中的唯一一个图层作为输入图层，选择 POP2000 字段，然后运行工具。算法完成运行，并关闭参数对话框后，会出现如图 18－53 所示中的新对话框。

这就是结果查看器（Results viewer）。它保留了当前会话中生成的所有 HTML 输出结果，可以随时打开该窗口进行查看。和图层类似，如果把输出结果保存为临时文件，当关闭 QGIS 时会自动删除。如果保存到非临时性路径，文件会永久保留，但下次打开 QGIS 时也不会出现在这个结果查看器（Results viewer）中。

图 18－53　结果输出对话框

还有一些算法工具生成的文本无法细分更详细的输出，例如算法抓取的是来自外部进程的文本结果输出。也有一些情况下，输出结果以文本形式显示，但其内部实际上又分为几个较小的输出，通常以数值形式储存。刚刚执行的这个算法就是这种情况。这些值中的每一个结果都作为单独输出，并储存在变量中。这一点现在还看不出来有什么意义，但是一旦放到图形建模器中就发现这些值可以用作其他算法工具的输入数据，这里的每个输出值就变得具有独立意义了。

18.14 分析示例

本节中仅会使用工具箱里的工具进行一些真实的分析，以增进对处理工具箱中各个工具的了解。现在已设置好了所有运行外部算法的配置，获得了一件执行空间分析的算法工具，可以使用一些实际数据进行比较系统的空间分析练习了。

本案例使用 GIS 空间分析中最为经典的案例之一，数据来源于 John Snow 在 1854 年开创性的空间分析中使用的著名数据集（https://en.wikipedia.org/wiki/John_Snow_%28physician%29）。此数据集的分析非常具有代表性，无需复杂的 GIS 技术即可获得良好的结果和结论，但却是介绍这些空间问题是如何使用不同的处理工具得以解决的好示例。该数据集包含了霍乱死亡案例和抽水机位置的 shapefile 文件，以及 OSFF 渲染的 TIFF 格式的地图。打开本节的对应的 QGIS 项目，如图 18－54 所示。

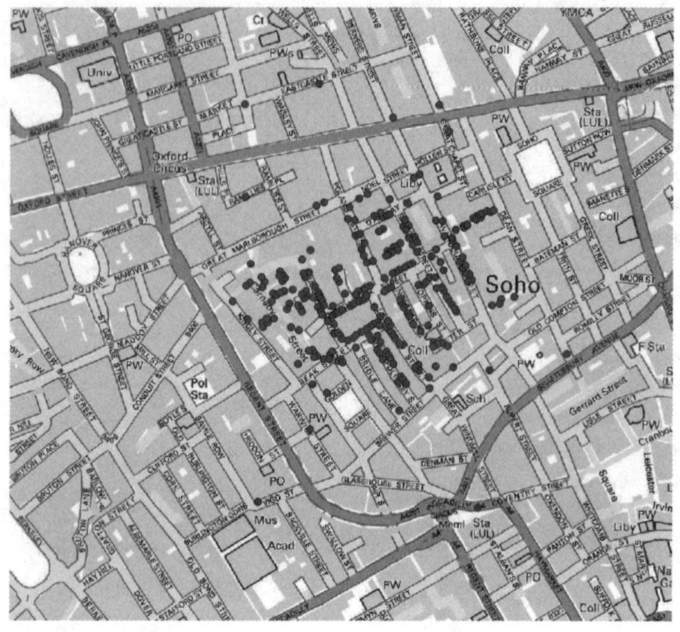

图 18－54　霍乱死亡案例数据

首先要做的是计算抽水机图层的 Voronoi 图(也称为泰森多边形),以获得每个抽水机的影响范围,可以使用泰森多边形(Voronoi polygons)算法(图 18－55)。

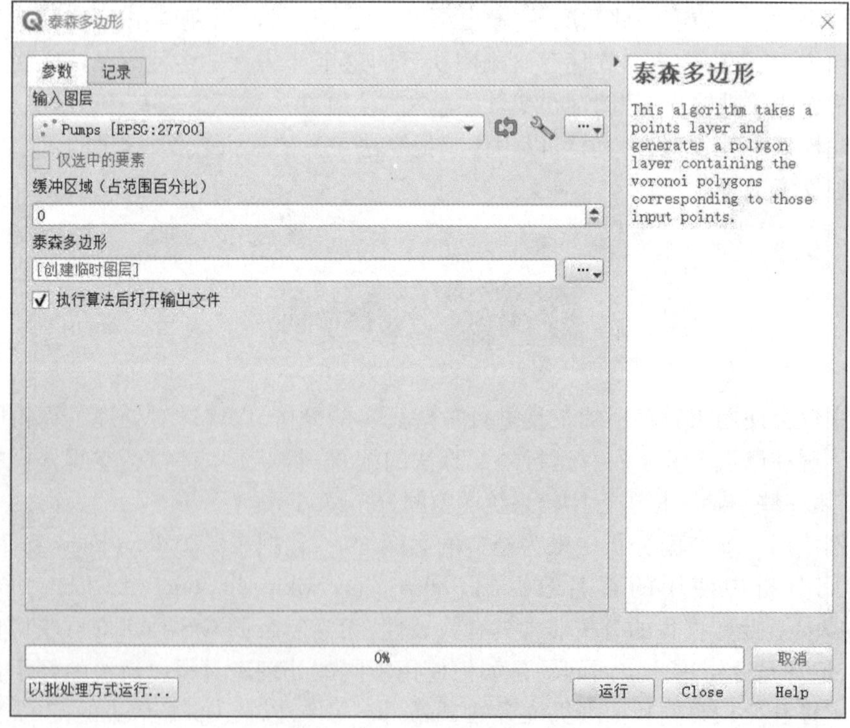

图 18－55　泰森多边形分析

这一步非常简单,但能给出很有意义的输入参数信息(图 18-56)。

图 18-56 泰森多边形分析结果

从图中可以非常明显地看出,大多数案例发生在其中一个多边形内。为了获得更定量的结果,可以统计每个多边形内的霍乱死亡人数。由于每个点代表的只是发生死亡所在的建筑物,死亡案例数量储存在属性中,因此,这里不能单纯只对点进行计数,而是需要进行加权计数,需要使用统计多边形中的点数量(Count points in polygon)工具(图 18-57)。

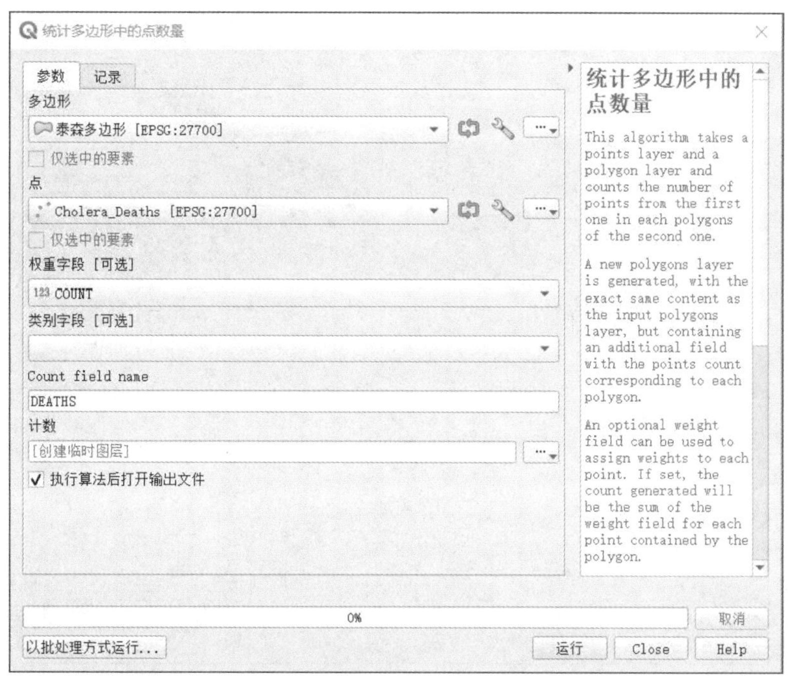

图 18-57 统计多边形中的点数量

新字段命名为“DEATHS”，使用 COUNT 字段作为权重字段。输出的表格清晰地反映出，对应第一个抽水机所在的多边形比其他多边形的死亡案例多得多（图 18－58）。

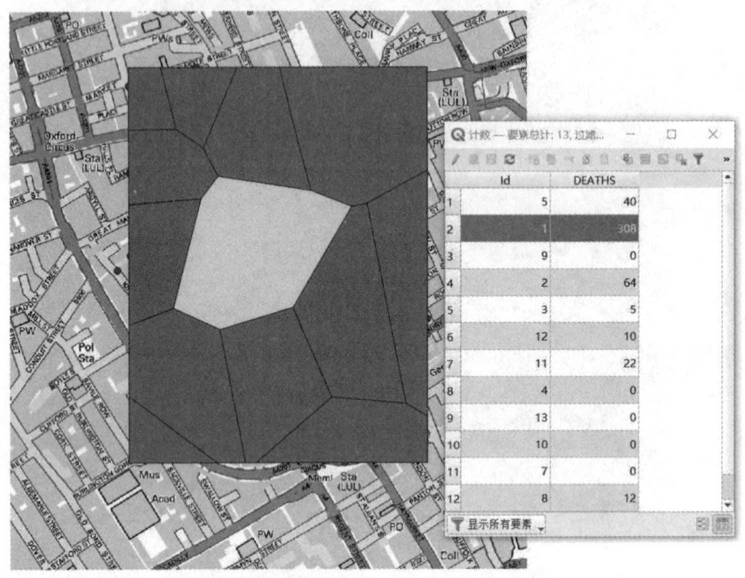

图 18－58　多边形统计结果

还有一种显示 Cholera_deaths 图层中的每个点与 Pumps 图层中的点之间的依存关系的方法是绘制最近距离线。可以通过使用距最近枢纽（线到枢纽）[Distance to nearest hub（line to hub）]工具，作如图 18－59 所示的参数配置实现。

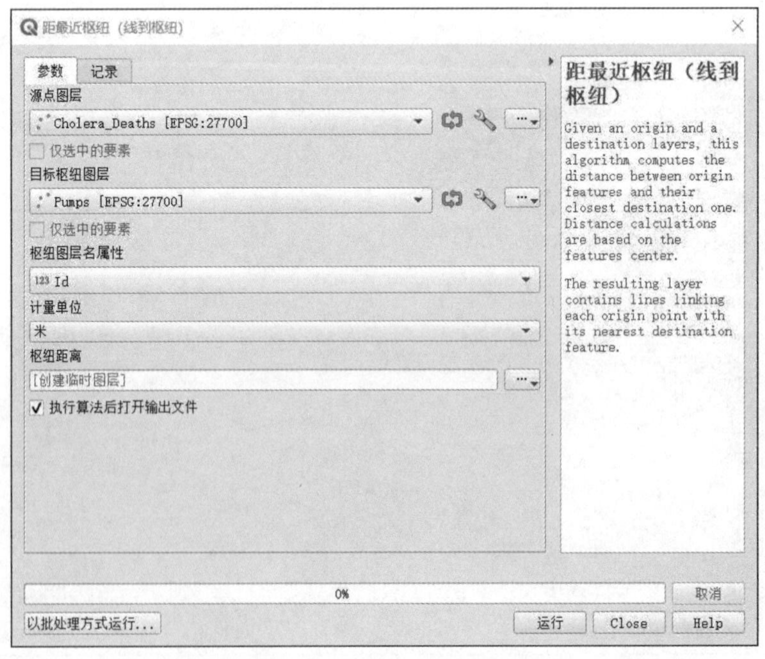

图 18－59　距最近枢纽工具的参数配置

该结果应如图 18－60 所示。

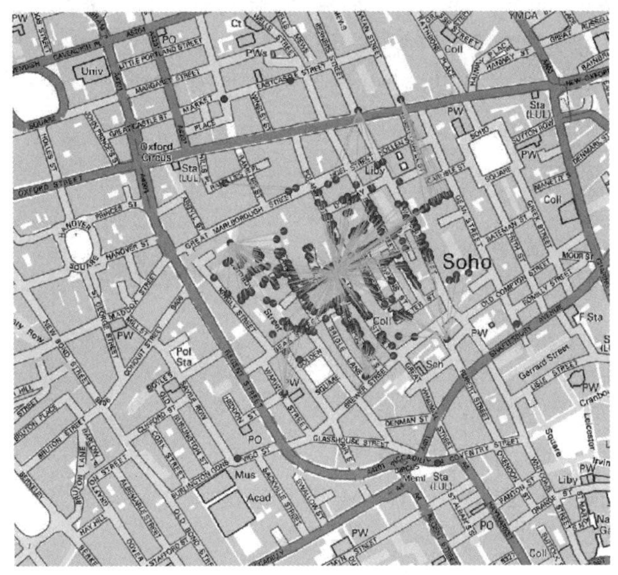

图 18－60 距最近枢纽工具的输出结果

尽管指向中央抽水机的线的数量较多，但这不直接代表死亡数量，而是代表霍乱病例的死亡案例地点数量。尽管它是一个代表性的参数，但它并没有考虑某些死亡地点的死亡人数。

密度图也可以清楚反映事件情况。可以通过内核密度（Kernel density）算法工具创建密度图。使用 Cholera_deaths 图层，把 COUNT 字段设为权重字段，半径设为 100，图层范围和单元格大小从 streets 栅格图层获取，会得出如图 18－61 所示的结果。

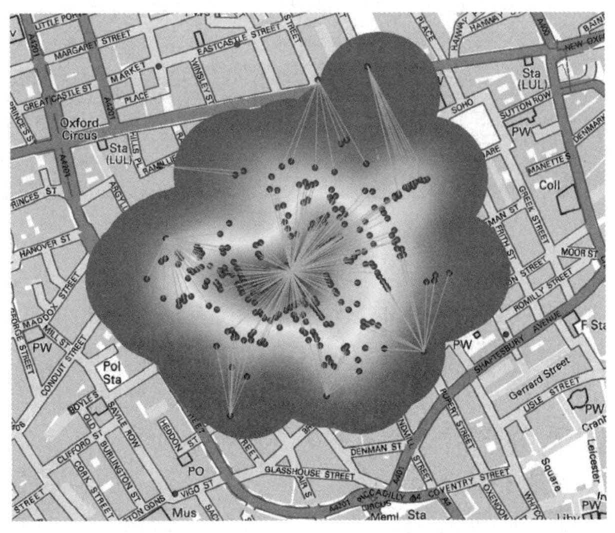

图 18－61 霍乱死亡比例密度图

这里设置输出范围不需要手动键入。点击右侧按钮，选择使用图层/地图显示区范围(Use layer/canvas extent)即可。选择 streets 栅格图层，然后其范围就会自动地添加到文本区域。输出单元格大小的设置也用同样操作，选择该图层的单元格大小作为输出图层单元格大小。和抽水机图层结合起来，可以看出其中一个抽水机是发生死亡案例数量最大值的热点。

18.15 裁剪与合并栅格图层

在本节中会介绍另一个空间数据预处理的例子，继续在现实场景中使用地理算法工具。在本节中会为城市区域周边计算一个坡度图层，需计算的区域是用一个多边形的矢量图层中给出的。原始 DEM 数据分为两个栅格图层，两图层合起来所覆盖的区域其实比本例希望进行处理的“城市周围区域”大得多。打开本节对应的项目会看到类似如图 18 - 62 所示的内容。

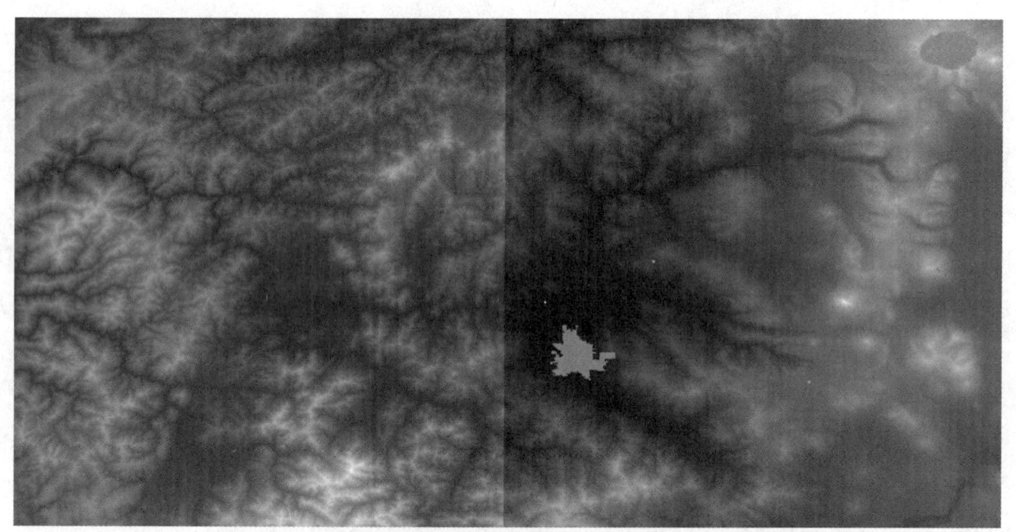

图 18 - 62 裁剪与合并工具示例数据

这些图层有两个问题：①它们覆盖的区域对本节希望进行分析的区域大太多(这里感兴趣的是市中心周围的一个较小的区域)；②它们储存在两个不同的栅格文件中(只看城市边界的话，城市只落在其中一个栅格图层中，但这里是希望得到城市周围更广一些的区域)。这两个问题都可以通过适当的算法工具来解决。首先要创建一个定义所需区域的矩形，所以需要创建一个包含城市边界轮廓的边界框图层，然后对其创建缓冲区获得一个覆盖范围更广的栅格图层。可以使用提取图层范围(Polygon from layer extent)算法计算出边界范围(图 18 - 63)。

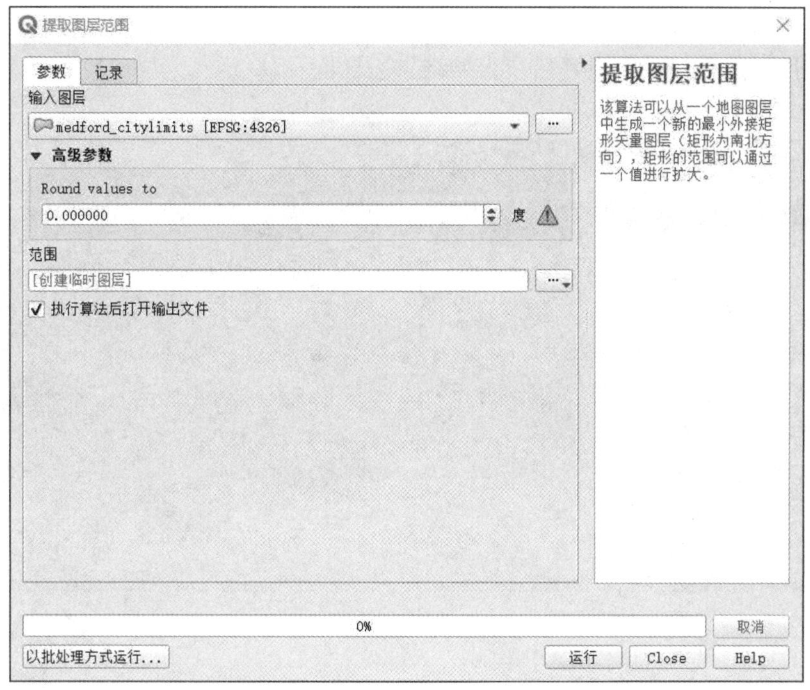

图 18－63　提取图层范围工具的参数设置

然后使用 Fixed distance buffer 算法创建缓冲区,参数设置如图 18－64 所示。

图 18－64　缓冲区分析的参数配置

注意:该对话框参数在最新版本中可能已经更改;把距离和弧顶点都设置为 0.25。图 18-65 为使用通过上述参数设置后获得的结果边界框。

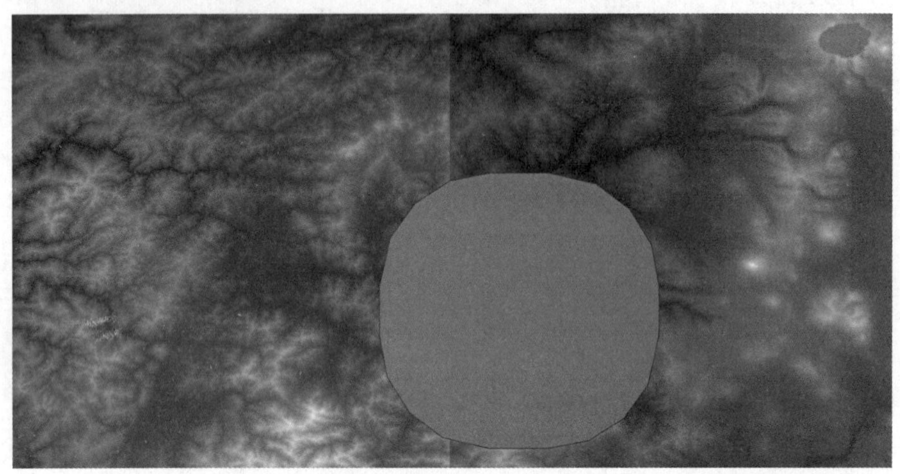

图 18-65　结果边界框

这是一个弧形框,但可以对其运行提取图层范围(Polygon from layer extent)算法获取对应的直角矩形范围(图 18-66)。这里也可以先对城市边界进行缓冲,然后再计算范围矩形,这就能省一个步骤。

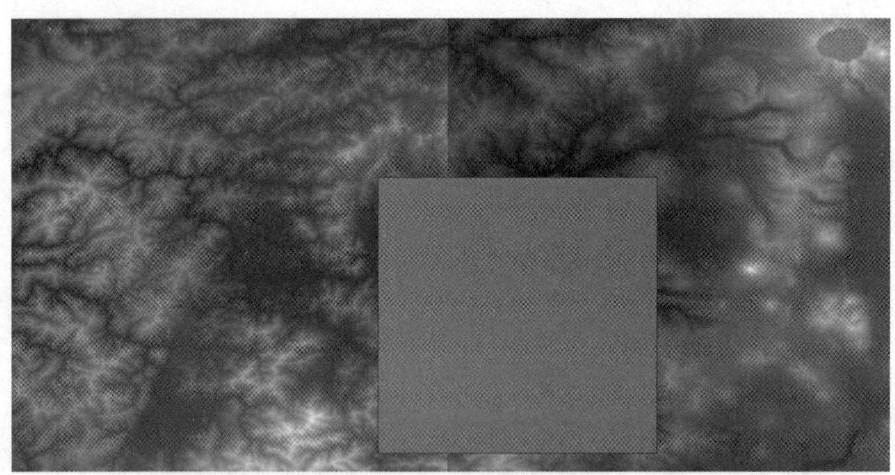

图 18-66　获得城市矩形范围

这时也可以发现此栅格图层的投影和矢量图层不一样,所以需要在进一步处理前使用变形(重投影)[Warp (reproject)]工具对其进行投影变换,参数设置如图 18-67 所示。

这里要特别注意,更新版本的界面会比这个复杂一些,还需要选择一种压缩方法。现在可以通过使用边界范围图层对两个栅格图层进行剪裁,这里需要使用按掩模图层裁剪栅格(Clip raster with polygon)算法工具,参数设置如图 18-68 所示。

图 18-67 重投影工具的参数设置

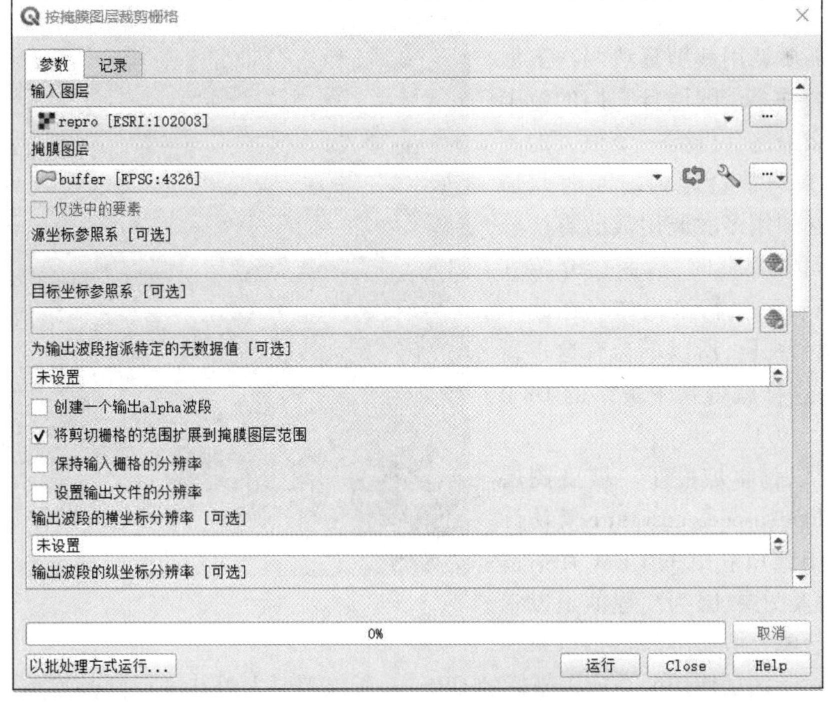

图 18-68 栅格裁剪工具的参数设置

图层完成裁剪后，可以使用合并(GDAL Merge)算法合并两个图层(图 18－69)。

图 18－69　合并工具的参数设置

这里要注意，也可以先合并再裁剪，这就不需要调用裁剪算法两次。但是，如果要合并多个图层且它们的范围非常大，那么最终会得到一个很大的图层，处理起来可能会很慢。如遇此情况，可能就必须用多次调用裁剪算法分开裁剪，这可能很耗时，后面会介绍其他工具可以自动执行该操作。在此示例中只有两个图层，所以不会有这里所说的问题。这样就得到了最终的 DEM 图像(图 18－70)。

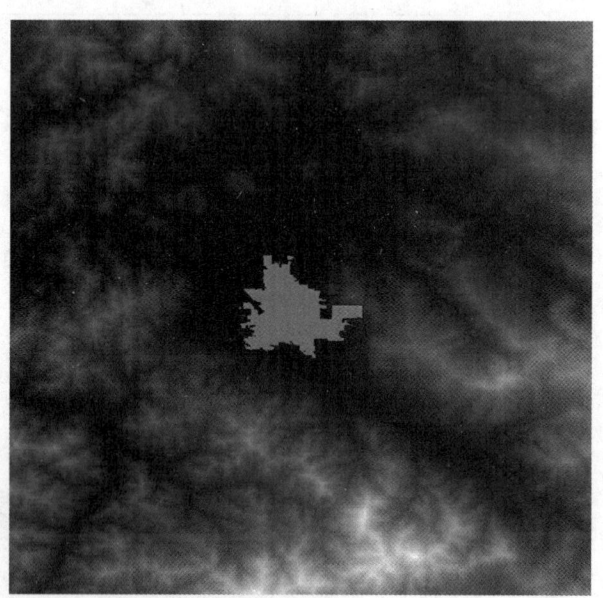

图 18－70　合并工具的输出结果

现在可以计算坡度了。坡度图层可以通过 Slope，aspect，curvature 算法计算，但上一步骤所获取的 DEM 并不适用于作为输入图层，因为高程值是以米为单位的，但单元格大小却不是以米为单位表示的(该图层使用的是地理坐标的 CRS)。所以需要先对其进行投影变换。对栅格图层进行投影变换可以再次使用变形(重投影)[Warp (reproject)]算法，将其变换到一个以米为单位的CRS中(例如编号3857),就能正确地使用SAGA或GDAL计算坡度(图18-71)。现在得到新的DEM可以用于计算坡度了。

图18-71 坡度计算工具参数配置

图18-72是所得的坡度图层。

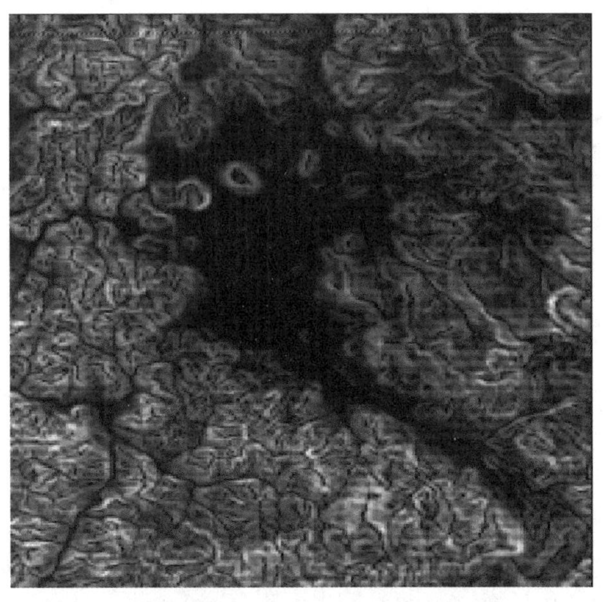

图18-72 坡度计算的输出结果

由 Slope,aspect,curvature 算法生成的坡度可以用度数或弧度表示,其中度数是更常见的单位。在使用弧度计算时,Metric conversions 算法可以进行单位转换(在不知道此算法的情况下,可以使用此前用过的栅格计算器代替)(图 18－73)。

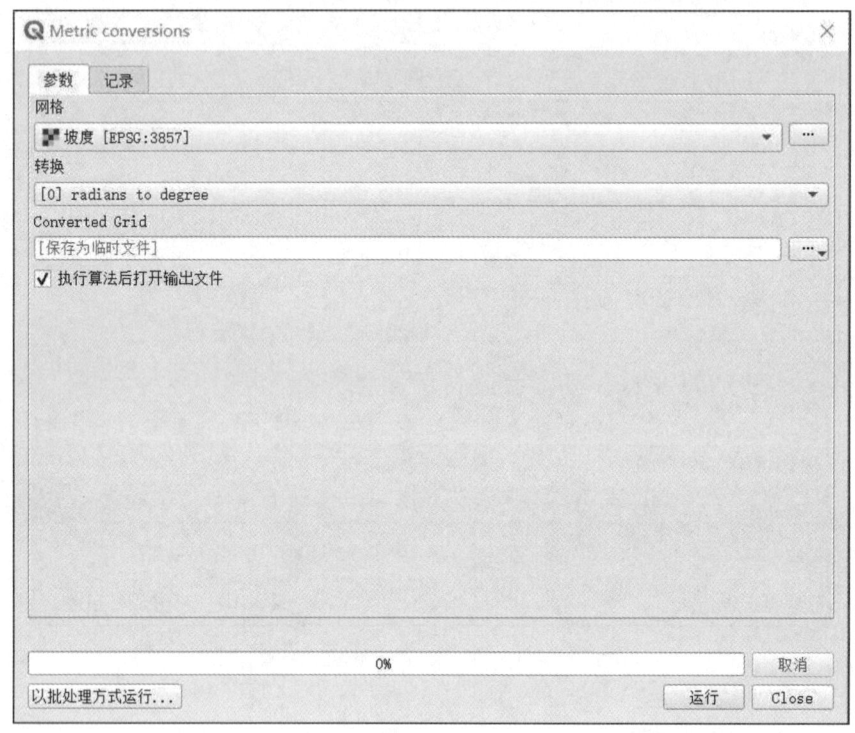

图 18－73　单位换算的设置

转换过后的坡度图层可以使用变形(重投影)[Warp (reproject)]进行重投影,最后得到所需要的图层。重投影处理可能会使最终图层包含了一些此前在第一步中计算出的边界范围以外的数据,可以通过再次对图层进行裁剪解决这个问题。

18.16 水文分析

本节中会进行一些水文分析。此分析会用于后面章节一些课程,它是分析工作流的一个很好例子。本节会用水文分析演示一些高级功能。从 DEM 开始将会提取出一套河网,提取流域,并进行一些统计计算。首先要做的是加载带有本节数据的项目,其中含有一个 DEM 数据(图 18－74)。

要执行的第一个工具是汇水面积(Catchment area),在一些 SAGA 版本中,也称为流量累积(自顶向下)。可以使用任意一个名为汇水面积(Catchment area)的工具。它们内部使用的算法不同,但输出结果基本上一样。

图 18－74 水文分析示例数据

在高程(Elevation)区域选择 DEM 图层,保留其他参数为默认值(图 18－75)。

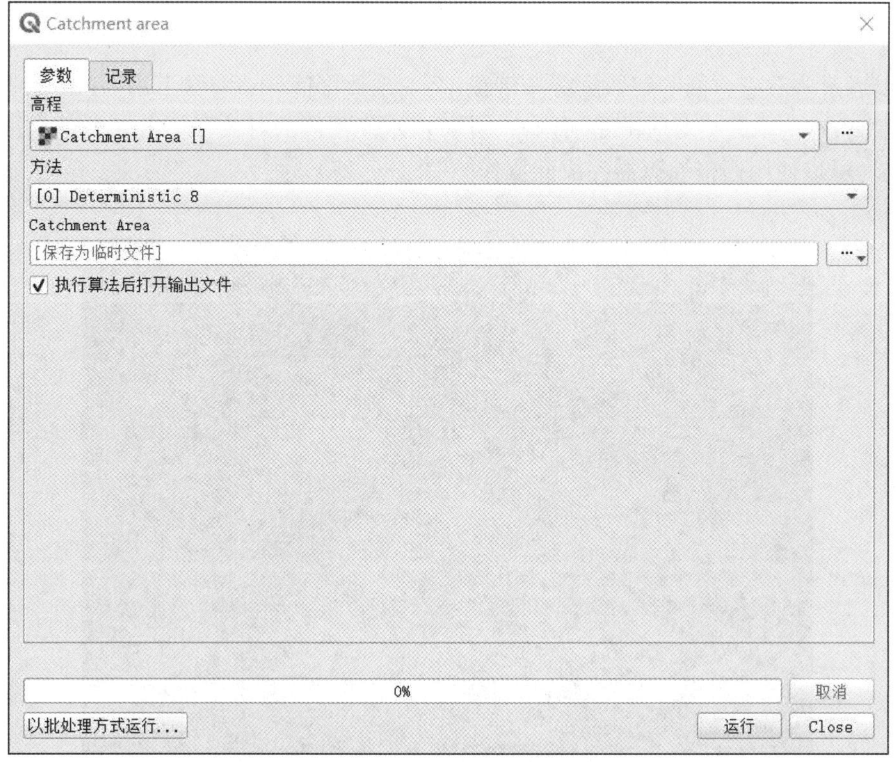

图 18－75 汇水面积工具参数配置

有些算法可以计算输出很多图层,但汇水面积(Catchment area)是本节想要获取的唯一一个图层,可以删除其他没用的图层。现在图层的显示并不能充分表现它的实际情况(图 18 - 76)。

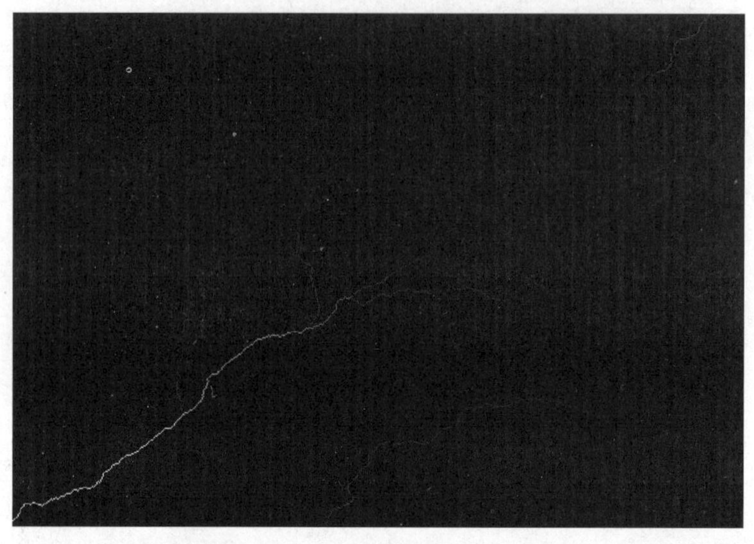

图 18 - 76　汇水面积工具的输出结果

可以通过查看直方图了解数据分布情况,会发现数据值分布非常不均匀(有一些单元格的值非常高,这些单元格对应的是河网)。计算汇水面积值的对数可得出一个更直观的汇流分布图层(可以使用栅格计算器完成此操作)(图 18 - 77)。

图 18 - 77　汇水面积工具结果的对数变换

汇水面积(也称为流量汇集)可用于设置归类为河网的阈值。可以通过使用 Channel network 工具来实现。图 18 - 78 是所需设置的参数(注意,Initiation Type 选择 Greater than,Initiation threshold 设置为 10 000 000)。

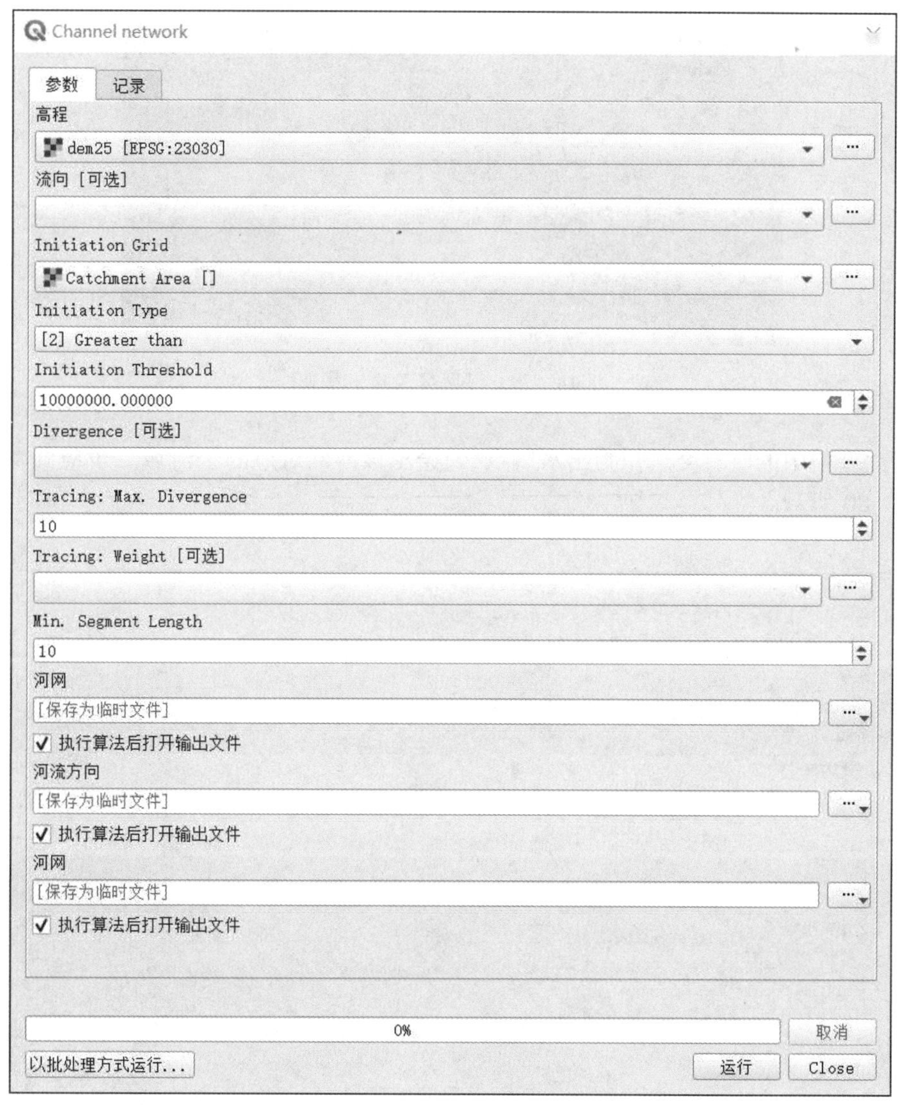

图 18 - 78　河网提取工具的参数配置

这里切记要使用原始的集水区图层,而不是经过对数计算的图层,对数计算图层只是用于地图显示的情况。本示例提取结果如图 18 - 79 所示。如果提高 Initiation threshold 的值,就会获得更粗略的河网图。如果降低这个值,则会获得更为详细的河网图。因此,获得的河网的详细程度取决于这个阈值。

上面的图像仅显示了输出的矢量图层和 DEM,但同时应有一个具有相同河网的栅格图层。实际上,河网栅格图层正是本节用作分析的图层。现在使用 Watershed basins 算法工

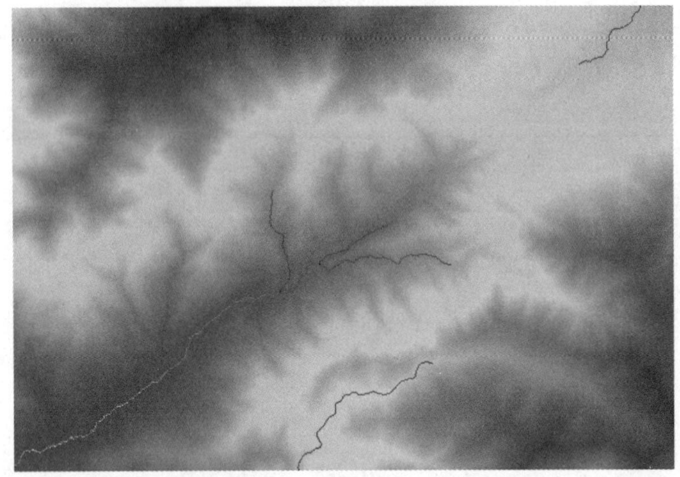

图 18－79　河网提取输出结果

具,使用此栅格中的所有交点作为出水口点,勾绘出该河网对应的子流域。对应的参数设置如图 18－80 所示。

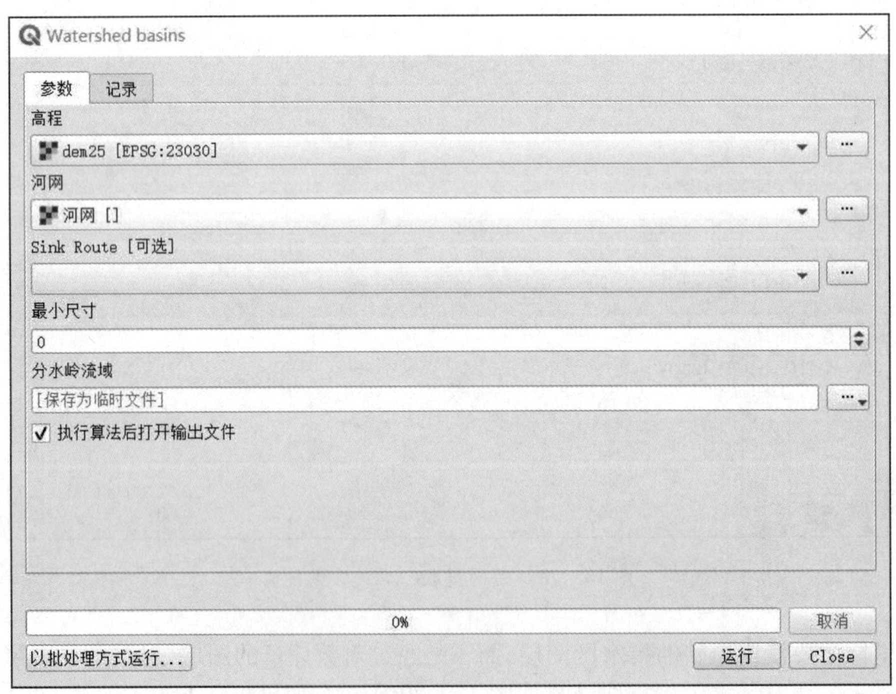

图 18－80　子流域提取工具参数配置

输出结果如图 18－81 所示。

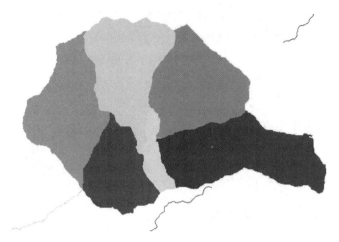

图 18-81 子流域提取结果

这是一个栅格格式输出的结果,可以通过 Vectorising grid classes 算法对其矢量化,参数设置如图 18-82 所示,结果如图 18-83 所示。

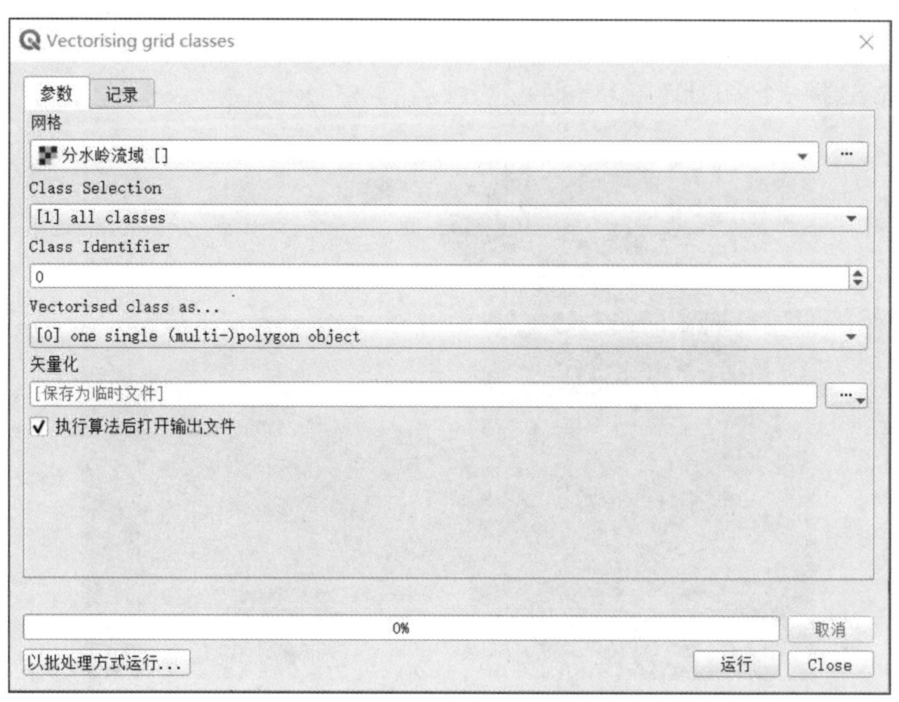

图 18-82 栅格数据矢量化参数配置

现在来尝试在其中一个子流域中计算有关海拔值的统计信息。思路是获得一个仅展示该子流域内高程的图层,然后将其传递给计算统计信息的工具。

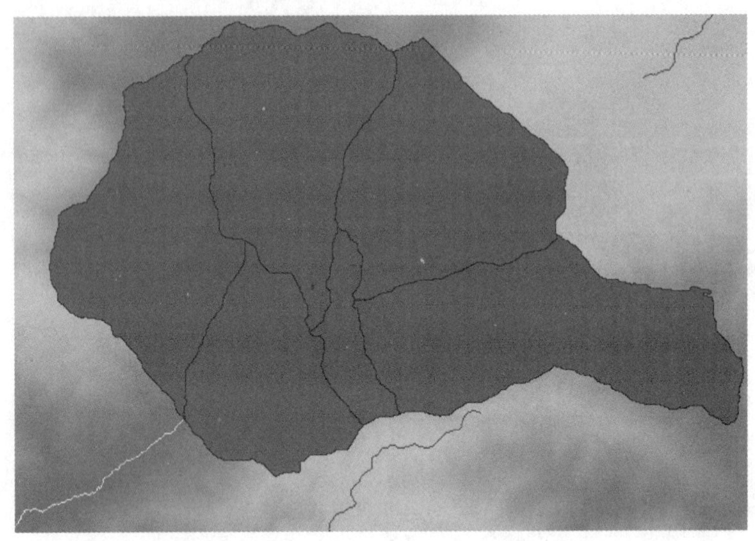

图 18－83　栅格数据矢量化结果

首先，使用代表其中一个流域的多边形裁剪原始 DEM 图层。这里使用的是按掩模图层裁剪栅格(Clip raster with polygon)算法。如果选中了单个子流域多边形然后调用裁剪算法，就可以把 DEM 数据被该子流域覆盖的区域裁剪出来，因为算法已经知道当前选择的多边形。首先，选择一个多边形(图 18－84)。

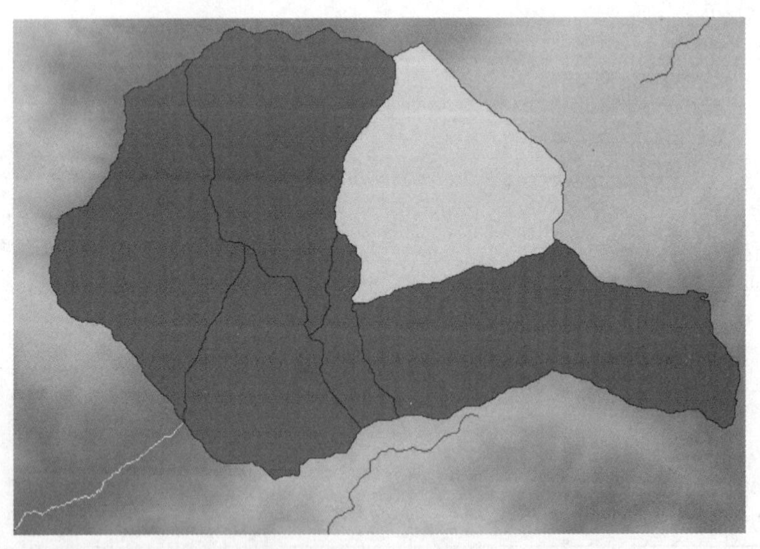

图 18－84　多边形选择

然后调用裁剪算法工具，使用如图 18－85 所示的参数设置。

在输入区域中选择的元素应当是准备裁剪的 DEM 图层。结果应如图 18－86 所示。

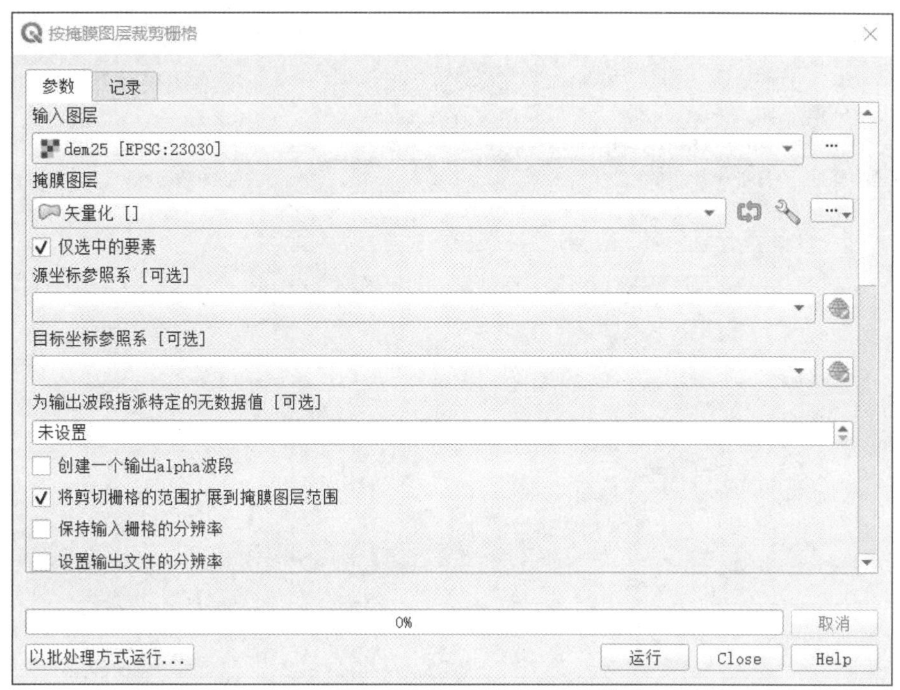

图 18-85　栅格裁剪参数配置

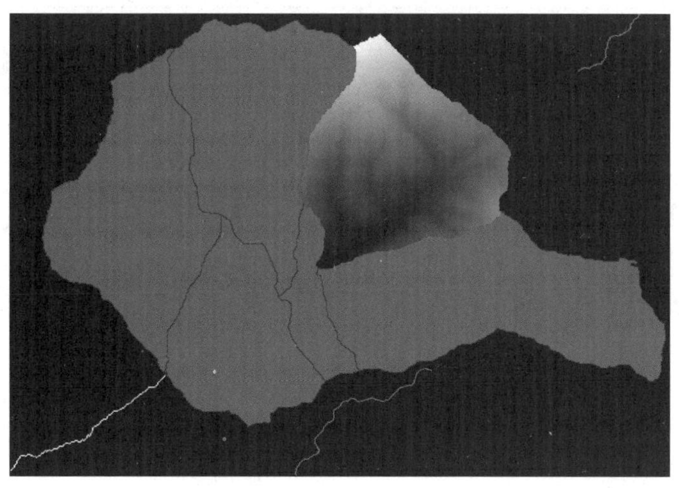

图 18-86　栅格数据裁剪结果

此时该图层就可以用于栅格图层统计(Raster layer statistics)算法工具了(图 18-87)。统计结果如图 18-88 所示。

后续课程中还会结合流域计算流程和统计计算工具,探讨如何用其他方法帮助用户更快更好地调用这两个工具高效地完成工作。

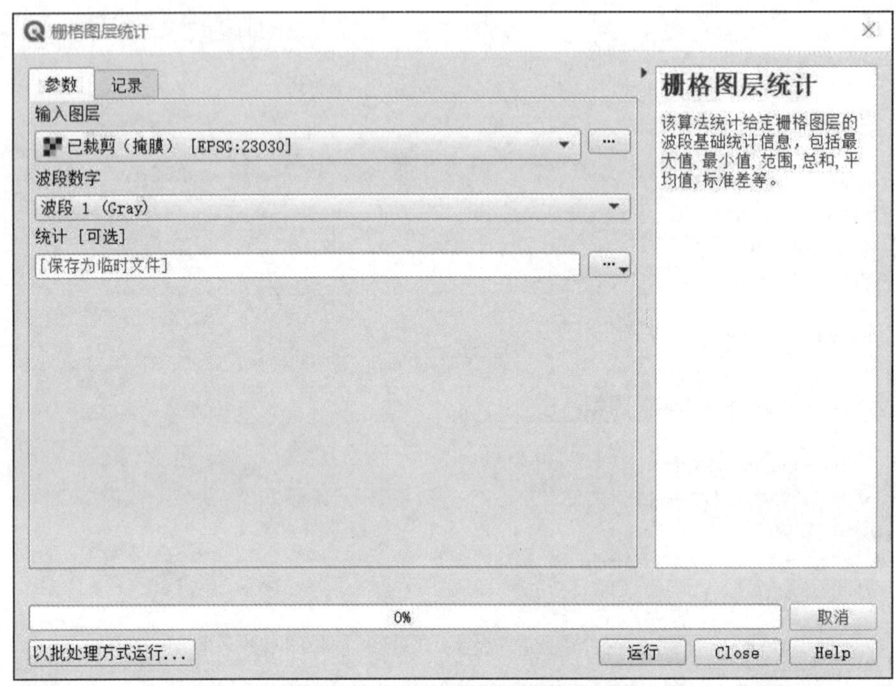

图 18－87　栅格图层统计的参数设置

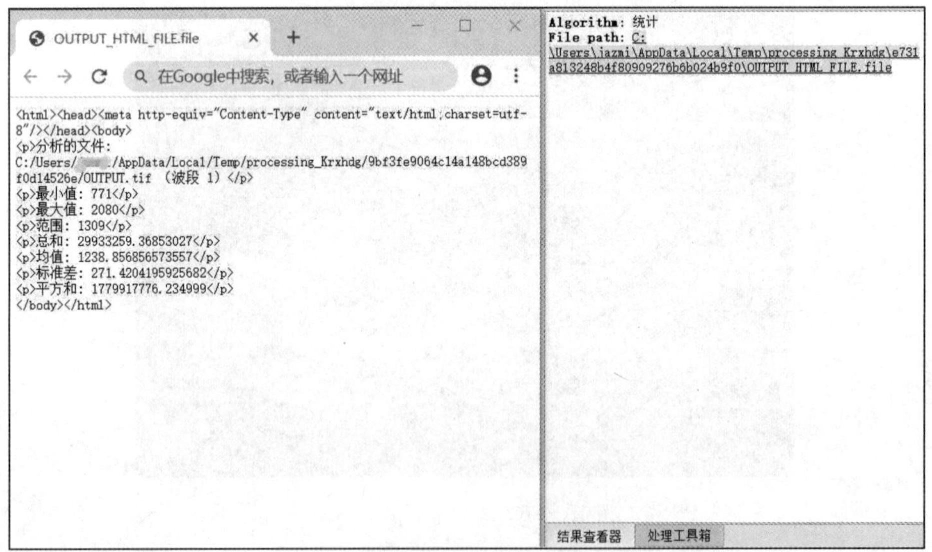

图 18－88　栅格图层的统计结果

18.17 图形建模器

本节会介绍如何使用图形建模器,该建模器是用来配置工作流、运行算法链的强大工具。从前面的示例可以看出,完成一个分析需要运行多个算法工具,并且还需要将其中某些算法的输出结果用作其他算法工具的输入数据。如果使用图形建模器,就可以把这些算法工具执行的工作流放进模型中,一次性运行所有必需的算法,自动化整个处理流程。本节会计算一个名为“地形湿度指数”的参数,对应的算法名称为“Topographic wetness index (TWI)”,参数设置如图 18-89 所示。

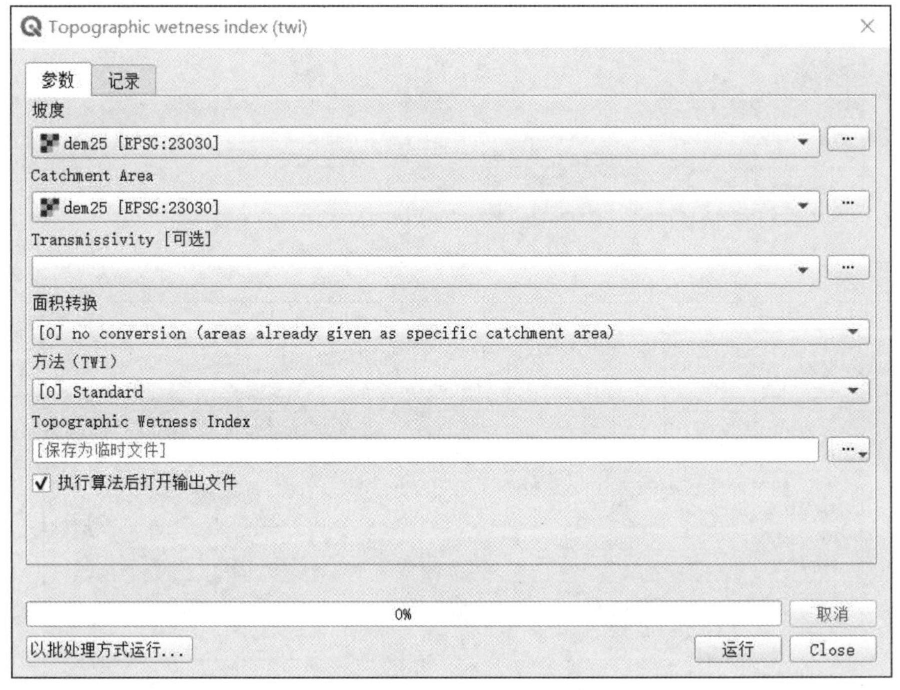

图 18-89 地形湿度指数工具的参数配置

该工具有两个输入数据是必填项:坡度(Slope)和集水区(Catchment area)。还有一个是选填输入数据,这里暂时可以不考虑。

本节的数据仅包含一个 DEM 图层,还不具备算法必需的所有输入数据。由于此前已经介绍过计算坡度和集水区的算法,已经知道如何从这个 DEM 图层中计算得到 TWI 工具所需的两个数据。所以,现在可以先计算出这些图层,然后再把它们用于 TWI 算法。用作计算两个中间图层所用到的参数配置对话框如图 18-90 所示。这里要注意,此处坡度必须以弧度为单位计算,而不是度数(图 18-91)。

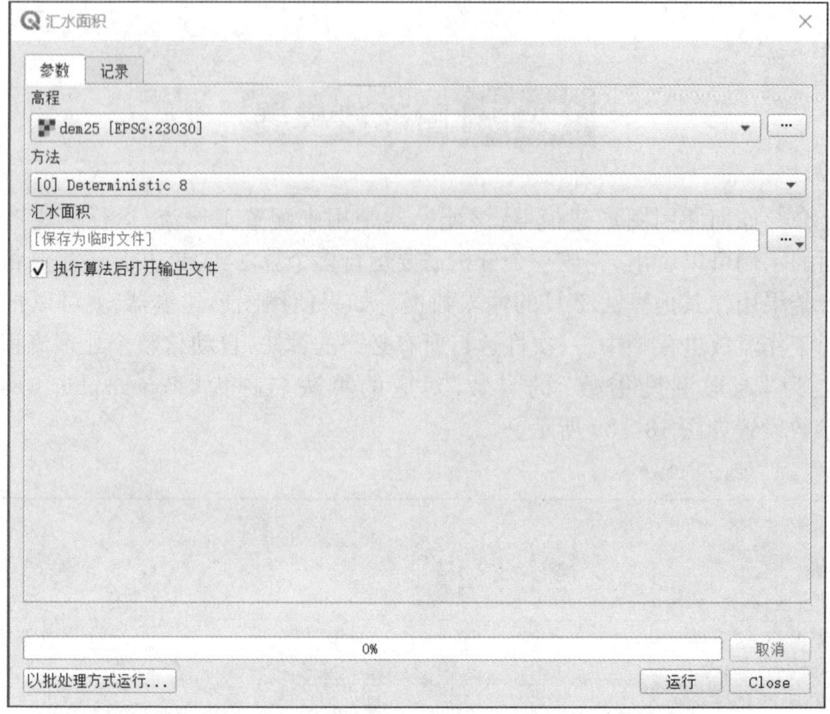

图 18－90　汇水面积工具的参数配置

图 18－91　坡度工具的参数配置

然后,需要给 TWI 算法工具作如图 18－92 所示的参数设置:

Topographic wetness index (twi)

参数 记录

坡度

坡度 []

Catchment Area

Catchment Area []

Transmissivity [可选]

面积转换

[1] 1 / cell size (pseudo specific catchment area)

方法（TWI）

[0] Standard

Topographic Wetness Index

[保存为临时文件]

✔ 执行算法后打开输出文件

0%　取消

以批处理方式运行...　运行　Close

图 18－92　TWI 工具的参数设置

获得的结果如图 18－93 所示(默认渲染模式为单波段伪彩色),也可以使用提供的 twi. qml 样式渲染结果图层。

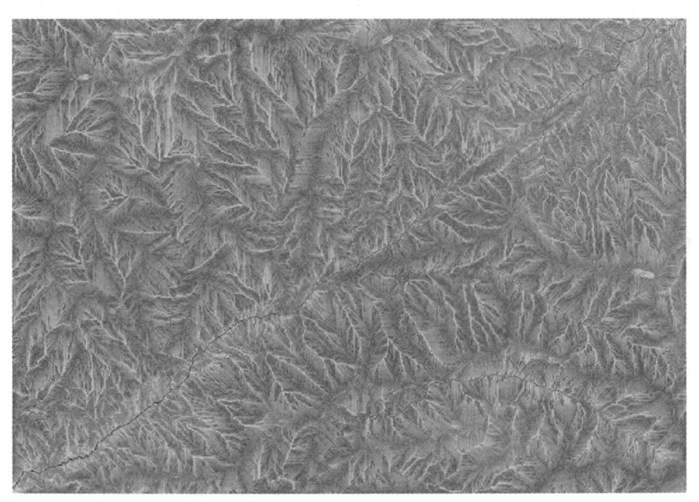

图 18－93　TWI 工具的输出结果

现在要尝试的是创建只需一步就能从一个 DEM 图层中计算出 TWI 算法工具。假如以后使用另一个 DEM 图层计算 TWI 数据,有了这个算法可以节省时间,因为这样只需要一个步骤就可以完成。这里所需要的所有处理工具都能在工具箱中找到,要做的只是定义工作流以完成对其封装,这就是图形建模工具的用途了。现在从处理菜单中选择并打开建模器(图 18-94)。

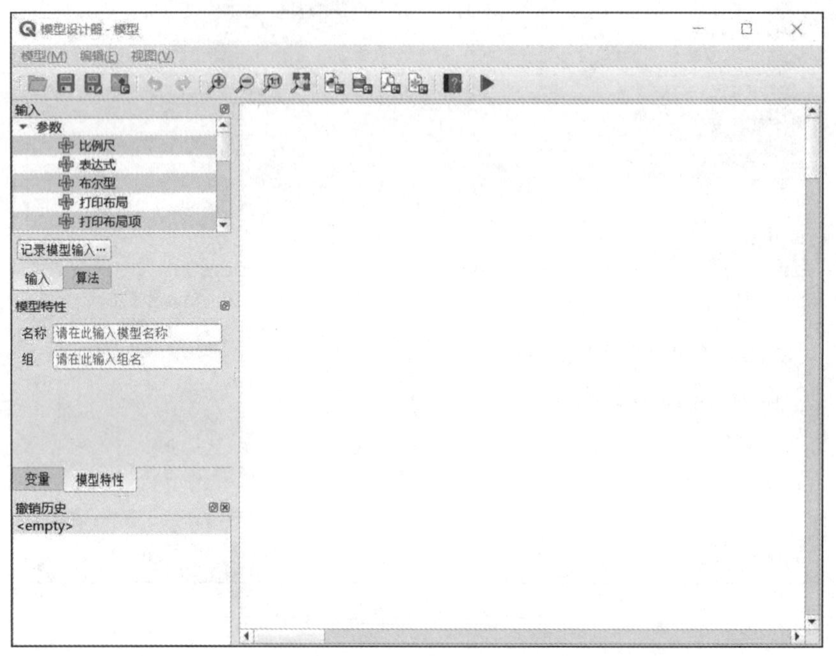

图 18-94　图形建模工具对话框

创建一个模型需要两个条件:设置其所需的输入数据;定义其所需包含的算法。二者均可通过在建模器窗口左侧的两个选项卡中添加元素进行设置:输入(Inputs)和算法(Algorithms)。先考虑输入数据。在本例中需要添加的输入数据只需要一个带有 DEM 的栅格图层,这是唯一的输入数据。双击栅格图层(Raster layer)输入,然后会看到如图 18-95 所示的对话框。

显然这里的这个栅格图层需要是一个 DEM 图层,所以将其输入数据命名为"DEM",这是运行此模型的用户看到的输入数据名称。因为这个图层是唯一数据,这里将其定义为必选图层。对话框应按如图 18-96 所示进行设置。

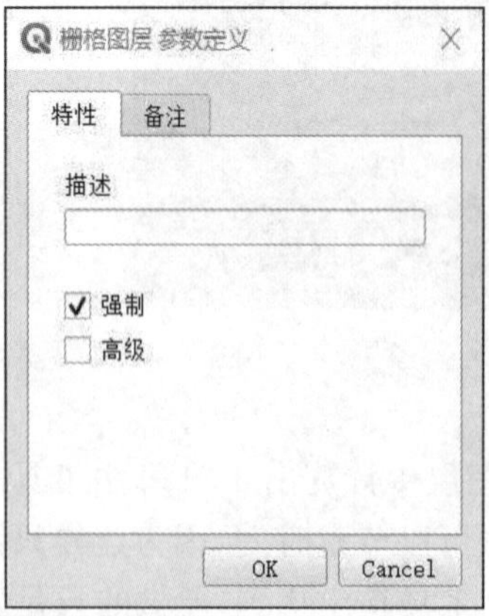

图 18-95　图形建模工具输入参数设置

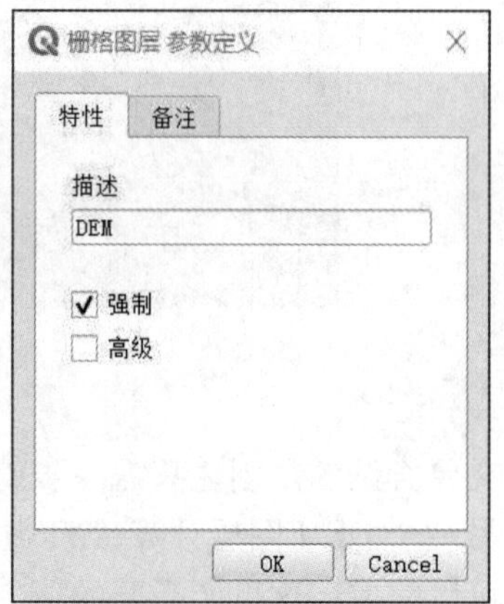

图 18-96　图形建模工具 DEM 输入数据设置

点击 OK 按钮,然后该输入项会出现在建模器画布上(图 18－97)。

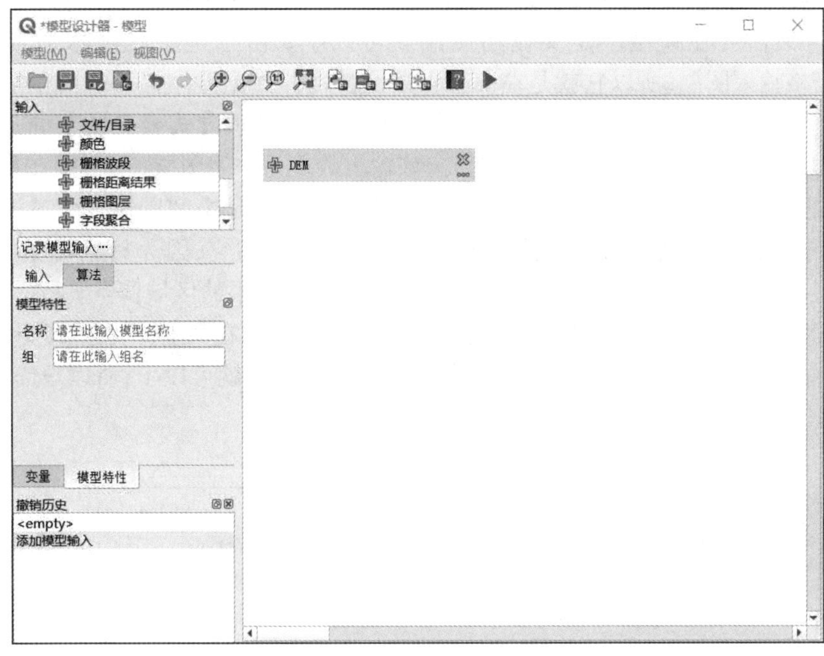

图 18－97 图形建模工具中参数设置

现在开始添加算法(Algorithms)项。首先需要运行的算法是 Slope, aspect, curvature 算法。在算法列表中找到这些算法并双击,然后会看到对话框显示情况如图 18－98 所示。

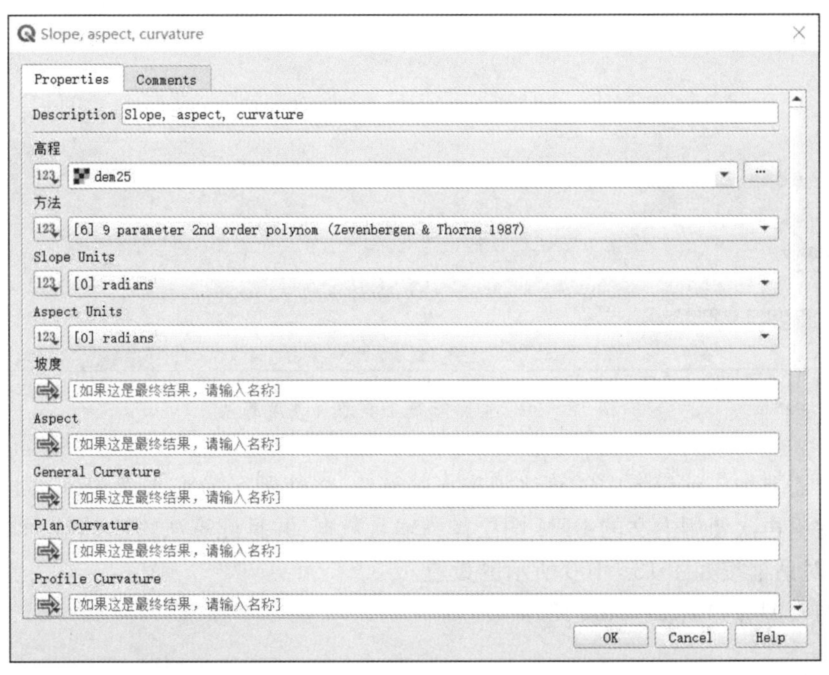

图 18－98 图形建模工具中坡度算法设置

此对话框与从工具箱运行算法时会看到的对话框非常相似,但是可以用作输入参数值的元素不是来自当前的 QGIS 项目,而是来自模型本身,说明在本例的项目中不需要包含任何高程数据,只需要在模型中定义栅格图层就可以了。由于这里已经添加了一个名为"DEM"的栅格输入图层,所以它就是在高程参数设置列表中看到的唯一一个栅格图层。

当算法用作模型的一部分时,算法生成的输出数据的处理方式会有所不同。无需再为其中的每个输出文件设置保存路径,仅需指定该输出数据是中间图层(不希望在执行模型后保留它)还是最终结果图层。此时算法生成的所有图层都只是中间图层。不过这里使用其生成图层的其中之一的坡度图层作后续处理,但并不打算保留它,因为只是需要用到它来计算 TWI 图层。当图层还不是最终结果时,需要把对应最终结果的区域留空。

在首个对话框中,需要作出选择的项很少,因为模型中现在只有一个输入图层(刚才创建的 DEM 输入项)。实际上,在本例中,该对话框的默认配置就可以了,所以只需要点击 OK 按钮。此时建模器画布应如图 18-99 所示。

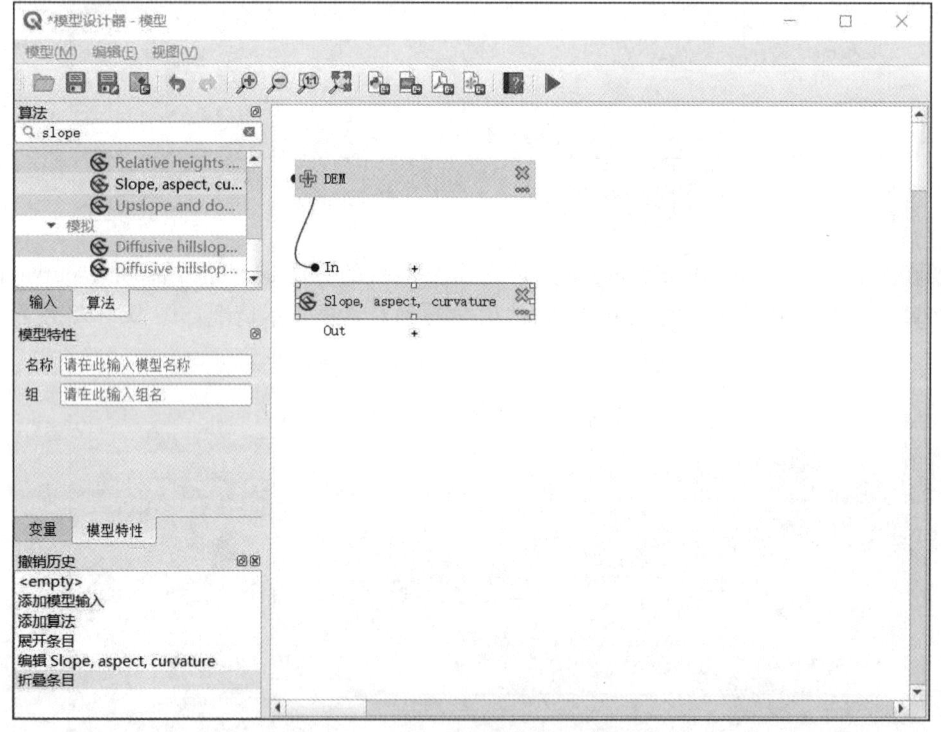

图 18-99 图形建模工具添加坡度算法

第二个需要加入到模型中的算法是集水区算法,将使用名为汇水面积(Catchment area)的算法。这里再次使用上文的 DEM 图层作为输入数据,并且此算法输出的数据均非最终结果,将对应对话框按如图 18-100 所示的设置。

现在的模型应如图 18-101 所示。

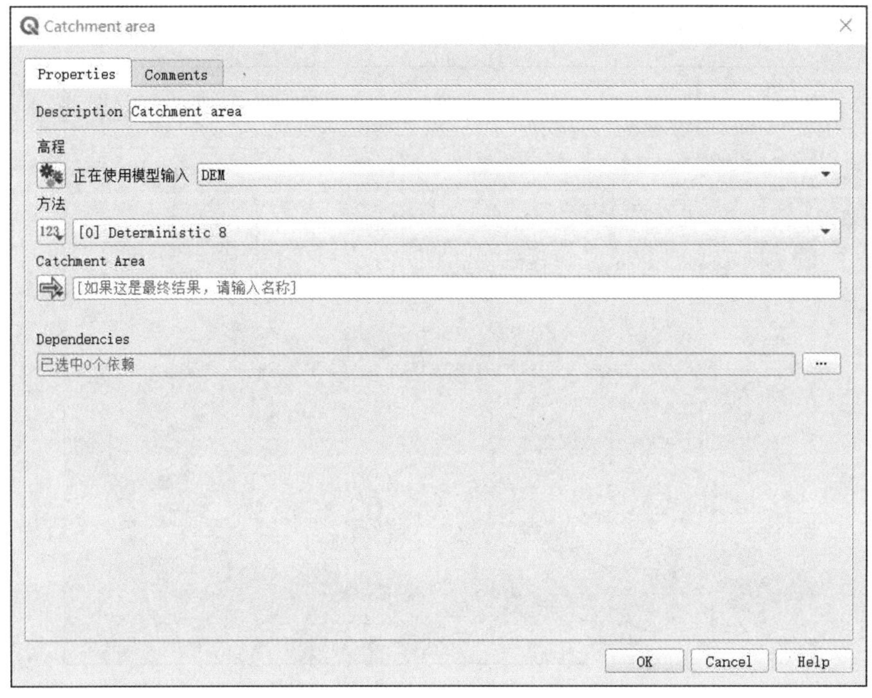

图 18-100 汇水面积算法参数配置

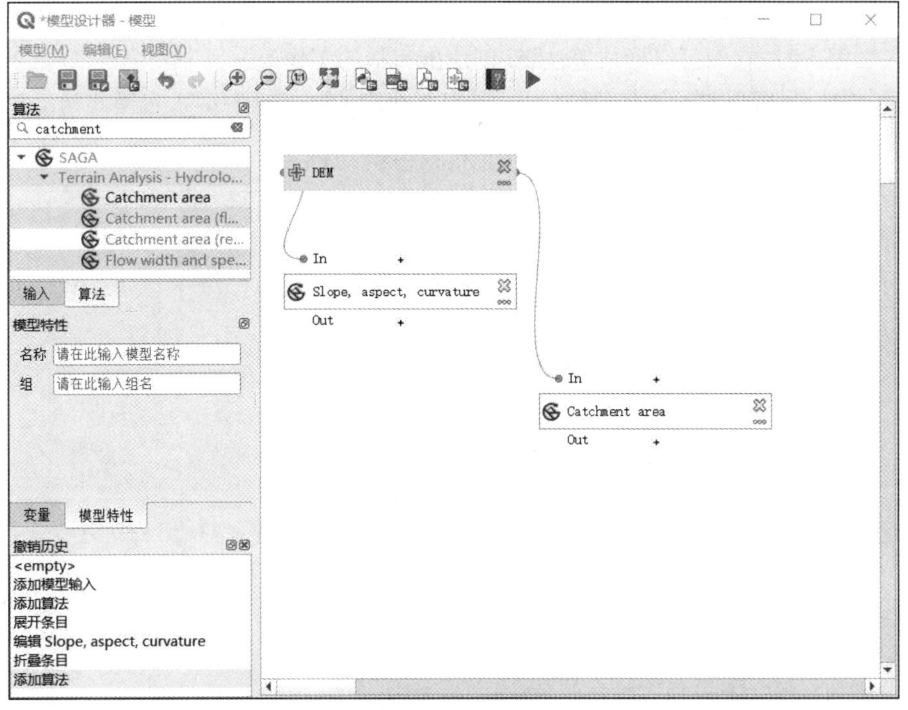

图 18-101 图形建模工具添加汇水面积工具

最后一步是添加 Topographic wetness index 算法,作如图 18-102 所示的配置。

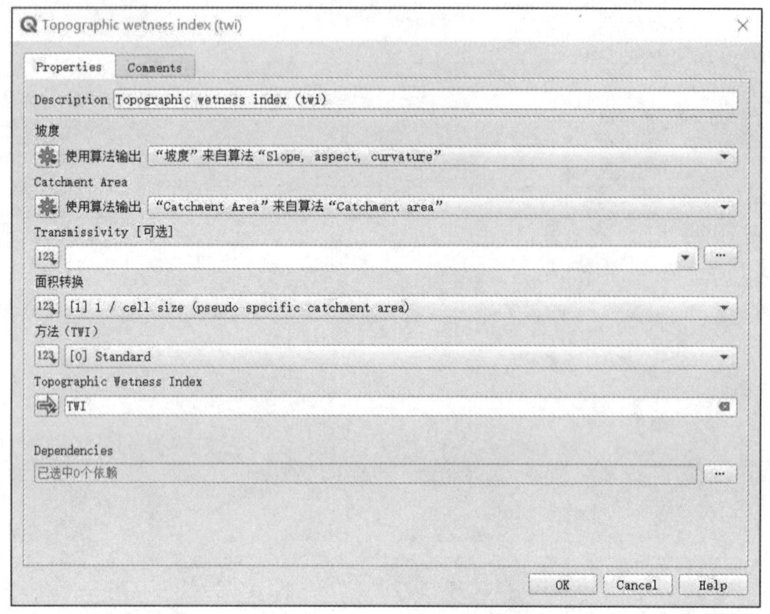

图 18-102　TWI 参数设置

此处就不会用到 DEM 图层作为输入数据了,而是会用到前两个算法计算出的坡度和集水区图层。当添加新的算法时,此前的算法所生成的输出数据都可用于作为新加入算法工具的输入数据,通过它们可以形成算法链,创建出完整的工作流。

此时,输出的 TWI 图形就是最终结果图层,在相应的文本框中键入希望此输出数据显示的名称。现在的模型已完成创建,结果应如图 18-103 所示。

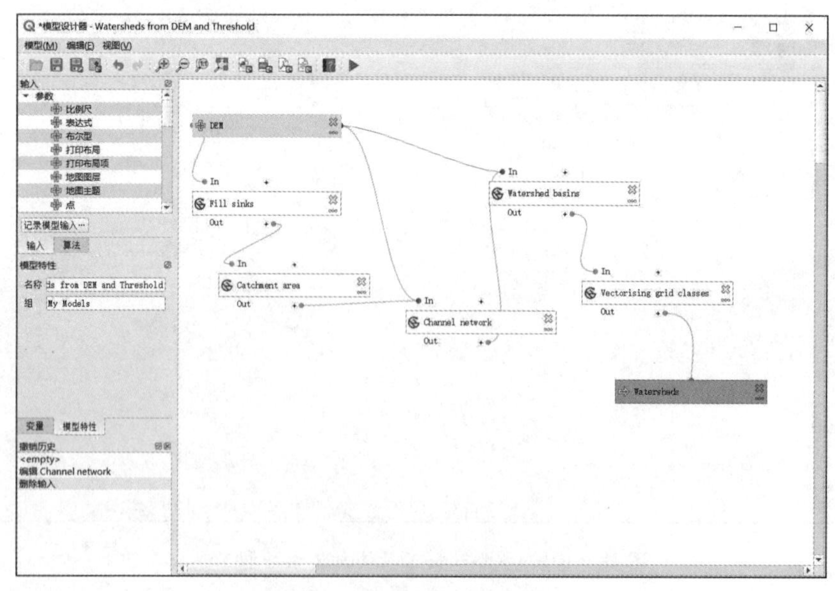

图 18-103　TWI 图形建模的完整工作流

在上方的模型窗口中输入名称和组别名称,然后点击保存(Save)按钮进行保存(图18-104)。

图 18-104 模型特性设置

可以将其保存在所需的任何位置,稍后将其打开,但如果将其保存在 models 文件夹(出现"保存文件"对话框时会看到的文件夹),则此模型也可以在工具箱中找到。因此,将其保留在该文件夹中,并按图 18-105 所示命名该文件完成对模型的保存。现在关闭建模对话框,转到工具箱。在模型(Models)条目中就能找到刚才创建的模型了。

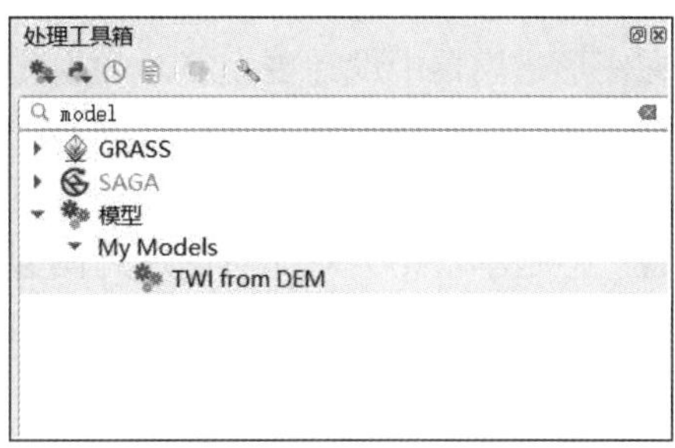

图 18-105 处理工具箱中的 TWI 工作流工具

这样就可以像运行其他算法工具一样,双击该模型开始运行了,窗口界面如图 18-106 所示。

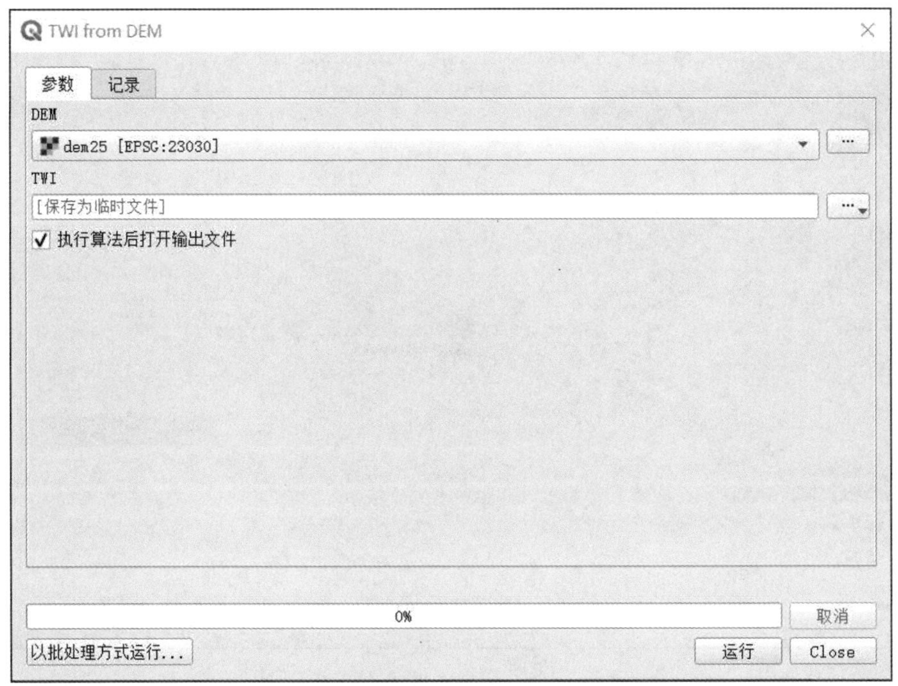

图 18-106 TWI 工作流工具的参数配置

从图 18－106 中可以看出,参数对话框中包含了之前添加到模型汇总的输入项以及在添加相应算法时设置为最终输出结果的输出项。使用 DEM 作为输入数据运行此模型,就能一键获取所需的 TWI 图层了。

18.18 更复杂的模型

在上一节中创建的是一个非常简单的模型,只涉及一个输入数据和三个算法。本节中会在图形建模器中设计更为复杂的模型。其实可以使用不同类型的输入数据,设置更多处理步骤,创建更为复杂的模型。在本节中会基于 DEM 和阈值创建带有流域的矢量图层的模型。这对处理不同阈值的多个矢量图层非常有用,不必对每个矢量图层都重复同样的处理步骤。但是本节不会对如何创建此模型作详细指导,因为用户根据前面的介绍应该基本熟悉必需的步骤了,可以自己尝试。但是要记住:首先添加输入项,然后添加用作创建工作流的算法。

如果不能独立创建整个模型,还需要一些额外帮助的话,本节对应的数据文件夹中包含了一个“几乎”已完成的模型半成品。打开图形建模器,在数据文件夹中找到模型文件。此时可以看到如图 18－107 所示的界面。

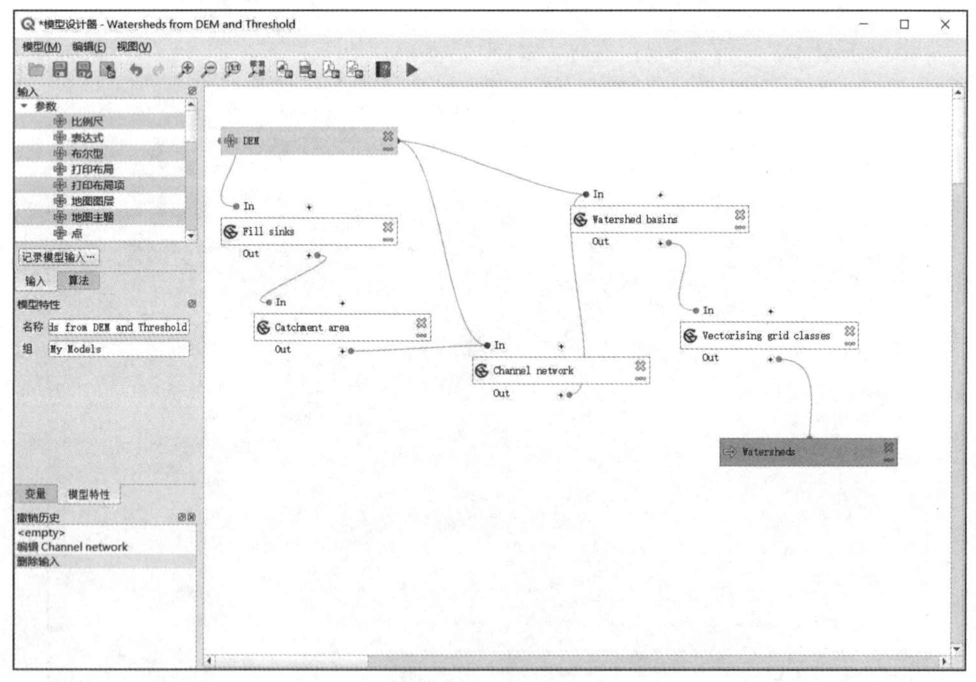

图 18－107　图形建模工作流半成品

此模型已包含完成计算所需的全部步骤,但暂时只有一个输入项,即 DEM 数据。也就是说用于定义河网的阈值使用了一个固定值,这样得到的模型实用性很低。但是可以对模型进行编辑修改。

首先,添加一个数值型输入项。模型运行时要求用户提供一个数值型的输入数据,可以把此值用于模型中任何需要用到该值的算法。点击输入列表上的数值(Number)条目会看到如图 18－108 所示的对话框,按图中示例填写。

此时的模型应如图 18－109 所示。

刚才所添加的输入项还未使用,所以该模型还不能算真正作了更改。这里还需要把这个输入项连接到使用它的算法,在本例中需要连接的算法是 Channel network。可以通过点击画布中与算法相应的钢笔形图标,对模型中已存在的算法进行编辑。如果点击河网算法进行编辑,可以看到如图 18－110 所示的对话框。

图 18－108　数值输入参数设置

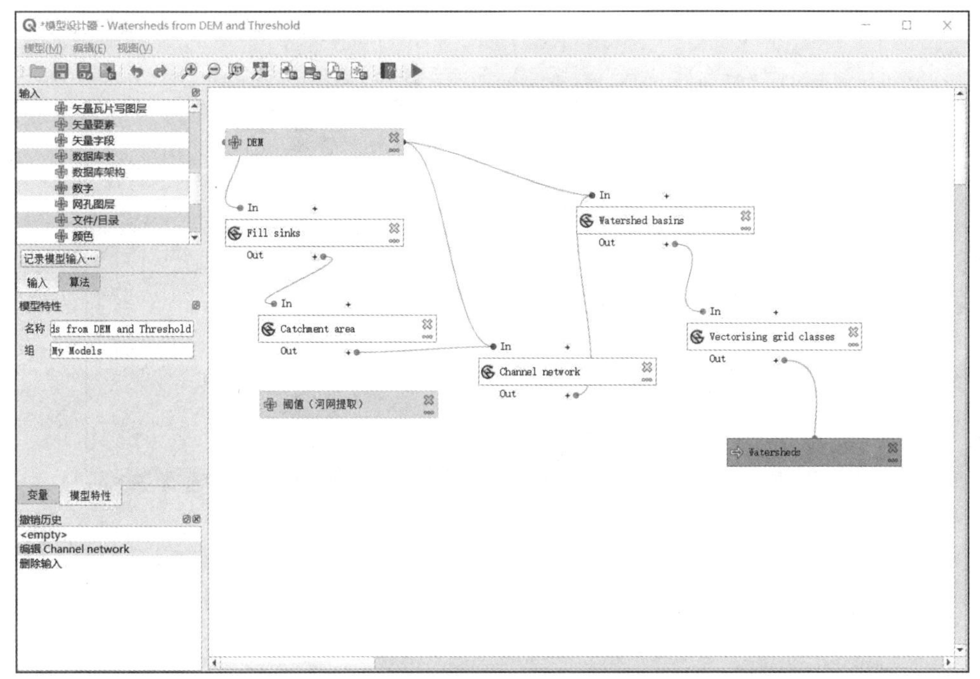

图 18－109　图形建模工作流添加完数值输入参数

该对话框中显示了当前算法使用的值,可以看到阈值参数的值为 1 000 000,是一个固定值(这也是该算法的默认值,但也可以设置为其他值)。可以发现该参数的输入方法不是普通的文本框,而是一个选项菜单。如果打开它会看到如图 18－111 所示的对话框。

图 18-110　河网算法的参数设置

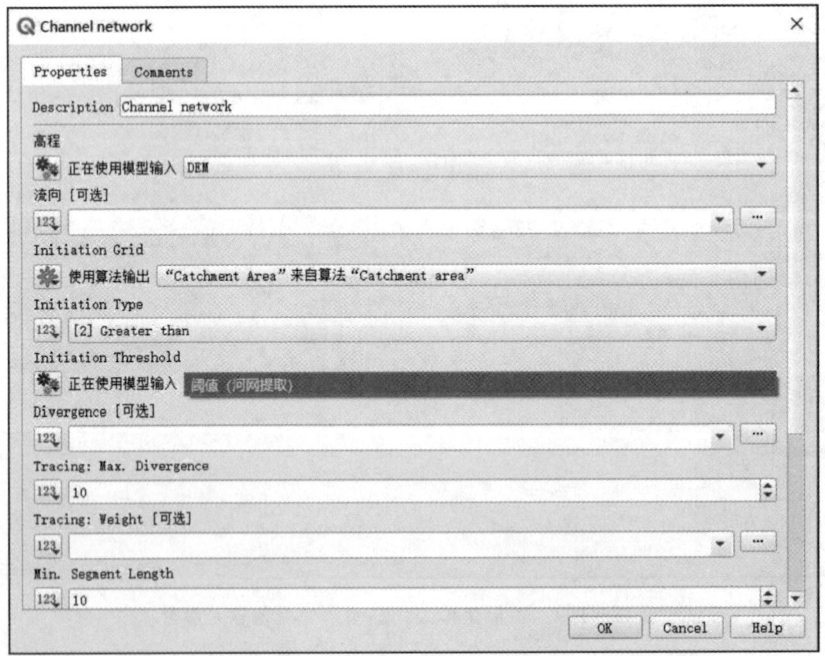

图 18-111　河网提取的阈值参数设置

在其中能看到刚才添加的输入项。当模型中的算法需要数值型的输入数据时用户可以对其直接键入一个数值，也可以使用其他可用的输入项和值（某些算法会生成单个数值，稍后会进行更多介绍)。在需要输入字符串参数的情况下也会看到字符串输入项,可以从中选择,或是直接输入所需的固定值。

在 Initiation Threshold 参数中选择阈值(河网提取)作为输入项,点击 OK 按钮把更改应用到模型。此时的模型应如图 18-112 所示。

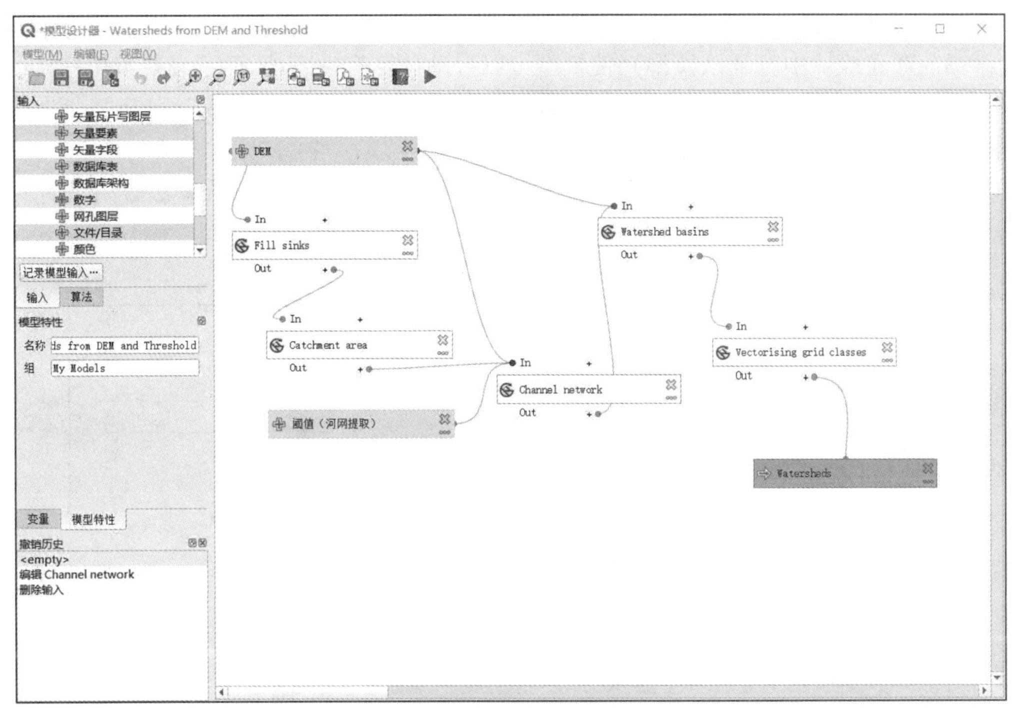

图 18-112 完整的河网提取工作流

现在模型已构建完成。尝试使用前面用过的 DEM 以及不同的阈值运行此模型。以下是几个使用不同值获得的不同结果的示例(图 18-113、图 18-114)。可以把它们与在水文分析一节中使用默认值运行得出的结果进行比较。

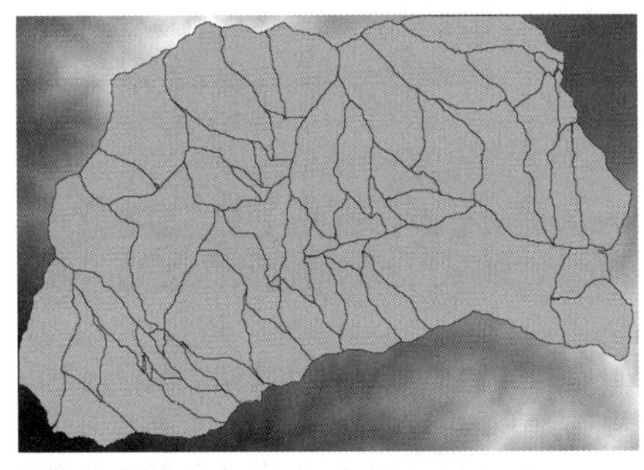

图 18-113 工作流输出结果 1(阈值=100 000)

图 18-114 工作流输出结果 2(阈值=10 000 000)

18.19 建模器中的数字计算

本节会介绍如何在建模器中抓取数字输出结果。本节中将调整上一章中创建的水文模型(请提前在建模器中打开该模型),使模型可以自动计算有效阈值,而不必要求用户自己输入。由于该值是指栅格图层中的变量,因此,这里可以基于一些简单的统计分析从该图层中提取出来该阈值。从上述模型开始进行以下改动:

首先,基于流量累积图层使用栅格图层统计(Raster layer statistics)算法进行统计计算(图 18－115)。

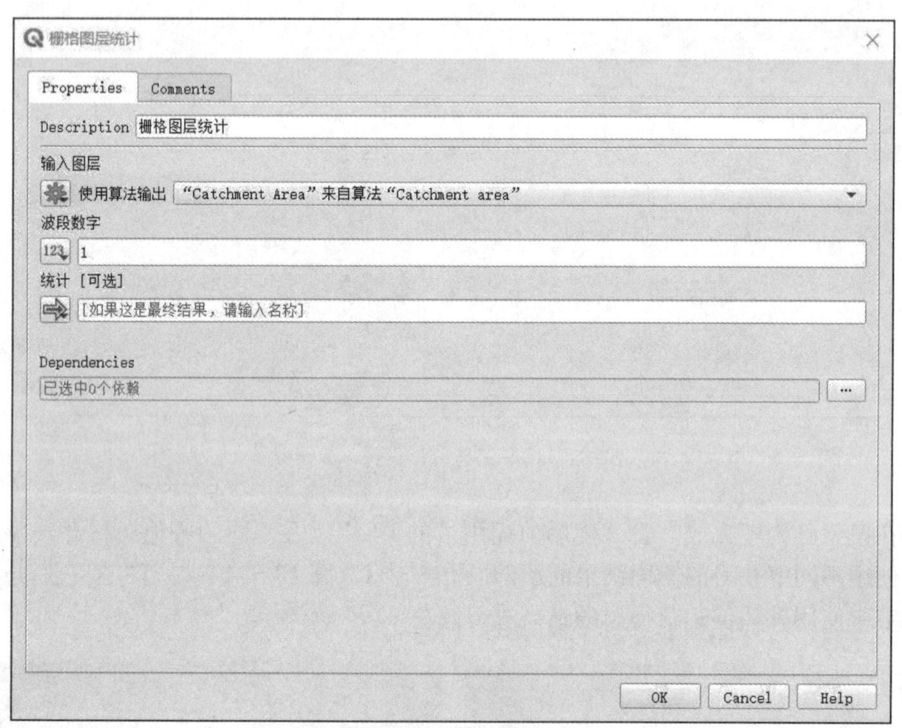

图 18－115 栅格图层统计

这将生成一套可用于其他算法工具的所有关于给定数值型字段的统计值。如果像上一节那样对 Channel network 算法进行了编辑,现在可以看到除了之前添加的数值型输入项之外还多了其他的选项(图 18－116)。

但是,这些值都不适合用作为有效阈值,因为使用它们生成的河网真实性太低。这里可以基于这些参数派生一些新参数来获得更好的结果。例如,可以使用平均值加上标准偏差的 2 倍。可以在需要使用此计算结果作为输入参数的算法界面中,把对应所需输入参数的类型更改为使用 ε "预计算值"输入,在弹出的表达式对话框中进行算术运算(图 18－117)。

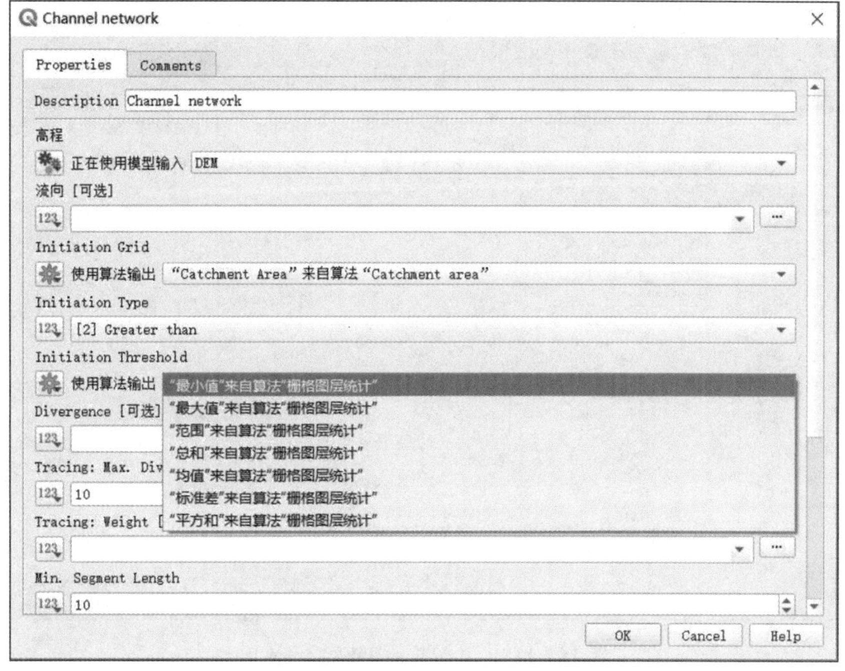

图 18－116　Channel network 算法修改

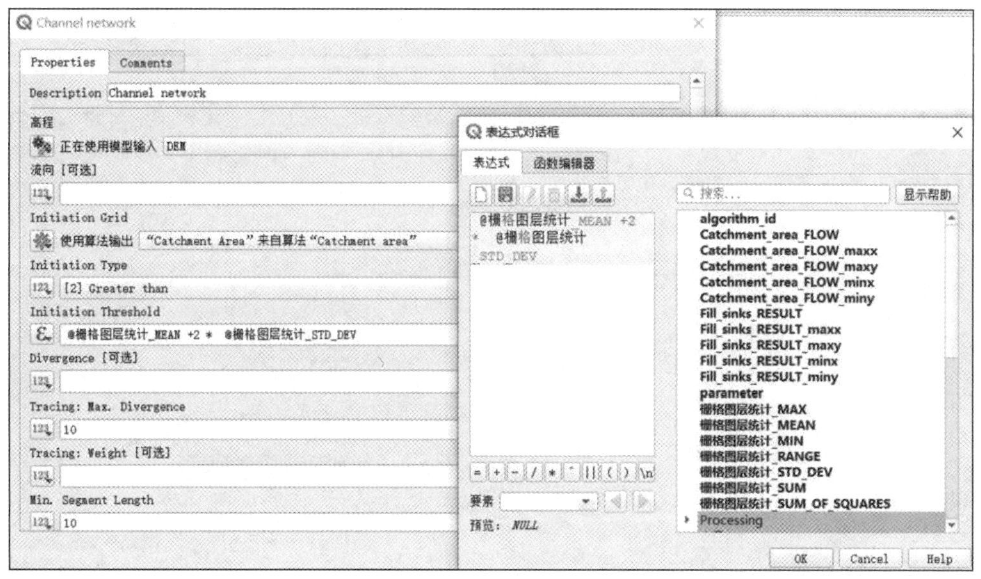

图 18－117　Channel network 算法表达式设置

从图 18－117 中可以看出，该对话框中显示了和 Channel network 算法中的 Initiation Threshold 字段相同的变量。输入上文中的公式，点击 OK 按钮将其添加到算法中。如果展开输出条目，如上所示，可以看到模型关联了两个值——平均值和标准偏差，也就是在公式中用到的值。点击 OK 按钮，此时模型应如图 18－118 所示。

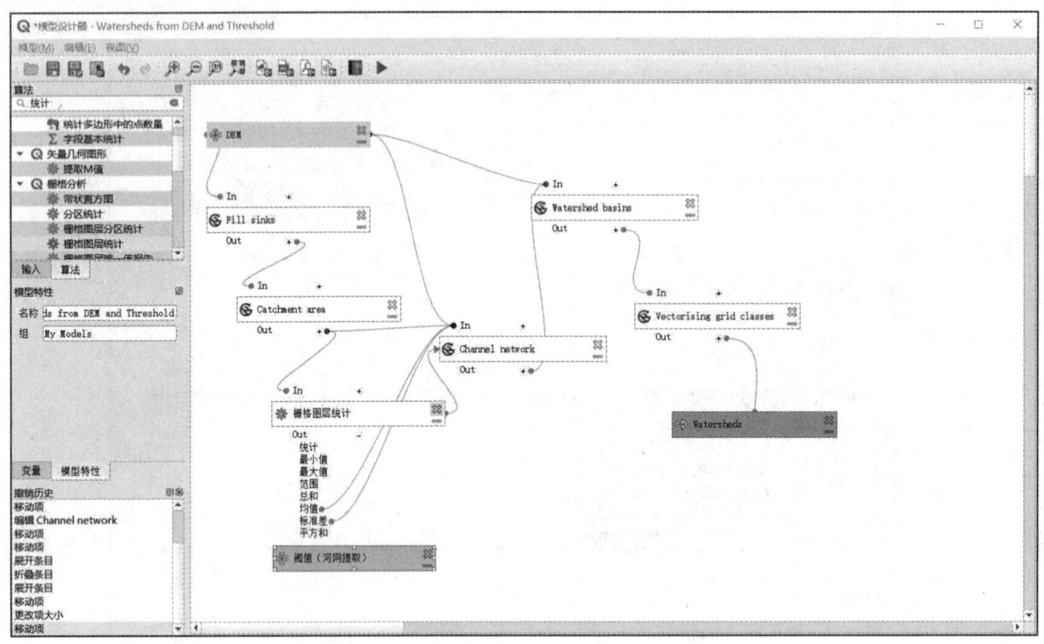

图 18-118 更新后的 TWI 工作流图

这里不使用刚刚添加到模型中的数值型值作为输入项,所以现在可以把它移除。对其右键点击,选择移除(Remove)(图 18-119)。

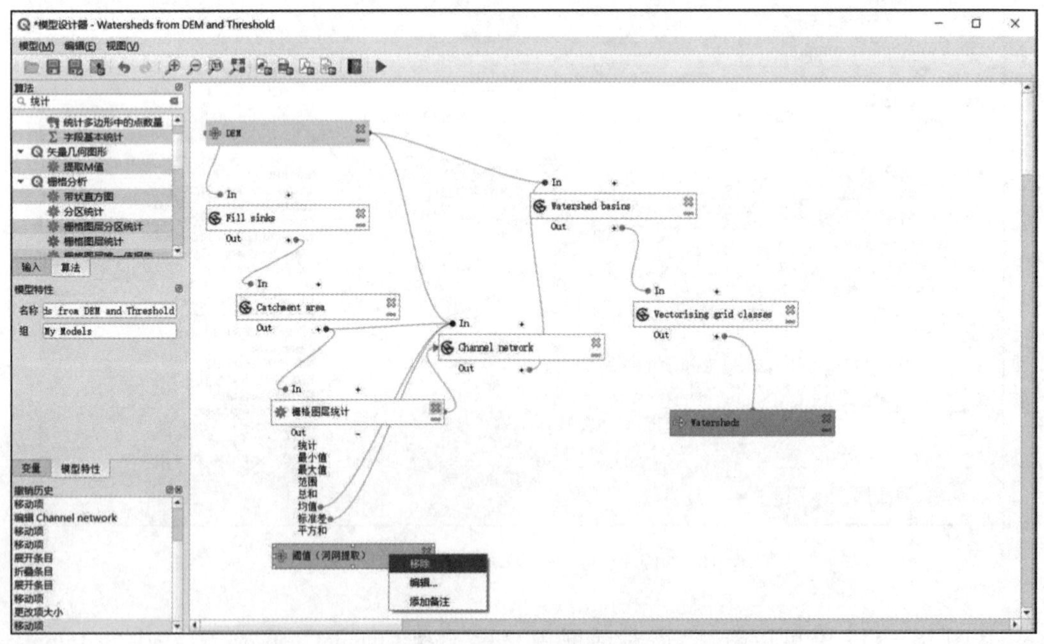

图 18-119 移除数值型输入参数后的 TWI 工作流图

至此,新模型已完成构建。

18.20 模型嵌套

本节会介绍如何在较大的模型内部嵌套使用简单模型。前面章节已经进行过一些模型的创建,在本节中会介绍如何把它们组合成一个更大的模型。模型类似于处理工具箱里的算法工具,用户可以把已创建的模型作为一个部分集成到另一个模型中。

在本例中会通过为生成的每个流域添加 TWI 值的平均值,扩展之前设计的水文分析模型。所以需要计算 TWI,然后进行统计计算。由于之前已经创建过一个基于 DEM 计算 TWI 的模型,这里就可以对其进行再利用。本节将从上一节的模型开始。

首先把 TWI 模型添加进去。要使其可用,需要事先将其保存到模型文件夹中,否则它就无法显示到工具箱或者建模器的算法列表中(图 18-120)。

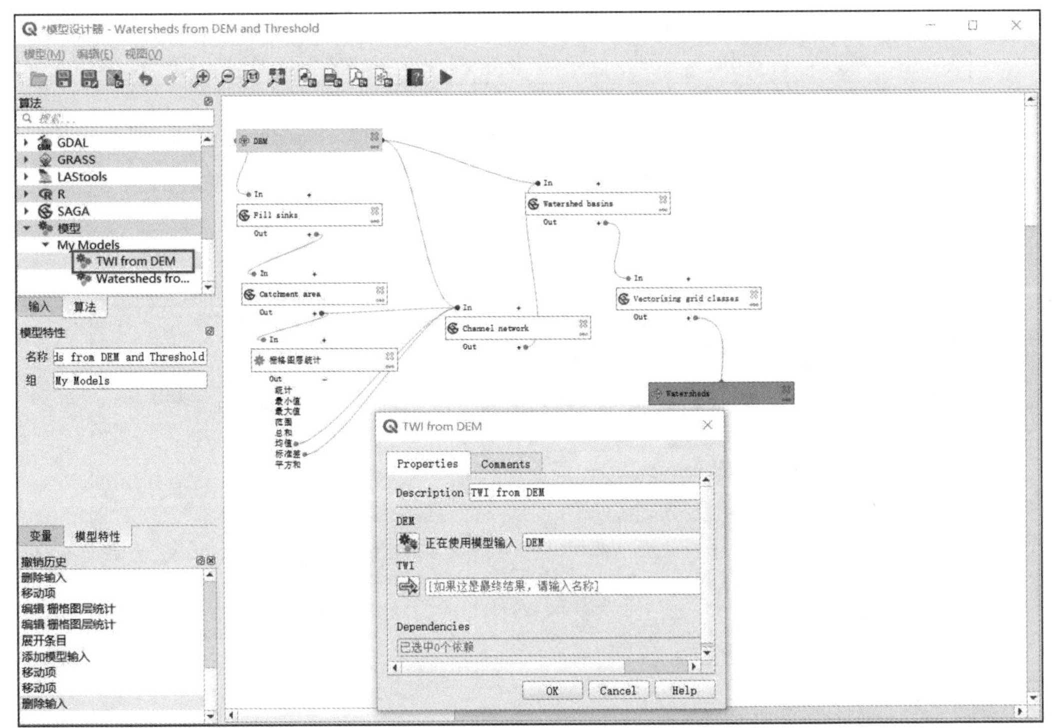

图 18-120 TWI 模型嵌套

将其添加到当前的模型中,以 DEM 数据作为其输入数据。且其输出为临时图层,因为这里只是准备把 TWI 图层用于统计计算。这里创建的这个模型的唯一输出结果依然是带有流域的矢量图层。相应的参数对话框如图 18-121 所示。

现在获得了一个可以用于与流域矢量图层一并处理,从而生成新的矢量图层,图层中包含每个子流域及其相应 TWI 值。此计算可以使用分区统计(Grid statistics in polygons)算法(图 18-122)。使用上述图层作为输入数据,创建最终结果。

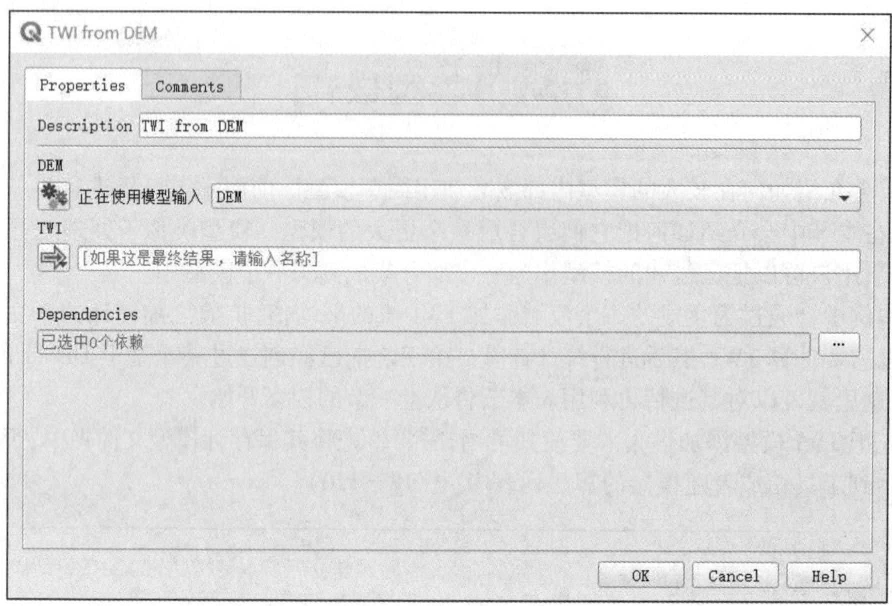

图 18 - 121　TWI 工具的参数设置

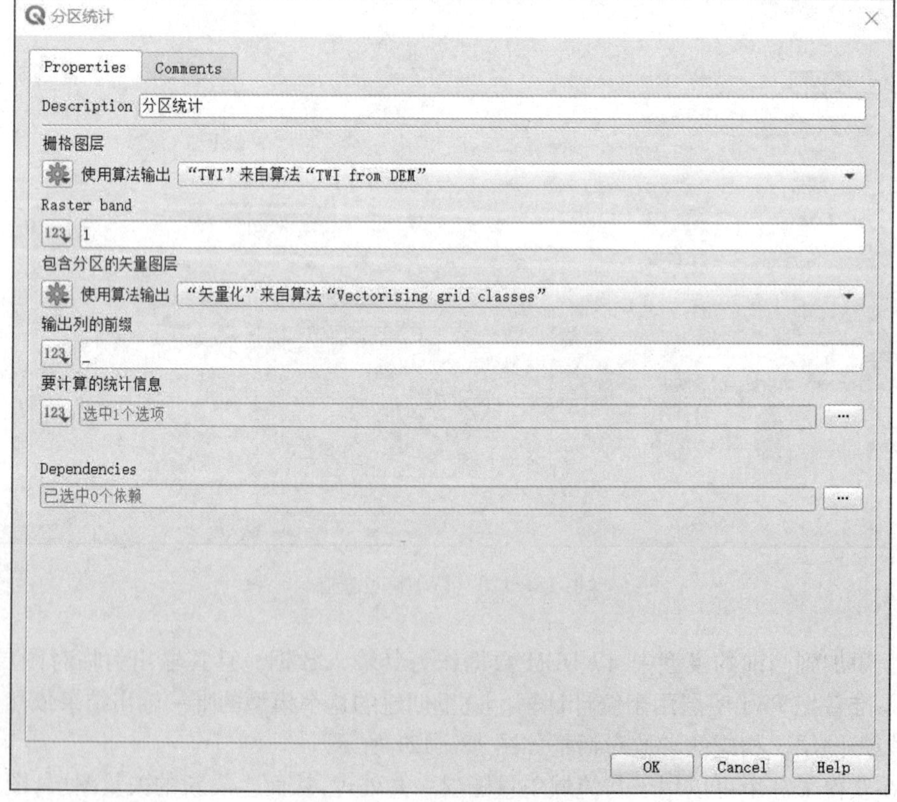

图 18 - 122　分区统计工具的参数配置

Vectoring grid classes 算法的输出原本是最终输出结果，但现在这里只想将其用作临时结果。现在对算法进行编辑，双击该算法查看参数对话框，删除该输出的名称，将其作为临时输出结果。最终模型应如图 18 - 123 所示。

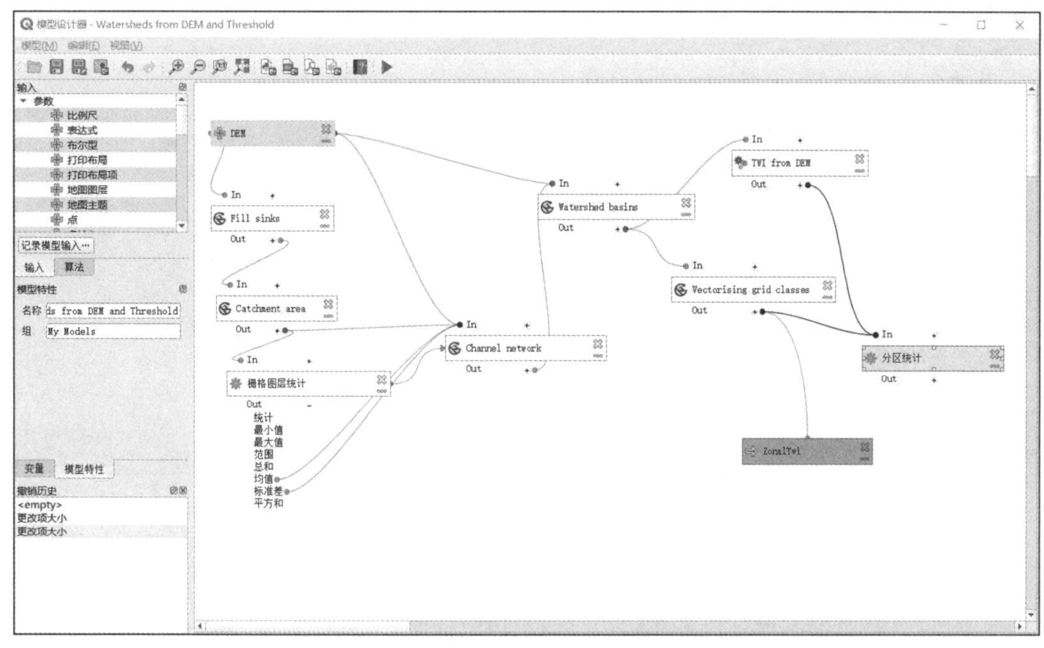

图 18 - 123 模型嵌套的最终工作流

模型嵌套其实很简单，用户可以像添加其他算法一样添加模型，只要其储存于模型文件夹中，在工具箱中已是可用状态就可以了。

18.21 使用“仅建模器可用”工具进行模型创建

本节会介绍如何使用某些仅可用于模型建模器、可提供附加功能的算法。本节的目标是使用建模器创建把当前的要素选择作为输入数据的插值算法，除了要求算法仅处理所选要素外，还要使用该选择的范围作为创建插值结果的栅格图层。

插值过程涉及两个步骤：把点图层栅格化，然后填充栅格化后的图层中的“nodata”值。如果点图层有选中的要素点，则会仅使用选中的点，但如果输出范围设置了自动调整，用作处理的会是图层的整个范围。也就是说，输出图层的范围是所有要素的范围，而不是仅根据选中要素计算出来的范围。这里首选尝试通过在模型中使用一些其他工具来解决此问题。

打开建模器，添加所需的输入项开始建模（图 18 - 124）。在本例中会需要用到一个矢量图层（类型限制为点图层）以及它的其中一个属性，该属性的值稍后再用于栅格化。

下一步是计算选中要素的范围。这就是“仅模型使用”的、命名为最小边界几何图形

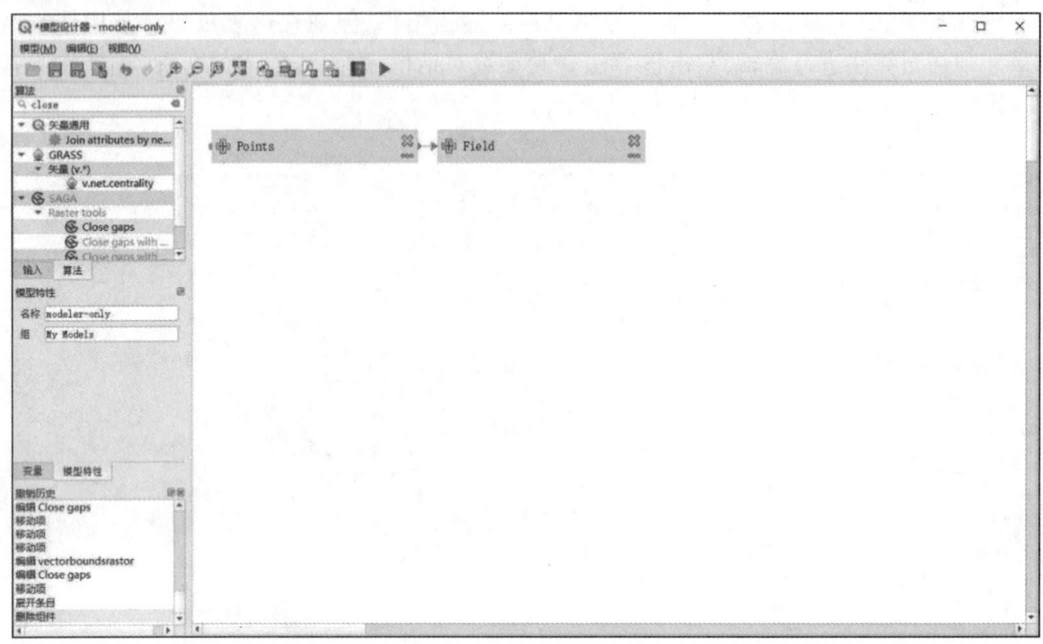

图 18 - 124 添加输入的图层和字段

(Minimum boarding geometry)的工具发挥作用了。首先需要创建出一个范围为选中要素范围的图层。然后,对该图层使用此工具(图 18 - 125)。

创建具有选中要素范围的图层最简单方法是计算输入点图层的凸包。此计算工具仅使用选中的点要素,因此,凸包计算结果会和选中要素的边界范围相同。可以在最小边界几何图形(Minimum boarding geometry)算法中把几何图形类型设置为“凸包”,把此算法输出的图层作为输入数据。此时建模器画布应如图 18 - 126 所示。

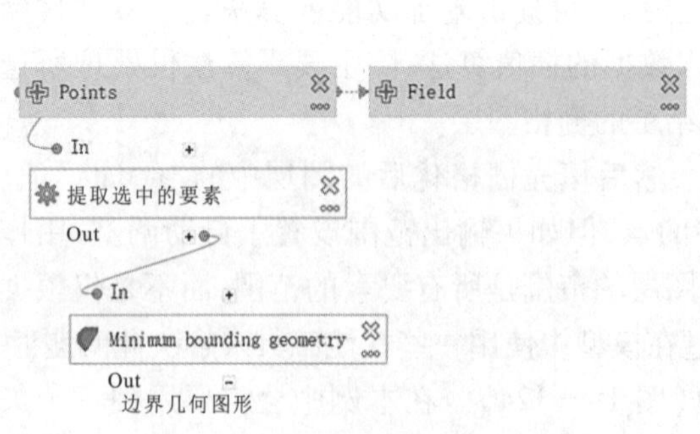

图 18 - 125 添加后的视图效果

图 18 - 126 凸包工具参数设置

最小边界几何图形(Minimum boarding geometry)的输出结果会是一个多边形图层。现在可以添加栅格化矢量图层的算法了,使用 Rasterize 算法的输出的范围作为输入数据。把该算法的参数作如图 18 - 127 所示的设置。

图 18 - 127 矢量数据栅格化工具参数配置

画布此时应如图 18 - 128 所示。

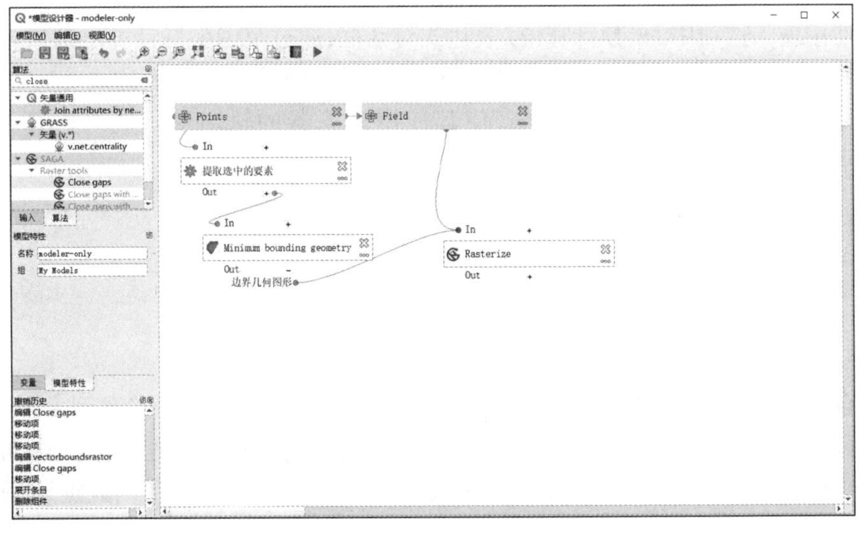

图 18 - 128 当前插值的工作流状态

最后是使用 Close gaps 算法填充栅格图层的“nodata”值(图 18－129)。

现在模型构建已经基本完成了,可以把它保存并添加到工具箱中。现在可以运行此算法工具,它会通过对输入图层中被选中的点要素进行插值生成栅格图层,且该图层的范围与选中要素的范围相同。

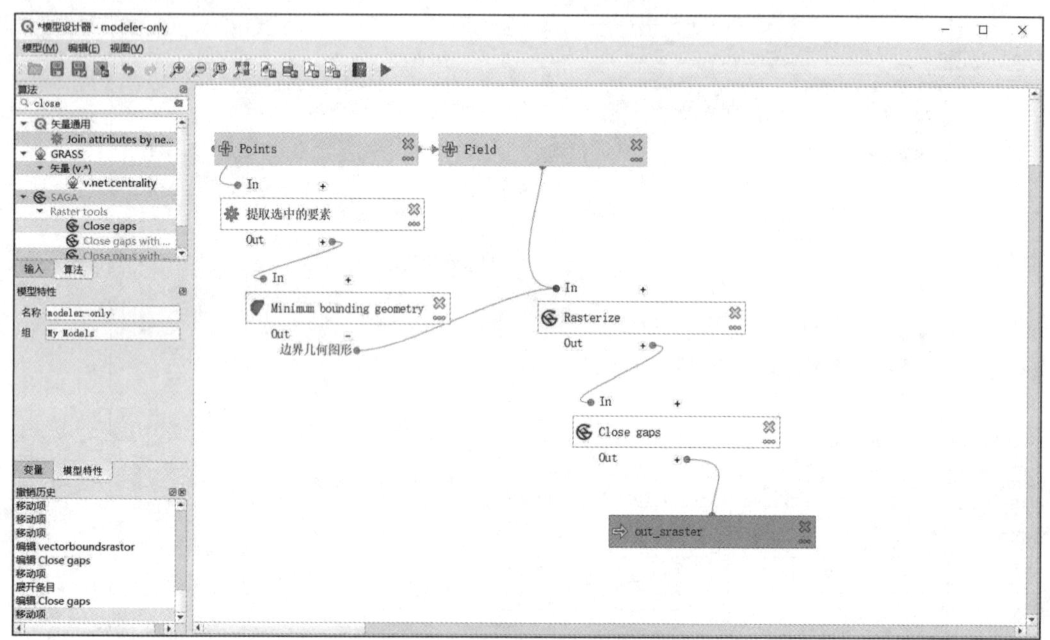

图 18－129　更新后的插值工作流状态

接下来对算法做一个改进。栅格化时为像元大小设置了一个固定值。这个值对这里测试用的输入图层来说影响不大,但是在实际情况中可能不适用。这里可以添加一个新参数,让用户输入所需的像元值,但是相比来说更好的方法是做到自动计算该值。

可以使用输入选项中的“预计算值”表达式对话框,通过范围坐标计算出该值。例如,需创建一个固定宽度为 100 像素的图层,可以使用图 18－130 中所示的表达式。

现在需要做的是编辑栅格化算法,使其使用计算器的输出值。最终的算法应如图 18－131 所示。

18.22 空间插值

本节会介绍如何进行点数据插值,以及另一个实施空间分析的真实案例。本节中会对点数据进行插值获得栅格图层。在操作之前有一些必需的数据预处理工作,在内插之后,还将添加一些处理对结果图层修改使分析流程更加完善。打开本节的示例数据,其外观应如图 18－132 所示。

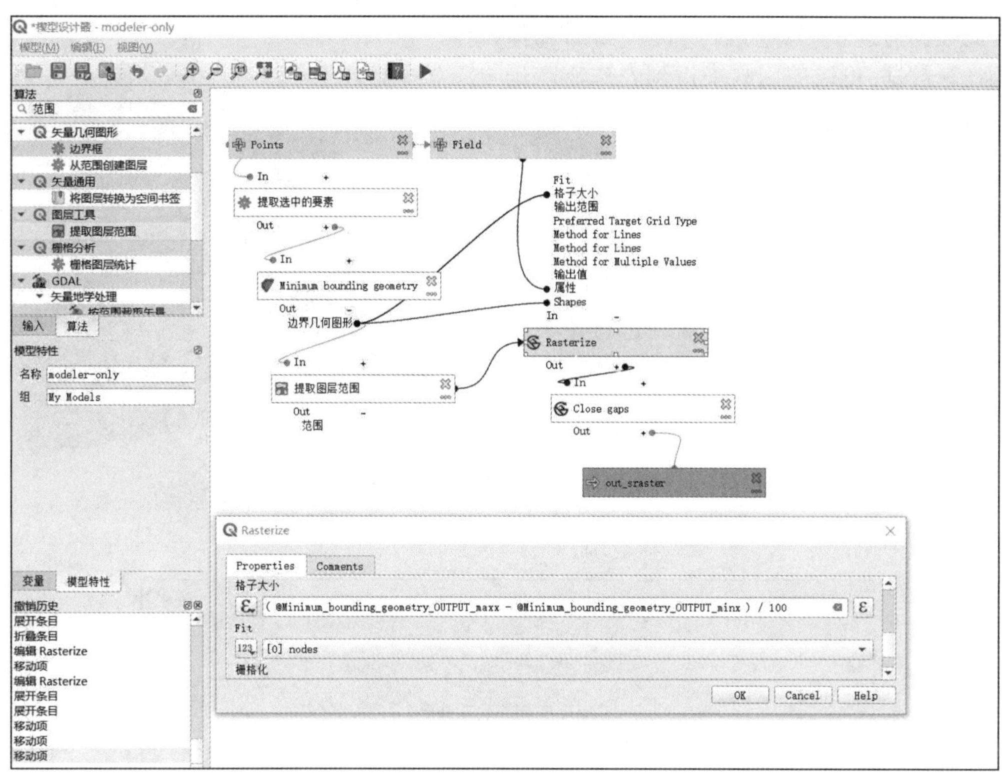

图 18－130　栅格数据像元大小配置

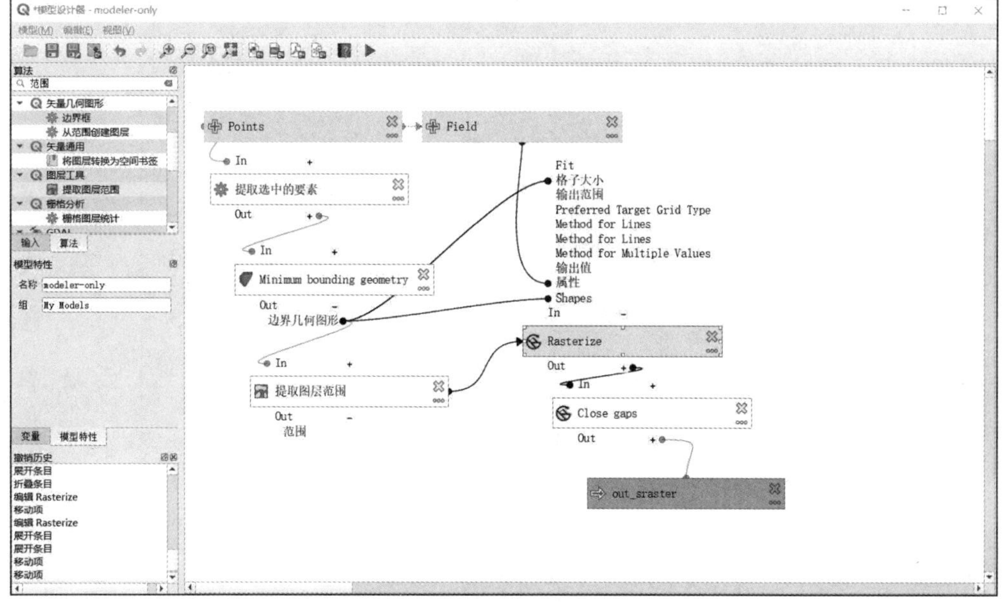

图 18－131　最终插值工作流图

此数据对应的是现代收割机产出的农作物的产量数据,可以使用它来得到农作物产量的栅格图层。这里不对该层进行进一步的分析,而仅将其用作背景图层便于识别出生产力最高的区域及生产力待提高的区域。

图 18－132　插值用的原始数据

这里要做的第一件事是清理该图层,因为它包含了太多冗余点。这些冗余点由收割机的位移产生,主要位于收割机需要进行调头的位置或因某些情况需要改变速度的地方。Points filter 算法可以剔除这些冗余点。这里会运行两次剔除分布在上半部分和下半部分的噪声点。对于第一次运行,使用如图 18－133 所示的参数值。

Points filter
参数　记录
点
sorghum [EPSG:32755]
仅选中的要素
属性
1.2 Yld Mass(D
半径
100
点的最小数目
20
Maximum Number of Points
250
Quadrants
Filter Criterion
[4] remove below percentile
容差
0.000000
百分位
15
Filtered Points
[保存为临时文件]
执行算法后打开输出文件
0%
取消
以批处理方式运行...
运行　Close

图 18－133　第一次数据清理参数设置

然后是第二次运行,使用如图 18－134 所示的参数值。

注意,这里没有用原始图层作为输入数据。过滤后图层外观上与原始图层相似,但其中包含的点数变少了。可以通过比较它们的属性表看到区别。现在使用 Rasterize 算法对图层进行栅格化(图 18－135)。

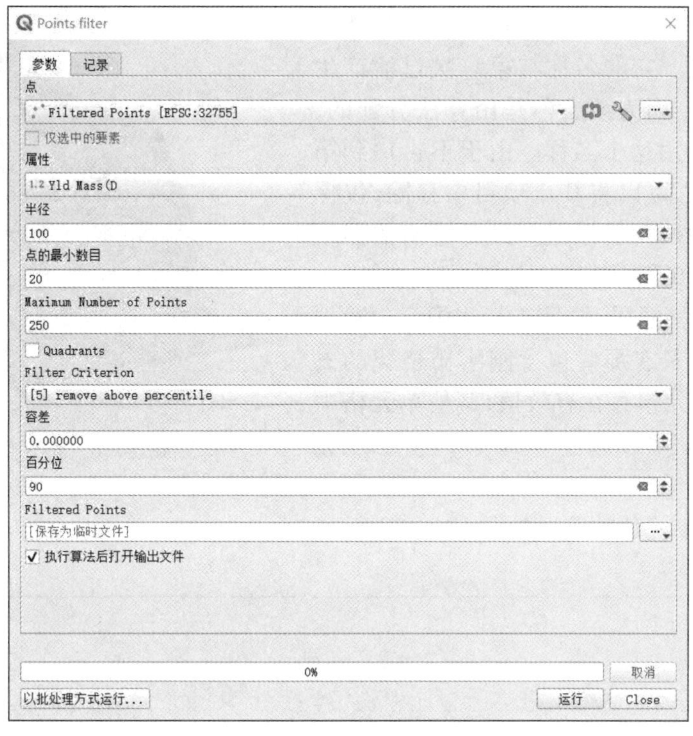

图 18－134　第二次参数清理数据设置

图 18－135　矢量数据栅格化参数配置

Filtered points 图层对应的是第二次过滤后输出的结果图层。它的名称与第一次过滤产生的图层名称相同,因为该名称是由算法分配的,所以尽量不要使用这个名称。由于不再用到第一次过滤的结果,可以将其从项目中移除,仅保留最后一次过滤所得的图层。最后输出的栅格图层如图 18－136 所示。

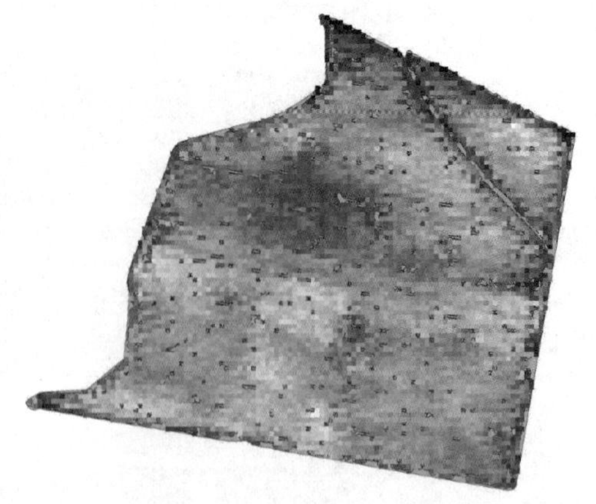

图 18－136 栅格化的结果

它是一个栅格图层,但是在某些像元中数据是丢失的。因为只有那些包含刚刚栅格化的矢量图层里的点单元格存在有效值,其他单元格中则为“nodata”值。可以通过 Close gaps 算法填充丢失的值(图 18－137)。

填充完“nodata”值的图层如图 18－138 所示。

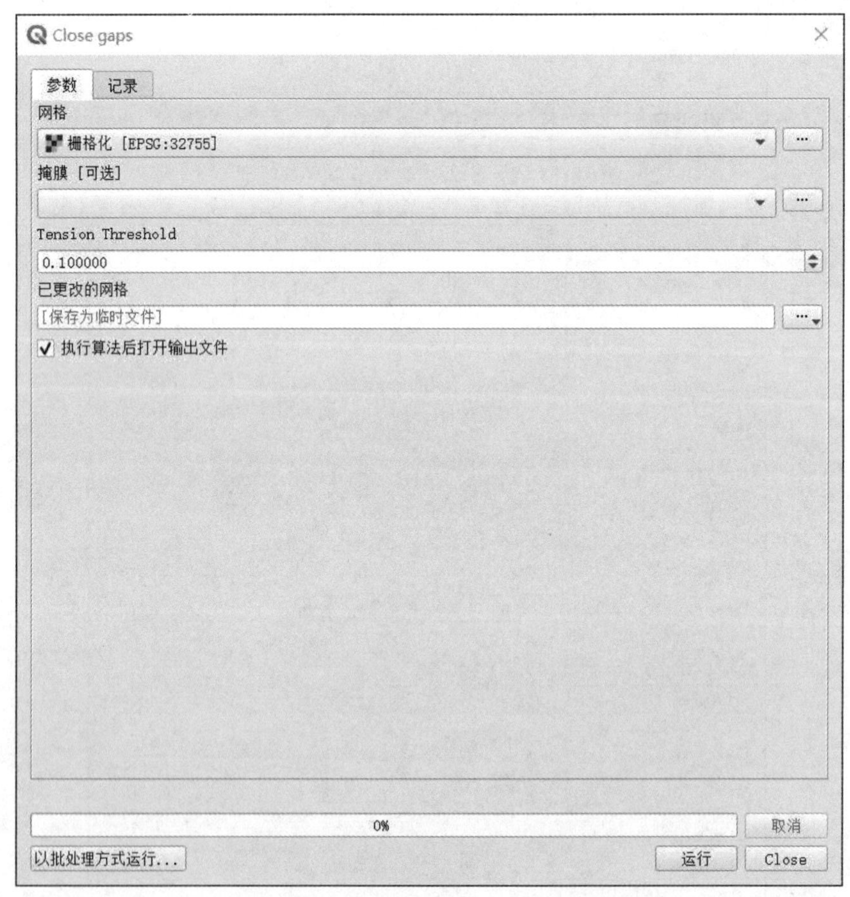

图 18－137 填充空值工具参数设置

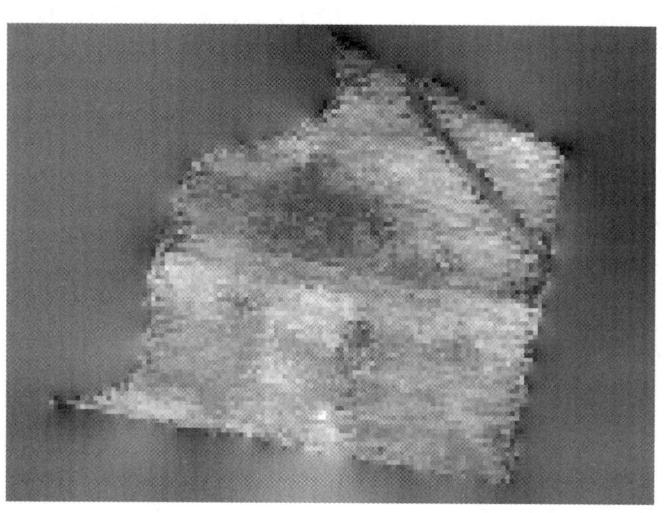

图 18－138 填充空值工具的输出结果

为了把数据覆盖的区域限制为仅测量作物产量的区域,可以使用已有的限制图层裁剪栅格图层(图 18－139)。

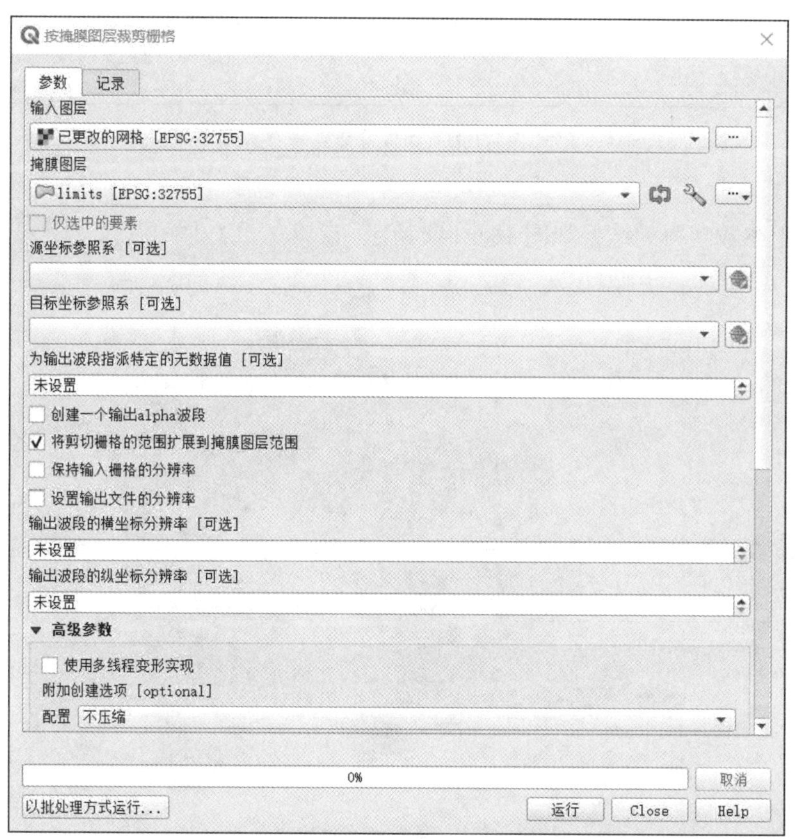

图 18－139 栅格数据裁剪

为了获得更平滑的结果(精度较低,但更适合作为底图显示),可以对图层应用 Gaussian filter 算法(图 18-140)。

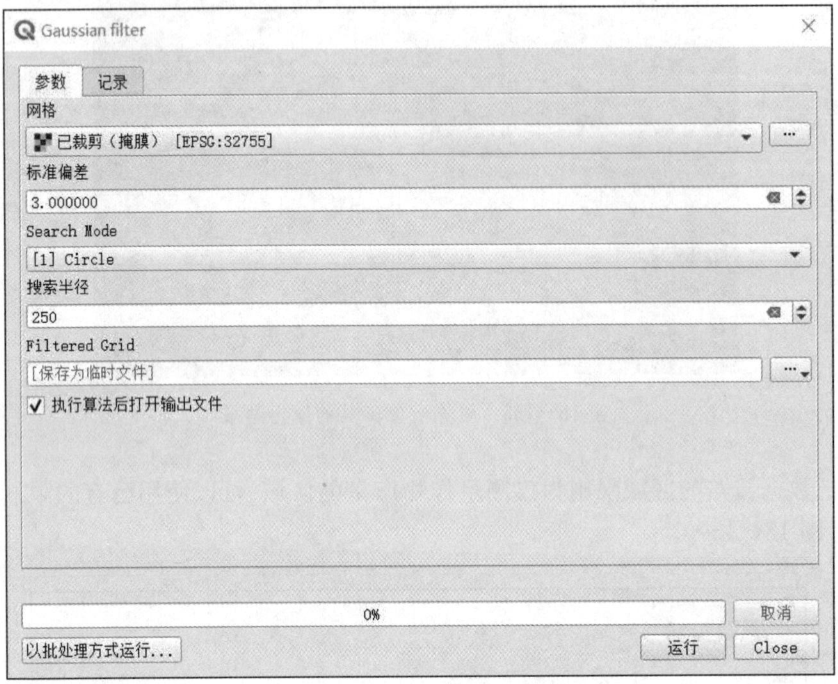

Gaussian filter
参数 记录
网格
已裁剪(掩膜) [EPSG:32755]
标准偏差
3.000000
Search Mode
[1] Circle
搜索半径
250
Filtered Grid
[保存为临时文件]
执行算法后打开输出文件
0%
取消
以批处理方式运行...
运行 Close

图 18-140 高斯过滤参数设置

使用以上参数获得的结果如图 18-141 所示。

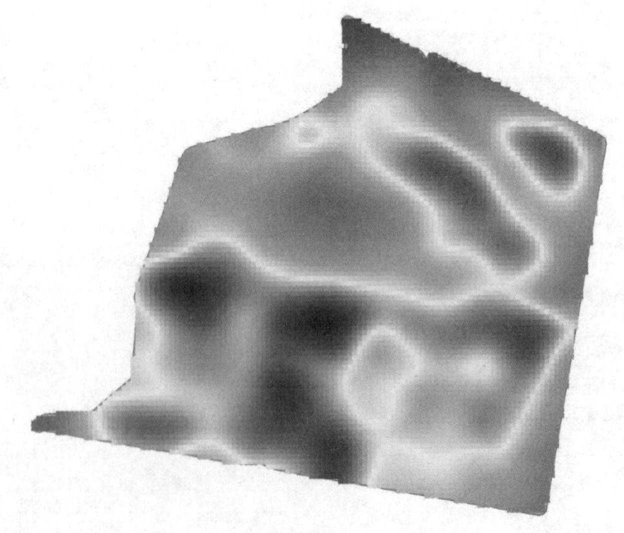

图 18-141 高斯过滤的输出结果

18.23 更多空间插值内容

本节会介绍使用插值算法的另一个实际例子。插值是一种常见的空间数据处理技术，本节使用的也是一些之前已经介绍过的插值算法，但略有不同。本节的数据还包含一个点图层（高程数据）。这里首先按上一节的方式进行插值，这次会保存部分原始数据，然后评价插值结果。

首先，需要对点图层进行栅格化，并填充产生的"nodata"像元，但仅使用该图层中的部分点进行此步骤。这次会留 10%的点用作后面的评价分析，所以需要准备用以插值的是其中 90%的点。这里需要用 Split shapes layer randomly 算法把数据分成 90%和 10%两个部分，这是前面课程中介绍过，其实还有一种更好的方法，不必产生任何新的中间层。因为可以直接选中要用于插值的点（百分比为 90%），然后运行算法。这样栅格化算法就只使用那些选中的点。此选择操作可通过随机选择（Random selection）算法完成。使用如图 18－142 所示的参数运行此算法。

这样就会选择图层中 90%的点进行栅格化，结果如图 18－143 所示。

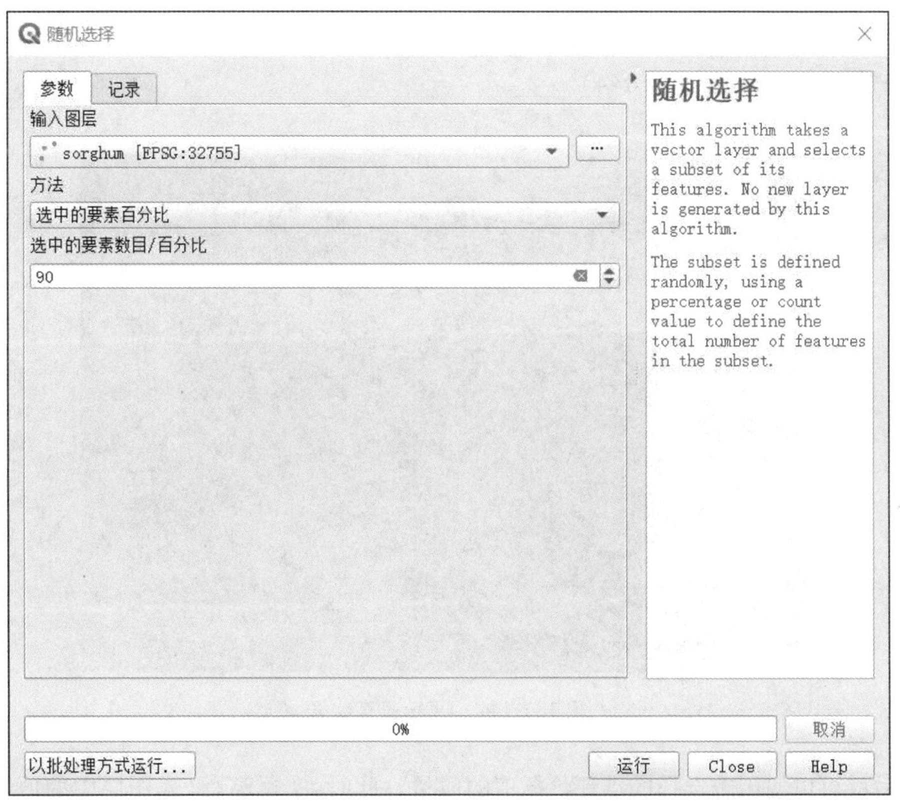

图 18－142　随机选择工具参数配置

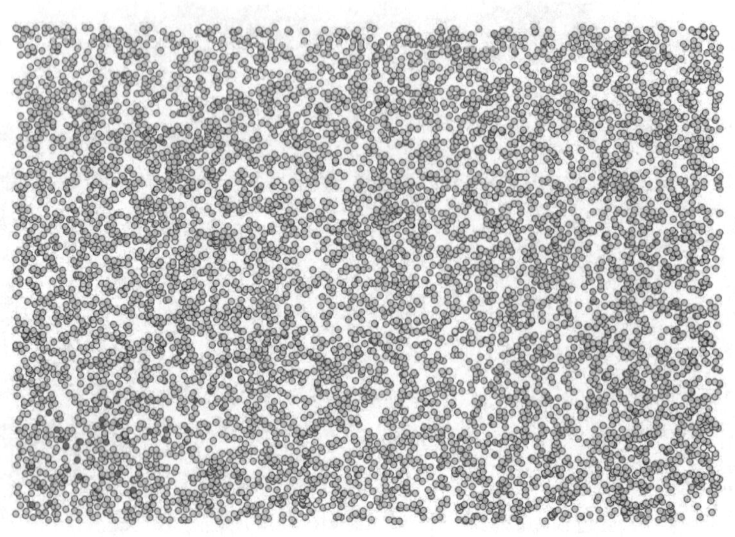

图 18－143　随机选择的输出结果

选择是随机的，因此，用户自己操作的选择可能与图 18－143 所示的选择有所不同。现在运行 Rasterize 算法获取第一个栅格图层，运行 Close gaps 算法填充那些“nodata”单元格［像元分辨率：100m］（图 18－144）。

图 18－144　DEM 高程数据

然后就可以使用未选择的点评价插值的质量。此时，实际高程（点图层中的值）和插值高程（插值栅格图层中的值）是已知的。可以通过计算这些值之间的差异进行比较。

由于这里要使用的是未选择的点，因此，首先要进行反选（图 18－145）。

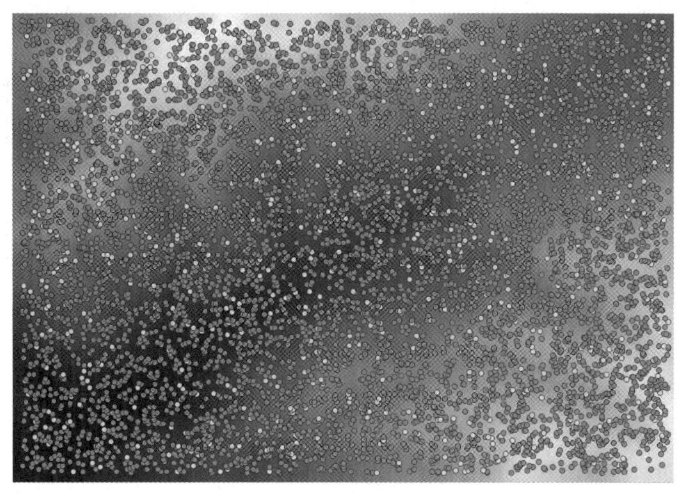

图 18 - 145 反选数据点

这些点的值为原始值,而非插值算法得到的值。而对于插值算法得到的值可以通过 Add raster values to points 算法把它们添加到新字段中(图 18 - 146)。

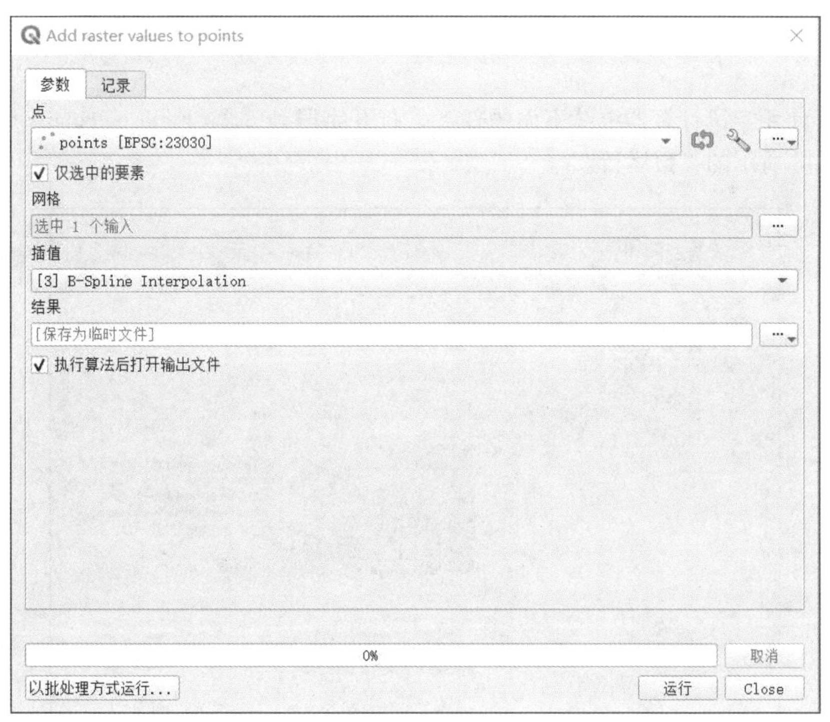

图 18 - 146 从栅格数据获取给定点的像元值

应选择的栅格图层(该算法支持输入多个栅格,此处只需要输入一个)为插值结果的栅格图层。这里已经将其重命名为“interpolate(插值)”,获得了一个包含两个值的矢量图层,其中还含有未用于插值的点(图 18 - 147)。

结果 — 要素总计: 7025, 过滤了: 7025, 选中: 0

123 ID ｜ 全部更新 ｜ 更新所选

	ID	VALUE	interpolate
1	1	705.00000000...	735.65466580...
2	2	949.00000000...	959.79879264...
3	3	898.00000000...	926.84190558...
4	4	1131.0000000...	1103.7765446...
5	5	1502.0000000...	1480.9532228...
6	6	1516.0000000...	1480.8695696...
7	7	1596.0000000...	1601.8181633...
8	8	1593.0000000...	1627.0856643...
9	9	1831.0000000...	1830.4934291...
10	10	2096.0000000...	2088.5376370...
11	11	1820.0000000...	1858.2118322...
12	12	582.00000000...	572.78469933...
13	13	610.00000000...	576.39083328...
14	14	585.00000000...	592.74593424...
15	15	776.00000000...	769.95749566...
16	16	823.00000000...	823.38176154...
17	17	822.00000000...	833.61809841...

显示所有要素

图 18-147　从栅格数据获取给定点值的结果

现在将使用字段计算器继续下面的任务。打开字段计算器(Field calculator)算法,使用如图 18-148 所示的参数运行。

图 18-148　字段计算器公式设置

如果栅格图层中的值字段与上图名称不同,则需要相应地修改上述公式。然后运行此算法,会获得一个新图层,其中仅包含 10%用于插值评价的点,每个点都包含两个高程值(插值后与插值前)之间的差(图 18 - 149)。根据该列数据使用户对差值最大的区域获得初步的评价。

结果 — 要素总计: 7025, 过滤了: 7025, 选中: 0

123 ID = ε 全部更新 更新所选

	ID	VALUE	interpolate	error
18	3327	1019.0000000...	1004.2242788...	14.77572
19	3419	1015.0000000...	1004.5695539...	10.43045
20	683	1002.0000000...	1005.1878888...	3.18789
21	1992	1019.0000000...	1005.3541248...	13.64588
22	4368	1007.0000000...	1005.3988197...	1.60118
23	3845	1021.0000000...	1005.6096044...	15.39040
24	4220	995.00000000...	1005.9069152...	10.90692
25	1059	1000.0000000...	1006.0223230...	6.02232
26	4152	1014.0000000...	1006.1318215...	7.86818
27	3207	994.00000000...	1006.7553211...	12.75532
28	3779	1019.0000000...	1006.7714706...	12.22853
29	4382	989.00000000...	1006.8892992...	17.88930
30	2832	1011.0000000...	1007.2399407...	3.76006
31	2596	1011.0000000...	1007.2898730...	3.71013
32	3680	1013.0000000...	1007.3231128...	5.67689
33	3745	1040.0000000...	1007.4018122...	32.59819
34	1733	988.00000000...	1007.8560274...	19.85603

显示所有要素

图 18 - 149 插值结果误差数据

继续对此图层进行插值分析会得到一个栅格图层,同时会输出区域所有点的插值估计误差结果,进而评价插值效果(图 18 - 150)。

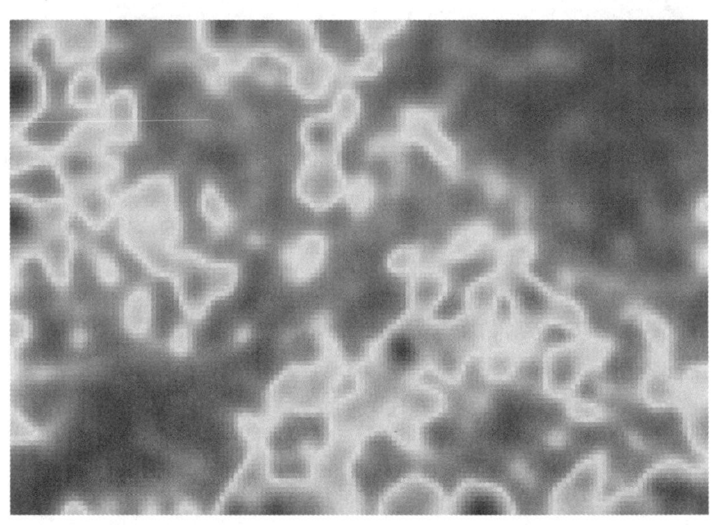

图 18 - 150 误差结果空间分布图

用户也可以直接通过 GRASS→v. sample 获取同样的信息(原始点值和插值后点值之差),这里用户自己操作的结果可能与以上结果有所不同,因为在本节开始时运行的随机选择部分点和用户用的点不一样。

18.24 算法的迭代执行

本节会展示另一种使用矢量图层执行算法的方法:遍历输入矢量图层中的要素重复运行算法。

前面章节已经帮助用户初步认识了图形建模器,这是自动化处理任务的一种有效方法。然而有时候建模器可能也无法满足所给定任务的自动化需要。接下来这节会用一个例子说明这种情况,介绍如何使用另一种 QGIS 工具解决这样的问题,即算法的迭代执行。

打开本节对应的数据。其应如图 18 - 151 所示。

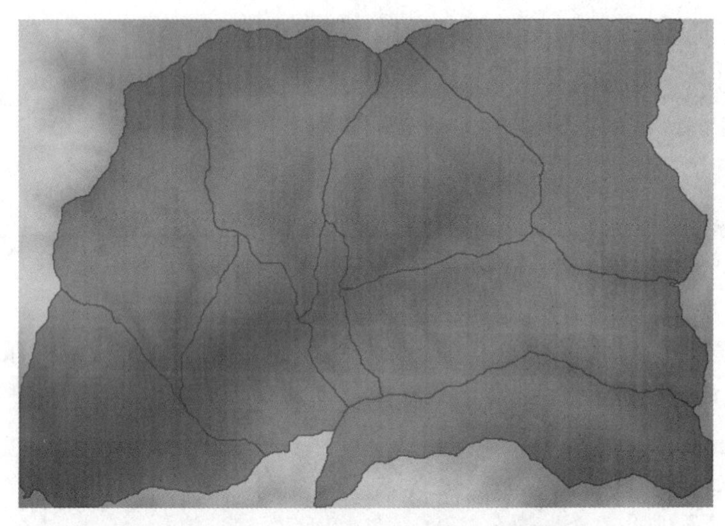

图 18 - 151 示例数据

从图中可以看到前文中使用过的 DEM 以及从其中提取的一系列子流域。想象一下,如果需要把 DEM 切分成几个较小的栅格数据,每个图层仅包含与其对应的单个子流域的高程数据。以后计算与每个子流域相关的一些参数(例如其平均海拔或曲线图)时会非常有用。要计算每个子流域会需要反复重复操作,尤其是在子流域数量非常多的情况下。然而,其实类似这种任务可以通过迭代执行实现自动化处理。

用以裁剪栅格图层的算法是按掩模图层裁剪栅格(Clip raster with polygons),其参数对话框如图 18 - 152 所示。

可以使用流域图层和 DEM 作为输入数据运行此算法,运行结果应如图 18 - 153 所示。

图 18－152　剪裁工具参数设置

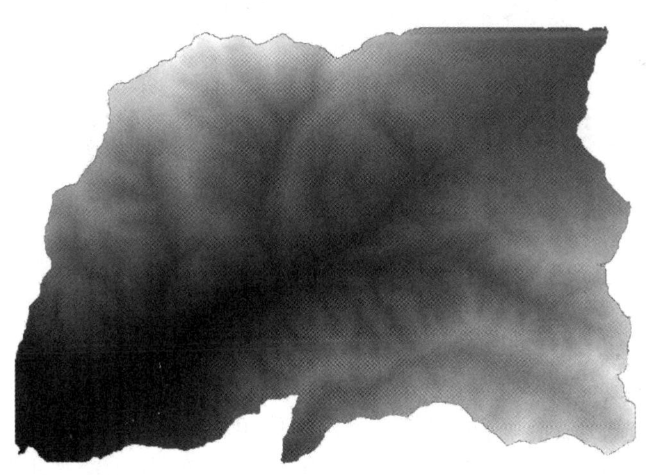

图 18－153　DEM 裁剪结果

从图中可以看到，所有子流域多边形都会用于算法运行。可以通过选中单个要用于裁剪的子流域多边形，然后和之前一样运行算法把 DEM 裁剪为该子流域多边形的覆盖区域（图 18－154）。

由于算法只使用选中的要素运行处理，因此，只有选中的多边形会用于裁剪该 DEM 栅格图层（图 18－155）。

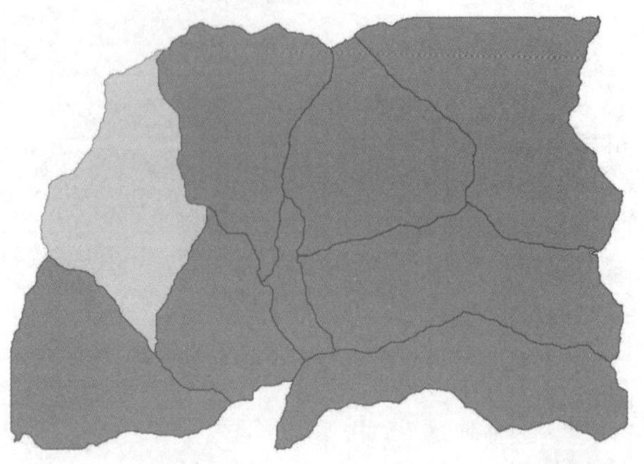

图 18－154 选中子流域

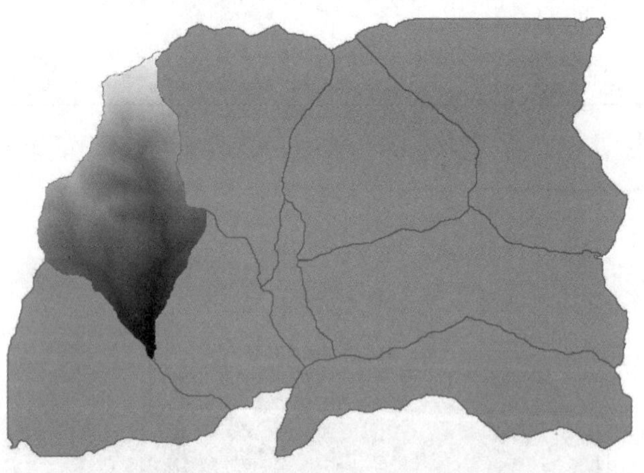

图 18－155 根据选中的要素对 DEM 裁剪

对所有子流域逐一执行此操作能够获得想要的结果，只是这种重复性操作很耗时。现在来看如何用自动化选择并裁剪(Select and crop)的流程作达到本案例想要的效果。

首先，把此前的选择操作移除，使算法判定为使用所有多边形。现在按掩模图层裁剪栅格(Clip raster with polygons)，选择和之前同样的输入数据，但这次点击矢量图层输入参数(也就是当前选择为子流域图层的)右侧的 按钮(图 18－156)。

此按钮会把输入图层拆分为该图层中能找到的要素数量相等的图层，每个图层分别包含输入图层的一个多边形。该算法会重复调用，遍历每个多边形生成对应多边形的输出结果。此输出结果将是一套栅格图层，其中每个都对应于算法的一次运行。

按上所述方法运行此裁剪算法的结果如图 18－157 所示。

每一个图层从最小值到最大值的配色方案不太一样，所以看起来它们分为了各个片状且颜色在各个图层间的边界处中不太匹配，实际上边界处的值确实是匹配的。

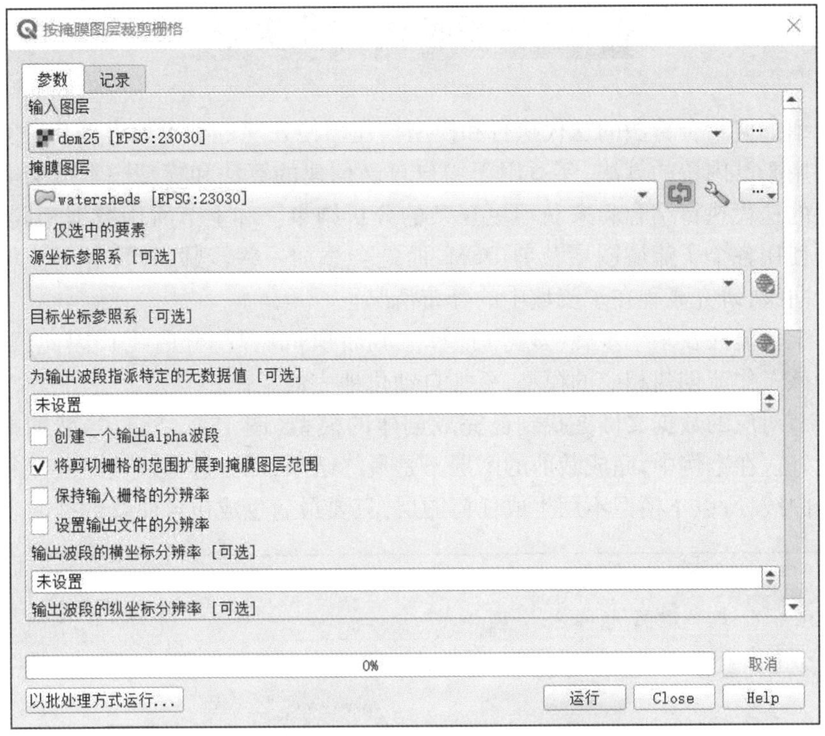

图 18－156　按掩膜图层裁剪栅格

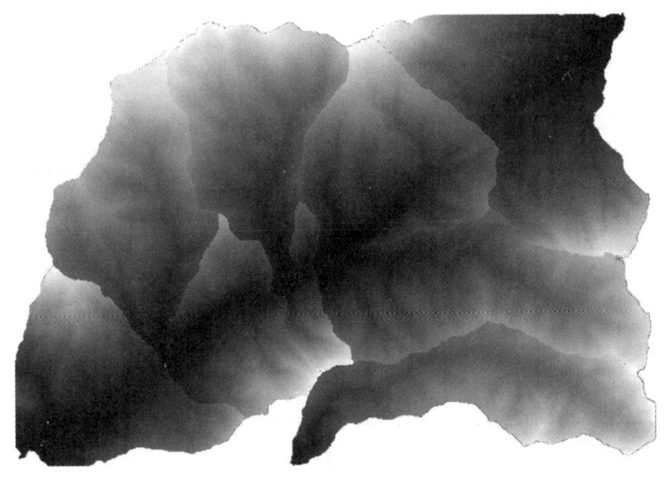

图 18－157　栅格数据裁剪迭代算法的输出结果

如果有设置输出文件名，输出的文件会使用该文件名并加上每个迭代相对应的数字作为后缀。

18.25 更多的迭代算法

本节介绍如何结合算法的迭代执行和模型构建器使处理过程更加自动化。算法的迭代执行不仅适用于已内置的算法,还适用于用户自己创建的算法和模型。本节会介绍如何把模型与算法的迭代执行结合起来获得更复杂的分析结果。和上节所用数据相同,本节的例子中不再是使用各个子流域图层裁剪 DEM,而是会添加一些步骤,计算各子流域的流域面积高程累计曲线,研究高程在子流域中的分布情况。

本节的工作流涉及多个步骤(裁剪+计算流域面积+高程积分曲线),因此,可以使用模型构建器为该工作流创建相应的模型,更加自动化地完成工作。

先在本节对应的数据文件夹找到已完成创建的模型(图 18-158),当然如果能自己独立创建会更好。在本例中,完成裁剪的图层不是最终结果,因为这里最终是要获得流域面积和高程累计曲线,所以本模型不用生成任何图层,只要最后生成包含曲线数据的表格即可。

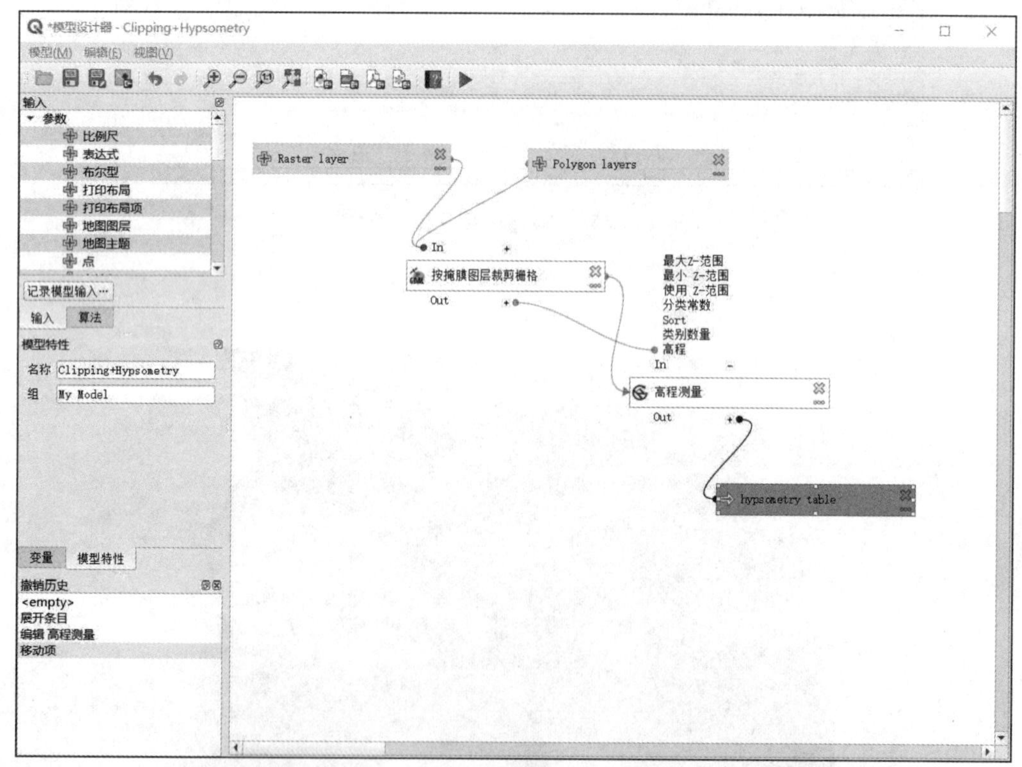

图 18-158 高程累计曲线工作流初始图

把此模型添加到模型文件夹中使其可以在工具箱中调用,然后运行。选择 DEM 和子流域数据,切记把指示迭代运行算法的按钮切换为开启状态。该算法运行数次及相应的表格创建出来后会在 QGIS 项目中打开(图 18-159)。

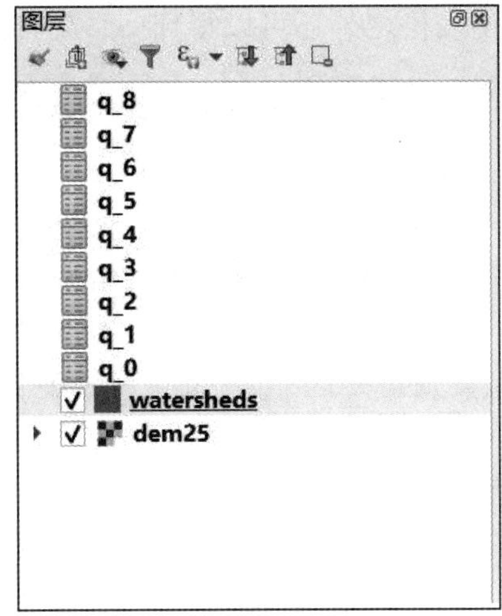

图 18－159 迭代的输出结果

当然还可以通过扩展模型并计算一些坡度统计数据把该示例调整得更复杂些。把 Slope, aspect, curvature 算法添加到模型中,然后添加栅格图层统计(Raster statistics)算法,把坡度结果作为唯一输入数据(图 18－160)。

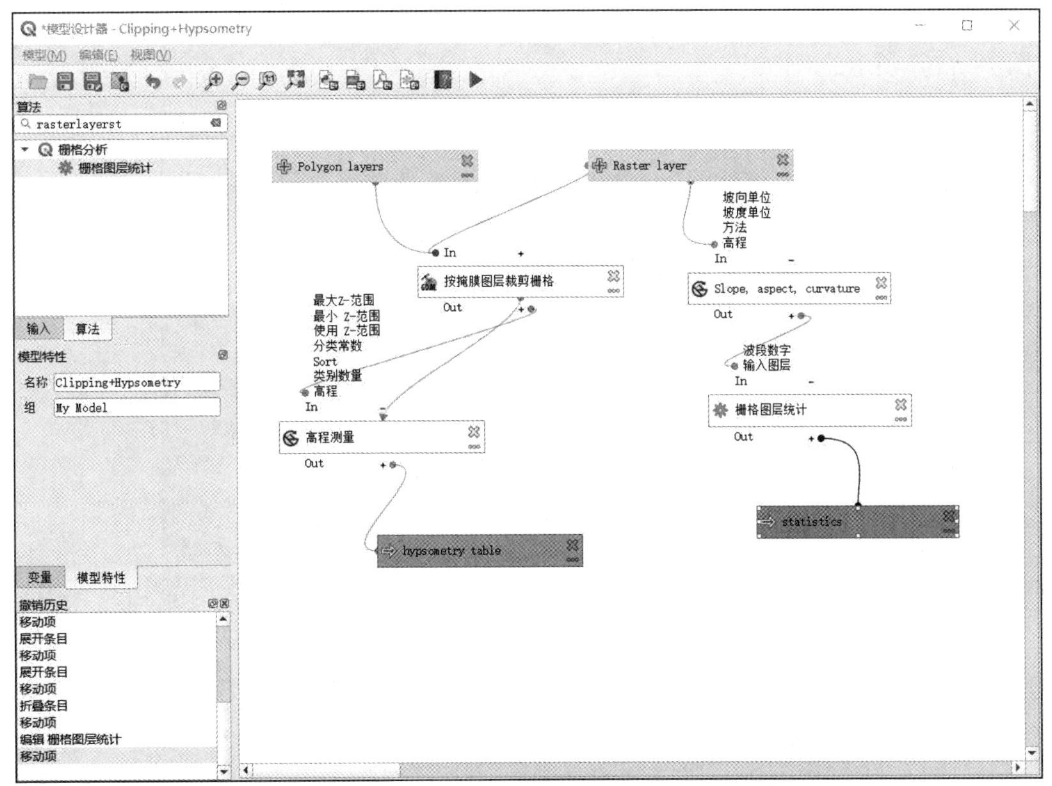

图 18－160 高程累计曲线工作流更复杂的设计

现在运行该模型,除了输出表格之外还可以得到一系列带有统计结果的页面。这些页面在结果对话框中可以查看。

18.26 批处理

本节会介绍如何使用和配置批量处理界面,批量使用多个不同输入值执行单个算法。有时候一个给定的算法需要用不同的输入数据重复执行。例如,要把各个省份的土地利用图转为矢量数据,就是把一组省份输入土地利用栅格文件转换为矢量格式,又或者当使用给定的投影的多个图层必须转换到另一个投影中时,也需要批处理工作。

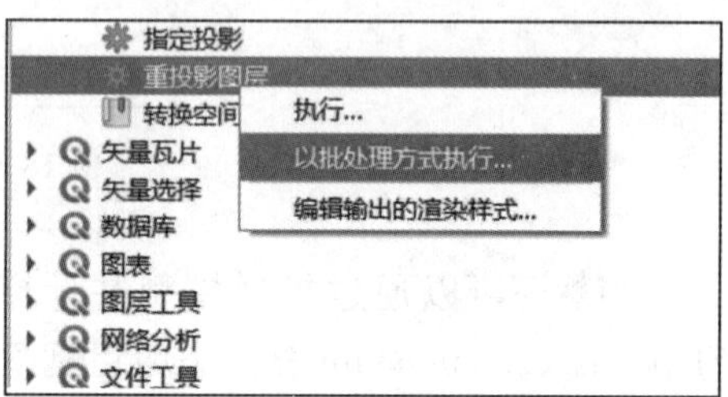

图 18-161 打开批处理菜单

这样的情况下使用批量处理界面可以大大简化给定算法的执行过程。对一个工具调用批处理需要在工具箱中找到该算法工具并右键点击该工具,在弹出快捷菜单上点击以批量处理形式运行…(Run as batch process…)使算法以批量形式运行(图 18-161)。

本例中使用的是重投影图层(Reproject layer),找出此算法并按上文所述操作后,会看到如图 18-162 所示的对话框。

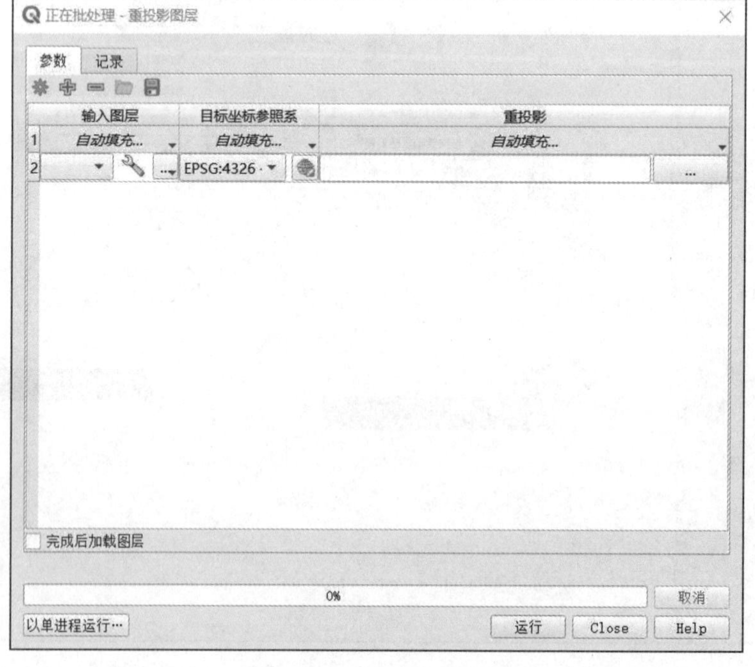

图 18-162 批处理参数配置

浏览本节对应的数据会看到其中包含三个 Shapefile 文件，但没有 QGIS 项目文件。这是因为一个算法以批量处理形式运行时，输入的图层可从当前 QGIS 项目中调用，使处理大量图层变得更方便。

批量处理对话框中的表格中的每一行表示算法的单次执行。各行中的单元格对应算法所需的参数，它不像单个执行对话框那样一个接一个地排列，而是在该行中排列，每列对应该工具的一个配置参数。定义要运行的批处理过程是通过在表中填充相应的列的值完成配置的。

现在开始一个接一个地填充每列的参数。第一个需要填写的字段是输入图层（Input layer）。默认的行数是一行，如需转换更多图层，如本例情况，可以在对话框中点击添加行（Add row）按钮添加新行。这里不需要逐个选择要处理的图层名称，可以在文件选择对话框全选所有文件，然后让对话框每行放置一个。点击左上方单元格的按钮，在弹出的文件选择对话框中选择所有三个文件。由于一行只需填入一个，剩下的会分别填写到下面其他行中（图 18－163）。

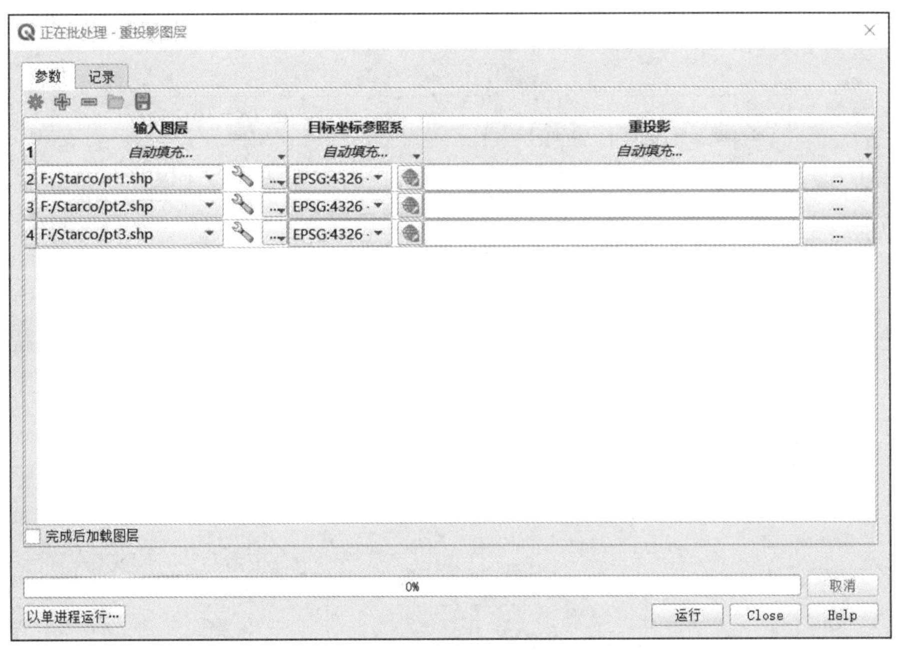

图 18－163　批处理参数设置

本节是要把所有图层的 CRS 都转换为 EPSG：23029，所以需要在第二个字段中选择此 CRS。这里要把所有行第二字段都填入 CRS，但不需要逐行手动选择。而是可以使用相应单元格中的按钮把第一行（最顶部那一行）设置为目标 CRS，双击列标题就会把第一行单元格的值填充到该列中的所有单元格中。

最后需要为每次执行设置输出文件。同样只需要手动设置好第一行。点击最顶部的单元格中的按钮，在希望储存输出文件路径中输入文件名（如 reprojected. shp）。现在，当在文件选择对话框中点击 OK 按钮时，该文件路径并不会自动写入到单元格中，而是会出现如图

18－164 所示的输入框。

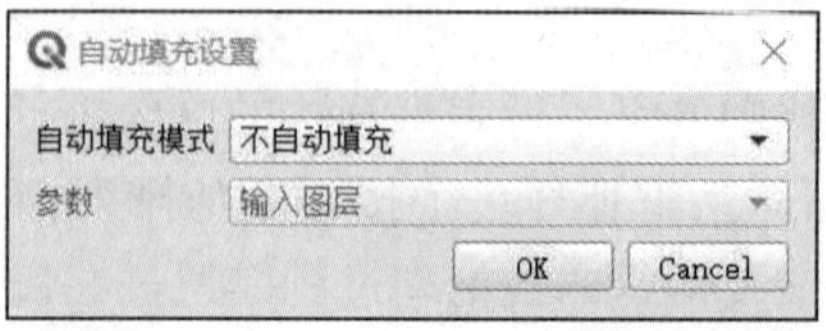

自动填充设置
自动填充模式 不自动填充
参数 输入图层
OK Cancel

图 18－164　批处理自动填充设置

如选择第一个选项，那只会写入当前操作的单元格。如选择其他选项，则第一行下的所有行都会按给定模式填充。在本案例中选择的是填充参数值（Fill with parameter value）选项，然后在下方的下拉菜单中选择输入图层（Input Layer）值。这样就使输入图层（Input Layer）（意思是输入图层的图层名称）的值添加到刚刚添加的文件名中，便于区分每个输出文件的文件名。该批量处理表格此时如图 18－165 所示。

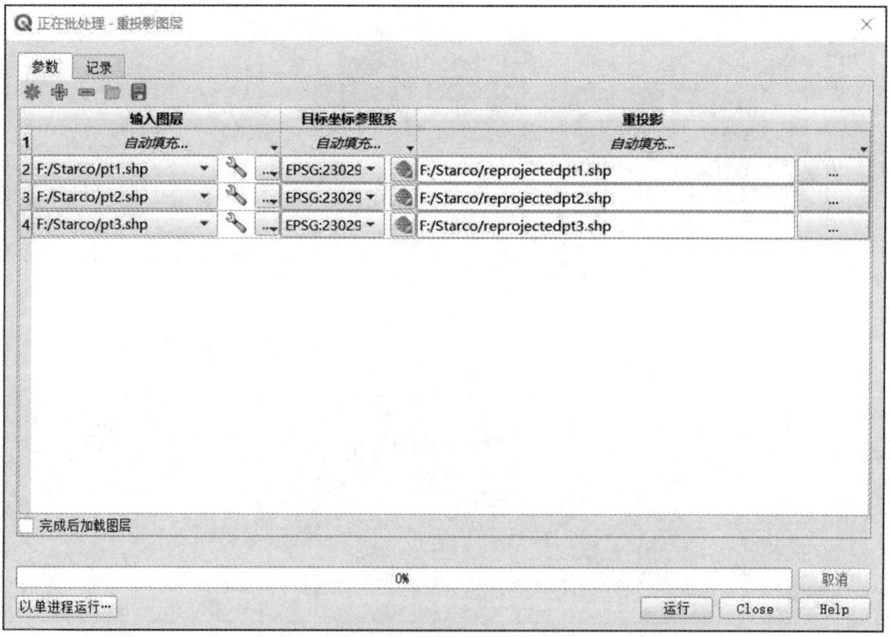

正在批处理 - 重投影图层
参数 记录

	输入图层	目标坐标参照系	重投影
1	自动填充...	自动填充...	自动填充...
2	F:/Starco/pt1.shp	EPSG:23029	F:/Starco/reprojectedpt1.shp
3	F:/Starco/pt2.shp	EPSG:23029	F:/Starco/reprojectedpt2.shp
4	F:/Starco/pt3.shp	EPSG:23029	F:/Starco/reprojectedpt3.shp

完成后加载图层
0%
取消
以单进程运行… 运行 Close Help

图 18－165　完整的批处理参数设置

最后一列设置是否把输出图层添加到当前的 QGIS 项目中。保留默认的 Yes 选项，以查看输出结果。点击 OK 按钮，批量处理就会开始运行。所有图层处理完后会生成三个新图层。

18.27 批处理界面中的模型

本节介绍另一个批量处理界面示例,这次使用的是用户自己构建的模型。模型和其他系统自带算法一样可以在批量处理界面中使用。下面使用前面的水文模型作为示例。首先确保前面用的水文模型已添加到工具箱,然后选择以批量模式运行。此时批量处理对话框应如图 18 - 166 所示。

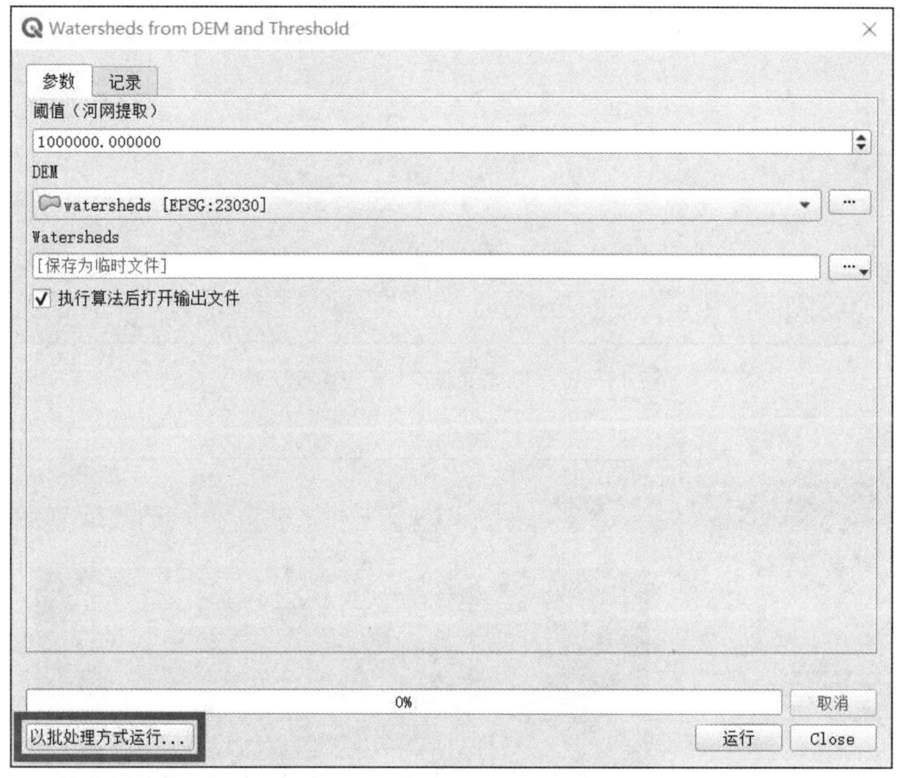

图 18 - 166　自定义模型的批处理设置

在对话框中添加 5 行。选择对应本节的 DEM 文件作为全部 5 行的输入文件,然后按图 18 - 167 为其输入 5 个不同的阈值。

从图中可以看出,批量处理界面不仅可用于多个不同数据集运行同时处理,也可用于以不同参数使用同一数据集运行。点击运行(Run),运行结束后会得到 5 个带有流域的新图层,这些流域与指定的 5 个阈值分别对应(图 18 - 168)。

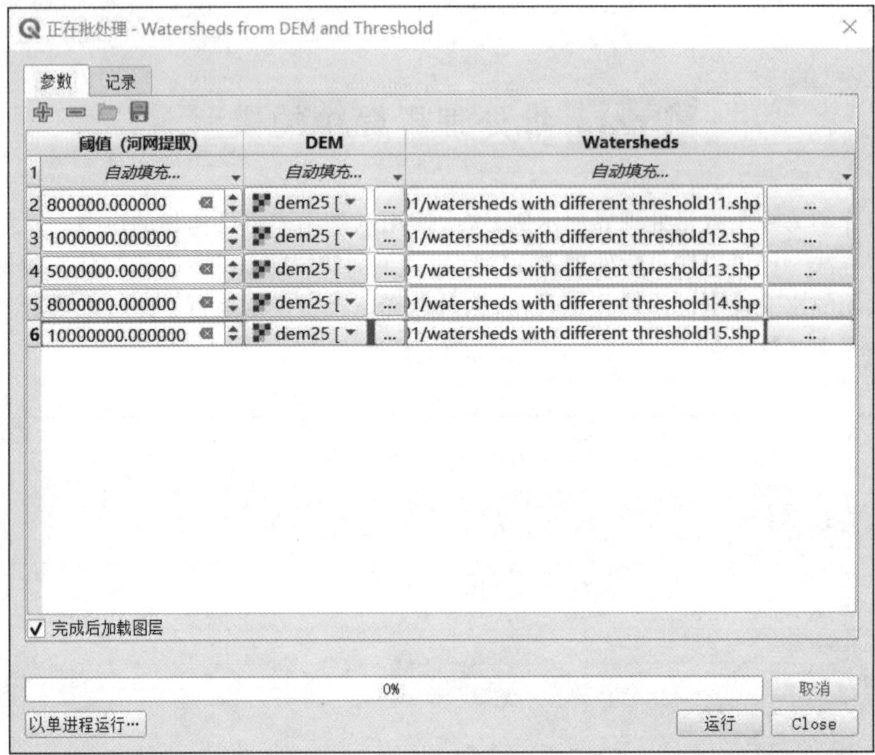

图 18－167　自定义模型批处理参数设置

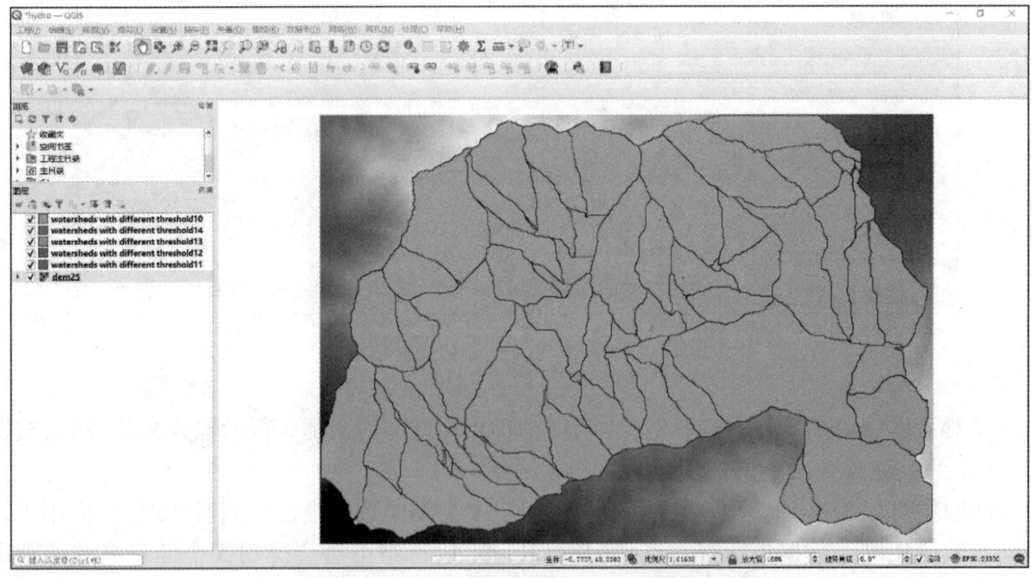

图 18－168　自定义模型批处理的输出结果

18.28 “预执行”与“执行后”脚本关联

本节介绍如何使用“预执行”与“执行后”脚本关联(hooks),使用户在真正的处理过程前或后添加一些定制操作。“预执行”和“执行后”关联(hooks)是在执行真正的数据处理之前和之后运行的处理脚本。它们可以把算法工具执行任务变得更加自动化。

hooks 的语法与处理脚本的语法相同,除了脚本的所有功能外,在 hooks 中还可以使用代表刚刚已经(或即将)执行的算法,名为“alg”的全局变量。

以下是一个“执行后”脚本的示例。默认情况下,处理会把分析结果储存在临时文件中。此脚本会把输出文件复制到特定目录,避免关闭 QGIS 后文件被删除。

```
import os import shutil
from processing. core. outputs import OutputVector, OutputRaster, OutputFile
MY_DIRECTORY = '/home/alex/outputs'
for output in alg. outputs:
    if isinstance(output, (OutputVector, OutputRaster, OutputFile)):
        dirname= os. path. split(output. value)[0] shutil. copytree(dirname, MY_DI-
RECTORY)
```

在前两行中,首先导入所需的 Python 类库包 os,用于路径操作,例如提取文件名,以及 shutil 用于各种文件系统操作,例如复制文件。在第三行中,导入当前处理的输出结果,稍后会详细说明。然后,定义一个 MY_DIRECTORY 常量,这是要把分析结果复制到目标目录的路径。

脚本的最后是主 hook 代码。在循环中遍历所有算法的输出结果,并检查该输出结果是否为基于文件的输出并且可以复制。如果是这样,就确定输出文件所在的顶级目录,然后把所有文件复制到目标目录中。

现在需要打开处理选项设置,找到通用(General)组下名为执行后脚本(Post-execution script file)的部分,在其中指定 hook 脚本的文件名,启用此 hook。

类似地,也可以实现“预执行”的 hooks。举个例子,现在来创建一个检查输入矢量是否有几何错误的 hook。

```
from qgis. core import QgsGeometry, QgsFeatureRequest
from processing. core. parameters import ParameterVector
for param in alg. parameters:
    if isinstance(param, ParameterVector):
    layer= processing. getObject(param. value)
    for f in layer. getFeatures(QgsFeatureRequest()
    . setSubsetOfAttributes([])):
        errors= f. geometry(). validateGeometry()
        if len(errors) > 0:
            progress. setInfo('One of the input vectors contains invalid geometries! ')
```

与前面的示例一样，首先导入所需的 QGIS 和 Processing packages。然后遍历所有算法参数，每找到一个 ParameterVector 参数，从中获取相应的矢量图层，然后遍历该图层的所有要素，并检查它们的几何错误。如果有要素包含无效的几何图形就给出警告消息。

这里需要通过处理(Processing)设置对话框的预先执行脚本(Pre-execution script file)选项处输入其文件名激活此 hook。该 hook 会在任何处理算法前运行。

18.29 其他程序

本节介绍如何使用 Processing 内部的其他第三方提供的工具。要完成本节必须事先安装好相关的软件包。

18.29.1 GRASS

GRASS 是一个免费的开源 GIS 软件，可用于地理空间数据管理和分析、图像处理、图形和地图制作、空间建模和可视化。默认情况下，它是通过 OSGeo4W 独立安装程序(32 位和 64 位)安装在 Windows 上，也可以打包用于所有主要的 Linux 发行版。

18.29.2 R

R 是一个免费的开源软件环境，适用于统计计算和统计图形制作。它必须与一些必要的库(LIST)一起安装。要在 QGIS 中启用 R，还需要安装 Processing R Provider 插件。

基于 R 处理工具的优点在于用户可以自己添加 R 语言脚本，然后可以像使用其他模型一样使用它们，对接到更复杂的工作流等。如果已经安装了 R，测试一些预安装的示例[从处理(Processing)的通用(General)配置中启用 R 模块]。

18.29.3 其他

LASTools 是一组混合、免费，专门用于处理和分析 LiDAR 数据的工具。在各操作系统中的可用性各不相同。用户可以通过附加插件使用更多工具。

LecoS：一款土地覆盖统计和景观生态的套件；

lwgeom：以前是 PostGIS 的一部分，该库提供一些有用的几何图形清理工具；

Animove：分析动物栖息范围的工具。

其他可以参考 LASTools 相关的文件介绍。

18.29.4 后端之间的比较

18.29.4.1 缓冲区和距离

加载 points. shp，在工具箱的过滤器中输入“buf”，然后双击。

(1) Fixed distance buffer(固定距离缓冲区):距离 10 000(Distance 10 000);

(2) Variable distance buffer(变量距离缓冲区):距离为 SIZE 字段(Distance field SIZE);

(3) v. buffer. distance:距离 10 000(distance 10 000);

(4) v. buffer. column:基于字段 SIZE 缓冲(bufcolumn SIZE);

(5) Shapes Buffer(图形缓冲区): 固定值 10 000(不融合)属性字段(具有比例缩放)[fixed value 10000 (dissolve and not), attribute field (with scaling)]。

观察运行速度以及选项设置不同时的速度差别。读者可以自己尝试查找不同方法之间的几何输出差异,栅格缓冲区和距离:

(1) 通过 GRASS 的 v. to. rast. value 工具加载并栅格化矢量图层 rivers. shp;注意像元大小必须设置为 100m,否则计算会非常耗时;输出结果的地图会有 1 和很多 NULL 值;

(2) 使用 SAGA→Shapes to Grid→COUNT(结果为 6~60);

(3) 然后是 proximity(对于 GRASS,值为 1;对于 SAGA,则为河流 ID 的列表), r. buffer,使用参数 1000、2000、3000, r. grow. distance(两张地图中的第一个;如果在 SAGA 栅格上已完成,第二张会显示与每条河流有关的区域)。

18.29.4.2 融合操作

根据指定属性融合要素:

(1) GRASS→v. dissolve municipalities. shp 基于 PROVINCIA 字段;

(2) QGIS→Dissolve municipalities. shp 基于 PROVINCIA 字段;

(3) OGR→Dissolve municipalities. shp 基于 PROVINCIA 字段;

(4) SAGA→Polygon Dissolve municipalities. shp 基于 PROVINCIA 字段[注意:不要选中保留内部边界(Keep inner boundaries)选项]。

注意最后一个操作在 SAGA≤2. 10 版本可能会崩溃。读者可以练习找出不同方法之间(几何形状上和属性上)的差异。

18.30 插值与等高线生成

本节会介绍如何使用不同提供者提供的工具计算不同的插值。

18.30.1 插值

该项目显示了从南到北的降雨梯度。全部基于矢量图层 points. shp 和参数 RAIN,使用不同的插值方法:

这里先把所有分析的像元大小设置为 500。

(1) GRASS→v. surf. rst。

(2) SAGA→Multilevel B-Spline Interpolation。

(3) SAGA→Inverse Distance Weighted [Inverse distance to a power; Power: 4; Search ra-

dius：Global；Search range：all points］。

（4）GDAL→Grid（Inverse Distance to a power）［Power:4］。

（5）GDAL→Grid（Moving average）［Radius1&2：50000］。

然后测量算法之间的差异，并将其与到点的距离相关联：

（1）GRASS→r. series［不要选中 Propagate NULLs 选项，Aggregate operation 选项：stddev］。

（2）GRASS→在 points. shp 上运行 v. to. rast. value。

（3）GDAL→Proximity。

（4）GRASS→r. covar 显示相关矩阵；检查相关性的显著水平，例如使用 http：//vassarstats. net/rsig. html。因此，远离插值点的地方插值精度相对比较低。

18. 30. 2 等高线生成工具

QGIS 提供了多种等高线生成方法［都设置等高线间隔为 10］，用 stddev 栅格数据生成等高线：

（1）GRASS→r. contour. step。

（2）GDAL→Contour。

（3）SAGA→Contour lines。

在某些较旧的 SAGA 版本中，输出"shp"无效，这是一个已知错误。

18. 31 矢量数据简化和平滑

本节介绍如何简化矢量数据、平滑尖角。有时需要简化矢量数据，压缩文件大小、去掉不必要的细节。许多工具的简化操作非常粗糙，忽视了多边形的邻接关系，有时还影响到其拓扑关系的正确性。GRASS 是实现简化的理想工具：作为具有拓扑的 GIS，即使在非常高的简化级别下，也可以保留邻接关系和正确性。在本例中，假设现在手上有一个由栅格生成的矢量数据，因此，其边界处出现了"锯齿"形。应用简化会将其变为直线：GRASS→v. generalize［最大容差值：30m］。

还可以进行相反的处理，使图层更复杂，平滑尖角：GRASS→v. generalize［方法：chaiken］。

把第二个命令同时应用于原始矢量数据和第一次分析后生成的矢量数据，然后观察二者差异。发现邻接关系并没有丢失。第二个选项可被应用于，例如，基于分辨率比较低的栅格数据绘制等高线，或者用于基于稀疏的 GPS 轨迹点生成等高线等场景。

18.32 规划太阳能农场

本节介绍了如何根据多个标准为光伏电站选址。

首先,基于DEM创建一个坡向地图:GRASS→r. aspect [Data type: int; cell size:100]。

在GRASS中,坡向是以度数计算的,从东开始逆时针旋转。这里仅需要提取朝南的坡度(270°±45°),可以对其进行重新分类:GRASS→r. reclass。

遵循以下规则:

```
225 thru 315 = 1 south
* = NULL
```

可以使用提供的reclass_south. txt文本文件。在此提醒,使用这些简单的文本文件也可以创建非常复杂的重分类。这里要建立一个大型农场,因此,仅选择面积较大的(>100公顷)连续区域:GRASS→r. reclass. greater。

最后,转换为矢量:GRASS→r. to. vect [Feature type: area; Smooth corners: yes]。

读者可以练习重做此分析,把GRASS命令替换为其他程序中的类似命令试试。

18.33 在处理中使用R脚本

带Processing R Provider插件的处理工具箱(Processing Toolbox)使在QGIS内部可以编写和运行R脚本。要进行本节必须事先在计算机上安装R软件,并且正确设置系统的PATH参数。此外,处理(Processing)仅调用外部R类库包,无法安装它们。因此,务必使R的类库包有在R中完成安装。详情请参阅用户手册中的相关章节。

这里要注意,如果遇到R类库包的问题,可能是丢失了处理(Processing)所必需的类库包有关,例如sp、rgdal和raster等类库包。

18.33.1 添加脚本

添加脚本非常简单。最简单的方法是打开处理(Processing)工具箱,从工具箱顶部的R菜单(带R图标的标签)中选择Create new R script…。也可以在文本编辑器中编写脚本并将其保存到R脚本文件夹(processing/rscripts)中。脚本保存到此处后,打开处理工具箱,然后选择编辑脚本…(Edit Script…)即可用于编辑(图18-169)。

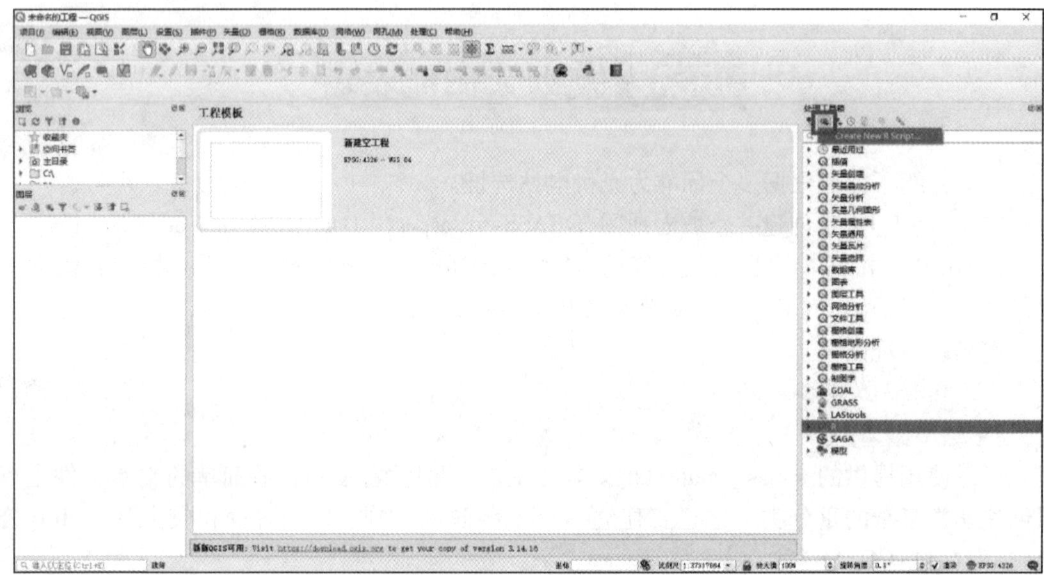

图 18-169 添加 R 语言脚本

这里要注意，如果在处理(Processing)中找不到 R，则需要在处理(Processing)→选项(Options)→数据源(Providers)中将其启用。这样会打开 R script editor 窗口，在其中指定一些参数，然后就能添加脚本主体(图 18-170)。

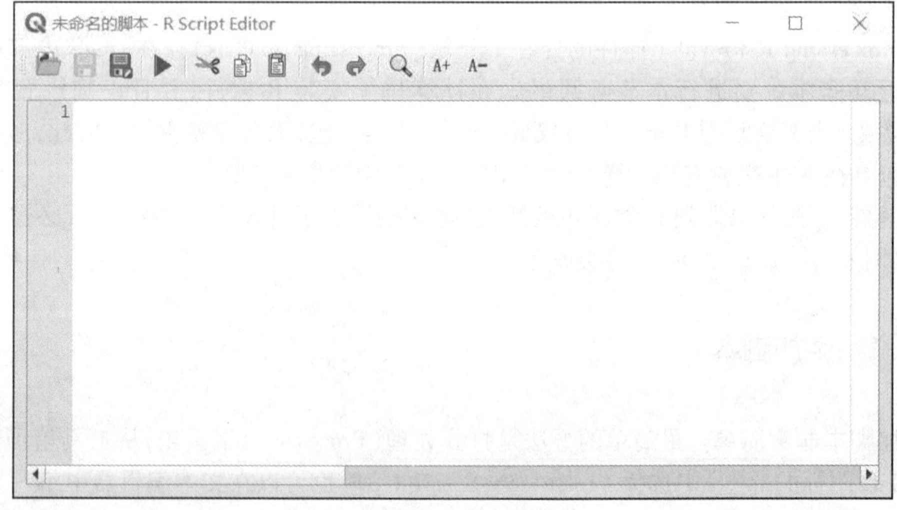

图 18-170 R 脚本编辑器

18.33.2 创建 plots

本节会为一个矢量图层字段创建一个 boxplot。

打开 exercise_data/processing/r_intro/文件夹下的 r_intro. qgs。

18.33.2.1 脚本参数

打开编辑器,从头开始编写。在添加脚本主体前必须先指定一些参数:

(1)要放置脚本到的组别名称(在本案例中为 plots)(如组别不存在会自动创建该组别):

```
##plots=group
```

然后就能在处理工具箱中的 plots R 组别里找到该脚本。

(2)告知 Processing 脚本要显示(本例中为)一个 plot:

```
##showplots
```

稍后将能在结果查看器(Result Viewer)面板中找到此 plot 的链接[可在视图(View)→面板(Panels)及处理(Processing)→结果查看器(Result Viewer)中开启/关闭]。

(3)还要告诉 Processing 输入数据类型,在本例中是要求输入某个矢量图层的某字段创建一个 plot:

```
##Layer=vector
```

Processing 现在已得知输入数据是一个矢量图层了。图层的名称并不重要,重要的是矢量参数。

(4)最后指定矢量图层的输入字段(使用在上一步提供的图层名称):

```
##X=Field Layer
```

Processing 现在知道这里需要的是 Layer 的一个字段,字段名为 X。

(5)还可以使用 name 定义脚本名称:

```
##My box plot script=name
```

如果未定义,则文件名将用作脚本的名称。

18.33.2.2 脚本主体

现在设置好了脚本的标题(heading),可以添加函数了:

```
boxplot(Layer[[X]])
```

boxplot 是 R 函数的名称,参数 Layer 是为输入数据集定义的名称,X 则是该数据集使用的字段的名称。最终,脚本应如下[注意数 X 需要写在双方括号([[ ]])里面](图 18-171):

```
##Vector processing=group
##showplots
##Layer=vector
##X=Field Layer
boxplot(Layer[[X]])
```

```
first.rsx - R Script Editor
##plots=group
##showplots
##Layer=vector
##X=Field Layer
##My box plot script=name
boxplot(Kayer[[X]])
```

图 18-171　脚本代码设置

把脚本保存到 Processing 的默认路径(processing/rscripts)。如果没有在脚本标题中定义名称,所选择的文件名会成为处理工具箱中此脚本的名称。要注意,用户可以把脚本随意保存到任何地方,但这样一来 Processing 就不能自动将其放入处理工具箱了,需要用户手动上传。现在,只需要点击编辑器窗口顶部的按钮运行(图 18-172):

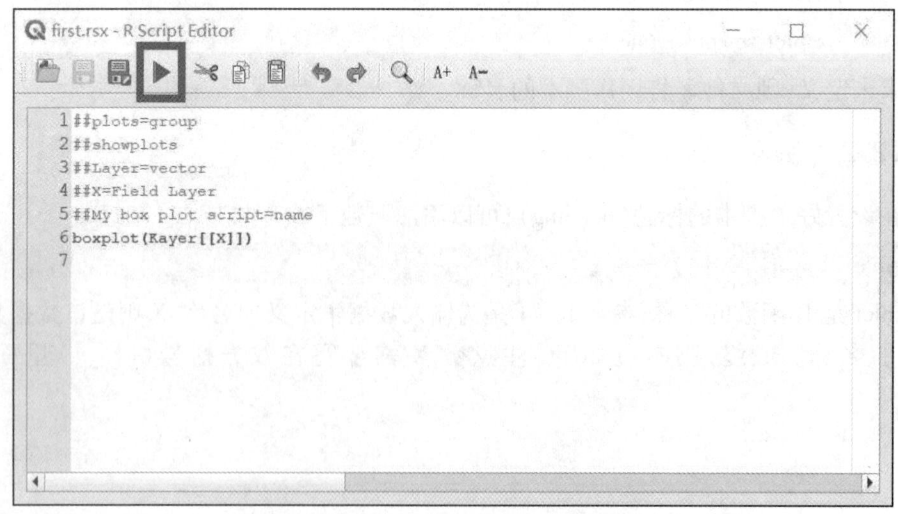

图 18-172　编辑器窗口和运行按钮

当编辑器窗口关闭后可以通过处理(Processing)的文本框找到该脚本(图 18－173)。

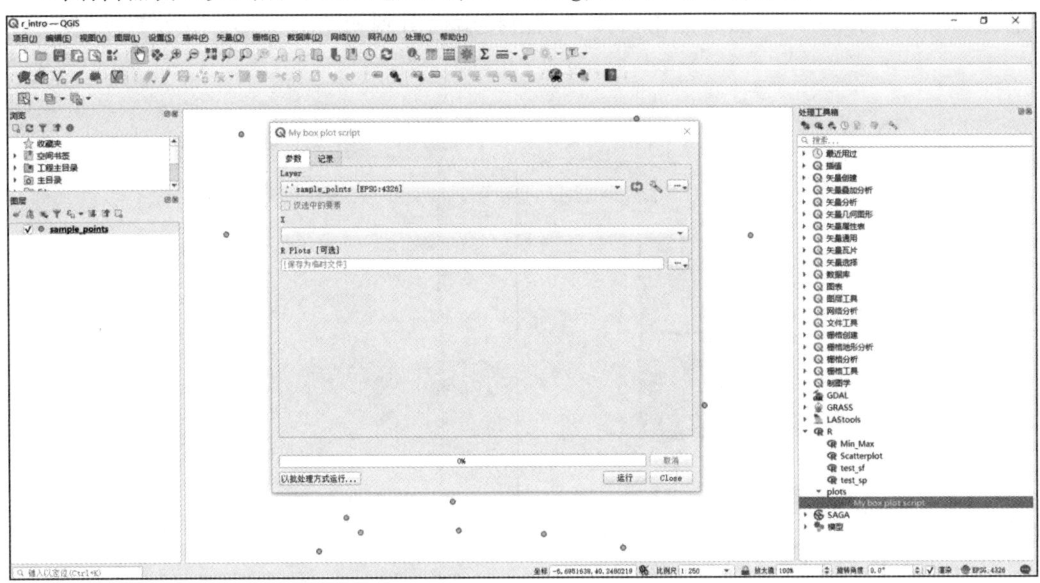

图 18－173　处理工具箱中的脚本

现在可以在处理(Processing)算法窗口中填写所需的参数了:①为 Layer 选择 sample_points;②为 X 字段 value。然后点击运行(Run)(图 18－174)。

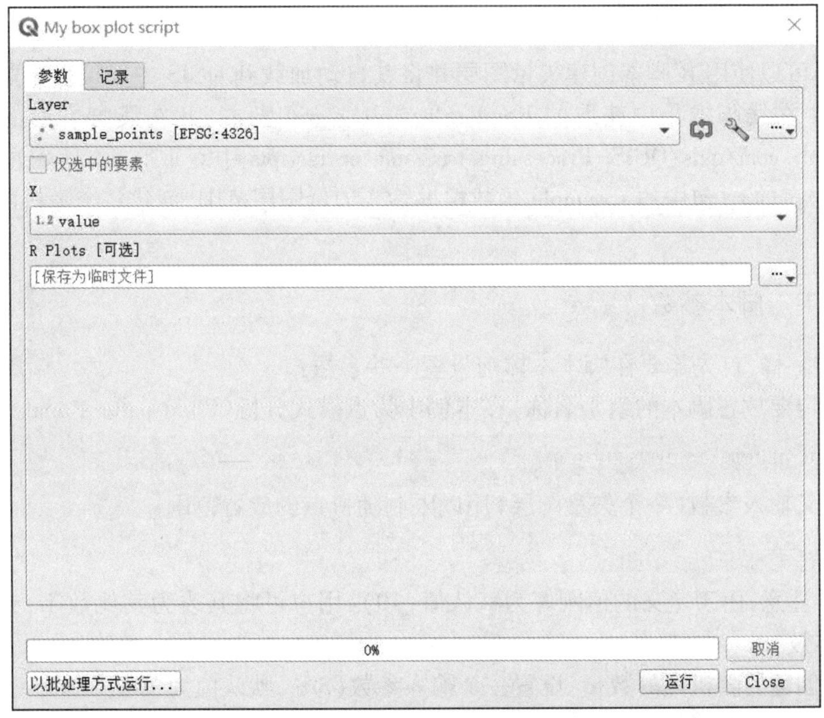

图 18－174　脚本运行界面

运行结束后,Result window 会自动打开,如果没有打开,点击处理(Processing)→结果查看器...(Result Viewer...),然后点击窗体中的链接就会看到如图 18 - 175 所示的界面。

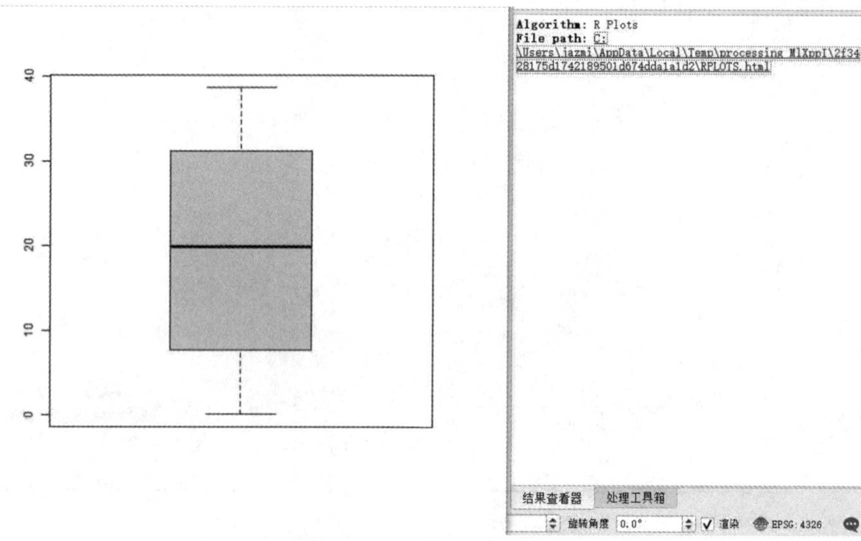

图 18 - 175　运行的输出结果

这里可以发现,可以在 plot 上右键点击打开、复制和保存上面的图像。

18.33.3 创建矢量数据

用户还可以使用 R 脚本创建矢量图层并将其自动加载到 QGIS 中。接下来的示例使用的是可在 R 在线脚本集中获取的 Random sampling grid 脚本(此在线脚本库的脚本可在 https://github.com/qgis/QGIS-Processing/tree/master/rscripts 中获取)。本练习的目的是通过调用 R 语言的 sp 包中的 spsample 函数根据输入矢量图层范围,创建一个随机的点状矢量图层。

18.33.3.1 脚本参数

和之前一样,首先需要在脚本本体前设置一些参数:

(1)指定要放置脚本的组别名称[在本例中为点模式分析(Point pattern analysis)]:

```
##Point pattern analysis=group
```

(2)定义输入参数(一个矢量图层)用以限制随机点的放置范围:

```
##Layer=vector
```

这里要注意,由于定义的值刚好为默认值(10),用户可将其改为其他数字,或者去掉数字达到同样效果。

(3)要创建的随机点的数量,设置一个输入参数(Size,默认值为 10):

```
##Size=number 10
```

(4)指定输出矢量图层(名为 Output):

```
##Output=output vector
```

18.33.3.2　脚本主体

现在可以添加函数的主体了:

(1)使用 spsample 函数:

```
pts=spsample(Layer, Size, type="random")
```

该函数使用 Layer 参数来限制点放置的范围(如果此参数为一个线图层,则点必须被放置到图层的其中一条线上,如果此参数为一个面图层,则点放置到其中的多边形内部)。点的数量取决于 Size 参数。采样方法为随机(random)。

(2)生成输出数据(Output 参数):

```
Output=SpatialPointsDataFrame(pts, as.data.frame(pts))
```

最终脚本应如下(图 18-176):

```
##Point pattern analysis=group
##Layer=vector
##Size=number 10
##Output=output vector
pts=spsample(Layer,Size,type="random")
Output=SpatialPointsDataFrame(pts,as.data.frame(pts))
```

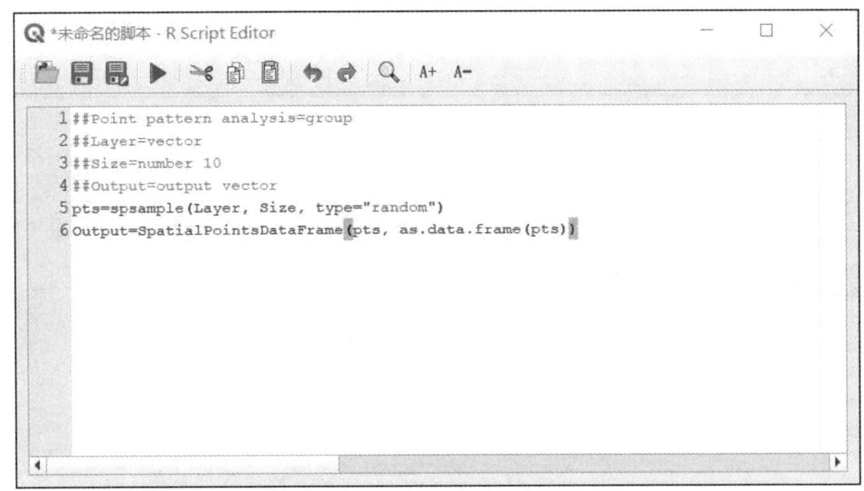

图 18-176　创建矢量数据的脚本代码设置

将其保存并运行,点击运行按钮。在新的窗口中输入正确的参数(图 18-177);然后点击运行(Run)。

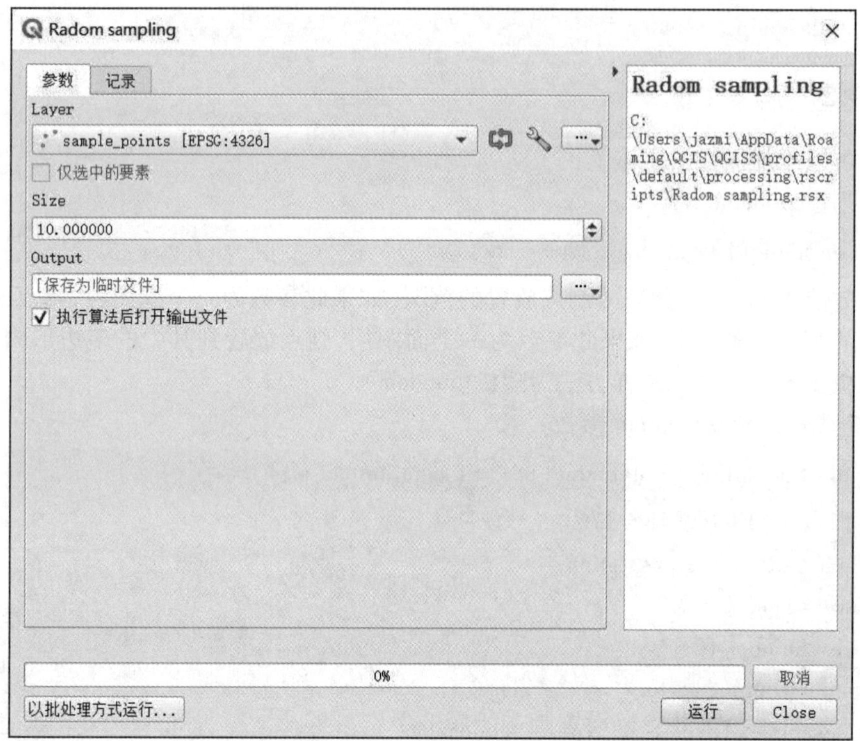

图 18－177　工具运行并配置参数

输出图层添加到图层控制面板中，其点显示在地图显示区内(图 18－178)：

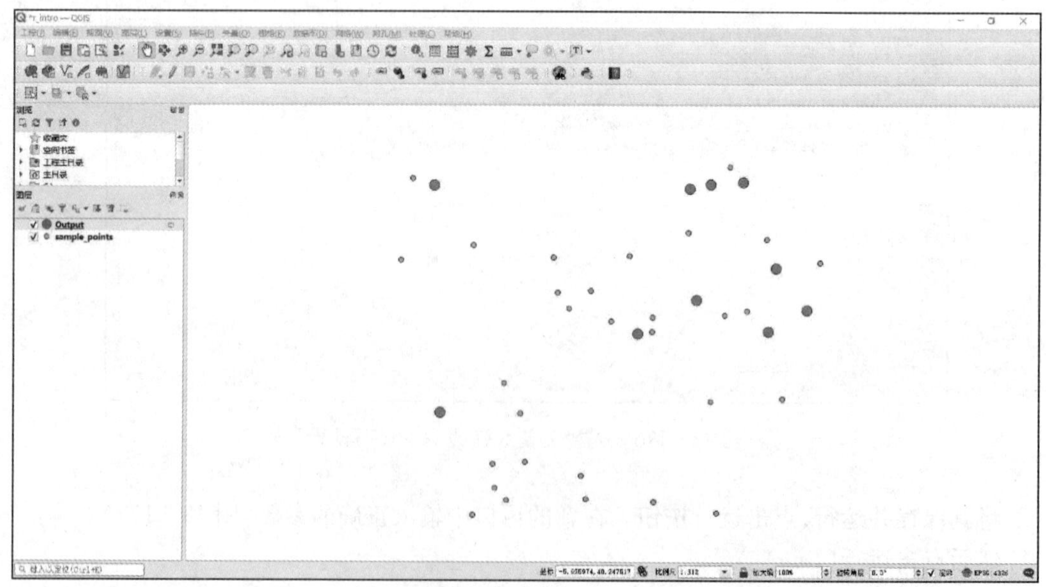

图 18－178　工具运行结果

18.33.4 R-语法的文本和图形输出

处理(Processing)(已配置 Processing R Provider plugin)使用特别的语法从 R 中获取结果:

(1)在命令前添加“>”。例如>lillie. test(Layer[[Field]])表示结果输出到 R output[结果查看器(Result Viewer)]。

(2)plot 后添加“+”则启用 plot 叠置。例如,plot(Layer[[X]], Layer[[Y]])+abline(h=mean(Layer[[X]]))就是把两个图叠在一起显示。

18.34 处理脚本中的 R 语法

实际上,在处理(Processing)中编写 R 脚本有点麻烦,必须严格采用 R 脚本语法。每个脚本都要以带“##”的 Input(输入)和 Output(输出)开头。

18.34.1 输入

在指定输入数据前还可以设置脚本所属的组别。如果该组别已存在,该算法会自动添加到该组别,否则,会自动创建该组并在该组中添加该脚本:

创建组别##My Group=group

然后指定所有的输入数据类型,还有其他参数,这里可以指定不同的输入类型:

(1)vector(矢量数据), ##Layer=vector。

(2)vector Field(矢量数据字段),##F=Field Layer(Layer 处替换为输入图层的名称)。

(3)raster(栅格数据),##r=raster。

(4)table(表格),##t=table。

(5)number(数值),##Num=number。

(6)string(字符串),##Str=string。

(7)boolean(布尔值),##Bol=boolean。

还可以设置一个所有参数的下拉菜单;各项必须以“;”分号分隔。

(8)##type=selection point;lines;point+lines。

18.34.2 输出

和输入一样,每个输出项都需要在脚本开头作出定义:

(1)vector(矢量数据),##output=output vector。

(2)raster(栅格数据),##output=output raster。

(3)table(表格),##output=output table。

(4)plots,##showplots。

(5)结果查看器(Result Viewer)中的 R output,在脚本内部希望输出的内容前面放上“>”。

18.34.3 脚本本体

脚本本体必须严格遵守 R 语言的语法,万一脚本出问题,Log(日志)面板中会给出错误提示。切记,在脚本中必须加载所有代码必须的类库:

```
library(sp)
```

18.34.3.1 以矢量输出为例

这里从在线脚本集里拿出一个算法为例,以输入图层的范围作为限制创建随机点:

```
##Point pattern analysis=group
##Layer=vector
##Size=number 10
##Output= output vector
library(sp)pts=spsample(Layer,Size,type="random")
Output=SpatialPointsDataFrame(pts, as.data.frame(pts))
```

逐行解析:

(1)Point pattern analysis 指算法要放入的组别。

(2)Layer 指要输入的矢量(vector)图层。

(3)Size 指 numerical(数值型的)参数,默认值为 10。

(4)Output 指算法将创建出的矢量(vector)图层。

(5)library(sp)用以加载 sp 库(此库应已安装在计算机中,切记必须在 R 中安装)。

(6)调用 sp 库中的 spsample 函数,并将其传送到上述定义的所有输入。

(7)使用 SpatialPointsDataFrame 函数创建输出矢量图层。

现只需使用 QGIS 图例中的任一矢量图层作为输入图层运行该算法,并设置随机点的生成数量,就能随机生成相应数量的点并显示在 QGIS 地图显示区中了。

18.34.3.2 以栅格输出为例

以下脚本会执行普通克里金法插值并创建出插值后的栅格数据:

```
##Basic statistics=group
##Layer=vector
##Field=Field Layer
##Output=output raster
require("automap")
require("sp")
require("raster")
table=as.data.frame(Layer)
coordinates(table)= ~coords.x1+coords.x2
```

```
c = Layer[[Field]]
kriging_result = autoKrige(c~1,table)
prediction = raster(kriging_result $ krige_output)
Output<-prediction
```

算法使用的是 R 语言的 automap 包中的 autoKrige 函数，根据矢量图层和图层中的字段，首先计算克里金模型，然后创建栅格图层。该栅格图层使用 R 语言中的 raster 包里的 raster 函数创建。

18.34.3.3 以表格输出为例

现在对 Summary Statistics 算法进行编辑，使其输出文件为表格文件（csv）。以下为该脚本本体：

```
##Basic statistics=group
##Layer=vector
##Field=Field Layer
##Stat=Output table
Summary_statistics<-data. frame(rbind(
sum(Layer[[Field]]),
length(Layer[[Field]]),
length(unique(Layer[[Field]])),
min(Layer[[Field]]),
max(Layer[[Field]]),
max(Layer[[Field]])-min(Layer[[Field]]),
mean(Layer[[Field]]),
median(Layer[[Field]]),
sd(Layer[[Field]])),row. names=c("Sum:","Count:","Unique values:","Minimum
value:","Maximum value:","Range:","Mean value:","Median value:","Standard devia-
tion:"))
colnames(Summary_statistics)<-c(Field)
Stat<-Summary_statistics
```

第三行指定了输入中的矢量字段（Vector Field），第四行指出算法应输出表格文件。最后一行获取脚本中创建的 Stat 对象，并将其转为 csv 格式的表格。

18.34.3.4 以控制台输出为例

把前一个示例中结果创建为表格的代码改为在结果查看器（Result Viewer）中显示输出结果：

```
##Basic statistics=group
##Layer=vector
##Field=Field Layer
Summary_statistics<-data.frame(rbind(
sum(Layer[[Field]]),
length(Layer[[Field]]),
length(unique(Layer[[Field]])),
min(Layer[[Field]]),
max(Layer[[Field]]),
max(Layer[[Field]])-min(Layer[[Field]]),
mean(Layer[[Field]]),
median(Layer[[Field]]),
sd(Layer[[Field]])),row.names=c("Sum:","Count:","Unique values:","Minimum value:","Maximum value:","Range:","Mean value:","Median value:","Standard deviation:"))
colnames(Summary_statistics)<-c(Field)
>Summary_statistics
```

此脚本与前一个相比，只作了2处编辑：

(1)不再指定输出(第四行被移除)。

(2)最后一行以“>”为开头，告知处理(Processing)把该对象显示到结果视窗中。

18.34.3.5 以 plot 为例

创建 plots 非常简单，只需要像接下来的脚本一样用到##showplots 参数：

```
##Basic statistics=group
##Layer=vector
##Field=Field Layer
##showplots
qqnorm(Layer[[Field]])
qqline(Layer[[Field]])
```

该脚本获取输入数据中的矢量图层的一个字段，并创建一个 QQ Plot 测试分布的正态性。该 plot 会自动添加到处理(Processing)的结果查看器(Result Viewer)中。

18.35 用于处理中的 R 语法概况表

处理工具箱还允许用户在脚本本体中使用很多不同的输入和输出参数。

18.35.1 输入参数

输入参数的语法概况见表 18－1。

表 18－1 R 语法概况表

输入参数	语法示例	返回对象
vector	Layer = vector	SpatialDataFrame object, default object of rgdal package
vector point	Layer = vector point	SpatialPointDataFrame object, default object of rgdal package
vector line	Layer = vector line	SpatialLineDataFrame object, default object of rgdal package
vector polygon	Layer = vector polygon	SpatialPolygonsDataFrame object, default object of rgdal package
multiple vector	Layer = multiple vector	SpatialDataFrame objects, default object of rgdal package
table	Layer = table	dataframe conversion from csv, default object of read. csv function
field	Field = Field Layer	name of the Field selected, e. g. "Area"
raster	Layer = raster	RasterBrick object, default object of rasterpackage
multiple raster	Layer = multiple raster	RasterBrick objects, default object of rasterpackage
number	N = number	integer or floating number chosen
string	S = string	string added in the box
longstring	LS = longstring	string added in the box, could be longer then the normal string
selection	S =selection first;second;third	string of the selected item chosen in the dropdown menu
crs	C = crs	string of the resulting CRS chosen, in the format: "EPSG:4326"
extent	E = extent	Extent object of the rasterpackage, you can extract values as E @xmin
point	P = point	when clicked on the map, you have the coordinates of the point
file	F = file	path of the file chosen, e. g. "/home/matteo/file. txt"
folder	F = folder	path of the folder chosen, e. g. "/home/matteo/Downloads"

以上任一输入参数都可以是 OPTIONAL(可选的)，也就是说可以告知脚本此参数是可以忽略的。要想把一个输入参数设置为可选填，只需要在输入参数前添加 optional 的字符

串，例如：

```
##Layer = vector
##Field1 = Field Layer
##Field2 = optional Field Layer
```

18.35.2 输出参数

输出参数根据用户在脚本开头给出的输入名称将其写入到指定的变量中，输出变量类型见表 18－2。

表 18－2 输出变量类型表

参数	语法示例
vector	Output = output vector
raster	Output = output raster
table	Output = output table
file	Output = output file

这里要特别注意，对于 plot 类型输入可以把该 plot 直接在处理(Processing)的结果查看器(Results Viewer)中保存为 png 格式的图片，或者选择直接从算法界面中保存此 plot。

18.35.3 示例

感兴趣的读者要对输入和输出参数理解更透彻，请查阅 R Syntax chapter(R 语法章节)。

18.36 滑坡预测

本节介绍了如何创建一个简化的模型来预测滑坡的可能性。首先计算坡度(从不同的工具中选择；有兴趣的读者可计算各不同工具输出结果间的差异)：

(1)GRASS→r. slope

(2)SAGA→Slope, aspect, curvature

(3)GDAL→Slope

创建一个基于降雨量气象站的降雨量值的插值，预测降雨量的模型：

(1)GRASS→v. surf. rst (resolution: 500m)

滑坡的可能性与降雨和坡度密切相关(当然，实际模型会使用更多图层和适当的参数)，这里设定 (rainfall × slope)/100：

(2)SAGA→Raster calculator(使用 rain，slope：(a×b)/100(或者：GRASSr→r. mapcalc)

(3)计算出预计降雨风险最大的城市：SAGA→Raster Statistics with polygons (关注参数为 Maximum 和 Aean)。

19 空间数据库操作

在本章中会介绍如何把空间数据库与 QGIS 结合使用，对数据库中的数据进行管理、显示和操作，并实现查询和分析。本章主要使用 PostgreSQL 和 PostGIS，但这些内容同样也适用于其他空间数据库，例如 spatialite 等。

19.1 在浏览器中使用数据库

在前面几章中介绍了关系数据库的基本概念、特点和功能，以及如何在关系数据库中借助空间数据的扩展模块存储、管理、查询和操作数据库。本节会深入探讨如何在 QGIS 中有效地使用空间数据库。本节的目标是学习如何使用 QGIS 浏览器界面与空间数据库交互。

19.1.1 添加数据表到 QGIS

此前已简要介绍过如何把数据库中的表格作为 QGIS 图层加载，现在更详细地介绍在 QGIS 中完成此操作的不同方法，先从数据浏览界面开始：

(1)在 QGIS 中创建一个新的空白地图。

(2)通过点击图层面板(Layer Panel)顶部的浏览器(Browser)选项卡打开数据浏览器。

(3)打开树状菜单中的 PostGIS 部分，应该能找到先前配置的连接(可能需要点击浏览器窗口顶部的刷新按钮)(图 19 - 1)。

(4)双击此处列出的任一表格/图层就可以将其添加到地图显示区。

(5)右键点击此视图中的任一表格/图层会看见一些选项，点击属性(Properties)选项卡，查看图层的属性(图 19 - 2)。

这里也可以使用此界面连接到外部服务器上托管的 PostGIS 数据库。右键点击树状菜单中的 PostGIS 项可以新建连接并指定连接参数。

19.1.2 筛选记录并添加为图层

前面已经学过如何把一整个表格添加为 QGIS 图层，这里进一步介绍如何从某表格中筛选出一组记录，通过使用此前章节中学习过的查询操作，把这组记录作为图层添加到 QGIS 中。

(1)在 QGIS 中创建一个新的空白地图。

(2)点击添加 PostGIS 图层(Add PostGIS Layers)按钮，或者从菜单中选择图层菜单

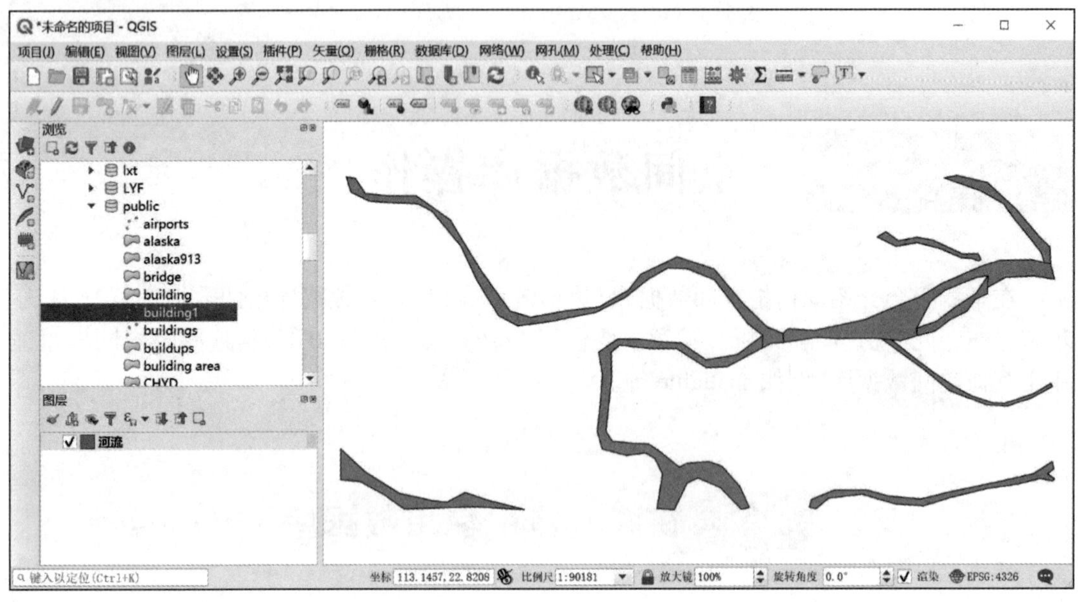

图 19－1　加载 PostGIS 数据的数据

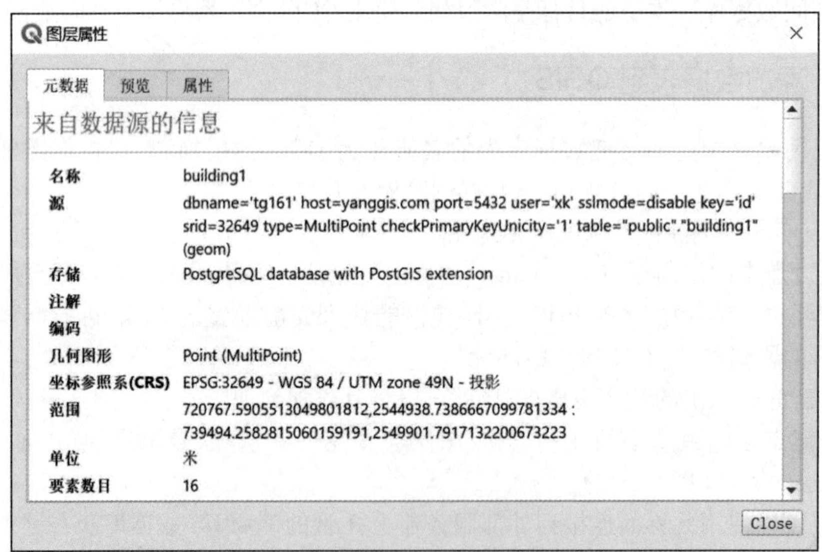

图 19－2　显示 PostGIS 数据库图层属性

(Layer)→添加图层(Add Layers)→添加 PostGIS 图层(Add PostGIS Layers)。

(3)添加 PostGIS 表格[Add PostGIS Table(s)]对话框中连接到 postgis_demo 关联项。

(4)展开 public 数据集应该可以看到此前操作过的多个空间数据表。

(5)点击 lines 图层选中它,不要将其添加,而是点击设置过滤(Set Filter)按钮打开查询构建器(Query Builder)对话框。

(6)使用按钮或者直接录入的方法,构建以下表达式:

```
"roadtype" = 'major'
```

查询构建器界面如图 19－3 所示。

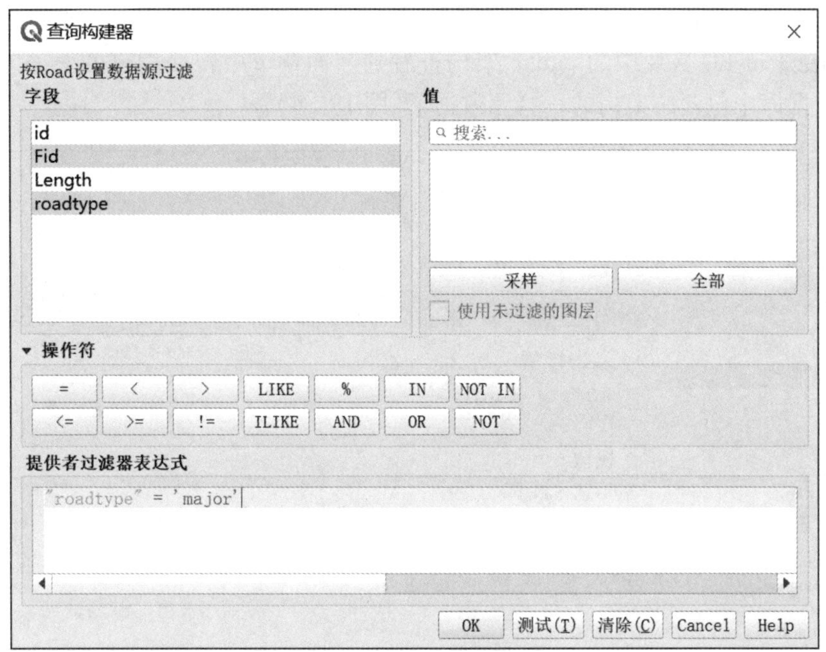

图 19－3 设置图层过滤

(7)点击 OK 按钮完成过滤器的编辑,然后点击添加(Add)把过滤后的图层添加到地图中。

(8)在树状菜单中把 lines 图层重命名为"roads_primary"。

应该可以看到只有主干道添加到地图显示区了。

19.1.3 小结

这里介绍了如何使用 QGIS 浏览器和空间数据库进行交互,以及如何基于查询筛选器把图层的部分记录添加到地图中。接下来会介绍如何在 QGIS 中使用 DB 管理器(DB Manager)工具完成一整套的数据库管理任务。

19.2 使用 DB Manager 与空间数据库协作

前面章节已经初步了解过如何使用 QGIS 和其他工具实现多种数据库操作,现在进一步介绍许多相同功能以及更多面向管理工具的 DB Manager 工具。本节的目标是学习如何使用 QGIS DB Manager 与空间数据库交互。

19.2.1 使用 DB Manager 管理 PostGIS 数据库

首先通过菜单中选择数据库菜单(Database)→数据库管理器(DB Manager),或者通过选择工具栏上的 DB Manager 图标打开 DB Manager。这里应该可以看见先前已配置好的连接,且能够展开 myPG 区块中的 public 架构查看到前面章节中曾使用过的表格。这里可以看到有关数据库中包含的架构的一些元数据了(图 19-4)。

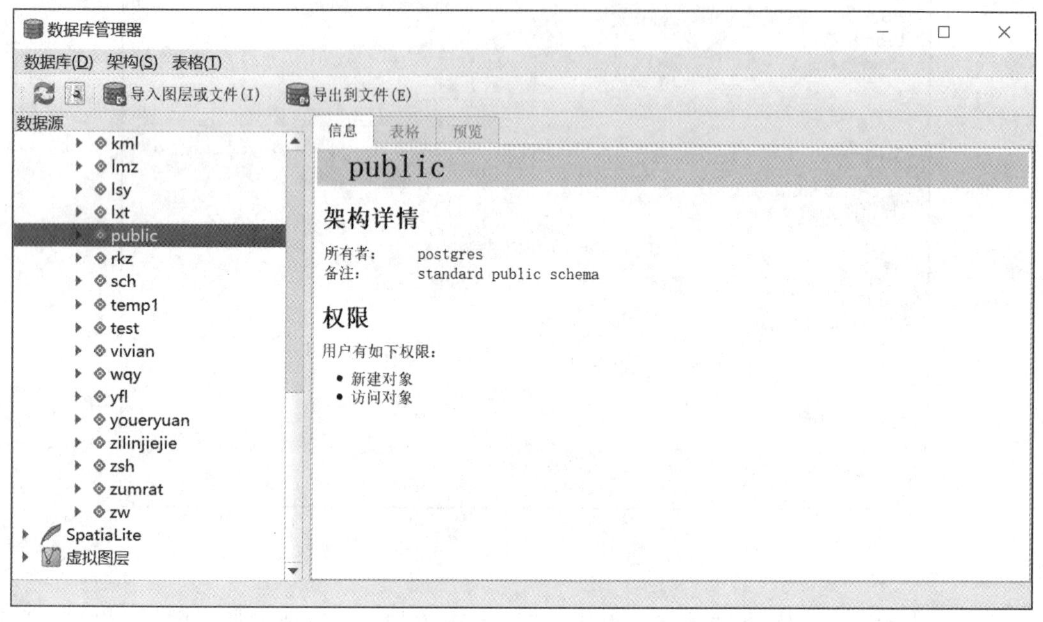

图 19-4 PostGIS 架构

架构是一种对 PostgreSQL 数据库中的数据表和其他对象进行分组组合的方式,也是权限和其他约束的容器。PostgreSQL 架构的管理已经超出了本书的范围,但感兴趣的读者可以通过查阅 PostgreSQL 有关 Schemas 的文档(https://www.postgresql.org/docs/9.1/ddl-schemas.html)获得更多相关的内容。用户可以使用 DB Manager 创建新的架构,但需要用到如 pgAdmin Ⅲ这样的工具,或者命令行界面才能对其更有效的管理。DB Manager 也可用于管理数据库内部的表格。前面已经简单介绍过使用命令行创建和管理表格的几种不同的方法,现在介绍如何使用 DB Manager 实现同样的操作。

首先,在树状菜单上点击表格名称,或者在信息(Info)选项卡中对表格的元数据进行查看可以帮助了解表格的基本信息(图 19-5)。

在此面板中可以看到关于表格的一般信息(General Info)以及由 PostGIS 扩展维护的有关几何和空间参考系统的信息。如果滚动下拉此信息(Info)选项卡,可以看到更多有关当前正在浏览的表格的字段(Fields)、约束(Constraints)和索引(Indexes)有关信息。使用 DB Manager 可以对数据库中的记录进行快速查看也非常有用,和通过图层树中查看图层的属性表几乎是一样。也可以通过选择表格(Table)选项卡导航浏览到表格(图 19-6)。

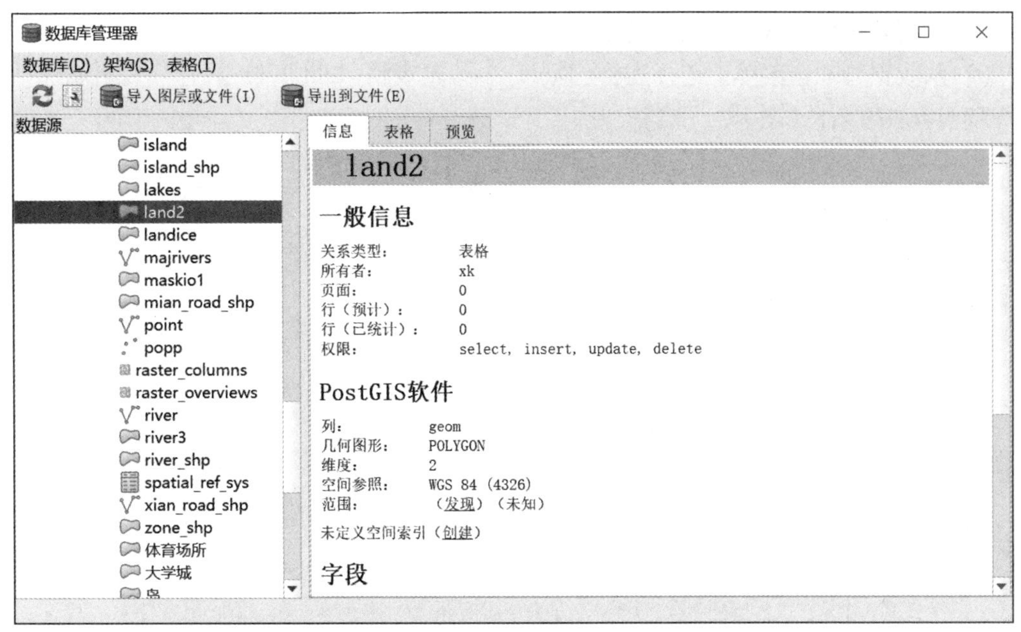

图 19－5　PostGIS 数据库空间数据表信息

	id	geom	cat	name	area_mi
1	1	MULTIPOLYG...	1	Alaska	0.168541
2	2	MULTIPOLYG...	2	Alaska	0.209257
3	3	MULTIPOLYG...	3	Alaska	0.837275
4	4	MULTIPOLYG...	4	Alaska	0.322511
5	5	MULTIPOLYG...	5	Alaska	1.46241
6	6	MULTIPOLYG...	6	Alaska	2.778535
7	7	MULTIPOLYG...	7	Alaska	0.359589
8	8	MULTIPOLYG...	8	Alaska	0.225724
9	9	MULTIPOLYG...	9	Alaska	0.136504
10	10	MULTIPOLYG...	10	Alaska	1.272344
11	11	MULTIPOLYG...	11	Alaska	0.095759

图 19－6　查看 PostGIS 数据库里的表格

还有一个 Preview(预览)的选项卡会在地图预览中选中图层数据。在树状菜单上右键点击某个图层,然后点击添加到地图显示区(Add to Canvas)即可把此图层添加到地图中。

现在介绍了如何使用 DB Manager 查看数据库的架构、表格及其元数据,其实使用它还可以更改表格,添加新字段。要编辑一个图层可以这样操作:

(1)在树状菜单中选择要编辑的表格。

(2)从数据管理器菜单中选择表格(Table)→编辑表格(Edit Table),打开表格属性(Table Properties)对话框(图 19-7)。

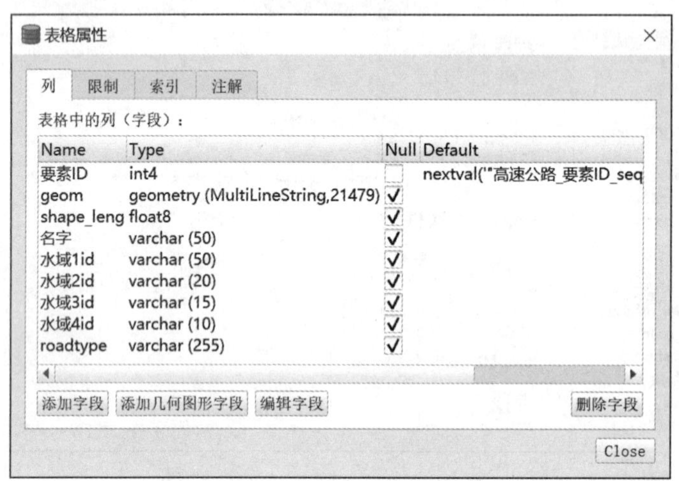

图 19-7 PostGIS 数据库表格属性更改

可以使用此对话框添加新字段、添加几何列、编辑现存列或者完全移除某个列。使用约束①(Constraints)选项卡可以管理主键字段的设置,或者删除现有的约束。Indexes(索引)选项卡可用于添加和删除空间索引和普通索引。

19.2.2 创建新表

前面已经介绍了管理数据库中现有表格的方法,本节介绍如何使用数据库管理器创建一个新的表格。

(1)先打开 DB Manager 窗口,展开树状菜单直到找到数据库中已有的表格列表。

(2)从菜单中选择表格(Table)→创建表格(Create Table),打开创建表格对话框。

(3)使用默认的 Public 架构,把表格命名为 places。

(4)添加 id、place_name 以及 elevation 字段。

(5)确保把 id 字段设为主键。

(6)点击创建几何列(Create geometry column)的复选框,确保其设为 POINT 类型,保留其 geom 的命名,把 SRID 指定为 4326。

(7)点击创建空间索引(Create spatial index)的复选框,然后点击创建(Create)开始创建该表格。

(8)待对话框自动关闭说明该表已创建完成,然后点击关闭(Close)以关闭表格创建的

①QGIS 软件中文界面把 Constraints 选项卡翻译为限制选项卡并不合适,数据库中 Constraints 应该翻译为约束,对应翻译为约束选项卡。

对话框。

现在可以在数据库管理器中检查该表,当然会看到其中无数据。在这里可以在图层菜单中切换编辑状态(Toggle Editing),向表格中添加地点。

19.2.3 基本数据库管理

DB Manager 同样允许用户进行一些基本的数据库管理任务。尽管它无法替代完整的数据库管理工具,但确实提供了一些非常有用的数据库的维护功能。数据库中的表格经常会变得非常庞大,而经常被修改的表格最后会留下一些 PostgreSQL 不再需要的记录残留。VACUUM 命令可用于类似垃圾收集的工作,它会压缩、对表格进行分析以提高性能。现在来看如何从 DB Manager 内部运行 VACUUM ANALYZE 命令:

(1)从 DB Manager 树状菜单中选择任意一个表格。

(2)从菜单中选择表格(Table)→运行真空度分析(Run Vacuum Analyze)。

这样就可以了。PostgreSQL 会运行此操作。耗时长短取决于表格的记录的多少和计算机配置的高低。读者可以在 PostgreSQL 有关 VACUUM ANALYZE 的文档中(https://www.postgresql.org/docs/9.1/sql-vacuum.html)找到更多关于真空度分析(VACUUM ANALYZE)处理的内容。

19.2.4 使用 DB Manager 执行 SQL 查询

在 DB Manager 内还可以编写针对数据库表格的查询并显示输出查询结果。前面已经在 Browser(数据浏览器)面板看到过类似的功能,现在再继续了解使用 DB Manager 如何实现。

(1)在树状菜单中选择 lines 表格。

(2)在 DB Manager 工具条中选择 SQL 窗口(SQL window)按钮。

(3)在提供的空间中编写以下 SQL 查询(SQL query)语句:

```
select * from lines where roadtype = 'major';
```

(4)点击执行(F5)[Execute (F5)]按钮,运行此查询;此时在结果(Result)面板中就可以看到匹配的记录,如图 19-8 所示。

(5)点击加载为新图层(Load as new layer)的复选框可以把结果添加到地图中。

(6)选择 id 列作为具有唯一整数值的列(Column with unique integer values),然后选择 geom 列作为几何图形列(Geometry column)。

(7)输入 roads_primary 作为图层名称(预设定)[Layer name (prefix)]。

(8)点击立刻加载(Load now),把结果作为新图层加载到地图中。

查询结果图层已经显示在地图上。当然,用户还可以使用此查询工具执行任意的 SQL 命令,包括在前面的章节中介绍过的许多命令。

19.2.5 使用 DB Manager 导入数据

前面已经简单介绍过如何使用命令行工具把数据导入空间数据库,现在介绍如何使用

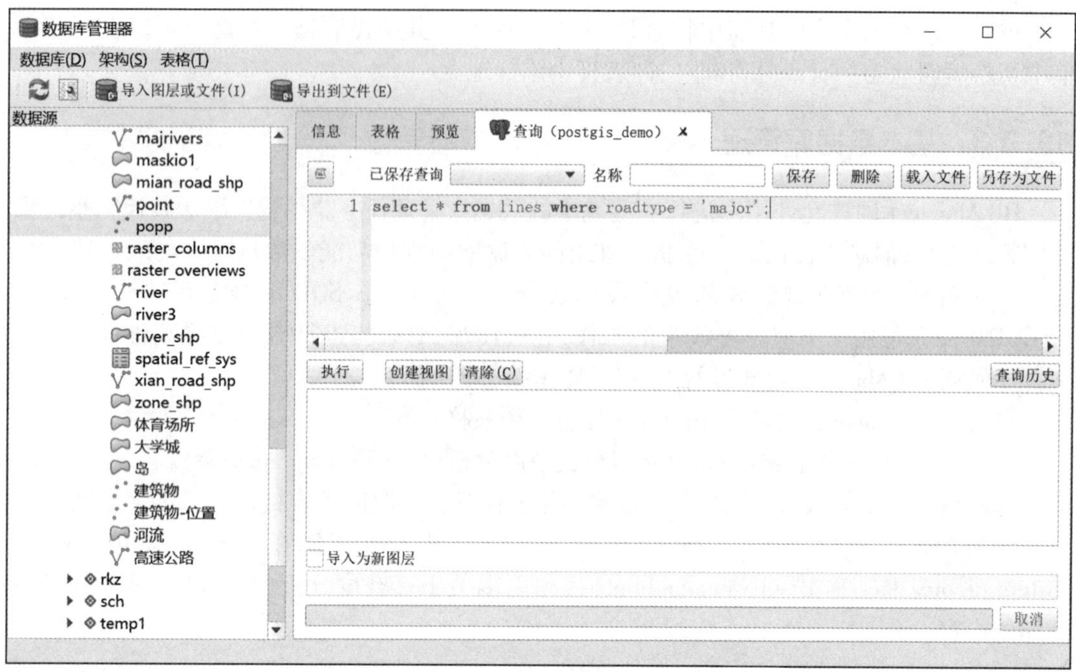

图 19-8 SQL查询命令窗口

DB Manager 进行导入：

(1)点击 DB Manager 对话框工具栏上的导入图层/文件(Import layer/file)按钮。

(2)从 exercise_data/projected_data 中选择 urban_33S. shp 文件作为导入数据集。

(3)点击更新选择(Update Options)按钮，预先填写部分表单值。

(4)确保创建新表格(Create new table)的选项处于勾选状态。

(5)把 Source SRID 指定为 32722，Target SRID 指定为 4326。

(6)启用创建空间索引(Create spatial index)的复选框。

(7)点击 OK 按钮，运行导入操作(图 19-9)。

(8)对话框消失说明导入已成功完成。

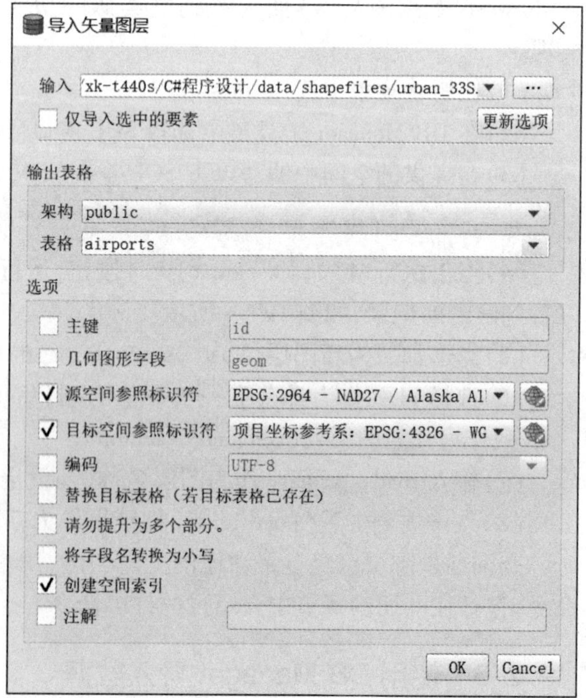

图 19-9 使用 DB Manager 向数据库导入数据

(9)点击 DB Manager 工具栏上的刷新(Refresh)按钮。

现在可以通过在树状菜单点击表格来检查数据库中的表格,也可以通过查看 Spatial ref:检查导入的数据空间坐标参考是否为 WGS 84(4326),检验数据是否已进行投影变换。在树状菜单中表格上单击右键,选择添加到地图显示区(Add to Canvas)可以把表格作为图层添加到地图。

19.2.6 使用 DB Manager 导出数据

当然,DB Manager 也可以用于从空间数据库导出数据,现在介绍如何操作。

(1)在树状菜单中选择 lines 图层,点击工具栏上的导出为文件(Export to File)按钮,打开导出为矢量文件(Export to vector file)对话框。

(2)点击 [...] 按钮,选择输出文件(Output file),把数据保存到 exercise_data 目录,命名为"urban_4326. shp"。

(3)把 Target SRID 设为 4326。

(4)点击 OK 按钮开始进行导出。

(5)对话框消失说明导出已顺利完成,现在关闭 DB Manager。

现在,可以通过浏览器面板查看创建的 shapefile 文件。

19.2.7 小结

本节介绍了如何使用 QGIS 中的 DB Manager 工具管理空间数据库,以及如何对数据执行 sql 查询,如何导入和导出数据。接下来会介绍如何在 spatialite 数据库中使用同样的操作。

19.3 使用 Spatialite 数据库

PostGIS 常用在服务器上同时为多个用户提供空间数据库功能,但 QGIS 还支持一种名为"Spatialite"的轻量级本地数据库。这种数据库提供了一种可以把整个空间数据库存储在单个文件中的轻量的、可移植、可相互复制交互的方法。显然,这两种空间数据库应用于不同的场景,尽管基于的基本原理和技术比较类似。现在先来创建一个新的 Spacealite 数据库,然后介绍 QGIS 提供的与这些数据库协作的功能。本节的目标是学习如何使用 QGIS 浏览器界面与 Spatialite 数据库进行交互。

19.3.1 创建 Spatialite 数据库

使用浏览器面板可以创建新的 Spatialite 数据库并对其进行设置:

(1)在浏览器树状菜单右键点击 Spatialite 条目,选择创建数据库(Create Database)。

(2)指定要在文件系统上存储的文件位置,把新数据库命名为 qgis-sl. db。

(3)再次右键点击浏览器树状菜单中的 Spatialite 条目,这次选择新建连接(New Connection)项,找到上一步创建的文件,将其打开。

现在,新数据库已完成配置,可以发现浏览器树状菜单下还没有任何内容,唯一可进行的操作只有删除连接。这是因为现在还没向该数据库添加任何表格。

(1)找到创建新图层的按钮,通过其下拉菜单创建一个新的 Spatialite 图层,或者通过图层菜单(Layer)→新建(New)→新建 Spatialite 图层(New Spatialite Layer)。

(2)在下拉菜单中选择上一步中创建的数据库。

(3)把新图层命名为“places”。

(4)勾选创建自动递增主键(Create an auto-incrementing primary key)复选框。

(5)为表格添加如下图显示的两个属性。

(6)点击 OK 按钮,创建表格。

(7)点击浏览器顶部的刷新按钮就能看到 places 表格已加入到列表(图 19-10)。

图 19-10 使用浏览器创建 Spatialite 数据库

现在可以像此前的练习中的一样,右键点击该表格以查看其属性。在此处可以进行会话编辑,或者把数据直接添加到新数据库中。在之前章节还学到过如何使用 DB Manager 把数据导入数据库,现在可以使用同样的方法向新建的 spatialite 导入数据。

19.3.2 小结

至此本节已经介绍了如何创建 spatialite 数据库、向其添加表格,以及把这些表格作为图层添加到 QGIS 中。

主要参考文献

BRUY A, SVIDZINSKA D, 2015. QGIS by Example[M]. Birmingham: Packt Publishing Ltd.

GRASER A, MEARNS B, MANDEL A, et al, 2010. QGIS: Becoming a GIS Power User [M]. Birmingham: Packt Publishing Ltd.

GRASER A, 2016. Learning Qgis[M]. Birmingham: Packt Publishing Ltd.

GRASER A, PETERSON G N, 2016. QGIS map design [M]. Maryland: Locate Press.

LAWHEAD J, 2015. QGIS python programming cookbook[M]. Maryland: Packt Publishing Ltd.

MANDEL A, FERRERO V O, GRASER A, et al, 2016. QGIS 2 cookbook[M]. Birmingham: Packt Publishing Ltd.

MEARNS B, 2015. QGIS Blueprints[M]. Birmingham: Packt Publishing Ltd.

MENKE K, SMITH R, PIRELLI L, et al, 2015. Mastering QGIS[M]. Birmingham: Packt Publishing Ltd.

SHERMAN G, 2014. The Pyqgis Programmer' s Guide[M]. Maryland: Locate Press.

附录　本书课后问题解答

第 2 章　QGIS 主界面基本操作

2.1.2 节问题解答

在对话框的主要区域应能看到许多具有不同颜色的图形。每个图形都分别属于一个图层(附图 1),可以通过左侧面板中的颜色来识别该图层(注意图层颜色可能会与下图的颜色有所不同):

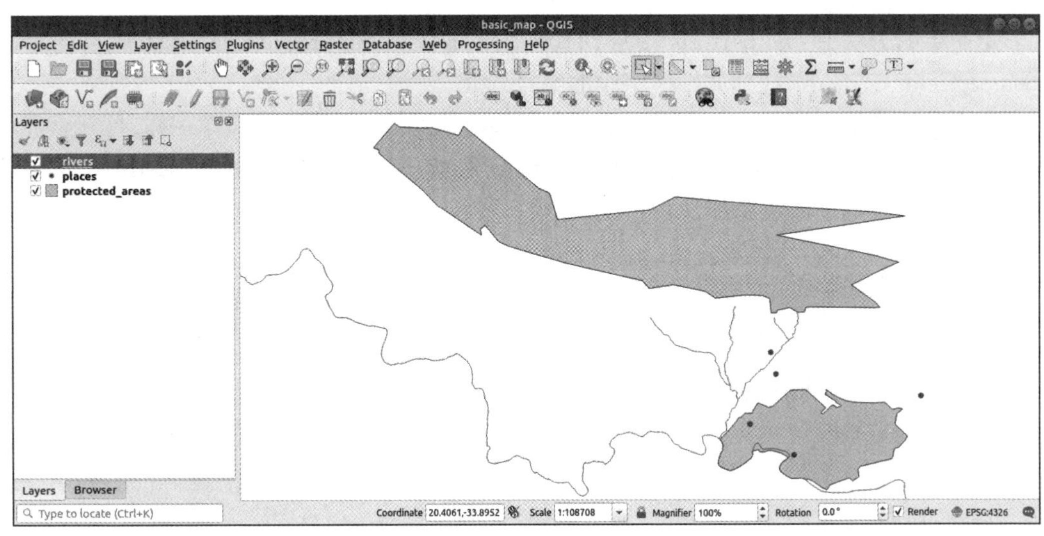

附图 1　图层的颜色配置

2.2.2 节问题解答

回看并参考介绍界面布局的图像,检查是否能记住各功能和屏幕元素的名称。

2.2.3 节问题解答

(1)Save As...(保存为...)。
(2)Zoom to Layer(放大到图层范围)。
(3)Help(帮助)。
(4)Rendering On/Off(开启/关闭渲染)。
(5)Measure Line(测量线)。

第3章 地图设计

3.1.2 节问题解答

rivers(河流)图层中应有9个字段:
(1)在Layers(图层)面板上选择该图层。
(2)对其右键点击并选择打开属性表(Open Attribute Table)上的按钮。
(3)对图层属性计数。

更简单的方法是:双击rivers图层,打开图层属性(Layer properties)对话框→源字段(Source Fields)选项卡,找到属性表字段的编号列表。

关于城镇的信息可在places图层中获取。和之前对rivers图层的操作一样,打开其属性表:其中有两个要素的place属性设为了town:分别是Swellendam和Buffeljagsrivier,可以给这两条记录的其他字段也添加注释。

3.1.5 节问题解答

地图需加载7个图层:
protected_areas(保护区);
places(地点);
rivers(河流);
roads(道路);
landuse(土地利用);
buildings(建筑物)(从training_data.gpkg中加载)以及water(水体)(从exercise_data/shapefile中加载)。

3.2.2 节问题解答

验证颜色是否按预想变化;
在图例中选择water图层然后点击图层符号化按钮就可以了(附图2)。

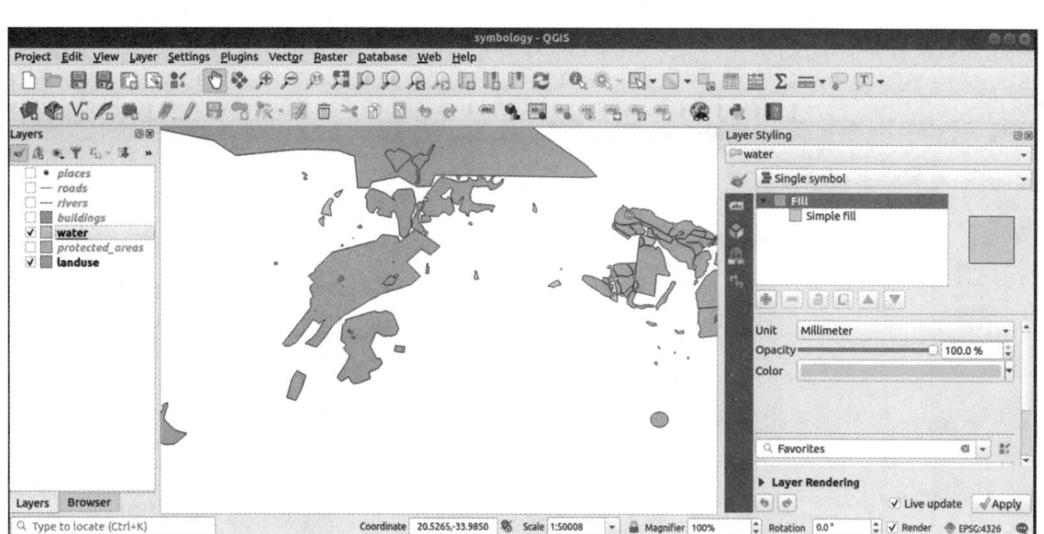

附图 2　为水体配置颜色

如果希望一次只对一个图层进行操作，不希望受到其他图层的干扰，可以通过点击图层列表中各图层名称旁的复选框取消其显示。如果复选框为空白状态，代表该图层已隐藏。

3.2.4 节问题解答

看到的地图此时应该如附图 3 所示。

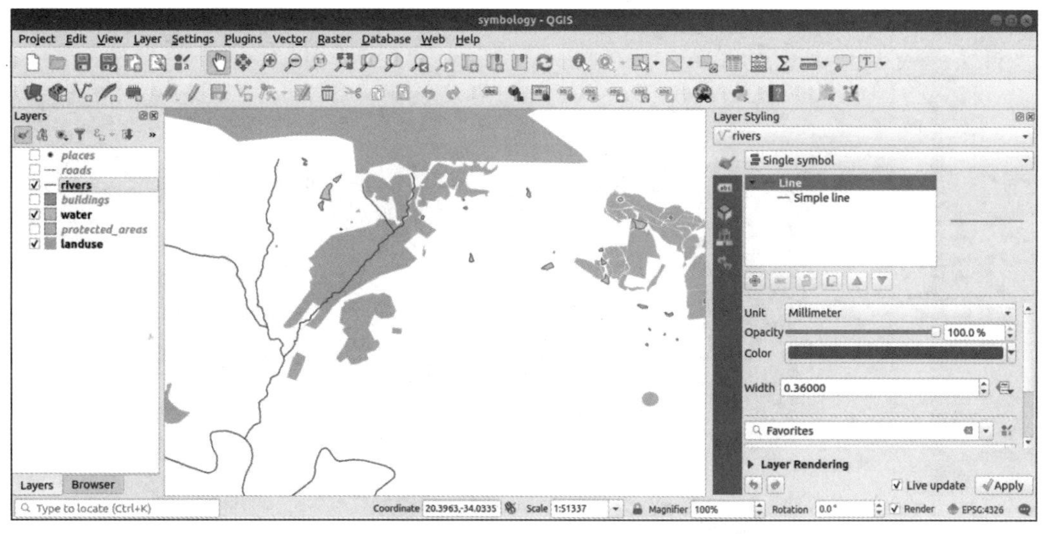

附图 3　rivers 图层的符号化设置

可以看到显示的图层配置了合适的线条和颜色。使用上述方法为余下所有图层更改颜色和样式；尽量使用对象的自然色，例如，一条路不应是红色或蓝色的，但可以是灰色和黑色的;此外可以使用不同的填充样式(Fill style)和线条样式(Stroke style)设置进行试验(附图4)。

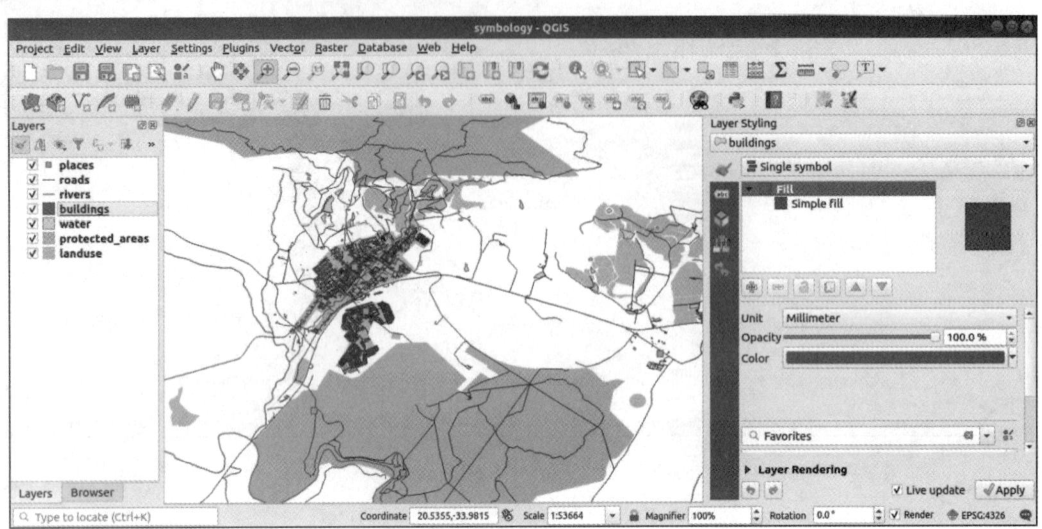

附图4 buildings图层的填充样式设置

3.2.7 节问题解答

自定义buildings图层,但切记要让地图上不同的图层容易区分。以附图5为例。

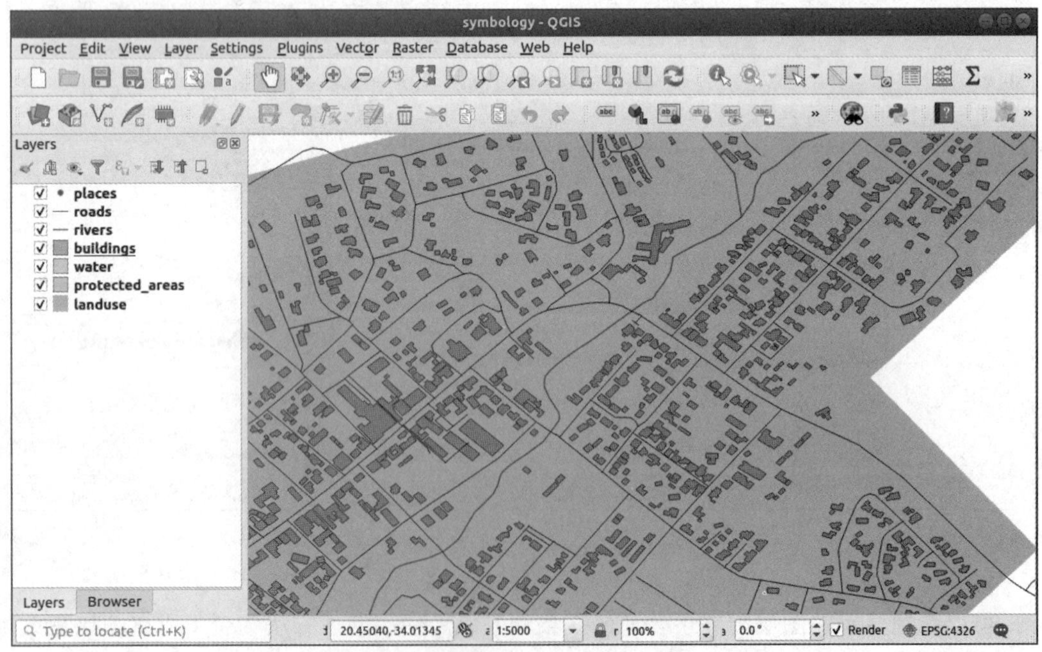

附图5 建筑物图层样式自定义设置

3.2.9 节问题解答

这里需要三个符号图层制作出所需的符号，如附图 6 所示。

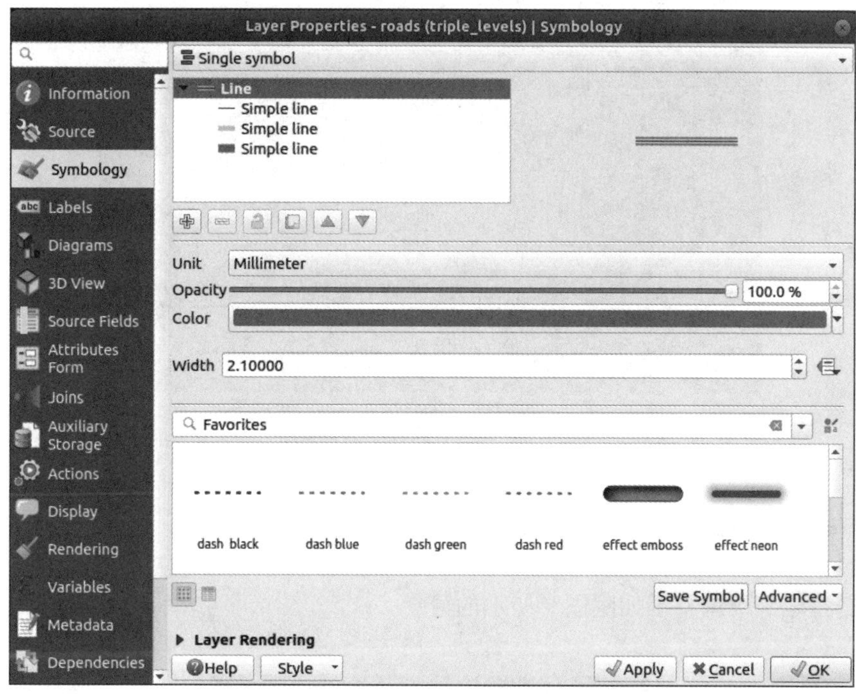

附图 6　图层符号制作

放置在最下方的符号图层为一条较粗的实心灰色线。在其上方的是一条稍微细一点的实心黄色线，最后最上方的是另一条更细的实心黑色线。如果用户的符号图层与以上相似，但未获得所需的结果：

(1) 检查符号等级安排是否如附图 7 所示。

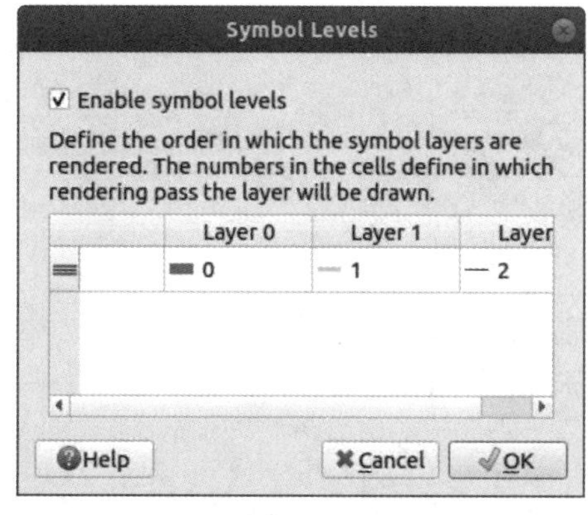

附图 7　符号叠放次序配置

(2)此时地图应如附图 8 所示。

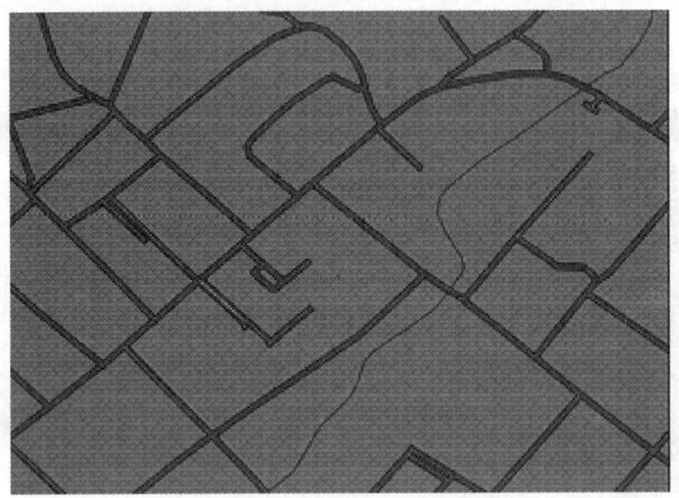

附图 8　多层线装符号叠置效果

3.2.10 节问题解答

(1)把符号等级调整至如附图 9 所示的值。

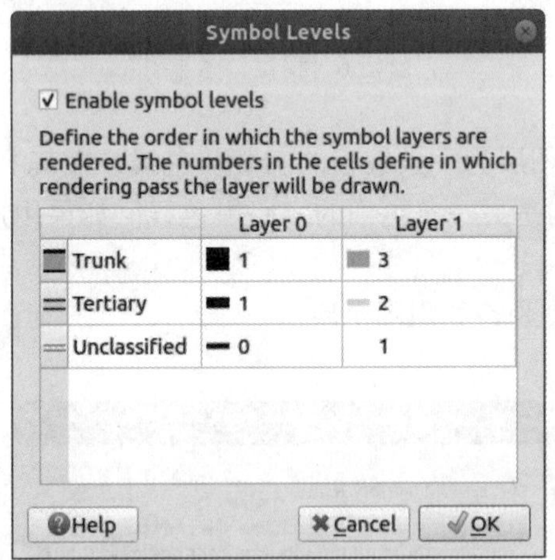

附图 9　分级符号叠放次序设置

(2)使用不同的值做试验,获取不同的结果。

(3)进行下一练习前打开原始地图。

3.2.12 节问题解答

该符号构造示例如附图 10 和附图 11 所示。

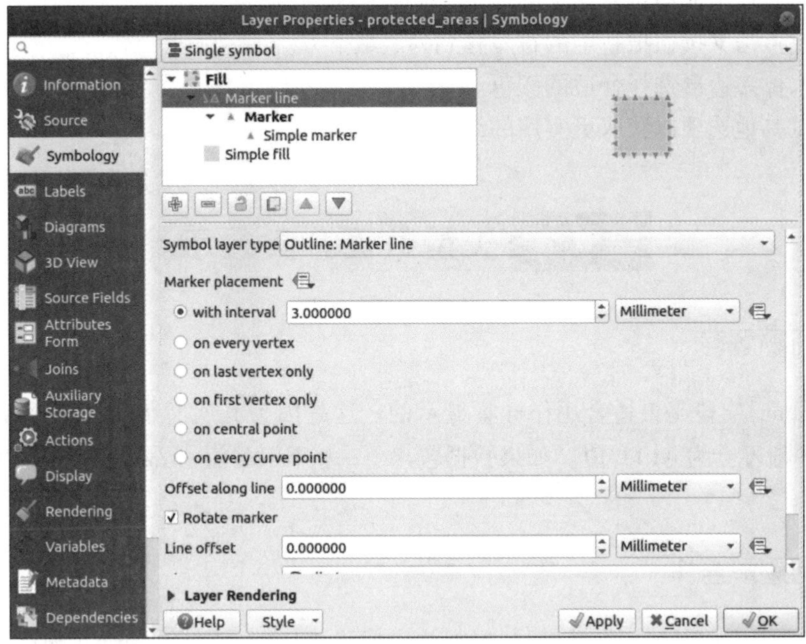

附图 10　复合符号构造示例 1

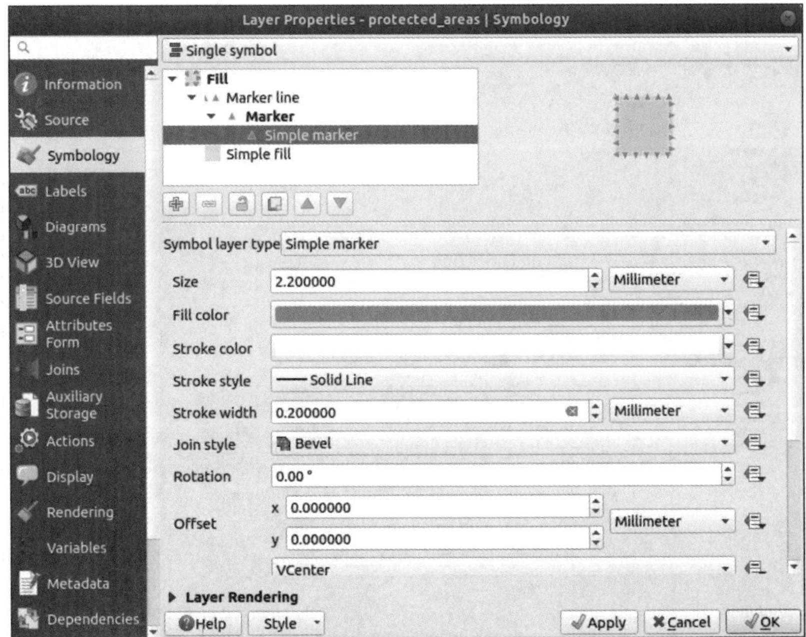

附图 11　复合符号构造示例 2

3.2.13 节问题解答

(1)点击“+”按钮,新增另一个符号级别。
(2)点击几何生成器符号化上的标记(Marker)符号,把该环型(圆形)做任意修改。
(3)通过点击▼按钮把新增的符号移到列表最下方。
(4)为水体多边形选择合适的颜色。
(5)尝试其他选项以获取更实用的结果。

第4章 矢量数据分类显示

4.1.1 节问题解答

名称(name)字段是最适合用作标签显示的。这是因为其所有值对于每个对象都是唯一的,并且一般不会为NULL值。如果数据包含了一些NULL值,无需理会,因为大多数地点都具有名称。

4.2.4 节问题解答 1

最初地图应显示出标记点状符号,且标注应偏移2.0mm:该标注的样式和标注可以同时在地图上清晰显示(附图12):

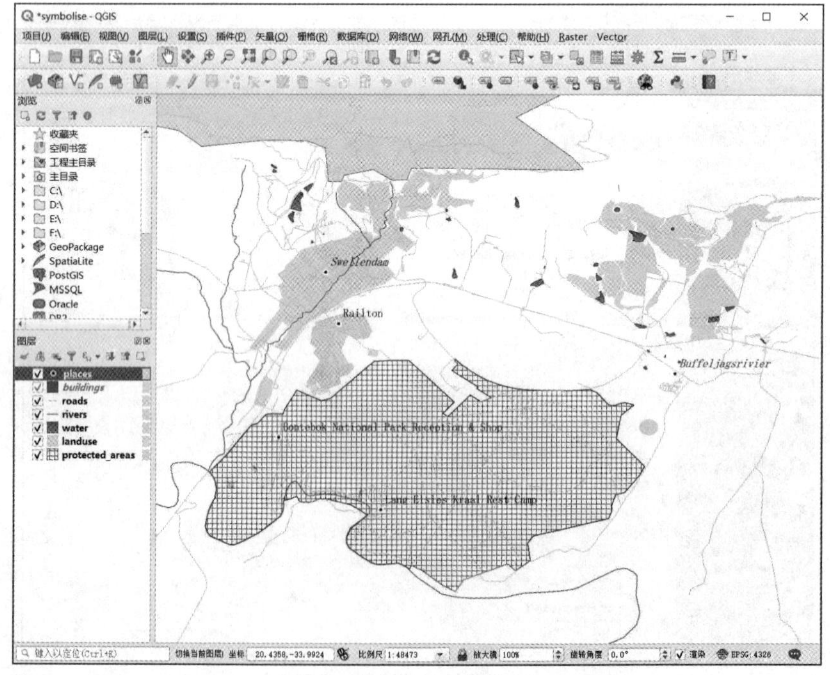

附图12 标注设置

4.2.4 节问题解答 2

其中一种解决方法的最终结果如附图 13 所示。

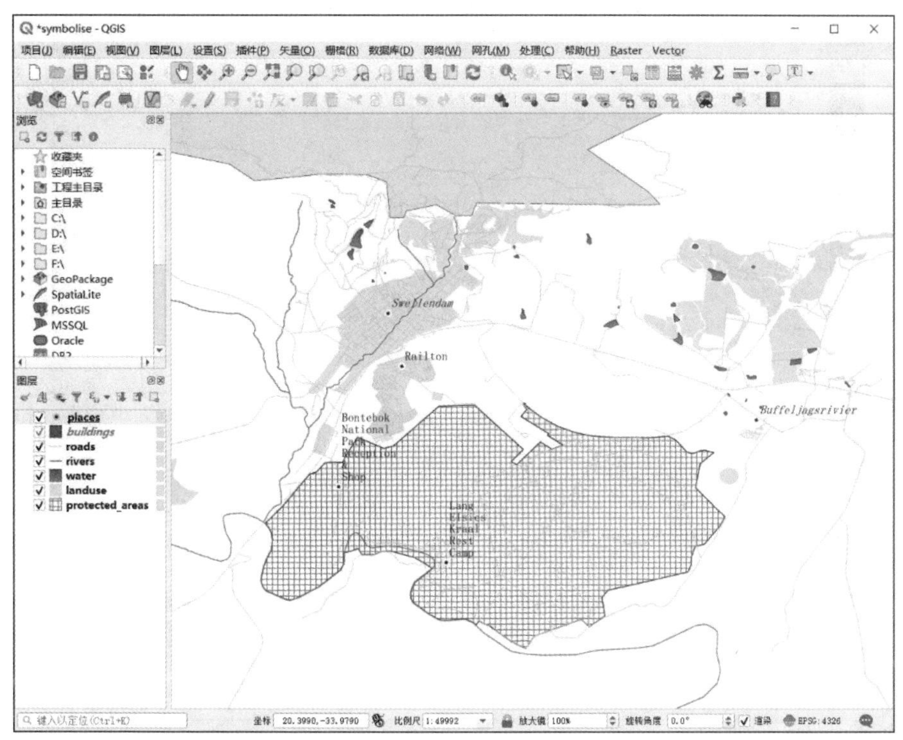

附图 13　标注的配置效果

(1)字体大小设为 10,标注距离(Label distance)设为 1.5mm,符号宽度(Symbol width)和符号大小(Symbol size)设为 3.0mm。

(2)另外,此示例还使用了根据字符长度自动换行(Wrap label on character)选项(附图 14)。

(3)在图示区域输入一个空格,然后点击应用(Apply)以达到与示例相同的效果。在此情况下,有些地点的名称非常长,以致其必须用多行显示,难以阅读。可以发现此设定更适用于本例的地图。

4.2.7 节问题解答

(1)在编辑模式下,把 FONT_SIZE 的值自定义设置。本例为城镇(towns)设置了 16,为郊区(suburbs)设置了 14,为地区(localities)设置了 12,为小村庄(hamlets)设置 10。

(2)保存更改,退出编辑模式。

(3)回到地点(places)图层的文本(Text)字体选项,在字体大小覆盖下拉菜单中的属性字段(Attribute field)选择 FONT_SIZE(附图 15)。

附图 14　标注的配置办法

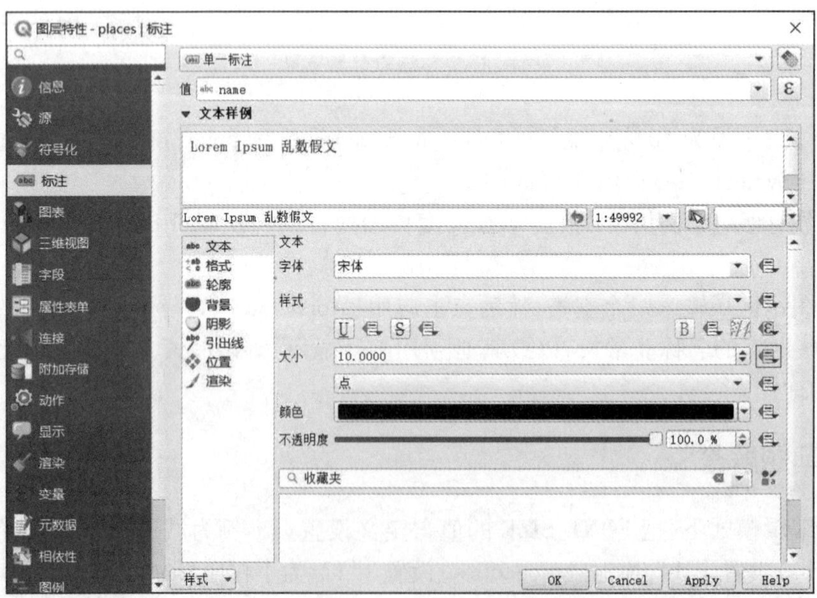

附图 15　标注字体设置

如使用以上值设置，结果应如附图 16 所示。

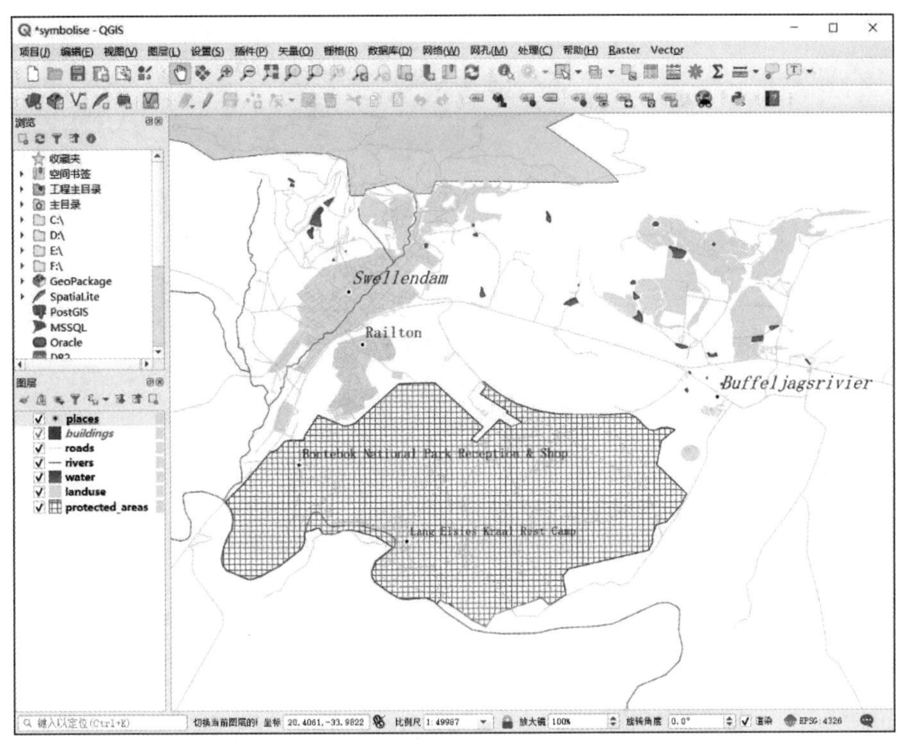

附图 16　调整标注字体后的效果

4.3.4 节问题解答

用本节介绍的类似方法去掉多边形边界，可以得到如附图 17 所示的效果。

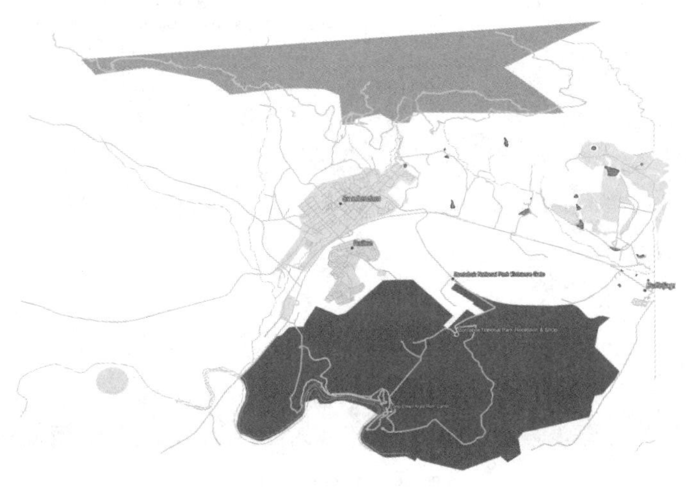

附图 17　去除多边形边界效果

可能每个用户设置不太一样，但是如果设置分类个数为6(Classes = 6)并且分类模式为自然断分[Mode=Natural Breaks(Jenks)]，并且用相同的颜色方案，就可以得到如附图18所示的效果。

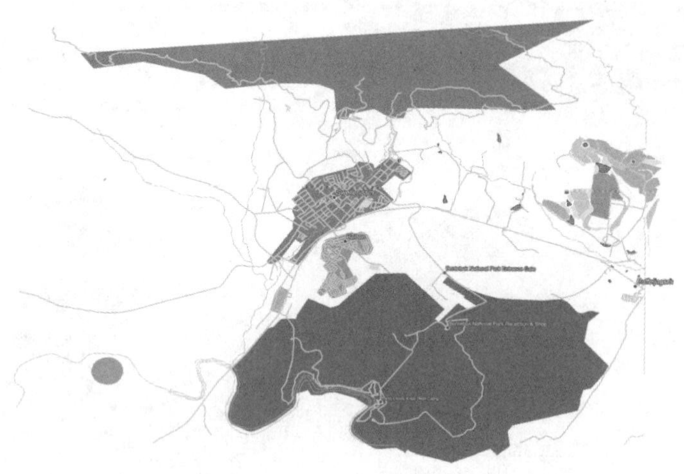

附图18　按自然断分法把多边形数据分为6类后的效果

第6章 创建矢量数据问题解答

6.1.4 节问题解答

首先忽略符号配置，结果应大致如附图19所示。

附图19　矢量数据显示

6.2.4 节问题解答

形状实际上是怎样的没有关系,但在要素的中心应有挖出一个“洞”,如附图 20 所示。

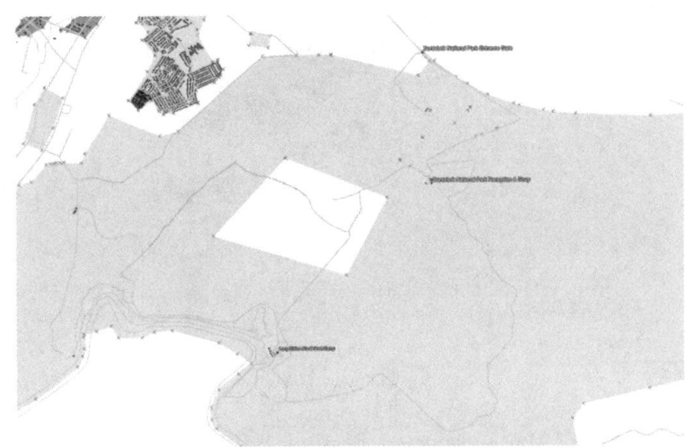

附图 20　要素中心“挖洞”操作

在继续下个工具的练习前,撤销这个编辑操作。

6.2.5 节问题解答

首先选择 Bontebok 国家公园(附图 21)。

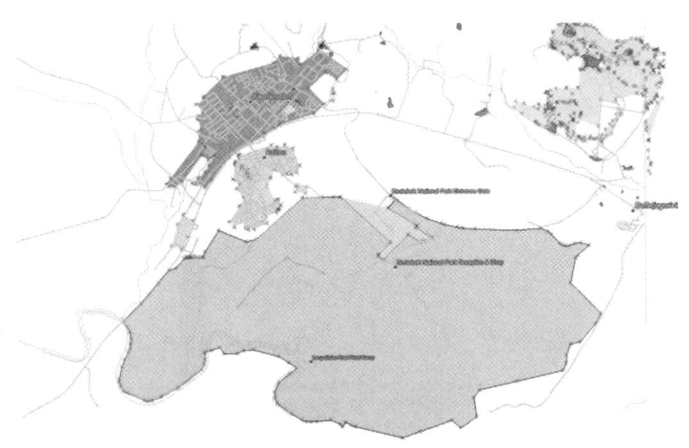

附图 21　编辑状态下要素选择

现在往其中添加新的部分(附图 22)。
在继续下个工具的练习前,撤销这个编辑操作。

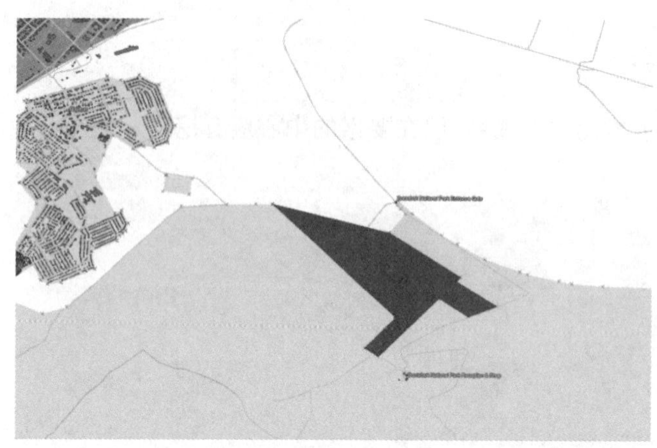

附图 22　利用多边形自动完成功能创建新的多边形

6.2.8 节问题解答

(1)使用合并选中要素(Merge Selected Features)工具,确保同时选中要合并的两个多边形。

(2)使用 OGC_FID 为 1 的要素,作为属性的源[在对话框中点击该条目,然后点击从取所选要素的属性(Take attributes from selected feature)按钮]。

这里要注意,如果使用的是与示例不同的数据集,很有可能原始的多边形的 OGC_FID 不为 1。此时只需选择具有 OGC_FID 属性的要素就行。使用合并选中要素的属性(Merge Attributes of Selected Features)工具将保持其几何形状不同,但为它们赋予相同的属性(附图 23)。

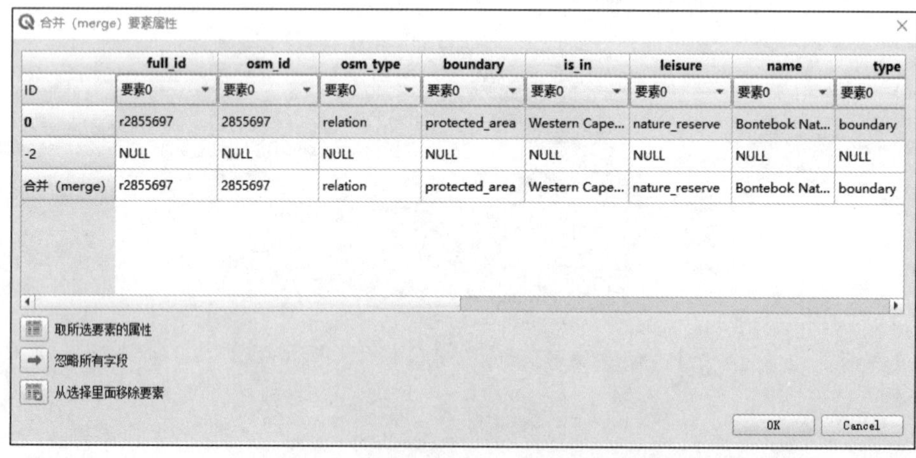

	full_id	osm_id	osm_type	boundary	is_in	leisure	name	type
ID	要素0	要素0	要素0	要素0	要素0	要素0	要素0	要素0
0	r2855697	2855697	relation	protected_area	Western Cape...	nature_reserve	Bontebok Nat...	boundary
-2	NULL	NULL	NULL	NULL	NULL	NULL	NULL	NULL
合并 (merge)	r2855697	2855697	relation	protected_area	Western Cape...	nature_reserve	Bontebok Nat...	boundary

附图 23　要素合并之后的属性表结果

6.3.4 节问题解答

讲到属性类型(TYPE),道路的类型显然很有限,如果查看过该图层的属性表就会发现它们已有预定义的道路类型。

(1)把部件设为值地图(Value Map),然后点击从图层加载数据(Load Data from Layer)。

(2)在标签(Label)下拉菜单中选择道路(roads),把值(Value)和描述(Description)的选项均设置为高速公路(highway)(附图 24)。

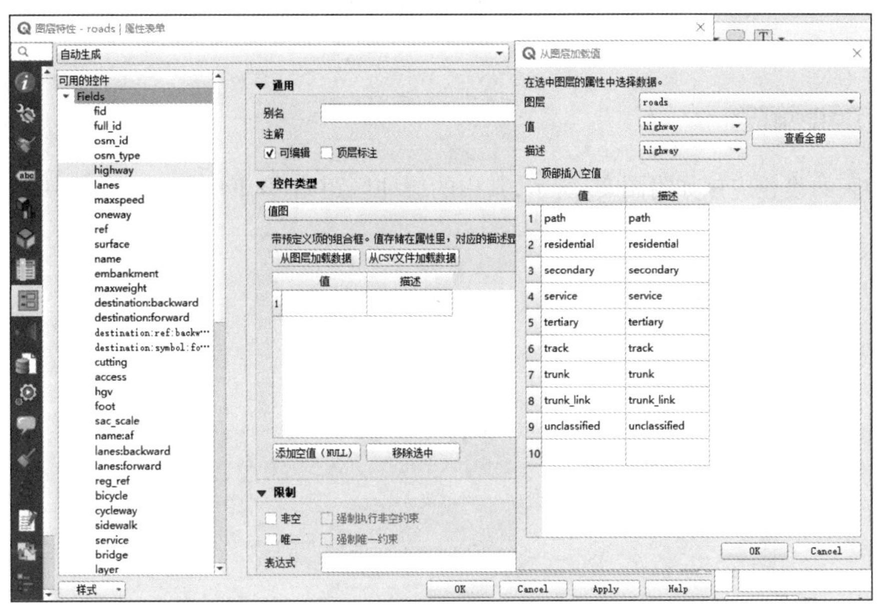

附图 24　roads 图层标注配置

(3)点击三次 OK 键。

(4)如果对一条街道使用识别(Identify)工具,且此时编辑模式正处于启用状态,会看到如附图 25 所示的对话框。

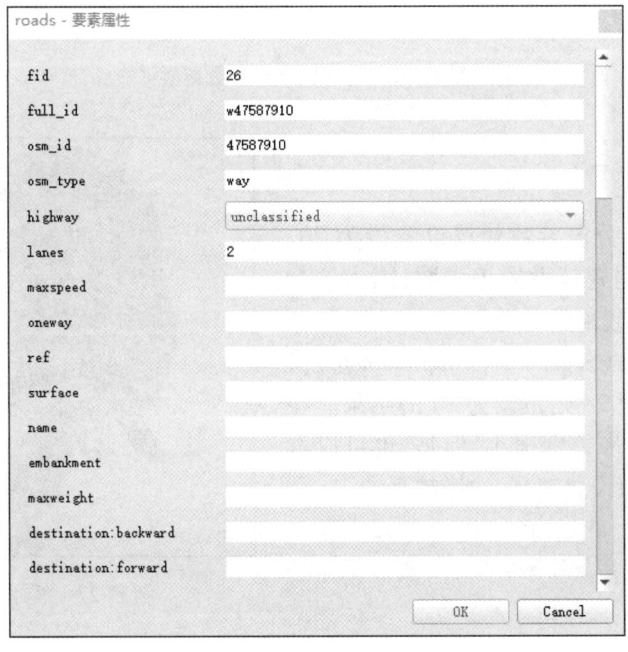

附图 25　单个要素属性显示

第 7 章 矢量数据分析

7.2.7 节问题解答

缓冲区的设置应该如附图 26 所示，其中的缓冲区距离（Buffer distance）为 1km。

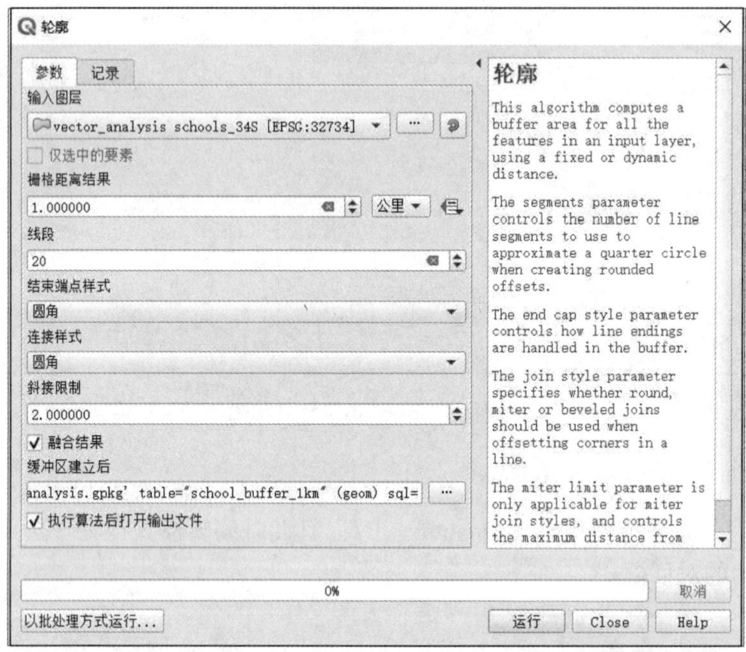

附图 26　缓冲区分析参数配置

其中 Segments 分段参数建议设置设为 20。此设置为可选的，但建议设置该参数，因为这会使输出的缓冲区看起来更平滑。

附图 27 为线段（Segments to approximate）值设为 5 的结果，附图 28 则是设为 20 的结果。在此示例中也许看起来差别很小，但是，也可以看到，缓冲区的边缘值设置越高，边缘越平滑。

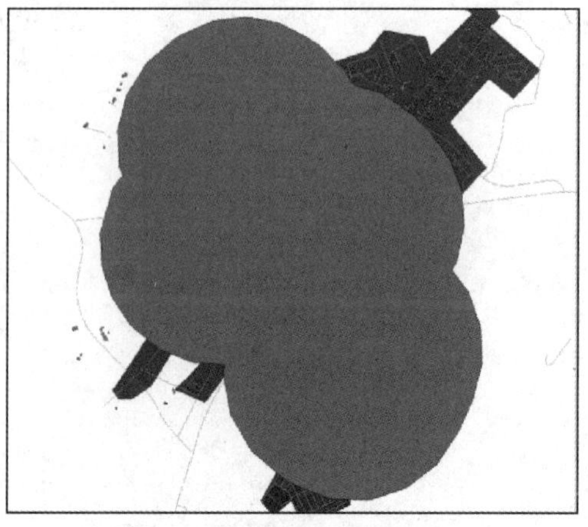

附图 27　缓冲区分析结果

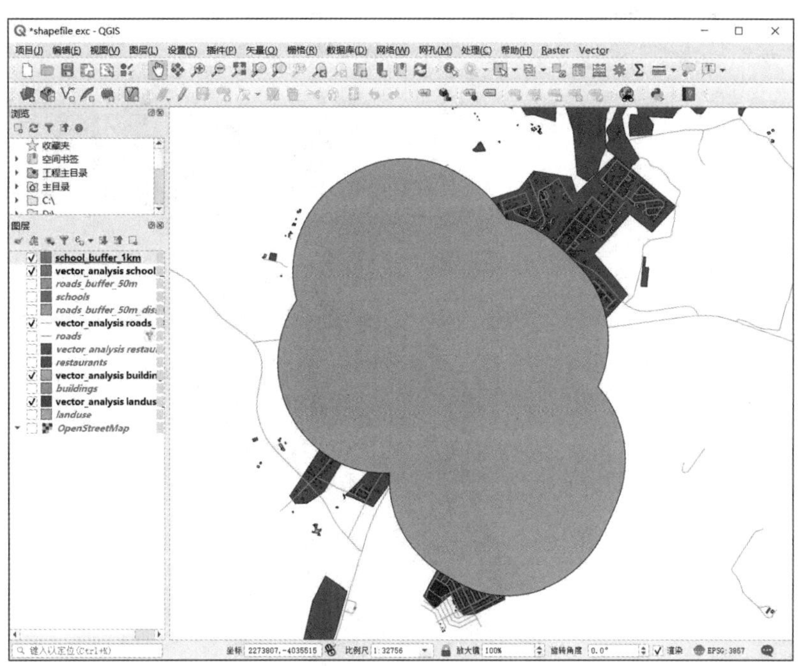

附图 28　缓冲区分析结果比较

7.2.10 节问题解答

要创建新的 houses_restaurants_500m 图层,需要两个步骤:

(1)首先,在各餐馆周围创建 500m 的缓冲区(附图 29),并将其添加到地图中(附图 30)。

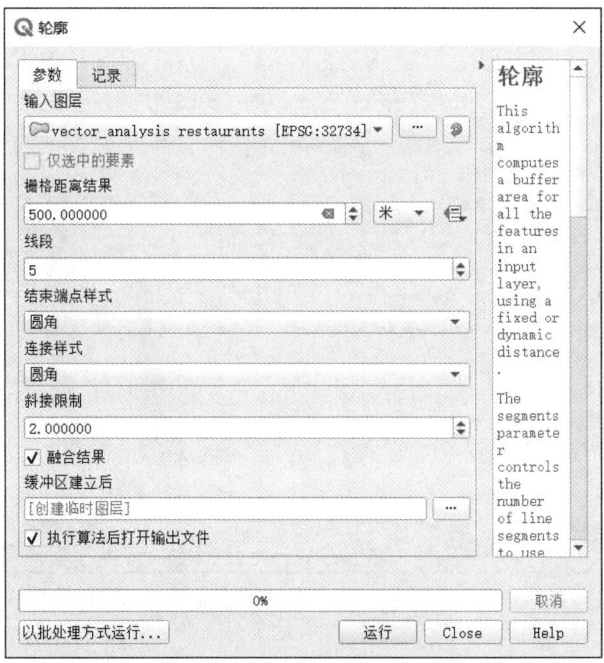

附图 29　餐馆图层的缓冲区分析

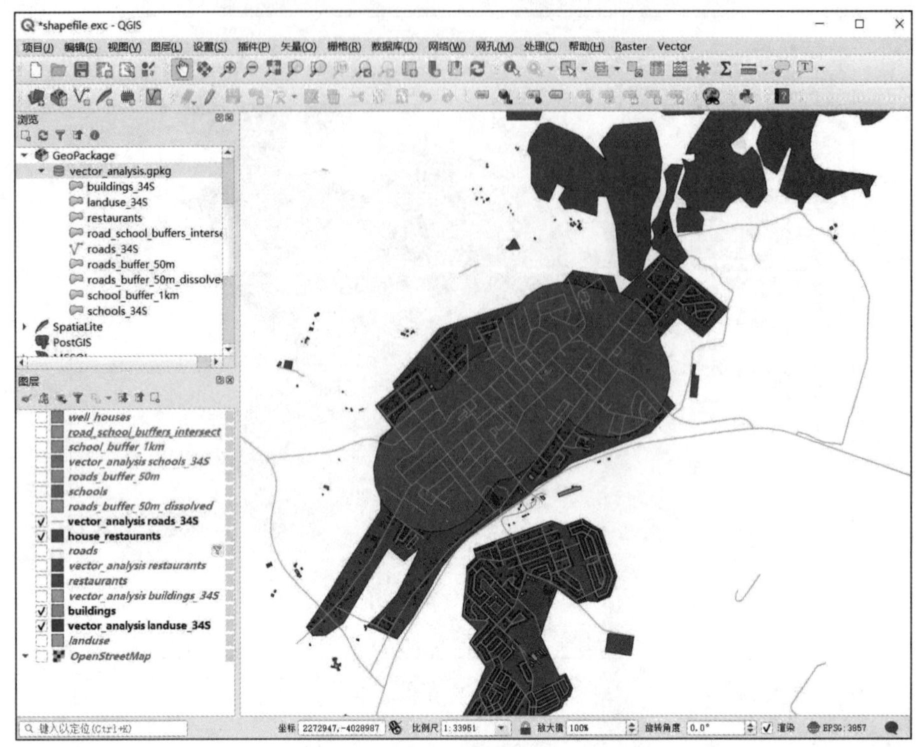

附图 30　餐馆图层的缓冲区分析结果

(2)提取该缓冲区内的建筑物(附图 31)。

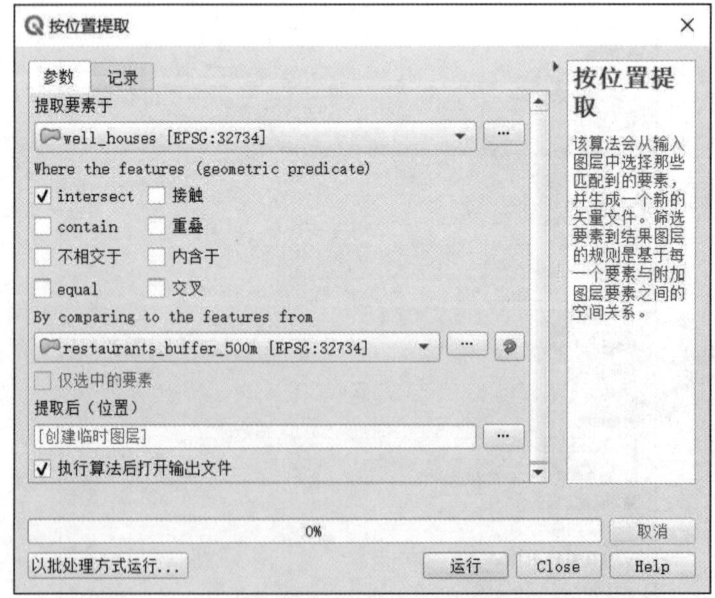

附图 31　按位置提取参数配置

此时的地图仅显示出那些同时满足距离最近道路在50m以内、距离学校1km以内、距离餐馆500m以内三个条件的建筑物(附图32)。

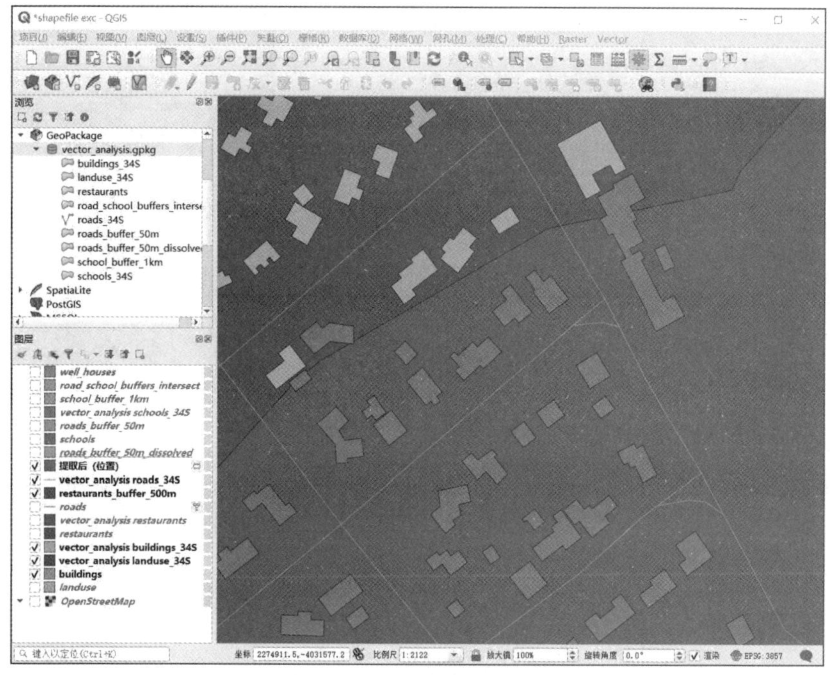

附图32　分析结果

7.3.3 节问题解答

打开网络分析(Network Analysis)→最短路径(点到点)(Shortest Path (Point to Point)),然后按附图33设置各参数。

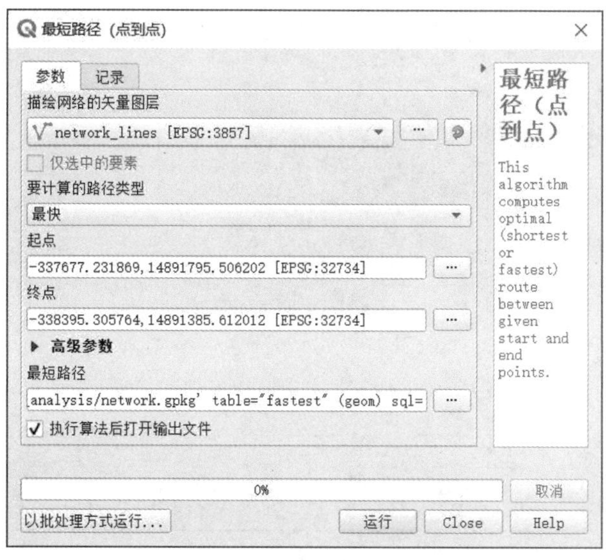

附图33　最短路径分析参数配置

确保计算路径类型(Path type to calculate)为最快(Fastest)。点击运行(Run),关闭对话框。打开输出图层的属性表。耗时(cost)字段中包含了两个点之间的通行耗时(以小时计)(附图 34)。

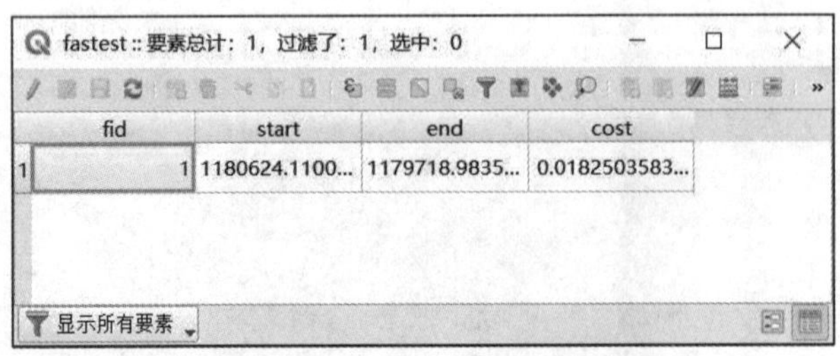
fastest :: 要素总计: 1, 过滤了: 1, 选中: 0

	fid	start	end	cost
1	1	1180624.1100...	1179718.9835...	0.0182503583...

显示所有要素

附图 34　最短路径分析结果

第 8 章 栅格数据分析

8.3.4 节问题解答

把坡向(Aspect)分析按附图 35 设置。会获得如附图 36 所示的结果。

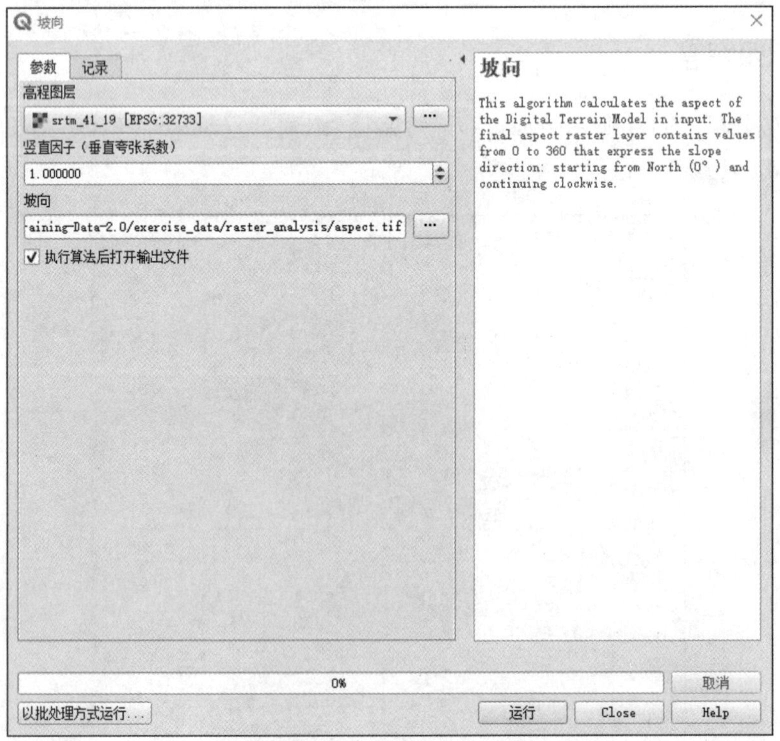

附图 35　坡向分析参数设置

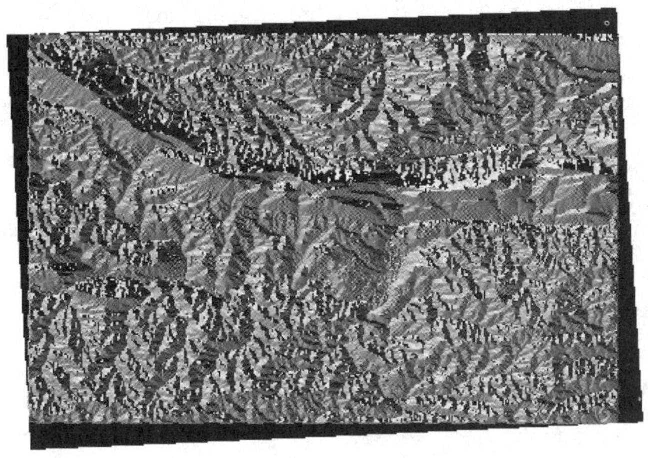

附图 36　坡向分析结果

8.3.6 节问题解答

（1）把栅格计算器（Raster calculator）对话框按附图 37 设置，运行后得到如附图 38 所示的结果。

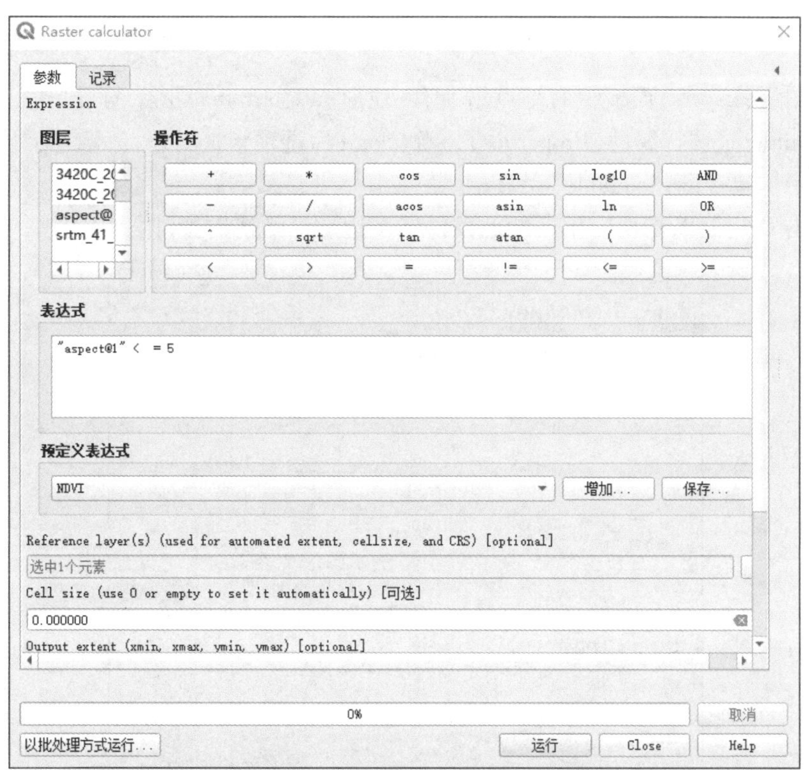

附图 37　栅格数据计算器表达式设置

（2）小于等于5°的版本，请把附图37中的表达式和文件名中的“2”均改为“5”，会获得如附图39所示的结果。

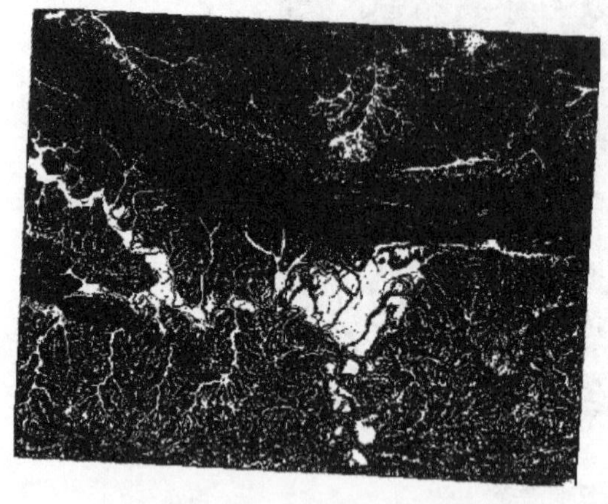

附图38　表达式设置为2°的结果

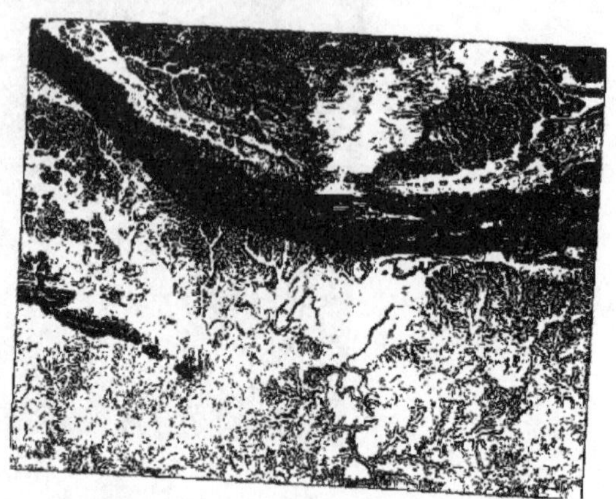

附图39　表达式设置为5°的结果

第9章 矢量数据与栅格数据综合分析

9.1.2 节问题解答

（1）在图层（Layers）面板上右键点击所有_地形（all_terrain）图层，打开（过滤）查询构建器（Query Builder），选择属性（Properties）→源（Source）选项卡；

（2）然后构建查询："suitable" = 1；

（3）点击OK按钮，把所有不匹配此条件的多边形都筛选出去（附图40）。

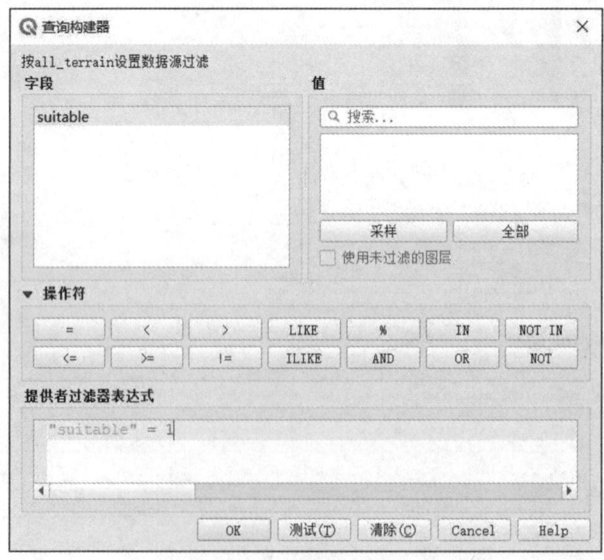

附图40　过滤器表达式设置

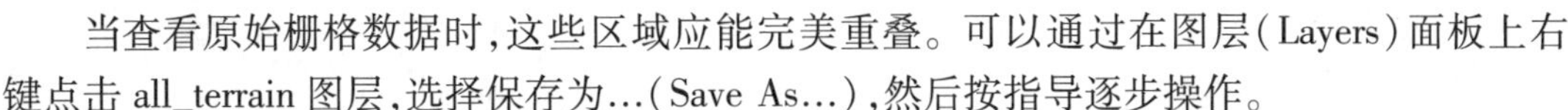

当查看原始栅格数据时，这些区域应能完美重叠。可以通过在图层（Layers）面板上右键点击 all_terrain 图层，选择保存为…（Save As…），然后按指导逐步操作。

9.2.2 节问题解答

可以发现 new_solution 图层中的某些建筑物被相交（Intersect）工具“切割”了，表明该建筑物只有部分，也就是说此房产只有部分落入适宜地形内。因此，可以从数据集中剔除这样的建筑物。

9.2.3 节问题解答

至此，分析结果如附图 41 所示。

附图 41　分析结果图

假设有一个圆形区域，在其各个方向上连续 100m。如果它的半径大于 100m，则从其大小中（从各个方向都）减去 100m，会在中间留下圆的一部分（附图 42）。

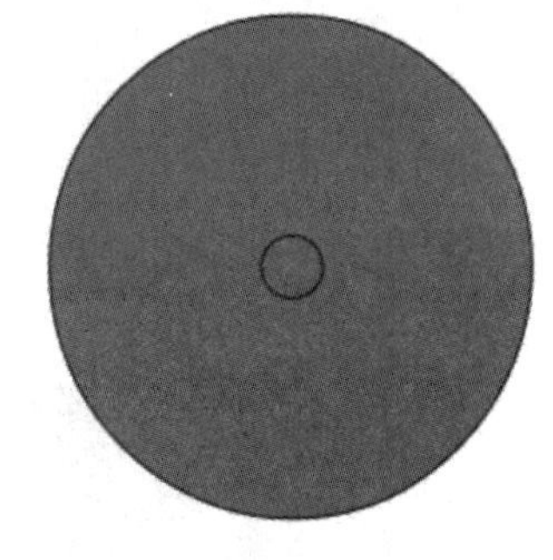

附图 42　缓冲区分析圆形示例

因此，可以为现有的 suitable_terrain 图层运行创建 100m 的内部缓冲（interior buffer）。在此缓冲功能的输出结果中，原始图层中剩下的部分代表超出 100m 的合适地形的区域。操作如下：

（1）在矢量（Vector）→地理处理工具（Geoprocessing Tools）→缓冲区［Buffer(s)］打开缓冲区对话框。

(2)作如附图 43 所示的设置。

(3)使用 suitable_terrain 图层并把线段(segments)设为 10,缓冲区距离设为 -100(该距离自动以米为单位,因为地图使用的投影 CRS 是以米为单位的)。

(4)把输出结果保存到 exercise_data\residential_development\目录中,命名为"suitable_terrain_continuous100m. shp"。

(5)如有需要,可把此新建图层移到原始的 suitable_terrain 图层上方,输出结果应如附图 44 所示。

(6)现在使用通过位置选择(Select by Location)工具[矢量菜单(Vector)→研究工具(Research Tools)→通过位置选择(Select by Location)]。

(7)作如附图 45 所示的设置。

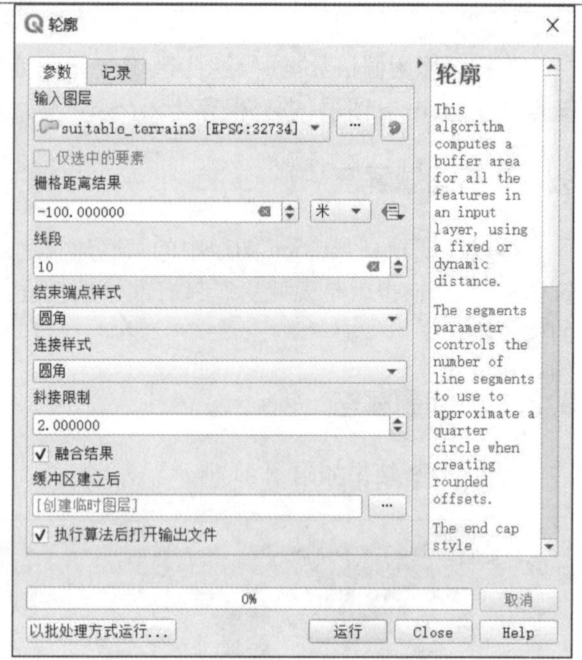

附图 43 缓冲区分析设置

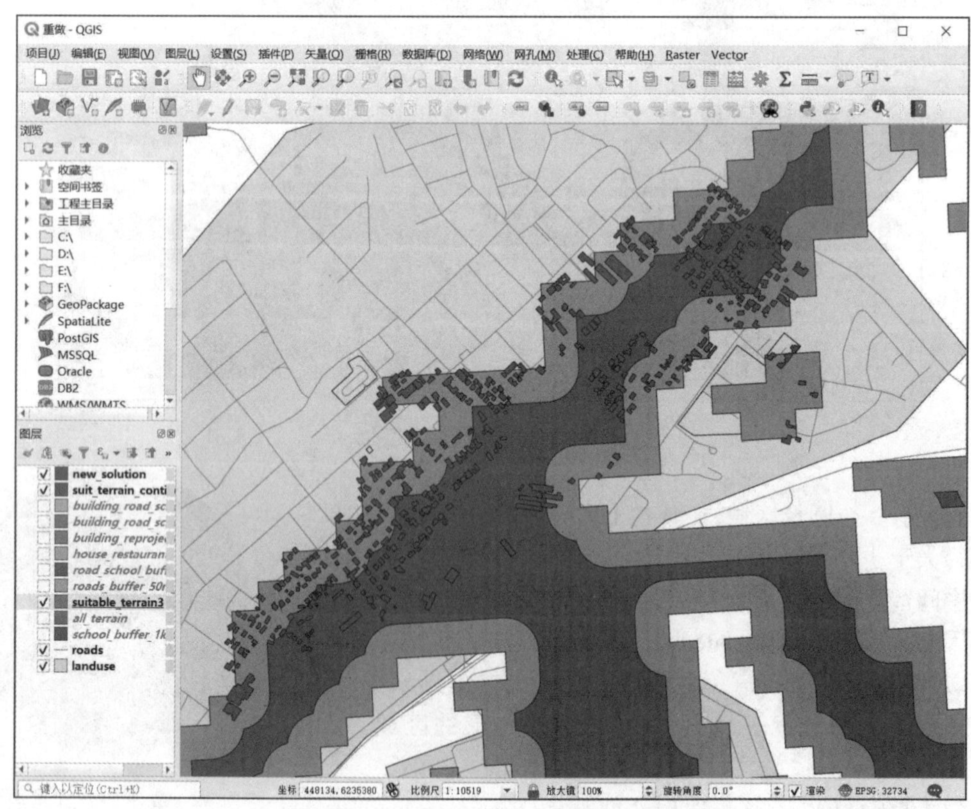

附图 44 缓冲区分析结果

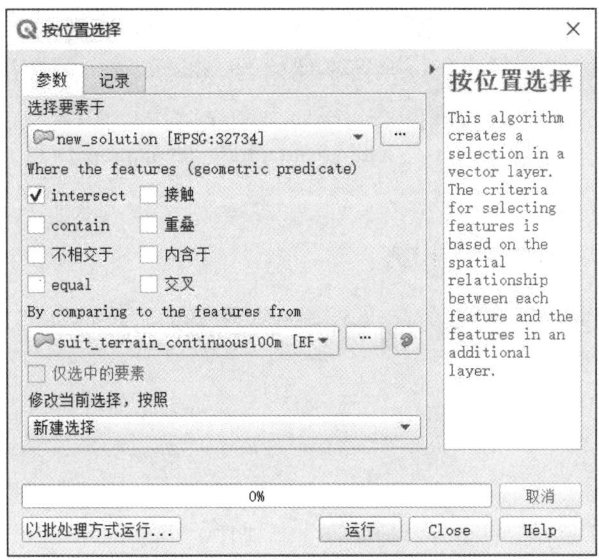

附图 45　位置选择分析设置

(8)选择 new_solution 与 suitable_terrain_continuous100m. shp 相交的要素。结果如附图 46 所示。

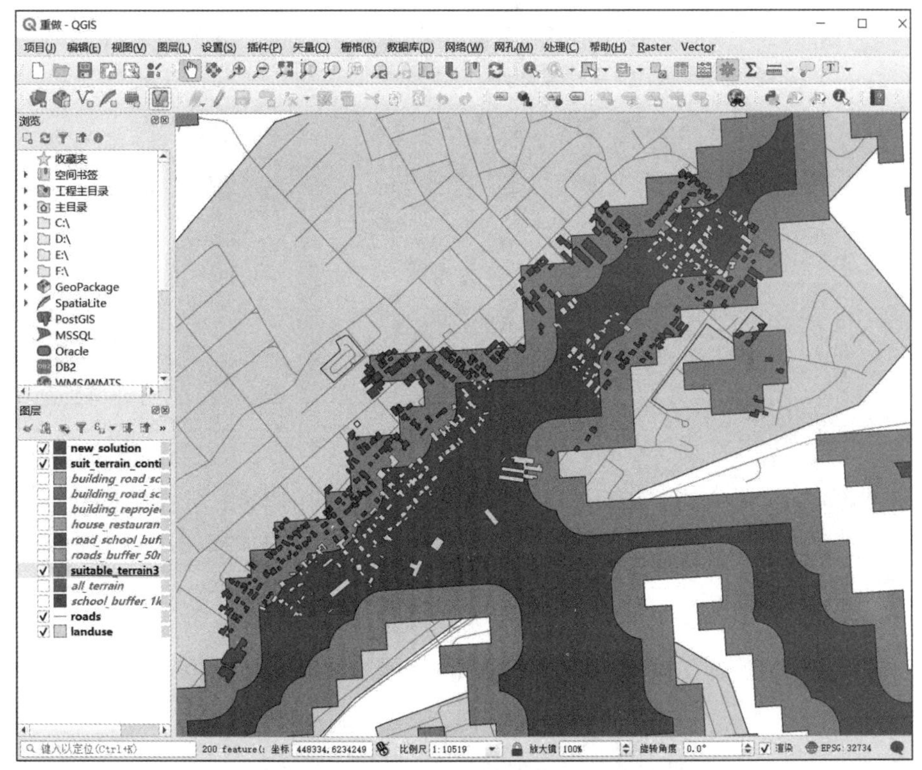

附图 46　位置选择分析结果

图中黄色的建筑物被选中,尽管其中有些建筑物的部分落在新的 suitable_terrain_continuous100m 图层以外的地方,但它们完全落在原始的 suitable_terrain 图层内,因此,它们符合本案例所有的条件。

(9)把此选择另保存到 exercise_data\residential_development\目录,命名为"final_answer. shp"。

第 11 章 QGIS 与 WebGIS 服务

11.1.2 节问题解答

地图应如附图 47 所示(可能需要把图层重新排序):

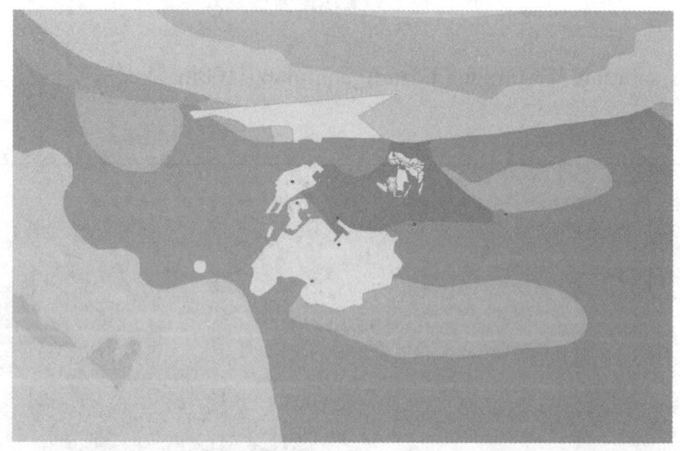

附图 47 WMS 地图显示效果

11.1.3 节问题解答

使用与此前同样的方法添加新的服务器和该服务器上托管的图层(附图 48)。

连接成功后可以选择加载 SRTM30-Colored 图层,然后点添加按钮(Add)加载到地图显示区(附图 49)。

如果放大到局部区域会发现此数据集的分辨率较低,因此,最好不要把此数据用于当前的地图。这类数据更适用于全球范围或国家范围比例尺制图。

附图 48　连接 WMS 网络地理数据

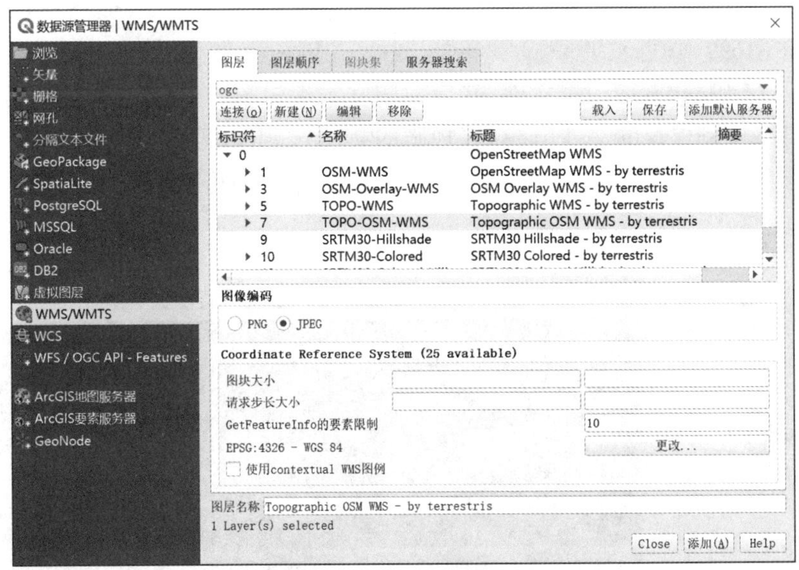

附图 49　WMS 图层加载

11.1.4 节问题解答

经常用 WebGIS 的用户会发现很多 WMS 不能保证始终可用。有时是暂时可用，有时则是永久失效。例如，一个可用 WMS 服务器，在撰写本文时，其名为"World Mineral Deposits"，其链接为 http://apps1.gdr.nrcan.gc.ca/cgi-bin/worldmin_en-ca_ows。它不收取任何费用，亦无设置访问约束,且它是全球性的。因此,它确实满足本节的需求。但是,请记住,这仅仅是一个小例子。用户还可以从其他地方获取更多 WMS 服务。

第 13 章 GRASS 配置与应用

13.1.5 节问题解答

可以通过点击和拖拽图层(矢量、栅格均可)到浏览器中(请查阅下一步:使用 QGIS 浏览器载入数据),或为矢量图层使用 v. in. gdal. qgis,为栅格图层使用 r. in. gdal. qgis 向 GRASS Mapset(GRASS 地图集)添加图层。

13.2.4 节问题解答

运行 r. info 工具可查看栅格数据的最大值:在控制台中可以看到最大值为 1699。现在可以这样编写规则,打开文本编辑器并添加以下规则:

```
0 thru 1000 = 1
1000 thru 1400 = 2
1400 thru 1699 = 3
```

把文件保存为 my_rules. txt 文件,然后关闭文本编辑器。运行 r. reclass 工具,选择 g_dem 图层并载入刚刚保存的文件(储存着规则的文件)。点击运行(Run),然后点击查看输出结果(View Output)。也可以对颜色进行变更,最终结果应如附图 50。

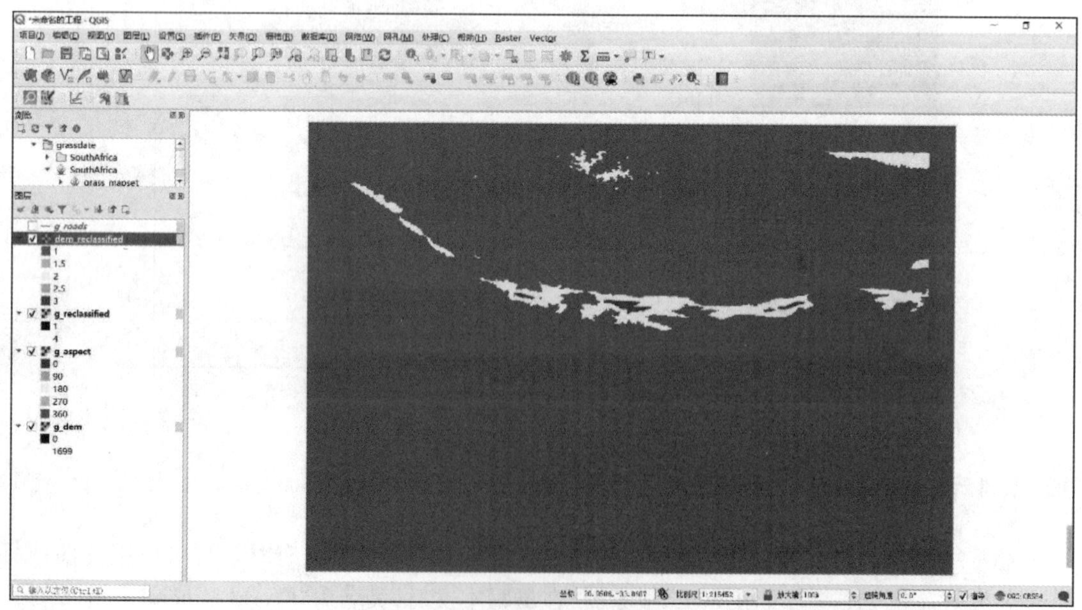

附图 50 栅格数据重分类结果

第 16 章 PostgreSQL 与数据库基础

16.1.6 节问题解答

对于虚拟的 Address 表格，可能要存储以下属性：

```
House Number
Street Name
Suburb Name
City Name
Postcode
Country
```

在创建代表地址对象的表格时，用以下这些字段创建相应的列，并使用与 SQL 兼容的名称（也可能是简称）为它们命名：

```
house_number
street_name
suburb
city
postcode
country
```

16.1.10 节问题解答

people 表只有一个对应人员的完整地址的地址字段。回想本课程之前虚构的 address 表格，可以知道一个地址是由许多不同的属性组成。如果把所有这些属性都存在一个字段中，更新和查询数据会变得非常麻烦。因此，需要把地址字段拆分为各种属性，就形成以下结构的表格：

```
id| name | house_no | street_name | city | phone_no
--+---------------+----------+----------------+------------+-----------------
1| Tim Sutton | 3 | Buirski Plein | Swellendam | 071 123 123
2 | Horst Duester | 4 | Avenue du Roix | Geneva | 072 121 122
```

在下一小节中会了解外键关系，该关系可用于本例改善数据库的结构。

16.1.12 节问题解答

现在 people 表格目前看起应像这样：

```
id| name | house_no | street_id | phone_no
---+--------------+----------+-----------+-------------
1| Horst Duster | 4 | 1 | 072 121 122
```

street_id 列代表的是 people 对象与相关 street 对象之间的"一对多"关系。其中一种进一步规范化此表格的方法是把名称字段拆分为 first_name(姓)和 last_name(名):

```
id| first_name | last_name | house_no | street_id | phone_no
---+------------+------------+----------+-----------+------------
1| Horst | Duster | 4 | 1 | 072 121 122
```

这里还可以为城镇或城市的名称和国家/地区创建单独的表格,并通过"一对多"关系将其连接到 people 表:

```
id| first_name | last_name | house_no | street_id | town_id | country_id
---+------------+-----------+----------+-----------+---------+------------
1| Horst | Duster | 4 | 1 | 2 | 1
```

使用 ER 图表表现,应如附图 51 所示。

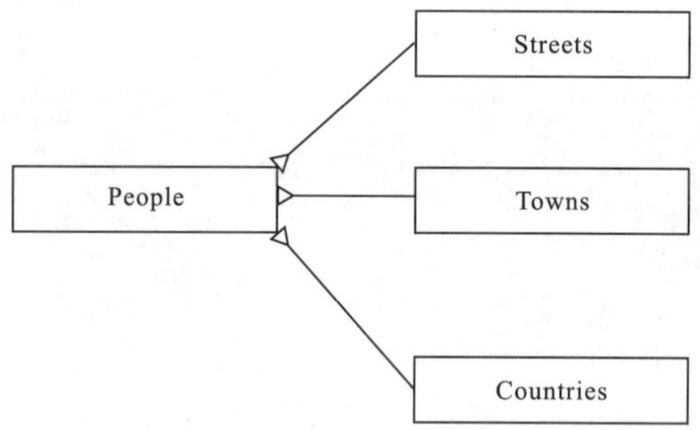

附图 51 People 表与其他几个表的 ER 模型图

16.2.7 节问题解答

正确创建 people 表所需的 SQL 语句如下:

```
create table people (id serial not null primary key,
    name varchar(50),
    house_noint not null,
    street_idint not null,
    phone_no varchar null );
```

该表格的架构(输入 \d people 命令)如下:

```
Table"public.people"
Column| Type | Modifiers
-----------+----------------------+-------------------------------------
id| integer | not null default
 || nextval('people_id_seq'::regclass)
```

```
name| character varying(50) |
house_no| integer | not null
street_id| integer | not null
phone_no| character varying |
Indexes:
"people_pkey"PRIMARY KEY, btree (id)
```

注意:这里为了演示目的故意省略了 fkey 约束。

16.2.10 节问题解答

DROP 命令无法在此情况下正确运行的原因是 people 表对于 streets 表具有一个外键约束。这意味着删除 streets 表的话,会使 people 表格留下了指向不存在的 streets 数据的链接。也要注意:使用 CASCADE 命令"强行"删除 streets 表格是可行的,但这样就会同时删掉 people 和其他任何与 streets 表格带有关系的表格,因此一定要谨慎使用。

16.3.1 节问题解答

可以使用的 SQL 命令应如下(可以使用用户选择的名称替换其中的街道名称):

```
insert into streets (name) values ('Low Road');
```

16.3.3 节问题解答

以下是正确的 SQL 语句:

```
insert into streets (name) values('Main Road');
insert into people (name,house_no, street_id, phone_no) values ('Joe Smith',55,2,'072
882 33 21');
```

如果再次查看 streets 表(使用之前一样的选择语句)就会看到 Main Road 记录的 id 为 2。这就是上面只能输入数字 2 的原因。即使在上面的记录中看到 Main Road 拼写错误,数据库也可以通过 street_id 的值 2 关联到它。注意:如果这里已经添加了一个新的 street 记录,可能需要找到的是 ID 为 3 而不是 2 的 Main Road。

16.4.5 节问题解答

以下是所需的正确的 SQL 语句:

```
select count(people.name), streets.name
    from people, streets
    where people.street_id=streets.id
    group by streets.name;
```

输出结果:

```
count| name
------+-------------
1| Low Street
2| High street
1| Main Road
(3 rows)
```

从上面 SQL 语句可以看到，为字段名前加上了表名（例如 people. name 和 street. name）。每当字段名称不明确（即在数据库中的所有表中不是唯一的）时，都需要执行此操作。

第 17 章 PostGIS 空间数据库

17.2.5 节问题解答

```
create table cities (id serial not null primary key,
name varchar(50),
the_geom geometry not null);
alter table cities
add constraint cities_geom_point_chk
check (st_geometrytype(the_geom)= 'ST_Polygon'::text );
```

17.2.6 节问题解答

```
insert into geometry_columns values ('','public','cities','the_geom',2,4326,'POLYGON');
```

17.2.7 节问题解答

```
select people.name,
streets.name as street_name,
st_astext(people.the_geom) as geometry
from streets, people
where people.street_id=streets.id;
```

输出结果：

```
name| street_name | geometry
--------------+-------------+---------------
Roger Jones| High street |
Sally Norman| High street |
Jane Smith| Main Road |
```

```
Joe Bloggs | Low Street |
Fault Towers | Main Road | POINT(33 -33)
(5 rows)
```

这里指定的约束允许添加 null 值到数据库。

17.4.1 节问题解答

示例查询所使用的单位是度，因为图层使用的 CRS 是 WGS84。WGS84 是一个地理 CRS，其单位是度。投影 CRS，例如 UTM 投影，则以米为单位。记住，编写查询时，需要知道 CRS 使用的单位，这样编写的查询才能返回想要的结果。

17.4.3 节问题解答

```
CREATE INDEX cities_geo_idx
ON cities
USING gist (the_geom);
```

17.5.2 节问题解答

```
alter table streets add column the_geom geometry;
alter table streets add constraint streets_geom_point_chk check
(st_geometrytype(the_geom) = 'ST_LineString'::text OR the_geom IS NULL);
insert into geometry_columns values ('','public','streets','the_geom',2,4326,
'LINESTRING');
create index streets_geo_idx
on streets
using gist
(the_geom);
```

17.5.4 节问题解答

```
delete from people;
alter table people add column city_idint not null references cities(id);
insert into people (name,house_no, street_id, phone_no, city_id, the_geom)
values ('Faulty Towers',
34,
3,
'072 812 31 28',
1,
'SRID=4326;POINT(33 33)');
insert into people (name,house_no, street_id, phone_no, city_id, the_geom)
```

```
values ('IP Knightly',
32,
1,
'071 812 31 28',
1,F
'SRID=4326;POINT(32 -34)');
insert into people (name,house_no, street_id, phone_no, city_id, the_geom)
values ('Rusty Bedsprings',
39,
1,
'071 822 31 28',
1,
'SRID=4326;POINT(34 -34)');
```

如果收到了以下的错误消息：

```
ERROR: insert or update on table "people" violates foreign key constraint
"people_city_id_fkey"
DETAIL: Key (city_id)=(1) is not present in table "cities".
```

尝试在 cities 图层中创建多边形时，必须删除其中的一些多边形，然后再插入新的多边形，这里需要检查 cities 表格中的记录是否使用了重复的 id。